Repertorium der Physik.

Enthaltend
eine vollständige Zusammenstellung der neuern
Fortschritte dieser Wissenschaft.

Unter Mitwirkung der Herren

Lejeune-Dirichlet, Jacobi, Neumann, Riess, Strehlke,

herausgegeben

von

HEINRICH WILHELM DOVE

und

LUDWIG MOSER.

I. Band.

Allgemeine Physik, mathematische Physik, Galvanismus,
Electromagnetismus, Magnetoelectricität, Thermomagnetismus.

Mit zwei Kupfertafeln.

Berlin:

Verlag von Veit & Comp.

1837.

Vorwort.

Auch vor dem Erscheinen des Fechnerschen Repertorium der Experimentalphysik hat es nicht an Zusammenstellungen des innerhalb gewisser Zeiträume in dieser Disciplin neu Gefundenen oder sichrer Ermittelten gefehlt. Keinem der Berichterstatter ist es aber, glaube ich, gelungen, in Beziehung auf Klarheit der Darstellung, Vollständigkeit und Ausführlichkeit des Inhalts, den Anforderungen, welche man an ein solches Werk machen darf, in dem Maafse zu genügen, als Herrn Fechner. Durch ihn vor längerer Zeit aufgefordert, das von ihm mit so vielem Erfolge begonnene Unternehmen weiter zu führen, da er zu vielfach beschäftigt sei, um demselben in gleicher Weise als zu Anfang seine Zeit widmen zu können, habe ich mich, selbst von vielen Seiten in Anspruch genommen, nach Gehülfen umgesehn, die Arbeit durch Theilung zu erleichtern. Es war natürlich, dafs ich diese in dem Kreise von Freunden suchte, welchen ich in Königsberg verlassen hatte, und in dem, welchen ich in Berlin fand; und so ist es gekommen, dafs ich Jacobi, Dirichlet, Neumann, Riess, Strehlke als Mitarbeiter, Moser als Mitredacteur nennen kann. Das Material ist unter uns auf folgende Art vertheilt worden:

Mechanik, Professor Jacobi in Königsberg,
Mathematische Physik, Prof. Lejeune-Dirichlet in Berlin,
Theoretische Optik, Professor Neumann in Königsberg,
Akustik, Professor Strehlke in Berlin,
Electricität, Dr. Riess in Berlin,
Galvanismus, Magneto-Electricität und Magnetismus, Professor Moser in Königsberg.

Die Berichterstattung über Gegenstände der allgemeinen Physik, über Einzelnes aus der Wärmelehre und Optik, so wie über Meteorologie ist mir zugefallen.

Wenn ich anführe, dafs der erste Band sich unmittelbar an das Fechnersche Repertorium anschliefst, d. h. keinen Gegenstand, der in jenem bereits besprochen worden ist, von neuem behandelt, so glaube ich die Anfangsgrenze des Berichtes, welche nur in einleitenden Betrachtungen theilweise überschritten worden ist, hinlänglich bezeichnet zu haben.

Was die sechs in diesem Bande enthaltenen Abschnitte betrifft, so ist der erste, welcher über Maafse, Hypsometrie Dämpfe, Adhäsion und Capillarität, über Reibung, Widerstand, über die Bewegungserscheinungen tropfbarer Flüssigkeiten und über Dichtigkeit berichtet, von mir allein bearbeitet worden. Für den zweiten Abschnitt hatte Professor Jacobi einen ausführlichen Bericht über die dynamischen Untersuchungen von Hamilton bestimmt. Um die Vollendung des ersten Bandes aber nicht zu verzögern, hat er für den zweiten Band zurückgelegt werden müssen. Die zahlreichen Anwendungen, welche die Darstellung ganz willkührlicher Functionen durch Sinus- und Cosinusreihen in der analytischen Behandlung physikalischer Probleme in neuerer Zeit gefunden hat, erfordern, wenn sie auch nur in ihren Resultaten wiedergegeben werden sollen, die Darlegung der mathematischen Betrachtungen, von welchen sie ausgehen.

Diese ist daher in dem zweiten Abschnitt von Herrn Professor Dirichlet gegeben worden, und kann in so fern als Einleitung für spätere Berichte angesehen werden. In den vier folgenden von Herrn Professor Moser bearbeiteten Abschnitten über Galvanismus, Electromagnetismus, Magnetoelectricität und Thermomagnetismus findet man eine vollständige Darstellung der Entdeckungen von Faraday, durch welche der Kreis unsres Wissens in diesen Gebieten so bedeutend erweitert worden ist. Dafs ich die Untersuchungen Faraday's über die gasverbindende Wirkung der Metalle von denen elektrischen Inhalts getrennt, und im ersten Abschnitt unter „Adhäsion" behandelt habe, bedarf wohl keiner Rechtfertigung. Es war Anfangs meine Absicht, die Resultate Mellonis unmittelbar an den sechsten Abschnitt anzuknüpfen. Da aber eben bei diesen Untersuchungen sich ein so merkwürdiger Parallelismus zwischen den Erscheinungen der Wärme und des Lichtes herausgestellt hat, dafs wir jetzt von einer Chromatik und von Polarisationsphänomenen der Wärme mit demselben Rechte sprechen können, als in der Lichtlehre, so schien es unzweckmäfsig, so nahe verbundene Disciplinen, wie Thermik und Optik, von einander zu trennen. Ein weiterer Grund, den Bericht über Mellonis Entdeckungen für den zweiten Band zurückzulegen, lag darin, dafs eben erst jetzt der Rapport von Biot und die Abhandlungen Mellonis und Biots über die Polarisation der Wärme erschienen sind. Einzelne von Herrn Dr. Riess und von mir in den letzten vier Abschnitten eingestreute Bemerkungen sind, um sie zu unterscheiden, mit (R.) und (D.) bezeichnet.

Bei der Correctur habe ich auf die in den Tabellen enthaltenen Zahlen die gröfstmöglichste Sorgfalt verwendet, ich halte die quantitativen Resultate daher für zuverlässig. Nur in Ansehung auf die Nummern der Figuren sind im Text einige Irrthümer entstanden. Um diese so viel als möglich unschädlich zu machen, ist am Ende des Bandes eine besondere Nachweisung für die Kupfertafeln beigefügt worden. Wo es mir möglich war, habe ich bei der Beschreibung von Apparaten zugleich angegeben, bei welchen Künstlern sie zu erhalten sind. Ich behalte mir vor, in den folgenden Bänden in diesen Nachweisungen ausführlicher zu sein.

Der zweite Band wird künftige Ostern erscheinen.

Berlin, 15ten October 1836.

H. W. Dove.

Inhaltsverzeichniſs zum ersten Bande.

Erster Abschnitt.

Allgemeine Physik

Zweiter Abschnitt.

Mathematische Physik.

Dritter Abschnitt.

Galvanismus.

Vierter Abschnitt.

Electromagnetismus.

Fünfter Abschnitt.

Magneto-Electricität.

Sechster Abschnitt.

Thermo-Magnetismus.

Erster Abschnitt.

I. Maaſse.

Von der groſsen Menge im bürgerlichen Verkehr üblicher Längen- und Gewichtsmaaſse sind bei physikalischen Untersuchungen, was die ersteren betrifft, vorzugsweise nur drei allgemeiner gebraucht: der altfranzösische Fuſs, der englische Fuſs und das Meter. Angaben in Theilen des rheinländischen Fuſses sind allmählig aus den Lehrbüchern verschwunden. Wenigstens giebt es manche Erscheinungen, bei deren quantitativer Bestimmung jene drei Maaſse fast ausschlieſslich angewendet werden, z. B. der Druck der Luft an der Skale des Barometers gemessen. Bei andern Bestimmungen ist die Herrschaft jener Maaſse minder anerkannt, Angaben der Berghöhen, die Ergebnisse der Landesvermessungen geschehen häufig in provinziellen Maaſsen. Bei Wägungen haben sich die Chemiker, die englischen ausgenommen, für das Grammengewicht entschieden. Der einzige Nebenbuhler desselben ist bei der Bestimmung kleinerer Massen daher das Troygewicht. Bei gröſsern Gewichtsbestimmungen treten aber auch hier provinzielle Maaſse hervor, und die Tragkraft eines kräftigen Magneten, die Lasten, unter welchen bei Cohäsions Versuchen ein Stab reiſst oder bricht, werden auſserhalb Frankreich wohl selten durch Kilogramme angegeben. Genaue Bestimmungen über die Verhältnisse der Maaſse zu einander sind daher ein Bedürfniſs, welches immer entschiedner hervortreten muſs, je mehr Völkerindividuen sich an die thätige Förderung der Naturwissenschaften anschlieſsen. Aber grade solche Bestimmungen vermiſst man in physikalischen Lehrbüchern, deren Einleitung sie bilden sollten. Das Repertorium, welches sich die Aufgabe stellt, Lücken in denselben zu ergänzen, wo es sie bemerkt, entlehnt die nachfolgenden Data aus 2 neuerlich erschienenen Schriften, nämlich:

Dove, über Maafs und Messen oder Darstellung der bei Zeit, Raum und Gewichtsbestimmungen üblichen Maafse, Mefsinstrumente und Mefsmethoden nebst Reductionstafeln. Zweite Auflage. Berlin. 1835. 8.

Schumacher, Jahrbuch für 1836. Stuttgart 1836.

Etalons.

1) Linearmaafse.

1) Die *Toise du Pérou* im Jahr 1735 unter der Leitung von **Godin** von **Langlois** verfertigt, und von genau gleicher Länge mit der von demselben Künstler unter der Leitung von **Condamine** verfertigten *Toise du nord* ist ein *étalon à bouts* von Eisen 17 bis 18 Linien breit, 4 dick, und hat ihre rechte Länge bei 13° R.

2) Der **preufsische Fufs** ist auf einem von **Pistor** verfertigten *étalon à traits* von Eisen von 3 Fufs Länge eingetragen, in Zolle getheilt, der letzte auf eingelegten Silberstreifen in Linien. Er hat seine rechte Länge wie die *Toise du Pérou* bei 13° R.

3) Die wahre Länge der Wiener Klafter ist wie die der *Toise du Pérou* und die des preufsischen Fufses bei 13° R. Der nach dem Dekret der k. k. Landesregierung vom 20sten April 1816 als Normalmaafs anerkannte Etalon ist ein auf der oberen Fläche eines eisernen Prismas eingelassener und mit demselben fest vernieteter Silberstreifen von $1\frac{1}{2}$ Linie Breite und $\frac{1}{4}$ Linie Dicke, auf welchem von **Voigtländer** die Wiener Klafter aufgetragen und von Linie zu Linie durch Punkte getheilt ist. Der aufgetragenen Punkte, welche $1\frac{1}{2}$ Zoll über den Anfang und 5 Zoll über das Ende fortgesetzt wurden, sind 943, die ganze Länge also $78\frac{1}{2}$ Wiener Zoll. Die Endpunkte der Wiener Klafter sind auch noch neben dem Silberstreifen auf dem Eisen eingetragen. Auf dem Silberstreifen ist aufserdem die Toise von Zoll zu Zoll getheilt, der letzte Zoll in Linien aufgetragen. Zum Grundmaafse diente dabei die von **Lacaille** und **Condamine** 1760 an die Wiener Sternwarte überschickte Toise, auf welcher **Lisganig** die Wiener Klafter ebenfalls abgetragen hatte.

4) Der englische **Yard** ist 1760 von **Bird** auf einer 1.07 Zoll starken quadratischen Stange von **Messing** durch die **Entfernung** zweier auf 2 eingelassenen goldenen Stiften befindlichen **Punkte** angegeben, und hat seine rechte Länge bei 62° Fahrenheit.

5) Das **Meter** ist ein *étalon à bouts* von **Platina** von **Lenoir** verfertigt, und hat seine rechte Länge bei 0° C.

6) Dem schwedischen Maafse liegt folgende Bestimmung zu Grunde: Der **schwedische Fufs** ist nach den Messungen von **Svanberg** und **Cronstrand** 0.3757364 der Länge des Secundenpendels der Stockholmer Sternwarte, deren Breite 59° 20′ 34″, oder die Länge dieses Secundenpendels = 33.505574 schwedische Decimalzolle (das Meter also 33.681256 schwedische Dezimalzolle).

7) Die russischen Längenmaafse haben folgende Bestimmungen:
1) Der russische Fufs ist gleich dem englischen.
2) Die russische **Arschin** oder **Elle** gleich 16 **Werschock** = 28 engl. Zoll.
3) Der russische **Saschen** oder der Faden = 3 **Arschin** oder 7 Fufs = 84 - -
4) Der **Werschock** . . . . = $1\frac{3}{4}$ - -
5) Die russische Werst hält 500 Saschen oder 1500 Arschinen . . . . . . = 3500 - Fufs.

8) Die warschauer Elle ist gesetzlich 576 Millimeter, der Fufs hält 238.

2) Hohlmaafse.

1) Das **Liter** ist ein Cubus, dessen Seite ein Decimeter. Aufser in Frankreich wird diese Einheit häufig bei der Volumen-Bestimmung von Flüssigkeiten gebraucht, da aus dem Gewichte derselben in Grammen sich leicht das Volumen finden läfst, wenn ihre Dichtigkeit bekannt ist.

2) Das **preufsische Quart** enthält 64 preufsische Cubikzoll.

3) Die Einheit des englischen Hohlmaafses ist der ***Imperial Standard Gallon***, er enthält 10 Pfund *Avoirdupois* destillirtes Wasser in der Luft bei 62° F. und 30″ Barometerstand.

Der russische Eimer, **Wedro**, 10 Stoof enthaltend, ist 760 engl. Kubikzoll. Der polnische Garniz = 4 französische Litres

In dem älteren englischen Maafssysteme war die Gröfse des *Winchester Bushel* 2150.42 Cubikzoll, der *Wine Gallon* 231.

3) Gewichte.

1) Bei Gewichtsbestimmungen bediente man sich sonst in Frankreich des ***Poids de marc***, deren 50 das Normalmaafs: ***la pile de Charlemagne***, enthielt. Nach genauen Abwägungen eines von **Fortin** verfertigten 0.0112900054 Cubikmeter bei 17°.6 C. enthaltenden Cylinders in destillirtem Wasser fand **Lefévre-Gineau**, dafs **ein französischer Cubikfufs destillirten Wassers bei seiner gröfsten Dichtigkeit 70 Pfund 141 Grains** und bei der Temperatur des schmelzenden Eises 70 Pfd. 130 Grains ***poids de marc*** **wiege**.

2) Dem Grammengewicht, welches nicht nur in Frankreich, wo es gesetzlich eingeführt ist, sondern überhaupt bei wissenschaftlichen Untersuchungen, besonders bei chemischen Analysen, fast allgemein, England ausgenommen, gebraucht wird, liegt die Bestimmung zu Grunde, dafs **ein Cubus des dichtesten Wassers, dessen Seite ein Decimeter, im leeren Raume gewogen, ein Kilogramme** = 1000 Grammen sein soll. Das Normalgewicht von Platina ist von **Fortin**. Das am 22sten Juni 1799 in den Archiven der Republik deponirte Normalkilogramm ist ein Cylinder von Platina von 20.644 Dichtigkeit, dessen Cubikinhalt bei der Temperatur des schmelzenden Eises 48615.4 Cubikmilli-

meter beträgt nach den im Jahr 1835 angestellten Messungen des Professor Olufsen.

3) Das preufsische Pfund ist der 66ste Theil von dem Gewicht eines preufsischen Cubikfufses destillirten Wassers im luftleeren Raume bei einer Temperatur von 15° des Réaumurschen Quecksilberthermometers. Das von Schaffrinski verfertigte Normalpfund ist von Messing.

4) Das englische Gewicht hat folgende Bestimmung: Der Cubikzoll destillirten Wassers wiegt in der Luft mit Messinggewichten gewogen bei einer Temperatur von 62° F. und 30″ Bar. 252.458 Grain, deren 5760 ein Pfund *Troy*, 7000 ein Pfund *Avoirdupois* geben. Das Normalpfund ist das im Jahr 1758 im Hause der Gemeinen niedergelegte *Imperial Standard Troy Pound*, welches aber bei dem Brande der Parlamentshäuser verloren gegangen ist. Paucker berechnet das Gewicht eines Cubikzolls Wasser unter denselben Bedingungen

nach Shuckburgh und Kater	= 252.45250 Troy Grains
- Lefévre-Gineau u. Fabroni	= 252.30378 - -
- Paucker	= 252.27988 - -
als Mittel aus den beiden letztern	= 252.29184 Troy Grains
	= 16.317821 Grammen
	= 367.90120 russ. Doli.

Demnach wiegt 1 engl. Cubikfufs desselben Wassers 62.280043 engl. *Avoirdupois* Pfund = 996.48068 *Avoirdupois* Unzen und 1 Cubikmeter 997.63728 Original-Kilogramme.

Diesen Normaletalons füge ich die Bestimmung einiger sicher bestimmten Gewichtseinheiten bei:

5) Nach den Abwägungen von Stampfer ist das Wiener Pfund Handelsgewicht 560.0164 Grammen, das Wiener Loth = 17.50051 Grammen, und das absolute Gewicht eines Wiener Cubikzolles Wasser bei seiner gröfsten Dichtigkeit 18.27092 Grammen. Hiernach wiegt ein Wiener Cubikfufs Wasser bei seiner gröfsten Dichtigkeit 56.377188 Wiener Pfund = 56 Pfd. 12 Loth 16.8 Gran.

6) Dem schwedischen Pfund liegt folgende Bestimmung zu Grunde: 1 Kanne oder 100 Cubikzoll destillirtes Wasser bei 16°.66 C. wiegen 6.151951 schwedische Pfund, also 1 schwedisches Pfund = 425.1225 Grammen, 1 Loth = 13.285078 Grammen. Das schwedische und englische Gewicht sind also durch Volumina von Wasser gleicher Temperatur ausgedrückt.

7) Die Einheit des spanischen Gewichtes ist die Castilische Mark, *marco castilliano*; das Normalmaafs in der Münze von Madrid, nach einer von Everett beglaubigten Copie nach der Bestimmung von Hassler = 230.3068 Grammen = 3554.3723 Troy Grains. Die Mexicanische Mark fand sich nach einer von Poinsett beglaubigten Copie des Normalgewichtes in der Münze von Mexico bei dieser Prüfung = 230.0466 Grammen (= 3550.4439 Troy Grains).

8) Das bei der Regulirung des metrischen Systems von van Swinden nach Paris gebrachte holländische Troy Pfund wog 9266.1168 französische Grains (= 7595.706 engl. Troy Grains) nach einer von Tralles an Hassler mitgetheilten Notiz. Dieses sorgfältig aufbewahrte Normalpfund mit dem Original-Kilogramm von van Swinden verglichen, fand sich bei mehrfacher Vergleichung von van Moll im Jahre 1831 = 492.14908 Grammen, ein Unterschied, welchen van Moll nur durch die Annahme erklären zu können glaubt, dafs das Kilogramm von van Swinden mit dem in Paris nicht übereinstimmte.

9) Nach 208 Vergleichungen einer Copie des russischen Normalpfundes im Münzhofe zu Petersburg und einer Copie des parlamentarischen Troypfundes wiegt das russische Pfund 6319.962 Troy Gran

ist also = 0.90285 Pfd. *Avoirdupois*,

das russische Pud von 40 Pfd. = 36.114 - -

das russische Pfd. enthält 96 Solotnik oder 9216 Doli.

Das in Rufsland gebräuchliche Nürnberger Medicinalpfund enthält 5522.507 Engl. Troy Gran, oder 8053.12 russ. Doli.

10) Das warschauer Pfd. beträgt gesetzlich 405.504 Grammen.

Vergleichung der Maafse.

1) Des altfranzösischen und englischen Maafse.

Graham fand im Jahre 1742:

1) die halbe Pariser Toise enthält 38''.355 des Maafsstab der *Royal Society*.

2) 16 Unzen französisches Gewicht oder 2 Marc wiegen 7560 *Troy Grains*.

3) Das *Avoirdupois* Pfund wiegt 7004 Troy Grains.

Da aber bei einer spätern Vergleichung des angewendeten Maafses mit den in der Schatzkammer, *Guildhall* etc. niedergelegten Normaletalons sich merkliche Differenzen unter diesen zeigten, so liefs das im Jahr 1758 und 1759 gebildete *Committee to inquire into the original Standards of Weights and Measures in the Kingdom, and to consider the Laws relating thereto* auf den Vorschlag von Harris zwei gleiche Messingstäbe von Bird verfertigen, auf welchen die Länge des Etalon der *Royal-Society* auf eingelassenen goldnen Stiften durch feine Punkte bemerkt wurde, von denen der eine ungetheilte mit der Inschrift: „*Standard* 1758" als Normaletalon sorgfältig aufbewahrt, der andre in der Schatzkammer zur Vergleichung niedergelegt werden sollte, und deswegen in 36 Zoll getheilt wurde. Zu gleicher Zeit wurden zwei Exemplare des durch genaue Prüfungen von Harris ermittelten *Troy* Pfundes dem Hause der Gemeinen und der Münze übergeben, und durch Bingley mittelst derselben das in der Münze befindliche *Avoirdupois Standard Pound* = 7000 *Grains Troy* bestimmt. Dies im Hause der Gemeinen niedergelegte *Troy* Pfund ist bei der neuern Gewichtsbestimmung, welche seit dem ersten Januar 1826 Gesetzeskraft erlangt hat (der Termin der Einführung wurde vom 1sten Mai 1825 so weit verlängert, als *the original and genuine standard measure of wheight* unter dem Namen ***Imperial Standard Troy Pound*** anerkannt worden, aber bei dem Brande der Parlamentshäuser verloren gegangen; hingegen für das Längenmaafs statt ***Bird's Parliamentary Standard*** 1758 eine von Bird in 36 Zoll getheilte, vom Jahr 1760 mit jener übereinstimmende Skale als Normaletalon angenommen. Das Verhältnifs des französischen Maafses zum englischen bestimmte aber Bird durch 2 von Lalande an Maskelyne im Jahr 1765 geschickte Toisen

nach dem einen Etalon: Toise = 76''.732 engl.
- - andern - = 76''.736 -
Mittel = 76''.734 engl.

Shuckburgh fand im Jahr 1798 die halbe Toise = 38''.3561
Hassler fand im Jahre 1832:
Eisentoise von Canivet = 76''.74312493
- - Lenoir = 76''.74120154.

Um diese Bestimmung auf die Normaltemperatur beider Etalons zurückzuführen erhält man

Canivets Toise bei 13° R. = 76''.74312493 } 1.0002036834
Lenoirs - - - - = 76''.74120154 } 1.0003152769
engl. Zoll bei 62° F.,

da nach den eigenen Versuchen von Hassler zwischen dem Thau- und Kochpunkt

die Ausdehnung des Eisen = 0.0012534363,
- - - Messing = 0.0018916254.

Die so reducirten Versuche geben zusammengestellt mit den übrigen folgende Relationen: Die Toise ist

nach	Graham	im Jahr 1742	= 76''.71	engl.
-	Bird	- - 1765	= 76''.734	-
-	Shuckburgh	- 1798	= 76''.7122	-
-	Hassler	- - 1832	= 76''.73463	-
			= 76''.73270	-
		Mittel	= 76''.73336	engl.

Nach dieser letzteren Bestimmung würde sich der französische zum englischen Fufs verhalten wie 1 : 1.0657063. Pauker nimmt die Toise = 76''.736639 engl. an mit einer wahrscheinlichen Unsicherheit 0.00110.

2) Vergleichung des metrischen und englischen Maafses.

Eine mit der Shuckburgh gehörigen Skale vollkommen übereinstimmende, ebenfalls von Troughton getheilte, nebst einem dioptrischen Comparateur, brachte im Jahre 1801 Pictet nach Frankreich. Die durch Prony, Legendre und Mechain mit dem Meter angestellte Vergleichung derselben ergab, dafs bei der Temperatur von 12°.75 C. das Platinameter 39''.3781 und das eiserne Meter 39''.3795 engl. gleich sei. Da nun nach den genauen Versuchen von Borda für 1° C.

die Ausdehnung des Platinas = 0.00000856,
des Eisens = 0.00001156,
des Messings = 0.00001783:

so fand sich bei der Temperatur des schmelzenden Eises

das Platinameter des Instituts = 39''.382755 engl.
das eiserne Meter - - = 39''.382649 -

also, da die Differenzen zu vernachlässigen,

beide Meter bei 0° = 39''.3827 engl. bei 0°.

Da aber das englische Maafs bei 62° F. seine rechte Länge hat, so erhält man

Meter bei 0° = 39''.371 bei 62° F.

Diese Bestimmung ist in *Kelly Universal Cambist* und in der 1823 in Paris erschienenen französischen Uebersetzung desselben den Reductionen zum Grunde gelegt, auch ist sie die, welche in physikalischen Lehrbüchern in der Regel angeführt wird.

1818 fand Kater mit dem Ausdehnungscoefficienten 0.00000476 für Platina, und 0.0000104 für Messing für 1 F.

Mètre à bouts bei 0° = 39''.37076 *Shuckburgh's Scale* bei 62° F.
Mètre à traits bei 0° = 39''.37081 - - - -
Mittel Mètre bei 0° = 39''.37079 - - - -

Nach dieser Angabe sind die im *Annuaire* jährlich erscheinenden Tafeln von Mathieu berechnet. Es ist nämlich in denselben angenommen:

1 Meter	=	3.2808992	engl. Fufs
-	=	1.093633	Yard
1 Myriameter	=	6.2138	Miles

und daraus

1 engl. Zoll	=	2.539954	Centim.
1 engl. Fufs	=	3.0479449	Decim.
1 engl. Yard	=	0.91438348	Mètre
1 Fathom	=	1.82876696	-
1 Pole or Perch	=	5.02911	-
1 Mile	=	1609.3149	-

Flächenmaafse.

Yard ❑	=	0.836097	❑ Mètr.
Rood (Quad. Perch.)	=	25.291939	-
Rood (1210 Yard ❑)	=	10.116775	ares (100 ❑ Metr.)
Acre (4840 ❑ Yard)	=	0.404671	hectar.

❑ Mètre	=	1.196033	❑ Yard
Are	=	0.098845	Rood
Hectare	=	2.473614	Acres

Hohlmaafse.

Englisch.		Metr.	
1 Pinte	=	0.567932	Litre
Quart	=	1.135864	-
Imp. Gallon	=	4.54345794	-
Peck	=	9.0869159	-
Bushel	=	36.347664	-
Sack	=	1.09043	Hectol.
Quarter	=	2.907813	-
Chaldron	=	13.08516	-

Litre	=	1.760773	Pinte
	=	0.2200967	Gallon.

Kater fand aufserdem ebenfalls durch directe Messung:

Mètre bei 0° = 39″.37062 *Bird's Parliamentary standard* bei 62°, welche letztere Bestimmung den Relationen der Maafse zum Grunde werden mufs, insofern nämlich nicht die Shuckburgh'scie Skale, sondern die von Bird Gesetztes Kraft erlangt hat. Pauker ninmt das Originalmeter des Längenbureau's = 39″.3075 mit einer wahrscheinlichen Unsicherheit von 0.0005.

Hassler fand 1832 bei der Temperatur des schmelzenden Eises

1) eisernes Meter *à bouts*	=	39″.3809171	Troughton Scale
2) - - -	=	39″.3807827	-
3) - - -	=	39″.3799487	-
4) Platina Meter *à traits*	=	39″.3804194	-
5) Meter von Messing	=	39″.3803688	-
6) - - - -	=	39″.3804404	-
7) - - - -	=	39″.38052739	-
8) - - - -	=	39″.3796084	-
9) - - - -	=	39″.3795983	-
10) - - - -	=	39″.3802718	-
11) - - - -	=	39″.365408	-

Da die Etalons 1. 3. 4. 5. beglaubigt sind, so hat eine Reduction derselben auf die Normaltemperatur der beiden Mafsstäbe Interesse. Wählt man für Eisen und Messing die Ausdehnungscoefficienten von Hassler, und für Platina den mittleren aus den Versuchen vom Troughton und Borda, nämlich für 1° F. = 0.0000051344, so erhält man

1) 1 Meter bei 0° C.	=	39″.36850	engl. bei 62° F.
2) 1 - - -	=	39″.36754	- - -
4) 1 - - -	=	39″.36789	- - -
5) 1 - - -	=	39″.35473	- - -

3) Vergleichung des metrischen und preufsischen Maafses.

Da nach der gesetzlichen Bestimmung 1 pr. Fufs = 139.13 par Lin.
1 Meter = 443.296 -,
so ist 1 pr. Fufs = 313.mm8535.

Verhältnisse der Gewichtseinheiten.

1) alt- und neufranzösisch.

Die Relation des altfranzösischen Markgewichtes zum Grammengewicht ist durch Lefèvre-Gineau bestimmt. Es sind nämlich
1000 Grammes = 18817.15 Grains p. d. m.
also 1 Grain Poids de marc = 0.053114783 Grammen.

2) englisch und französisch.

Eytelwein berechnet

1 Grain Troy	=	0.0647654724449	Grammen,
1 Pfund Troy	=	373.049121282	-
1 Pfund Avoirdupois	=	453.358307114	-;
daher 1 Gramme	=	15.44032587	Grains Troy.

Hingegen giebt Matthieu im *Annuaire* folgende Bestimmungen mit der Bemerkung, dafs sie nicht vollkommen sicher sind:

1 Pfund Troy Imper.	=	373.0956	Grammen
1 Unze	=	31.0913	-
1 Penny weight	=	1.55456	-
1 Grain	=	0.06477	-
1 Pfund Avoirdupois	=	453.4148	-
1 Unze	=	28.3384	-
1 Dram	=	1.7712	-
1 Ton	=	1015.649	Kilogr.
1 Quintal	=	50.78246	-
1 Gramme	=	15.438	Grains Troy Imp.
-	=	0.643	Penny weight
-	=	0.03216	Unze Troy
1 Kilogr.	=	2.68027	Pfund Troy
-	=	2.20548	Pfund Avoirdupois

wobei das Meter = 3″.937079 gesetzt, also die Skale von Shuckburgh zum Grunde gelegt ist. Francoeur findet
1 Pfund Troy = 372.9986.

Dafs zwischen den Resultaten dieser Berechnungen und den Ergebnissen directer Vergleichungen durch beglaubigte Etalons ein sehr merklicher Unterschied sich zeigt, scheint nicht allein in der Unsicherheit über die thermische Ausdehnung des Wassers seinen Grund zu haben, sondern auch darin, daſs die verfertigten Copien des Kilogramm nicht entnommen worden sind von dem in den Archiven niedergelegten Original, sondern von der auf der Pariser Sternwarte befindlichen Copie, welche nicht voll ein Milligramm schwerer gefunden worden, als jenes Original.

Die erste durch Lord Castlereagh veranlaſste Vergleichung in der Londoner Münze gab:

	1 Pfund Troy	= 373.202	Grammen,
in Paris erhielt man 1821	1 - -	= 373.233	-
Weber fand 1830	1 - -	= 373.2484	-

Durch Abwägungen vermittelst einer Robinson'schen Waage erhielt van Moll:

1 Kilogramm von Fortin	= 15432.295	engl. *Imperial*	*Troy*	*Grains*
-	= 15432.752	-	-	-
- Gandolfi	= 15432.730	-	-	-
Gandolfi	= 15422.752	-	-	
- Nagel	= 15432.920	-	-	
- Nagel	= 15432.985	-	-	-
- Nagel	= 15432.420	-	-	-
Kilogramm	= 15434.91			

Hassler fand folgende Verhältnisse, das erste Kilogramme als Maaſs für die übrigen betrachtet:

1) ein Kilogramm
von Messing = 1000.000 Grammen = 15433.15902 *Troy Grains*
2) ein Kilogramm
von Messing = 1000 000 Grammen = 15433.15902 -
3) ein Kilogramm
von Platina = 1000.0910 Grammen = 15434.56344 -
4) ein Kubisches getheilt
von Messing = 1000.0015 Grammen = 15433.18202 -
5) ein Kilogramm
von Messing = 1000.0055 Grammen = 15433.24392 -
6) ein Kilogramm
von Messing = 1000.0035 Grammen = 15433.21302 -
7) für gewöhnlichen Gebrauch
= 1000.198 Grammen = 15436.21424 -

Also

Vergleichung in Paris:	Kilogr.	= 15432.17	*Imp. Troy Grains*
nach Weber	-	= 15432.08222	-
nach van Moll	-	= 15432.471	-
nach Hassler	-	= 15433.15902	-
	Mittel	= 15432.60781	

Pauker setzt 1 Kilogramm = 15433.75 mit einer wahrscheinlichen Unsicherheit 0.09.

Drückt man das Troypfund in Grammen aus, so erhält man folgende Bestimmungen:

Vergleichung in Paris 1 Pfund *Troy*	= 373.233	Grammen.
- nach Weber 1 Pfund *Troy*	= 373.2481	-
- - van Moll -	= 373.2531	-
- - Hassler -	= 372.2223	-
Mittel	= 373.2392	-
hingegen berechnet von Matthieu	= 373.0965	-
nach Eytelwein	= 373.0491	-
nach Francoeur	= 372.9986	-
Mittel	= 373.0481	-

Die preufsischen Normalpfunde wurden als richtig anerkannt, wenn sie 467.711 Grammen wogen.

Aus der Combination des Verhältnisses des französischen zum preufsischen und englischen Gewicht folgt endlich nach Eytelwein

1 *Grain Troy*	= 0.0044311445782	pr. Loth,
1 Pfund -	= 25.5233927704	-
1 Pfund *Avoirdupois*	= 31.0180120474	-
1 pr. Loth	= 225.67532662	Grains Troy.

Legt man hingegen die direct gefundenen Verhältnisse zu dem Kilogramm zum Grunde, so erhält man:

1 Pfund $= \frac{373.2494}{467.7110}$ pr. Pfund	= 0.7980324	pr. Pfund
	= 25.5370368	- Loth
Grain Troy	= 0.00443351	- -
1 Pfund *Avoirdupois*	= 31.03458	- -
1 Unze	= 1.939661	- -

Die erhaltenen Gewichtseinheiten sind also in Grammen ausgedrückt folgende:

1 Pfund *Poids de marc*	= 489.506	Grammen
1 - *Imperial Troy*	= 373.2484	-
1 - *Avoirdupois*	= 453.6005	-
1 preufsisches Pfund	= 467.71101	-
1 Wiener Pfund Hand.	= 560.0164	-
1 holländisches Pfund	= 492.14908	-
1 schwedisches -	= 425.1225	-
1 warschauer -	= 405.504	-
1 Marco Castilliano	= 230.3068	-

Die Litteratur, aus welcher die hier gegebnen Bestimmungen entlehnt sind, ist folgende:

Meter.

Instruction abrégée sur les mesures déduites de la grandeur de la terre uniformes pour toute la republique. Paris an. 2.

Delambre, base du système métrique decimal ou mésure de l'arc du meridien compris entre les paralleles de Dunkerque et de Barcelone. Paris. 3 Vol. 4.

Vergleichung des *Mètre definitif* mit dem sich aus den neuern Erdmessungen ergebenden von Schmidt in Schumacher's astron. Nachr. 9. 371

Vergleichung des englischen und französischen, und Grundbestimmungen des englischen.

An account of the proportions of the english and french measures and weights from the standards of the same kept at the Royal Society. Ph. Tr. 1742. 185.

An account of a comparison lately made by some Gentlemen of the R. S. of the Standard of a Yard, and the several weights lately made for their use, with the Original Standards of Measures and Weights in the Exchequer, and some others kept for public use, at Guildhall, Foundershall, the Tower, the Watchmakers Company. Ph. Tr. 1743. 543.

Maskelyne and Bird on the proportion of english and french measures Ph. Tr. 1665. 316.

Barlow, an account of the analogy betwixt english weights and measures of capacity. Ph. Tr. 41. 457.

Whitehurst, Attempt to obtain measures of length from the mensuration of time, or the true length of pendulums.

Shuckburgh, An account of some Endeavours to ascertain a Standard of weight and measure. Ph. Tr. 1798. 133.

Bessel, über die von Hassler zur Vermessung der Küste der vereinigten Staaten ergriffenen Maafsregeln. Schum. astr. Nachr. 6. 349.

Hassler, Comparison of Weights and Measures of Length and Capacity reported to the Senate of the United States by the Treasury Departement in 1832 *and made by F. R. Hassler. Washington* 1832.

Kater, on the length of the French Mètre estimated in parts of the English Standard. Ph. Tr. 1818. 103.

— *An account of the re-measurement of the cube, cylinder and sphere used by the late Sir George Shuckburgh in his inquiries respecting a standard of weights and measures. Ph. Tr.* 1821. 316.

Francoeur, Nouveau Bulletin des Sciences par la Société Philomatique de Paris. Année 1825 *p.* 129.

Kelly, Universal Cambist and Commerc Instructor. ed. 2 *Lond.* 1821. *p.* 225.

Weber, Ueber die noch vorhandene Unzuverläfsigkeit im spezifischen Gewichte des Wassers. Pogg. Annal. 18. 608.

van Moll in Schumacher's astron. Nachrichten 9, 75.

Eytelwein, Vergleichung der neuesten englischen Maafse und Gewichte mit den preufsischen. Abh. d. Berl. Akad. 1827. 1.

Compensation der Pendel.

In dem Artikel Pendel in der von Lardner verfafsten Mechanik der Cabinet - Cyclopaedia giebt Kater für die Compensation der aus verschiedenem Material verfertigten Pendel folgende Verhältnisse:

Stahlstab mit Messing compensirt		1,000 : 0,6091
Eisendrath -	Blei -	1,000 : 0,4308

Stahlstab	mit	Blei compensirt	1.0000 : 0.3993
Eisendrath	-	Zink -	1.0000 : 0.3973
Stahlstab	-	Zink -	1.0000 : 0.3682
Glasstab	-	Blei -	1.0000 : 0.3007
Glasstab	-	Zink -	1.0000 : 0.2773
Tannenholz	-	Blei -	1.0000 : 0.1427
Tannenholz	-	Zink -	1.0000 : 0.1313
Stahlstab	-	Quecksilber im Stahlcylinder	1.0000 : 0.0723
Stahlstab	-	Quecksilber im Glascylinder	1.0000 : 0.0703
Glasstab	-	Quecksilber im Glascylinder	1.0000 : 0.0529

Dieser Tafel liegen folgende Bestimmungen zum Grunde:

Es dehnt sich für einen Fahrenheitschen Grad linear aus:

Weifstanne	um	0.0000022685	nach	Kater
		0.0000028444	-	Struve
Englisch Flintglas	-	0.0000047887	-	Dulong und Petit
Gufseisen	-	0.0000061700	-	Gen. Roy
		0.0000065608	-	Dulong und Petit
Eisendrath	-	0.0000068613	-	Lavoisier und Laplace
Stabeisen	-	0.0000069844	-	Hassler
Stahlstange	-	0.0000063596	-	Gen. Roy
Messing	-	0.0000104400	-	Engl. Gewichts-Comm.
Zink	-	0.0000163426	-	Smeaton
Blei	-	0.0000159259	-	Smeaton
Gehämmert Zink	-	0.0000172685	-	Smeaton
Quecksilber im Vol.	-	0.00010010	-	Dulong und Petit.

Der Artikel enthält gute Abbildungen der vorzüglichsten Compensationen.

Reductionen der Wägungen.

Bessel hat die Reductionen, vermöge welcher man aus den unmittelbaren Abwägungen in der umgebenden Luft das wahre Gewicht und aus den Wägungen im destillirten Wasser die specifische Schwere des gewogenen Körpers erhält, in eine logarithmische Tafel gebracht, welche wir nebst der Ableitung derselben aus Schumacher's astronomische Nachrichten Bd. VII. No. 163 entlehnen.

Bezeichnet Δ die Dichtigkeit des Körpers bei 0° C. für Wasser im Maximum der Dichtigkeit als Einheit, M seine Masse, 1 : R das Verhältnifs seiner Dimensionen bei 0° und der Temperatur, bei welcher die Wägung geschieht, so füllt er den Raum $\frac{M}{\Delta}R^3$ aus, und verdrängt von einer Flüssigkeit, deren specifische Schwere Q, eine Masse $\frac{M}{\Delta}R^3Q$, zieht also an einem Arm der Waage mit einer Kraft $M\left\{1-\frac{R^3Q}{\Delta}\right\}$. Haben für das Gewicht die kleineren Buchstaben dieselbe Bedeutung, so zieht das Gewicht m am andern Arme mit der Kraft m $\left\{1-\frac{r^3q}{\delta}\right\}$. Sind beide im Gleichgewicht, so wird

$$M\left\{1-\frac{R^3Q}{\varDelta}\right\} = m\left\{1-\frac{r^3q}{\delta}\right\}$$

Geschieht die Wägung in der Luft, so wird $Q = q$ also

$$M\left\{1-\frac{R^3q}{\varDelta}\right\} = m\left\{1-\frac{r^3q}{\delta}\right\}$$

Geschieht die Wägung im destillirten Wasser, dessen Dichtigkeit Q sein mag, bei einer Temperatur, die sowohl in Beziehung auf das Wasser als in Beziehung auf die Luft von der Temperatur bei der ersten Wägung verschieden sein kann, und bezeichnen m_1, r_1, q_1, R_1, die für die zweite Wägung geänderten Werthe von m, r, q, R; so wird

$$M\left\{1-\frac{R_1^3Q}{\varDelta}\right\} = m_1\left\{1-\frac{r_1^3q_1}{\delta}\right\}$$

und, wenn man statt $\frac{r^3q}{\delta}$ und $\frac{r_1^3q}{\delta}$, i und i_1 schreibt durch Elimination von M

$$\frac{m(1-i)}{1-\frac{R^3q}{\varDelta}} = \frac{m_1(1-i_1)}{1-\frac{R^3{}_1q}{\varDelta}}$$

$$\text{also } \varDelta = \frac{mR_1^3Q(1-i)-m_1R^3q(1-i_1)}{m(1-i)-m_1(1-i_1)}$$

Setzt man $J = \frac{R^3q}{\varDelta}$, so erhält man, sobald $\varDelta$ bekannt ist, aus der ersten Gleichung

$$M = m\cdot\frac{1-i}{1-J},$$

Ausdrücke, bei denen man bei allen Wägungen, aufser den von elastischen Flüssigkeiten, nur die erste Potenz von i zu berücksichtigen braucht.

Nach Brissons von Hällström berechneten Versuchen ist 13.59606 die specifische Schwere des Quecksilbers, $\frac{1}{10475.6}$ die Dichtigkeit der Luft bei 0.^{m}76 Druck und 0° C. Temperatur für Quecksilber als Einheit, also $\frac{13.59606}{10475.6} = \frac{1}{770.488}$ die Dichtigkeit der Luft unter denselben Bedingungen für Wasser als Einheit. Bei dem in Pariser Linien gemessenen auf 0° reducirten Barometerstand b und der Temperatur t ist also die Dichtigkeit q der Luft

$$q = \frac{1}{770.488}\cdot\frac{b}{0.76\times443.296}\cdot\frac{1}{1+t\times0.00375}$$
$$= \frac{b}{259581(1+t\times0.00375)}$$

Für Messinggewichte, deren Dichtigkeit $\delta = 8.4$ und Linearausdehnung für einen Grad C = 0.000018785, wird

$$i = \frac{r^3 q}{\delta} = \frac{(1 + t \times 0.000018785)^3 b}{8.4 \times 259581 (1 + t \times 0.00375)}.$$

Setzt man $$\alpha = \frac{(1 + t \times 0.000018785)^3}{8.4 \times 259581 (1 + t \times 0.00375)},$$

so findet man für die Bestimmung von $i = \alpha b$

$$i_1 = \alpha_1 b_1$$

$\log \alpha$ in der ersten Columne für Centesimalgrade von 0° bis + 25° für die Temperaturen t und t_1 und die Barometerstände b und b_1 der beiden Wägungen.

Da $J = \frac{R^3 q}{\varDelta}$, so wird, wenn R die Linearausdehnung des ganzen Körpers bedeutet,

$$J = \frac{b.(1 + tK)^3}{259581 (1 + t \times 0.00375) \varDelta},$$

oder wenn $$\beta = \frac{1}{259581 (1 + t \times 0.00375)},$$

$$J = \frac{\beta b (1 + tK)^3}{\varDelta},$$

wo β für die Temperatur t in der zweiten Columne gefunden wird.

Mit diesen beiden Columnen kann M gefunden werden, wenn $\varDelta$ bekannt ist. Soll aber diese Dichtigkeit durch eine Wägung in Wasser gefunden werden, so enthält die dritte Columne die Logarithmen der specifischen Schwere Q des Wassers (für das Maximum der Dichtigkeit als Einheit) nach den Versuchen von Hällström in Pogg. Annal. I. 163. Daraus ergiebt sich also

$$\log R_1{}^3 Q = \log Q + 3 \log (1 + tK),$$
$$\log R^3 q = \log b + 3 \log (1 + tK) + \log \beta,$$
$$\log i = \log \alpha + \log b,$$
$$\log i_1 = \log \alpha_1 + \log b_1$$

zur Bestimmung der Quantitäten in den Näherungsformeln

$$\varDelta = \frac{m}{m - m_1} R_1{}^3 Q - \frac{m_1}{m - m_1} R^3 q + \frac{m m_1}{(m - m_1)^2} Q (i_1 - i)$$

und $M = m + mJ - mi$.

Will man die gröfstmöglichste Genauigkeit erhalten, so wird man statt der angenommenen Dichtigkeit des Messings = 8.4 diese durch eine Wägung im Wasser selbst bestimmen. Bringt man dann das Gewicht m im Wasser mit dem Gewicht m_1 in der Luft ins Gleichgewicht, so wird, wenn δ die Dichtigkeit der Gewichtsstücke

$$m \left\{ 1 - \frac{r^3 Q}{\delta} \right\} = m_1 \left\{ \frac{r_1{}^3 q_1}{\delta} \right\},$$

also $$\delta = \frac{m r^3 Q - m_1 r_1{}^3 q_1}{m - m_1}.$$

Die vierte Columne enthält den Logarithmus von $r^3 Q$. Aufserdem ist

$$\log r_1{}^3 q_1 = \log \alpha + \log b + \log 8.4.$$

Sobald δ bekannt ist, hat man daher der ersten Columne der Tafel die beständige Verbesserung $0.92428 - \log \delta$ hinzuzufügen.

Tafel zur Reduction der Abwägungen.

Therm. Cent.	Log. α		Log. β		Log. Q		Log. r³Q	
0°	3,66145	—	4,58573	—	9,9999530	—	9,9999530	—
1	3,65985	160	4,58411	162	9,9999731	+ 201	9,9999976	+ 446
2	3,65825	160	4,58248	163	9,9999877	+ 146	0,0000366	+ 390
3	3,65666	159	4,58087	161	9,8999966	+ 89	0,0000700	+ 334
4	3,95508	158	4,57926	161	9,9999998	+ 32	0,0000977	+ 277
5	3,65350	158	4,57766	160	9,9999978	— 20	0,0001202	+ 225
6	3,65193	157	4,57607	159	9,9999903	— 75	0,0001371	+ 169
7	3,65037	156	4,57448	159	9,9999771	— 132	0.0001484	+ 113
8	3,64881	156	4,57289	159	9,9999585	— 186	0,0001542	+ 58
9	3,64725	156	4,57131	158	9,9999347	— 238	0,0001549	+ 7
10	3,64571	154	4,56974	157	9,9999055	— 292	0,0001502	— 47
11	3,64416	155	4,56818	156	9,9998710	— 345	0,0001402	— 100
12	3,64263	153	4,56661	157	9,9998313	— 397	0,0001249	— 153
13	3,64110	153	4,56506	155	9,9997862	— 451	0,0001043	— 206
14	3,63957	153	4,56351	155	9,9997359	— 503	0,0090785	— 258
15	3,63804	153	4,56196	155	9,9996805	— 554	0,0000476	— 309
16	3,63653	151	4,56042	154	9,9996203	— 602	0,0000119	— 357
17	3,63503	150	4,55889	153	9,9995547	— 656	9,9999707	— 412
18	3,63352	151	4,55736	153	9,9994840	— 707	9,9999245	— 462
19	3,63202	150	4,55584	152	9,9994081	— 756	9,9988733	— 512
20	3,63053	149	4,55432	152	9,9993277	— 807	9,9998171	— 562
21	3,62904	149	4,55281	151	9,9992424	— 853	9,9997563	— 608
22	3,62756	148	4,55130	151	9,9991518	— 906	9,9996901	— 662
23	3,62608	148	4,54980	150	9,9990566	— 952	8,9996194	— 707
24	3,62461	147	4,54830	150	9.9989564	— 1002	9,9995437	— 757
25	3,62314	147	4,54881	149	9,9988513	— 1051	9,9994630	— 807

Waagen.

Um die Ungenauigkeit, welche aus dem Nichtparallelismus der Schneiden einer Waage hervorgeht, zu vermeiden, hat Mohr, (Pogg Annal. 25, 276) den Waagebalken so construirt, dafs das Centrum oscillationis zwei glasharte in Spitzen auslaufende Schrauben sind, die Waagepunkte ebenfalls zwei in eine Spitze von 60 Grad, die bei kleinern Waagen auch schärfer sein kann, auslaufende Schrauben vom besten Gufsstahl. Die Drehpunkte bewegen sich auf ebenen Agat- oder Carneolplatten. Die Last der Schaalen ruht mittelst eines kleinen Tellerchens aus Agat, dessen untere concave Seite ein kreisförmiges Kugelsegment ist, auf den Waagpunkten.

Bei

Bei der Regulirung des Nordamerikanischen Gewichtsystems hat Hassler (Comparison of weights and measures of length and capacity made by Hassler. Washington 1832) im Grofsen ausgeführte Tralles'sche Senkwaagen angewendet und ihre Construction zu diesem Zweck etwas modificirt. Ein starkes ellipsoidisches Glasgefäfs ist an seiner Oeffnung verschlossen durch eine eingekittete Stahlplatte, in welche 3 Stahlstangen eingeschraubt sind. Die an diesen befestigten Querarme machen mit einander Winkel von 120 Grad, und tragen vermittelst herabgehender Stangen die Waagschaale. Der Glaskörper wird in ein Gefäfs mit Quecksilber oder Wasser eingetaucht, welches auf einem Tisch steht, unter welchem parallel mit ihm die Waagschaale sich befindet. Durch Auflegen der Gewichte auf dieselbe wird der Glaskörper in die Flüssigkeit so lange hineingezogen, bis ein mit ihm verbundener Schwimmer die verlangte Stellung angiebt. Für Wägungen leichterer Körper wird nur Wasser angewendet, da mit der Leichtigkeit der Flüssigkeit die Empfindlichkeit der Waage steigt. Das Eintauchen bis an die Marke wird dann von Unten beobachtet, in dem Moment, wo alle Reflection von der untern Fläche verschwunden ist. Die folgende Tafel enthält die Dimensionen der verschiedenen von Hassler benutzten Waagen, die letzte Spalte die Veränderung der Stellung des Stiftes, an welchem sich die Marke befindet bei einem Troy Grain Gewichtszulage. Das Maximum ist ebenfalls in Troy Grains angegeben.

	Inhalt,	Höhe,	Breite.	Gewichts-	Veränderung
	des	Glaskörpers.		maximum.	der Marke.
Quecksilberwaage	406.88	12.1	8.55	1393649	0.″00416
Quecksilberwaage	121.22	8.45	5.4	362942	0.″1121
Wasserwaage	901.52	15.43	10.9	105214	—
-	303 85	11.3	7.3	44325.45	0.″15
-	298.11	10.9	7.2	43457.25	0.″12
-	116.58	8.0	5.0	7687.6	0.″068
-	717.95	13.4	9 6	109379.25	0.″2

Bei der letzten Wasserwaage war die Kugel von Kupfer. Die zu erhaltende Genauigkeit ist daher sehr grofs, denn angenommen, dafs man am Schwimmer der letzten Waage auch nur $\frac{1}{50}$ Zoll ablese, so würde man doch ein Milliontheil bequem bestimmen können. Diese Waagen werden daher wegen der Leichtigkeit, mit welcher sie construirt werden können, immer da zu empfehlen sein, wo man, entfernt von der Werkstatt eines guten Mechanikers, möglichst genaue Wägungen im Grofsen zu erhalten wünscht.

Steinheils neue Kugelwaage. Aus No. 60 des Polytechnischen Centralblattes 1835 entlehnen wir folgende Beschreibung derselben.

Der Waagebalken besteht aus rechtwinklig aufeinander gelöthetem Stahlblech; über seinem Rücken schiebt sich ein Sattel, durch welchen 2 in vollkommen polirten Kügelchen von 0.″3 Durchmesser endigende Schrauben gehn. Durch die Endpunkte des Balkens gehen von unten nach oben Schrauben, welche am Ende Kügelchen von 0.‴2 Durchmesser tragen. Die letztern dienen als Aufhängepunkte der Schaalen, der Sattel mit seinen Schrauben aber, nachdem er durch kleine Schläge so genau als möglich in die Mitte gebracht worden, als Schwingachse. Die 4 Kugeln werden so gestellt, dafs eine durch die Mittelpunkte gelegte Ebene auch durch den Schwerpunkt des Balkens geht. Grade in der Mitte des Balkens ist ein nach unten gerichteter, mit der oben genannten Ebene parallel liegender Spiegel angebracht. Der Balken ruht mit seinen Kugeln auf Plangläsern, welche von einer hohlen abgestutzten vierseitigen Pyramide von Metall getragen werden. Die Pyramide ist ihrerseits wieder auf einen gehörig festen und durch Schrauben horizontal stellbaren Stativtisch aufgeschraubt Auf diesem Tische, im Innern der Pyramide, ist eine Skale befestigt, welche im Spiegel des Waagebalkens durch ein am Tisch angebrachtes und mit einem Spinnfaden zu der Ablesung der Skale versehenes Fernrohr gesehen werden kann. Die Schwingungen des Waagebalkens sieht man so als scheinbare Bewegungen der Skale, analog der Ablesungsmethode bei der magnetischen Bussole von Gauss.

Ein an der Rückseite der Pyramide festgeschraubter metallner Arm hält 2 leicht gehende Schrauben, um den Balken von Oben herab zu sperren. Die aus flachen, in Messingringe gefafsten Uhrgläsern bestehenden Schaalen sind in kleinen Rahmen aufgehangen. Diese Rahmen haben da, wo sie auf die Kugeln aufgesetzt werden, kleine Hohlspiegelchen von glashartem Stahle, welche aus demjenigen Punkte geschliffen sind, an dem die ganze Schwere der Schaale hängt. Auf diese Art bilden die Hohlspiegelchen stets in aller Schärfe horizontale Tangenten an den Kugeln, und es wird dadurch erreicht, dafs bei einer bestimmten Neigung des Balkens beide Arme der Waage sich vollkommen gleich werden müssen, wenn sie es auch ursprünglich nicht sind, und dafs diese Länge sich durchaus nicht ändert, man mag das zu Wägende auf den Rand oder die Mitte der Schaale legen. Der Punkt, in welchem bei dieser Neigung der Spinnfaden des Fernrohrs die Skale schneidet, ist der Nullpunkt der Waage. Das Ganze befindet sich in einen Glaskasten.

Die Vorzüge dieser Construction von den auf Schneide gehenden Waagen sind folgende:

1) giebt es hier stets einen Punkt der vollkommenen Gleichheit der Arme, eine bei den frühern Waagen fast unüberwindliche Schwierigkeit,

2) lassen sich Kugeln viel leichter genau und billiger herstellen als Schneiden. Sie bilden sich durch Abwickelung ihrer Drehungsachse vollkommen parallel, dagegen es ein ungelöstes Problem ist, die drei Schneiden einer Waage parallel zu legen,

3) die Empfindlichkeit ist sehr bedeutend. Bei 1 Pfund Belastung in jeder Schaale giebt sie noch $\frac{1}{500}$ Gran, also $\frac{1}{3840000}$ der der Belastung, da die Gahn'sche nur $\frac{1}{2100000}$ anzeigt,

4) die Kugelwaage ist weit dauerhafter und läfst sich, wenn durch zu grofse Last einmal die Elasticitätsgrenze der Stoffe überschritten worden sein sollte, durch Aufpoliren, selbst ohne zerlegt zu werden, in wenig Minuten herstellen, welches bei andern nicht möglich ist.

Dagegen bietet sie noch folgende Unbequemlichkeit dar:

1) Das Hineinsehn in das Fernrohr, wie es jetzt steht, ist mühsam und unbequem.

2) Die Handhabung der Schrauben, welche den Balken sperren, erfordert besondre Uebung und mehr Zeit als bei den jetzigen Waagen.

Diese Nachtheile sind noch zu beseitigen, um die Vortheile der Kugelwaage ungeschwächt hervortreten zu lassen.

II. Hypsometrie. Thermobarometer. Barometer.

Bessel hat in einem in Schum. astr. Nachr. No. 297 und in Pogg. Annal. 26. 10 befindlichen Aufsatz: „über Höhenbestimmungen durch das Barometer" eine Methode angegeben, bei der hypsometrischen Bestimmung vieler Punkte eines Landes die Störungen des Gleichgewichtes der Atmosphäre unschädlicher als bisher zu machen, und den Einfluſs der beständigen Unterschiede der zu den Beobachtungen angewandten Barometer ganz zu eliminiren. Es werden dazu an mehreren Punkten des Umfanges des Landes aufgestellte stationaire Barometer erfordert, welche durch ein tragbares Barometer mit einander verbunden werden. Zu den verabredeten Beobachtungsstunden wird dieses Barometer zuerst einen Tag hindurch mit dem Barometer von Station I verglichen, zu denselben Beobachtungsstunden nachher an den zwischen I und II liegenden zu bestimmenden Punkten beobachtet, bis es in Station II mit dem stationären Barometer verglichen wird. Auf dieselbe Weise geht es von II nach III, von III nach IV u. s. f. Bei seiner Zurückkunft nach I muſs es alle zu bestimmenden Punkte berührt haben. Durch eine neue Vergleichung wird die Unveränderlichkeit des tragbaren Barometers geprüft. Bei gröſserer Ausdehnung des Landes ist es passend einen der Vergleichungspunkte in das Innere desselben zu verlegen.

Die Anwendung des Thermometers zu Höhenbestimmungen gewährt Vortheile, welche es auffallend machen, daſs man dem Vorschlage von F. J. H. Wollaston bisher so geringe Aufmerksamkeit geschenkt hat. Die kleineren Dimensionen des Apparates, welche es transportabler als das Barometer machen, schaden seiner Empfindlichkeit nicht, denn schon Wollaston bemerkt, daſs man die Höhe eines Tisches an einen gut construirten Thermobarometer bemerken könne. Auſserdem scheint die Sicherheit, welche das Instrument bei geringen und bei bedeutenden Höhenunterschieden gewährt, durch die von Gintl neuerdings angestellten Beobachtungen auſser Zweifel gesetzt. Aus der von demselben herausgegebenen Schrift: „das Höhenmessen mit dem Thermometer. Wien 1835" entlehnen wir die p. 21-30 abgedruckte Tafel zur Verwandlung des an einem Centesimalthermometer abgelesenen Kochpunktes in den in Millimeter ausgedrückten gleichzeitigen Barometerstand. Diese Tafel ist nach der Formel

$$\log b = \frac{29.945371 \cdot t}{800 + 3 \cdot t} - 2.2960374$$

berechnet, in welcher b den auf 0^0 reducirten Barometerstand in Metern, t den Kochpunkt in Cent. bezeichnet. Von der Anwendbarkeit dieser Formel in der Nähe des Kochpunktes hatte sich nämlich von Mitis durch directe Vergleichung der aus dem Kochpunkt berechneten Barometerhöhen mit den gleichzeitig abgelesenen Barometerständen überzeugt; auch gaben die nach dieser Formel aus den Angaben des Thermobarometers gefundenen Barometerstände bei den Höhenbestimmungen in Tyrol eine wünschenswerthe Uebereinstimmung mit den durch Triangulationen erhaltenen Resultaten.

Winkler (Beitrag zur Höhenmessung mittelst eines Barometers oder zur barometrischen Nivellirung zwischen trigonometrisch bestimmten Höhenpunkten. Baumg. Zeitschr. f. Physik 1. 54.) hat ein Verfahren angegeben, in einem Lande, in welchem viele nicht weit von einander entfernte Punkte trigonometrisch bestimmt sind, die Höhe zwischenliegender durch Uebertragung eines Barometers von einem trigonometrisch bestimmten Punkte zum andern ohne gleichzeitige Beobachtung eines zweiten Barometers zu ermitteln. Man berechnet nämlich die Höhendifferenz d_1 der trigonometrisch bestimmten Punkte nach den an denselben erhaltenen Barometerablesungen, welche sich im Allgemeinen von der trigonometrisch bestimmten Höhendifferenz d unterscheiden wird. Ist die auf dem Wege zwischen beiden Stationen verflossene Zeit z, die von der ersten Station bis zum ersten zu ermittelnden Punkte x, so wird:

$$z : x = d - d_1 : \frac{(d-d_1)x}{z}$$

die Proportion, deren letztes Glied die anzubringende Correction für die barometrisch ermittelte Höhe ist. Es ist übrigens klar, dafs man auf ähnliche Weise den an der Zwischenstation beobachteten Kochpunkt eines Thermometers corrigiren kann.

Tafel zur Reduction des Thermobarometers auf das Barometer.

Die nachfolgende Tafel ist deswegen ohne Abkürzung mitgetheilt, weil aufser der Anwendung, welche sie in der Hypsometrie findet, sie vorzugsweise bei der Berichtigung des Kochpunktes eines bei einem bestimmten Barometerstande construirten Thermometers dienen kann. Das Argument der Tafel ist dann der beobachtete Barometerstand. Es wäre sehr zu wünschen, wenn diese Berichtigung von den Künstlern selbst angebracht, und als normaler Druck $0^m.76$ allgemein angenommen würde.

Grad der Siedhitze C.	Entspr. Barometerstand in M. M.	Grad der Siedhitze C.	Entspr. Barometerstand in M. M.	Grad der Siedhitze C.	Entspr. Barometerstand in M. M.
100,00	760,00	99,65	750,36	99,30	740,82
99,99	759,63	99,64	750,08	99,29	740,55
99,98	759,25	99,63	749,80	99,28	740,28
99,97	758,88	99,62	749,53	99,27	740,00
99,96	758,50	99,61	749,26	99,26	739,74
99,95	758,13	99,60	748,98	99,25	739,47
99,94	757,76	99,59	748,71	99,24	739,19
99,93	757,38	99,58	748,44	99,23	738,92
99,92	757,00	99,57	748,16	99,22	738,65
99,91	756,63	99,56	747,89	99,21	738,38
99,90	756,26	99,55	747,62	99,20	738,11
99,89	756,08	99,54	747,35	99,19	737,84
99,88	755,90	99,53	747,08	99,18	737,57
99,87	755,72	99,52	746,80	99,17	737,30
99,86	755,54	99,51	746,53	99,16	737,03
99,85	755,36	99,50	746,26	99,15	736,77
99,84	755,18	99,49	745,99	99,14	736,50
99,83	755,00	99,48	745,72	99,13	736,23
99,82	754,82	99,47	745,44	99,12	735,96
99,81	754,64	99,46	745,17	99,11	735,69
99,80	754,46	99,45	744,90	99,10	735,42
99,79	754,19	99,44	744,63	99,09	735,15
99,78	753,91	99,43	744,36	99,08	734,88
99,77	753,64	99,42	744,08	99,07	734,61
99,76	753,37	99,41	743,81	99,06	734,34
99,75	753,10	99,40	743,54	99,05	734,08
99,74	752,82	99,39	743,27	99,04	733,81
99,73	752,55	99,38	742,99	99,03	733,54
99,72	752,28	99,37	742,72	99,02	733,27
99,71	752,00	99,36	742,45	99,01	732,99
99,70	751,73	99,35	742,18	98,00	732,730
99,69	751,46	99,34	741,91	98,99	732,461
99,68	751,18	99,33	741,64	98,98	732,192
99,67	750,90	99,32	741,36	98,97	731,923
99,66	750,63	99,31	741,09	98,96	731,654

Grad der Siedhitze C.	Entspr. Barometerstand in M. M.	Grad der Siedhitze C.	Entspr. Barometerstand in M. M.	Grad der Siedhitze C.	Entspr. Barometerstand in M. M.
98,95	731,385	98,60	722,050	98,25	712,814
98,94	731,116	98,59	721,785	98,24	712,552
98,93	730,847	98,58	721,520	98,23	712,289
98,92	730,578	98,57	721,260	98,22	712,027
98,91	730,309	98,56	720,990	98,21	711,764
98,90	730,040	98,55	720,730	98,20	711,502
98,89	729,770	98,54	720,460	98,19	711,240
98,88	729,500	98,53	720,190	98,18	710,979
98,87	729,230	98,52	719,930	98,17	710,718
98,86	728,962	98,51	719,670	98,16	710,458
98,85	728,693	98,50	719,400	98,15	710,197
98,84	728,424	98,49	719,136	98,14	709,937
98,83	728,154	98,48	718,872	98,13	709,676
98,82	727,885	98,47	718,608	98,12	709,416
98,81	727,615	98,46	718,344	99,11	709,155
98,80	727,366	98,45	718,080	98,10	708,885
98,79	727,099	98,44	717,816	98,09	708,625
98,78	726,833	98,43	717,552	98,08	708,364
98,77	726,567	98,42	717,288	98,07	708,104
98,76	726,300	98,41	717,024	98,06	707,843
98,75	726,034	98,40	716,760	98,05	707,583
98,74	725,767	98,39	716,497	98,04	707,322
98,73	725,500	98,38	716,233	98,03	707,062
98,72	725,234	98,37	715,970	98,02	706,801
98,71	724,968	98,36	715,706	98,01	706,540
98,70	724,701	98,35	715,443	98,00	706,21
98,69	724,436	98,34	715,280	97,99	705,95
98,68	724,171	98,33	714,916	97,98	705,69
98,67	723,906	98,32	714,653	97,97	705,43
98,66	723,641	98.31	714,389	97,96	705,17
98,65	723,356	98,30	714,126	97,95	704,91
98,64	723,110	98,29	713,864	97,94	704,65
98,63	722,845	98,28	713,601	97,93	704,39
98,62	722,580	98,27	713,339	97,92	704,13
98,61	722,315	98,26	713,076	97,91	703,97

Grad der Siedhitze C.	Entspr. Barometerstand in M. M.	Grad der Siedhitze C.	Entspr. Barometerstand in M. M.	Grad der Siedhitze C.	Entspr. Barometerstand in M. M.
97,90	703,61	97,55	694,67	97,20	685,65
97,89	703,35	97,54	694,42	97,19	685,40
97,88	703,09	97,53	694,18	97,18	685,16
97,87	702,84	97,52	693,94	97,17	684,91
97,86	702,58	97,51	693,69	97,16	684,66
97,85	702,32	97,50	693,45	97,15	684,42
97,84	702,06	97,49	693,26	97,14	684,18
97,83	701,80	97,48	693,05	97,13	683,93
97,82	701,55	97,47	692,84	97,12	683,68
97,81	701,29	97,46	692,63	97,11	683,45
97,80	701,03	97,45	692,43	97,10	683,18
97,79	700,77	97,44	692,22	97,09	682,92
97,78	700,52	97,43	692,01	97,08	682,66
97,77	700,26	97,42	691,80	97,07	682,40
97,76	700,00	97,41	691,59	97,06	682,14
97,75	699,75	97,40	691,39	97,05	681,88
97,74	699,45	97,39	691,06	97,04	681,63
97,73	699,23	97,38	690,75	97,03	681,36
97,72	698,97	97,37	690,43	97,02	681,10
97,71	698,72	37,36	690,12	97,01	680,85
97,70	698,46	97,35	689,81	97,00	680,59
97,69	698,20	97,34	689,50	96,99	680,34
97,68	697,94	97,33	689,19	96,98	680,09
97,67	697,69	97,32	688,87	96,97	679,84
97,66	697,43	97,31	688,56	96,96	679,58
97,65	697,17	97,30	688,25	96,95	679,33
97,64	696,92	97,29	687,99	96,94	679,06
97,63	696,66	97,28	687,63	96,93	678,81
97,62	696,40	97,27	687,37	96,92	678,56
97,61	696,14	97,26	687,11	96,91	678,31
97,60	695,88	97,25	686,85	96,90	678,112
97,59	695,68	97,24	686,59	96,89	678,83
97,58	695,39	97,23	686,33	96,88	677,58
97,57	695,15	97,22	686,07	96,87	677,32
97,56	694,91	97,21	685,81	96,86	677,07

Grad der Siedhitze C.	Entspr. Barometerstand in M. M.	Grad der Siedhitze C.	Entspr. Barometerstand in M. M.	Grad der Siedhitze C.	Entspr. Barometerstand in M. M.
96,85	676,82	96,50	668,202	96,15	659,531
96,84	676,57	96,49	667,890	96,14	659,283
96,83	676,32	64,18	667,630	96,13	659,035
96,82	676,06	96,47	667,350	96,12	658,787
96,81	675,81	96,46	667,090	96,11	658,540
96,80	675,635	96,45	666,830	96,10	658,292
96,79	675,31	96,44	666,550	96,09	658,044
96,78	675,06	96,43	666,270	96,08	657,795
96,77	674,81	96,42	665,980	96,07	657,549
96,76	674,56	96,41	665,700	96,06	657,301
96,75	674,32	96,40	665,624	96,05	657,053
96,74	674,07	96,39	665,476	96,04	656,805
96,73	673,82	96,38	665,229	96,03	656,557
96,72	673,57	96,37	664,981	96,02	656,309
96,71	673,32	96,36	664,733	96,01	656,062
96,70	673,157	96,35	664,486	96,00	655,814
96,69	672,82	96,34	664,237	95,99	655,574
96,68	672,57	96,33	663,991	95,98	655,303
96,67	672,32	96,32	663,740	95,97	655,092
96,66	672,08	96,31	663,495	95,96	654,852
96,65	671,82	96,30	663,247	95,95	654,612
96,64	671,56	96,29	662,995	95,94	654,371
96,63	671,31	96,28	662,742	95,93	654,131
96,62	671,06	96,27	662,489	95,92	653,890
96,61	670,80	96,26	662,237	95,91	653,650
96,60	670,68	96,25	661,975	95,90	653,410
96,59	670,37	96,24	661,722	95,89	653,169
96,58	670,12	96,23	661,470	95,98	652,929
96,57	670,87	96,22	661,217	95,87	652,689
96,56	669,62	96,21	660,965	95,86	652,448
96,55	669,38	96,20	660,769	95,85	652,208
96,54	669,13	96,19	660,521	95,84	651,967
96,53	668,88	96,18	660,274	95,83	651,727
96,52	668,64	96,17	660,026	95,82	651,487
96,51	668,39	96,16	659,778	95,81	651,246

Grad der Siedhitze C.	Entspr. Barometerstand in M. M.	Grad der Siedhitze C.	Entspr. Barometerstand in M. M.	Grad der Siedhitze C.	Entspr. Barometerstand in M. M.
95,80	651,006	95,45	642,593	95,10	634,179
95,79	650,766	95,44	642,353	95,09	633,939
95,78	650,525	95,43	642,113	95,08	633,698
95,77	650,285	95,42	641,872	95,07	633,458
95,76	650,045	95,41	641,632	95,06	633.217
95,75	649,804	95,40	641,392	95,05	632,979
95,74	649,564	95,39	641,150	95,04	632,737
95,73	649,323	95,38	640,910	95,03	632,496
95,72	649,083	95,37	640,670	95,02	632,256
95,71	648,843	95,36	640,429	95,01	632,015
95,70	648,602	95,35	640,188	95,00	631,775
95,69	648,362	95,34	639,948	94,99	631,542
95,68	648,121	95,33	639,708	94,98	631,309
95,67	647,880	95,32	639,467	94,97	631,076
95,66	647,641	95,31	639,227	94,96	630,843
95,65	647,400	95,30	638,986	94,95	630,610
95,64	647,150	95,29	638,746	94,94	630,377
95,63	646,919	95,28	638,506	94,93	630,144
95,62	646,779	95,27	638,265	94,92	629,911
95,61	646,438	95,26	638,025	94,91	629,678
95,60	646,198	95,25	637,785	94,90	629,450
95,59	645,958	95,24	637,554	94,89	629,219
95,58	645,717	95,23	637,304	94,88	628,988
95,57	645,477	95,22	637,064	94,87	628,757
95,56	645,237	95,21	636,823	94,86	628,526
95,55	644,996	95,20	636,583	94,85	628,295
95,54	644,756	95,19	636,342	94,84	628,064
95,53	644,516	95,18	636,102	94,83	627,833
95,52	644,275	95,17	635,862	94,82	627,602
95,51	644,035	95,16	635,621	94,81	627,371
95,50	643,794	95,15	635,381	94,80	627,140
95,49	643,554	95,14	635,140	94,79	626,895
95,48	643,315	95,13	634,900	94,78	626,650
95,47	643,074	95,12	634,660	94,77	626,405
95,46	642,834	95,11	634,419	94,76	626,160

Grad der Siedhitze. C.	Entspr. Barometerstand in M. M.	Grad der Siedhitze C.	Entspr. Barometerstand in M. M.	Grad der Siedhitze C.	Entspr. Barometerstand in M. M.
94,75	625,915	94,40	617,680	94,05	609,625
94,74	625,670	94,39	617,453	94,04	609,400
94,73	625,425	94,38	617,226	94,03	609,175
94,72	625,180	94,37	616,999	94,02	608,950
94,71	624,935	94,36	616,772	94,01	608,725
94,70	624,69	94,35	616,545	94,00	608,500
94,69	624,46	94,34	616,318	93,99	608,277
94,68	624,23	94,33	616,091	93,98	608,054
94,67	624,00	94,32	615,864	93,97	607,831
94,66	623,77	94,31	615,637	93,96	607,608
94,65	623,54	94,30	615,41	93,95	607,385
94,64	623,31	94,29	615,17	93,94	607,162
94,63	623,08	94,28	614,93	93,93	606,939
94,62	622,75	94,27	614,69	93,92	606,716
94,61	622,52	94,26	614,45	93,91	606,493
94,60	622,390	94,25	614,21	93,90	606,270
94,59	622,161	94,24	613,97	93,89	606,033
94,58	621,932	94,23	613,73	93,88	605,796
94,57	621,703	94,22	613,49	93,87	605,559
94,56	621,474	94,21	613,25	93,86	605,322
94,55	621,245	94,20	613,010	93,85	605,085
94,54	621,016	94.19	612,784	93,84	604,848
94,53	620,787	94,18	612,558	93,83	604,611
94,52	620,558	94,17	612,332	93,82	604,374
94,51	620,329	94,16	612,106	93,81	604,137
94,50	620,100	94,15	611,880	93,80	603,900
94,49	619,858	94,14	611,654	93,79	603,678
94,48	619,616	94,13	611,428	93,78	603,456
94,47	619,374	94,12	611,202	93,77	603,234
94,46	619,132	94,11	611,976	93,76	603,012
94,45	618,890	94,10	610,750	93,75	602,790
94,44	618,648	94,09	610,525	93,74	602,568
94,43	618,406	94,08	610,300	93,73	602,346
94,42	618,164	94,07	610,075	93,72	602,124
94,41	617,922	94,06	609,850	93,71	601,902

Grad der Siedhitze C.	Entspr. Barometerstand in M. M.	Grad der Siedhitze C.	Entspr. Barometerstand in M. M.	Grad der Siedhitze C.	Entspr. Barometerstand in M. M.
93,70	601,680	93,35	593,765	93,00	585,950
93,69	601,445	93,34	593,532	92,99	585,720
93,68	601,210	93,33	593,299	92,98	585,490
93,67	600,975	93,32	593,066	92,97	585,260
93,66	600,740	93,31	592,883	92,96	585,030
93,65	600,505	93,30	592,600	92,95	584,800
93,64	600,270	93,29	592,383	92,94	584,570
93,63	600,035	93,28	592,166	92,93	584,340
93,62	599,800	93,27	591,919	92,92	584,110
93,61	599,565	93,26	591,732	92,91	583,880
93,60	599,330	93,25	591,515	92,90	583,650
93,59	599,109	93,24	591,298	92,89	583,437
93,58	598,888	93,23	591,081	92,88	583,224
93,57	598,667	93,22	590,864	92,87	583,011
93,56	598,446	93,21	590,647	92,86	582,798
93,55	598,225	93,20	590,430	92,85	582,585
93,54	598,004	93,19	590,199	92,84	582,372
93,53	597,783	93,18	589,968	92,83	582,159
93,52	597,562	93,17	589,737	92,82	581,946
93,51	597,341	93,16	589,506	92,81	581,733
93,50	597,920	93,15	589,275	92, 80	581,520
93,49	596,101	93,14	589,044	92,79	581,293
93,48	596,682	93,13	588,813	92,78	581,066
93,47	596,463	93,12	588,582	92,77	580,839
93,46	596,244	93,11	588,351	92,76	580,612
93,45	596,025	93,10	588,120	92,75	580,385
93,44	595,806	93,09	587,903	92,74	580,158
93,43	595,587	93,08	587,686	92,73	579,931
93,42	595,368	93,07	587,469	92,72	579,704
93,41	595,149	93,06	587,252	92,71	579,477
93,40	594,930	93,05	587,035	92,70	579,250
93,39	594,697	93,01	586,818	92,69	579,037
93,38	594,464	93,03	586,601	92,68	578,824
93,37	594,231	93,02	586,384	92,67	578,611
93,36	593,998	93,01	586,167	92,66	578,398

Grad der Siedhitze C.	Entspr. Barometerstand in M. M.
92,65	578,185
92,64	577,972
92,63	577,759
92,62	577,546
92,61	577,333
92,60	577,120
92,59	576,907
92,58	576,694
92,57	576,481
92,56	576,268
92,55	576,055
92,54	575,842
92,53	575,629
92,52	575,416
92,51	575,203
92,50	574,990
92,49	574,766
92,48	574,542
92,47	574,318
92,46	574,094
92,45	573,870
92,44	573,646
92,43	573,422
92,42	573,198
92,41	572,974
92,40	572,750
92,39	572,526
92,38	572,302
92,37	572,078
92,36	571,854
92,35	571,630
92,34	571,406
92,33	571,182
92,32	570,958
92,31	570,734

Grad der Siedhitze C.	Entspr. Barometerstand in M. M.
92,30	570,510
92,29	570,287
92,28	570,064
92,27	569,841
92,26	569,618
92,25	569,395
92,24	569,172
92,23	568,949
92,22	568,726
92,21	568,503
92,20	568,280
92,19	568,071
92,18	576,862
92,17	567,653
92,16	567,444
92,15	567,235
92,14	567,026
92,13	566,817
92,12	566,608
92,11	566,399
92,10	566,190
92,09	565,982
92,08	565,774
92,07	565,566
92,06	565,358
92,05	565,150
92,04	564,942
92,03	564,734
92,02	564,526
92,01	564,318
92,00	564,11
91,99	563,89
91,98	563,67
91,97	563,45
91,96	563,23

Grad der Siedhitze C.	Entspr. Barometerstand in M. M.
91,95	563,01
91,94	562,79
91,93	562,57
91,92	562,35
91,91	562,13
91,90	561,910
91,89	561,703
91,88	561,496
91,87	561,289
91,86	561,082
91,85	560,875
91,84	560,668
91,83	560,461
91,82	560,254
91,81	560,047
91,80	559,840
91,79	559,621
91,78	559,402
91,77	559,183
91,76	558,964
91,75	558,745
91,74	558,526
91,73	558,307
91,72	558,088
91,71	557,869
91,70	557,650
91,69	557,432
91,68	557,214
91,67	556,996
91,66	556,778
91,65	556,560
91,64	556,342
91,63	556,124
91,62	555,906
91,61	555,688

Grad der Siedhitz C.	Entspr. Barometerstand in M. M.	Grad der Siedhitze C.	Entspr. Barometerstand in M. M.	Grad der Siedhitze C.	Entspr. Barometerstand in M. M.
91,60	555,470	91,25	548,170	90,90	540,830
91,59	555,266	91,24	547,956	90,89	540,625
91,58	555,062	91,23	547,742	90,88	540,420
91,57	554,858	91,22	547,538	90,87	540,215
91,56	554,654	91,21	547,314	90,86	540,010
91,55	554,450	91,20	547,100	90,85	539,805
91,54	554,246	91,19	546,899	90,84	539,600
91,53	554,042	91,18	546,698	90,83	539,395
91,52	553,838	91,17	546,497	90,82	539,190
91,51	553,634	91,16	546,296	90,81	538,985
91,50	553,430	91,15	546,095	90,80	538,781
91,49	553,214	91,14	545,894	90,79	538,577
91,48	552,998	91,13	545,693	90,78	538,373
91,47	552,782	91,12	545,492	90,77	538,169
91,46	552,566	91,11	545,291	90,76	537,965
91,45	552,350	91,10	545,090	90,75	537,761
91,44	552,134	91,09	544,877	90,74	537,557
91,43	551,918	91,08	544,664	90,73	537,353
91,42	551,702	91,07	544,451	90,72	537,149
91,41	551,486	91,06	544,238	90,71	536,945
91,40	551,270	91,05	544,025	90,70	536,74
91,39	551,067	91,04	543,812	90,69	536,53
91,38	550,864	91,03	543,599	90,68	536,32
91,37	550,661	91,02	543,386	90,67	536,11
91,36	550,458	91,01	543,173	90,66	535,90
91,35	550,255	91,00	542,960	90,65	535,69
91,34	550,052	90,99	542,747	90,64	535,48
91,33	549,849	90,98	542,534	90,63	535,27
91,32	549,646	90,97	542,321	90,62	535,06
91,31	549,443	90,96	542,108	90,61	534,85
91,30	549,240	90,95	541,895	90,60	534,640
91,29	549,026	90,94	541,682	90,59	534,437
91,28	548,812	90,93	541,469	90,58	534,234
91,27	548,598	90,92	541,256	90,57	534,031
91,26	548,384	90,91	541,043	90,56	533,828

Grad der Siedhitze C.	Entspr. Barometerstand in M. M.	Grad der Siedhitze C.	Entspr. Barometerstand in M. M.	Grad der Siedhitze C.	Entspr. Barometerstand in M. M.
90,55	533,625	90,35	529,555	90,15	525,430
90,54	533,422	90,34	529,348	90,14	525,224
90,53	533,219	90,33	529,141	90,13	525,018
90,52	533,016	90,32	528,934	90,12	524,812
90,51	532,813	90,31	528,727	90,11	524,606
90,50	532,614	90,30	528,520	90,10	524,400
90,49	532,411	90,29	528,314	90,09	524,207
90,48	532,208	90,28	528,108	90,08	524,014
90,47	532,005	90,27	527,902	90,07	523,821
90,46	531,802	90,26	527,696	90,06	523,628
90,45	531,599	90,25	527,490	90,05	523,435
90,44	531,396	90,24	527,284	90,04	523,242
90,43	531,193	90,23	527,078	90,03	523,049
90,42	530,990	90,22	526,872	90,02	522,856
90,41	530,787	90,21	526,666	90,01	622,663
90,40	530,590	90,20	526,460	90,00	522,470
90,39	530,383	90,19	526,254		
90,38	530,176	90,18	526,048		
90,37	529,969	90,17	525,842		
90,36	529,762	90,16	525,636		

Barometer.

Barometer sind beschrieben worden von:

Kupfer, Beschreibung eines neuen Barometers. Pogg. Annal. 26. 446.

Girgensohn, Beschreibung eines Stand-Heberbarometers. Mém. de l'Acad. de St. Petersburg 6 serie 1835.

Georg Breithaupt, über die in der Construction vervollkommneten Höhenmefsbarometer. Pogg. Ann. 34. 41.

Pistor und Schieck beschrieben von Poggendorff. Ann. 26. 451.

J. G. Greiner jun., über einen neuen Verschlufs von Heberbarometern, in den Verhandlungen des Vereins zur Beförderung des Gewerbfleifses in Preufsen 1835. 3. 167.

Die Skale des Kupfer'schen Barometers kann mittelst einer Libelle, da es auf einen Fufs von 3 Stellschrauben steht, senkrecht gestellt werden. Parallel dieser Skale befindet sich ein Etalon von 760 Millimetern. Durch Drehung der Ablesungsmikroskope um 180° in horizontaler Ebene kann die Uebereinstimmung der vorher auf 760 Millimetern der Skale eingestellten Horizontalfäden derselben mit dem Etalon geprüft werden. Die heberförmige Röhre besteht aus einer langen und kurzen Röhre, welche in ein Gefäfs von Gufseisen eingelassen sind. Der Boden des Gefäfses ist beweglich, um durch Veränderung der Gröfse des sogenannten Toricelli'schen Vacuum's und die dabei erhaltenen Ablesungen an der Skale die geringe Menge der darin enthaltenen Luft zu bestimmen. Diese Beobachtungsmethode bietet nach Kupfer den Vortheil dar, dafs man das Quecksilber nicht zu kochen braucht. Das Auskochen in einem so zusammengesetzten Apparate möchte auch wohl sehr grofse Schwierigkeiten darbieten.

Breithaupt trocknet die wenigstens 2½ Linien weiten Röhren mit Chlorcalium unter der Luftpumpe auf das sorgfältigste aus, und filtrirt das aus Zinnober dargestellte Quecksilber so oft durch ein trichterförmig gewundenes Kartenblatt, als es ein Häutchen zieht. Vor dem Einfüllen wird es bis nahe zum Kochen erhitzt und dann hinreichend abgekühlt in einzelnen Abtheilungen eingefüllt, was bekanntlich zum sichern Auskochen erforderlich ist. Der kürzere Schenkel der Röhre wird, um gleichen Durchmesser mit dem obern Stück des längern zu haben, aus einem oben abgeschnittenen Stücke derselben gebildet. Die Ablesung des Quecksilbers durch die Mikroskope geschieht gegen eine mattgeschliffene mit ihnen verschiebliche grüne Glasplatte, die gröbere Bewegung der Mikroskope nach Lösung der Klemmschraube durch Schieben, die feinere mittelst einer Mikrometerschraube, wie es schon lange bei den Pistor'schen grofsen Barometern der Fall ist.

Die vollendetsten Barometer sind unstreitig die grofsen aus der Werkstatt von Pistor und Schieck hervorgegangenen, deren Beschreibung ich nach einem mir gehörigen Exemplare gebe, welches vor den früheren den Vorzug hat, dafs es nicht mit erwärmtem Quecksilber gefüllt ist, sondern dafs das Quecksilber in der Röhre selbst ausgekocht wurde. Von einem 4 Zoll breiten und $3\frac{1}{2}$ Fufs langen Mahagonibrett, durch tief in die Mauer eingelassene und (wie gewöhnlich vermittelst eines Schwalbennestes) eingegypsten Schrauben wohl befestigt, gehen 2 starke 6 Zoll lange eiserne Arme aus, deren unterer an einem Ende eine konische Pfanne trägt, der obere hingegen in einen Ring endigt. Die Pfanne nimmt das in einen konischen Zapfen endende Instrument auf, und trägt die Last desselben, der obere Endstift des Instruments geht durch den Ring des obern Armes und ist mit einem Charnier versehen. Vermittelst 4 Stellschrauben kann dieser Stift so lange verstellt werden, bis die Skale abgelothet ist. Hebt man das Barometer aus der Pfanne, um das Quecksilber durch Neigung in Bewegung zu versetzen, so wird es oben durch eine über den Ring greifende Platte gehalten, welche bei dem Aufstellen, nachdem der Stift durch den Ring gesteckt worden, eingeschraubt wird. Die durchgängig sieben Linien weite Glasröhre ist in der Mitte so gebogen, dafs die Quecksilberkuppe des Toricellischen Vacuum's mit der Quecksilberkuppe im offnen Schenkel in derselben Vertikallinie liegt. Die Ablesung der Niveaudifferenz beider geschieht vermittelst zweier achromatischer mit Fadenkreuzen versehener Mikroskope, von denen das eine feste dem Nullpunkt der Messingskale entspricht, das andre sich auf derselben verschiebt. Diese $11\frac{1}{2}$ Linien breite Skale verschiebt sich mit Reibung auf einem $1\frac{1}{2}$ Zoll breiten Messinglineal zwischen 4 Paar auf derselben befestigten rechtwinklig etwas übergreifenden Ansätzen. Am unteren Ende dieses Lineals befindet sich die Schraubenmutter der mikrometrischen Schraube des untern Mikroskops, deren Stift $1\frac{1}{2}$ Zoll weit als Schraube geschnitten noch 8 Zoll weiter reicht, und durch die dicht über dem festen Mikroskop befindliche Klemme der Skale hindurchgeht, um nach vorläufiger Einstellung von dieser festgehalten zu werden, und dann die feinere Correction durch die Schraube zu gestatten. Die Einrichtung des obern Mikroskops ist genau dieselbe, nur mit dem Unterschiede, dafs die Schraubenmutter der Mikrometerschraube, wie sich von selbst versteht, von der Skale, nicht von dem Lineal getragen wird. Die Skale selbst ist von 25 bis 30 Zoll auf Silber direct in $\frac{1}{6}$ Linien getheilt. Vermittelst des damit verbundenen Nonius erhält man die Ablesung des obern Mikroskops auf ein Hunderttheil Linie. Um aber die Verschiebung der Skale auf dem Lineal zu erhalten, sind in der Mitte derselben noch 3 Zoll eben so getheilt, und neben dieser Theilung auf dem Lineal die getheilte Noniusplatte befestigt, welche $\frac{1}{100}$ Linie giebt. Nonius und Skale liegen wie bei dem obern Mikroskope in einer Ebene; die Ablesung geschieht vermittelst einer Ablesungsloupe. Durch diesen Nonius erhält man die Senkung des Quecksilbersspiegels im offnen kurzen Schenkel, und kann daher bestimmen, ob sie gleich sei der Erhöhung desselben im obern Schenkel der Röhre. Bei vollkommen gleicher Weite der Theile der beiden Schenkel des Barometers, welche von den Quecksilberoberflächen berührt werden, wird die Temperaturveränderung des Quecksilbers nämlich Veranlassung zu der Erscheinung, dafs dasselbe in dem offnen Schenkel nicht um die-

dieselbe Quantität sich mindert als in dem geschlossenen. Denkt man sich von dem untern Niveau eine horizontale Linie die Quecksilbersäule, welche dem Druck der Luft das Gleichgewicht hält, abschneidend, und nun bei unverändertem Druck die Temperatur des Quecksilbers sich erniedrigen, so wird das Sinken dieser horizontalen Linie die Erniedrigung des untern Niveaus angeben. Die auf dieser horizontalen Linie ruhende Säule wird nun um eben so viel, als diese Senkung beträgt, herabfallen, da sie sich aber ebenfalls durch die Temperaturerniedrigung zusammenzieht, so wird ihre obere Fläche aufser der Quantität, um welche sie wegen der Senkung des untern Niveaus fiel, noch um die Quantität der Zusammenziehung der Säule sich senken. Auf diese Erscheinungen hat neuerdings wieder Buff (Pogg. Ann. 31. 266) aufmerksam gemacht.

Durch Aufschrauben der von dem Instrument leicht trennbaren gesammten Mefsvorrichtung, auf einen wie dieselbe für 13° R. berichtigten Etalon à traits kann man sich überzeugen, ob die auf 28 Zoll der Skale geschehene Einstellung der Fadenkreuze der Mikroskope genau den Parallelstrichen der Silberplatten des Etalon entspricht. In der hölzernen Fassung des Barometers befindet sich das Thermometer für die Ausdehnung des Quecksilbers, mit seiner Kugel in einer mit Quecksilber gefüllten Röhre von gleichem Durchmesser, als die Barometerröhre. Auf der Mitte der Skale senkrecht auf die Ebene derselben ist das Thermometer für die Ausdehnung der Skale angebracht, seine Kugel ist mit Messing umgeben. Die Skalen beider sind von Elfenbein, um leicht gegen einen hellen Grund abgelesen zu werden. An den Ständern beider Mikroskope befinden sich messingene Abblendungen, welche, wenn sie vorgelegt werden, die hell beleuchtete Grenze der Quecksilberkuppe scharf auf dem dunkeln Grunde abschneiden. Diese Kuppe ist wie bei allen Barometern in dem mit Luft theilweise erfüllten Schenkel viel convexer als im Vacuum, aber in demselben ebenfalls noch sehr deutlich convex, auch hat sich diese Krümmung in zwei Jahren nicht merklich geändert. Da nach langer Zeit an den Stellen, wo das Glas im kürzeren Schenkel fortwährend mit Luft und Quecksilber abwechselnd in Berührung kommt, die Durchsichtigkeit desselben etwas vermindert werden kann, so ist anzurathen, neben dem Barem der eine kleine Vorrichtung an der Wand anzubringen, welche das aus der Pfanne gehobene stark geneigte Instrument zu den Zeiten unterstützt, wo man keine Beobachtungen daran anstellt.

Da bei neuern Barometern jetzt häufiger die Temperatur des Quecksilbers und der Skale an gesonderten Thermometern bestimmt wird, so entlehne ich aus Schumacher's astron. Nachrichten Bd. V. p. 186 N. 108. folgende von Clausen berechnete Tafel. (Eine 39 Seiten lange von — 14° bis + 25° R. für Zehntheil Grade berechnete Correctionstafel der in Pariser Linien gemessenen Barometerstände von 26 bis 28 Zoll findet sich in Schumacher's Jahrbuch für 1836 p. 179. Es ist in derselben die Temperatur des Quecksilbers und der Messingskale als gleich angenommen.)

Reduction der Messingscale auf 13° R. Pariser Linien.

Réaum.	312‴	318‴	324‴	330‴	336‴	342‴	348‴
	‴	‴	‴	‴	‴	‴	‴
− 13°	− 0.190	− 0.194	− 0.198	− 0.201	− 0.205	− 0.209	− 0.212
− 12	0.183	0.187	0.190	0.194	0.197	0.201	0.204
− 11	0.176	0.179	0.183	0.186	0.189	0.193	0.196
− 10	0.168	0.172	0.175	0.178	0.181	0.185	0.188
− 9	0.161	0.164	0.167	0.170	0.174	0.177	0.180
− 8	0.154	0.157	0.160	0.163	0.166	0.169	0.172
− 7	0.146	0.149	0.152	0.155	0.158	0.161	0.163
− 6	0.139	0.142	0.145	0.147	0.150	0.153	0.155
− 5	0.132	0.134	0.137	0.139	0.142	0.145	0.147
− 4	0.125	0.127	0.129	0.132	0.134	0.137	0.139
− 3	0.117	0.119	0.122	0.124	0.126	0.128	0.131
− 2	0.110	0.112	0.114	0.116	0.118	0.120	0.122
− 1	0.103	0.105	0.106	0.108	0.110	0.112	0.114
− 0	0.095	0.097	0.099	0.101	0.103	0.104	0.106
+ 1	0.088	0.090	0.091	0.093	0.095	0.096	0.098
+ 2	0.081	0.082	0.084	0.085	0.087	0.088	0.090
+ 3	0.073	0.075	0.076	0.077	0.079	0.080	0.082
+ 4	0.066	0.067	0.068	0.070	0.071	0.072	0.074
+ 5	0.059	0.060	0.061	0.062	0.063	0.064	0.065
+ 6	0.051	0.052	0.053	0.054	0.055	0.056	0.057
+ 7	0.044	0.045	0.046	0.046	0.047	0.048	0.049
+ 8	0.037	0.037	0.038	0.039	0.039	0.040	0.041
+ 9	0.029	0.030	0.030	0.031	0.032	0.032	0.033
+ 10	0.022	0.022	0.023	0.023	0.024	0.024	0.025
+ 11	0.015	0.015	0.015	0.015	0.016	0.016	0.016
+ 12	− 0.007	− 0.007	− 0.008	− 0.008	− 0.008	− 0.008	− 0.008
+ 13	0.	0.	0.	0.	0.	0.	0.
+ 14	+ 0.007	+ 0.007	+ 0.008	+ 0.008	+ 0.008	+ 0.008	+ 0.008
+ 15	0.015	0.015	0.015	0.015	0.016	0.016	0.016
+ 16	0.022	0.022	0.023	0.023	0.024	0.024	0.025
+ 17	0.029	0.030	0.030	0.031	0.032	0.032	0.033
+ 18	0.037	0.037	0.038	0.039	0.039	0.040	0.041
+ 19	0.044	0.045	0.046	0.046	0.047	0.048	0.049
+ 20	0.051	0.052	0.053	0.054	0.055	0.056	0.057
+ 21	0.059	0.060	0.061	0.062	0.063	0.064	0.065
+ 22	0.066	0.067	0.068	0.070	0.071	0.072	0.074
+ 23	0.073	0.075	0.076	0.077	0.079	0.080	0.082
+ 24	0.081	0.082	0.084	0.085	0.087	0.088	0.090
+ 25	0.088	0.090	0.091	00.93	0.095	0.096	0.098
+ 26	0.095	0.097	0.099	0.101	0.103	0.104	0.106

Reduction des Quecksilbers auf 0° R. Pariser Linien.

Réaum.	312‴	318‴	324‴	330‴	336‴	342‴	348‴
— 13	+ 0.916	+ 0.934	+ 0.951	+ 0.969	+ 0.987	+ 1.004	+ 1.022
— 12	0.846	0.862	0.878	0.894	0.911	0.927	0.943
— 11	0.775	0.790	0.805	0.820	0.834	0.849	0.864
— 10	0.704	0.718	0.731	0.745	0.758	0.772	0.785
— 9	0.634	0.646	0.658	0.670	0.682	0.695	0.707
— 8	0.563	0.574	0.585	0.596	0.607	0.617	0.628
— 7	0.493	0.502	0.512	0.521	0.531	0.540	0.549
— 6	0.422	0.430	0.438	0.447	0.455	0.463	0.471
— 5	0.352	0.358	0.365	0.372	0.379	0.385	0.392
— 4	0.281	0.287	0.292	0.298	0.303	0.308	0.314
— 3	0.211	0.215	0.219	0.223	0.227	0.231	0.235
— 2	0.140	0.143	0.146	0.149	0.151	0.154	0.157
— 1	+ 0.070	+ 0.072	+ 0.073	+ 0.074	+ 0.076	+ 0.077	+ 0.078
0	0	0	0	0	0	0	0
+ 1	— 0.070	— 0.072	— 0.073	— 0.074	— 0.076	— 0.077	— 0.078
+ 2	0.140	0.143	0.146	0.149	0.151	0.154	0.157
+ 3	0.211	0.215	0.219	0.223	0.227	0.231	0.235
+ 4	0.281	0.286	0.292	0.297	0.302	0.308	0.313
+ 5	0.351	0.358	0.364	0.371	0.378	0.385	0.391
+ 6	0.421	0.429	0.437	0.445	0.453	0.462	0.470
+ 7	0.491	0.501	0.510	0.520	0.529	0.538	0.548
+ 8	0.561	0.572	0.583	0.594	0.604	0.615	0.626
+ 9	0.631	0.643	0.655	0.668	0.680	0.692	0.704
+ 10	0.701	0.715	0.728	0.742	0.755	0.769	0.782
+ 11	0.771	0.786	0.801	0.816	0.830	0.845	0.860
+ 12	0.841	0.857	0.873	0.890	0.906	0.922	0.938
+ 13	0.911	0.928	0.946	0.963	0.981	0.998	1.016
+ 14	0.981	1.000	1.018	1.037	1.056	1.075	1.094
+ 15	1.050	1.071	1.091	1.111	1.131	1.151	1.172
+ 16	1.120	1.142	1.163	1.185	1.206	1.228	1.250
+ 17	1.190	1.213	1.236	1.259	1.282	1.304	1.327
+ 18	1.260	1.284	1.308	1.332	1.357	1.381	1.405
+ 19	1.329	1.355	1.381	1.406	1.432	1.457	1.483
+ 20	1.399	1.426	1.453	1.480	1.507	1.534	1.561
+ 21	1.469	1.497	1.525	1.553	1.582	1.610	1,638
+ 22	1.538	1.568	1.598	1.627	1.657	1.686	1.716
+ 23	1.608	1.639	1.670	1.701	1.732	1.763	1.793
+ 24	1.678	1.710	1.742	1.774	1.806	1.839	1.871
+ 25	1.747	1.780	1.814	1.848	1.881	1.915	1.949
+ 26	— 1.816	— 1.851	— 1.886	— 1.921	— 1.956	— 1.991	— 2.026

Hat man die abgelesene Barometerhöhe vermittelst der ersten Tafel nach der Angabe der Temperatur des Thermometers der Skale verbessert, so sucht man mit der so verbesserten Barometerhöhe und der Angabe des Thermometers des Quecksilbers die Verbesserung in der zweiten Tafel.

Heberbarometer von Greiner, *Taf. I, Fig.* 1 zeigt die Abbildung des kürzeren Schenkels dieses Instruments, welches eine Verbesserung des Bunten'schen ist. Die inneren Wände der langen und kurzen Röhre laufen nicht ununterbrochen fort, sondern der kürzere Schenkel ist mit dem längeren durch den künstlichen Glasverband *aa* verbunden. Dieser Glasverband wird dadurch hervorgebracht, dafs man den in den abgekürzten Hohlkegel *bb* ausgezogenen längern Schenkel von 32 Zoll mit dem in eine elliptische Hohlkugel *cc* ausgezogenen kürzern Schenkel an der Basis dieses Hohlkegels *bb* zusammenschmelzt. Durch diesen abgekürzten Hohlkegel *bb*, dessen obere Oeffnung etwa eine pariser Linie beträgt, strömt das Quecksilber aus und ein, füllt und entladet den längern Schenkel, je nach dem Druck der Luft bei unverschlossenem Barometer, und füllt ihn ganz, wenn das Barometer zum Transport verschlossen werden soll. Zum Verschliefsen des Barometers, oder Abschliefsen des Quecksilbers in der elliptischen Hohlkugel *cc*, welche gegen $1\frac{1}{2}$ pr. Loth Quecksilber enthält, dient ein Kork *dd*, durch welchen eine starke Thermometerröhre *ee* geht, deren Oeffnung eine halbe Pariser Linie im Durchmesser beträgt, und die in mehrere elliptische Hohlkugeln ausgeblasen ist. Diese können, da sie mit Luft gefüllt sind, dazu dienen, die Ausdehnung des Quecksilbers bei verschlossenem Barometer zu gestatten, indem das Quecksilber dieselben erfüllt.

Der Kegel von Kork *dd* ist am Ende der Barometerröhre *ee* so befestigt, dafs letztere um $\frac{1}{8}$ Zoll aus dem Korkkegel hervorragt. Wird nun dieser Korkverschlufs in die Barometerröhre eingeschoben, so tritt das Quecksilber in die elliptischen Höhlungen der Thermometerröhre und nicht zwischen Glasröhre und Kork. Jetzt kann das Quecksilber sich nach jeder Temperatur der Luft ausdehnen oder zusammenziehen, und selbst bei Temperaturdifferenzen von 30 bis 40 Grad wird die Barometerröhre luftfrei bleiben.

Der Preis derselben im Futteral zum Tragen ist 55 Thlr.

Die Zeichnung des Bunten'schen Barometers, bekanntlich eine Modification des Gay-Lussac'schen, welche, so viel mir bekannt ist, in den physikalischen Lehrbüchern (aufser in Pouillet Élémens de physique) nicht abgebildet ist, füge ich *Taf. I, Fig.* 2 hinzu. Die Hauptröhre desselben ist nach Unten kegelförmig ausgezogen, und befindet sich in eine Länge von 2 bis 3 Zoll in einem Cylinder, welcher äufserlich an die Hauptröhre angeschmolzen ist. Diese Vorrichtung bezweckt, dafs, wenn Luft aus dem kürzeren Schenkel in den längeren tritt, durch das massive Glasband, durch welches der äufsere Cylinder mit dem Quecksilberschöpfer verbunden ist, dieselbe verhindert werden soll, weiter als bis zum Glasband aufzusteigen. Der Preis dieser Instrumente ist bei Greiner jun. 40 Thlr.

Capillaritätsbeobachtungen bei Barometern.

Bessel (Schumacher's astron. Nachrichten No. 175) bemerkte an einem 7 Linien weiten mit erwärmtem Quecksilber gefüllten Pistor'schen Barometer die Convexität im längere Schenkel allmählig immer mehr abnehmen und zuletzt vollkommen verschwinden. Eine kleine Luftblase, die nach einer beiläufigen Schätzung die Quecksilbersäule etwa um ein Hunderttheil Linie herabdrücken konnte, zeigte sich beim Neigen des Instruments. Als zu dieser kleinen eine gröſsere Luftblase hinzugelassen wurde, um durch Umkehren beide gleichzeitig fortzuschaffen, zeigten sich nachher zwei Veränderungen, eine constante Erniedrigung der Quecksilbersäule um 0.4 oder 0.5 Linien und eine Convexität der Quecksilberoberfläche im langen Schenkel stärker als sie je beobachtet worden war. Von dem Eintreten dieser nachher bleibenden Erniedrigung, welche den Betrag der Capillarität um das zehnfache übersteigt, gaben vor und nach dem Versuch angestellte Vergleichungen des Barometers mit zwei andern sichre Ueberzeugung.

Dulong (Poisson nouvelle théorie de l'action capillaire p. 291) erklärt die von Dom Casbois zuerst beobachtete Erscheinung, daſs man durch lange anhaltendes Auskochen Barometer mit ebener ja sogar mit hohler Oberfläche erhalten könne, durch Bildung einer gewissen Menge Oxyds des in Berührung mit der atmosphärischen Luft siedenden Quecksilbers. Das eine geringe Menge dieses Oxyds aufgelöst enthaltende Quecksilber weicht in seinen physischen Eigenschaften, besonders in den Capillaritätserscheinungen von reinem Quecksilber ab. Ist das siedende Quecksilber an seiner Oberfläche von einer sauerstofffreien Luft, z. B. einer Atmosphäre von Wasserstoff umgeben, so treten diese Veränderungen nicht ein. Auf die Bildung dieses Oxyds wurde Dulong durch das Blindwerden der Wände bei der Verfertigung von Quecksilberthermometern aufmerksam, als dessen Grund ein Absatz von krystallinischem und röthlichem Aussehen sich bei Betrachtung mit der Loupe erwies.

Poggendorff (Ann. 26. 458) bemerkt hierbei, für die Unzulänglichkeit dieser Erklärung spreche die veränderliche Gestalt der Quecksilberfläche in weiten Barometern, für welche sich oft kein nachweisbarer Grund angeben läſst, und die Erfahrung von Schieck, daſs grade in weiten Röhren, bei welchen Dulong den Einfluſs jener Auflösung des sich bildenden Oxyds wegen der gröſseren Quecksilbermasse für unbedeutend hält, durch das Kochen des Quecksilber concav ward.

Bohnenberger (Naturwissenschaftliche Abhandlungen, herausgegeben von einer Gesellschaft in Würtenberg, Tübingen 1822) konnte bei sorgfältigem Auskochen von Barometern, die mit Quecksilber gefüllt waren, welches aus rothem Präcipitat und aus Zinnober gewonnen war, nie eine ebene oder hohle Oberfläche erhalten, wenn der Durchmesser der Röhre 5.8 und 3.14 Linien betrug. Diese Oberfläche war hingegen bis auf einen Abstand von 2 Linien vollkommen eben in seinem 14.5 Linien weiten Normalbarometer. Ein Zusatz zum Quecksilber von $\frac{1}{6000}$ Silber veränderte die Depression und verflachte die Oberfläche. Es fand sich nämlich:

	Capillardepression	Höhe der Kuppe.
bei reinem Quecks.	0'''.35	0'''.43
- amalg. -	0'''.19	0'''.28

Unter der Annahme, dafs in dem 14.5 Linien weiten Normalbarometer keine Depression statt fand, ergeben Bohnenbergers Versuche bei engeren in das Gefäfs desselben eingesetzten Barometern geringere Depression als die von Bouvard (Connaissance des tems pour 1829 p. 308) berechneten Werthe, welche aber auf Versuche in der Luft, nicht im Vacuum, gegründet sind, in welchem die Capillarität wohl jedenfalls geringer ist.

Durchmesser der Röhre	Höhe der Kuppe	beobachtete Depression	berechnete nach Bouvard	Unterschied beider
14'''.5	0'''.580	—	—	—
5.81	0.520	0'''.034	0'''.124	0'''.090
3.02	0.405	0.333	0.408	0.074
2.15	0.285	0.578	0.609	0.141

Bohnenberger bemerkt aber ebenfalls, dafs die Capillardepression im Vacuum sehr schwankend sei.

Aehnliche, aber so viel ich weifs, noch nicht näher bekannt gemachte Versuche hat Hudson an einem von Dollond verfertigten Barometer angestellt, dessen 6 in dasselbe Gefäfs gestellte Röhren von 0''.16 bis 0''.50 Durchmesser durch ein und denselben Index an einer Skale abgelesen wurden. (Philos. Trans. 1822. 595).

Um bei einer solchen Untersuchung genau gleiche Bedingungen der Vergleichung zum Grunde zu legen, hat Weber nach einer mir mündlich bekannt gewordenen Notiz vorgeschlagen, ein Doppelbarometer anzuwenden, dessen Schenkel eine ungleiche Weite haben.

Die von Poisson (nouvelle théorie de l'action capillaire p. 289) mitgetheilte Tafel zur Correction der Barometerstände für Capillarität ist folgende. Die Angaben sind in Millimetern.

Weite der Röhre.	Depression.		Weite der Röhre.	Depression.	
2	4.5599	1.6574	11	0.3506	0.0904
3	2.9025	0.8637	12	0.2602	0.0555
4	2.0388	0.5333	13	0.2047	0.0457
5	1.5055	0.3573	14	0.1597	0.0352
6	1.1482	0.2669	15	0.1245	0.0275
7	0.8813	0.1962	16	0.0970	0.0216
8	0.6851	0.1497	17	0.0754	0.0168
9	0.5354	0.1153	18	0.0586	0.0156
10	0.4201	0.0695	19	0.0430	0.0078
11	0.3506		20	0.0352	

Wasserbarometer.

Daniell (on the water barometer erected in the Hall of the Royal Society. Phil. Trans. 1832. 539) hat das seit Otto von Guerike, seinem Erfinder, fast in Vergessenheit gekommene Wasserbarometer in einer verbesserten Construction ausgeführt. Von zwei 40 Fufs langen in der Fabrik der Herren Pellat und C. verfertigten cylindrischen Glasröhren wurde eine, deren Durchmesser von 1 Zoll bis 0″8 abnahm, nachdem 3 Fufs abgeschnitten worden, in einen kupfernen Dampfkessel, welcher das Gefäfs des Barometers werden sollte, luft- und dampfdicht eingesetzt. Aufser dem cylindrischen Deckel war derselbe 18 Zoll lang, 11 Zoll breit und 10 Zoll hoch. Durch das obere offne Ende der Röhre wurde ein Thermometer mit einer Platinaskale eingelassen, welches gegen die Innenwand der Röhre federte. Das obere Ende der Röhre wurde dann in eine 6 Zoll lange und $\frac{1}{4}$ Zoll weite Röhre zusammengezogen und oben durch einen daran befestigten Hahn verschlossen. Nachdem das Wasser im Dampfkessel eine Zeitlang im Kochen erhalten worden, wurde der Hahn desselben geschlossen, so dafs durch den Druck der Dämpfe das Wasser allmählig in der Röhre in die Höhe gehoben wurde, und zuletzt in einem ununterbrochenem Strahl von 110° F. Temperatur aus der Oeffnung des obern Hahns heraussprützte. Nachdem dieser verschlossen und der Hahn des Kessels wieder geöffnet worden, fiel das Wasser ohne Luftentwickelung und nun wurde die enge Röhre, an welcher der Hahn befindlich war, unter demselben geschlossen. Da sie dabei einen Rifs erhielt, so wurde später der obere Hahn weggelassen und beim Schliefsen die Oeffnung mit dem Finger zugehalten. Das noch erwärmte Wasser des Gefäfses wurde dann, um eine Luftabsorption zu verhindern, mit einer $\frac{1}{2}$ Zoll hohen Schicht von Ricinusöl bedeckt. Das Resultat der längern Zeit mit dem Instrument angestellten Beobachtungen war aber, dafs dennoch Luft von dem Wasser absorbirt worden war. Daniell glaubt, dafs ein 4 bis 5 Zoll dicke Oelschicht dies verhindern würde.

Sympiezometer.

Brunner (Beschreibung eines Barometers, Pogg. Ann. 34. 30) hat ein Sympiezometer angegeben, für welches er den Namen Volumenbarometer vorschlägt. Eine in eine Weitung wie bei vielen Luftthermometern endigende calibrirte Röhre wird in ein Quecksilbergefäfs so tief eingetaucht, bis das Niveau inwendig und auswendig gleich ist. Da das Instrument sich nicht umkehren läfst, so kann es zu Höhenbestimmungen nicht angewendet werden. Instrumente dieser Art beschreibt ausführlich Forbes, (memoir on barometric instruments acting by compression considered particulary in their application to the measurement of heights. Edinb. Journ. of Science 1831. 791.)

Thermobarometer.

Die Form, welche Gintl diesem Instrument gegeben hat, schliefst sich näher an die an, welche es ursprünglich von F. Wollaston erhielt, und bei welcher die englischen Mechaniker mit Verringerung der Länge der Skale stehen geblieben sind, während man in Deutschland eine ohne Erweiterung fortlaufende Röhre vorzog, und vermittelst eines Bajonetschlusses und einer drehbaren die Skale bedeckenden Metallröhre das Instrument mehr gegen Zerbrechen zu schützen suchte.

Die Werthe der Theilstriche der Skale werden entweder aus dem Verhältnifs des gemessenen Inhaltes der cylindrischen Röhre des Thermometers zu dem Volumen seiner Kugel theoretisch bestimmt, oder empirisch durch Vergleichung der bei verschiedenen Barometerständen erhaltenen Kochpunkte. Die Theilung ist Centesimal. Die Thermometerkugel selbst ruht auf einer kleinen ringförmig durchbrochenen Platte *a*, *Taf. I Fig.* 1 welche eine Art Korb bildet und sich längs der 4 Stifte *b* auf und nieder schieben läfst, während der obere mit dem Maafsstab versehene Theil der Röhre durch die kreisrunde Oeffnung *c* im Deckel hervorragt, und darin mittelst zweier Korkstücke befestigt ist. Durch die bei *e* sich öffnende Röhre *d* strömen die Dämpfe aus, welche von der durch die punktirte Linie gegebene Wasserfläche sich erhoben haben. Das Kochgefäfs *fg* von 6 Zoll Höhe und 3 Zoll Weite ruht auf einem 3 Zoll hohen cylindrischem Gestell *fh*, welches sich, wenn die Lampe entfernt ist, hinaufschieben läfst. Um die Abkühlung des Gefäfses durch den Wind zu beseitigen, wird es von einem einen Zoll weiten Metallcylinder umgeben, der durch die bei *e* ausströmenden Dämpfe erfüllt wird.

Will man dem Thermometer die gehörige Empfindlichkeit geben, d. h. soll es Grade von 100 Millimeter Länge erhalten, so wird an ein sehr feines calibrirtes Röhrchen ein $\frac{1}{2}$ Zoll im Durchmesser haltendes birnförmiges Gefäfs angeblasen, die Röhre selbst aber 2 Zoll über demselben in dem Maafse erweitert, dafs darin das Quecksilber aufgenommen wird, welches zur Bildung der höhern Temperaturgrade, die obersten 8 bis 10 ausgenommen, erfordert wird. Zu dieser ersten bereits von Morstadt angegebenen Erweiterung, (welche übrigens schon bei den englischen Instrumenten sich vor der Biegung ebenfalls befindet) hat Gintl eine zweite*m* hinzugefügt. Da nämlich bei dem unvermeidlichen Erschüttern des Instruments bei Reisen in dem obern Theil der untern Erweiterung in der Regel ein getrennter Quecksilberkegel haften bleibt, so braucht man nur das Quecksilber etwas zu erwärmen, um bei dem Durchgang durch die capillare Verbindung in die zweite Erweiterung die Vereinigung des getrennten Theils mit der ganzen Masse zu bewirken. Die Länge des Thermometers ist 10 bis 12 Zoll, der Nonius giebt $\frac{1}{10}$ Millimeter. Es wird in einem Futteral verpackt getragen.

Unter den mir aus eigner Anschauung bekannten drei Formen des Thermobarometers, der englischen, der, welche die Berliner Mechaniker ihm geben, und der von Gintl scheint mir die letztere allerdings Vorzüge zu haben.

III. Von den Dämpfen.

(Abhängigkeit der Elasticität und Dichtigkeit derselben von der Temperatur und Erscheinungen bei ihrer Bildung.)

Elasticität der Wasserdämpfe.

Um für die Spannung des atmosphärischen Wasserdampfes aus den Angaben des Condensationspunktes eines Hygrometers sichre Bestimmungen zu erhalten, hat Kämtz ein Jahr lang ein gewöhnliches Heberbarometer von Pistor, dessen Nonius $\frac{1}{50}$ Linie angab, mit dem Stande eines Körnerschen Barometers verglichen, an welchem vermittelst seines Nonius $\frac{1}{50}$ Decimallinie gemessen werden konnte, welches aber in seinem Vacuum einen Tropfen Wasser enthielt. Beide Instrumente befanden sich in einem Zimmer, dessen innerhalb eines Tages sich wenig ändernde Temperatur durch ein auf $\frac{1}{5}$ Grad Réaumur getheiltes Thermometer von Greiner bestimmt wurde. Diese Temperatur wurde als die des Dampfes angenommen. Die zwischen — 15° und + 23° R. angestellten Versuche geben, wenn sie durch die Formel

$$\log e = 5.642997 + \log(213.33 + t) - \frac{1635.05}{213.33 + t}$$

dargestellt werden, in welcher e die in Pariser Linien ausgedrückte der Temperatur t R. entsprechende Elasticität des Wasserdampfes bezeichnet, folgende Abweichungen der berechneten und beobachteten Werthe (Lehrbuch der Meteorologie I. p. 292).

Temperatur. R	beob. Elast.	berech. Elast.	Untersch.
	'''	'''	'''
— 15	0.483	0.497	+ 0.014
— 14	0.545	0.549	+ 0.004
— 13	0.620	0.607	— 0.013
— 12	0.686	0.669	— 0.017
— 11	0.747	0.738	— 0.009
— 10	0.808	0.813	+ 0.005
— 9	0.865	0.894	+ 0.029
— 8	0.977	0.983	+ 0.006
— 7	1.103	1.079	— 0.024
— 6	1.186	1.184	— 0.002
— 5	1.280	1.298	+ 0.018
— 4	1.416	1.422	+ 0.006
— 3	1.536	1.557	+ 0.021
— 2	1.688	1.702	+ 0.014
— 1	1.865	1.860	— 0.005
0	2.037	2.031	— 0.006

Temperatur R.	beob. Elast.	berech. Elast.	Untersch.
	'''	'''	'''
+ 1	2.253	2.215	— 0.038
2	2.455	2.415	— 0.040
3	2.711	2.630	— 0.081
4	2.935	2.863	— 0.072
5	3.190	3.113	— 0.077
6	3.472	3.383	— 0.089
7	3.775	3.674	— 0.101
8	4.068	3.987	— 0.081
9	4.428	4.324	— 0.104
10	4.698	4.685	— 0.013
11	5.066	5.073	+ 0.007
12	5.503	5.490	— 0.013
13	5.956	5.937	— 0.019
14	6.409	6.415	+ 0.006
15	6.903	6.929	+ 0.026
16	7.490	7.478	— 0.012
17	8.049	8.065	+ 0.016
18	8.708	8.682	— 0.026
19	9.278	9.363	+ 0.085
20	10.004	10.081	+ 0.077
21	10.860	10.846	— 0.014

Da die Abweichung der Rechnung von der Beobachtung innerhalb der Temperaturgrenzen der Atmosphäre 1 Zehntheil Linie im Maximum beträgt, so hat Kämtz nach ihr die folgende Tafel berechnet, in welcher die in Pariser Linien ausgedrückte Elasticität des Wasserdampfes angegeben ist, welche den unter t angegebenen Centesimalgraden entspricht.

Die in dieser Tafel enthaltenen Elasticitäten weichen sehr von den Resultaten ab, welche andre Beobachter erhalten haben. Bei der Wichtigkeit des Gegenstandes besonders für die Hygrometrie wären neue Versuche hauptsächlich für Temperaturen unter dem Gefrierpunkt wünschenswerth.

t	0°	0°,1	0°,2	0°,3	0°,4	0°,5	0°,6	0°,7	0°,8	0°,9	t
	'''	'''	'''	'''	'''	'''	'''	'''	'''	'''	
— 34° C.	0,13	0,13	0,13	0,13	0,13	0,13	0,13	0,13	0,13	0,13	— 34° C.
— 33	0,15	0,15	0,14	0,14	0,14	0,14	0,14	0,14	0,14	0,14	— 33
— 32	0,16	0,16	0,16	0,16	0,16	0,15	0,15	0,15	0,15	0,15	— 32
— 31	0,18	0,17	0,17	0,17	0,17	0,17	0,17	0,17	0,16	0,16	— 31
— 30	0,19	0,19	0,19	0,19	0,19	0,18	0,18	0,18	0,18	0,18	— 30
— 29	0,21	0,21	0,21	0,21	0,20	0,20	0,20	0,20	0,20	0,19	— 29
— 28	0,23	0,23	0,23	0,22	0,22	0,22	0,22	0,22	0,21	0,21	— 28
— 27	0,25	0,25	0,25	0,24	0,24	0,24	0,24	0,24	0,23	0,23	— 27
— 26	0,27	0,27	0,27	0,27	0,26	0,26	0,26	0,26	0,25	0,25	— 26
— 25	0,30	0,29	0,29	0,29	0,29	0,29	0,28	0,28	0,28	0,28	— 25
— 24	0,32	0,32	0,32	0,31	0,31	0,31	0,31	0,30	0,30	0,30	— 24
— 23	0,35	0,35	0,34	0,34	0,34	0,34	0,33	0,33	0,33	0,33	— 23
— 22	0,38	0,38	0,37	0,37	0,37	0,37	0,36	0,36	0,36	0,35	— 22
— 21	0,41	0.41	0,41	0,40	0,40	0,40	0,39	0.39	0,39	0,38	— 21
— 20	0,45	0,45	0,44	0,44	0,43	0,43	0,43	0,43	0,42	0,42	— 20
— 19	0,49	0,48	0,48	0,48	0,47	0,47	0,46	0,46	0,46	0,45	— 19
— 18	0,53	0,52	0,52	0,52	0,51	0,51	0,50	0,50	0,50	0,49	— 18
— 17	0,57	0,57	0,56	0,56	0,55	0,55	0,55	0,54	0,54	0,53	— 17
— 16	0,62	0,61	0,61	0,60	0,60	0.60	0,59	0,59	0,58	0,58	— 16
— 15	0,67	0,66	0,66	0,65	0,65	0.64	0,64	0,63	0,63	0,62	— 15
— 14	0,72	0,72	0,71	0,71	0,70	0,70	0,69	0,69	0,68	0,67	— 14
— 13	0,78	0,78	0,77	0,76	0,76	0,75	0,75	0,74	0,74	0,73	— 13
— 12	0,84	0,84	0,83	0,83	0,82	0,81	0,81	0,80	0,79	0,79	— 12
— 11	0,91	0,90	0,90	0,89	0,88	0,88	0,87	0,86	0,86	0,85	— 11
— 10	0,98	0,98	0,97	0,96	0,95	0,95	0,94	0,93	0,93	0,92	— 10
— 9	1,06	1,05	1,04	1,04	1,03	1,02	1,01	1,01	1,00	0,99	— 9
— 8	1,14	1,13	1,12	1,12	1,11	1,10	1,09	1,08	1,07	1,07	— 8
— 7	1,23	1,22	1,21	1,20	1,19	1,18	1,17	1,17	1,16	1,15	— 7
— 6	1,32	1,31	1,30	1,29	1,28	1,28	1,27	1,26	1,25	1,24	— 6
— 5	1.42	1,41	1,40	1,39	1,38	1,37	1,36	1,35	134	1.33	— 5
— 4	1,53	1,52	1,51	1,50	1,49	1,47	1,46	1,45	1,44	1,43	— 4
— 3	1,64	1,63	1,62	1,61	1,60	1,59	1,57	1,56	1,55	1,54	— 3
— 2	1,76	1,75	1,74	1,73	1,72	1,70	1,69	1,68	1,67	1,66	— 2
— 1	1,89	1,88	1,87	1,85	1,84	1,83	1,82	1,80	1,79	1,78	— 1
— 0	2,03	2,02	2,00	1,99	1,97	1,96	1,95	1,93	1,92	1,91	— 0

t	0°,0	0°,1	0°,2	0°,3	0°,4	0°,5	0°,6	0°,7	0°,8	0°,9	t
	'''	'''	'''	'''	'''	'''	'''	'''	'''	'''	
0° C.	2,03	2,04	2,06	2,07	2,09	2,10	2,12	2,13	2,15	2.16	0° C.
1	2,18	2,19	2,21	2,22	2,24	2,26	2,27	2,29	2,30	2,32	1
2	2,33	2.35	2,37	2,38	2,40	2,41	2,43	2,45	2,46	2,48	2
3	2,50	2,52	2,53	2,55	2,57	2,59	2,60	2,62	2,64	2,66	3
4	2,68	2,69	2,71	2,73	2,75	2,77	2,79	2,80	2,82	2,84	4
5	2,86	2,88	2,90	2,92	2,94	2,96	2,98	3,00	3,02	3,04	5
6	3,06	3,08	3,10	3,12	3,14	3,16	3,19	3,21	2,23	3,25	6
7	3,27	3,29	3,32	3,34	3,36	3,38	3,41	3,43	3,45	3,47	7
8	3,50	3,52	3,54	3,57	3,59	3,61	3,64	3,66	3,69	3,71	8
9	3,74	3,76	3,78	3,81	3,83	3,86	3,88	3,91	3,94	3,96	9
10	3,99	4,01	4,04	4,07	4,09	4,12	4,15	4,17	4,20	4,23	10
11	4,25	4,28	4,31	4,34	4,37	4,39	4,42	4,45	4.48	4.51	11
12	4,54	4,57	4,60	4,63	4,66	4.68	4,71	4,75	4.78	4,81	12
13	4,84	4,87	4,90	4,93	4,96	4,99	5,03	5,06	5,09	5,12	13
14	5,15	5,19	5,22	5,25	5,29	5,32	5,35	5,39	5,42	5,46	14
15	5,49	5,52	5,56	5,60	5,63	5,67	5,70	5,74	5,77	5,81	15
16	5,84	5,88	5,92	5,96	5,99	6,03	6,07	6,11	6,14	6,18	16
17	6,22	6,26	6,30	6,34	6,38	6,41	6,46	6,50	6,54	6,58	17
18	6,62	6,66	6,70	6,74	6,78	6,82	6,87	6,91	6,95	6,99	18
19	7,04	7,08	7,12	7,17	7,21	7,25	7,30	7,34	7,39	7,43	19
20	7,48	7,52	7,57	7,62	7,66	7,71	7,76	7,80	7,85	7,90	20
21	7,94	7,99	8,04	8,09	8,14	8,19	8,24	8,29	8,34	8,39	21
22	8,44	8,49	8,54	8,58	8,63	8,68	8,74	8,79	8,85	8,90	22
23	8,96	9,01	9,06	9,12	9,17	9,23	9,28	9,34	9,39	9,45	23
24	9,50	9,56	9.62	9,67	9,73	9,79	9,85	9,90	9,96	10,02	24
25	10,08	10,14	10,20	10,26	10,32	10,38	10,44	10,50	10,57	10,63	25
26	10,69	10,75	10,82	10,88	10,94	11,00	11,07	11,13	11,20	11,26	26
27	11,33	11,40	11,46	11,53	11,60	11,66	11,73	11,79	11,87	11,93	27
28	12,00	12,07	12,14	12,21	12,28	12,35	12,42	12,50	12,57	12,64	28
29	12,71	12,79	12,86	12,93	13,01	13,08	13,16	13,23	13,31	13,38	29
30	13,46	13,54	13,61	13,69	13,77	13,84	13,92	14,00	14,08	14,16	30
31	14,24	14,32	14,41	14,49	14,57	14,65	14,73	14,82	14,90	14,98	31
32	15,07	15,15	15,24	15,32	15,41	15,50	15,58	15,67	15,76	15,85	32
33	15,93	16,02	16,11	16,20	16,29	16,38	16,47	16,57	16,66	16,75	33
34	16,84	16,94	17,03	17,13	17,22	17,32	17,41	17,51	17,61	17,70	34

Egen [1]) hat für die Abhängigkeit zwischen Temperatur und Elasticität des Wassersdampfes im Maximum der Dichtigkeit eine Formel entwikkelt, welche sich an die zuverläfsigsten Beobachtungen recht genau anschliefst. Indem er die Temperaturen, welche Elasticitäten entsprechen, die in einer geometrischen Reihe wachsen, als eine arithmetische Reihe höherer Ordnung betrachtet, findet er die dritte Differenzreihe nahe constant. Die respectiven ersten Glieder der Reihe und ihrer Differenzreihen mit a, b, c, d bezeichnet, erhält er also:

$$t = a + (n-1)\,b + \frac{(n-1)(n-2)}{1\cdot 2}\,c + \frac{(n-1)(n-2)(n-3)}{1\cdot 2\cdot 3}\,d,$$

nach Potenzen von n geordnet

$$t = (a-b+c-d) + \left(b - \frac{3}{2}c + \frac{11}{6}d\right)n + \left(\frac{1}{2}c - d\right)n^2 + \frac{1}{6}dn^3,$$

mit e das allgemeine Glied der geometrischen Reihe der Elasticitäten, mit e_1 den Quotienten der Reihe, mit a_1 ihr erstes Glied bezeichnet, giebt:

$$e = a_1 e_1^{n-1}, \text{ woraus } n = \frac{\log e}{\log e_1} - \left(\frac{\log a_1}{\log e_1} - 1\right)$$

zwischen beiden Gleichungen n eliminirt, giebt eine Gleichung von der Form

$$t = 100^0 + A\log e + B\log^2 e + C\log^3 e.$$

Da sich die nach dieser Formel berechneten Werthe den beobachteten gut anschliefsen, wählt er die Form:

$$t = 100^0 + A\log e + B\log^2 e + C\log^3 e + D\log^4 e$$

wo e die Elasticität in Atmosphären ausgedrückt bezeichnet, und bestimmt die Coefficienten A, B, C, D nach der Theorie der kleinsten Quachate aus 29 Beobachtungen. Dies giebt

$A = 64.29512$	$\log A = 1.8081780$
$B = 13.89479$	$\log B = 1.1428520$
$C = 2.909769$	$\log C = 0.4638586$
$D = 0.1742634$	$\log D = 0.2412062 - 1$

also für Centesimalgrade

$$t = 100^0 + 64.29512\log e + 13.89479\log^2 e + 2.909769\log^3 e + 0.1742634\log^4 e$$

oder für Fahrenheit'sche Grade

$$F = 212 + 115.73122\log e + 25.01062\log^2 e + 5.237584\log^3 e + 0.3136741\log^4 e.$$

Die Logarithmen dieser Coefficienten sind:

$$\log A = 2.0634505$$
$$\log B = 1.3981245$$
$$\log C = 0.7191310$$
$$\log D = 0.4964787 - 1.$$

Die Beobachtungen, auf welche diese Formel gegründet ist, sind nebst den berechneten Werthen in folgender Tafel enthalten, in welcher das Pluszeichen bedeutet, dafs der berechnete Werth gröfser als der beobachtete ist. Die Beobachtungen zwischen Thau und Kochpunkt sind Mittel aus den am besten übereinstimmenden Beobachtungen von Dalton

[1]) Ueber die Expansivkraft des Wasserdampfes P. A. 27. 9.

und Ure, die unter Null von Muncke, August und Gay-Lussac, die Beobachtungen über dem Siedpunkt die Resultate der bekannten Arbeit der Pariser Akademiker

Elasticität.	beob. Temp. C.	Unt. d. Beob. u. Berechn.	Elasticität	beob. Temp. C.	Unt. d. Beob. u. Berechn.
23.39 Atm.	223.9	— 0°.56	28″.88 e	98.89	+ 0.05
22.66 —	220.4	+ 0.09	23.60 -	93.33	+ 0.12
21.60 —	218.3	— 0.29	19.00 -	87.78	— 0.01
21.31 —	217.3	+ 0.01	12.04 -	76.67	— 0.15
20.44 —	215.1	+ 0.08	5.76 -	60.00	+ 0.03
18.55 —	210.5	— 0.21	3.30 -	48.89	— 0.01
18.16 —	209.1	+ 0.13	1.86 -	37.78	+ 0.09
17.13 —	206.1	+ 0.24	1.36 -	32.22	— 0.01
14.53 —	198.5	— 0.11	1.17 -	29.44	+ 0.10
13.19 —	193.7	+ 0.13	0.72 -	21.11	+ 0.03
11.66 —	188.4	— 0.25	0.52 -	15.56	+ 0.09
10.60 —	183.7	+ 0.16	0.365 -	10.00	— 0.25
9.89 —	180.7	+ 0.09	0.266 -	4.44	+ 0.07
8.11 —	172.1	+ 0.13	2.‴24 f	0.00	— 0.19
7.61 —	169.5	+ 0.06	0.″160 e	— 4.41	+ 0.61
7.39 —	168.4	— 0.06	1.‴51 f	— 6.62	— 0.12
6.51 —	163.2	— 0.05	1.08 -	— 12.50	+ 0.18
5.12 —	153.7	— 0.02	0.60 -	— 19.59	— 2.64
4.86 —	151.9	— 0.23			
2.14	123.0	— 0.13			
1.00	100.0	— 0.00			

Mit Beseitigung der unsichern ersten und letzten Beobachtung und der für 0.16 Zoll ist die mittlere Abweichung 0°.11 C. die gröfste 0°.29. Dieses nahe Anschliefsen der berechneten an die beobachteten Werthe berechtigt zu der Vermuthung, dafs man sich der Egen'schen Formel mit Sicherheit zur Berechnung der einer gegebenen Elasticität entsprechenden Temperatur bedienen kann. Hr. Oberlehrer Radicke in Neu-Brandenburg hat daher auf meine Bitte die folgende Tafel nach dieser Formel zu berechnen die Güte gehabt. Es bedeutet darin e die Elasticität in Atmosphären, t die Temperatur in Centesimalgraden. Um immer bequem auch für eine bestimmte Temperatur die Elasticität finden zu können, sind die Intervallen so gewählt, dafs die Temperaturzunahme nicht anderthalb Grade übersteigt. Multiplicirt man die unter e befindliche Zahl mit 1.033, so erhält den Druck in Kilogramm auf ein Quadratcentimeter.

e	t	diff.	e	t	diff.	e	t	diff.
1,00	100,000	2,684	7,00	166,104	1,445	17,50	207,595	0,700
1,10	102,684	2,595	7,25	167,549	1,404	17,75	208,095	0,695
1,20	105,179	1,182	7,50	168,953	1,369	18,00	208,790	0,686
1,25	106,361	1,149	7,75	170,322	1,333	18,25	209,476	0,677
1,30	107,510	2,190	8,00	171,655	1,300	18,50	210,153	0,672
1,40	109,700	2,049	8,25	172,955	1,271	18,75	210,825	0,664
1,50	111,749	1,979	8,50	174,226	1,240	19,00	211,489	0,656
1,60	113,728	1,862	8,75	175,466	1,211	19,25	212,145	0,652
1,70	115,590	0,927	9,00	176,677	1,184	19,50	212,797	0,641
1,75	116,517	0.849	9,25	177.864	1,157	19,75	213,438	0,638
1,80	117,366	1,699	9,50	179,021	1,133	20,00	214,076	0,631
1,90	119,065	1,629	9,75	180,154	1,119	20,25	214,707	0,625
2,00	120.694	1,564	10,00	181,273	1,092	20,50	215,332	0,619
2,10	122,258	2,239	10,25	182,365	1,069	20,75	215,951	0,612
2,25	124,497	2,125	10,50	183,434	1,051	21,00	216,563	0,607
2,40	126,622	1,351	10,75	184,485	1,030	21,25	217,170	0,600
2,50	127,973	1,314	11,10	185,515	1,014	21,50	217,770	0,595
2,60	129,287	1,892	11,25	186.529	0,994	21,75	218,365	0,591
2,75	131,179	1,817	11,50	187,523	0,977	22,00	218,956	0,584
2,90	132,996	1,188	11,75	188,500	0,961	22,25	219,540	0,579
3,00	134,184	1,156	12,00	189,461	0,946	22,50	220,119	0,576
3,10	135,340	1,614	12,25	190,407	0,931	22,75	220,695	0,568
3,25	136,954	1,572	12,50	191,338	0,913	23,00	221,263	0,564
3,40	138,516	1,061	12,75	192,251	0,902	23,25	221,827	0,561
3,50	139,577	1,009	13,00	193,153	0,887	23,50	222,388	0,554
3,60	140,586	1,478	13,25	194,040	0,874	23,75	222,942	0,550
3,75	142,054	1,425	13,50	194,914	0,861	24,00	223,492	1,087
3,90	143,479	0,924	13,75	195,775	0.848	24,50	224,579	1,070
4,00	144,403	0,906	14,00	196,623	0,837	25,00	225,649	1,053
4,10	145.309	1,328	14,25	197,460	0,826	25,50	226,702	1,034
4,25	146.637	1,300	14,50	198,286	0,814	26,00	227,736	1,021
4,40	147,937	0,832	14,75	199,100	0,802	26,50	228,757	1,007
4,50	148,769	2,066	15,00	199,902	0,791	27,00	229,764	0,988
4,75	150,835	1,928	15,25	200,693	0,783	27,50	230,752	0,975
5,00	152.763	1,880	15,50	201,476	0,773	28,00	231,727	0,961
5,25	154,643	1,808	15,75	202,249	0,762	28,50	232,688	0,950
5,50	156,451	1,744	16,00	203,011	0,754	29,00	233,638	0,934
5,75	158,195	1,685	16,25	203,765	0,743	29,50	234,572	0,924
6,00	159,880	1,629	16,50	204,508	0,734	30,00	235,496	0,909
6,25	161,509	1,578	16,75	205,242	0,726	30,50	236,405	0,900
6,50	163,087	1,530	17,00	205,968	0,718	31,00	237,305	0,887
6,75	164,617	1,487	17,25	206,686	0,709	31,50	238,192	0,878
7,00	166,104		17,50	207,395		32,00	239,070	

e	t	diff.	e	t	diff.	e	t	diff.
32,0	239,070	0,864	36,5	246,495	0,777	42,0	254,635	1,385
32,5	239,934	0,854	37,0	247,272	0,773	43,0	256,020	1,362
33,0	240,788	0,845	37,5	248,045	0,761	44,0	257,382	1,338
33,5	241,633	0,833	38,0	248.806	0,755	45.0	258,720	1,312
34,0	242,466	0,824	38,5	249,561	0,748	46,0	260.032	1,290
34,5	243,290	0,815	39,0	250,309	0.743	47,0	261,322	1,279
35,0	244,105	0,805	39,5	251,052	0,727	48,0	262.591	1,246
35,5	244,910	0,796	40,0	251,779	1,441	49,0	263,837	1,227
36,0	245,706	0,789	41,0	253,220	1,415	50,0	265,064	
36,5	246.495		42,0	254,635				

Was die Berechnung von Tabellen für die einer bestimmten Temperatur entsprechende Elasticität des Wasserdampfes betrifft, so erlaube ich mir eine Bemerkung. Die Elasticität für Temperaturen, wie sie in der Atmosphäre vorkommen, wird vorzugsweise zu den Bestimmungen des Feuchtigskeitszustandes der Atmosphäre gebraucht. Unsere Daniell'schen Hygrometer sind nach Fahrenheit'schen Graden getheilt, unsere Barometer aber nach Pariser Linien. Um nun aus den Angaben eines Daniell'schen Hygrometers den Druck der trocknen Luft auf die bequemste Weise zu erhalten, bedarf man einer Tabelle, welche die Fahrenheit'schen Graden entsprechende Elasticität des Dampfes nicht nur in Theilen des englischen Zolles, sondern auch in Pariser Linien ausdrückt. Diesen beiden Angaben eine dritte der in Millimetern ausgedrückten Elasticität beizufügen, möchte zunächst nicht nöthig sein, da in Frankreich bisher hauptsächlich nur mit Saussureschen Hygrometern beobachtet wird, man also nicht leicht in den Fall kommen wird, die Angaben eines Daniell'schen Hygrometers mit einen im Millimeter getheilten Barometer zu combiniren. Aufser dieser Tafel verlangt das Psychrometer eine Tafel, wo in Pariser Linien die Elasticität, welche Réaumur'schen Graden und deren Unterabtheilungen entspricht, angegeben wird. Für höhere Temperaturen könnte der Eingang der Tafel ebenfalls in Réaumurs'chen Graden gegeben werden, für technische Zwecke zu gleicher Zeit als Druck in Pfunden auf einen Quadratzoll.

Egen hat aufserdem alle bisher bekannt gemachten empirischen Formeln über die Elasticität des Wasserdampfes zusammengestellt. Sie sind mit einigen, welche ich noch hinzugefügt habe, die folgenden, wo bezeichnet wird:

die Elasticität in	Pariser Zollen	mit e	die Temperat. in	Centesimalgrad.	mit t
–	englischen –	– e_1	–	Fahrenheitsch.Gr.	– t_1
–	Metern	– e_{11}	–	Réaumur	– T
–	Atmosphären	– E			

1) Prony, erste Formel (Neue Architectura hydraulica üb. v. Langsdorf. §. 2326).

$$e = 10^{m+nT} - 10^{m'+n'T} - 10^{sT-r} - 10^{s'T-r'}$$

wo $m = 0.068831$ $s = 0.058576$
$n = 0.091438$ $r = 4.686080$
$m' = 0.068605$ $s' = 0.049157$
$n' = 0.013490$ $r' = 3.932560$

Elasticität nimmt ab wenn $T > 125^0$; gegründet auf Versuche von Bétancourt.

2) Prony, zweite Formel (ib. §. 1522).

$$e = mr^T + m_1 r_1{}^T + m_{11} r_{11}{}^T$$

wo $m = -0.0000007246$ $r = 1.172805$
$m_1 = 0.8648188303$ $r_1 = 1.047773$
$m_{11} = -0.8648181057$ $r_{11} = 1.028189$

ebenso.

3) Schmidt, (Grens neues Journal 4. 264).

$$e = T^{1.4112 + 0.005\,T}$$ (Versuche von Schmidt)

wächst viel zu stark in höheren Temperaturen, unter 0^0 negativ.

4) Soldner, (Gilbert Annalen 17. 44).

$$\log e = \log 30''.13 - \frac{(280-T)(80-T)}{10280}.$$ (Daltons Versuche.)

5) Laplace, (Mécanique céleste 4. 273).

$$\log e_{11} = \log 0.76 + 0.0154547\,(t-100) - 0.0000625826\,(t-100)^2.$$

6) Biot, (Traité de physique 1. 273).

$$\log e_1 = \log 30'' - 0.0153741955\,t - 0.00006742735\,t^2 + 0.00000003381\,t^3.$$

7) Ivory, (Phil. Magazine).

$$\log e_1 = \log 30'' + 0.0087466\,(t_1-212) - 0.000015178\,(t_1-212)^2 + 0.000000024825\,(t_1-212)^3.$$

8) Paucker, (Programm. Mitau 1819).

$$\log e_1 = \log 30'' - 0.019127878274\,(80-T) - 0.0001096547488\,(80-T)^2 + 0.00000010953936\,(80-T)^3.$$

9) Kämtz, (Untersuchung über die Expansivkraft der Dämpfe).

$$\log e = 2.5263393 - 0.01950230219\,(80-T) - 0.00007404868\,(80-T)^2 - 0.0000066252\,(80-T)^3 + 0.00000000399\,(80-T)^3.$$

10) August, (Pogg. Ann. 13. 122).

$$\log 12\,e = \frac{23.945371\,T_1}{800 + 3T_1} - 2.2960383$$

wo T_1 Réaumursche Grade des Luftthermometers sind.

11) Christian (Mécanique industrielle II. 236.).

$$e = 28\,(1.032)^{t-100}$$

12) Tregaskis, (Edinb. Journ. of Science X. 69).

$$\log \frac{e_1}{30} = \frac{\log 2}{\log 1.2} \log t$$

13) Th. Young, (Lectures on nat. phil. II. 400).

erste Formel $e_1 = 0.1781\,[1 + 0.006\,(t_1 - 32^0)]^7$

zweite Formel $e_1 = 0.18 + 0.007\,(t_1 - 32^0) - 0.00019\,(t_1 - 32^0)^2$

14) Southern, (Robison Mechanical philosophy II. 172).

$$\log(e_1 - 0.1) = 5.13 \log(t_1 + 52) - 10.97427.$$

15) John Farey, (a treatise of the steam engine p. 72).

$$\log(e_1 - 0.1) = 5.13 \log(t_1 + 51{,}3) - 10.94123.$$

Diese Formel schliefst sich gut an die Beobachtungen an.

16) **Tredgold**, (Traité des machines à vapeur trad. par Mellet p. 101.)

$$e_1 = \frac{(t_1 + 100)^6}{177}$$

$$\text{oder} \quad 100\, e_{11} = \frac{(t + 73)^6}{84}.$$

17) **Mellet**, ib.

$$100\, e_{11} = \frac{(t + 75)^6}{85}.$$

18) **Creighton**, (Philos. Magaz. 53. p. 266).

$$6[\log(t_1 + 85) - 2.22679] = \log(e_1 - 0.09).$$

19) **Coriolis**, (du calcul de l'effet de machines p. 57).

$$E = \left(\frac{1 + 0.01878t}{2.878}\right)^{5.355}$$

20) **Französische Academiker**, (Ann. de Ch. et de Ph. 1830).

$$E = [1 + 0.7153(0.01t - 1)]^5$$

$$\text{oder} \quad E = (0.2847 + 0.007153t)^5.$$

21) **Poisson**, (Ann. de Chim. et de Phys. 23. 337).

$$e_{11} = 0.76\left(\frac{266.67 + t}{366.67}\right)^{14.65}$$

22) **Mayer**, (Comment. societ. reg. scient. Gotting. recent. vol. I ad annum 1808—1812).

$$\log e = 4.2860 + \log(213 + T) - \frac{1551.09}{213 + T}$$

23) **Kämtz**, dieselbe Formel mit den aus den **Dalton**'schen Beobachtungen bestimmten wahrscheinlichsten Werthen der Constanten.

$$\log e = 5.6264 + \log(213.33 + T) - \frac{1630.8944541}{213.33 + T}.$$

24) **Kämtz**, dieselbe Formel mit den aus seinen eignen Beobachtungen bestimmten wahrscheinlichsten Werthen der Constanten. (Handbuch der Meteorologie 1. 292)

$$\log e = 5.642997 + \log(213.33 + T) - \frac{1635.05}{213.33 + T}.$$

25) **Roche**, (Annales de Chimie et de Physique 1830. Jan.)

$$\log e_{11} = \log 0.760 + \frac{0.1644(t - 100)}{11 + 0.03(t - 100)}.$$

26) **Schitko**, (**Baumgärtner** u. **Ettinghausen** Zeitschr. f. Ph. u Math. 6.256).

Setzt man
$$x = \frac{\log(1 + 0.00375T_1)}{0.00172556}$$

wo T_1 Grade des Luftthermometers sind, so ist

$$\log E = 4\log x + \log(1 + 0.00275038x) + 0.00172556x - 7.8404207$$

oder, wenn die Temperatur an einem in Centesimalgrade getheilten Quecksilberthermometer bestimmt wird,

$$x = \frac{-1 + \sqrt{[1 + 153.7850506\log(1 + 0.0001801St)]}}{0.00599839}.$$

27) Egen, Formel I (Pogg. Annal. 27. 35).

$$t = 100 + 64.86106 \log E + 14.14528 \log^2 e + 2.50778 \log^3 E.$$

28) Egen, Formel II ib.:

$$t = 100 + 64.29512 \log E + 13.89479 \log^2 E + 2.909769 \log^3 E + 0.1742634 \log^4 E.$$

29) Arzberger, (Jahrbücher des polyt. Inst. 1. 155) in Wiener Zollen.

$$\log e^1 = 2.83165 + \log(213 + T) - \frac{847.3}{140 + T}.$$

30) Arzberger $\log e^1 = 2.88174 + \log(140 + T) - \frac{830.94}{140 + T}$

Berechnet man nach der Dulong'schen Formel

$$e = (1 + 0.7153 t)^5$$

die Elasticität für höhere Temperaturen, um zu sehen, zu welchen Resultaten sie führen würde, wenn es erlaubt wäre, sie bis so weit auszudehnen, so erhält man (Pouillet Elémens de phys. 1. 335).

Druck in Atmosph.	Temperatur.	Druck in Kilogr. auf 1 Quadratcentimet.
100	311.36	103.3
200	363.58	206.6
300	397.65	309.9
400	423.57	413.2
500	444.70	516.5
600	462.71	619.8
700	478.45	723.1
800	492.47	826.4
900	505.16	929.7
1000	516.76	1033.0.

Spannungsmesser für mit Luft gemischte Dämpfe.

Figur 3 der Tafel I stellt die Form dar, welche Gay-Lussac neuerdings dem nach ihm benannten Apparat gegeben hat. Die vom Gestell abgeschraubte calibrirte weitere Röhre T, welche an ihrem unteren Ende in die Dille d festgekittet ist, wird mit so viel Quecksilber gefüllt, dafs dieses nach dem Umkehren etwa bis zur Hälfte des Raumes zwischen der obern Wölbung und dem Verbindungsstück reicht. Durch Abfliefsen aus dem Hahn r oder Zugiefsen durch den Trichter e wird das Quecksilber in der calibrirten Röhre T mit dem in der 4 bis 5 Millimeter weiten 45 Centimeter langen Röhre S ins Niveau gebracht, und dann durch den Trichter e die zu verdampfende Flüssigkeit, gewöhnlich Aether, hineingegossen. Oeffnet man nun den Hahn r, so wird das Quecksilber in S schneller fallen, als in T, der eingefüllte Aether daher bald zur Verbindungsstelle gelangen und durch das Quecksilber in T aufsteigen. Ist die eingelassene Quantität genügend, so verschliefst man s, und befördert die Verbreitung der Aetherdämpfe dadurch, dafs man durch Neigen des Apparates die Wände von T mit Aether befeuchtet. Stellt man durch Eingiefsen von Quecksilber in den Trichter c den anfänglichen Raum in T wieder her, so erhält man durch die für Capillarität corrigirte Säule in S die verlangte Spannung der Dämpfe. (Ann. de Ch. et Ph. 51. 435. — P. A. 27. 681).

Dichtigkeit der Wasserdämpfe und Alkoholdämpfe.

Schmeddingk (de densitate vaporum Berol. 1832. 4.) hat die Dichtigkeit der Wasserdämpfe nach der von Brunner angegebenen Methode zu bestimmen gesucht. Aus einem Gefäfs in ein anderes fliefsendes Wasser wurde durch Luft ersetzt, welche bei dem Durchgang durch eine mit einer austrocknenden Substanz gefüllte Röhre den Wasserdampf absetzte, mit welchem sie sich vorher in Berührung mit feuchter Watte gesättigt hatte. Die Gewichtszunahme dieser Röhre, welche mit concentrirter Schwefelsäure befeuchteten Asbest enthielt, bestimmte das absolute Gewicht des Wasserdampfes in einem Luftvolumen, dessen Gröfse durch das Gewicht des aus dem Gefäfse ausgeflossenen Wassers gemessen wurde. Das Ergebnifs dieser Versuche war, dafs die Dichtigkeit des Wasserdampfes für Luft als Einheit, bei 16° R. = 0.63, und dafs diese Dichtigkeit mit der Temperatur zunimmt, welcher Bestimmung, aufser den directen Wägungen der Röhre, die Dichtigkeit der Luft gegen Wasser nach Biot und Arago, der thermische Ausdehnungscoefficient für Luft von Gay-Lussac, und die Elasticität der Wasserdämpfe in niedrigen Temperaturen nach Kämtz zum Grunde liegen. Für Temperaturen zwischen 15° und 17° fallen die 47 Bestimmungen der Dichtigkeit zwischen 0.62574 und 0.6351, also innerhalb enger Grenzen. Diefs war bei den Versuchen für höhere Temperaturen nicht der Fall, für welche die Dimensionen des Apparates zu klein schienen. Da die Resultate sämmtlich über der theoretisch ermittelten Dichtigkeit liegen, so glaubt Schmeddingk annehmen zu müssen, dafs das specifische Gewicht des mit Luft vermischten Wasserdampfes etwas höher ausfalle, als das der Dämpfe im luftleeren Raume.

Mit Benutzung der von Ure ermittelten Elasticität der Alkoholdämpfe fand Schmeddingk für die Dichtigkeit dieser Dämpfe ebenfalls eine gröfsere Zahl, als die von Muncke für den luftleeren Raum gegebene. Doch hält er seine absoluten Bestimmungen in so fern nicht für sicher, da nicht ermittelt werden konnte, ob die Luft mit den Dämpfen wirklich gesättigt war. War diefs der Fall, so würde der Unterschied zwischen der Dichtigkeit der mit Luft gemischten Dämpfe und der Dämpfe im luftleeren Raume noch gröfser werden.

Elasticität der Quecksilberdämpfe.

Bezeichnet e die in Atmosphären von $0^{m}.76$ ausgedrückte Elasticität des Quecksilberdampfes bei der durch ein in Centesimalgrade getheiltes Quecksilberthermometer angegebenen Temperatur t, so ist nach den Versuchen von Avogrado (Pogg. Annal. 27. 60 aus Mém. de l'Acad. de Turin).

$$\log e = -0.006437(360-t) + 0.0000075956(360-t)^2 - 0.00000018452(360-t)^3$$

nach welcher Formel die folgende Tafel berechnet ist:

Temp. C.	Elasticität in Atmosph.	Elasticität in Millim.	Temp. C.	Elasticität in Atmosph.	Elasticität in Millim.
100	0.00004	0.03	240	0.10349	78.65
110	0.00009	0.07	250	0.13655	103.78
120	0.00022	0.16	260	0.17582	133.62
130	0.00047	0.35	270	0.22145	168.30
140	0.00096	0.73	280	0.27355	207.90
150	0.00188	1.43	290	0.33225	252.51
160	0.00343	2.61	300	0.39780	302.33
170	0.00603	4.58	310	0.47073	357.75
180	0.01015	7.71	320	0.55181	419.38
190	0.01638	12.45	330	0.64261	488.38
200	0.02539	19.30	340	0.74523	566.37
210	0.03790	28.80	350	0.86286	655.77
220	0.05466	41.54	360	1.00000	760.00
230	0.07633	58.01			

Der Apparat, mit welchem die Versuche angestellt wurden, war ein durch Quecksilber geschlossenes Luftthermometer, d. h. eine heberförmige oben offene Barometerröhre, deren kurzer Schenkel in eine verschlossene Kugel endigte. Der Ueberschufs der an der Quecksilbersäule gemessenen Elasticität der abgeschlossenen Luftmasse über die durch die Temperaturerhöhung derselben nach Rechnung sich ergebende, gab nach Berücksichtigung der thermischen Ausdehnung der Quecksilbersäule die Elasticität der Quecksilberdämpfe. Die directen Beobachtungen sind folgende:

Temp.	230°	240°	250°	260°	270°	280°	290°	300°
Elasticität in Millimetern	58.01	80.02	105.88	133.62	165.22	207.59	252.51	309.40.

Unter 230° verstattete der wachsende Einflufs der Beobachtungsfehler keine genauen Bestimmungen.

Elasticität der Dämpfe von Schwefelkohlenstoff.

Marx (Versuche und Berechnungen über die Elasticität und die Dichtigkeit der Dämpfe des Schwefelkohlenstoffs. Schweiggers Jahrb. 62. 460) schmolz den in eine 2 Zoll hohe und $1\frac{1}{2}$ Zoll weite birnförmige Erweiterung endigenden kürzern Schenkel einer 40 Zoll langen $1\frac{1}{3}$ Linie weiten mit ausgekochtem Quecksilber gefüllten Barometerröhre zu, nachdem der auf der untern Oberfläche des Quecksilbers befindliche Schwefelkohlenstoff zum Kochen gebracht worden war, und maſs die Niveaudifferenz beider Flächen an einer in Zoll und Linien getheilten hölzernen Skale bei verschiedenen Graden eines das birnförmige Gefäſs umgebenden Wasserbades, mit welcher Temperatur die der Dämpfe übereinstimmend angenommen wurde. Die beobachteten Quecksilberhöhen wurden für Capillarität corrigirt, aber nicht für thermische Ausdehnung [1]). Für niedrige Temperaturen wurden erkältende Mischungen angewendet. Aus den Beobachtungen zwischen + 7 und 47.5 wurden darauf die wahrscheinlichsten Werthe der Constanten der Mayer'schen Formel bestimmt und daraus

$$\log e = 4.0653887 + \log(213 + t) - \frac{987.5164}{213 + t}$$

erhalten, in welcher Formel e die der Temperatur t Réaumur entsprechende Elasticität bezeichnet. Da die Versuche, die Dichtigkeit der Dämpfe bei der Siedhitze des Schwefelkohlenstoffs zu bestimmen, mislangen, so wurde die Bestimmung von Gay-Lussac, daſs sie bei gleicher Temperatur 2.645 für atmosphärische Luft als Einheit sei, als richtig angenommen und daraus für Wasser als Einheit

$$d = 0.00021748 \frac{e}{213 + t}$$

berechnet. Die Resultate sind in folgender Tafel enthalten [2]).

---

[1]) Wie sich Marx diese Correction bei dem Messen eines hydrostatischen Drucks denkt, ist mir nicht klar geworden, da er sagt, sie werde durch die kubische Ausdehnung des Glases vermindert.

[2]) Innerhalb der Temperaturgrenzen, zwischen welchen die Formel bestimmt wurde, schlieſsen sich die berechneten Werthe gut an die beobachteten an. Dagegen giebt die Formel unter Null viel zu groſse Werthe. Bei + 331.2 C. ist die von Cagniard de la Tour direct gefundene Elasticität um 8 Atmosphären kleiner als die nach der Formel bestimmte.

Temp. R.	berch. Elast. des Dampfes	Untersch. d. Rechn. u. Beobachtung	berech. Dichtigkeit Wasser = 1	Schwefelkohlenstoff = 1
	'''	'''		
— 7	38.508	+ 6.508	0.0004066	0.000327
— 6.5	39.637	+ 5.137		
— 6	40.809	+ 2.809	0.0004368	0.000344
— 5.5	42.005	+ 3.705		
— 5	43.227	+ 4.227	0.0004519	0.000356
— 4.5	44.483	+ 4.733		
— 4	45.776	+ 5.416	0.0004761	0.000375
— 3.5	47.084	+ 5.834		
— 3	48.429	+ 4.429	0.0005001	0.000394
— 2.5	49.812	+ 3.112		
— 2	51.224	+ 2.624	0.0005280	0.000416
— 1.5	52.674	+ 3.174		
— 1	54.152	— 1.348	0.0005556	0.000437
— 0.5	55.532	— 1.560		
0	58.407	— 0.093	0.0005964	0.000468
0.5	58.666	+ 0.666		
1	60.423	+ 0.173	0.0006144	0.000484
1.5	62.090	+ 0.190		
2	63.786	+ 0.486	0.0006452	0.000508
2.5	65.529	+ 0.729		
3	65.757	+ 0.657	0.0006621	0.000521
3.5	69.111	— 0.189		
4	70.947	— 0.053	0.0007111	0.000560
4.5	72.870	— 0.030		
5	74.808	— 0.192	0.0007463	0.000588
5.5	76.797	— 0.203		
6	78.801	+ 0.801	0.0007826	0.000616
6.5	81.063	+ 0.313		
7	82.994	— 0.246	0.0008206	0.000646
7.5	85.166	+ 0.516		
8	87.370	— 0.130	0.0008598	0.000677
8.5	89.613	+ 1.113		
9	91.925	+ 0.305	0.0009006	0.000710
9.5	94.068	— 0.052		
10	96.674	+ 0.054	0.0009426	0.000742
10.5	99.145	+ 0.645		
11	101.408	+ 0.288	0.0009805	0.000772
11.5	104.211	+ 0.461		
12.	106.805	+ 0.055	0.0010324	0.000813
12.5	109,737	— 0.013		
13.	112.182	+ 0.432	0.0010834	0.000853

Temp. R.	berech. Elast. des Dampfes	Untersch. d. Rechn. u. Beobachtung	berech. Dichtigkeit Wasser = 1	Schwefelkohlenstoff = 1
	‴	‴		
13.5	114.974	— 0.276		
14.	117.801	— 0.069	0.0011286	0.000889
14.5	120.574	+ 0.074		
15.	123.607	+ 0.107	0.0011818	0.000931
15.5	126.631	+ 0.261		
16.	129.716	+ 0.346	0.0012318	0.000970
16.5	132.810	+ 0.310		
17.	136.015	+ 0.265	0.0012861	0.001012
17.5	139.259	+ 0.009		
18.	142.559	+ 0.304	0.0013420	0.001056
18.5	146.699	+ 0.489		
19.	149.403	+ 0.593	0.0013974	0.001100
19.5	152.899	+ 0.089		
20.	156.435	+ 0.185	0.0014602	0.001149
20.5	160.129	+ 0.009		
21.	163.745	+ 0.125	0.0015184	0.001195
21.5	167.050	— 0.380		
22.	171.176	— 0.124	0.0015841	0.001244
22.5	175.422	+ 0.422		
23.	179.358	+ 0.238	0.0016529	0.001301
23.5	183.504	— 0.116		
24.	187.700	+ 0.080	0.0017225	0.001355
24.5	191.847	— 0.273		
25.	196.241	— 0.134	0.0018309	0.001441
25.5	200.530	— 0.845		
26.	205.077	— 0.048	0.0019097	0.001503
26.5	209.664	+ 0.164		
27.	213.771	+ 0.021	0.0019373	0.001525
27.5	219.000	— 0.125		
28.	223.791	— 0.584	0.0020195	0.001590
28.5	226.689	+ 0.814		
29.	233.617	+ 0.267	0.0020553	0.001618
29.5	239.080	+ 0.690		
30.	243.943	+ 0.818	0.0021833	0.001719
30.5	249.076	+ 0.826		
31.	254.470	+ 0.595	0.0022683	0.001786
31.5	259.824	+ 0.699		
32.	265.413	+ 1.038	0.0023561	0.001855
32.5	270.762	+ 0.887		
33.	276.752	+ 0.877	0.0024467	0.001926
33.5	282.542	+ 1.042		

Temp. R.	berech. Elast. des Dampfes	Untersch. d. Rechn. u. Beobachtung	berech. Dichtigkeit	
			Wasser = 1	Schwefelkohlenstoff = 1
	'''	'''		
34.	288.447	+ 1.072	0.0025456	0.002004
34.5	295.079	+ 2.704		
35.	300.379	+ 0.504	0.0026338	0.002073
35.5	306.761	+ 1.136		
36.	313.058	+ 0.933	0.0027346	0.002153
36.5	319.523	+ 1.023		
37.	326.024	+ 0.399	0.0028362	0.002233
37.5	333.786	+ 1.036		
38.	339.197	+ 0.072	0.0029391	0.002314
38.5	346.289	— 0.086		
39.	353.171	— 1.704	0.0030481	0.002400
39.5	360.334	+ 0.014		
40.	367.556	— 0.069	0.0031596	0.002487
40.5	374.869	— 0.756		
41.	382.241	— 0.134	0.0032738	0.002577
41.5	389.986	— 0.139		
42.	397.409	+ 0.544	0.0033895	0.002668
42.5	405.229	— 1.271		
43.	413.197	— 1.428	0.0035104	0.002764
43.5	421.171	— 0.579		
44.	429.096	— 2.104	0.0036312	0.002859
44.5	437.681	— 1.444		
45.	446.046	— 0.954	0.0036808	0.002898
46.	463,377	+ 1.252	0.0038911	0.003063
46.5	472.237	— 0.363		
47.	481.09	— 0.910	0.0040236	0.003168
47.5	490.176	— 3.824		

Elasticität und Dichtigkeit der Schwefelätherdämpfe bei hoher Temperatur.

Mitscherlich (Lehrbuch der Chemie I. 239) fand, übereinstimmend mit älteren Versuchen von Cagniard de la Tour, dafs bei 182°.5 C. die manometrisch gemessene Elasticität der Aetherdämpfe 37.5 Atmosphären und 182.7 die Dichtigkeit derselben für Luft als Einheit sei. Mitscherlich macht dabei darauf aufmerksam, wie wenig das Verhältnifs der Dichtigkeit zum Druck bei dieser Temperatur mit dem Verhältnifs übereinstimmt, welches bei Dämpfen gefunden ist, die sich unter dem atmosphärischen Druck entwickelten. Setzt man nämlich die Dichtigkeit dieser Aetherdämpfe = 2.575, so bedürften bei der Temperatur von 18.°5 C. dieselbe unter der Voraussetzung der Anwendbarkeit des Mariotte'schen Gesetzes einer Zusammenpressung von 121 Atmosphären, um die Dichtigkeit zu erhalten, welche sie doch schon bei eine Elasticität von 37.5 Atmosphären zeigten.

Die Dichtigkeitsbestimmung geschah nach dem Verfahren von Cagniard de la Tour, nämlich durch Beobachtung des Moments, wenn der ganze in der verschlossenen Röhre enthaltene Aether Gasform annahm. Die Temperatur wurde in einem Oelbade gemessen.

Zur Bestimmung der Elasticität der Dämpfe in niedrigen Temperaturen hat Dulong folgenden *Taf. I, Fig.* 4 abgebildeten Apparat angegeben. Das Gefäfs *a* enthält das über einer Wärmequelle zu verdampfende Wasser, dessen Temperatur das Thermometer *e* mifst. Durch ein geneigtes Rohr ist das Gefäfs mit dem Raum *b* in Verbindung, welcher wiederum durch die Röhre *f* mit einer Luftpumpe oder einem Compressionsapparat verbunden ist. Die Elasticität der darin enthaltenen Luft wird durch das in *b* befindliche herausragende Barometerrohr angegeben. Das Verbindungsrohr ist mit einem Cylinder *d* umgeben, um einen Strom kalten Wassers aus dem Gefäfs *c* aufzunehmen und abfliefsen zu lassen. Da die sich bildenden Dämpfe hier immer concentrirt werden, so bleibt die Temperatur in *a* bei unverändertem Druck in *b* constant und auch die Wassermenge dieselbe, weil das verdampfte immer durch den Zurückflufs des verdichteten ersetzt wird (Lamé cours de physique de l'école polytechnique 1. 437. Paris 1836.)

Analogie zwischen Gasen und Dämpfen.

Die Behauptung von Dalton, dafs die Dämpfe verschiedener Flüssigkeiten in gleichem thermischen Abstand von ihren respectiven Kochpunkten, gleiche Elasticität haben, hat sich leider nicht bestätigt, doch giebt dieser Satz in vielen Fällen eine so grofse Annäherung der beobachteten an die berechneten Werthe, dafs man sich in Ermangelung sicherer empirischer Angaben seiner bedient, um in vorkommenden Fällen die unbekannte Elasticität des Dampfes einer Flüssigkeit aus der bekannten Spannkraft der Wasserdämpfe zu berechnen. Ein ähnliches ohngefähres Anschliefsen scheint nun auch bei den sogenannten Gasen, d. h. bei den Dämpfen der Flüssigkeiten, deren Kochpunkt sehr tief liegt, statt zu finden, worauf ich in Pogg. Ann. 23. 290 aufmerksam gemacht habe. Bezeichnet man nämlich mit e die Elasticität der Dämpfe, welche bei der Temperatur t C. über die Flüssigkeit stehen, oder mit andern Worten mit t den Kochpunkt derselben unter dem Druck e, so erhält man bei Vergleichung der Versuche von Davy und Faraday über die Compression der Gase mit den Versuchen von **Dulong** über die Elasticität der Dämpfe:

	e		t			e		t	
Stickstoffoxydul	50	Atm. bei	+ 7°,2		Wasser	50	Atm. bei	265°,9	C.
	44	- -	— 0			44	- -	258,2	
Unterschied	6	Atm. bei	7°,2	Wärmeunt.		6	Atm. bei	7°,7	C. Wärmeunt.
Kohlensäure	36	Atm. bei	0°		Wasser	36	Atm. bei	246°,4	C.
	20	- -	— 11,1			20	- -	214,7	
Unterschied	16	Atm. bei	11°,1	Wärmeunt.		16	Atm. bei	11°,7	C.
Chlorwasserstoffsäure	25	Atm. bei	— 3°,9		Wasser	25	Atm. bei	226°,3	C.
	20	- -	— 16°,1			20	- -	214,7	
Unterschied	5	Atm. bei	12°,2	Wärmeunt.		5	Atm. bei	11°,6	C. Wärmeunt.
Ammoniak	6,5	Atm. bei	+ 10		Wasser	6,5	Atm. bei	163°,48	-
	5	- -	0			5	- -	153,08	
Unterschied	1,5	Atm. bei	10°	Wärmeunt.		1,5	Atm. bei	10°,4	C. Wärmeunt.

Berechnet man nun nach der Voraussetzung, dafs bei jenen Luftarten und bei Dämpfen gleiche Temperaturunterschiede die Elasticität um gleichviel vermindern, die Temperaturen, bei welchen jene Luftarten unter dem gewöhnlichen atmosphärischen Druck flüssig werden würden, so findet man:

Stickstoffoxydul	— 158° C.
Kohlensäure	— 146 -
Chlorwasserstoffsäure	— 130 -
Ammoniak	— 53 -

Den Kochpunkt des Ammoniak giebt Guyton Morveau — 48°.

Für schweflige Säure haben wir zwei Bestimmungen für verschiedene Temperatur, für die höhere von Oersted und Swendson:

Schwefl. Säure	3,2689 Atm. b.	+ 21,25	Wasser	3,2689 Atm. b.	138,1
	2 - -	7,2		2 - -	121,4
		14,05			16,7

ein Unterschied, der nicht bedeutend ist, da zwischen 2 und 3 Atm. der Temperatunonterschied 14° beträgt.

Nach Faraday's Bestimmung berechnet, fiele der Kochpunkt:

bei 1 Atm. Druck auf	— 14,2
nach Oersted - 1 - - -	— 16,8
man hat ihn beobachtet bei	— 10

In Beziehung auf den Vortheil der Anwendung jener Flüssigkeiten in Dampfmaschinen würde folgende Tabelle Vergleichungspunkte geben, in welcher für die ersten vier die Elasticität in Atmosphären ausgedrückt nach der Formel von Dulong und Arago, für schweflige Säure nach der Formel von Tredgold, für Wasser nach den Versuchen von Dalton berechnet ist.

	Stickstoffoxydul	Kohlens.	Chlorw. stoffsäure	Ammon.	Schwefl. Säure	Wasser
+ 0° C.	44	36	26,87	5	1,6	0,007
5	47,83	39,21	29,45	5,68	1,87	0,009
10	51,89	42,70	32,23	6,50	2,18	0,012
15	56,26	46,41	35,21	7,27	2,53	0,017
20	60,9	50,41	38,41	8,19	2,92	0,026

So wie aber nach Despretz's Versuchen bei einigen Dämpfen sich sehr bedeutende Abweichungen von dem Daltons'chen Gesetze zeigen, eben so scheint auf manche Luftarten jene Analogie keine Anwendung zu finden. Wir finden nämlich:

Schwefelwasserst.	17 Atm. b.	+ 10°	Wasser	17 Atm. b.	206°,57
	14 - -	— 16 ,1		14 - -	197 ,19
Untersch.	3 Atm. b.	26°,1	Untersch.	3 Atm. b.	9°,38

und selbst bei der Chlorwasserstoffsäure bringt eine Temperaturerhöhung von 14°,4 die Elasticität von 25 Atm. auf 40, wozu bei dem Wasserdampf eine Temperaturerhöhung von 26° nothwendig gewesen wäre. Es möchte daher mifslich sein, jene Vergleichung auf Gasarten auszudehnen, für welche wir nur für eine Temperatur eine Elasticitätsbestimmung haben.

Flüssige Kohlensäure.

Die von Davy und Faraday bereits flüssig gemachte Kohlensäure, deren Verhalten zwischen den Polen einer galvanischen Säule Niemann untersucht hat, ist von Thilorier [1]) in solchen Quantitäten erhalten worden, dafs ihre physischen Eigenschaften näher ermittelt sind, auch ist es ihm gelungen, sie fest darzustellen.

Von 0° bis + 30° steigt die Spannkraft des Dampfes der flüssigen Kohlensäure welche bei — 20° C. 26 Atmosphären beträgt, von 36 auf 73 Atmosphären, also für jeden Grad ohngefähr nur 1 Atmosphäre; auch hier wie bei den Aetherdämpfen nimmt die Dichtigkeit in höherem Grade zu, denn bei 30° sollte man nach dem Mariotte'schen Gesetz statt 73 eine Elasticität von 130 Atmosphären erwarten. Unter dem Druck von 36 Atmosphären wird die flüssige Kohlensäure bei — 100° C. fest, und kann sich dann einige Minuten lang an freier Luft ohne äufsern Druck in diesem Zustand erhalten, wobei sie durch langsame Verdampfung allmählig verschwindet. Dieses vollkommene Verschwinden ihrer Federkraft ist um so auffallender, da im flüssigen Zustande ein Gramme von ihr eine Explosion wie ein gleiches Gewicht Schiefspulver bewirkt. Leitet man einen Strahl flüssiger Kohlensäure auf ein Alkohol-Thermometer, so sinkt es rasch auf — 90°, hingegen füllt sich eine kleine Glasphiole, wenn sie einen solchen Strom aufnimmt, fast gänzlich mit einer weifsen, pulverförmigen flockigen Substanz, welche stark am Glase haftet und sich ohne Zerbrechen der Phiole nicht herausbringen läfst. Ein Stückchen dieser festen Kohlensäure sanft mit den Fingern berührt, gleitet wie auf einer polirten Fläche fort, so als wenn es durch die Gasatmosphäre, von der es stets umgeben ist, gehoben würde. Einige Decigramme derselben hermetisch in eine kleine Flasche verschlossen verwandeln sich bald in einen dicken Dampf, durch welchen der Pfropfen mit Gewalt herausgeschleudert wird, während bei vollständiger Verdampfung der Substanz nur selten etwas Feuchtigkeit, welche man von der Luft herleiten mufs, zurückbleibt.

Ein gegebener leerer Raum wird bei 0° durch $\frac{1}{12}$ seines Volumens flüssige Kohlensäure, bei + 30° durch $\frac{1}{3}$ mit Dämpfen derselben gesättigt. Zwischen diesen Grenzen beträgt ihre thermische Ausdehnung $\frac{116}{267}$, ist also viermal gröfser als die der Luft, welche dann $\frac{30}{267}$ ist. Ihr Volumen bei 30° verhält sich nämlich zu dem bei 0° wie 29 : 20, dennoch ist sie als Flüssigkeit nicht merklich durch äufsern Druck compressibel. Ihre Dichtigkeit (bei 0° gegen Wasser als Einheit 0.83?) nimmt von 20° bis 30° C. von 0.90 bis 0.16 ab. Erwärmt man eine Glasröhre, welche eine Schicht Flüssigkeit und eine Schicht Gas enthält, so vergröfsert sich die Flüssigkeit durch Ausdehnung, während sie sich durch Verdampfung vermindert. Bei verschiedenen Verhältnissen der Gröfse der Flüssigkeitsschicht zur Gröfse der Gasschicht kann die Flüssigkeit sich daher ausdehnen, zusam-

---

[1]) Pogg. Ann. 36. 141 aus Institut No. 126. p. 327 u. N. 127. p. 331.

menziehen oder unverändert bleiben. Dieser Gleichgewichtspunkt findet dann statt, wenn bei 0° die Flüssigkeitsschicht zur Gasschicht sich wie 13 : 7 verhält. Nimmt die Flüssigkeit bei 0° ein Drittel ein, so hat man ein Thermometer, welches bei steigender Wärme fällt, bei zunehmender Kälte steigt. Nimmt sie hingegen $\frac{2}{3}$ bei 0° ein, so erhält man ein Normalthermometer, d. h. ein solches, welches nach den Gesetzen der Ausdehnung steigt und sinkt bis 30°, von welcher Temperatur an die Flüssigkeit es ganz füllt.

Thilorier bemerkte aufserdem, dafs, weil das Gas die Wärme sehr wenig leitet und eine geringe Wärmecapacität besitzt, die Kältewirkungen der verdampfenden Flüssigkeit nicht den durch sie hervorgebrachten Temperaturerniedrigungen entsprachen. Der Wirkungskreis der entstehenden ungeheuren Kälte ist gleichsam nur auf den Berührungspunkt eingeschränkt. Daher läfst sich Quecksilber nur in geringen Quantitäten zum Frieren bringen, ebenso ist das brennende Gefühl, welches man empfindet, wenn man den Finger in einem Strahl der Flüssigkeit hält, nur auf die Oberhaut beschränkt. Vermischt man hingegen flüssige Kohlensäure mit Aether und läfst diefs Gemisch aus einer engen Oeffnung ausströmen, so frieren 50 Gramme Quecksilber in wenig Secunden, auch ist die Empfindung, wenn dieser Strahl den Finger trifft, durchaus unerträglich.

Dämpfe in Berührung mit glühenden Metallen.

Walker Johnson hat die Versuche über die Bildung des Dampfes in Berührung mit erhitzten Metallflächen, von welchen in Fechner Rep. I. 183 eine kurze Notiz gegeben, weiter fortgesetzt. Die Ergebnisse seiner Versuche finden sich in folgenden Abhandlungen:

Observations and experiments on the rapid production of steam in contact with metals at a high temperature. Sillim. Amer. Journ. 19. 292. vol. 20. p. 308.

Observations and experiments on the variable rapidity of action between water and hot iron ib. 21. 71.

Experimental Inquiries respecting heat and vapor with some practical applications ib. 21. 304.

Description of an instrument called the steam pyrometer. ib. 22. 96.

In einem an einen Waagebalken in das Gleichgewicht gebrachten Dampfkessel, in welchem das Wasser eben Siedhitze erhalten, wurden rothglühende Metallplatten eingetaucht und der Gewichtsverlust des Gefäfses bestimmt, nachdem das Kochen aufgehört hatte. Die Entwickelung eines Pfundes Dampf erforderte das Eintauchen einer Masse

von 8.25 ℔ Gufseisen
- 9. - Schmiedeeisen
- 10.35 - Kupfer

von 10.96 ℔. gegossenem Messing
- 18.83 - Münzsilber
- 42.58 - reinem Gold.

Vergleicht man die Menge Dampf, welche 1 ℔. jedes Metalles erzeugt, indem es von der Rothglühhitze bis zum Kochpunkt des Wassers sich in demselben abkühlt, mit den specifischen Wärmen dieser Metalle, so erhält man:

	Dampfmenge.	spec. Wärme zwischen 0° u. 100°	
Eisen	0.1111	0.1100	Dul. u. Pet.
Kupfer	0.0907	0.0949	- -
Messing	0.0940	0.1100	Dalton
Silber	0.0532	0.0557	Dul. u. Pet.
Gold	0.0136	0.0298	- -

Die erzeugte Dampfmenge ist also proportional der specifischen Wärme der Metalle, sie könnte daher bei genau angestellten Versuchen als ein Maafs derselben dienen, wie es auch von Neumann vorgeschlagen worden ist, oder wenn die specifische Wärme des eingetauchten Körpers bekannt ist, als Pyrometer für denselben. Einen solchen Apparat hat Johnson abgebildet. Der an dem einen Arm der Waage in einem Ringe befindliche Dampfkessel ist durch ein am andern verschiebliches Laufgewicht in das Gleichgewicht gebracht. Die übrigen Versuche Johnsons sind Wiederholungen des Leidenfrost'schen Versuches im Grofsen und übereinstimmend mit denen, welche Perkins (an account of certain new facts and observations on the production of steam. Lond. and Ed. Ph. Mag. 1. 378) angestellt hat. Statt eines Platinatiegels wurde ein 10 Pfd. schwerer Kessel angewendet und die Zeit gemessen, in welcher gleiche Mengen Wasser darin verschwanden, wenn der vorher weifs- oder rothglühende Kessel sich allmählig bis zur Siedhitze des Wassers abkühlte. Auch änderte er die Versuche in der Art ab, dafs er Wasser von verschiedener Temperatur in den glühenden Kessel schüttete, endlich erdige Substanzen darin auflöste, um zu untersuchen, welchen Einflufs Incrustationen auf die Schnelligkeit der Dampfbildung äufsern.

Das Gesammtresultat dieser sehr unklar dargestellten Versuche ist ohngefähr folgendes. Läfst man auf weifsglühendes Metall Wasser von bestimmter Temperatur fallen, so vergeht eine lange Zeit, ehe es durch Verdampfen verschwindet, denn es ist eine durch viele Versuche festgestellte Thatsache, dafs lebhaft glühendes Metall an darauf befindliches Wasser seine Wärme in geringerem Grade abgiebt als weniger erhitztes. Sinkt die Temperatur, so wird eben deswegen von dem Metall an das Wasser mehr Wärme abgegeben und die Verdampfung dadurch beschleunigt, da aber die Verdampfung unter gleichen Bedingungen der Wärmemittheilung desto gröfser ist, je höher die Temperatur, so haben wir hier zwei einander entgegenwirkende Ursachen. Denken wir uns also ein Metall sich allmählig erwärmend, und messen wir die Zeit, in welcher eine bestimmte Menge Wasser von seiner Oberfläche verschwindet, so wird diese Zeit zuerst fortwährend abnehmen, die Differenzen aber zwischen zwei auf einander folgenden Zeitintervallen allmählig kleiner werden, dann wird ein Punkt der gröfsten Dampfentwickelung in gegebener Zeit kommen, und nun eine rasch zunehmende langsamere Verdampfung bei noch höher gesteigerter Wärme. Schlammiges Wasser verdampft unter gleichen Bedingungen in hohen Temperaturen schneller als reines, heifses langsamer als kaltes.

Buff [1]) hat zu zeigen gesucht, dafs eine wirkliche Repulsion nicht der Grund der von Perkins beobachteten Erscheinung sein könne, dafs Wasser und Wasserdampf durch enge Oeffnungen in glühenden Metallflächen nicht geprefst werden können. Ein geneigter Flintenlauf *do Taf. I, Fig.* 3 wurde an der Seite des Zündlochs *o* bis zum Rothglühen erhitzt, Das bei *d* befindliche Wasser ward in's Sieden gebracht, sein Wasserdampf entwich durch die Oeffnung bei *o*, ohne dafs das Wasser in dem communicirenden Schenkel *ab* stieg, welches erst dann eintrat, als die kleine Oeffnung für das Entweichen der bei gesteigerter Wärme sich entwickelnden Dampfmenge nicht Raum genug darbot. Es war also keine Repulsion zwischen den Rändern der glühenden Oeffnung und den Wasserdämpfen. Der Flintenlauf wurde nunmehr herumgedreht, so dafs das zuvor zum Kochen erhitzte Wasser bis zu der glühenden Stelle trat. Der Dampf strömte mit grofser Gewalt aus der offnen jetzt obern Seite der Röhre, während aus dem Zündloch nur sehr wenig und mit ungleich geringerer Spannung (wie diese gemessen wurde, ist nicht angegeben) hervordrang. Diefs ist das Perkins'sche Phänomen, welches nach Buff dadurch entsteht, dafs der sich am glühenden Metall bildende Wasserdampf beständig das Wasser von der Oeffnung wegschleudert. Hat sich die Röhre so weit abgekühlt, dafs das Wasser sie wieder benetzen kann, so zieht es sich an den Seitenwänden bis zu der untern Oeffnung herab, und wird durch Nichts am Ausströmen gehindert.

Was das Leidenfrost'sche Phänomen selbst betrifft, so können hier nicht alle Versuche verschiedener Physiker einzeln angeführt werden, denn da das allgemeine Ergebnifs derselben das ist, dafs Flüssigkeiten, welche bei gewöhnlichen Temperaturen bestimmte Substanzen benetzen, in hohen Temperaturen gegen dieselben eine viel geringere Adhäsion zeigen, so sieht man leicht, dafs die Versuche in's Unbestimmte vervielfältigt werden können, indem man nämlich dieselbe Substanz in Beziehung auf verschiedene Flüssigkeiten untersucht, oder durch dieselbe Flüssigkeit verschiedene Substanzen benetzen läfst. Dafs eine bedeutende Leitungsfähigkeit der ersteren keine wesentliche Bedingung sei, davon kann man sich leicht überzeugen, denn in einem kleinen Porzellantiegel gelingt der Versuch mit Wasser sehr gut. Dafs er auf Glas ebenfalls eintritt, dafür führt Wöhler (Berzelius Jahresber. 13. 24) die Erscheinung an, welche man in Glashütten beobachtet, wenn die Arbeiter auf das geschmolzene Glas in den Häfen Wasser schütten. Das Phänomen wird daher

[1]) Ueber den Leidenfrost'schen Versuch. Pogg. Ann. 25. 591.

daher von sehr verschiedenen Bedingungen abhängen. Eine die Oberfläche des Körpers angreifende Flüssigkeit wird natürlich diese Adhäsionserscheinungen in anderer Weise zeigen, als eine sie nicht modificirende, aufserdem wird die ursprüngliche Adhäsion beider bei niederen Temperaturen berücksichtigt werden müssen, denn es ist klar, dafs, wenn mit steigender Temperatur die Adhäsion abnimmt, der Wärmegrad, bei welchem sie sehr vermindert sein wird, von der Stärke der ursprünglichen Anziehung abhängen wird. Es ist aber sehr wahrscheinlich, dafs die Abnahme der Adhäsion mit der Temperatur bei verschiedenen Flüssigkeiten nicht dasselbe Gesetz befolgt, und es kann dadurch die Erscheinung erklärt werden, dafs eine schwächer adhärirende Flüssigkeit erst bei höherer Temperatur mit langsamer Verdampfung rotirt, als eine in niedrigen Wärmegraden stärker haftende. Wann jener Temperaturgrad erreicht wird, wird aufserdem durch das Leitungsvermögen der Substanz bedingt werden. Nach den Versuchen von Gebauer findet eine den Flüssigkeiten ähnliche Erscheinung bei festen Pulvern statt. Neigt man ein heifses Gefäfs, so gleiten darauf gestreute Pulver von reiner Kieselerde, Kalk, geröstetem und dann geriebenem Eisenvitriol fast ohne Reibung, daher viel schneller als auf kalten Flächen.

Bei der Darstellung der Versuche von Johnson wurde auseinander gesetzt, woher es komme, dafs ein Maximum der Dampfbildung in einer gegebenen Zeit bei Erhitzung des Kessels eintrete, und eine rasche Verminderung bei gröfserer Steigerung der Temperatur. Denkt man sich nun, dafs bei höherer Temperatur die Spannung der Dämpfe so grofs geworden, dafs eine Explosion nahe ist, so mufs diese durch die gesteigerte Dampfentwickelung eintreten, wenn man durch Nachlassen der Feuerung zu der Temperatur gelangt, bei welcher das Dampfmaximum eintritt. Diese Erklärung hat Hauy d. j. (le Lycée. 1831. Decembre) von den beim Mäfsigen der Feuerung eintretenden Explosionen gegeben.

Hingegen hat Dulong in seinem Bericht über den von Seguier angegebenen Dampferzeuger (Annales de Chimie et de Ph. 48. 372 u. Pogg. Ann. 25. 596) die Explosionen erläutert, welchen eine Senkung des Wasserspiegels im Kessel und eine dadurch oder durch Aufgehen des Ventils eintretende Schwächung der Spannkraft des Dampfes voranging.

Nehmen wir an, dafs durch Glühendwerden der oberen Wandung des Kessels die über dem 144° warmen Wasser befindlichen Dämpfe eine mehrere hundert Grade höhere Temperatur (sie sei z. B. 500°) erhalten haben, so wird ihre Elasticität immer nur 4 Atmosphären betragen, d. h. die der Dämpfe von 144° im Maximum der Dichtigkeit sein, da der Temperaturüberschufs nur die Dichtigkeit derselben vermindern, nicht aber ihre Elasticität steigern kann. Wird nun durch den Dienst der Maschine oder ein zufälliges Oeffnen der Sicherheitsklappe die Entweichung einer kleinen Menge von dem im Kessel enthaltenen Dampfe veranlafst, so wird durch diese plötzliche Verringerung des Druckes ein Aufkochen des Wassers bewirkt und Wasserkügelchen nach allen Richtungen durch die Dampfmasse geschleudert werden. Beträgt diese Wassermenge so viel, dafs der ganze Temperaturüberschuſs verschluckt wird, so wird dennoch die Spannkraft des Dampfes nicht, wie Perkins und Seguier meinen, gesteigert, sondern im Gegentheil vermindert.

Bezeichnet nämlich p die zur Abkühlung des T Grad heiſsen Dampfes bis zur Temperatur t des Wassers zu verflüchtigende Menge des letzteren, l die latente Wärme des Dampfes, c seine specifische Wärme gegen Wasser als Einheit, so wird

$$c(T - t) = pl$$

$$\text{also } p = \frac{c(T-t)}{l}$$

Ist aber e die Elasticität des Dampfes bei t^0, E die Elasticität desselben, wenn er sich von der Temperatur T, die er hatte, bis zu t^0 abkühlt, so wird

$$E = e\left(\frac{267+t}{267+T}\right)$$

oder, wenn man e als Einheit betrachtet,

$$E = \frac{267+t}{267+T},$$

Um die gesammte Elaticität des nach dem Aufkochen vorhandenen Dampfes zu erhalten, muſs zu der eben gefundenen die des neuen Dampfes hinzugefügt werden. Diese hat dieselbe Temperatur und nimmt denselben Raum ein als der schon vorhandene; die Elasticitäten beider Dampfmengen verhalten sich also wie ihre Gewichte, man erhält also

$$1 : c\left(\frac{T-t}{l}\right) = \frac{267+t}{267+T} : x$$

$$x = \left(\frac{267+t}{267+T}\right) c \left(\frac{T-t}{l}\right),$$

die gesammte Elasticität also

$$x + E = \left(\frac{267+t}{267+T}\right)\left[1 + c\left(\frac{T-t}{l}\right)\right]:$$

Setzt man für Wasserdampf l = 500 und $c = \frac{1}{2}$, so wird

$$x + E = \left(\frac{267+t}{267+T}\right)\left[1 + \frac{T-t}{1000}\right],$$

und nimmt man an, daſs die Temperatur des Wassers bei verschiedenen Graden der Erwärmung immer 144° bleibe, die Elasticität der Dämpfe vor dem Aufwallen also 4 Atmosphären sei, so erhält man für verschiedene Werthe von T folgende Werthe, die Elasticität vor dem Aufwallen als Einheit angenommen

T	x + E	T	x + E
2000	0.514	500	0.732
1500	0.551	400	0.773
1000	0.601	300	0.838
700	0.661	200	0.929
600	0.690		

Die Verminderung der Elasticität wird also desto gröſser, je höher die Temperatur der Dämpfe im Vergleich mit der Temperatur des Wassers ist, aus welchem sie sich entwickeln.

Unter den der Berechnung zum Grunde gelegten Werthen ist der unsicherste c. Setzt man die Wärmecapacität des flüssigen Wassers bei 0° Eins, so würde die Wärmecapacität einer gleichen Gewichtsmenge Dampf von 1 Atmosphäre Spannkraft unter constantem Volumen ohngefähr $\frac{1}{3}$, hingegen unter constantem Druck ohngefähr $\frac{1}{2}$ sein. Da bei der hier betrachteten Erscheinung der Werth dieses Coefficienten durch die Zunahme der Dichtigkeit des Dampfes mehr verringert wird, als durch die Temperaturerhöhung vergröfsert: so kann man ohne erhebliche Fehler annehmen, dafs die specifische Wärme der heifsen Dämpfe vor dem Aufwallen nicht über $\frac{1}{2}$ sei.

Die unmittelbare Wirkung der so entstehenden Verringerung der Spannkraft der Dämpfe wird eine Hebung der flüssigen Masse und ein Emporschleudern gegen die oberen Kesselwände sein, welche sich durch die plötzliche und entgegengesetzte Veränderung der Spannkraft im Innern in den günstigsten Umständen zum Zerspringen befinden. Obgleich diefs schon eine hinreichende Ursache zur Explosion scheint, so ist doch ausserdem sehr wahrscheinlich, dafs die Berührung des Wassers mit den obern Kesselwänden zur Bildung einer Dampfmenge Anlafs giebt, welche die erste Wirkung noch vergröfsert. Dafs dünne Platten gegen dieselbe keine Sicherheit gewähren, leuchtet ein. Ob die Schmelzplatten eine solche geben, ist wohl jetzt mit Sicherheit nicht zu entscheiden, da man gefunden hat, dafs diese Platten, lange Zeit der Wirkung der heifsen Dämpfe ausgesetzt, aufgetrieben und locker werden, so dafs die convexe Erhebung viel bedeutender als die concave Einbiegung ist.

Johnson bemerkt übrigens, dafs eine Berührung des Wassers mit den glühenden Wänden des Kessels bei Dampfschiffen auch durch die blofse Bewegung derselben in gewissen Fällen hervorgebracht werden könne.

Die mannigfachen Veränderungen, welche in neuerer Zeit an den Dampfmaschinen, besonders in Beziehung auf die Form der Generatoren angebracht worden sind, um Brennmaterial zu ersparen und die oben näher betrachteten Explosionen zu vermeiden, müssen in den diesem Zweige der Technik besonders gewidmeten Werken nachgesehen werden.

Wir begnügen uns eine historische Notiz beizufügen.

Der Erfinder der Dampfmaschine.

In dem bekannten im Annuaire erschienenen Artikel über Dampfmaschinen hat Arago mit sehr überzeugenden Gründen zu beweisen gesucht, dafs der eigentliche Erfinder der Dampfmaschinen Salomon de Caus sei. Dafs sein französisch geschriebenes Werk in Heidelberg verfafst, in Frankfurt gedruckt worden sei, dafs er sich selbst Churfürstlich Pfälzischer Ingenieur und Architect nenne, habe einige zu glauben veranlafst, er sie ein Deutscher. „Mais remarquons d'abord", sagt Arago dagegen, „combien il serait peu probable qu'un Allemand eût écrit en français dans son propre pays. Ajoutons que dans le dédicace au Roi (Louis XIII) la formule suivante précède la signature: de Votre Majesté le très obéissant subject". Wenn diefs Beweise wären, wie viel deutsche Gelehrte gäbe es wohl überhaupt? Wie falsch aber der Schlufs in dem vorliegenden Falle war, geht daraus hervor, dafs 1) der Titel des deutschen Werkes folgender: *Von gewaltsamen Bewegungen, Beschreibung etlicher so wol nützlichen alss lustigen Maschinen beneben unterschiedlichen abriessen etlicher Höllen oder Grotten und Lustbrunnen durch Salomon de Caus churfürstlicher pfalzischer Inginer und Baumeister erstlich in Französischer jetzundt aber in unsre deutsche Sprach an Tag gegeben*, 2) dafs in der deutschen Zueignung er sich nicht Unterthan, sondern Eurer königlichen Majestät unterthänigster Salomon de Caus nennt. (Baumgärtner Zeitschrift 2. 191)[1].

Erscheinungen beim Sieden.

Ist die Oeffnung eines Gefäfses, in welchem Wasser kocht, nicht weit genug für die Menge der sich entwickelnden Dämpfe, so steigt der Kochpunkt des Wassers, und zwar nach Pouillet (Élem. 1. 358) in folgendem Verhältnifs:

Gröfse der Wasserfläche	Gröfse der Oeffnung	Kochpunkt
1	$\frac{1}{1000}$ und drüber	100° C.
1	$\frac{1}{5000}$	105
1	$\frac{1}{10000}$	115
1	$\frac{1}{20000}$	138

In allen diesen Fällen scheint die Quantität des aus diesen verschiedenen Oeffnungen in einer gegebenen Zeit als Dampf entweichenden Wassers gleich grofs zu sein.

In einem in den Mémoires des Savans étrangers de l'Acad. de St. Pétersburg vol. 2. 269 enthaltenen Mémoire von Bazaine [sur l'évaluation de la force expansive de la vapeur et sur les avantages, qu' on peut en tirer pour augmenter la puissance des machines dans lesquelles on la fait agir comme moteur, eine Fortsetzung des mémoire sur les machines à vapeur] wird p. 213 eine Beobachtung von Frimot mitgetheilt, dafs eine Zinn- und Bleischeibe, deren Schmelzpunkt respective 219° und 260°, einem Dampfstrom von 140°, welcher sich auf ihren Oberflächen condensirte, ausgesetzt, geschmolzen seien.

[1]) Der Streit über den Erfinder der Dampfmaschine scheint mir kein bedeutendes Interesse zu haben. Der, welcher die Dampfmaschine erst zu dem gemacht hat, was sie ist, wird immer Watt bleiben.

Siedpunkt zweier gemischten chemisch nicht auf einander einwirkenden Flüssigkeiten.

Liebig[1]) bemerkte, dafs das reine wasserfreie Oel des ölbildenden Gases für sich bei 82°.4 C. siede, mit Wasser vermischt und zum starken Sieden erhitzt nie eine höhere Temperatur als 75°,66 annehme, ebenso fand er, dafs der Siedpunkt des Chlorkohlenstoffs aus 2 At. Kohlenstoff und 5 At. Chlor für sich 60°.8, mit Wasser gemischt hingegen 57°.3 sei. Gay-Lussac [2]) hat die Erklärung dieser Erscheinung in folgendem Satz ausgesprochen:

Der Siedpunkt eines Gemenges zweier flüchtigen, keine chemische Einwirkung auf einander ausübenden Flüssigkeiten kann variiren, aber im Allgemeinen zwischen zwei Grenzen, nämlich zwischen dem Siedpunkt der flüchtigsten Flüssigkeit, als Maximum, und der Temperatur, bei welcher die Summe der Spannkraft der Dämpfe beider Flüssigkeiten gleich ist dem Druck der Atmosphäre, als Minimum [3]).

Da nämlich die Dämpfe der Flüssigkeiten gegen einander unelastisch sind, sie aber nach Aufsen mit der Summe ihrer Elasticitäten drücken, so würde, wenn an der gemeinschaftlichen Oberfläche beider Flüssigkeiten sich die Dämpfe gleichzeitig bildeten, der Kochpunkt der Mischung immer jenes Minimum sein, welches sich aber dem Maximum mehr nähern wird, wenn diese Bedingung im Moment, wo das Gemenge dieser Temperatur erreicht, nicht erfüllt ist. Das Minimum erhält man durch Summirung der Elasticitäten oder graphisch durch den Durchschnittspunkt einer Graden, welche mit der Abscissenlinie der Curve parallel gezogen ist, deren Abscissen die Temperaturen, die Ordinaten hingegen die Elasticitätssummen sind.

Temperatur der Dämpfe kochender Salzlösungen [4]).

Es ist eine bekannte von Gay-Lussac festgestellte Thatsache, von welcher sich jeder durch eigene Anschauung überzeugen kann, wenn er den Stand eines sogenannten Thermobarometers in einem Glas und Metallgefäfs mit einander vergleicht, dafs die Temperatur des im Glase kochenden Wassers ohngefähr 1°.3 höher ist, als die des in einem Metallgefäfs siedenden Wassers. Obgleich man nun gewohnt ist, den Kochpunkt eines Thermometers so zu bestimmen, dafs die Kugel desselben nur von

[1]) Pogg. Ann. 24. 277.

[2]) Pogg. Ann. 25. 498 aus Ann. de Ch. et Ph. 49. 393.

[3]) Das Bedenken von Gay-Lussac, diese Erklärung auf den Chlorkohlenstoff auszudehnen, war durch einen Druckfehler (68.8 statt 60.8) in der Abhandlung von Liebig entstanden.

[4]) Ueber die Dampfbildung P. Ann. 31. 257.

den aufsteigenden Dämpfen umgeben ist, nicht vom Wasser berührt wird: so hat man doch stets die Regel gegeben, die Thermometer der Gleichförmigkeit wegen in Metallgefäfsen zu berichtigen. Diefs beweist, dafs man angenommen hat, dafs zwischen den in beiden Fällen aufsteigenden Dämpfen eine ähnliche Wärmeverschiedenheit sich zeigen werde, als zwischen den Wassermengen, aus welchen sie sich entwickeln. Rudberg fand, dafs diefs nicht der Fall sei. Die Temperatur des Wasserdampfes ist unter gleichem Luftdruck dieselbe, das Sieden mag in gläsernen oder in metallenen Gefäfsen geschehen. Die Vermuthung, dafs ein im Wasser aufgelöstes Salz sich eben so verhalten möge als im vorigen Versuche die Wand des Gefäfses, bestätigte sich durch die in dieser Beziehung von Rudberg angestellten Versuche, deren Resultat folgendes war

Die Temperatur des aus einer Salzlösung aufsteigenden Dampfes ist unabhängig von der Natur und der Menge des Satzes, und bei gleichem Barometerstande absolut dieselbe, wie die des Dampfes aus reinem Wasser.

Die nachfolgende Tafel enthält die Belege dieses Satzes für salzsauren Kalk, neutrales kohlensaures Kali, Salpeter, Kochsalz und schwefelsaures Zinkoxyd in verschiedenen Graden der Concentration. Die Temperatur der Lösung des salzsauren Kalkes stieg einmal bis 150° C. die der Salpeterlösung auf 116°.

Natur der Flüssigkeit	Barometer bei 0°	Temp. d. Dämpfe diesem Druck entsprech.	Beobachtete Temp.	Unterschied
Destillirtes Wasser	76.367	100.13	100.14	+ 0.01
Concentr. Lös. v. salpeters. Kalk	76.337	100.12	100.13	+ 0.01
weiter concentr.	76.811	100.30	100.28	— 0.02
»	76.964	100.35	100.34	— 0.01
»	76.912	100.33	100.32	— 0.01
»	76.889	100.32	100.29	— 0.03
»	76.550	100.20	100.18	— 0.02
»	76.154	100.06	100.07	+ 0.01
Concentr. Lösung von Salpeter	76.917	100.33	100.36	+ 0.03
weiter concentr.	75.785	99.92	99.95	+ 0.03
»	75.755	99.91	99.93	+ 0.02
»	76.195	100.07	100.08	+ 0.01
destill. Wasser	77.320	100.49	100.50	+ 0.01
	77.230	100.45	100.48	+ 0.03
Concentr. Lös. v. kohlens. Kali	76.968	100.35	100.37	+ 0.02
weiter concentr.	76.332	100.12	100.15	+ 0.03
»	75.952	99.98	100.02	+ 0.04
»	75.884	99.96	99.98	+ 0.02
»	75.679	99.88	99.92	+ 0.04
»	75.601	99.85	99.88	+ 0.03

Natur der Flüssigkeit	Barometer bei 0°	Temp. d. Dämpfe diesem Druck entsprech.	Beobachtete Temp.	Unterschied
Concentr. Lös. v. kohlens. Kali	75.476	99.80	99.85	+0.05
destillirtes Wasser	75.135	99.67	99.72	+0.05
Concentrirte Lös. v. salzs. Kalk	76.080	100.03	100.08	+0.05
weiter concentr.	76.615	100.23	100.27	+0.04
»	75.573	99.84	99.89	+0.05
äufserst »	75.431	99.79	99.84	+0.05
destillirtes Wasser	75.399	99.78	99.83	+0.05
»	74.168	99.31	99.33	+0.02
Conc. Lös. v. salzs. Kalk	73.979	99.24	99.28	+0.04
weiter concentr.	73.779	99.16	99.17	+0.01
»	73.475	99.05	99.08	+0.03
»	73.359	99.00	99.03	+0.03

Die zuletzt stets positiv ausfallenden und wachsenden Unterschiede zwischen Beobachtung und Rechnung scheinen auf eine kleine Volumenänderung der Thermometerkugel durch successive Erhitzungen und Abkühlungen zu deuten. Diefs geht daraus hervor, dafs die mittlere Abweichung

für Wasser $= +0^{\circ}.028$

für die Salzlösungen im Mittel $= +0^{\circ}.021$

woraus also folgt, dafs sie keinen Einflufs auf die Sicherheit des gefundenen Resultats haben.

Bei diesen Versuchen betragen die Schwankungen des Barometerstandes etwa $\frac{1}{21}$ des ganzen Luftdrucks, welches einem Wärmeunterschied von $1^{\circ}.35$ C. des Kochpunktes entspricht. Da diese Veränderungen des Luftdrucks keinen Einflufs auf den Parallelismus beider Reihen haben, so geht daraus hervor:

der Luftdruck, unter welchem das Sieden geschieht, und in Folge dessen die constante Temperatur, unter welchem es fortdauert, mag sein, welche sie wolle, immer ist die Temperatur des Dampfes dieselbe, ob er nun durch Sieden aus reinem Wasser oder aus Salzlösungen entwikkelt wird.

Rudberg hat sich vorbehalten, diesen Satz auch für künstlich verminderten Druck also für gröfsere Grade der Verdünnung zu prüfen.

Nach den Versuchen von Dalton, Gay-Lussac und Prinsep hat der sich an der Oberfläche einer Salzlösung durch allmähliges Abdampfen bildende Dampf eine weit geringere Elasticität, als der von der Oberfläche von reinem Wasser gleicher Temperatur sich erhebende. Bei derselben Elasticität mufs also der Dampf von einer Auflösung heifser sein als von reinem Wasser. Dieser Temperaturunterschied ist bei derselben Salzlösung verschieden nach dem Grade der Concentration, und verschieden bei verschiedenen Salzlösungen. Daraus geht hervor:

dafs das in einer Flüssigkeit aufgelöste Salz wohl einen Einflufs hat auf die Temperatur des an ihrer Oberfläche sich bildenden Dampfes, nicht aber auf die Temperatur der aus dem Innern derselben während des Siedens entwickelten Dämpfe, dafs also zwischen der Temperatur des Dampfes und seiner Elasticität ein ganz anderes Verhältnifs besteht, wenn dieser Dampf durch das Sieden einer Salzlösung, als wenn er durch das Abdampfen von der Oberfläche derselben erzeugt wird.

Die Ablesung der Grade des bei den Versuchen von Rudberg angewendeten Thermometers gab volle Sicherheit auf $\frac{1}{75}$ Grad, doch konnte $\frac{1}{150}$ geschätzt werden. Die Kugel des Thermometers war durch eine darunter befindliche Platte gegen Sprützen der Flüssigkeit geschützt und von einem Cylinder umgeben, dessen Wandung von Aufsen von den sich entwickelnden Dämpfen umgeben war.

Abhängigkeit der Siedhitze von der Menge des aufgelösten Salzes.

Aus Rudbergs Versuchen geht entschieden hervor, dafs die Temperatur der aus Salzlösungen während des Siedens aufsteigenden Dämpfe immer dieselbe ist, also unabhängig von der Temperatur der kochenden Auflösung. Diese, so wie der Grad der Concentration, ist nicht näher angegeben, und es dient daher eine Arbeit von Legrand[1], welcher untersuchte, um wie viel bei einem bestimmten Grad der Concentration der Kochpunkt der Auflösung sich erhöht, den Untersuchungen Rudbergs als Ergänzung. Die im folgenden mitgetheilten Tafeln können als Skalen thermischer Araeometer angesehn werden. In ihnen ist in der ersten Spalte angegeben, um wie viel der Kochpunkt des Wassers sich erhöht, wenn in 100 Theilen desselben die in der zweiten Columne angegebene Salzmenge aufgelöst ist. Die dritte Spalte enthält die Zunahme der aufgelösten Salzmenge bei gleichmäfsig steigender Erhöhung des Kochpunktes. Eine graphische Darstellung erleichtert natürlich hier die Uebersicht.

[1]) Recherches sur les variations, que les sels dissous en diverses proportions produisent dans le point d'ébullition de l'eau Ann. de Chim. et de Ph. 59. 423.

Kochsalz

Kochp. 100°.2 C. +	Salzmenge in 100 Th. W.	Untersch. für ½° C.
0°.0	0.0	0.0
0.5	4.4	4.4
1.0	7.7	3.3
1.5	10.8	3.1
2.0	13.4	2.6
2.5	15.9	2.5
3.0	18.3	2.4
3.5	20.7	2.4
4.0	23.1	2.4
4.5	25.5	2.4
5.0	27.7	2.2
5.5	29.8	2.1
6.0	31.8	2.0
6.5	33.9	2.1
7.0	35.8	1.9
7.5	37.7	1.9
8.0	39.7	2.0
8.4	41.2	

Chlorkalium.

Kochp. 100°.25 C. +	Salzmenge in 100 Th. W.	Untersch. für ½° C.
0°.0	0.0	0.0
0.5	4.7	4.7
1.0	9.0	4.3
1.5	13.2	4.2
2.0	17.1	3.9
2.5	20.9	3.8
3.0	24.5	3.6
3.5	28.0	3.5
4.0	31.4	3.4
4.5	34.6	3.2
5.0	37.8	3.2
5.5	41.0	3.2
6.0	44.2	3.2
6.5	47.4	3.2
7.0	50.5	3.1
7.5	53.7	3.2
8.0	56.9	3.2
8.3	59.4	

Chlorbaryum

Kochp. 100.2 C. +	Salmenge in 100 Th. W.	Untersch. für ½° C.
1°.0	0.0	0.0
0.5	11.0	11.0
1.0	19.6	8.6
1.5	26.2	6.6
2.0	32.5	6.3
2.5	38.6	6.1
3.0	44.5	5.9
3.5	50.3	5.8
4.0	56.0	5.7
4.4	60.1	

Kohlensaures Natron.

Kochp. 100° C. +	Salzmenge in 100 Th. W.	Untersch. für ½° C.
0°.0	0.0	0.0
0.5	7.5	7.5
1.0	14.4	6.9
1.5	20.8	6.4
2.0	26.7	5.9
2.5	32.0	5.3
3.0	36.8	4.8
3.5	41.0	4.2
4.0	44.7	3.7
4.5	47.9	3.2
4.63	48.5	

Phosphorsaures Natron.

Kochp. 99°.9 C. +	Salzmenge in 100 Th. W.	Untersch. für ½° C.
0°.0	0.0	0.0
0.5	11.0	11.0
1.0	21.0	10.0
1.5	31.0	10.0
2.0	40.8	9.8
2.5	50.3	9.5
3.0	59.4	9.1
3.5	68.1	8.7
4.0	76.4	8.3

Phosphorsaures Natron

Kochp. 99°.9 C. +	Salzmenge in 100 Th. W.	Untersch. für ½° C.
4.5	84.2	7.8
5.0	91.5	7.3
5.5	98.4	6.9
6.0	105.0	6.6
6.5	111.4	6.4
6.6	111.6	

Chlorsaures Kali

Kochp. 100°.2 C. +	Salzmenge in 100 Th. W.	Untersch für 1° C
0.0	0.0	0.0
1.0	14.64	14.64
2.0	29.28	14.64
3.0	43.92	14.64
4.0	58.56	14.64
4.2	61.50	

Salpetersaures Kali

Kochp. 100°.2 C. +	Salzmenge in 100 Th. W.	Untersch. für 1° C.
0	0.0	0.0
1	12.2	12.2
2	26.4	14.2
3	42.2	15.8
4	59.6	17.4
5	78.3	18.7
6	98.2	19.9
7	119.0	20.8
8	140.6	21.6
9	163.0	22.4
10	185.9	22.9
11	209.2	23.3
12	233.0	23.8
13	257.6	24.6
14	283.3	25.7
15	310.2	26.9
15.9	335.1	

Salpetersaures Natron

Kochp. 100°.3 C. +	Salzmenge in 100 Th. W.	Untersch. für 1° C.
0	0.0	0.0
1	9.3	9.3
2	18.7	9.4
3	28.2	9.5
4	37.9	9.7
5	47.7	9.8
6	57.6	9.9
7	67.7	10.1
8	77.9	10.2
9	88.3	10.4
10	98.8	10.5
11	109.5	10.7
12	120.3	10.8
13	131.3	18.0
14	142.4	11.1
15	153.7	11.3
16	165.2	11.5
17	176.8	11.6
18	188.6	11.8
19	200.5	11.9
20	212.6	12.1
21	224.8	12.2

Salpetersaures Ammoniak

Kochp. 100°. C. +	Salzmenge in 100 Th. W.	Untersch. für 1° C.
0	0.0	0
1	10.0	10.0
2	20.5	10.5
3	31.3	10.8
4	42.4	11.1
5	53.8	11.4
6	65.4	11.6
7	77.3	11.9
8	89.4	12.1
9	101.9	12.5
10	114.9	13.0
11	128.4	13.5
12	142.4	14.0

Salpetersaures Ammoniak

Kochp. 100°. C. +	Salzmenge in 100 Th. W.	Untersch. für 1° C.
13	156.9	14.5
14	172.0	15.1
15	188.0	16.0
16	204.4	16.4
17	221.4	17.0
18	238.8	17.4
19	256.8	18.0
20	275.3	18.5
22	314.0	19.4
24	354.0	20.0
26	396.0	21.0
28	440.2	21.1
30	487.4	23.6
32	537.3	24.9
34	590.0	26.4
36	645.0	27.5
38	705.5	30.3
40	770.5	32.5
42	840.6	35.0
44	915.5	37.5
46	995.5	40.0
48	1081.5	43.0
50	1173.5	46.0
52	1273	49.8
54	1383	55
56	1504	60.5
58	1637	66.5
60	1775	68
62	1923	74
64	2048	80.5
80	∞	

Salmiak

Kochp. 100° C. +	Salzmenge in 100 Th. W.	Untersch. für 1° C.
0	0.0	0
1	7.8	7.8
2	13.9	6.1
3	19.7	5.8
4	25.2	5.5
5	30.5	5.3
6	35.7	5.2
7	41.3	5.6
8	47.3	6.0
9	53.5	6.2
10	59.9	6.4
11	66.4	6.5
12	73.3	6.9
13	80.5	7.2
14	88.1	7.6
14.2	88.9	

Chlorstrontium

Kochp. 100°.4 C. +	Salzmenge in 100 Th. W.	Untersch. für 1° C.
0	0.0	0.0
1	16.7	16.7
2	25.2	8.5
3	32.1	6.9
4	37.9	5.8
5	43.4	5.5
6	48,8	5.4
7	54.0	5.2
8	59.0	5.0
9	63.9	4.9
10	68.9	5.0
11	74.1	5.2
12	79.6	5.5
13	85.3	5.7
14	91.2	5.9
15	97.5	6.3
16	104.0	6.5
17	110.9	6.9
17.85	117.5	6.6

Chlorcalcium		
Kochp. 101°1 C. +	Salzmenge in 100 Th. W.	Untersch. für 1° C.
0	0.0	0.0
1	10.0	10.0
2	16.5	6.5
3	21.6	5.1
4	25.8	4.2
5	29.4	3.6
6	32.6	3.2
7	35.6	3.0
8	38.5	2.9
9	41.3	2.8
10	44.0	2.7
11	46.8	2.8
12	49.7	2.9
13	52.6	2.9
14	55.6	3.0
15	58.6	3.0
16	61.6	3.0
17	64.6	3.0
18	67.6	3.0
19	70.6	3.0
20	73.6	3.0
21	76.7	3.1
22	79.8	3.1
23	82.9	3.1
24	86.0	3.1
25	89.1	3.1
26	92.2	3.1
28	98.4	3.1
30	104.6	3.1
32	110.9	3.2
34	117.2	3.2
36	123.5	3.2
38	129.9	3.2
40	136.3	3.3
42	142.8	3.3
44	149.4	3.3
46	156.2	3.4
48	163.2	3.5
50	170.5	3.7
52	178.1	3.8
54	186.0	4.0

Chlorcalcium		
Kochp. 101°1 C. +	Salzmenge in 100 Th. W.	Untersch. für 1° C.
56	194.3	4.2
58	203.0	4.4
60	212.1	4.6
62	221.6	4.8
64	231.5	5.0
66	241.9	5.2
68	252.8	5.5
70	264.2	5.7
72	276.1	6.0
74	288.5	6.2
76	301.4	6.5
78	314.8	6.7
79,5	325.0	7

Salpetersaure Kalkerde		
Kochp. 100°.1 C. +	Salzmenge in 100 Th. W.	Untersch. für 1° C.
0	0	0
1	15.0	15.0
2	25.3	10.3
3	34.4	9.1
4	42.6	8.2
5	50.4	7.8
6	57.8	7.4
7	64.9	7.1
8	71.8	6.9
9	78.6	6.8
10	85.3	6.7
11	91.9	6.6
12	98.4	6.5
13	104.8	6.4
14	111.2	6.4
15	117.5	6.3
16	123.8	6.3
17	130.0	6.2
18	136.1	6.1
19	142.1	6.0
20	148.1	6.0
22	160.1	6.1

Salpetersaure Kalkerde

Kochp. 100°.1 C. +	Salzmenge in 100 Th. W.	Untersch für 1° C.
24	172.2	6.2
26	184.5	6.3
28	197.0	6.3
30	209.5	6.4
32	222.2	6.5
34	235.1	6.5
36	248.1	6.6
38	261.3	6.7
40	274.7	6.9
42	288.4	7.1
44	302.6	7.4
46	317.4	7.9
48	333.2	9.
50	351.2	11
51	362.2	

Kohlensaures Kali

Kochp. 100°.3 C. +	Salzmenge in 100 Th. W.	Untersch. für 1° C.
0	0.0	0.
1	13.0	13.0
2	22.5	9.5
3	31.0	8.5
4	38 8	7.8
5	46.1	7.3
6	53.1	7.0
7	59.6	6.5
8	65.9	6.3
9	71.9	6.0
10	77.6	5.7
11	83.0	5.4
12	88.2	5.2
13	93.2	5.0
14	98.0	4.8
15	102.8	4.8
16	107.5	4.7
17	112.3	4.8
18	117.1	4.9
19	122.0	5.0

Kohlensaures Kali

Kochp. 100°.3 C. +	Salzmenge in 100 Th. W.	Untersch. für 1° C.
20	127.0	5.0
21	132.0	5.0
22	137.0	5.0
23	142.0	5.0
24	147.1	5.1
25	152.2	5.1
26	157.3	5.1
27	162.5	5.2
28	167.7	5.2
29	172.9	5.2
30	178.1	5.2
31	183.4	5.3
32	188.8	5.4
33	194.2	5.4
34	199.6	5.4
35	205.0	5.4

Essigsaures Natron

Kochp. 100°.1 C. +	Salzmenge in 100 Th. W.	Untersch. für 1° C.
0	0.0	0.0
1	9.9	9.9
2	17.6	7.7
3	24.1	6.5
4	30.5	6.4
5	36.7	6.2
6	42.9	6.2
7	49.3	6.4
8	55.8	6.5
9	62.4	6.6
10	69.2	6.8
11	76.2	7.0
12	83.4	7.2
13	90.9	7.5
14	98.8	7.9
15	107.1	8.3
16	115.8	8.7
17	125.1	9.3
18	134.9	9.8

Essigsaures Natron

Kochp. 100°.1 C. +	Salzmenge in 100 Th. W.	Untersch. für 1° C.
19	145.2	10.3
20	156.1	10.9
21	167.4	11.3
22	179.3	11.9
23	191.6	12.3
24	204.5	12.9
24.37	209.0	4.5

Neut. weinsaures Kali

Kochp. 100°.3 C. +	Salzmenge in 100 Th. W.	Untersch. für 1° C.
0	0.0	0.0
1	26.9	26.9
2	47.2	20.3
3	65.0	17.8
4	82.3	17.3
5	100 1	17.8
6	118.5	18.4
7	137.3	18.8
8	156.5	19.2
9	176.1	19.6
10	196.2	20.1
11	216.8	20.6
12	237.9	21.1
13	259.5	21.6
14	281.6	22.1
14.67	296.2	14.6

Essigsaures Kali

Kochp. 100°.2 C. +	Salzmenge in 100 Th. W.	Untersch. für 1° C.
0	0.0	0
1	10.5	10.5
2	20.0	9.5
3	28.6	8.6
4	36.4	7.8
5	43.4	7.0

Essigsaures Kali

Kochp. 100°.2 C. +	Salzmenge in 100 Th. W.	Untersch. für 1° C.
6	49.8	6.4
7	55.8	6.0
8	61.6	5.8
9	47.4	5.8
10	73.3	5.9
11	79.3	6.0
12	85.3	6.0
13	91.4	6.1
14	97.6	6.2
15	103.9	6.3
16	110.3	6.4
17	116.8	6.5
18	123.4	6.6
19	130.1	6.7
20	136.9	6.8
21	143.8	6.9
22	150.8	7.0
23	157.9	7.1
24	165.1	7.2
25	172.5	7.4
26	180.1	7.6
27	188.0	7.9
28	196.1	8.1
29	204.4	8.3
30	213.0	8.6
32	230.6	8.8
34	248.7	9.1
36	267.5	9.4
38	287.3	9.9
40	308.3	10.5
42	330.8	11.3
44	354.9	12.1
46	380.6	12.9
48	407.9	13.7
50	436.9	14.5
52	467.6	15.4
54	500.0	16.2
56	534.1	17.1
58	569.9	17.9
60	607.4	18.8

Essigsaures Kali			Essigsaures Kali		
Kochp. 100°.2 C. +	Salzmenge in 100 Th. W.	Untersch. für 1° C.	Kochp. 100°.2 C. +	Salzmenge in 100 Th. W.	Untersch. für 1° C.
62	646.6	19.6	68	775.0	22.3
64	687.6	20.5	69	798.2	23.2
66	730.4	21.4			

IV. Adhäsion. Capillarität.

1) Luftförmige Körper in Berührung mit festen.

Die Bemerkung, daſs das in dem Zersetzungsapparat einer Voltaischen Säule gebildete Gemenge von Wasserstoff und Sauerstoff allmählig wieder verschwinde, wenn die Platinadräthe, welche zur Zersetzung dienten, bis in dieſs Gemenge hineinreichten, veranlaſste Faraday, die Bedingungen dieser Erscheinung in der sechsten Reihe seiner Experimentaluntersuchungen über Electricität (Phil. Trans. for. 1834. 55. P. A. 33. 149) näher zu prüfen. Das Ergebniſs dieser Versuche war folgendes:

Die gasverbindende Wirkung des Platins ist unabhängig von der Schwammigkeit und Porosität [1]) desselben, seiner Dichtigkeit und Politur, der Dicke oder Dünnheit des Metalls. Dieſs sind secundäre Umstände, welche nur die Erscheinung dadurch modificiren, daſs, indem sie auf das Hervortreten der in der Verbindung entstehenden Wärme von Einfluſs sind, sie mehr oder minder augenfällig machen. Reinheit der Oberfläche ist die einzige wesentliche Bedingung für das Eintreten des Phänomens, gleichgültig, wie sie hervorgebracht wird. Am stärksten tritt die Wirkung ein,

1) wenn das Metall als positiver Pol einer Voltaischen Säule in einer Säure gedient hat;

---

[1]) Daſs Platinaschwamm nicht die von Döbereiner behauptete der Wirkung der Kohle analoge aber viel stärkere Absorptionskraft für Wasserstoff, die eines 745fachen Volumens, besitze, schlieſst W. Henry (P. Ann. 36. 157) daraus, daſs Platin in Form von Schwamm oder von Thonkugeln in Gase gebracht, die über Quecksilber abgesperrt sind, keine oder eine sehr geringe Volumensveränderung erzeugte. Auch erklärt sich die bei dem Platinaschwarz bemerkte Absorption füglich durch die Annahme einer Wasserbildung durch Verbindung des Wasserstoffs mit dem Sauerstoff, der entweder mit dem Metall als Suboxyd wirklich verbunden ist, oder an seiner Oberfläche adhärirt; denn die zur Wasserbildung erforderliche Menge Sauerstoff stimmte überein mit der Menge, welche zur Verwandlung des Kohlenoxyds in Kohlensäure bei einem Versuch mit einer gleichen Menge Platinaschwarz als in demselben vorhanden angenommen werden muſste.

2) wenn man durch Reiben eines Stückes Aetzkali auf der erhitzten Platte einen Ueberzug von Kali gebildet, und, nachdem dieser durch 4 bis 5 Minuten dauerndes Eintauchen in Wasser fortgeschafft worden, die Platte eine Minute lang in heifses Vitriol taucht;

3) wenn man die Platte in starker Schwefelsäure erhitzt und dann abwäscht.

Mit geringerer Sicherheit entwickelten sich dieselben Erscheinungen, wenn die Platinaplatten mit einer Lösung von Aetzkali oder verdünnter Salpetersäure gekocht worden waren, mit gröfserer Bestimmtheit traten sie bei ähnlicher Behandlung mit concentrirter Salpetersäure ein, oder wenn nach Fortschaffung eines darauf angebrachten Ueberzuges von Kali die Platten in heifse Essigsäure oder Weinsäure getaucht wurden. Schmilzt man Borax oder ein Gemenge von kohlensaurem Kali und Natron auf den Platten, so zeigen sie nach Abspülen desselben im Wasser eine mäfsige Wirkung, die sich nach Eintauchen in heifse Schwefelsäure sehr verstärkt. Erhitzen bis zum Rothglühen nimmt den Platten ihre Wirksamkeit nicht, welche auch in geringerem Grade durch Abreiben mit Asche, Sandpapier, Kreide, Schmirgel, Manganhyperoxyd und Holzkohle und nachheriges Abschwenken im Wasser hervorgebracht werden kann. Platina, welches in Auflösungen, welche nicht am negativen Pol einen Niederschlag bilden, als Pol angewendet wurde, gab ebenfalls Gasverbindung, ein Beweis, dafs hier nicht von einem elektrischen Phänomen die Rede sei.

Die betrachtete Wirkung ist nicht auf Platina eingeschränkt. Gold und Palladium zeigten sie ebenfalls, wenn sie als positiver Pol an der Voltaischen Säule gedient hatten, oder mit heifsem Vitriolöl behandelt worden waren. Hingegen gaben Silber und Kupfer in gewöhnlichen Temperaturen keine Wirkung.

Bezeichnen wir das Platina als rein, welches in den obigen Bereitungsarten das Maximum der gasverbindenden Wirkung zeigt, (unter günstigen secundären Umständen nämlich Verpuffen des Gemenges) so finden wir folgende Unterschiede zwischen ihm und gewöhnlichem unreinen Metall:

Reines Platin	Unreines Platin
1) zwei Stücke zeigen, gerieben aneinander, eine eigenthümliche Adhäsion	1) nicht
2) es wird, selbst wenn es abgeschwenkt und durch eine Weingeistflamme getrocknet wird, von reinem Wasser ohne Umstände benetzt [1]),	2) das Wasser bildet abgerundete Tropfen auf dem Metall [1])
3) wenn es zum Pol einer Voltaischen Säule genommen wird, so entwickelt es in verdünnter Säure	3) es giebt unter denselben Bedingungen ein Zeit lang grofse Blasen,

an

[1]) Aehnliche Erscheinungen zeigen mit starkem Vitriolöl befeuchtete, und dann mit destillirtem Wasser abgewaschene Stücke von Bergkrystall und Obsidian.

an jedem Punkte seiner Oberfläche kleine Glasblasen.	welche an dem Metall zu kleben oder anzuhaften scheinen.

Durch Abwischen mit Zeug und durch Liegen an der Luft wird reines Platin unrein.

Die Adhäsionserscheinungen zerfallen demnach in drei Klassen:

1) Adhäsion des Flüssigen am Festen d. h. Benässen der Körper durch Flüssigkeiten, mit welchen sie sich nicht chemisch verbinden.

2) Feuchtwerden des Festen in einer dampfhaltigen Atmosphäre. Hieher gehören alle Körper, welche unlöslich im Wasser und nicht mit ihm verbindbar, hygrometrisch sind, also Pulver von Thon, Eisenoxydul, Eisenoxyd, Manganoxyd, Kohle, Platinaschwamm, gefälltes Silber u. s. w.

3) Adhäsion zwischen festen Körpern und Gasen, in welchem Falle Fusinieri und Bellani (Giorn. di fisca 8. 262. 1825) glauben, dafs die Luft starre Schichten bilde. Das beste Beispiel davon ist die so schwierig zu entfernende Luft zwischen Quecksilber und Glas in Barometerröhren.

Geschieht die letztere Adhäsion gleichzeitig in Beziehung auf 2 Gasarten, d. h. ist die berührende Luft ein mechanisches Gemenge derselben, so kann eine chemische Verbindung der adhärirenden Theilchen beider Gasarten unter günstigen Umständen eintreten.

Sind diese verschiedenen Adhäsionserscheinungen Wirkungen derselben Ursache, modificirt durch die Agregationsform der den festen Körper berührenden Substanz, oder sind sie wesentlich von einander zu unterscheiden?

Die Ableitung der Capillaritätserscheinungen, welche Poisson [1]) neuerdings gegeben hat, unterscheidet sich von der von Laplace vorzugsweise durch die Annahme einer starken Dichtigkeitsänderung der gehobenen Flüssigkeit sowohl an ihrer freien Oberfläche als auch da, wo sie die Wände des Röhrchens berührt. Diese Dichtigkeit der Flüssigkeit vermindert sich nämlich gegen den leeren Raum oder die Luft an der Oberfläche, vermehrt sich aber nach der Seite hin, wo sie an die festen Wände grenzt. Es ist nicht wahrscheinlich, dafs diese hypothetisch angenommene Verdichtung sich wird empirisch nachweisen lassen, da die physikalischen Eigenschaften einer comprimirten Flüssigkeit sich so unmerklich von denen einer nicht zusammengedrückten unterscheiden. Es wird daher passend sein, diese Phänomene an Körpern zu studieren, welche verdichtet sich merklich anders verhalten, als unverdichtet. Zunächst bietet sich der Wasserdampf dar, der einer Verdichtung unterworfen, aus dem Zustand des Luftförmigen in den des Flüssigen zurücktritt. Dafs aber eine hygroskopische Substanz den absorbirten Wasserdampf als flüssiges Wasser enthält, ist schwer empirisch zu zeigen. Von einfachen Gasen wäre als Extrem einer Verdichtung Flüssigwerden oder Festwerden zu erwarten, aber wie will man sie wahrnehmen? Ein entscheidendes Resultat kann nur von Gemengen erwartet werden, welche stark comprimirt eine chemische Verbindung eingehen. Wahrscheinlich haben wir in der Beobachtung von

[1]) Nouvelle théorie de l'action capillaire. Paris 1831. 4.

Faraday ein solches Beispiel, dessen Bedeutung für die gesammte Lehre der Berührungserscheinungen daher sich von selbst ergiebt. Obgleich sich nicht angeben läfst, welche Rolle die Wärme in allen diesen Erscheinungen spielt, so wird man doch unmittelbar an den schönen Versuch von Biot erinnert, welcher Knallgas durch bloſse Compression zum Detoniren brachte.

Eine Verdichtung nimmt nun auch Faraday an, dessen eigne Worte ich hier gröſstentheils anführe, um die Art, wie er sich dieselbe denkt, unmittelbarer horvortreten zu lassen.

„Diese Erscheinungen hängen von der natürlichen Beschaffenheit der Gas-Elasticität, verbunden mit der Aeufserung einer manchen Körpern in hohem Grade eignen und wahrscheinlich allen angehörigen Anziehungskraft, durch welche sie zu einer mehr oder weniger innigen Annäherung gebracht werden, ohne dabei eine chemische Verbindung einzugehn, obgleich sie oft den Zustand der Adhäsion annehmen, und welche, wenn ihr gleichzeitig mehrere Körper unterworfen werden, unter günstigen Umständen die Verbindung dieser Körper herbeiführen kann. Die Wirkungssphäre den Theilchen erstreckt sich über die in unmittelbarer und augenscheinlicher Berührung stehenden hinaus, und diese Art von Anziehung ist die bedingende Ursache zu Döbereiner's und vielen andern Erscheinungen ähnlicher Art. Fremdartige Körper, welche bei Krystallisirungen oder Fällungen als Kerne dienen, Niederschläge auf sich veranlassen, wenn sonst in der Flüssigkeit keine entstehen, scheinen ihre Wirkung durch eine Kraft ähnlicher Art hervorzubringen. Aus den Wirkungen fester Körper auf eine sie umgebende mit Dämpfen von Wasser, Kampfer oder Jod beladene Atmosphäre scheint es, als wenn diese Anziehung zum Theil auswählend sei, und in ihren Aeufserungen sowohl mit der Aggregationsanziehung als mit der chemischen Verwandtschaft Aehnlichkeit habe, so daſs sie nicht zwischen Theilchen wirke, welche sich unmittelbar und innig verbinden können, sondern auf solche, die entweder weiter abstehn oder wegen vorhergegangener Umstände, physikalischer Beschaffenheit oder schwacher Relation unfähig sind, mit einander eine entschiedene Verbindung einzugehn. Daher wird sich unter allen Körpern nur von den Gasen erwarten lassen, daſs sie, gemeinschaftlich der Anziehung eines starren Körpers ausgesetzt, eine gegenseitige Einwirkung zeigen werden. Flüssigkeiten wie Wasser, Alkohol u. s. w. sind zu dicht und verhältniſsmäſsig zu wenig zusammendrückbar, als daſs sich erwarten lieſse, ihre Theilchen würden durch die Anziehung des Körpers, dem sie anhaften, näher aneinander gebracht. Dämpfe und Gase allein sind fähig, durch äuſsere Kräfte groſse Veränderungen in den gegenseitigen Abständen ihrer Theilchen zu erleiden. Durch hygrometrische Körper [1]) ist diese Verdichtung oft so groſs als die, welche durch eine Verminderung des Volumens auf $\frac{1}{16}$ wäre

[1]) Als ein auffallendes Beispiel einer solchen Wirkung führt Faraday an, daſs Torf, welcher durch langes Liegen an einem bedeckten Orte getrocknet wurde, durch eine hydrostatische Presse 54 Procent Wasser gab.

hervorgebracht worden. Auch bei Gasen fehlt es nicht an Beispielen von Verbindungen unter äufserm Druck. So bleibt nach James Hall Kohlensäure und Kalk unter Druck bei Temperaturen verbunden, welche unter gewöhnlichem Druck diese Verbindung nicht gestatten, und nach Faraday bildet bei gewöhnlichen Temperaturen zusammengedrücktes Chlor mit Wasser ein krystallisirtes Hydrat, welches bei Entfernung dieses Drukkes weder entstehen noch bestehen kann [1]). Diese Verdichtung der Gase da, wo sie feste Körper begrenzen, entsteht wohl dadurch, dafs hier die wesentliche Bedingung der Elasticität, die Gegenseitigkeit der Abstofsung, fehlt, welche wir uns zwischen Platin und Gas gewifs nicht denken können, da sie nach den Erfahrungen von Dalton so gar zwischen Theilchen verschiedener Gasarten fehlt. Da das Platin schwerlich hygroskopisch ist, so wird der durch Verdichtung der Knallluft an seiner Oberfläche gebildete Wasserdampf schnell durch das rückständige Gasgemenge verbreitet, so dafs dadurch neue Portionen zur Juxtaposition mit dem Metall herantreten, deren Verbindung durch die sich dabei entwickelnde Wärme erleichtert wird. Bei unreinem Metall ist mit der Berührung auch die durch sie bedingte Verdichtung aufgehoben. Dafs häufig Substanzen in ihrem Entstehungszustand leicht wirken und chemische Verbindungen hervorbringen, welche, wenn sie einmal den Gaszustand angenommen haben, nicht eintreten, rührt wohl eben davon her, dafs jedes Theilchen im Moment der Entstehung von Theilchen anderer Art umgeben ist, hier also ebenfalls die durch Gegenseitigkeit hervortretenden Wirkungen fehlen müssen."

Mehr empirisch ermittelt als theoretisch abgeleitet, sind von Faraday die Bedingungen der durch das Platina eintretenden Verbindung bei verschiedenen Gasgemischen. Das allgemeine Resultat ist: Schwache Wirkung zeigten:

1 Vol. Salpetergas und 1 Vol. Wasserstoff
2 « « 1 « «

keine erfolgte bei einem Gemenge von

1 Vol. ölbildendem Gas und 3 Vol. Sauerstoff
2 « Kohlenoxydgas « 1 « «
1 « Chlor « 1 « Wasserstoff.

Aufserdem wurde die Wirkung auf ein Gemenge von Sauerstoff und Wasserdampf modificirt und aufgehoben durch die Beimengung gewisser Portionen anderer Gase.

Stickstoffoxydul, Wasserstoff, Kohlensäure, Stickstoff, Sauerstoff, zur Verdünnung des Gemenges angewendet, hinderten nicht die Wirkung des

---

[1]) Ein Beispiel von dem Einflusse mechanischer Kräfte auf chemische Verwandtschaft ist auch, dafs Krystalle von kohlensaurem, phosphorsaurem oder schwefelsaurem Natron, deren Flächen unverletzt erhalten worden, nicht effloresciren, diefs hingegen sogleich thun, wenn die Oberfläche irgendwo geritzt oder die Kanten abgestofsen worden.

Platins, selbst wenn sie $\frac{2}{3}$ der ganzen Gasmasse ausmachten. Auch störten sie weniger als eine durch Vergröſserung des Volumen hervorgebrachte eben so groſse Verdünnung der Mischung von Sauerstoff und Wasserstoff. Das zuerst stehende Gas ist das am mindesten störende u. s. f. Oelbildendes Gas verzögerte in kleinen Portionen die Wirkung, welche durch Beimengung von $\frac{1}{8}$ Kohlenoxydgas so gar ganz aufgehoben wurde, ohne daſs dabei eine Verunreinigung der Platten eingetreten wäre, welche der Grund ist, warum Schwefel- und Phosphorwasserstoffgas anfangs wenig stören, nachher die Wirkung ganz aufheben. Dämpfe von Aether, Schwefelkohlentoff und die aus dem Oelgas erhaltene Flüssigkeit verzögern ohne Verunreinigung der Platte. Wasserstoffgas, durch Streichen von Wasserdampf über glühendes Eisen erhalten, zeigt keine Wirkung.

Faraday glaubt, daſs diese Erscheinungen mit den später zu erwähnenden Diffusionserscheinungen zusammenhängen, da hingegen Henry[1]) bereits früher gezeigt hat, daſs nur diejenigen Gase diese Störungen hervorbringen, welche sich unter dem Einfluſs des Platin entweder bei gewöhnlichen oder mäſsig erhöhten Temperaturen verbinden.

W. Henry[2]) hat die Versuche von Faraday dadurch ergänzt, daſs er die Gründe nachgewiesen hat, warum die anderen Metalle in der Wirkung Sauerstoff und Wasserstoff zu verbinden dem Platina nachstehen. Oxydirbare Metalle wie Kupfer, Blei, Kobald, Nikel, Eisen, im Zustand einer Zertheilung, in welchem sie ungehindert ihre Verwandtschaft ausüben können, führen bei keiner Temperatur eine directe Vereinigung des Wasserstoffgases mit freiem Sauerstoffgase herbei, indem vielmehr ihre eigne kräftige Verwandschaft zum Sauerstoff die schwächere des Wasserstoffs zu diesem überwältigt, und so eine Oxydation des Metalls statt einer Bildung von Wasser veranlaſst. Im Zustand einer compacteren Aggregation bewirken diese Metalle eine Vereinigung der Gase aber nur in einer dem Siedpunkt des Quecksilbers nahe kommenden Temperatur, wo die Verwandtschaft dieser Metalle zum Sauerstoff geschwächt ist. Die Abstände der Theilchen beider Gasarten sind auf ihnen wahrscheinlich in demselben Abstand als auf Platina, nur hindert in niederen Temperaturen die stärkere Verwandschaft zum Metall ihre Verbindung. Das fortwährende Glühen, welches sich zeigt, wenn ein Strom Wasserstoff auf fein vertheilte Oxyde geleitet wird, ist eine Reihe abwechselnder Reductionen und durch frischen Sauerstoff aus der Atmosphäre erzeugter Oxydationen, also eine Erscheinung, die mit den hier betrachteten Phänomenen in keinem Zusammenhange steht.

2) Flüssige Körper in Berührung mit festen. Capillarität.

Theoretische Untersuchungen über Capillarität und Durchdringung durch trennende Membranen und poröse Körper finden sich in folgenden Schriften:

---

1) Philos. Transact. for 1824.

2) Versuche über die gasverbindende Wirkung der Metalle. Phil. Mag. 6. 354 P. A. 36. 150.

Poisson, nouvelle théorie de l'action capillaire, Paris 1831. 4. p. 300.
Link, Auszug daraus Pogg. Ann. 25. 270 und 27. 193.
Challis, researches in the theory of the motion of fluids, Cambridge Philos. Trans. Vol. V.
Challis, on capillary attraction and the molecular forces of fluids. Lond. and Edin. Ph. Journ. 1836. Febr.
Girard, mémoire sur l'attraction qui se manifeste à des distances sensibles, entre les surfaces mouillées par un liquide dans lequel elles sont submergées. Mém. de l'Acad. de l'Instit. 11. 59.

Ueber das capillare Ansteigen der Flüssigkeiten zwischen parallelen, vorher durch Eintauchen in die Flüssigkeit benetzten Platten hat Link[1]) Versuche angestellt. Die Platten wurden durch eine starke Feder zusammengedrückt, so, dafs sie sich nicht selbst von einander entfernen konnten. Vermittelst einer Schraube mit einem Anschlage wurden sie darauf von einander entfernt und eine dünne schmale Platte dazwischen eingeschoben. Bei dem Nachlassen der Schraube hält dann die Feder die Platten in der durch die Zwischenplatte bestimmten Entfernung fest. Auf diese Weise wurden folgende Resultate erhalten:

Flüssigkeiten	Platten von			
	Glas	Kupfer	Zink	Holz mit Talg[2]) getränkt
Destillirtes Wasser	12.'''5	13.'''	13.'''	8.5
Spir. rectificatis.....0.835 sp. Gew.	8.	10	9.5	8.5
Schwefeläther.......0.755 «	7.	10	8.5	7.
Rectific. Schwefels..1.845 «	11.	11	15	—
Reine Salpetersäure. 1.200 «	14	—	—	—
Reine Salzsäure.....1.115 «	14	14	—	—
Liq. Kali caust.....1.335 «	8.	10.5	8.	—
Liq. Kali acetic......1.145 «	9.5	11.5	10.	—

Unter der Annahme, dafs sich die Höhen[3]) wie die Anziehungen und umgekehrt wie die specifischen Gewichte verhalten, wird das Produkt der Höhen in die specifischen Gewichte das Verhältnifs der Anziehungen geben; die folgende Tafel enthält diese Produkte:

[1]) Fortgesetzte Versuche über die Capillarität. Poggendorff's Annalen 31. 593.

[2]) Durch häufiges Eintauchen in heifsen Talg.

[3]) Bei diesen Versuchen war die Entfernung der Platten von einander immer 0.4 Linien.

Flüssigkeiten	Platten von			
	Glas	Kupfer	Zink	Holz mit Talg getränkt
Rectificirte Schwefelsäure	20.3	20.3	27.6	—
Reine Salpetersäure	16.8	—	—	—
Reine Salzsäure	15.6	15.6		—
Destillirtes Wasser	12.5	13	13	8.5
Liquor Kali caust	10.6	14.	10.7	—
Liquor Kali acetic	10.6	13.1	11.4	—
Spiritus vini rectificatis	6.7	8.3	7.9	7.
Schwefeläther	5.3	7.5	6.4	5.3

Die Lücken in diesen Reihen sind dadurch entstanden, dafs die Platten zu stark von den Flüssigkeiten angegriffen wurden. Diefs war in dem Raume zwischen Kupfer und Zinkplatten in Beziehung auf Schwefelsäure nicht der Fall, obgleich sie von Aufsen angegriffen wurden. Aus Zink und Kupfer zusammengelöthete Platten gaben für Wasser dieselben Höhen, wenn die Zinkplatten gegen einander, oder die Zinkplatte gegen die Kupferplatte gekehrt war. Auch hatte es keinen Einflufs ob die Platten durch (metallische) Leitung verbunden wurden oder nicht. Die Anziehung ist daher keine electrische, ebenso wenig der Dichtigkeit proportional.

Bezeichnet h die Höhe, um welche in einem benetzten Haarröhrchen vom Halbmesser r die Flüssigkeit über dem äufsern Niveau steht, so ist

$$h = \frac{A}{r} - \frac{r}{3} + \frac{r^3}{3A}(\log 4 - 1),$$

eine Formel, deren letztes Glied bei engen Röhren vernachlässigt werden kann, so dafs also

$$h = \frac{A}{r} - \frac{r}{3},$$

wo die Constante A von der Natur der Flüssigkeit und von der Temperatur derselben abhängt und durch Beobachtungen von h für ein bestimmtes r ermittelt werden kann. Frankenheim hat diese Constante für verschiedene chemisch reine Flüssigkeiten, deren Dichtigkeit er durch Wägung mittelst einer Glaskugel bestimmte, zu ermitteln gesucht. Für gut benetzende Flüssigkeiten hält er seine Angabe bis auf 0.01, für schwer netzende von öliger Consistenz bis auf 0.03 des Ganzen sicher. Die Ergebnisse seiner Versuche finden sich in seiner Schrift: „die Lehre von der Cohäsion, umfassend die Elasticität und Cohärenz der flüssigen und festen Körper und die Krystallkunde. Breslau 1835."

In der folgenden Tafel ist

$$A = (h + \tfrac{1}{3}r)r.$$

Flüssigkeiten	Temp. C.	Spec. Gew.	Capill. A.
Wasser	0°	1.000	15.30
"	6.5	0.999	14.84
Schwefelsäure	14.5	1.849	6.85
"	17.5	1.782	8.30
"	—	1.609	9.40
"	—	1.522	10.00
"	—	1.382	11.50
"	—	1.195	12.74
"	—	1.127	13.41
Phosphorsäure	13	1.141	13.00
Arseniksäure	—	1.309	11.90
Salzsäure	17.5	1.153	12.40
"	—	1.113	12.90
"	—	1.057	13.90
Salpetersäure	16	1.500	5.70
"	—	1.432	7.50
"	—	1.372	8.80
"	19	1.271	10.65
"	13	1.223	11.30
"	19	1.117	12.71
Concentrirte Essigsäure	19	1.068	7.16
Verdünnte Essigsäure	13	1.044	8.77
Ameisensäure	—	1.060	8.74
Weinsäure	19	1.114	13.30
Aepfelsäure	13	1.136	12.26
Citronensäure	—	1.140	12.14
Aetzkali	19	1.405	6.50
"	—	1.334	10.60
"	—	1.274	12.10
"	13.5	1.241	12.20
"	19	1.159	12.40
Aetznatron	16	1.338	12.07
"	—	1.239	13.70
Neutrales kohlensaures Kali	18	1.530	12.10
"	14	1.276	13.00
Dopp. kohlensaures Kali	16	1.081	15.97
Kohlensaures Natron	17	1.156	12.90
Kohlensaures Ammoniak	—	1.093	12.10

Flüssigkeiten	Temp. C.	Spec. Gew.	Capill. A.
Schwefelsaures Natron	15	1.154	14.10
Schwefelsaurer Talk	18	1.193	13.50
Schwefelsaure Alaunerde	16	1.126	13.34
Schwefelsaures Kupferammoniak	—	1.071	14.18
Schwefelsaures Zink	19	1.430	11.50
Schwefelsaures Eisenoxydul	19	1.212	12.50
Schwefelsaures Manganoxydul	—	1.455	11.90
Chromsaures Kali	13.5	1.070	14.40
Phosphorsaures Natron	19	1.043	14.00
Arseniksaurer Kalk	—	1.176	13.50
Arseniksaures Ammoniak	—	1.223	13.30
Salzsaures Natron	—	1.200	14.00
Salzsaures Ammoniak	—	1.070	14.40
Salzsaurer Kalk	17.5	1.336	12.90
«	—	1.178	13.52
«	—	1.119	14.20
Salzsaurer Talk	18	1.231	13.98
Salzsaures Eisen	17.5	1.098	14.15
Salzsaures Kupfer	—	1.426	11.10
Arsenikbutter	15	2.200	4.17
Arsenikbuttes in Weingeist gelöst	—	1.093	5.63
Salpetersaures Kali	19	1.137	12.80
Salpetersaures Natron	—	1.373	12.40
Salpetersaurer Baryt	—	1.046	13.88
Salpetersaures Kupfer	—	1.346	12.08
Essigsaures Natron	—	1.150	12.75
Essigsaures Eisen	14	1.050	11.80
Essigsaures Kupfer	19	1.426	14.26
Essigsaures Blei	17.5	1.213	11.53
«	—	1.099	13.70
Blausaures Cyaneisenkalium	16	1.089	13.73
Weinsaures Kali	19	1.475	11.60
Weinsaures Natron	—	1.254	12.92
Weinsaures Natronkali	16	1.217	12.97
Zuckerwasser	19	1.185	13.50
Weingeist	17	0.810	5.83
«	20	0.857	5.95
«	17	0.895	6.20
«	—	0.931	6.60
«	—	0.967	7.71
Schwefeläther	19	0.728	5.10
«	14.5	0.732	5.37
Schwerer Salzäther	20	1.134	5.13
Reines Terpentinöl	13	0.897	6.71

Flüssigkeiten	Temp. C.	Sp. Gew.	Capill. A.
Unreines Terpentinöl	13	0.944	7.66
Steinöl	—	0.787	6.75
Lavendelöl	—	0.897	6.34
Mandelöl	—	0.916	7.40
Nelkenöl	—	1.040	6.90
Schwefelkohlenstoff	—	1.265	5.44

Wenn man Wasser = 15 setzt, so ist bei 20° C. nach Reichenbach[1]).

	Spec. Gew.	Capill.
Wasser	1.000	15
Picamar	1.100	8.4
Kapnomor	0.977	6.7
Kreosot	1.037	8.0
unrein. Eupion	0.740	9.4
rein. Eupion	0.655	5.7

Mischt man zwei Flüssigkeiten mit einander und läfst die sich dabei entwickelnde Wärme sich verstreuen, so wird, wenn dieser Temperaturverlust keinen Einflufs auf die Molecularanziehungen hat, welche die Capillarerscheinungen bedingen, für Mischungen in verschiedenen Verhältnissen nach Poisson die jedesmalige Höhe der resultirenden Flüssigkeit durch folgende Gleichung gegeben.

$$d(h + \tfrac{1}{3}r) = fu^2 + f_1 u u_1 + f_{11} u_1^2$$

wo d die Dichtigkeit der Mischung bezeichnet, r den Halbmesser des Haarröhrchens, u, u_1 die Verhältnisse der Mischung, wenn diese selbst = 1 gesetzt ist, f, f_1, f_{11} Coefficienten, welche unabhängig sind von dem Verhältnifs der die Mischung bildenden Bestandtheile.

Gay-Lussac hat folgende in (Poisson nouvèlle théorie de l'action capillaire p. 294) bekannt gemachten Versuche angestellt. Der Durchmesser des Haarröhrchens war $1^{mm}.296$, die Temperatur 8° bis 9° C.

Mischungen von Weingeist und Wasser,

	Wasser u	Weingeist u_1	Dichtigkeit d	Capillarhöhe h
1)	1	0	1.0000	$23^{mm}.16$
2)	$\frac{4}{5}$	$\frac{1}{5}$	0.9779	13.77
3)	$\frac{2}{3}$	$\frac{1}{3}$	0.9657	11.31
4)	$\frac{1}{2}$	$\frac{1}{2}$	0.9415	10.00
5)	$\frac{1}{3}$	$\frac{2}{3}$	0.9068	9.56

[1]) Beiträge zur nähern Kenntnifs der trocknen Destillation organischer Körper. Schweigger's Journ. B. 62. 68. 70. 72.

6)	$\frac{1}{5}$	$\frac{4}{5}$	0.8726	9.40
7)	0	1	0.8196	9.182

Aus 1) 8) und 5) $23.16 + 0.216 = f = 23.376$

$$0.8196(9.182 + 0.216) = f_{11} = 7.703$$

$$4[0.9415(10.00 + 0.216)] - f - f_{11} = f_1 = 7.395$$

also $$d(h + \tfrac{1}{3}r) = (23.376)u^2 + (7.395)uu_1 + (7.703)u_1^2.$$

In einem Haarröhrchen, dessen Durchmesser $1^{mm}.313$ bei einer Temperatur von 10^0 bis 12^0 C.

Mischungen von Salpetersäure und Wasser.

	Wasser u	Weingeist u_1	Dichtigkeit d	Capillarhöhe h
1)	1	0	1.0000	22.68
2)	$\frac{4}{5}$	$\frac{1}{5}$	1.0891	20.52
3)	$\frac{2}{3}$	$\frac{1}{3}$	1.1474	19.17
4)	$\frac{1}{2}$	$\frac{1}{2}$	1.2151	17.66
5)	$\frac{1}{3}$	$\frac{2}{3}$	1.2751	16.35
7)	0	1	1.3691	14.08

f und f_{11} aus 1) und 7), f_1 als mittlerer Werth aus den 4 übrigen Beobachtungen giebt:

$$d(h + \tfrac{1}{3}r) = (22.899)u^2 + (44.510)uu_1 + (19.576)u_1^2$$

Vergleicht man die nach diesen Formeln berechneten Werthe von 2) 3) 4) 5) mit den durch Beobachtung gefundenen, so erhält man:

	Wasser und Weingeist, beob.	Unterschied d. Beob. u. Rechn.	Salpetersäure u. Wasser, beob.	Unterschied der Beob. u. Rechn.
2)	16.604	+ 2.838	20.495	− 0.024
3)	13.131	+ 1.361	19.166	− 0.004
4)	—	—	17.677	+ 0.017
5)	8.235	− 1.325	16.361	+ 0.011
6)	7.865	− 1.535	—	—

Die Beobachtungen schliefsen sich für Salpetersäure so nahe an die berechneten Werthe an, dafs die Annahme, jener Temperaturverlust habe keinen Einflufs auf die Capillarerscheinungen, zulässig scheint. Desto auffallender ist die Abweichung bei den Mischungen von Wasser und Weingeist, wo die Unterschiede überdiefs einen regelmäfsigen Fortgang zeigen, woraus hervorgeht, dafs die Grundlage der Berechnung hier nicht anwendbar ist.

Tropfenbildung.

Nach Gay-Lussac [1]) ist das Gewicht der Tropfen verschiedener Flüssigkeiten, welche von einer Röhre von einem bestimmten Durchmes-

[1]) Poisson. theorie de l'act. cap. p. 125.

ser herabfallen, nicht der Dichtigkeit dieser Flüssigkeiten proportional; denn es war bei 15° C. das Gewicht von 100 Wassertropfen = 8g.9875, von Alkohol dessen Dichtigkeit 0.8453 hingegen 3g.0375, da es nach der Dichtigkeit berechnet hätte 7.3971 sein sollen.

Für Quecksilbertropfen auf Glas giebt er [1]) folgende Bestimmungen

Gewicht in Grammen	6.013	3.370	2.865	2.147	1.187	0.813
Höhe in Millim.	3.34	3.29	3.25	3.20	2.95	2.80
Gewicht in Grammen	0.667	0.307	0.233	0.095	0.059	0.031
Höhe in Millim.	2.71	2.32	2.19	1.78	1.60	1.38

Bei allen diesen Versuchen zeigte sich, dafs der Winkel, welchen die untere Fläche des Tropfens mit seinem Bilde im Glase machte, nahe gleich einem Rechten war.

D i f f u s i o n.

Das Durchströmen der Flüssigkeiten und Gase durch poröse Lamellen und capillare Oeffnungen ist der Gegenstand mannigfacher Untersuchungen geworden, seitdem Döbereiner und Fischer auf die auffallenden Grunderscheinungen dieser beiden Gebiete aufmerksam gemacht haben. Die durch diese Untersuchungen gewonnenen Resultate stehen aber noch vereinzelt da, ja oft in der Weise einander widersprechend, dafs man sieht, dafs noch nicht alle Bedingungen erkannt sind, welche in diese Erscheinungen eintreten. Auch haben die bisher darüber angestellten theoretischen Betrachtungen den einzuschlagenden Weg mehr angedeutet als bezeichnet. In dieser Beziehung sind zu erwähnen:

Poisson, phénomène de l'endosmose (théorie nouvelle de l'action capillaire p. 297).

Power, theory of residuo-capillary attraction, being an explication of the phenomena of endomose and exosmose on mechanical principles. Cambridge Philos. Trans. 5. 205.

Poggendorff, Anmerkungen zu Grahams und Dutrochet's Versuchen. P. A. 28. 347. 360.

Thomson, observations on Mr. Graham's law of the diffusion of gases. (Lond. an Edinb. Phil. Mag. 4. 321.)

Diffusion der Gase.

1) Durchströmen durch Kautschuck. Diese von Mitchel [2]) angestellten Versuche wurden durch die Beobachtung desselben veranlafst, dafs mit Wasserstoff gefüllte Ballone von dünnem Kautschuck, welche

[1]) Ib. p. 219.

[2]) On the penetrativeness of fluids. Royal Instit. 4. 101 u. 5. 307.

einige Zeit an der Decke eines Zimmers schwebend sich erhalten hatten, sich von selbst wieder herabsenkten. Es hatte also hier ein Austausch zwischen der umgebenden atmosphärischen Luft und dem eingeschlossenen Wasserstoff stattgefunden. Um diesen näher zu ermitteln, wurde eine dünne Haut von Kautschuck [1]) über das trichterförmig erweiterte Ende des kürzeren Schenkels einer heberförmig gebogenen Röhre gebunden und die unter derselben befindliche Luft durch Quecksilber, welches in den längern Schenkel eingefüllt wurde, abgeschlossen. Diese Röhre wurde nun so in eine mit Quecksilber gefüllte Wanne getaucht, dafs die Blase unter eine Campane zu stehen kam, welche eine bestimmte Gasart enthielt. Durch das eindringende Gas wurde das Quecksilber in dem längeren Schenkel scheinbar stetig zuletzt bis 33 Zoll gehoben, bei welchem Druck die Blase platzte. Die Zeiten, welche gleiche Quantitäten Gas brauchten, um durch die Blase zu dringen, verhielten sich wie folgt:

Ammoniak..........	in 1 Minute		
Schwefelwasserstoff	« $2\frac{1}{2}$ «	Oelbildendes Gas	in 28 Minuten
Cyangas............	« $3\frac{1}{4}$ «	Wasserstoff......	« $37\frac{1}{3}$ «
Kohlensäure........	« $5\frac{1}{3}$ «	Sauerstoff.........	« 113 «
Stickstoffoxydul....	« $6\frac{1}{3}$ «	Kohlenoxydgas...	« 160 «
Arsenikwasserstoff.	« $27\frac{1}{2}$ «	Stickgas..........	« 195 «

2) **Ausströmen aus capillaren Röhren und Oeffnungen.** In einem Gefäfs von 100 Cubikzoll Inhalt verdichtete Faraday [2]) Gase bis zu 4 Atmosphären Druck, und liefs sie durch ein feines Thermometerrohr von 20 Zoll Länge ausströmen, bis die Elasticität sich bis zu $\frac{1}{4}$ Atmosphären vermindert hatte. Als ebenso bei niedrigem Druck gleiche Volumina Gas ausströmten, zeigten die dazu erforderlichen Zeiten eine umgekehrte Aufeinanderfolge. Es war nämlich die Ausflufszeit

bei hohem Druck	
der Kohlensäure...........	= 156'.5
des ölbildenden Gases.....	= 135.5
des Kohlenoxydgases......	= 133.0
der atmosphärischen Luft	= 128.0
des Steinkohlengases......	= 100.0
des Wasserstoffs......... .	= 57.0
bei niedrigem Druck	
des Wasserstoffs......	= 8' 15"
des ölbildenden Gases	= 8 11

[1]) Gewöhnliche Kautschukflaschen, welche keine vertiefte Zeichnungen haben, können bis zu durchsichtigen Ballonen von 2 bis 6 Fufs Durchmesser ausgedehnt werden, wenn sie, durch 10 bis 24stündiges Liegen in kaltem Aether erweicht, vorsichtig mit einem Blasebalg aufgetrieben und in diesem Zustand an der Luft getrocknet werden.

[2]) Quaterly Journal of Science 3. 354 und 7. 106. Poggend. A. 28. 355.

bei niedrigem Druck
des Kohlenoxyds = 11′ 34″
der Kohlensäure = 9′ 56″

Durch einen Nadelstich im Platinblech und fein durchlöcherte Papierdiaphragmen entwiechen hingegen sowohl bei hohen als niedern Druck 7 Cubikzoll Wasserstoff in 3′.8, dieselbe Menge ölbildendes Gas in 9′.2.

Mit einem Federmesser gemachte Schlitze von Platinblech gaben zwar ein anderes Verhältnifs der Ausflufszeiten, Veränderung des Druckes äufserte aber ebenfalls auf dasselbe keinen Einflufs; durch mehrere Papierscheiben wurden die Ausflufszeiten im Verhältnifs der Anzahl derselben vergröfsert. Durch ein mit zerstückeltem Glase gefülltes Rohr strömte Wasserstoff in 3′.4, ölbildendes Gas in 4′.7. Da diefs Verhältnifs bei verändertem Druck dasselbe blieb, so kann Verstopfung der Röhre nicht der Grund jener Umkehrung sein, welche unabhängig von der Substanz und der Ausflufsröhre ist, da sie sich bei Glasröhren eben so zeigte, wie bei Metallröhren, in deren Innern ein Platindrath der Länge nach gesteckt worden war. Das Verhältnifs der Ausflufszeiten, welche durch Verengerung und Verlängerung der Röhre wachsen, ist endlich unabhängig von dem specifischen Gewichte der Gase, denn gleiche Mengen der unter gleichem Druck fast gleich schweren Gase, Kohlenoxydgas und ölbildendes Gas strömten in 4′.6 und in 3′.3 aus.

3) Ausströmen durch Gyps. Graham[1]) pumpte eine oben durch einen Gypsflock[2]) und einen Hahn verschlossenen Glocke bis auf 1 Zoll innerem Druck leer, schraubte ein mit Gas gefülltes Gefäfs darauf und beobachtete die Zeit, welche erfordert wurde, dafs durch das eindrigende Gas der Druck auf 3 Zoll gebracht worden. Feuchte Luft bei 60° F., Kohlensäure, Stickgas und Sauerstoff erforderten 10 Minuten, Kohlenoxyd 9′30″, ölbildendes Gas 7′ 50″, Steinkohlengas 7′, Wasserstoff 4, woraus hervorgeht, dafs die Wasserstoff enthaltenden Gase eine gröfsere Verzögerung erlitten. Die Geschwindigkeit des Einströmens in den anfänglich leeren Raum nimmt zwar desto mehr ab, je weniger sich die Dichtigkeit des bereits eingedrungenen Gases von der der noch eindrigenden unterscheidet, aber nicht im Verhältnifs dieses Unterschiedes, wie die folgenden Versuche zeigen, bei welchen die Zeit angegeben ist, in welcher das Barometer der Luftpumpe allmählig von 29 Zoll auf 8 Zoll fiel.

---

[1]) On the law of diffusion of gases Edinb. Phil. Trans. 12. 222 P. Ann. 28. 331.

[2]) Dieser wurde auf die auf der folgenden Seite angegebene Art bereitet.

Barometer der Luftpumpe	Zeit, in welcher dasselbe um einen Zoll fiel		Barometer der Luftpumpe	Zeit, in welcher dasselbe um einen Zoll fiel	
	Luft	Wasserstoff		Luft	Wasserstoff
29	0′ 0″	0′ 0″	18	7′ 3″	2′ 40″
28	5 0	1 50	17	7 12	2 50
27	5 23	2 0	16	7 35	3 10
26	5 15	1 55	15	8 10	3 30
25	5 30	1 55	14	8 40	3 35
24	5 35	2 0	13	9 10	4 5
23	5 45	2 2	12	9 55	4 10
22	6 0	2 13	11	11 0	4 15
21	6 5	2 10	10	11 40	4 30
20	6 30	2 35	9	12 30	5 20
19	6 35	2 30	8	14 15	7 40

Die Natur des in der Glocke bereits vorhandenen Gases schien auf die Geschwindigkeit des einströmenden ebenfalls keinen wesentlicher Einfluſs zu haben. Es drang nämlich Wasserstoff ein:

Barometer der Luftpumpe	in Wasserstoff	in Luft
15	0′ 0″	0′ 0″
14	3 37	3 35
13	3 56	4 5

Grahams Diffusionsgesetz. Wenn 2 Gase, welche keine chemische Wirkung auf einander äuſsern, durch eine poröse Scheidewand getrennt sind, so dringen Volume von jedem durch diese Wand, welche sich umgekehrt wie die Quadratwurzeln aus der Dichte der beiden Gase verhalten, wenn nämlich der Druck der Gase während dieses Austausches gleich erhalten wird [1]).

Durch einen 1 bis 6 Zehntheil Zoll dicken Pflock eines Teiges von gebranntem Gyps wurde das eine Ende einer 6 bis 14 Zoll langen graduirten offenen Glasröhre verschlossen, und diese dann durch Erhitzen bis 200° F. oder 24stündiges Liegen an der Luft getrocknet, wobei der Gyps 26 Procent seines Gewichts an Wasser verliert, welches bei seinem Entweichen die Poren des Pfropfens erzeugt, die nach Graham ein Drittel seines Volumens ausmachen. Die über einer Sperrflüssigkeit mit einem Gase gefüllte Röhre läſst dieses nun durch den Pfropf entweichen, wodurch das innere Niveau sich hebt oder senkt, wenn die Röhre immer

---

[1]) Graham drückt dieſs Gesetz folgendermaaſsen aus: „*the diffusion or spontaneous intermixture of two gases in contact, is effected by an interchange in position of indifinitely minute volumes of the gases, which volume are not necessarily of equal magnitude, being, in the case of each gas, inversely proportional to the square root of the density of that gas.*"

gleich tief eingetaucht bleibt. Um den Druck auf beiden Seiten des Pfropfens gleich zu erhalten, wurde die Röhre aber so tief eingesenkt oder so weit herausgezogen, dafs das Niveau innerhalb und aufserhalb derselben gleich blieb, und der Versuch so lange fortgesetzt, bis keine Veränderung des Niveau mehr wahrgenommen wurde, wo sich dann zeigte, dafs das entwichene Gas ganz durch atmosphärische Luft ersetzt war. Bezeichnet man diefs letztere Volumen mit 1, mit δ die Dichtigkeit des entwichenen Gases gegen atmosphärische Luft als Einheit, so ist das Volumen desselben $= \sqrt{\frac{1}{\delta}}$, wie folgende Tafel zeigt.

Gase	Spec. Gew. δ	$\sqrt{\frac{1}{\delta}}$	entwichenes Volumen
Wasserstoff	0.0688	3.8149	3.83
Kohlenwasserstoff	0.555	1.3414	1.344
Oelbildendes Gas	0.972	1.0140	1.0191
Kohlenoxyd	0.972	1.0140	1.0149
Stickgas	0.972	1.0140	1.0143
Sauerstoff	1.111	0.9447	0.9487
Schwefelwasserstoff	1.1805	0.9204	0.95
Stickstoffoxydul	1.527	0.8091	0.82
Kohlensäure	1.527	0.8091	0.812
Schweflige Säure	2.222	0.6708	0.68

Beim Chlorgase wurde das Resultat unsicher wegen der starken Absorption durch das Wasser, beim Ammoniakgas wegen der Absorption des Gypses. Durch Chlorwasserstoffgas wurde der Pflock stark angegriffen, daher konnte keine Bestimmung erhalten werden. Dafs das Absorptionsvermögen bei den andern Gasen zu vernachlässigen sei, fand Graham daraus, dafs bei 58° F. Sauerstoff, Wasserstoff, Stickstoff, Kohlenoxyd, Steinkohlengas und ölbildendes Gas gar nicht vom Gyps absorbirt wurden, bei 78° F. von schwefligsaurem Gas nur 0.75 Volume von Cyangas 0.50, von Schwefelwasserstoffgas 0.45, von Kohlensäure 0.25, hingegen von Ammoniak 6.5.

Bei den Versuchen wurde Sorge getragen, dafs die Sperrflüssigkeit nicht mit dem Pfropf in Berührung kam, alle Gase aufserdem feucht angewendet, daher die Röhre um den Gipspfropf herum mit feuchtem Papier umwickelt, damit auch die ersetzende atmosphärische Luft feucht wäre.

Feuchte thierische Blase wirkt 20 Mal langsamer als ein Gypsflock von 1 Zoll Dicke. Goldschlägerhäutchen eignet sich weniger, gesunde Korkstöpsel, dünne Blätter von biegsamen Dolomit, von Steinkohlen und von Holz zeigen die Erscheinungen hingegen zwar langsamer als Gyps aber ungestört durch die Wirkung des mechanischen Drucks.

Diffusion der Flüssigkeiten.

Jerichau[1]) giebt für das Zusammenströmen flüssiger Körper durch poröse Lamellen folgende auf seine und Anderer Versuche gegründete Regeln:

1) das Zusammenströmen geschieht immer so, dafs gleichzeitig von beiden getrennten Flüssigkeiten Theile durch die Lamelle gehen,

2) das Verhältnifs der Volume, welche von beiden Flüssigkeiten in gleicher Zeit durch die Lamelle gehen, ist abhängig von der Natur der Flüssigkeiten und der Scheidewand, so wie von der Temperatur. Es ist also keineswegs eine nothwendige Bedingung, dafs von der einen Flüssigkeit ein gröfseres Volumen als von der andern durch die Lamelle hindurchgehe, oder dafs an der einen Seite eine Vergröfserung des Volumen eintrete, wie es Dutrochet meint.

3) Bei Flüssigkeiten findet kein dem Graham'schen für Gasarten analoges Gesetz statt, wenigstens nicht bei Auflösungen. Trennt man z. B. gleiche Volume einer gesättigten Kochsalzauflösung und einer Zuckerauflösung von 1.078 durch eine Blase, so nimmt anfangs die erstere an Volumen zu, verliert aber, indem Salz an die Zuckerlösung übergeht, am specifischen Gewicht in stärkerem Grade als nach dem Mischungsverhältnifs der Fall sein würde; späterhin wächst dagegen wiederum das specifische Gewicht der Kochsalzauflösung unter fortgesetztem Zuströmen.

4) Das Verhältnifs der Höhen, zu welchen Flüssigkeiten in Haarröhrchen steigen, hat oft eine gewisse Uebereinstimmung mit dem Verhältnifs der Zuströmung, so dafs das im Haarröhrchen am stärksten steigende auch am stärksten strömt, in vielen Fällen kann aber aus dem Steigen in Haarröhrchen nicht auf das Zuströmungsverhältnifs geschlossen werden.

5) Die Zusammenströmung geschieht nicht blos durch feste poröse Lamellen, sondern auch durch einen kurzen Kanal zwischen Quecksilber und Glas.

6) Der durch chemische Wirkung hervorgebrachte electrische Strom kann das Zusammenströmungsverhältnifs abändern, aber diefs geschieht nur in so weit er Säuren, Alkalien und Salze ausscheidet.

Von seinen Versuchen mag es genügen folgende anzuführen:

In einer am ausgeschweiften Rande mit Blase überbundenen in Wasser gestellten Pipette, welche Dutrochet Endosmometer nennt, stieg eine Glaubersalzlösung in 5 Minuten $1\frac{1}{6}$ Linien, in 10 Minuten $3\frac{1}{4}$, in 15 Minuten $5\frac{2}{3}$; eine Kochsalzlösung von gleichem specifischen Gewicht 1.078, in 5 Minuten $2\frac{3}{4}$, in 10 Minuten $7\frac{1}{2}$, in 15 Minuten $11\frac{1}{3}$ Linien. Die Steighöhe der Glaubersalzlösung in einem Haarröhrchen, welches Wasser bis 23 hob, war 21, die der Kochsalzlösung 22. Dutrochet[2]) selbst fand, dafs wenn die

[1]) Ueber das Zusammenströmen flüssiger Körper, welche durch poröse Lamellen getrennt sind. P. A. 34. 613.

[2]) Ann. de Ch. et de Ph. 49. 411.

die Dichtigkeit beider Lösungen 1.085 war, bei 10° R. in einem Röhrchen, welches Wasser bis 12 Linien hob, die Kochsalzauflösung 10, die Glaubersalzlösung 8 Linien stieg. Die Unterschiede der Steighöhen gegen Wasser sind also 4 und 2. Grade in demselben Verhältnifs standen die Endosmosen, welche diese Salzlösungen einzeln in dem in Wasser gestellten Endosmometer hervorbrachten.

Dutrochet[1]) beobachtete aufserdem die Höhe, bis zu welcher verschiedene organische Flüssigkeiten in gleichen Zeiten in demselben Endosmometer emporstiegen, oder die Zeiten, welche verflossen, bis sie dieselbe Höhe erreicht hatten, und erhielt folgende Ergebnisse:

Auflösungen von	Stärke der Endosmose
Gallert von Hausenblase	3.0
Mimosengummi	5.17
Zucker	11.0
Eierweifs	12.0

Verdampfen in Haarröhrchen. Magnus[2]) erklärt die von ihm beobachtete Erscheinung, dafs Wasser unter der Luftpumpe über Schwefelsäure in einem engen Haarröhrchen in derselben Zeit durch Verdampfung stärker fällt, als in einem weiten, dadurch, dafs in engeren Röhren die Flüssigkeit sich vermöge der capillaren Attraction des Glases, an diesem sehr stark in die Höhe zieht, und dadurch eine relativ viel gröfsere Oberfläche zur Verdunstung darbietet als in weiten Röhren; Berzelius[3]) hingegen nimmt an, dafs bei Verminderung der Flüssigkeit in der feineren Röhre sich das Zurückbleibende, zufolge der capillaren Attraction des Glases über seine innere Seite ausbreitet, und dadurch eine gröfsere Oberfläche bekommt.

V. Reibung.

A. Reibung fester Massen.

Läfst man zwei Körper so auf einander gleiten, dafs sie ohne zu rollen sich parallel ihrer gemeinschaftlichen Berührungsebene bewegen, so entwickelt sich in den Berührungspunkten ein im Sinne der Bewegung wirkender Widerstand, dessen Intensität abhängt von dem gegenseitigen Druck, den sie aufeinander äufsern, von der Beschaffenheit ihrer Substanz, von der Gestalt und Gröfse ihrer Berührungsflächen. Coulomb glaubt, dafs man diesen Widerstand als aus 2 Theilen bestehend sich denken müsse, einem vom Druck unabhängigen: der Adhäsion, welche im Verhältnifs der Gröfse der Berührungsflächen wächst, und einem andern der Rei-

[1]) Ann. de Chim. et de Ph. 51. 159.
[2]) Pogg. Ann. 26. 463.
[3]) Jahresbericht 13. 50.

bung, welche mit dem Druck zunimmt, ohne von der Anzahl der Berührungspunkte modificirt zu werden. Welche Kräfte nun auch hier zu einer Gesammtwirkung zusammentreten mögen, wir sind immer noch auf die Ergebnisse empirischer Untersuchungen hingewiesen, ohne sie theoretisch ableiten zu können.

Zwei sehr ausgedehnte Versuchsreihen sind von

Rennie, Experiments on the friction and abrasion of the surfaces of solids. Phil. Trans. 1829. 143.

Morin, Nouvelles expériences sur le frottement faites à Metz en 1831, 1832, 1833. Paris 4. séconde mémoire 1834, troisième mémoire 1835 [das erste Mémoire in Mémoires présentés des Savans étrangers V.].

bekannt gemacht worden, aus denen wir die Ergebnisse nebst den erhaltenen Zahlenwerthen mittheilen.

In Uebereinstimmung mit einigen Resultaten von Coulomb hat Morin gefunden, dafs die gleitende Reibung

1) proportional dem Druck ist,
2) unabhängig von der Geschwindigkeit des Gleitens,
3) unabhängig von der Ausdehnung der Flächen.

Der einzelnen Versuche sind im Ganzen 179, und da sie mit den Oberflächen sehr verschiedener Körper und in sehr verschiedenen Zuständen dieser Oberflächen angestellt wurden, so können diese Resultate als entschieden ermittelt angesehen werden.

Der erste Satz ist innerhalb viel weiterer Grenzen als von Coulomb geprüft, aber immer für so bedeutende Grade des Drucks, als sie in Maschinen eintreten. Er gilt daher zunächst nicht für so kleine Pressungen, wie sie in Uhren vorkommen, bei welchen der wirkende Druck so gering wird, dafs er dem Widerstande des angewendeten Oeles gleich werden kann. Die Unabhängigkeit von der Ausdehnung der Flächen bewährte sich bei einer Vergröfserung derselben bis zum 48fachen.

Eine scheinbare Ausnahme zeigte sich darin, dafs bei Anwendung von Schmieren, welche die Reibung sehr vermindern, sehr kleine Berührungsflächen eine gröfsere Reibung zu geben schienen. Diefs kommt daher, dafs bei dem Fortgleiten die reibende Fläche so stark in die Schmiere eindringt, dafs die Unterlage mehr in den Zustand einer blos fettigen Oberfläche versetzt wird, deren Reibung gröfser ist.

Was endlich die Geschwindigkeit betrifft, so wurde diese bis zu der von 3 Metern in einer Secunde gebracht, ohne dafs eine Aenderung des Reibungscoefficienten eintrat. Die Behauptung Coulombs, dafs mit gesteigerter Geschwindigkeit die Reibung sich vermindere und zwar in dem Maafse, dafs sie bei 1 Fufs Geschwindigkeit in der Secunde mehr als ein Drittheil geringer sei, als bei der Geschwindigkeit von 1 Zoll, bestätigte sich durchaus nicht, im Gegentheil zeigte sich scheinbar bei gröfserer Geschwindigkeit eine Zunahme der Reibung, wahrscheinlich bewirkt durch den Widerstand der Luft, welcher hier nicht in Rechnung gebracht wurde. Eben so wenig bestätigte sich der allgemein als gültig angenommene Satz, dafs die Reibung zwischen gleichartigen Körpern gröfser sei, als zwischen ungleichartigen. Gufseisen auf Gufseisen reibt z. B. viel weniger als Gufseisen auf Eichenholz.

Alle Flächen verändern sich stark bei dem trocknen Uebereinandergleiten, fasrige Substanzen stärker als Köper von körnigem Gefüge. Gleiten mit Baumöl und Schweinefett bestrichene Flächen auf einander, nämlich Holz auf Holz, Holz auf Metall, Metall auf Holz, und Metall auf Metall, so ist das Verhältnifs der Reibung zum Druck für alle dasselbe, die Reibung beträgt nämlich 7 bis 8 Hunderttheile des Druckes. Dasselbe Verhältnifs gilt, wenn die Flächen mit Talg bestrichen sind, aufser wenn Metall auf Metall gleitet, wo es 0.1 zu sein scheint. Temperaturunterschiede zwischen $+1^0$ und $+20^0$ scheinen keinen merklichen Einflufs auf die Reibung bestrichener Flächen zu haben.

Wenn die Geschwindigkeit eines auf einer horizontalen Ebene fortgezogenen Körpers gleichförmig wird, so ist die Reibung genau gleich der ziehenden Kraft. Das gewöhnliche Mittel, die Reibung zu finden, ist daher die Beobachtung der auf diese Weise gleichförmig durchlaufenen Räume. Diese Beobachstungsmethode hat aber den Nachtheil, dafs, da für jeden Druck nur ein einziges ziehendes Gewicht existirt, welches gleichförmige Bewegung hervorbringt, man diefs a priori kennen oder durch langes Hin- und Hersuchen finden mufs. Die Beobachtung beschleunigter Bewegungen gewährt dagegen den Vortheil einer unmittelbaren Prüfung des Gesetzes, dafs die Reibung unabhängig ist von der Geschwindigkeit der Bewegung. Morin zog daher in der Regel diese Beobachtungsmethode vor, prüfte aber auch bei dem Gufseisen, ob die Erscheinungen bei verschiedenen gleichförmigen Geschwindigkeiten mit den aus den Beobachtungen beschleunigter Bewegungen erhaltenen Resultaten übereinstimmmten, was sich bestätigt fand. Wie aus der Messung der in bestimmten Zeiten durchlaufenen Räume die Intensität der beschleunigenden Kraft und daraus die Gröfse der Reibung bestimmt wurde, mufs so wie die nähere Beschreibung des Apparates in den Originalabhandlungen nachgelesen werden.

Die folgende Tafel enthält die ermittelten Reibungscoefficienten, darunter wie gewöhnlich den Bruch verstanden, mit welchem der Druck zu multipliciren ist, um die Reibung zu erhalten. Da, wenn die angewendete Schmiere heruntergenommen worden ist, die Flächen noch fettig bleiben, in welchem Falle die Reibung viel geringer wird, als wenn sie trocken einander berühren, so ist dieser Zustand als „fettig" in einer besondern Rubrik unterschieden. Die viel stärkere Reibung, welche Morin im Vergleich mit Coulomb bei dem Uebereinandergleiten von Holz gefunden hat, kommt wahrscheinlich daher, dafs das von Coulomb angewendete Holz polirt, d. h. mit einer Art trockner Schmiere bereits überzogen war.

Wenn zwei Körper längere Zeit in Berührung gewesen sind, so gehört eine gröfsere Kraft dazu, den oberen ruhenden Körper durch Zug in Bewegung zu versetzen, als bei dem schon in Bewegung begriffenen die Reibung zu überwinden. Die im letzteren Falle erhaltenen Werthe sind

7*

in der ersten Tafel mitgetheilt. Die Zeit, welche die Körper übereinander geruht hatten, bis sie die in der zweiten Tafel enthaltne Reibung zeigten, war in der Regel 10 bis 20 Minuten.

Reibung ebener Flächen in gleitender Bewegung auf einander.

Substanz der auf einander gleitenden Flächen.	Richtung der Fasern gegeneinander u. gegen d. Sinn der Bewegung	Verhältnifs der Reibung zum Druck als Einheit					
			bestrichen mit				
		ohne Schmiere	Talg	Schweinefett	Baumöl[1])	Seife	fettig
Eiche auf Eiche......	parallel.....	0,48	0,075	—	—	0,164	0,108
»	gekreuzt.....	0,32	—	—	—	—	—
»	senkrecht...	0,336	—	0,072	—	0,083	0,143
»	senkrecht a. par. d. Bew.	0,192	—	—	—	—	—
Buche auf Eiche.....	parallel	0,36	0,055	—	—	—	0,153
Ulme auf Eiche......	parallel.....	0,43	0,070	0,060	—	0,137tr	0,119
»	gekreuzt.....	0,45	—	—	—	—	—
Starkgegerbtes Ochsenleder auf Eiche......		0.296	—	—	—	—	—
Eisen auf Eiche......	parallel.....	0.626	0,085	—	—	0,214tr	—
Gufseisen auf Eiche..	Fasern d. Unterlage par. der Beweg.	0,490	0,078	0,075	0,075 *	0,189tr	0,107
Kupfer auf Eiche.....	Fasern d. Unterlage par. d. Beweg.	0,62	0,069	—	—	—	0,100
Ulme auf Ulme.......	parallel.....	—	—	—	—	0,139tr	0,140
Eiche auf Ulme......	parallel.....	0,246	0,073	0,066	—	0,136tr	0,136
Gufseisen auf Ulme..	»	0,195	0,077	—	0,061	—	—
Eisen auf Ulme.......	parallel.....	0,252	0,078	0,076	0,055	—	0,138
Ulme auf Gufseisen..	paral. d. Bewegung....	—	0,066	—	—	—	0,135
Eiche auf Gufseisen..	senkrecht auf d. Bew....	0,37?	—	—	—	—	—
»	parallel der Bew.......	—	0,080	—	—	—	0,168
Weifsbuche auf Gufseisen...............	»	0,394	0,070	0,071	0,068 *	—	0,136
Franzosenholz auf Gufseisen................	»	—	0.074	—	0,076 *	—	0,121

Substanz der auf einander gleitenden Flächen.	Richtung der Fasern gegeneinander u. gegen d. Sinn der Bewegung	Verhältniſs der Reibung zum Druck als Einheit, bestrichen mit: ohne Schmiere	Talg	Schweinefett	Baumöl	Seife	fettig
Feldbirne auf Guſseisen	parall d. Bewegung	0,436	0,067	0,068	—	—	0,173
Gegerbtes Ochsenleder auf Guſseisen	flach darauf gelegt	0,559	0,159	—	0,134 *	—	—
Guſseisen auf Guſseisen	»	0,152	0,100	0,070	0,064	0,197	0,144
Eisen auf Guſseisen	die Streifen d. d. Eisens parall. d. Bew.	0,194	0,103	0,076	0,066	—	—
Stahl auf Guſseisen	—	0,202	0,105	0,081	0,079 *	—	0,109
Messing auf Guſseisen	—	0,189	0,072	0,068	0,066 *	—	0,115
Bronze auf Guſseisen	—	0,217	0,086	—	0,077	—	0,107
Hanf in Fäden auf Guſeisen	Hanffäd. senkrecht auf der Bew. wie b. d. Stempeln d. Maschinen	—	0,194	—	0,153	—	—
Eiche auf Eisen	Fasern parall.	—	0,098	—	—	—	0,149
Franzosenholz auf Eisen	»	—	—	—	0,072	—	0,149
Eisen auf Eisen	Streifen par.	0,138	0,082	0,081	0,070	—	0,177
Guſseisen auf Eisen	»	—	0,098	0,058	0,063	—	0,143
Stahl auf Eisen	»	—	0,093	0.076	—	—	—
Bronze auf Eisen	»	0,161	0,081	—	0,072	—	0,166
Franzosenholz a. Bronce	Fasern parall.	—	0,082	—	0,053	—	0,146
Gegerbtes Ochsenleder auf Bronce	flach darauf gelegt	—	0,241	—	0,191	—	—
»	auf die hohe Kante gelegt	—	0,138	—	0,135	—	—
Guſseisen auf Bronze	—	0,147	0,085	0,070	0,067	—	0,132
Eisen auf Bronze	—	0,172	0,103	0,075	0,078	—	0,160
Stahl auf Bronze	—	0,152	0,056	—	0,056	—	—
Bronze auf Bronze	—	0,201	—	—	0,058	—	0,134

	Waagenschmiere	naſs
Eiche auf Eiche, gekreuzt	—	0,25
Eisen auf Eiche, parall	—	0,256
Guſseisen auf Eiche, Fasern der Unterlage parall. der Bew.	—	0,218
Hanffäden auf Eiche, senkrecht auf einander	—	0,332

	Waagen-schmiere	naſs
Weiſsbuche auf Guſseisen, parallel der Bewegung	0,095	—
Gegerbtes Ochsenleder auf Guſseisen, flach darauf gelegt	—	0,365
Guſseisen auf Guſseisen	—	0,314
Eisen auf Guſseisen, die Streifen des Eisens par. der Bew.	0,124	—
Messing auf Guſseisen	0,134	—
Guſseisen auf Eisen, Streifen parallel	0,155	—
Eisen auf Bronze	0,168	—
Stahl auf Bronze	0,170	—
	ohne Schmiere	**naſs**
Weicher Kalkstein auf weichem Kalkstein	0,64	—
Harter Kalkstein auf weichem Kalkstein	0,67	—
Gewöhnlicher Backstein auf weichem Kalkstein	0,65	—
Eiche auf weich. Kalkst. } Die Holzfasern lothrecht u. senkr. auf die Steinplatte	0,38	—
Schmiedeeisen auf weich. Kalkst. » » »	0,69	—
Eiche auf hartem Kalkst. } Die Holzfasern lothrecht u. senkr. auf die Steinplatte	0,38	—
Weicher auf hartem Kalkstein	0,65	—
Gewöhnlicher Backstein auf hartem Kalkstein	0,60	—
Harter Kalkstein auf hartem Kalkstein	0,38	—
Schmiedeisen auf hartem Kalkstein	0,24	0,30

Auſser den angegebenen Schmieren wurden folgende angewendet:

Guſseisen auf Ulme mit Schweinefett und Reiſsblei	0,091	
» » » fettig nachher mit Talg bestrich.	0,125	
» » » » » m. Schw.f. u. Reiſsbl.	0,137	
Weiſsbuche auf Guſseisen mit Schweinefett u. »	0,055	Fas. par. d. Bew.
» » » » Asphalt	0,060	
Gegerbtes Ochsenleder auf Guſseisen } Das Leder fettig auf genäſstem Metall	0,229	
Guſseisen auf Guſseisen m. Schweinefett u. Reiſsbl.	0,055	
Bronze auf Eisen » » » »	0,089	
Stahl auf Bronze » » » »	0,067	
Gegerbtes Ochsenleder auf Bronze } Fettiges Leder auf nassem Metall	0,287	flach darauf gel.
	0,244	auf d. hohe Kant.

[1]) Die in der Columne, welche Baumöl überschrieben ist, mit einem bezeichneten Zahlen beziehen sich auf gewöhnliches Oel.

Reibung ebener Flächen, nachdem sie einige Zeit in Berührung gewesen.

Substanz der auf einander gleitenden Flächen	Richtung der Fasern	Verhältnifs der Reibung zum Druck als Einheit					
		bestrichen					
		mit trockner Seife	mit Talg	fettig	ohne Schmiere	geschmiert u. m. Wasser benetzt	mit Baumöl
Eiche auf Eiche	parallel	0,440	0,164	0,390	—	—	—
»	senkrecht	—	0,254	0,314	—	—	—
»	Holz aufr. auf flach gel. Hlz.	—	—	—	0,271	—	—
Buche auf Eiche	parallel	—	—	0,330	—	—	—
Ulme auf Eiche	parallel	0,411	0,142	0,420	—	—	—
Hanffäden auf Eiche	senkrecht	—	—	—	—	0,869	—
Eisen auf Eiche	parallel	—	0,108	—	—	0,649	—
Gufseisen auf Eiche	parallel	—	0,100	0,100	—	0,646	0,100
Kupfer auf Eiche	parallel	—	0,100	—	—	—	—
Ulme auf Ulme	parallel	0,217	—	—	—	—	—
Eiche auf Ulme	parallel	—	0,178	—	0,376	—	—
Hanf auf Gufseisen	parallel	—	0,131	—	—	—	—
Gegerbt. Ochsenleder[1]	platt. dar. gel.	—	—	—	—	0,621	0,122
» » a. Gufseis.	a. d. h. Kante	—	—	—	—	0,615	0,127
Ulme auf Gufseisen	parallel	—	—	0,098	—	—	—
Gufseisen a. Gufseisen	—	—	0,100	—	0,162	—	—
Eisen auf Gufseisen	—	—	0,100	0,118	0,194	—	0,113
Stahl auf Gufseisen	—	—	0,108	—	—	—	—
Messing auf Gufseisen	—	—	0,103	—	—	—	—
Bronze auf Gufseisen	—	—	0,106	—	—	—	—
Gufseisen auf Eisen	—	—	0,100	—	—	—	—
Eisen auf Eisen	—	—	0,115	—	0,137	—	—
Bronze auf Bronze	—	—	—	0,164	—	—	0,164
Weicher Kalkstein auf weich. Kalkstein	—	—	—	—	0,74	—	—
Hart. auf weich. Kalkst.	—	—	—	—	0,75	—	—
Backstein » »	—	—	—	—	0,67	—	—
Eiche » »	vert.od.senkr. geg. d. Bew.	—	—	—	0,63	—	—

[1]) Bei fettigem Leder flach auf benäfstes Gufseisen gelegt, ist der Reibungscoefficient 0,267.

		ohne Schmiere
Eisen auf weichen Kalkst.		0,49
Harter Kalkst. a. hart	»	0,70
Weicher auf hartem	»	0,75
Backstein » »	»	0,67
Eiche » »	» vertik. oder senkr. gegen d. Bew.	0,64
Eisen » »	»	0,42
		mit Schweinefett
Gufseisen auf Eisen	parallel	0,100
Hanf auf Gufseisen	»	0,136
Gufseisen auf Eisen	»	0,700

Weicher Kalkstein auf weichem Kalkstein gab mit Mörtel von Kalk und Sand nach Berührung von 10 bis 15 Minuten als Reibungscoefficient 0,74.

Den hier mitgetheilten Resultaten füge ich der Vergleichung wegen die Ergebnisse der Versuche von Coulomb bei.

Gleitende Reibung ebener Flächen, welche in Bewegung begriffen, nach Coulomb.

Eiche auf Eiche, Fasern parallel 0,11,	die Flächen in abgerundeten Kanten endend	0,08
» »	gekreuzt	0,10
» »	parallel mit frischem Talg oder altem Schweinefett bestrichen	0,035
» »	par. in abgerundete Kanten endend, fettig oder die Schmiere abgewischt	0,06
Eiche auf Tanne, Fasern parallel	0,16	
Tanne auf Tanne » »	0,17	
Ulme auf Ulme » »	0,10	
Eiche auf Eisen » »	Geschwindigkeit sehr gering	0,08
» » » » »	» 0m.3 in der Secunde	0,17
» » » » »	kl. Flächen, ohne Schmiere ab. fettig	0,07
Eiche auf Kupfer » »	Geschwindigkeit sehr gering	0,05
» » » » »	» 0m.3 in der Secunde	0,18
Eisen auf Eisen trocken	0,28	
» » » mit frischem Talg	0,24	
Kupfer auf Eisen trocken	0,10	
» » » mit frischem Talg	0,10	

Gleitende Reibung im Augenblick der entstehenden Bewegung nach langer Ruhe nach Coulomb.

Eiche auf Eiche, Fasern parallel		0,44
» » »	in abgerundete Kanten endend	0,42
» » »	Fasern gekreuzt	0,27
» » »	nach jedem Versuche mit frischen Talg bestrichen	0,38
Eiche auf Tanne, Fasern parallel	0,67	
Tanne auf Tanne, » »	0,56	

Ulme auf Ulme, Fasern gekreuzt	0,46
Eisen auf Eiche	0,20
Kupfer auf Eiche	0,18
Eisen auf Eisen	0,28
Kupfer auf Eisen	0,26

die Flächen in abgestumpfte Spitzen endend.......... 0,17
m. neuen Talg bestr., 0,10, m. Oel 0,17, m. alt. Schw.f. 0,14

Das dritte Mémoire von Morin enthält aufserdem Versuche über die Mittheilung der Bewegung durch den Stofs und über den Widerstand, welchen unvollkommen durchdringliche Mittel wie Sand- und Erdarten dem Eindringen eines gegen sie geschleuderten Körpers entgegenstellen. Morin hat sich vorbehalten, die Gesetze dieser bei kurze Zeit dauernden aber sehr starken Pressungen eintretenden Reibungen eben so wie die Erscheinungen der wälzenden Reibung durch fortgesetzte Versuche zu ermitteln. Wir behalten uns daher den Bericht darüber bis zu der vollständigen Bekanntmachung derselben vor, wo wir zugleich die wesentliche Einrichtung aller hierbei angewendeten Apparate näher angeben werden.

Der vortrefflichen Arbeit von Morin scheint die von Rennie deswegen nicht an die Seite gestellt werden zu können, weil bei Rennies Versuchen ein Umstand in noch gröfserem Grade übersehen worden ist, als bei Coulomb. Der Weg, welchen der gleitende Körper bei Rennies Versuchen durchlief, scheint nämlich nur 4½ Zoll betragen zu haben, welches, wenigstens bei Anwendung von Schmieren, viel zu wenig ist, wenn von sichern Resultaten die Rede sein soll, da das Auspressen des Oels aus der angewendeten Schmiere nach langer Ruhe vorzugsweise in der ersten Zeit des Fortgleitens stattfindet, die Flächen daher dann nur in dem Zustand einer fettigen Oberfläche sich befinden. Wichtig sind seine Versuche in so fern, als sie bis zu sehr starken Belastungen ausgedehnt wurden.

Bei 10 bis 56 Pfd. auf 2 Quadratzoll reibende Fläche, war das aus dem Abschiebungswinkel berechnete Verhältnifs der Reibung zur Last das in der ersten Columne enthaltene, bei 4 bis 10 Centner Druck auf den Quadratzoll das in der zweiten Columne gegebene. (Die Zahl bedeutet, wie viel Mal der Druck gröfser als die zu überwindende Reibung

Gleitende Reibung der Hölzer

Roth Theka auf roth Theka	7,617	8,82
Buche auf Eiche	7,663	7,13
Englische Eiche anf englische Eiche	6,923	7,83
Hagebuche auf Hagebuche	6,349	6,57
Norwegische Eiche auf norw. Eiche	7,966	7,67
Fichte auf Fichte	3,379	3,40
Weifstanne auf Weifstanne	3,794	3,81
Rothtanne auf Rothtanne	3,501	2,88
Ulme auf Ulme	5,471	5,86
Honduras Mahagony auf Hond. Mahag.	—	5,96
Frische amerik. Eiche a. frische Eiche	—	7,65

	Gleitende Reibung der Hölzer	
Frische amerik. Eiche auf Theka.....	6,867	—
Honduras Mahagony a. Hagebuche....	4,753	—

Die Reibung ist also auch hier unabhängig vom Druck, bei weichen Hölzern übrigens bedeutend gröfser als bei harten, bei welchen sie ohngefähr $\frac{1}{6}$ des Druckes beträgt.

Zur Bestimmung der Reibung der Metalle auf einander wurde durch ein herabgehendes Gewicht das gleitende Metall über die horizontale Unterlage fortbewegt. Auf die Kante gelegt bot es dabei $6\frac{3}{4}$, auf die flache Seite gelegt 44 Quadratzoll reibende Fläche dar.

	Flache Seite	Kante
Gufseisen a. Gufseisen.....	6,58 bis 7,53	6,2 bis 6,5
Messing (hard) a. Gufseisen	7,2 » 7,8	6,0 » 8,0
Messing a. Gufseisen......	6,09 » 7,22	6,1 » 7,24
Zinn a. Gufseisen..........	5,4 » 6,11	5,09 » 6,11

In der zweiten Lage war der Druck ohngefähr siebenmal gröfser als bei der erstern. Die Zahlen geben das Verhältnifs der Last zu dem Gewicht, welches erfordert wurde um den Körper in Bewegung zu versetzen.

Bei den folgenden Versuchen wurde der Druck auf den Quadratzoll von 2 Pfd. 2 Unz. bis 32 Pfd. gesteigert, die reibende Fläche betrug dabei 5,9 Zoll

Messing a. Eisen..............................	7,312
Stahl a. Stahl....................................	6,860
Messing a. Stahl................................	6,592
Eisen a. Eisen..................................	6,561
Gufseisen a. Stahl..............................	6,393
Gufseisen a. Eisen..............................	6,023
Zinn a. Eisen....................................	5,846
Messing a. Messing............................	5,764
Stahl a. Eisen...................................	5,198
Zinn a. Zinn......................................	3,305

Hingegen variirte der Druck bei den folgenden Versuchen von 2 Pfd. 1 Unze bis 14 Pfd. 3 Unzen

Gufseisen a. Gufseisen........................	6,475
Messing a Gufseisen...........................	6,745
Zinn a. Gufseisen..............................	5,671

Ueberschreitet der Druck eine gewisse Grenze, so greifen die Metalle einander merklich an, was die Reibung stark vermehrt.

Bei Eisen auf Eisen ändert sich dieselbe, auf die nämliche Weise bezeichnet, von 4,00 bis 2,44, wenn der Druck auf den Quadratzoll von 1,66 Centn. bis 5,00 wächst.

Bei Eisen auf Gufseisen steigt die Reibung von 3,63 bis 2,30, wenn der Druck zunimmt von 1,66 bis 6,33 Ct.

Bei Stahl auf Gufseisen steigt die Reibung von 2,33 auf 3,48, wenn der Druck zunimmt von 1,66 bis 6,00 Ct.

Bei Messing auf Gufseisen steigt die Reibung von 4,44 auf 3,66, wenn der Druck zunimmt von 1,66 bis 7,33 Ct

Die reibende Fläche betrug hierbei 6 Zoll.

Rennie selbst fafst die über gleitende trockne Reibung von ihm angestellten Versuche in folgender Tafel zusammen, in welcher die Zahlen bedeuten, der wie vielste Theil bei gleicher Belastung die Reibung von der Belastung beträgt

Stahl a. Eisen	69,81	Gufseisen a. Eisen	5,87
Eisen a Eisen	36,00	Messing a. Messing	5,70
Hartes Holz a. hartem Holz	7,73	Zinn a. Gufseisen	5,59
Messing a. Eisen	7,38	Zinn a. Eisen	5,53
Messing a. Stahl	7,20	Weicher Stahl a. Eisen	5,28
Messing a. Gufseisen	7,11	Leder a. Eisen	4,00
Weicher Stahl a. weich. St.	6,85	Zinn a. Zinn	3,78
Gufseisen a. Stahl	6,62	Granit a. Granit	3,30
Eisen a. Eisen	6,26	Weifstanne a. Weifstanne	2,88
Gufseisen a. Gufseisen	6,12	Sandstein a. Sandstein	2,75
Messing (hard) a. Gufseisen	6,00	Wollenzeug a. Wollenzeug	2,30

Die von ihm über Achsenreibung mit und ohne Schmiere angestellten Versuche zeigen so grofse Unregelmäfsigkeiten, dafs sich daraus kein allgemeines Resultat ableiten läfst.

B. Reibung aus losen Körnern bestehender Massen.

Hagen [1]) brachte prismatische in ihrer Achse aufgehängte Körper von verschiedenen Substanzen an einem Waagebalken so ins Gleichgewicht, dafs sie in einem geräumigen Gefäfs frei schwebten, und dann 3, 4. 5, 6 Zoll weit mit schwarzem Ostseesande oder Schroot beschüttet wurden. Er ermittelte dann das kleinste Gewicht, welches sie zu heben vermochte. Die folgende Tafel enthält die Ergebnisse dieser Versuche:

Beschüttet mit schwarzem Streusand.

	Substanz der Prismen	Umfang des Querschnitts	Reibungscoefficient
1)	Rauhgefeilte Scheibe von Zuckerkisten	4″,15	0,88
2)	Glattgehobelte » » »	7,15	0,74
3)	desgl.	1,15	0,63
4)	Glattgehobelte Scheibe von Lindenholz	8,7	0,65
5)	desgleich	4,6	0,71
6)	Matt geschliffene Glasscheibe	10,0	0,67
7)	Scheibe von Spiegelglas	6,8	0,46
8)	Cylinder von Buchenholz glatt gedreht	2,76	0,84
9)	Cylinder von Messing stark befafst	2,67	0,81
10)	desgl , sorgfältig polirt	5,5	0,42

[1]) Untersuchung über den Druck und die Reibung des Sandes. Pogg. Ann. 28. 310.

	Umfang des Querschnitts	Reibungs-coefficient
11) Glascylinder	3,64	0,58
12) desgleich	6,6	0,40
beschüttet mit Schrot		
Die Glasscheibe von No. 7	6,8	0,45
Der messingene Cylinder von No. 10	5,5	0,47
Scheibe von Messing	2,16	0,54
Cylinder von Birkenholz	2,76	0,57
Zuckerkistenscheibe von No. 1	4,15	0,78

Aus diesen Versuchen folgt, dafs die Reibung bei glatten und harten Oberflächen viel geringer ist als bei rauheren und im Sand bedeutender als im Schrot, des genaueren Anschmiegens des Sandes wegen aber bedeutender als zwischen festen Körpern.

Dafs die erhaltenen Werthe wirklich nur durch Reibung, nicht durch eine damit verbundene Hebung von Sand hervorgebracht wurden, ging daraus hervor, dafs dieselben Zahlen erhalten wurden, wenn der Cylinder in drehende Bewegung versetzt oder durch eine Oeffnung im Boden herausgezogen wurde.

Die Reibung der einzelnen Sandkörnchen gegen einander kann am einfachsten aus dem Winkel bestimmt werden, unter welchem sich die Seiten eines aufgeschütteten Haufens gegen den Horizont stellen. Der Reibungscoefficient ergab sich für den schwarzen Streusand, bei welchem 80 ziemlich gleiche Körnchen auf den Zoll gehen, 0,4937, für Schrot 0,4098. Ein ganz anderes Resultat, welches bei geognostischen Untersuchungen von Interesse sein dürfte, fand sich, wenn ein Sandcylinder vermittelst einer darunter befindlichen Scheibe aus seiner Umgebung herausgehoben wurde. Der Coefficient betrug nämlich bei einem Durchmesser von 1, 1½, 2 Zoll für Sand 2,07 2,26 2,25, für Schrot 2,59 2,44 2,61, weil hier kein freies Herabgleiten stattfindet, sondern die Theilchen der einen Sandmasse in die Unebenheiten der andern eindrigen, aus welchen sie sich nur lösen können, wenn sie die vorstehenden Körnchen seitwärts fortschieben.

Verminderung der Reibung.

An dem von Repsold construirten Pendelapparat, durch welchen Bessel die Länge des einfachen Secundenpendels in Königsberg bestimmte, befindet sich eine Vorrichtung, welche in Beziehung auf Ueberwindung der Reibung wohl alles bisher geleistete übertrifft. Sie besteht in einem 7 Linien im Durchmesser haltenden Stahlcylinder, welcher sich in einer Hülse von Glockenmetall bewegt, und den Raum derselben so genau ausfüllt, dafs, wenn man die Hülse unten luftdicht verschliefst, vorher aber den Cylinder etwas in die Höhe hebt, derselbe auf der in der Hülse befindlichen Luft ruht, dennoch aber Spielraum genug hat, um eine Achsendrehung, welche man ihm giebt, mehrere Minuten lang fortzusetzen, wie wir selbst mehrfach zu sehen Gelegenheit hatten. Dabei sind der Cylinder und seine Hülse ohne Oel, vollkommen trocken. Wegen der gröfsern thermischen Zusammenziehung des Glockenmetalls hört bei einigen Graden unter dem Gefrierpunkt der kleine Zwischenraum zwischen der Hülse und dem Cylinder ganz auf, so dafs dieser seine Beweglichkeit verliert [1]).

Statt der bei den Fallmaschinen bisher üblichen Frictionsrollen wendet man neuerdings eine einzige Rolle an, bei welcher man einen eben solchen Grad der Beweglichkeit erhält, wenn die in konische Zapfen endende Achse derselben in Hohlkegeln läuft, welche, da sie in einen stumpfen Winkel enden und ihre Spitzen noch etwas hinter den Enden der Zapfen sich befinden, diese letzteren nur in einem Punkte berühren. Diese Einrichtung ist, so viel mir bekannt ist, zuerst von dem hiesigen Mechanikus Oertling ausgeführt worden.

Babbage [2]) führt folgenden Versuch über die allmählige Verminderung der Reibung an. Ein roh gemeifselter Steinblock von 1080 ℔ wurde aus dem Steinbruch auf der Felsfläche mit 758 ℔. Kraft fortgezogen, auf einen hölzernen Schlitten gelegt über einen hölzernen Fufsboden mit 606 ℔, beide Holzflächen mit Seife bestrichen mit 182 ℔, auf Walzen von 3 Zoll Durchmesser gelegt mit 28 ℔. Der Reibungscoefficient war also in diesen verschiedenen Fällen 0,70 0,56 0,17 0,026.

Nach Flachat [3]) variirt das Verhältnifs der Zugkraft zur Last auf einer Eisenbahn zwischen $\frac{1}{190}$ und $\frac{1}{240}$, auf einer gewöhnlichen Strafse zwischen $\frac{1}{15}$ und $\frac{1}{20}$, so dafs also ein Pferd auf einer Eisenbahn 10 bis 12mal mehr zieht. Für Eisenbahnen sind aufserdem folgende Angaben vorhanden

Nach Silvester ist eine Kraft von 14 ℔. erforderlich, einen $23\frac{1}{4}$ Hundred weight (112 ℔.) schweren Wagen fortzuziehen........... Reibung $\frac{1}{188}$
wiegt derselbe Wagen beladen $76\frac{1}{4}$ Hundred weight, so sind 50 ℔. ihn fortzuziehen erforderlich.................................. Reibung $\frac{1}{171}$

Nach Wood [4]) ziehen 50 ℔. einen beladenen 80 Hundred weight schweren Wagen.. Reibung $\frac{1}{179}$

Greenshaw hält 10 ℔. Kraft genügend, um auf einem horizontalen Gleise einen 2576 ℔. schweren Wagen fortzuziehn............ Reibung $\frac{1}{257}$
50 ℔. wenn er zu 8512 ℔. Last beladen ist.................... Reibung $\frac{1}{170}$,
ist das Gleis um $\frac{1}{150}$ geneigt, so kommt der Wagen eben von selbst in Bewegung.. Reibung $\frac{1}{150}$,
in gewöhnlicher Praxis ziehen 14 ℔. 23 Hundred weight..... Reibung $\frac{1}{184}$,
ist das Ansteigen der Bahn $\frac{1}{9}$ Zoll auf 1 Yard, d. h. beträgt es $\frac{1}{324}$, so ist zum Hinabziehn des beladenen, 8512 ℔. schweren Wagens dieselbe Kraft

---

[1]) Bessel, Untersuchungen über die Länge des einfachen Secundenpendels p. 7.

[2]) Economy of manufactures.

[3]) Traité élémentaire de mécanique industrielle p. 57.

[4]) On railroods.

erforderlich als zum Hinaufziehn des unbeladenen 2576 ℔. schweren Wagens.. Reibung $\frac{1}{175}$

Jessop nimmt das Verhältnifs des Zuges zur Last auf dem bestconstruirtesten Gleise.. $\frac{1}{200}$
auf einem gewöhnlicher Construction.. $\frac{1}{150}$

Nach Palmer erfordert ein 3666 ℔. schwerer Wagen auf einem um $\frac{1}{196}$ geneigtem Gleise eine Kraft von 5 ℔., um am Hinabrollen gehindert zu werden.. Reibung $\frac{1}{287}$
hingegen erfordert derselbe Wagen auf einem um $\frac{1}{302}$ geneigten Gleise eine Kraft von 108 ℔.. Reibung $\frac{1}{271}$

Nach Egen [1]) kann man für starke Ladungen von 6000 bis 8000 pr. ℔. annehmen, dafs 1000 ℔. Last durch 4 ℔. Zugkraft in Bewegung versetzt werden. Diese 1000 ℔. Last bestehen aus 250 ℔. todter Last und 750 ℔. Ladung, so dafs auf 1000 ℔. Ladung $5\frac{1}{3}$ ℔. Zugkraft erforderlich sind.

Alle diese Versuche zeigen, dafs der zu überwindende Widerstand in einem stärkern Verhältnifs als die Last zunimmt. Man erklärt diefs dadurch, dafs, wenn der schwere Wagen über die Schiene fortgeht, diese etwas gebogen wird, so dafs der Wagen dadurch auf einer etwas ansteigenden Fläche in die Höhe geht.

Da alle auf Gleisen angewendete Wagen niedrige Räder haben, so würde bei Vergröfserung der Räder der Widerstand natürlich verhältnifsmäfsig vermindert werden. Die Vergleichung mit dem Verhältnifs der Zugkraft zur Last auf gewöhnlichen Wegen hängt daher nicht allein von dem Unterschiede der Reibung ab. Gerstner [2]) rechnet auf Chausseen 40 bis 120 ℔. Kraft für 1000 ℔. Gewicht, 6 ℔. auf Eisenbahnen. Nach Babbage ist auf vollkommen gut gepflasterten Strafsen 33 ℔. zum Ziehen eines 2350 ℔. schweren Wagens erforderlich, auf Chausseen das doppelte, hingegen das $4\frac{1}{2}$fache, wenn sie mit neuen Kieseln beschüttet sind. Diese Angabe ist vielleicht von Telford entlehnt, nach welchem der Zug jedes Pferdes an einem ohngefähr 21 Hundred weight schweren Wagen auf einem guten Pflaster 33 ℔. beträgt, auf einer Chaussee aus zerschlagenen Steinen über einer aus Parker's Cement und Sand, oder einem unebenen Pflaster gebildeten Grundlage 46, hingegen 65 auf einer gewöhnlichen Kieschaussee. Welchen bedeutenden Einflufs aber hierauf der in den einzelnen Jahreszeiten sehr verschiedenen Zustand der Strafsen äufsert, geht daraus hervor, dafs nach Schwilgué [3]) im Jahre 1825 auf der Strafse von Paris nach Havre ein Pferd folgende in Kilogramme ausgedrückte Lasten zog:

Jan.	Febr.	Mz.	Apr.	Mai	Jun.	Jul.	Aug.	Sept.	Oct.	Nov.	Dec.
725	689	657	835	803	847	836	877	917	848	713	704

[1]) Bericht über die auf der Elberfelder Probeeisenbahn angestellten Versuche. Verh. d. Gew.Vere. in Preufsen 1835. 121.

[2]) Handb. d. Mechanik 1. 596. 617.

[3]) Annales des ponts et chaussées. 11 année, cah. V.

VI. Widerstand.

1) Widerstand in elastischen Mitteln.

Bekanntlich hat Bessel (Untersuchungen über die Länge des einfachen Secundenpendels. Berl. 1828. 4. und Versuche über die Kraft, mit welcher die Erde Körper von verschiedener Beschaffenheit anzieht. Berlin 1832. 4.) gezeigt, dafs die von Newton gegebene Theorie der Bewegung eines Körpers in einer Flüssigkeit in so fern unvollständig ist, als darin die durch die Bewegung des Körpers erzeugte Bewegung der Flüssigkeit unberücksichtigt gelassen wird, da doch das System, dessen Bewegung man zu betrachten hat, nicht aus dem Körper allein, sondern aus dem Körper und der Flüssigkeit besteht. Dafs der Einflufs der Quantität Luft, welche durch ein Pendel in Bewegung gesetzt wird, bei der Reduction auf die Länge des einfachen Secundenpendels nicht unerheblich ist, ging am entschiedensten aus besonders angestellten Versuchen mit Pendeln hervor, von denen das eine eine Kugel von Messing, das andre eine gleich grofse Kugel von Elfenbein hatte. Die Wichtigkeit dieser für die Ermittelung der wahren Pendellänge an einem gegebenem Orte unentbehrlichen Verbesserung der Reduction der Pendellänge auf den luftleeren Raum hat empirische und theoretische Untersuchungen veranlafst, und ist neuerdings der Gegenstand einer Preisaufgabe der Pariser Akademie geworden. Die directeste Bestätigung wurde bei den von dem Board of Longitude veranlafsten Versuchen erhalten, bei welchen das Pendel in einem bis auf 1 Zoll Druck verdünnten Raum und in ein mit Wasserstoff gefüllten schwang.

Diese Versuche sind beschrieben in:

Sabine, on the reduction to a vacuum of an invariable pendulum. Phil. Trans. 1829. 207.

Aufserdem sind die Bessel'schen Versuche wiederholt von

Baily, on the correction of a pendulum for the reduction to a vacuum together with remarks on some anomalies observed in pendulum experiments. Ph. Tr. 1832. 399.

Theoretische Betrachtungen finden sich in

Piola, Ephemerid. Milan. 1831.

Bessel, über den Einflufs eines widerstehenden Mittels auf die Bewegung eines Pendels. Schumacher's astron. Nachricht. 1832. 399.

Poisson, sur le mouvement du pendule dans un milieu resistant. Conn. des Temps. 1834. 18

— sur les mouvements simultanés d'un pendule et de l'air environnant ib. p. 33 addit p. 63 und Mém. de l'Inst. de l'Acad. 11. 52.

Green, researches on the vibrations of pendulums in fluid media. Edinb. Phil. Trans. 13. 54.

Challis, on the resistance to the motion of small spherical bodies in an elastic medium. Lond. and Edinb. Phil. Mag. 1. 40.

— theory of the correction to be applied to a ball-pendulum for the reduction to a vacuum ib. 3. 185.

Der Widerstand der Luft ist auf Eisenbahnen sehr merklich. Aus der grofsen Reihe interessanter Versuche, welche Guyonneau de Pambour [1]) in dieser Beziehung auf der Eisenbahn von Liverpool nach Manchester im Jahr 1834 anstellte, ergiebt sich, dafs ein 4.78 Ton schwerer Wagon an die Spitze des Zuges gestellt, einen Widerstand von 56 ℔. erfuhr, also 11.77 ℔. auf die Ton (2240 ℔. Avdp.), hingegen in dem Zuge nur 38, also 8.03 ℔. auf die Ton, der Unterschied beider: 17 bis 18 ℔., kommt also auf den Widerstand der Luft. Die mittlere Geschwindigkeit war dabei 12 englische Meilen in der Stunde also 16 Fufs in der Secunde, da der Raum von 10000 Fufs ungefähr in 10 Minuten durchlaufen wurde. Der Wagon bot ungefähr eine Fläche von 22½ Quadratfufs dar. Diefs stimmt gut mit den Erfahrungen über die Geschwindigkeit des Windes überein, da ein Wind, dessen Geschwindigkeit 20 Fufs in der Secunde beträgt, auf eine Fläche von einem Quadratfufs einen Druck von 0.915 ℔. äufsert, also auf einen Wagon mit der Kraft von 20 ℔. drücken würde. Die Anzahl der Wagons hat, wenn man den ersten sich wegdenkt, keinen Einflufs, wenigstens nach den Ergebnissen der Versuche mit 5 bis 19 derselben. Es begegnet übrigens öfter, dafs Züge von Wagons durch die blofse Kraft des Windes eine beträchtliche Strecke weit fortgeführt werden.

2) Widerstand in tropfbaren Flüssigkeiten.

Ein in einer tropfbaren Flüssigkeit fortbewegter Körper verliert in jedem Augenblick einen Theil seiner Geschwindigkeit: einerseits, weil er nicht fortgehen kann, ohne die in seinem Wege liegenden Theilchen aus der Stelle zu drängen, andern Theils, weil das Wasser eine wenn auch geringe Zähigkeit besitzt. Der Widerstand, welcher durch diese zweite Ursache bedingt wird, tritt am deutlichsten hervor, wenn man einen in eine Flüssigkeit getauchten Cylinder um seine Achse dreht. Wasser, welches in einer gerade fortlaufenden cylindrischen Röhre sich bewegt, wird durch eine ähnliche Ursache verzögert. Ueber diese Verzögerung besitzen wir sowohl für tropfbare als für elastische Flüssigkeiten sehr ausgedehnte Versuchsreihen, dahingegen ist, so viel mir bekannt ist, der bei der Rotation eines festen Körpers, in einem flüssigen Mittel eintretende Widerstand bisher wenig untersucht worden. Die folgenden Versuche von Rennie [2]) sind daher betrachtenswerth, wenn sie auch bisher zu keinem entscheidenden Resultat geführt haben.

Durch ein herabsinkendes Gewicht wurde eine senkrecht stehende Spindel gedreht. An ihr als Achse war ein 24 Zoll langer und 3¾ Zoll im Durchmesser haltender Cylinder befestigt, welcher in verschiedene Tiefen in die Themse gebracht wurde. Die Randgeschwindigkeit betrug in der Luft bei 1 ℔. Zug 54.032 Zoll, bei 2 ℔. das Doppelte, im Wasser war sie folgende: Cylin-

[1]) A practical treatise on locomotive engines upon railways. Lond. 1836.

[2]) On the friction and resistance of fluids. Ph. Tr. 1831. 423.

Cylinder eingetaucht	1 tt. Zug Randgeschwindigkeit	2 tt. Zug Randgeschwindigkeit
3″	36″.021	60″.035
6	30.017	54.032
9	21.612	51.459
12	19.297	51.459
15	16.885	51.459
18	14.603	51.459
21	13.508	49.120
24	9.824	49.120

Bei geringeren Geschwindigkeiten ist also der Widerstand nahe im Verhältnifs der Oberfläche.

Die Randgeschwindigkeit des ganz eingetauchten Cylinders war im Wasser bei 4 . 8 . 16 . 32 tt. Zug; 67″.54 90″.053 135″.08 216″.128, in der Luft in den ersten 3 Fällen 196″.48 270″.16 360″.21. Hieraus ergiebt sich kein bestimmtes Gesetz für das Verhältnifs des Widerstandes zur Geschwindigkeit. Der Einflufs der Vergröfserung der Oberfläche und Geschwindigkeit wurde aufserdem dadurch untersucht, dafs an die Spindel als Achse gleich grofse Scheiben einzeln und gleichzeitig befestigt wurden. Die Verzögerung war dabei geringer als im Verhältnifs der Oberfläche.

Um den Widerstand wirklich fortschreitender Flächen zu bestimmen wurden senkrecht stehende kreisförmige und quadratische eiserne Flügel an den Seitenarmen der Spindel angebracht, eben so Hohlkugeln. Der dem Quadrat der Geschwindigkeit proportionale Widerstand, welchen dieselben bei gleicher Oberfläche in der Luft erfuhren, verhielt sich wie 25.180 22.010 : 10.627, im Wasser wie 1.18 : 1.36 : 0.755.

Hauptsächlich vom technischen Gesichtspunkt aus, um die Form des geringsten Widerstandes für die Construction der Schiffe zu ermitteln, wurde, veranlafst durch die im Jahr 1784 von Mark Beaufoy mit Pendeln angestellten Widerstandsversuche, von der Society for the improvement of naval architecture vom Jahr 1793 bis 1798 in dem Greenland Dock bei London eine sehr ausgedehnte Versuchsreihe über den Widerstand an der Oberfläche und in Tiefen von 3, 6, 9 Fufs im Wasser fortgezogener Körper ausgeführt. Diese Versuche sind von Henry Beaufoy in dem prachtvoll ausgestatteten Werke: „Nautical and hydraulic experiments with numerous scientific miscellanies. London 1834" im Detail bekannt gemacht worden. Die an der Oberfläche schwimmenden Körper wurden unmittelbar an eine über eine Rolle gehende Leine befestigt, welche durch ein von einem dreifüfsigen Ständer (der zusammengelegt 60 Fufs hoch war) vermittelst eines Flaschenzuges herabsinkendes Gewicht gezogen wurde; hingegen waren die unter dem Wasser fortgezogenen Körper an eine oder zwei senkrecht herabgehende Stangen angebracht, welche durch den an der Leine befestigten Schwimmer (*Conductor*) fortgezogen wurden. Die Geschwindigkeit variirte zwischen 1 bis 13.525

Fufs in der Secunde. Der ganze Widerstand, welchen ein fortgezogener Körper erfährt, wird als aus drei Theilen bestehend betrachtet: aus dem Druck gegen das Vorderende, dem gegen das Hinterende und der Reibung. Wäre die Stärke des Widerstandes genau dem Quadrat der Geschwindigkeit proportional, so müfsten, wenn man mit v^x die zunächst unbekannte Potenz der Geschwindigkeit, von welcher er abhängt, bezeichnet, die bei wachsenden Werthen von v ermittelten Werthe von x weder stetige Zunahme noch stetige Abnahme, sondern innerhalb der Grenzen der Beobachtungsfehler um 2 schwankende Werthe geben. Ich habe aus den Versuchen von 1796 und 1798 die mittleren Werthe von x in der folgenden Tafel berechnet, um für Körper, welche 6 Fufs tief unter dem Schwimmer befestigt waren, diefs sichrer zu ermitteln.

Versuche von 1798.

Geschw.	Werthe von x		
Seemeilen in 1 Stunde	ganzer Widerstand	Reibung	Druck gegen das Vorderende
2.	2.0202	1.823	2.1302
3.	2.0076	1.800	2.1127
4.	1.9987	1.780	2.1023
5.	1.9918	1.762	2.0949
6.	1.9854	1.745	2.0884
7.	1.9797	1.729	2.0827
8.	1.9747	1.713	2.0779

Versuche von 1796

Geschw.	Werthe von x		
Seemeilen in 1 Stunde	ganzer Widerstand	Reibung	Druck gegen das Vorderende
2.	1.8555	1.753	2.1222
3.	1.8520	1.741	2.1028
4.	1.8512	1.734	2.0898
5.	1.8506	1.729	2.0794
6.	1.8502	1.726	2.0726
7.	1.8496	1.723	2.0674
8.	1.8494	1.720	2.0624

Der Werth für x in Beziehung auf den Druck gegen das Hinterende hängt sehr von der Form desselben ab. Bei den meisten Versuchen war er etwas kleiner als 2, aber unsicher, da die Gröfse dieses Druckes überhaupt nur unbedeutend ist.

In beiden Jahren nimmt der Exponent des ganzen Widerstandes mit steigender Geschwindigkeit ab. Der Unterschied in dem absoluten Werth desselben in beiden Jahren kommt davon her, dafs die im Jahr 1796 angewendeten Körper eine gröfsere reibende Fläche (50 Quadrat Fufs) darboten, als die im Jahr 1798 angewendeten, welche nur 46 Quadrat Fufs hatten. Da nun der Exponent der Reibung viel geringer als 2 ist, so sieht man leicht, wie nothwendig die Trennung der in diese Erscheinung eintretenden Bedingungen ist.

Bewegt sich ein Quadratfufs mit einer Geschwindigkeit von 13.527 F. in der Secunde, so beträgt der Widerstand, nach den Experimenten von 1795, 213.66 Pfund Avoirdupois, nach den von 1797 hingegen 196.245 Pfund. Beide Bestimmungen können nur als Annäherungen gelten.

Die in Seemeilen ausgedrückten Geschwindigkeiten ergeben auf Fufs in der Secunde reducirt folgende Werthe:

Seemeilen in 1 St.	1	2	3	4
Fufs in 1 Sec.	1.6906	3.3819	5.0728	6.7638
Seemeilen in 1 St.	5	6	7	8
Fufs in 1 Sec.	8.4548	10.1456	11.8366	13.5275

Es wäre sehr zu wünschen, wenn die Darstellung der Ergebnisse der Versuche eben so übersichtlich wäre, als die Ausstattung des Werkes prachtvoll ist.

Die Dimensionen des Bassins, in welchem die eben angeführten Versuche angestellt wurden, waren gegen die Gröfse der fortgezogenen Körper so bedeutend, dafs die gefundenen Resultate auf die Bewegung der Schiffe in der See angewendet werden können. In einem Canal hingegen läfst sich im Voraus vermuthen, dafs der Widerstand in einem gröfseren Verhältnifs der Geschwindigkeit, als dem quadratischen wachsen wird. Diefs bestätigen die Versuche, welche der Verfasser des Artikels „Manufactures" p. 242 in der „Encyclopaedia Metropolitana" mittheilt, und welche mit Canalbarken in dem Grand Junction und Birmingham-Canal angestellt wurden. Der Werth von x wird bei diesen Versuchen 2.85. Ein ähnliches Resultat erhielt Walker in den ostindischen Docks. Ph. Tr. 1833.

VII. Bewegungserscheinungen tropfbarer Flüssigkeiten.

1) Ausflufs aus horizontalen Oeffnungen in dünnen Wänden.

Ueber die Beschaffenheit der Flüssigkeitsstrahlen, welche aus kreisrunden Oeffnungen in dünnen Wänden hervorschiefsen, hat Savart eine ausführliche Untersuchung [1]) bekannt gemacht, deren Hauptresultate wir mit den Worten des Verfassers mittheilen.

1) Jeder flüssige Strahl, der aus einer kreisrunden, in einer ebenen

[1]) Ann. de Ch. et de Ph. 53. 337. P. A. 33. 451.

und horizontalen Wand gemachten Oeffnung von unten nach oben hervorschiefst, besteht aus zwei, dem Ansehen und der Beschaffenheit nach, ganz verschiedenen Theilen. Derjenige, welcher die Oeffnung berührt, bildet einen Umdrehungskörper, dessen horizontale Querschnitte immer kleiner und kleiner werden. Dieser Theil des Strahls ist ruhig und durchsichtig, ähnelt einem Glasstabe. Der zweite dagegen ist immer unruhig und scheint undurchsichtig zu sein, wiewohl seine Gestalt noch regelmäfsig genug ist, um mit Leichtigkeit unterscheiden zu lassen, dafs er in eine gewisse Zahl von verlängerten Anschwellungen getheilt ist, deren gröfste Durchmesser immer gröfser sind als der der Oeffnung.

2) Dieser zweite Theil besteht aus wohl von einander gesonderten Tropfen, welche während ihres Falls periodische Formänderungen erleiden, und dadurch die regelmäfsig gesonderten Anschwellungen hervorrufen, welche bei directer Beschauung wahrzunehmen sind, und deren scheinbare Continuität davon abhängt, dafs diese Tropfen einander in Zeiträumen folgen, die kleiner sind als die Dauer der von jedem einzelnen Tropfen auf der Netzhaut erregten Empfindung.

3) Die Tropfen, welche den trüben Theil des Strahles bilden, werden erzeugt durch ringförmige Anschwellungen, welche sehr nahe an der Oeffnung entstehen, einander, längs dem klaren Theil des Strahls, in gleichen Zeiträumen folgen, in dem Maafse, als sie herabfallen, an Volumen zunehmen, und endlich am unteren Ende des klaren und zusammenhängenden Theils sich trennen in gleichen Zeiträumen wie die ihrer Entstehung und Fortpflanzung.

4) Diese ringförmigen Anschwellungen entstehen durch eine periodische Folge von Pulsationen, welche an der Oeffnung selbst stattfinden, so dafs die Geschwindigkeit des Ausflusses statt gleichförmig zu sein, periodenweis veränderlich ist.

5) Die Zahl dieser Pulsationen ist immer, selbst unter einem schwachen Druck, grofs genug in einer gegebenen Zeit, um durch die Häufigkeit ihrer Wiederkehr zu vernehmlichen und vergleichbaren Tönen Anlafs zu geben. Diese Zahl hängt nur von der Geschwindigkeit des Ausflusses ab, ist dieser direct und dem Durchmesser der Oeffnung umgekehrt proportional. Sie scheint weder durch die Natur noch durch die Temperatur der Flüssigkeit geändert zu werden.

6) Die Amplituden dieser Pulsationen können beträchtlich vergröfsert werden, wenn man die Gesammtmasse der Flüssigkeit und die Wände des Gefäfses derselben in Vibrationen von gleicher Periode versetzt. Unter diesen fremden Einflufs können die Dimensionen und der Zustand des Strahles merkwürdige Veränderungen erleiden. Die Länge des klaren und zusammenhängenden Theils kann sich fast auf Null reduciren, während die Bauchungen des trüben Theils eine Regelmäfsigkeit der Form und eine Durchsichtigkeit erlangen, welche sie für gewöhnlich nicht besitzen. Ist die Zahl der mitgetheilten Vibrationen verschieden von der der Pulsationen, welche an der Oeffnung stattfinden, so kann ihr Einflufs sogar

so weit gehen, dafs sie die Zahl dieser Pulsationen abändern, doch nur innerhalb gewisser Grenzen.

7) Die Ausflufsmenge scheint weder durch die Amplitude noch durch die Zahl der Pulsationen gestört zu werden.

8) Der Widerstand der Luft wirkt weder auf die Form und Dimensionen des Strahls noch auf die Anzahl der Pulsationen merklich ein.

9) Der Zustand der horizontal oder selbst schief in die Höhe schiefsenden Strahlen weicht nicht merklich von dem der vertikal empor getriebenen ab; allein die Anzahl der Pulsationen an der Oeffnung scheint desto geringer zu werden, je mehr sich der Strahl dem verticalen Emporsteigen nähert.

10) Welche Richtung der Strahl auch habe, so nimmt doch dessen Durchmesser bis zu einem gewissen Abstande von der Oeffnung sehr rasch ab. Fällt aber der Strahl vertical, so erstreckt sich die Abnahme bis zum Verschwinden des klaren Theils in dem getrübten; dasselbe ist auch der Fall bei einem horizontal fortschiefsenden Strahl, nur folgt bei diesem die Abnahme einem weniger raschem Gesetze. Wird der Strahl schief, unter Winkeln von 25° bis 45° gegen den Horizont in die Höhe getrieben, so sind, von dem zusammengezogenen Theile ab, der die Oeffnung berührt, alle auf der von ihm beschriebenen Curve senkrechten Durchschnitte einander fast gleich. Für gröfsere Winkel als 45° endlich wächst der Durchmesser des Strahls von dem zusammengezogenen Theil bis zum Anfang des getrübten Theils, so dafs nur dann ein Durchschnitt vorhanden ist, den man mit Recht einen zusammengezogenen nennen kann.

Die Erscheinungen, welche der aus einer kreisrunden Oeffnung in dünner Wand auf den Mittelpunkt einer gleichfalls kreisrunden Scheibe herabfallenden Strahl zeigt, sind von Savart in einer vorläufigen Notiz [1]) mitgetheilt worden, welche wir ebenfalls hier wiedergeben.

Um sich eine klare Idee von diesen Erscheinungen zu machen, nehme man eine Glasröhre von etwa 1 Decimeter im Durchmesser und 2 Meter Länge, und verschliefse ihr unteres Ende durch eine Metallplatte, die in ihrer Mitte mit einem Loche von 5 bis 15 Millimeter im Durchmesser versehen ist. Diese Röhre befestige man nun in senkrechter Stellung, fülle sie mit Wasser und stelle 1 bis 2 Centimeter unter der Oeffnung eine Metallscheibe auf, getragen von einem dünnen und etwa 70 Centimeter langen Stabe, welcher so in einem Gestelle befestigt ist, dafs man die Scheibe mit Leichtigkeit horizontal und ihren Mittelpunkt senkrecht unter den Mittelpunkt der Oeffnung stellen kann.

Gesetzt die Scheibe habe 27 Millimeter im Durchmesser und sei 20 Millimeter von der Oeffnung entfernt, deren Durchmesser 12 Millimeter betrage. Im Augenblick, wo bei völliger Ruhe der Flüssigkeit im Rohre, der ausfliefsende Strahl die Scheibe trifft, breitet er sich nach allen Seiten aus, und bildet dadurch einen kreisrunden und zusammenhängenden

---

[1]) l'Institut No. 22. 188. P. A. 29. 356.

Teller (*nappe*) von etwa 60 Centimeter im Durchmesser. Der mittlere Theil dieses Tellers ist dünn, glatt und durchsichtig, allein am Umfang ist er dicker und trüb; er bietet hier das Ansehen einer ringförmigen Zone dar, bedeckt mit einer grofsen Anzahl strahlenförmiger Streifen, die von andern, aber kreisrunden Streifen durchschnitten werden, aus welchen eine Menge Tröpfchen weit hervorschiefsen. Wegen dieses Aussehens kann man den äufseren Theil des Tellers, von dem man sich ohne Ansicht kein richtiges Bild machen kann, Kranz (*auréole*) nennen, so wie Teller, welche diesem ähnlich sind, gekränzte Teller (*nappes auréolées*) heifsen.

Diese Teller sind niemals ruhig, vielmehr der Sitz eines periodischen Steigens und Senkens von solcher Schnelligkeit, dafs dadurch ein dumpfer Ton entsteht, dem ähnlich, welchen gewisse Vögel beim Fliegen mit ihren Flügeln verursachen. Auch bemerkt man, dafs ihr Durchmesser periodisch um eine kleine Gröfse wächst und abnimmt, und diese Abwechselungen wiederholen sich oft genug in einer Secunde, um einen starken und anhaltenden Ton hervorzubringen, wenn man einen starren Körper oder eine Membran dem freien Rande des Kranzes bis zur Berührung nähert.

Bei fortwährendem Sinken des Niveaus der Flüssigkeit in dem Rohre vergröfsert sich der Teller allmählig; zugleich ändert der Kranz sein Ansehen; er wird durchsichtiger und schmäler, bedeckt sich mit breiten Rippen (*bosselures*) und verschwindet endlich ganz, sobald der Druck auf die Oeffnung nicht mehr als etwa 60 bis 62 Centimeter beträgt. Alsdann erreicht der Teller das Maximum seines Durchmessers, nämlich 80 Centimeter, und hat die Form einer grofsen vollkommen glatten Schale (*capsule*), deren hohle Seite sich nach unten kehrt, deren freier Umfang schwach gezähnt ist und aus den hervorspringenden Winkeln dieser Zähnungen eine grofse Anzahl von Tröpfchen fortschleudert.

Nimmt der Druck auf die Oeffnung noch mehr ab, so wird auch der eben beschriebene glatte Teller kleiner; allein gleichzeitig krümmt er sich an seinem unteren Theil und biegt sich gegen den Stab, welcher die Scheibe trägt. Bei einem Druck von 32 bis 33 Centimeter schliefst er sich gänzlich, die Form eines etwa 45 Centimeter hohen und 40 Centimeter im Durchmesser haltenden Umdrehungskörper annehmend, dessen Oberfläche vollkommen glatt ist und dessen erzeugende Curve sehr einer halben Lemniscate ähnelt. Die Dimensionen dieses Tellers nehmen hierauf allmählig ab; sobald aber der Druck nicht mehr als 10 bis 12 Centimeter beträgt, ändert er plötzlich seine Gestalt, sein oberer Theil wird mit einem Male concav, darauf, nach einer ungemein kurzen Zeit, erscheint er wieder in der ersteren Gestalt, und diese instantanen Formveränderungen erneuen sich periodisch sieben bis acht Mal, bis der Teller unter fortwährender Verkleinerung endlich ganz verschwindet.

Diefs sind die allgemeinen Erscheinungen, welche man bemerkt, wenn ein flüssiger Strahl senkrecht auf die Mitte einer horizontalen Kreisscheibe fällt; merklichen Einflufs auf sie haben indefs der Durchmesser der Oeffnung und der der Scheibe, die Geschwindigkeit des Ansfliefsens, die Natur und Temperatur der Flüssigkeit, endlich die Natur der Scheibe und deren Abstand von der Oeffnung. Die Untersuchung dieser modificirenden Ursachen hat zu folgenden Resultaten geführt.

1) Sobald der Teller glatt wird, ist sein Durchmesser am gröfsten, diefs- und jenseits nimmt er in's Unbestimmte ab, der Druck mag stärker oder schwächer werden. Zu diesem Maximum gelangt der Teller durch desto schwächere Drucke, je gröfser der Durchmesser der Oeffnung ist; sein absoluter Durchmesser ist desto kleiner, je kleiner die Oeffnung ist. Im Allgemeinen ist der Druck, bei dem die Teller sich schliefsen, halb so grofs als der, bei welchem sie das Maximum ihres Durchmessers erreichen; ihr absoluter Durchmesser ist alsdann dem der Oeffnung proportional, sobald diese nicht gröfser als 2 Centimeter und nicht kleiner als 2 bis 3 Millimeter ist.

2) Von 1 bis 2 Centimeter ab giebt die Verminderung des Abstands der Scheibe von der Oeffnung zu Erscheinungen Anlafs, die denen, welche aus allmähliger Abnahme des Drucks und des Durchmessers der Oeffnung entspringen, im Allgemeinen analog sind. Die Entfernung der Scheibe, von jenem Punkte ab, bewirkt dagegen Erscheinungen, die denen, welche durch Vermehrung des Drucks vereint mit einer Abnahme des Durchmessers der Oeffnung hervorgebracht werden, im Allgemeinen ähnlich sind, und sich modificiren durch die Gegenwart ringförmiger Anschwellungen, welche sich längs dem Strahle fortpflanzen, und in dem Maafse hervorspringender werden, als sie sich mehr dessen unterem Ende nähern.

3) Ist der Druck beträchtlich, so ändert die Schwere die Gestalt der Teller nicht merklich ab; ist er aber schwach, so zeigen die Veränderungen, welche die Krümmung dieser Teller erleidet, je nachdem der Strahl die Scheibe von oben nach unten oder von unten nach oben trifft, bis zur Evidenz, dafs die Schwere vielen Einflufs auf die Gestalt derselben ausübt.

4) Bleibt der Druck constant, und nimmt man an, der Durchmesser der Scheibe, der anfänglich dem des Strahles gleich sei, wachse in's Unbestimmte, so vergröfsert sich der Durchmesser des Tellers, der anfangs Null oder sehr klein war, bis zu einer gewissen Gränze; darauf nimmt er ab, und es tritt ein Punkt ein, wo der freie Teller gänzlich verschwindet, und wo der Strahl, nachdem er sich nach allen Richtungen hin in Gestalt einer dünnen und kreisrunden Schicht entfaltet hat, plötzlich in eine Art von Wulst oder einen viel dickeren Teller sich verwandelt, worin die Geschwindigkeit des Ausflusses ganz vernichtet zu sein scheint. Der untere Durchmesser dieses dicken Tellers, oder, mit anderen Worten, der Durchmesser des centralen dünnen Tellers, ist desto gröfser, je stärker der Druck ist.

5) Die flüssigen Teller zeigen zu der Oberfläche starrer Körper eine sehr starke Adhärenz, welche nicht vom atmosphärischen Druck bedingt zu werden scheint; es folgt daraus, dafs selbst die Substanz der Scheiben eine grofse Abänderung in der Form der Teller hervorbringt, vor Allem, wenn die Ausflufsgeschwindigkeit schwach ist.

6) Die Temperatur der Flüssigkeit übt einen sehr grofsen Einflufs auf die Bildung der Teller aus. Wenn der Durchmesser der Oeffnung und der der Scheibe constant bleiben, erreicht der Durchmesser der Teller sein Maximum beim Maximum der Dichte des Wassers; er wird Null beim Siedpunkt; und bei 1° oder 2° C. ist er kleiner als bei 0° und vor Allem als bei 4° C. Die Natur der Flüssigkeit übt einen analogen Einflufs aus, bis zu dem Grade, dafs der geschlossene Teller bei einer Flüssigkeit, z. B. einen um die Hälfte kleineren Durchmesser haben kann als bei einer anderen. Die Molecularkraft spielt also eine wichtige Rolle bei der Bildung der Teller.

Die Erscheinungen, welche beim Stofse eines Strahls gegen eine kreisrunde Ebene entstehen, kommen zurück auf den Fall des freien Ausflusses durch eine ringförmige Oeffnung in der Wand eines senkrecht stehenden cylindrischen Rohrs.

Diesen Resultaten, welche mehr in besonderer Beziehung zur Beschaffenheit der Teller stehen, kann man noch folgende hinzufügen: 1) Die flüssigen Strahlen besitzen nicht wie die starren Körper die Eigenschaft reflectirt zu werden, vielmehr folgen sie bei allen Geschwindigkeiten und unter allen Einfallswinkeln den ebenen Oberflächen der Körper, gegen welche sie getrieben wurden. 2) Das Wasser besitzt nicht blos ein Maximum der Klebrigkeit bei seinem Maximum der Dichte, sondern auch ein Minimum der Klebrigkeit bei 1° bis 2° C. 3) Der den flüssigen Strahlen eigenthümliche vibratorische Zustand wird nur dann bei dem Stofse vernichtet, sobald der Druck im Allgemeinen sehr schwach ist. 4) Aufser den periodischen Pulsationen, welche immer bei jedem Ausflusse stattfinden, scheint es als bildeten sich noch in der Flüssigkeit des Behälters plötzliche Zustandsveränderungen, welche zu bestimmten Zeiten eintreten, wie wenn sich periodisch verschiedene Relationen zwischen den Geschwindigkeiten der Flüssigkeitsfäden einstellten. 5) Endlich wird in dem Zustand der Teller nichts geändert, wenn die Scheibe den Theil des Strahls durchschneidet, wo, wie man behauptet hat, ein zusammengezogener Querschnitt vorhanden sei, was ohne Zweifel beweifst, dafs ein solcher Querschnitt in den aus kreisförmigen Oeffnungen hervordringenden Strahlen wirklich nicht existirt.

2) Ausflufs aus weiten vertikalen Oeffnungen in dünnen Wänden.

Die Versuche von Poncelet und Lesbros, über welche nach einer vorläufigen Inhaltsanzeige in den Annales de Ch. et Ph. 43 bereits in Fechner's Repertorium 1. 49 berichtet wurde, sind ausführlich bekannt gemacht worden in „Expériences hydrauliques sur les lois de l'écoulement de l'eau à travers les orifices rectangulaires verticaux a grandes dimensions, entreprises à Metz. Paris 1832. 4." Die Versuche werden fortgesetzt.

Auch ist von Bidone eine Reihe freilich nur mit kleinen Oeffnungen unternommener Versuche beschrieben worden in der im 24sten Bande der

Turiner Memoiren von 1829 erschienenen Abhandlung: „Expériences sur la forme et la direction des veines et des courans d'eau lancés par diverses ouvertures."

Endlich hat auch **Rennie** in der bereits p. 112 angeführten Abhandlung Versuche mit verschieden geformten Oeffnungen angestellt.

Die allmählige Formänderung eines aus einer mit mehreren Winkelspitzen versehenen Oeffnung ausfließsenden Strahles hat man **Inversion** genannt, weil die durch die Winkelspitzen entstandenen Kanten des Strahles sich nach einiger Zeit schraubenförmig gedreht zu haben scheinen. Die Versuche von **Bidone**, **Rennie**, **Poncelet** und **Lesbros** stimmen in dieser Beziehung vollkommen überein. Es wird daher genügen die Bestimmungen der letztern anzuführen, da die Meſsvorrichtungen derselben die gröſste Schärfe gewährten. Obgleich die fortschreitende Veränderung des Strahles nur durch ein Modell vollkommen anschaulich wird, wie es nach den in den Entfernungen von 6.4, 11, 15, 20, 25, 30, 40, 50 Centimeter von **Lesbros** aufgenommenen Durchschnitten von **Aimé** construirt worden ist, so werden doch die auf Tafel I Fig. 5, 6, 7, 8 gegebenen Abbildungen, welche den Entfernungen 0, 20, 30, 40 Centimer zugehören, deutlich machen, wie die allmählige Abstumpfung der aus den Winkelspitzen hervortretenden Kanten endlich so bedeutend wird, daſs die neu entstehenden Kanten zuletzt der Mitte der Seiten entsprechen. Bei einer so continuirlichen Formänderung ist es klar, daſs die Verengerung des Strahles nur durch Quadratur der Durchschnittsflächen erhalten werden kann, da das Messen einer Dimension keine Bestimmung giebt. Auf diese Weise sind die folgenden Verhältnisse erhalten worden, welche sich auf $1^m.68$ Druckhöhe über der Mitte einer quadratischen Oeffnung beziehen, deren Seite 20 Centimeter war.

Abstand v. d. Oeffnung in Centim.	Gröſse d. Querschnitts d. Strahles in Quadr. C.	abs. Verminderung d. Querschnitts	Zusammenziehg. i. Verh. d. Oeffnung	Verhältn. d. Gröſse z. ursprüngl.
0,0	400,00	0,00	0,000	1,000
6,4	252,05	147,95	0,370	0,630
11,0	245,12	154,88	0,387	0,613
15,0	237,46	162,54	0,406	0,594
20,0	233,01	166,99	0,417	0,583
25,0	232,04	167,96	0,420	0,580
30,0	225,06	174,94	0,437	0,563
35,0	239,48	160,52	0,401	0,599
40,0	243,62	156,38	0,391	0.609
50,0	244,27	155,73	0,389	0,611

Die in der letzten Columne gegebene Bestimmung wird von den Experimentatoren auf $\frac{1}{150}$ genau angesehn. Da die Zahl 0,563 sehr nahe $=\left(\frac{3}{4}\right)^2$, so kann man die Durchschnittsflächen des Ausfluſsstrahles an der Stelle, wo er am zusammengezogensten ist, als ein Quadrat ansehen, dessen Seite $\frac{3}{4}$ der Seite der ursprünglichen quadratischen Oeffnung beträgt.

Dieser Coefficient ist entschieden kleiner als der, welchen andre Beobachter bei kleineren Oeffnungen fanden, wie aus der folgenden Zusammenstellung hervorgeht. Der Werth dieses Coefficienten ist nämlich

nach Michelotti[1]) für starken Druck und kreisförmige Oeffnungen von 1, 2, 3 Zoll Durchmesser........................ 0,649
» Venturi[2]) für 32'',5 Druck und Oeffnungen von 18 Linien 0,64
» Bossut[3]) für eine quadratische Oeffnung von 1 Zoll Seite 0,642
» » Oeffnungen zwischen $\frac{1}{2}$ bis 3 Zoll und einen Druck von 4 bis 9 Fuſs.......... 0,660 bis 0,667
» Eytelwein[4]) für $0^m,94$ Druck und 33 Millimeter weite kreisförmige Oeffnungen.. 0,64
» Borda[5]) für schwachen Druck und 15 Linien Oeffnung..... 0,646

Newton fand bekanntlich den Durchmesser der vena contracta 0,84 des Durchmessers der Oeffnnng.

Die von Poncelet und Lesbros nachgewiesene geringere Contraction bei gröſseren Ausfluſsöffnungen würde ohne einige ältere von Brunacci angestellte Beobachtungen[6]) isolirt dastehn. Dieser fand aber, bei einer kreisrunden Oeffnung von $0^m.296$ in 10, 20, 30, 40, 50, 80 Centimeter Entfernung von der Oeffnung folgende Verhältnisse der Gröſse der Durchschnittsfläche zur Gröſse der Ausfluſsmündung

0,625 0,608 0,602 0,6003 0,600 0,576.

Neuere theoretische Untersuchungen über die Zusammenziehung des Ausfluſsstrahles finden sich in:

Venturoli, ricerche geometriche ed idrometriche fatte nella scuola degli ingegneri pontificii d'acque e strade l'anno 1821. Milano 1822.

Navier, leçons lithographiées de l'école des ponts et chaussées de 1829 (Coefficient $= \frac{2}{\pi} = 0,637$)

Bidone, in dem oben angeführten Mémoire und früheren in den Jahrgängen von 1823 und 1828 enthaltenen Abhandlungen.

Von einer auf eine Beobachtung von Lagerhjelm gegründeten Theorie von Rudberg ist mir nichts Näheres bekannt geworden.

Daſs der Coefficient der Ausfluſsmenge nicht mit dem Coefficienten der Zusammenziehung des Strahles übereinstimmt, ist durch alle neuere Versuche dargethan. Es bleibt nur noch theoretisch nachzuweisen, wie durch die Geschwindigkeit und Richtung der einzelnen Theilchen der Flüssigkeit die Menge des Ausflieſsenden gröſser wird als das Quantum,

---

[1]) Experimenta hydraulica 1767 p. 37 u. p. 66.

[2]) Recherches expérimentales sur le principe de la communication latérale du mouvement dans les fluids p. 74.

[3]) Hydrodynamique II, 3. n. 322—325.

[4]) Hydraulik p. 90.

[5]) Mémoires de Paris 1766. p. 587.

[6]) Giornale di fisica e chimica 1808. p. 385.

welches man nach der Gröfse der Zusammenziehung des Strahles erwarten sollte. Die Versuche von Savart machen es wohl sehr wahrscheinlich, dafs die Flüssigkeit nicht als absolut incompressibel zu betrachten ist, dafs vielmehr der Strahl sich in eine gewisse Anzahl Theile theilt, welche periodische Zusammenziehungen und Ausdehnungen erleiden, überhaupt die Ausflufsgeschwindigkeit nicht gleichförmig sondern in Perioden veränderlich ist. Die Abhängigkeit der Länge des zusammenhängenden Strahltheils von der Zusammendrückbarkeit der ausströmenden Flüssigkeit, geht aus folgenden Messungen hervor, wo e die durch eine Atmosphäre Druck bewirkte Zusammenziehung in Milliontheilen des anfänglichen Volumens bedeutet, l die Länge des zusammenhängenden Strahltheils:

	e	l
Aether	131,35	90
Alkohol	94,95	80
Wasser	47,85	70
Ammoniakflüssigkeit	33,05	46

Bei diesen Versuchen war der Druck 50 Centimeter, die Oeffnung 3 Millimeter, die Temperatur 10° C.

Hier möchte nun auch der Ort sein, an die Resultate zu erinnern, welche Savart bei derselben Flüssigkeit in Beziehung auf das Verhältnifs der Länge des zusammenhängenden Strahles zur Druckhöhe und zum Durchmesser der Oeffnung erhielt. Nach ihm ist nämlich, wenigstens bei kleinen Oeffnungen von 3 bis 6 Millimetern diese Länge proportional dem Durchmesser der Oeffnung und der Quadratwurzel aus den Druckhöhen, aufserdem gröfser in dem Maafse als die Erschütterungsursachen der Gefäfse abnehmen.

Wie mannigfach aber auch die Modificationen sein mögen, welche bei regelmäfsigen oder unregelmäfsigen dem Ausflufsbehälter oder dem aufnehmenden Gefäfse mitgetheilten Vibrationen die Dimensionen des zusammenhängenden Strahltheils erleiden, immer bleibt, wie schon oben unter 7) bemerkt wurde, die Ausflufsmenge dieselbe. Diese Constanz fand bei einem 8′ 15″ dauerndem Ausflufs aus einer 3 Millimeter weiten Oeffnung wenigstens statt, der obere Behälter mochte durch Kissen isolirt seyn oder nicht, mit einer Stimmgabel oder Glocke, die mit dem durch den Strahl hervorgebrachten Tone in Einklang stand, berührt werden oder nicht, der untere Behälter mochte mit dem Boden in Berührung stehn oder nicht, der Strahl endlich auf das Wasser dieses Behälters oder eine feste Ebene fallen.

Der Coefficient der Ausflufsmenge ist nach den Versuchen von Poncelet und Lebros bereits in Fechners Repertorium angegeben. Die Versuche von Rennie führen zu folgenden Werthen desselben:

	Druckhöhe	Gröfse d. Oeffnung in Zollen	Coefficient
Kreisförmige Oeffnung	4′	$\frac{1}{4}$, $\frac{1}{2}$, $\frac{3}{4}$, 1	0,621
	1	dito	0,645

	Druckhöhe	Gröfse d. Oeffnung in Zollen	Coefficient
Dreieckige Oeffnung	4′	1 Quadratzoll	0,593
	1	dito	0,596
Rechteckige Oeffnung	4	$\frac{15}{16}$	0,593
	1	dito	0,616

3) Ausflufs aus Röhren.

Die mit Verlängerung der Röhren steigende Verzögerung des Ausflusses ist von Rennie in Röhren untersucht worden, welche bis 30 Fufs weit gerade fortliefen, schlangenförmig gekrümmt oder in rechtwinklige Ecken gebogen waren. Da aber Rennie sich nicht bemüht hat, irgend ein allgemeines Resultat aus seinen Versuchen zu ziehn, das etwa ausgenommene, dafs die Substanz der Röhre einen geringen Einflufs auf die Ausflufsgeschwindigkeit zu haben scheint, so mufs auf die Einzelnheiten der Abhandlung verwiesen werden. Bekanntlich hat aber Prony für die mittlere in Metern ausgedrückte Geschwindigkeit u des Wassers in einer gufseisernen Röhre, deren Länge l und Durchmesser d ist unter dem Druck p folgende Formel gegeben

$$u = 26,79\sqrt{\frac{dp}{l}}$$

welche sich sehr genau an die Beobachtungen wenigstens bis 2280 Meter Röhrenlänge anschliefst, weswegen eine darnach berechnete Tafel wichtig ist. Wir entlehnen sie aus Pouillet Elémens de physique I. 210. Die Druckhöhen p sind in der ersten Vertikalreihe, die Quantitäten $\frac{d}{l}$ d.h. die Verhältnisse des Durchmessers der Röhre zur Länge derselben in der ersten Horizontalreihe enthalten.

Geschwindigkeit des Wassers in Röhren.

	0.001	0.0015	0.002	0.0025	0.003	0.0035	0.004	0.0045	0.005
0.2	0.379	0.464	0.536	0.599	0.656	0.709	0.758	0.804	0.847
0.4	0.536	0.656	0.758	0.847	0.928	1.002	1.072	1.137	1.198
0.6	0.656	0.804	0.928	1.038	1.137	1.228	1.312	1.392	1.467
0.8	0.758	0.928	1.072	1.198	1.312	1.418	1.515	1.607	1 694
1.0	0.847	1.038	1.219	1.340	1.467	1.585	1.694	1.797	1.894
1.2	0.928	1.137	1.312	1.467	1.607	1.736	1.856	1.969	2.075
1.4	1.002	1.228	1.418	1.585	1.736	1.875	2.005	2.126	2.241
1.6	1.072	1.312	1.515	1.694	1.856	2.005	2.143	2.273	2.396
1.8	1.137	1.392	1.607	1.797	1.969	2.126	2.273	2 411	2.542
2.0	1.198	1.467	1.694	1.894	2.075	2.241	2.396	2.542	2.679
2.2	1.256	1.539	1.777	1.987	2.176	2.351	2.513	2.666	2.810
2.4	1.312	1.607	1.856	2.075	2.273	2.455	2.625	2.784	2.935
2.6	1.366	1.673	1.932	2.160	2.366	2.556	2.732	2.898	3.055
2.8	1.418	1.736	2.005	2.241	2.455	2.652	2.835	3.007	3.170
3.0	1.467	1.797	2.075	2.320	2.542	2.745	2.935	3.113	3.281
3.2	1.515	1.856	2.143	2.396	2.625	2.845	3.031	3.215	3.389
3.4	1.562	1.913	2.209	2.470	2.706	2.922	3.124	3.314	3.493
3.6	1.607	1.969	2.273	2.542	2.784	3.007	3.215	3.410	3.594
3.8	1.651	2.023	2.335	2.611	2.860	3.089	3.303	3.503	3.693
4.0	1.694	2.075	2.396	2.679	2.935	3.170	3.389	3.594	3.789
4.2	1.736	2.126	2.455	2.745	3.007	3.248	3.472	3.683	3.882
4.4	1.777	2.176	2.513	2.810	3.078	3.325	3.554	3.770	3.974
4.6	1.817	2.225	2.570	2.873	3.147	3.399	3.634	3.854	4.063
4.8	1.856	2.273	2.625	2.935	3.215	3.472	3.712	3.937	4.150
5.0	1.894	2.320	2.679	2.995	3.281	3.544	3.789	4,018	4.236
5.2	1.932	2.366	2.732	3.055	3.346	3.614	3.864	4.098	4.320
5.4	1.969	2.411	2.784	3.113	3.410	3.683	3.937	4.176	4.402
5.6	2.005	2.455	2.835	3.170	3.472	3.751	4.010	4.253	4.483
5.8	2.040	2.499	2.885	3.226	3.534	3.817	4.081	4.328	4.562
6.0	2.075	2.542	2.935	3.281	3.594	3.882	4 150	4.402	4.640
6.2	2.109	2,584	2.983	3.335	3.654	3.946	4.219	4.475	4.717
6.4	2.143	2.625	3.031	3.389	3.712	4.010	4,286	4.546	4.792
6.6	2.176	2.666	3.078	3.441	3.770	4.072	4.353	4.617	4.867
6.8	2.209	2.706	3.124	3.493	3.826	4.133	4.418	4.686	4,940
7.0	2.241	2.745	3.170	3.544	3.882	4.193	4.483	4.755	5.012
7.2	2.273	2.784	3.215	3.591	3.937	4.253	4.546	4.822	5.083
7.4	2.305	2.823	3.259	3.644	3.992	4.311	4.609	4.889	5.153
7.6	2.335	2.860	3.303	3.693	4.045	4.369	4.671	4.954	5.222
7.8	2.366	2.898	3.346	3.741	4.098	4.426	4.732	5.019	5.291
8.0	2.397	2.935	3.389	3.789	4.150	4.483	4.792	5.083	5.358
8.2	2.426	2.971	3.431	3.836	4.202	4.539	4.852	5.146	5.425

	0.001	0.0015	0.002	0.0025	0.003	0.0035	0.004	0.0045	0.005
8.4	2.455	3.007	3.472	3.882	4.253	4.594	4.911	5.209	5.490
8.6	2.484	3.043	3.513	3.928	4.303	4.648	4.969	5.270	5.555
8.8	2.513	3.078	3.554	3.974	4.353	4.702	5.026	5.331	5.620
9.0	2.542	3.113	3.594	4.018	4.402	4.755	5.083	5.391	5.683
9.2	2.570	3.147	3.634	4.063	4.451	4.807	5.139	5.451	5.746
9.4	2.597	3.181	3.673	4.107	4.499	4.859	5.195	5.510	5.808
9.6	2.625	3.215	3.712	4.150	4.546	4.911	5.250	5.568	5.869
9.8	2.652	3.248	3.751	4.193	4.594	4.962	5.304	5.626	5.930
10.0	2.679	3.281	3.789	4.236	4.640	5.012	5.358	5.683	5.990

	0.0055	0.006	0.0065	0.007	0.0075	0.008	0.0085	0.009	0.0095	0.01
0.2	0.889	0.928	0.966	1.002	1.038	1.072	1.105	1.137	1.168	1.198
0.4	1.256	1.312	1.366	1.418	1.467	1.515	1.562	1.607	1.651	1.694
0.6	1.539	1.607	1.673	1.736	1.797	1.856	1.913	1.969	2.023	2.075
0.8	1.777	1.856	1.932	2.005	2.075	2.143	2.209	2.273	2.335	2.396
1.0	1.987	3.075	2.160	2.241	2.320	2.396	2.470	2.542	2.611	2.679
1.2	2.176	2.273	2.366	2.455	2.541	2.625	2.706	2.784	2.860	2.935
1.4	2.351	2.455	2.556	2.652	2.745	2.835	2.922	3.007	3.090	3.170
1.6	2.513	2.625	2.732	2.835	2.935	3.031	3.124	3.215	3.303	3.389
1.8	2.666	2.784	2.898	3.007	3.114	3.215	3.314	3.410	3.503	3.594
2.0	2.810	2.935	3.055	3.170	3.281	3.389	3.493	3.594	3.693	3.789
2.2	2.947	3.078	3.204	3.325	3.441	3.554	3.663	3.770	3.873	3.974
2.4	3.078	3.215	3.346	3.472	3.594	3.712	3.826	3.937	4.045	4.150
2.6	3.204	3.346	3.483	3.614	3.741	3.864	3.983	4.098	4.210	4.320
2.8	3.325	3.472	3.614	3.751	3.882	3.010	4.133	4.253	4.369	4.483
3.0	3.441	3.594	3.741	3.882	4.018	4.150	4.278	4.402	4.523	4.640
3.2	3.554	3.712	3.864	4.010	4.150	4.286	4.418	4.546	4.671	4.792
3.4	3.663	3.826	3.983	4.133	4.278	4.418	4.554	4.686	4.825	4.940
3.6	3.770	3.937	4.098	4.253	4.402	4.546	4.686	4.822	4.954	5.083
3.8	3.873	4.045	4.210	4.369	4.523	4.671	4.815	4.954	5.090	5.222
4.0	3.974	4.150	4.320	4.483	4.640	4.792	4.940	5.083	5.222	5.358
4.2	4.072	4.253	4.426	4.594	4.755	4.911	5.062	5.209	5.351	5.490
4.4	4.168	4.353	4.531	4.702	4.867	5.026	5.181	5.331	5.477	5.620
4.6	4.261	4.451	4.632	4.807	4.976	5.139	5.297	5.451	5.600	5.746
4.8	4.353	4.546	4.732	4.911	5.083	5.250	5.411	5.568	5.721	5.869
5.0	4.443	4.640	4.830	5.012	5.188	5.358	5.523	5.683	5.839	5.990
5.2	4.531	4.732	4.925	5.111	5.291	5.464	5.632	5.796	5.954	6.109
5.4	4.617	4.822	5.019	5.209	5.391	5.568	5.740	5.906	6.068	6.225
5.6	4.702	4.911	5.111	5.304	5.490	5.670	5.845	6.014	6.179	6.340
5.8	4.785	4.998	5.202	5.398	5.587	5.771	5.918	6.121	6.289	6.452
6.0	4.867	5.083	5.291	5.490	5.683	5.869	6.050	6.225	6.396	6.562
6.2	4.947	5.167	5.378	5.581	5.777	5.966	6.150	6.328	6.502	6.671
6.4	5.026	5.250	5.464	5.670	5.869	6.062	6.248	6.429	6.606	6.777

	0.0055	0.006	0.0065	0,007	0.0075	0.008	0.0085	0.009	0.0095	0.01
6,6	5.104	5.331	5.549	5.758	5.960	6.156	6.345	6.529	6.708	6.882
6.8	5.181	5.411	5.632	5.845	6.050	6.248	6.441	6.627	6.809	6.986
7.0	5.257	5.490	5.715	5.930	6.138	6.340	6.535	6.724	6.908	7.088
7.2	5.331	5.568	5.796	6.014	6.225	6.430	6.627	6.820	7.006	7.189
7.4	5.405	5.645	5.876	6.097	6.311	6.518	6.719	6.914	7.103	7.288
7.6	5.477	5.721	5.954	6.179	6.396	6.606	6.809	7.006	7.198	7.385
7.8	5.549	5.796	6.032	6.260	6.480	6.692	6.898	7.098	7.293	7.482
8.0	5.620	5.869	6.109	6.340	6.562	6.777	6.986	7.189	7.385	7.577
8.2	5.689	5.942	6.185	6.418	6.644	6.862	7.073	7.278	7.477	7.671
8.4	5.758	6.014	6.260	6.496	6.724	6.945	7.158	7.366	7.568	7.764
8.6	5.826	6.086	6.334	6.573	6.804	7.027	7.243	7.453	7.657	7.856
8.8	5.894	6.156	6.407	6.649	6.882	7.108	7.327	7.539	7.746	7.947
9.0	5.960	6.225	6.480	6.724	6.960	7.189	7.410	7.625	7.833	8.037
9.2	6.026	6.294	6.551	6.779	7.037	7.268	7.492	7.709	7.920	8.126
9.4	6.091	6.362	6.622	6.872	7.113	7.347	7.573	7.792	8,006	8.214
9.6	6.156	6.430	6.692	6.945	7.189	7.424	7.653	7.875	8.090	8.301
9.8	6.220	6.496	6.761	7.017	7.263	7.501	7.732	7.956	8.174	8.387
10.0	6.283	6.562	6.830	7.088	7.337	7.577	7.811	8.037	8.257	8.472

4) Bewegung der Flüssigkeiten in einem pendelnden Gefäfse.

Thayer [1]) theilt darüber folgende Beobachtungen mit. Sind zwei Flüssigkeiten über einander gelagert in einem Gefäfse, dem man eine Pendelbewegung giebt, so bemerkt man, dafs die Oberfläche, in Bezug auf das Gefäfs, beinahe fest und gegen den Radius des Pendels senkrecht bleibt, dafs aber die Trennungsfläche beider Flüssigkeiten keineswegs der Oberfläche parallel bleibt, sondern eine sehr merkliche Oscillationsbewegung annimmt. Sie neigt sich, in Bezug auf die Oberfläche, so dafs die Schicht der obern Flüssigkeit abwechselnd an der einen Seite des Gefäfses dünn, und an der andern dick wird. So lange die Pendeloscillation langsam ist und wenig Amplitude hat, bleibt diese Trennungsfläche beinahe eben; so wie aber diese Bewegung rasch wird, und eine grofse Amplitude erreicht, sieht man sie eine krumme Gestalt annehmen, die sowohl mit der Natnr der Flüssigkeiten als auch mit deren respectiven Dichtigkeiten und Mengen variirt.

Die Bewegung der Trennungsfläche geschieht nicht immer in demselben Sinne. Ist die Oscillation klein und die Bewegung langsam, so sieht man die Trennungsfläche an der Seite, wohin das Pendel geht, sich der Oberfläche nähern. So erreicht die obere Schicht das Minimum ihrer Dicke an der linken Seite, sobald das Gefäfs an der linken Gränze seiner

[1]) Ueber einige Erscheinungen bei der Bewegung von Flüssigkeiten. l'Instit. No. 21. p. 179. Pogg. Ann. 31. 37.

Oscillation angelangt ist, und umgekehrt an der rechten Seite, wenn dieses die rechte Grenze erreicht.

Wenn aber die Oscillation an Amplitude und Schnelligkeit zunimmt, tritt das Minimum der Dicke der obern Schicht später ein. Dann findet diefs Minimum nicht mehr an der Grenze der Oscillation statt, sondern etwas später, wenn das Gefäfs schon wieder rückgängig geworden ist. Zuletzt stellt es sich erst im Momente ein, wenn das Gefäfs an der entgegengesetzten Grenze seiner Oscillation angelangt ist. Wenn demnach die Bewegung sehr rasch ist, senkt sich die obere Flüssigkeit auf der Seite, wohin das Pendel geht, während, wenn die Bewegung langsam geschieht, die untere Flüssigkeit an dieser Seite steigt.

Ist die Oscillation sehr grofs, so verläfst die leichtere Flüssigkeit zum Theil die Oberfläche, und wird daselbst durch die schwerere ersetzt. Erreicht das Pendel gar die oberhalb des Centrums liegende Vertikale, so befindet sich die schwerere Flüssigkeit gänzlich an der Oberfläche, und die leichtere Flüssigkeit am Boden des Gefäfses. Steigt das Pendel an der andern Seite herab, so nehmen die Flüssigkeiten, indem sie ihre Bewegung fortsetzen, allmählig ihre ursprünglichen Orte wieder ein. Bei diesem vollständigen Umlauf bleibt die Oberfläche fest, so dafs die Flüssigkeiten, indem sie übereinander hinweggleiten, sich in einem verschlossenen Gefäfse zu befinden scheinen.

Wenn drei und mehre Flüssigkeiten übereinander gelagert sind, so sieht man die Trennungsflächen sich nach denselben Regeln, wie bei zwei Flüssigkeiten bewegen; so dafs sie einander fast parallel bleiben. Ist indefs die Bewegung sehr rasch, so berühren sie einander bisweilen zuletzt an der Seite, und man sieht die Flüssigkeiten, welche durch eine dazwischen liegende Schicht getrennt waren, in einander fliefsen.

Wenn eine einzige Flüssigkeit oscillirt, giebt es in ihrem Innern analoge Ströme, wie die, welche sich bei mehren Flüssigkeiten durch die Bewegungen der Trennungsflächen kund geben. Der obere Theil der Flüssigkeit bewegt sich im gleichen Sinne mit dem Pendel, der untere Theil dagegen im entgegengesetzten. Diefs sieht man, wenn man leichte, schwebend bleibende Körper in die Flüssigkeit schüttet.

5) Bewegung der Flüssigkeiten in einem rotirenden Gefäfs.

Die von Thayer dabei wahrgenommenen Erscheinungen sind folgende. Wenn man ein Gefäfs, das übereinander liegende Flüssigkeiten enthält, sich um seine Achse drehen läfst, nimmt die Oberfläche immer eine concave Gestalt an; allein die Krümmung derselben variirt mit der Natur der Flüssigkeiten.

Was die Trennungsflächen betrifft, so sind sie zuweilen concav, zuweilen convex. Die Gestalt, welche sie annehmen, hängt nicht blofs von den respectiven Dichtigkeiten und Mengen der Flüssigkeiten ab, sondern auch von deren Natur. Wenn die Bewegung an Schnelligkeit zunimmt, geht die Convexität auch in Concavität über.

Beispiele:

Beispiele: Oel, auf Wein oder Wasser gebracht, giebt eine convexe Trennungsfläche. Diese Fläche tangirt zuletzt die Oberfläche, welche concav ist, und darauf schneidet sie letztere, so dafs das Oel nur einen Ring bildet, und der Wein die Mitte der Oberfläche einnimmt. Wird die Bewegung aufserordentlich grofs, so geht die Trennungsfläche zuletzt aus dem Convexen in das Concave über, und die Oberfläche, die ihrerseits auch sehr concav ist, besteht nur aus Oel.

Terpentinöl auf Wein gebracht, giebt bei der Pendelbewegung eine ungemein unruhige Trennungsfläche. Bei der Rotationsbewegung beugt sich die Oberfläche wie die Trennungsfläche nur sehr schwierig. Ist die Bewegung langsam und die Menge des Oels gering, so erhält man eine schwache Convexität, welche, so wie die Rotation rascher wird, gleichfalls in eine, obwohl schwache Concavität übergeht.

Oel, gegossen auf wäfsrigen Weingeist (*mélange alcoolique*), von dem es in der Dichtigkeit nur aufserordentlich wenig abweicht, giebt eine starke Convexität. Ist der Dichtigkeitsunterschied auch noch sehr klein, aber von entgegengesetzter Art, so dafs das Oel sich unter dem Weingeist befindet, so erhält man eine starke Concavität.

Als Oel und Weingeist, von gleicher Dichte genommen, und nacheinander in gleicher Menge unter eine gleich dicke Schicht von Terpenthinöl gebracht wurden, gab, bei durchaus gleicher Rotationsbewegung, in beiden Fällen das Oel eine sehr starke, und der Weingeist eine sehr schwache Concavität. Dennoch gab es in diesen beiden Fällen keinen andern Unterschied, als den von der Natur und gegenseitigen Affinität der Flüssigkeiten abhängigen.

Schichtet man drei Flüssigkeiten übereinander, so behalten die Trennungsflächen die Gestalten, welche sie bei zwei Flüssigkeiten angenommen hatten. Sind z. B. Alcohol, Oel und Wasser aufeinander gelagert, so hat das Oel oben eine concave und unten eine convexe Oberfläche, und diese Flächen nähern sich, wenn die Rotationsbewegung schneller wird, so dafs dann Alkohol und Wasser einander berühren, und nur durch ein Oelhäutchen getrennt sind. Fügt man noch Terpenthinöl hinzu, so bleiben die Trennungsflächen der drei vorhergenannten Flüssigkeiten fast unverändert; die zwischen dem Alkohol und dem Terpenthinöl ist concav, und wird es bei erhöhter Rotationsgeschwindigkeit in dem Grade, dafs sie die Mitte der unteren Trennungsfläche zwischen dem Alkohol und dem Olivenöl, folglich auch die, diese letztere tangirende Scheidefläche zwischen dem Alcohol und Wasser berührt.

VIII. Dichtigkeit.

1) Dichtigkeit fester Körper und damit zusammenhängende Cohäsionserscheinungen.

Einfluſs mechanischer Operationen.

Durch die Quantität, um welche ein fester Körper sich verlängert, wenn er einer bestimmten Zugkraft unterworfen wird, und um welche er sich wieder verkürzt, wenn das ziehende Gewicht aufhört, kann die Dichtigkeit ermittelt werden, welche er unter einem bestimmten äuſsern Druck annimmt, welcher gleichmäſsig auf alle Theile seiner Oberfläche wirkt. Bezeichnet man nämlich mit z die cubische, in allen Theilen gleiche Zusammenziehung des Körpers unter dem Druck von p Kilogramme auf die Flächeneinheit, welche ein Quadratmillimeter sein mag, so ist

$$z = \tfrac{3}{5}\frac{p}{A}$$

wo A einen von der Substanz des Körpers abhängigen Coefficienten bezeichnet, welchen Lamé und Clapeyron [1] „Elasticitätscoefficienten" nennen. Dieser wird auf folgende Weise gefunden. Bezeichnet l die Verlängerung eines, keinem äuſsern Druck unterworfenen, d. h. im luftleeren Raume befindlichen Prisma, dessen Länge = 1, welche Verlängerung dann eintritt, wenn an beiden Seiten desselben gleichmäſsig ein Zug von f Kilogramme auf dieselbe Flächeneinheit wirkt, so wird in einer Atmosphäre, deren auf dieselbe Weise bestimmter Druck = q ist,

$$A = \tfrac{2}{5}\frac{f}{l} + \frac{q}{5}$$

eine Gleichung, in welcher für die meisten Körper das zweite Glied der rechten Seite gegen das erste derselben Seite verschwindet, da der Druck der Atmosphäre nur 0.01 Kilogr. auf das Quadratmillimeter beträgt. Legt man der Berechnung von A die für ein gegebenes f ermittelten Werthe von l zum Grunde, so erhält man

für Schmiedeeisen.....	A = 8000	nach Duleau
» Guſseisen..........	A = 5177	» Tredgold
» Glas...............	A = 3636	» Colladon u. Sturm
» Kanonenmetall.....	A = 2696	» Tredgold
» Messing............	A = 2510	» »
» Zinn...............	A = 1294	» »
» Blei...............	A = 202	» »
» weiſsen Marmor...	A = 709	» »
» Tannenholz........	A = 566	» »
» Eichenholz........	A = 478	» »

[1]) Mémoire sur l'équilibre intérieur des corps solides homogènes. — Crelle's Journ. für die reine und angewandte Math. 7. p. 251 u. 381.

Durch einen Druck von 100 Atmosphären würde demnach

die Dichtigkeit	des	Eisens.....	zunehmen	um	$\frac{1}{13333}$
»	»	» Gufseisens	»	»	$\frac{1}{6029}$
»	»	» Glases.....	»	»	$\frac{1}{6060}$
»	»	» Kanonenmetalls	»	»	$\frac{1}{4490}$
»	»	» Messings.......	»	»	$\frac{1}{4193}$
»	»	» Zinns..........	»	»	$\frac{1}{2158}$
»	»	» Bleis...........	»	»	$\frac{1}{338}$
»	»	» weifs. Marmors	»	»	$\frac{1}{1191}$
»	»	» Tannenholzes..	»	»	$\frac{1}{943}$
»	»	» Eichenholzes....	»	»	$\frac{1}{798}$

So gering auch diese Gröfsen sind, so ist es doch nöthig, bei scharfen Messungen auf die Veränderungen Rücksicht zu nehmen, welche die Dimensionen eines Körpers durch sein eignes Gewicht erfahren können. Ein auf seiner untern Grundfläche stehendes Prisma verkürzt sich, indem sein eignes Gewicht es zusammendrückt; hingegen verlängert es sich durch den Zug desselben, wenn es an der obern Grundfläche aufgehängt ist. Soll ein Mafsstab z. B. genau seine Länge behalten, so mufs er in seiner Mitte aufgehängt werden [1]), da seine obere Hälfte sich dann genau um eben so viel durch Druck verkürzt, als seine untere Hälfte sich durch Zug verlängert. Merkwürdige hierher gehörige Erscheinungen von allmähligen nur durch den Druck auf sie selbst hervorgebrachten Veränderungen im Innern fester Körper führt Paoli [2]) an. Da nun durch die Versuche von Cagniard de la Tour erwiesen ist, dafs ein durch ein Gewicht gezogener Drath nicht nur seine Dimensionen verändert, sondern auch eine andere Dichtigkeit erhält, so gehören in das Gebiet der hier zu betrachtenden Erscheinungen die dauernden Aenderungen der Dichtigkeit, welche feste, einer dauernden Belastung unterworfene Körper erfahren müssen, wenn die Beobachtung eine ununterbrochene Veränderung ihrer Gestalt zeigt. Vicat [3]) erhielt in dieser Beziehung folgende Resultate:

Angelassene Eisendräthe von 43,25 Kilogramm Tragkraft so aufgehängt, dafs die Unveränderlichkeit der Aufhängepunkte stets geprüft werden konnte, wurden von 10,7 14,15 21,5 und 32,35 Kilogramme also von $\frac{1}{4}$, $\frac{1}{3}$, $\frac{1}{2}$, $\frac{3}{4}$ ihrer Tragkraft gespannt und durch Fühlhebel, welche eine funfzigfache Vergröfserung gaben, in Beziehung auf ihre unter diesem Zug stattfindenden allmählig zunehmenden Verlängerungen geprüft. Diese betrugen, abgesehn von der augenblicklichen nicht in Rechnung gebrachten Verlängerung bei dem Anbringen der Belastung.

[1]) Bessel, Untersuchungen über die Länge des einfachen Secundenpendels pag. 3.

[2]) Richerche sul moto moleculare de' solidi. Pesaro 1825.

[3]) Institut No. 28. p. 238. Pogg. Ann. 31. 108.

Verlängerung.

Balastung,	nach 1 Jahre,	nach dem 2. Jahr,	nach 2 Jahren
$\frac{1}{4}$	0,30	0,00	0,30
$\frac{1}{3}$	1,40	1,35	2,75
$\frac{1}{2}$	1,95	2,14	4,09
$\frac{3}{4}$	3,15	2,98	6,13

Bei beiden Messungzn war die Temperatur dieselbe, nämlich 21,°5 bis 22° C.

Aus den angeführten Beobachtungen folgt:

1) die Verlängerung ist bei gleicher Belastung nahe der Dauer der letztern proportional,

2) sie verhält sich in gleichen Zeiten nahe wie die Gröfse der Belastung,

3) angelassener Eisendrath, welcher durch $\frac{1}{4}$ seiner Tragkraft gespannt nnd vor jeder zitternden Bewegung geschützt ist, verlängert sich in der Folge nicht merklich.

4) Die thermische Ausdehnung fand sich aufserdem für gespannte und ungespannte Dräthe gleich.

Vicat schliefst aus diesen Versuchen, dafs eine Hängebrücke, deren Ketten durch mehr als ein Viertel ihrer Tragkraft gespannt sind, besonders bei zitternden Bewegungen sich von Jahr zu Jahr senken und zuletzt gänzlich einstürzen wird, dafs aufserdem das Maafs der Festigkeit der Materialien, wie man es durch Versuehe erhält, die nur einige Minuten oder Stunden dauern, durchaus von der Dauer dieser Versuche abhängig ist, das wahre Maafs also erst durch mehrere Monate lang fortgesetzte Versuche ermittelt werden kann.

Ueber den Einflufs, welchen kurze Zeit dauernde mechanische Pressungen auf die Dichtigkeit fester Körper äufsern, hat Baudrimont[1]) Versuche angestellt. Drathziehen, Walzen, Glühen, Härten waren die Operationen, denen er verschiedene Metalle nach einander unterwarf, welche er nachher in Beziehung auf ihre Dichtigkeit prüfte. Die Versuche führten zu folgenden Ergebnissen:

Veränderung der Dichtigkeit durch Glühen und Walzen.

	Eisen	Kupfer	Messing
ungeglühter Drath...........	7,6305	8,6225	8,3758
geglühter Drath.............	7,6000	8,3912	8,4281
ungeglühter gewalzter Drath	7,7169	8,7059	8,4931
geglühter gewalzter Drath..	7,7312	8,8787	8,4719
gehämmert.................	7,7433	8,8893	8,5079
geschmolzen, langsam erkaltet	—	8,4525	—

[1]) Recherches sur la ductilité et la malléabilité de quelques metaux, et sur les variations, que leurs densités éprouvent dans un grand nombre de circonstances. Ann. de Ch. et Ph. 60. 78.

	Silber	Legirung von 9 Theilen Silber 1 Theil Kupfer	Legirung von 4 Theilen Kupfer 1 Theil Zinn
geschmolzen, langsam erkaltet	10,1053	10,5988	8,4389
gehämmert....................	10,4476	10,2208	8,4389
gewalzt......................	10,5513	10,0894	—
geprefst.....................	—	10,3916	—
geprefst und geglüht..........	—	9,9330	—
gehärtet......................	—	—	7,9330
körnig........................	9,6323	—	—
brüchig [1].....................	9,8463	—	—
blättrig krystallinisch [2].......	9,5538	—	—
Drath v. 1mm.8675 Durchmesser	10,4913	—	—
Drath v. 1mm.8935 Durchmesser	—	10,3169	—

In welchem Verhältnifs die Veränderung der Dichtigkeit des Drathes zu der Veränderung seiner Dimensionen durch das Ausglühen steht, zeigt folgende Tafel:

	Eisendrath	Kupferdr.	Messingdr.	
Durchmesser vor dem Ausglühen.....	1,3601	1,2840	1,1025	in Millimetern
» nach dem Ausglühen..	1,3756	1,3409	1,13[illegible]	
Dichtigkeit vor dem Ausglühen.....	7,6690	8,6225	8,5234	
» nach dem Ausglühen...	7,6105	8,3912	8,3758	
» gewalzt, ungeglüht......	7,7169	8,7059	8,4931	
» gewalzt nach d. Ausglüh.	7,7312	8,8787	8,4719	

Diese Bestimmungen sind Mittel aus den Beobachtungen von 6 Eisendräthen von 0,35 bis 2,383 Millimeter Durchmesser, von 6 Messingdräthen von 0,1533 bis 2,3780 Durchmesser und von 4 Kupferdräthen, von 0,6000 bis 2,2165 Durchmesser. Die Abnahme der Dichtigkeit nach dem Glühen entspricht der Vergröfserung der Durchmesser. Ausnahmsweise beobachtete Verminderungen der Durchmesser entstanden durch nicht beachtete Ellipticität der Dräthe. Bei Eisen und Kupfer bewirkt Walzen nach dem Ausglühen eine gröfsere Dichtigkeit als Walzen vor dem Ausglühen; bei Messing scheint diefs nicht der Fall zu sein, doch sind die Bestimmungen für Messing unsicher, da die Dräthe Kupfer und Zink in verschiedenem Verhältnifs enthielten. Um die Veränderung durch Oxydation zu vermeiden, geschah das Ausglühen der Dräthe entweder in frisch ausgeglühter Kohle oder in Strömen von Wasserstoff oder Kohlensäure, oder in kleinen Luftmengen. Das Ausglühen der Eisendräthe wurde nur bis zum Kirschroth getrieben. Bis zu dieser Temperatur bleibt nämlich, so lange das Glühen auch fortgesetzt wird, das Eisen unverändert, erst bei dem Hellrothglühen verwandelt es sich in Stahl. Die verschiedenen angewen-

[1]) Durch Erhitzen geworden.

[2]) Durch Bildung eines sogenannten Silberbaums.

deten Ausglüharten hatten auf die Veränderung des Durchmessers der Dräthe nur geringen Einflufs.

Dafs mit der durch das Ausglühen eintretenden Verminderung der Dichtigkeit zugleich die Cohäsion der Metalle abnimmt, zeigt folgende Tafel:

	№	Durchmesser vor dem Glühen	Tragkraft in Kilog. vor dem Glühen	Tragkraft nach dem Glühen in Wasserstoff	in Kohlensäure	in der Luft
Eisen	1	0,3500	11,838	5,479	4,674	4,511
	17	0,5000	14,975	9,564	9,737	—
	18	0,5135	17,972	10,245	—	—
Kupfer	1	0,5000	10,356	4,092	5,992	6,753
	2	0,7125	14,235	—	9,783	10,798
	17	0,4825	7,685	4,009	5,113	5,599
	18	0,4962	9,741	3,447	5,759	6,552
Messing	1	0,1750	2,034	1,136	1,113	1,180
	2	0,6500	25,891	15,223	—	15,539
	3	0,6675	26,503	16,624	15,345	—
	17	0,4718	14,922	9,664	9,738	—
	18	0,5185	16,174	9,923	9,931	8,415
Platin		0,12675	1,464	—	—	0,965
Cadmium		1,88	18,065	—	—	—
Zinn		1,8755	7,069	—	—	—
Blei		1,8675	6,463	—	—	—

Die bei den oben angeführten Operationen in den festen Körpern eintretenden Veränderungen sind im Allgemeinen folgende:

1) Dräthe erleiden, wenn sie durch ein engeres Loch gezogen werden, eine Verlängerung durch eine Verminderung des Durchmessers, zuweilen auch durch Vermehrung des Abstandes der einzelnen Theile; in der Richtung des Durchmessers hingegen eine mit gröfserer Sprödigkeit verbundene Verdichtung. Diese Verdichtung dringt bei dicken Dräthen nur bis in eine gewisse Tiefe ein, so dafs eine verdichtete Rinde das unverdichtete Metall umgiebt. Dünnere Dräthe haben daher eine im Verhältnifs des Querschnitts gröfsere Dichtigkeit.

2) Durch diese Verdichtung wird die Tragkraft des Drathes nach der Längenrichtung bedeutend vermehrt, dagegen brechen die Dräthe leicht beim Biegen; die Tragkraft ist in einem geringeren Grade gesteigert bei den Dräthen, welche sich beim Ziehen in der Längenrichtung wirklich verdünnen.

3) Durch Walzen werden die Metalle stärker verdichtet als durch Drathziehen.

4) Die durch denselben Drathzug gezogenen Dräthe haben, wenn sie von verschiedenen Metallen sind, verschiedene Dicke, und sind nicht überall gleich dick.

5) Kein Drath, aufser Golddrath, kann durch dasselbe Loch, aus welchem er unmittelbar hervorgegangen ist, ohne Kraftanwendung wieder durchgezogen werden. Diese durch die Elasticität bewirkte Ausdehnung dauert noch mehrere Wochen fort. Silber erfordert die geringste Kraft.

6) Um Dräthe durch ein engeres Loch zu ziehen, müssen sie vorher ausgeglüht werden. Bei Golddräthen ist diefs nicht nöthig. Bei dem Ausglühen verkürzen sich die Dräthe wieder, ihr Durchmesser vergröfsert sich, und ihre Tragkraft nimmt bedeutend ab. Die durch dieselbe Nummer gezogenen Dräthe erhalten, wenn sie auch von verschiedenem Metall sind, und deswegen nicht gleiche Dicke haben, nach dem Ausglühen gleiche Durchmesser.

7) Die Tragkraft dünner Dräthe ist ihrer gröfsern Dichtigkeit wegen auch verhältnifsmäfsig gröfser.

Aufser mechanischen Operationen hat auf die Dichtigkeit der Körper die Art, wie sie dargestellt wurden, einen wesentlichen Einflufs. Bekanntlich fand Children die Dichtigkeit einer mit der galvanischen Kette geschmolzene Kugel von Iridium 18,68, ungeachtet sie poröse war. Berzelius erhielt hingegen die Dichtigkeit des reinsten mit Wasserstoff reducirten Iridium in Pulverform 15,8629, bei den zusammenhängenden Stükken 15,588. Berzelius hat daher und wegen der geringen Schmelzbarkeit des Iridium die Vermuthung ausgesprochen, dafs das von Children geschmolzene Iridium platinhaltig war (P. A. 15. 212). Die Dichtigkeit des Osmium, dadurch erhalten, dafs das flüchtige in einem Strom von Wasserstoff verdunstende Osmiumoxyd durch ein auf die Länge eines Zolls glühend gehaltene Röhre geleitet wurde, wobei es sich als ein compacter Ring in dem Rohre absetzt, fand Berzelius 10, die des mit Quecksilber reducirten nur 7. Breithaupt hat aber neuerdings unter dem Platinaerz von Nischne-Tagilsk Körner gefunden, welche nach einer von ihm und Lampadius angestellten Untersuchung gediegenes Iridium sind, deren Dichtigkeit 23,646 22,494 21,527 war [1]). G. Rose [2]) fand die specifische Schwere eines eben solchen Korns bei 12° R. 21,85, eines Stückes von Newiansk im Ural 22,8000 ebenfalls bei 12° R., eines Stückes von Nischne-Tagil 22,65 bei 9°.3. Die Analyse der letztern Stücke von Svanberg gab Iridium 76,85, Platin 19,64 Palladium 0,89, Kupfer 1,78. Die Dichtigkeit des Iridium ist daher wahrscheinlich noch höher, als sie von Children angegeben wurde.

Dafs das Osmium ein gröfseres specifisches Gewicht habe als 10, schlofs G. Rose [3]) daraus, dafs von 2 Stücken Osmium-Irid, das von Nischne-Tagil, welches mehr Osmium enthielt, bei 13° 21,118mal schwerer als Wasser war, das von Newiansk weniger Osmium enthaltende 19,471 bei 9° R. Berzelius fand ein Stück aus Sibirien, dessen Dich-

[1]) Schweigger's Jahrbuch 9 p. 1 u. p. 96.

[2]) Pogg. Ann. 34. 377.

[3]) Pogg. Ann. 29. 452.

tigkeit 19,255 bestehend aus 49,34 Osmium, 46,77 Iridium, 3,15 Rhodium, 0,74 Eisen. Andre Körner hatten ein specifisches Gewicht von 19,242 und 18,651; hingegen die Amerikanischen nur 16,445. Berzelius nimmt daher jetzt ebenfalls an [1], dafs die specifische Dichtigkeit des Iridium und Osmium gleich der des Platina sei.

Das specifische Gewicht des natürlich vorkommenden Goldes wird vergröfsert, wenn es geschmolzen wird. Bei G. Rose's [2]) Untersuchung fand sich:

Fundort	Specifisches Gewicht im natürlichen Zustand	Specifisches Gewicht im geschmolzenen Zustand
Schabrowski bei Katharinenburg	19,099	19,100
Boruschka bei Nischne-Tagil	17,955	17,965
Czarewo Nicolajewsk bei Miask	17,484	17,725
Alexandr. Andrejewsk	17,402	17,542
Petropawlowsk bei Bojoslowsk	16,869	16,964

Die Dichtigkeit des natürlich vorkommenden Goldes steht aufserdem mit seinem Silbergehalt in umgekehrten Verhältnifs, sie ist

bei 0,16 Silbergehalt	19,099		bei 12,07 Silbergehalt	17,402
» 5,23 »	18,440		» 13,19 »	17,869
» 8,35 »	17,955		» 16,15 »	17,061
» 9,02 »	17,588		» 38,38 »	14,556
» 10,65 »	17,484			

Körner aus dem Sibirischen Platinerz, deren Dichtigkeit 12,926 bis 13,2 ausfiel, hält Breithaupt für gröfsten Theils aus gediegenem Palladium bestehend.

Da das Tellur sich beim Erkalten sehr stark zusammenzieht, und deswegen, wenn die Oberfläche schneller erstarrt als das Innere, luftleere Höhlungen enthält, so ist es schwer, seine Dichtigkeit genau zu ermitteln. Das bei der Destillation mit Wasserstoff in Tropfen sublimirende ist nach Berzelius [3]) 6,1305, hingegen gaben abgebrochene Stücke eines eine gröfsere Höhlung enthaltenden Regulus 6,2324 6,2516 6,2445 6,2415 6,2578, bei welchen Bestimmungen die höchste Zahl wahrscheinlich die richtigste ist.

Verhältnifs der Dichtigkeit zusammengesetzter Körper zu der Dichtigkeit ihrer Bestandtheile.

Karsten (über das Verhältnifs chemischer Mischung zur Form) (Schweigger neues Jahrbuch 65 p. 391) hat eine ausführliche Untersu-

[1]) Jahresbericht 14. 181.
[2]) Pogg. Ann. 23. 161.
[3]) Pogg. Ann. 32. 1.

chung über das Verhältnifs der Dichtigkeit chemischer Verbindungen zu der Dichtigkeit ihrer Bestandtheile unternommen. Die im Wasser unlöslichen nicht pulverförmigen Substanzen wurden auf einer Pistor'schen Waage bestimmt, welche bei 10 Gramme Belastung noch bei $\frac{1}{2}$ Milligramm einen deutlichen Ausschlag gab, und die Abwägungen vermittelst eines $\frac{1}{5}^{0}$ R. angebenden Thermometers auf 0° reducirt. Die pulverförmigen und löslichen Substanzen wurden dem Volumen nach in einem von Greiner verfertigten Leslie'schen Stereometer bestimmt, und daraus nach den bekannten Methoden ihre Dichtigkeit ermittelt. Das Stereometer enthielt in dem obern weitern Theile, welcher durch die mattgeschliffene Glasplatte abgeschlossen wird, zur Aufnahme der Substanzen einen etwas niedrigern Cylinder, damit die pulverförmige Substanz bei dem Hineinschütten nicht die capillare Oeffnung der Ansatzröhre verstopfe. Hygroskopische Substanzen, welche, wenn sie durch Glühen getrocknet werden, statt des vorher absorbirten Wassers Luft aufnehmen, welche sie bei kurze Zeit dauernder Berührung mit der Luft wieder gegen Wasser vertauschen, sind im Stereometer nicht zu bestimmen, so z. B. Kohle und Thonerde, wenn jene nicht Graphit ist, diese nicht halb verglast durch starke Weifsglühhitze. Da die nach dem Glühen der Substanzen wieder absorbirte Luft im Verhältnifs der Dichtigkeit der äufserlich darauf drückenden steht, bei dem Ausziehen der Röhre sich also theilweise aus der Substanz in die sich verdünnende Luft des abgeschlossenen Raumes entwickelt, so wird dadurch das specifische Gewicht vergröfsert. Wird hingegen die von Luft vollkommen befreite Substanz längere Zeit in dem abgeschlossenen Raume gelassen, so wird sie selbst Luft absorbiren, dadurch also das specifische Gewicht zu klein ausfallen. Es ist klar, dafs diese Uebelstände möglichst vermieden werden, wenn die ausgeglühte Substanz schnell eingefüllt und der Versuch so viel wie möglich beschleunigt wird. Dafs die vermittelst des Stereometer enthaltenen Bestimmungen aber in der Regel gröfser ausfallen, als die auf andere Weise ermittelten, kommt daher, dafs die Zwischenräume einer pulverförmigen Substanz bei dem Abwägen im Wasser nicht auf gleiche Weise vom Wasser erfüllt werden.

Minder sichre Resultate sind mit *, noch unsicherere mit ** bezeichnet.

Einfache Körper.

Kohle.....	[reiner Graphit, der unter der Muffel ohne Rückstand verbrennt]...........................	2,3285
Schwefel..	[scharfes Oktaëder, scharf. Endk. abgest., Flächen des 3fach st. Okt.].........................	2,05001
	[derselbe Krystall im verschlossenen Porzellangefäfs geschmolzen]...............................	1,9889
Quecksilber	[d. Destillation des Zinnober mit $\frac{1}{4}$ Stabeisen.......	13,5592
Blei........	[reines kryst. salpeters. Bleioxyd im Porzellantiegel geglüht, und das erhaltene Oxyd durch Kohle reduc.]	11,3888
Silber.. ...	[aus salpetersaurer Silberoxyd Auflös. durch reines Kupfer niederg.]................................	10,4282

Wismuth..	[reducirt aus basisch salpetersaurem Oxyd im Kohlentiegel]...	9,6542
Kupfer....	[raffinirtes ohne Beimischung]...	8,7210
Kadmium..	[durch Reduction des kohlensauren Oxyds]...	8,6355
Eisen......	[weichstes Stabeisen mit einer Spur von Kohle].....	7,7900*
Zinn.......	[reducirt im Kohlentiegel]...	7,2905
Zink.......	[aus basisch kohlensaurem Zinkoxyd reducirt]......	6,9154
Antimon...	[durch Schmelzen des regulus ant. mart. mit Schwefelantimon]...	6,7066
Arsenik....	[durch Sublimation des Regulus]...	5,6281
Titan......	[mit Salzsäure und Königswasser in der Siedhitze behandelte Krystalle]...	5,28001

Bezeichnet m : m_1 das Verhältnifs der Gewichtsmengen des Schwefels und Metalls in den verschiedenen Schwefelmetallen, c und c_1 die Dichtigkeiten der Bestandtheile, so würde, wenn keine Verdichtung oder Verdünnung einträte, die specifische Dichtigkeit der Verbindung.

$$d_1 = \frac{(m + m_1)cc_1}{mc_1 + m_1c} \text{ seyn}$$

Die folgende Tafel enthält aufser der wahren beobachteten Dichtigkeit d auch die so berechnete und den Unterschied beider $d_1 - d$, wo das Minuszeichen also eine Zusammenziehung, das Pluszeichen eine Ausdehnung bezeichnet.

Dasselbe gilt für die Jod-, Chlor- und Brommetalle.

Schwefelmetalle.

	d_1	d	$d_1 - d$
Zinnober...	7,68	8,0602	— 0,3802
Bleiglanz...	7,084	7,5052	— 0,4212
Schwefelsilber...	6,8094	6,8501	— 0,0407
Schwefelwismuth...	5,8	7,0001	— 1,2001
Schwefelkupfer in Maximo	4,17	4,1634	+ 0,0066
Schwefelkupfer in Minimo	5,21	5,9775	— 0,7675
Schwefelkadmium...	5,03	4,605	+ 0,425
Schwefelzinn in Maximo..	3,8862	4,600	— 0,7138
Schwefelzinn in Minimo...	4,7	4,8523	— 0,1523
Schwefelzink...	3,3352	3,9235	— 0,0883
Schwefelantimon...	4,1420	4,7520	— 0.61
Rauschgelb...	3,35	3,4590	— 0,109
Rauschroth...	3,67	3,5444	+ 0,1256

Jodmetalle.

	d_1	d	$d_1 - d$
Quecksilberjodür...	8,144	7,6415	+ 0,4995
Quecksilberjodid...	6,907	5,2009	+ 0,7061
Jodblei...	6,556	6,0212	+ 0,6348
Jodsilber...	6,539	5,0262	+ 1,5128
Jodkalium...	2,398	2,9084	— 0,5104

Chlormetalle.

	d_1	d	$d_1 - d$
Kalomel	5,71	6,9925	— 1,2825
Sublimat	4,003	5,4032	— 1,4002
Chlorblei	3.90	5.8022	— 1,9022
Chlorsilber	3,88	5,5010	— 1,6210
Kupferchlorür	2,92	3,6777	— 0,7577
Chlornatrium	1,1604	2,0780	— 0,9176
Chlorkalium	1,037	1,9153	— 0,8783
Chlorbaryum	—	3,7037*	—
Chlorstrontium	—	2,8033*	—
Chlorcalcium	—	2,0401*	—

Brommetalle.

	d_1	d	$d_1 - d$
Quecksilberbromür	6,882	7,3070	— 0,4250
Quecksilberbromid	5,37	5,9202	— 0,5502
Bromblei	5.194	6,6302	— 1,4362
Bromsilber	5,128	6,3531	— 1,2254
Bromkalium	1.62	2,4150	— 0,7950

Aufserdem sind von Karsten noch folgende Körper in Beziehung auf ihre Dichtigkeit bestimmt worden:

Oxydirte Körper.

	Dichtigkeit
Wolframoxyd	12,1109
Wolframsäure	7,1396
Quecksilboxydul	8,9503*
Quecksilberoxyd	11,1909
Bleioxyd	9,2092
Mennige	8,6200
Bleihyperoxyd	8,9330
Silberoxyd	8,2558
Wismuthoxyd	8,1735
Kupferoxydul	5,7510
Kupferoxyd	6,4304
Zinnoxyd	5,7344
Antimonige Säure	6,6952
Arsenige Säure	3,7202
Arseniksäure	3,7342
Titanoxyd	3,9311
Kadmiumoxyd	6,9502
Ceroxyd	5,6059*
Uranoxydul	7,1932*
Kalkerde	3,1605
Bittererde	3,2000

	Dichtigkeit
Baryterde	4,7322*
Strontianerde	3,9321
Kali	2,656**
Natron	2,805**

Verbindungen von Basen mit Säuren.

	Dichtigkeit
Salzsaure Baryterde	3,0497
Salpetersaures Silberoxyd	4,3554
» Bleioxyd	4,3998
» Baryterde	3,1848
» Strontianerde	2,8901
» Natron	2,2256
» Kali	2,1006
Schwefelsaures Bleioxyd	6,1691
» Silberoxyd	5,3410
» Baryterde	4,2003
» Strontianerde	3,5883
» Kali	2,6232
» Kalkerde	2,9271
Anhydr. schwefelsaures Natron	2,6313
» Thonerde	2,7400
» Bitterde	2,6066
» Kupferoxyd	3,572**
» Zinkoxyd	3,400**
Kohlensaures Bleioxyd	6,4277
» Silberoxyd	6,0766
» Zinkoxyd	4,3765
» Kupferoxyd	4,7817**
» Kadmiumoxyd	4,4938**
» Baryterde	4,3019
» Strontianerde	3,6245
» Kalkerde	2,7000
Reine Kreide	2,6946
Reiner Kalkspath, stumpfstes Rhomboeder	2,7064
» » schärfstes »	2,6987
Kohlensaures Kali	2,2634*
» Natron	2,4659
Wolframsaure Kalkerde	6,0400
Einfaches chromsaures Kali (gelbes)	2,6402*
Saures » » (rothes)	2,6027*

Dichtigkeit verschiedener Holzarten.

Bekanntlich ist die Bestimmung derselben mit Schwierigkeiten verknüpft, da die hygroskopischen Eigenschaften die Abwägung in einer Flüssigkeit sehr erschweren. Karmarsch[1]) erhielt durch Ermittelung des absoluten Gewichtes gleich grofser Stücke die nachfolgenden Bestimmungen:

Ahorn	0,645	Ceder	0,575
Apfelbaum	0,734	Ceretti Quamara	1,032
Birke	0,738	Dowcalibalie	0,856
Schwedische Birkenflader	0,799	GrünEbenholz	1,210
Birnbaum	0,732	Schwarz »	1,187
Rothbuche	0,750	Braune Grenadille	0,973
Buchsbaum	0,942	Braun Eisengrenad.	1,185
Eibenbaum (Taxus)	0,744	Schwarz »	1,283
Eiche	0,650	Jacaranda	0,908
Erle	0,536	Königsholz	0,980
Esche	0,670	Lanzenholz	0,989
desgl.	0,669	Luftholz (Purpurholz)	0,917
Föhre	0,763	Mahagoni (Cuba)	0,563
Lärche	0,565	» Honduras	0,604
Linde	0,559	» gestr. Honduras.	0,578
Nufsbaum	0,660	» Domingo	0,755
Oelbaum	0,676	» dito	0,778
Pappel	0,387	» gefleckt	0,820
Pflaumenbaum	0,872	» dito	0,878
Rofskastanie	0,551	» afrikanisch	0,945
Tanne	0,481	Pockholz	1,263
Ulme	0,568	Rosenholz	1,031
Weifsbuche	0,728	Satinholz	0,964
Weifsdorn	0,871	Vinhatica	1,037
		Zebraholz	1,073

Auf eine andre Weise hat Aschauer[2]) die Dichtigkeit der Holzarten zu bestimmen gesucht. Weifses Schaalenwachs, durch wiederholtes Kneten in einen gleichförmigen leicht plastischen Zustand gebracht, wurde so fest an die zu prüfenden Hölzer angedrückt, dafs keine Zwischenräume übrig blieben. Dafs die Dichtigkeit des Wachses nicht wesentlich durch mehrmaliges Kneten geändert wird, geht daraus hervor, dafs sie dabei zwischen 0,963 und 0,967 schwankte. Sind die zu prüfenden Körper nicht stark genug, um festes Andrücken ohne Aenderung der Dichtigkeit zu ertragen, so wird das geschmolzene Wachs mit einem Pinsel aufgetragen. Aus dem

[1]) Jahrbücher des polytechnischen Instituts 18. 123.

[2]) Methode die Dichte poröser Körper durch Einhüllung in Wachs zu bestimmen. Baumg. Zeitschr. 4. 177.

bekannten Gewicht und der Dichtigkeit des Wachses und aus dem beobachteten Gewichtsverlust des eingetauchten mit Wachs umgebenen Holzes läfst sich leicht die Dichtigkeit des Holzes finden. Auf die Weise wurden folgende Werthe erhalten:

Weislerchen	0,726	bis	0,732
Rothlerchen	0,843	»	0,848
Apfelbaum	0,707	»	0,709
Nufsbaum	0,809	»	0,811
Weifsbuchen	0,781	»	0,790
Pflaumenbaum	0,754	»	0,761
Ahorn	0,731	»	0,736
Fichten	0,454	»	0,462
Erlen	0,505	»	0,508

2) Dichtigkeit tropfbarer Flüssigkeiten.

Dichtigkeit des Wassers.

Einflufs äufsern Druckes. Die bereits von Canton beobachtete Thatsache, dafs Wasser desto weniger zusammengedrückt wird, je wärmer es ist, wird nach neueren Versuchen von Oersted [1]) dadurch bedingt, dafs für jeden auf das Wasser ausgeübten Atmosphärendruck eine Wärmeentwickelung von $\frac{1}{40}$ C. eintritt. Da die dadurch hervorgebrachte thermische Ausdehnung des Wassers bei verschiedenen Temperaturen verschieden ist, so wird das einfache Gesetz, nach welchem die Dichtigkeit von dem äufsern Druck abhängt, erst nach Elimination dieses störenden Elements hervortreten können. In der Nähe des Maximum der Dichtigkeit bei 3°.75 C. ist die Dichtigkeitsänderung bei Zunahme der Temperatur am geringsten. Die dabei beobachtete Zusammendrückung von 46,77 Milliontel des Volumens des Wassers für den Druck einer Atmosphäre von 28 pariser Zoll kann also als die von der Temperaturentwickelung am wenigsten modificirte angesehen werden. Bei 10° C. dehnt sich das Wasser für einen Grad Temperaturerhöhung um 84 Milliontel aus, für $\frac{1}{40}$ also um 2 Milliontel, die scheinbare Zusammendrückung wird daher $46{,}77 - 2 = 44{,}77$. Bei 16°, 20° 24° beträgt die thermische Ausdehnung 4, 5, 6 Milliontel, die scheinbare Zusammenziehung wird demnach 42,77, 41,77, 40,77. Bei 0° beträgt die letztere $48\frac{1}{4}$ Milliontel, da das Wasser bei abnehmender Temperatur sich wieder ausdehnt.

Einflufs der Temperatur.

Hällström findet aus seinen eignen vor 10 Jahren bekannt gemachten Versuchen über die Ausdehnung des Wassers zwischen 0° und 32°.5 C.,

[1]) Ergebnisse neuer Versuche über die Zusammendrückbarkeit des Wassers. Pogg. Ann. 31. 361.

wenn er die Correction für die Ausdehnung des Glases bei jeder einzelnen Beobachtung anbringt, nach der Methode der kleinsten Quadrate berechnet folgende Gleichung, wo v das Volumen bei der Temperatur t bezeichnet [1]),

$$v = 1 - 0{,}000049976 + 0{,}0000062453 t^2 - 0{,}000000007645 t^3,$$

aus den ersten 33 Beobachtungen (von $t = 1$ bis $t = 33$) der ersten Reihe Munke's (erhalten in einem Wasserthermometer, dessen Kugel bei 1,25 Par. Zoll Durchmesser 1,02 Par. Kubikzoll enthielt);

$$v = 1 - 0{,}000060835 t + 0{,}0000081037 t^2 - 0{,}000000048282 t^3,$$

aus den ersten 18 Beobachtungen (von $t = 1^0$ bis $t = 30^0$) der zweiten Reihe Munke's (erhalten in einem Wasserthermometer, dessen Kugel bei 0,75 Par. Zoll Durchmesser 0,22 Pariser Kubikfufs enthielt);

$$v = 1 - 0{,}000059269 t + 0{,}0000076816 t^2 - 0{,}000000037159 t^3,$$

aus den ersten 90 Beobachtungen (von $t = -0^0{,}5$ bis $t = 24^0{,}6$) von Stampfer;

$$v = 1 - 0{,}00006028 t + 0{,}0000082138 t^2 - 0{,}000000047313 t^3$$

und daraus für den Grad, bei welchem die Dichtigkeit des Wassers am gröfsten:

nach Hällström	$t = 4^0{,}031 \pm 0^0{,}134$	also	zwischen	4,165	und	3,897
» Muncke	$t = 3^0{,}879 \pm 0^0{,}058$	»	»	3,937	»	3,821
» Muncke	$t = 3^0{,}972 \pm 0^0{,}159$	»	»	4,131	»	3,813
» Stampfer	$t = 3^0{,}790 \pm 0^0{,}140$	»	»	3,930	»	3,650

als Mittelwerth also mit Berücksichtigung des Gewichtes:

$$t = 3^0{,}90 \pm 0^0{,}04 \text{ also zwischen } 3{,}94 \text{ und } 3{,}86$$

und für das Volumen zwischen $t = 0^0$ und $t = 30^0$. Als mittlere aus den obern vier Gleichungen:

$$\text{A)}\quad v = 1 - 0{,}000057577 t + 0{,}0000075601 t^2 - 0{,}000000035091 t^3,$$

aus den beiden angeführten Reihen von Muncke und einer dritten, mit der gröfseren Kugel, bei welcher die Ausdehnung des Glases durch eingefülltes Quecksilber compensirt wurde, hingegen zwischen 30° und 100° C. folgende Gleichungen:

$$v = 1 - 0{,}0000056195 t + 0{,}00000515927 t^2 - 0{,}0000000089138 t^3,$$
$$v = 1 - 0{,}000012174 t + 0{,}00000544666 t^2 - 0{,}000000011179 t^3,$$
$$v = 1 - 0{,}00001046 t + 0{,}0000054039 t^2 + 0{,}000000011133 t^3,$$

als Mittelwerth daraus:

$$\text{B)}\quad v = 1 - 0{,}0000094178 t + 0{,}00000533661 t^2 - 0{,}0000000104086 t^3.$$

In der folgenden Tafel sind nach (A) die Volumina zwischen 0° und 30°, aus der Gleichung (B) die Werthe derselben zwischen 30° und 100° C. berechnet:

---

[1]) Prüfung der neulich gemachten Bestimmungen über die Volumensänderungen des Wassers in verschiedener Wärme, und über die Wärme für die gröfste Dichtigkeit des Wassers. P. A. 34. 220 und Kongl. Vetensk. Acad. Handling. f. 1833.

Vom Thaupunkt bis 30 Grad C.

Temp. C.	Volumen	Dichtigkeit	Temp. C.	Volumen	Dichtigkeit
0	1,000000	1,000000	15	1,000720	0,999280
1	0,999950	1,000050	16	1,000872	0,999128
2	0,999915	1,000080	17	1,001035	0,998966
3	0,999894	1,000106	18	1,001210	0,998791
3,9	0,999882	1,000118	19	1,001397	0,998605
4	0,999888	1,000112	20	1,001594	0,997408
5	0,999897	1,000103	21	1,001802	0,998201
6	0,999919	1,000081	22	1,002022	0,997928
7	0,999956	1,000044	23	1,002251	0,997754
8	1,000006	0,999994	24	1,002491	0,997515
9	1,000069	0,999931	25	1,002741	0,997267
10	1,000145	0,999855	26	1,003001	0,997008
11	1,000235	0,999765	27	1,003271	0,996740
12	1,000338	0,999662	28	1,003549	0,996463
13	1,000453	0,999547	29	1,003837	0,996178
14	1,000581	0,999419	30	1,004216	0,995802

Zwischen 30 Grad und 100 Grad C.

Temp. C.	Volumen	Dichtigkeit	Temp. C.	Volumen	Dichtigkeit
30	1,004216	0,995802	51	1,012019	0,988124
31	1,004527	0,995494	52	1,012477	0,987677
32	1,004822	0,995201	53	1,012941	0,987225
33	1,005127	0,994899	54	1,013415	0,986763
34	1,005440	0,994625	55	1,013894	0,986297
35	1,005761	0,994272	56	1,014381	0,985823
36	1,006092	0,993945	57	1,014875	0,985343
37	1,006432	0,993609	58	1,015375	0,984858
38	1,006778	0,993268	59	1,015884	0,984364
39	1,007132	0,992918	60	1,016398	0,983867
40	1,007496	0.992560	61	1,016919	0,983288
41	1,007867	0,992194	62	1,017450	0,982849
42	1,008247	0,991820	63	1,017985	0,982343
43	1,008635	0,991438	64	1,018528	0,981809
44	1,009031	0,991046	65	1,019078	0,981280
45	1,009434	0,990654	66	1,019632	0,980748
46	1,009846	0,990272	67	1,020195	0,980204
47	1,010265	0,989829	68	1,020761	0,979658
48	1,010692	0,989420	69	1,021339	0,979107
49	1,011128	0,988994	70	1,021920	0,978550
50	1,011570	0,988563	71	1,022508	0,977987

Temp. C.	Volumen	Dichtigkeit	Temp. C	Volumen	Dichtigkeit
72	1,023102	0,977420	87	1,032720	0,968317
73	1,023703	0,976846	88	1,033405	0,967675
74	1,024308	0,976269	89	1,034095	0,967029
75	1,024921	0,975685	90	1,034791	0,966379
76	1,025540	0,975098	91	1,035492	0,965725
77	1,026164	0,974593	92	1,036198	0,965066
78	1,026794	0,973905	93	1,036908	0,964405
79	1,027430	0,973302	94	1,037624	0,963740
80	1,028072	0,972695	95	1,038346	0,963070
81	1,028458	0,972329	96	1,039069	0,962401
82	1,029372	0,971465	97	1,039799	0,961724
83	1,030031	0,970844	98	1,040531	0,961047
84	1,030695	0,970218	99	1,041273	0,960455
85	1,031364	0,969590	100	1,042016	0,959678
86	1,032040	0,968988			

Bekanntlich hat man die Richtigkeit der Resultate von Hällström deswegen bezweifelt, weil die von ihm bei der Reduction der Versuche wegen der thermischen Ausdehnung des Glases angewendete Correction sehr von der gewöhnlichen Annahme abweicht, dafs diese Ausdehnung den Zunahmen der Temperatur direct proportional sei. Da das angewendete Glas bei dem Brande von Åbo verloren gegangen ist, so war eine Wiederholung der Versuche unmöglich. Hällström hat daher einen indirecten Beweis für die Richtigkeit seiner früheren Messungen dadurch gegeben, dafs er die, nach der von Lavoisier, Roy, Dufong und Petit, Horner und Muncke bestimmten thermischen Ausdehnung des Glases, berechnete Temperatur der gröfsten Dichtigkeit des Wassers zwischen 2°.5 und 2°.8 findet, ein Resultat, welches entschieden falsch seyn würde, da hingegen das nach seinen eignen Versuchen früher erhaltene 4°.108 mit den Ergebnissen der zuverlässigsten Beobachter nahe übereinstimmt.

Was diese betrifft, so liegt allerdings bei denen, welche nicht direct beobachtet sind, sondern aus einer Reihe bei verschiedenen Temperaturen angestellter Messungen abgleitet wurden, eine Willkührlichkeit in der Form der Funktion t, durch welche man die Ausdehnung darstellt. Da aber fast alle Experimentatoren und Berechner sich derselben Form bedient haben, so kann kein Zweifel darüber obwalten, dafs die Bestimmung der wahrscheinlichsten Werthe der Coefficienten dieser Formel jeder andern auf ein willkührliches Interpolationsverfahren gegründeten Bestimmung vorzuziehen ist. In der folgenden Tafel, welche sämmtliche bisher über den Wärmegrad des dichtesten Wassers gegebenen Bestimmungen enthält, sind die nach der Wahrscheinlichkeitsrechnung ermittelten mit W. bezeichnet.

Beobachter	Berechner	Temp. der gröfsten Dichtigkeit d. Wassers
Deluc	Biot	3°,42 C.
»	Eckstrand	3,60
»	Paucker	1,76 W.
»	Hällström	1,76 W.
Dalton	Dalton	2,22
»	Biot	4,35
Gilpin	Young	3,89
»	Biot	3,89
»	Eytelwein	2,59
»	Walbeck	0,44
»	Hällström	3,817 W.
Schmidt	Eytelwein	2,91
»	Hällström	8,63 W.
Charles	Biot	3,99
»	Paucker	3,88 W.
Lefevre-Gineau	Lefevre-Gineau	4,44
Bischof	Bischof	4,06
Rumford	Rumford	4,38
»	»	3,47
Tralles	Tralles	4,35
Hope	Hope	3,33
»	»	3,88
»	»	4,16
Eckstrand	Eckstrand	3,60
»	»	3,90
Muncke	Muncke	3,78
» 1ste Reihe	Hällström	2,23 W.
» 2te Reihe	»	2,39 W.
» 3te Reihe	»	1,98 W.
Stampfer	Stampfer	3,75
»	Hällström	3,755 ± 0°,073 W.
Hällström	»	4,108 ± 0°,238 W.
» neuere Berechnung	»	4,031 ± 0°,135 W.
Despretz	Despretz	3,995
Rudberg	Rudberg	4,02

Muncke 1ste Reihe 1° bis 33°	Hällström	3°,879 ± 0°,058 W.
» 2te Reihe 1° bis 30°	»	3°,972 ± 0°,159 W.
» 3te Reihe 1° bis 30°	»	3°,406 ± 0°,206 W.
Stampfer 0° bis 25°	»	3°,790 ± 0°,140 W.
Mittel aus Muncke, Stampfer, Hällström	»	3°,90 ± 0°,04 W.

Die Bestimmung von **Rudberg** gründet sich auf eine ausgedehnte Versuchsreihe desselben, von welcher bisher nur eine vorläufige Notiz in

Berzelius Jahresbericht 14. 102 bekannt geworden ist. Das Ergebnifs von Despretz wurde nicht durch die von Hällström, Stampfer und Rudberg angewendete Wägungsmethode, sondern vermittelst 7 Wasserthermometer und 6 Quecksilberthermometer erhalten [1]). Hassler hat bei der Regulirung des Amerikanischen Gewichts ebenfalls eine grofse Anzahl einzelner Versuche über die Dichtigkeit des Wassers bei verschiedenen Temperaturen angestellt und sie in dem schon früher erwähnten Werke „Comparison of Weights and Measures of Length and Capacity reported to the Senate of the United States by the Treasury Departement in 1832" bekannt gemacht.

Aus den bisherigen Untersuchungen scheint mir mit hinreichender Sicherheit hervorzugehen, dafs das Wasser bei 4° C. am dichtesten ist.

Was die von 30° bis 100° in der oben gegebenen Tafel enthaltenen Bestimmungen der Dichtigkeit betrifft, so können sie, wie Hällström durch die Discussion der Munkeschen Beobachtungen und Rechnungen gezeigt hat, nicht auf den Grad der Genauigkeit Anspruch machen, welche mit Recht den von Hällström zwischen 0° und 30° gegebenen Bestimmungen bisher zugeschrieben worden ist und wohl auch ferner zugeschrieben werden wird. Wir fügen daher noch die für die thermische Ausdehnung des Glases einzeln corrigirten Originalbeobachtungen Hällströms hinzu.

Wärme Celsius	Berichtigtes Volumen des Wassers	Wärme Celsius	Berichtigtes Volumen des Wassers	Wärme Celsius	Berichtigtes Volumen des Wassers
0°	1,000000	8°,6	1,000010	20°,5	1,001546
0,8	0,999984	9,0	1,000027	21,0	1,001673
1,0	0,999973	10,0	1,000088	21,2	1,001658
1,1	0,999968	10,5	1,000156	22,0	1,001790
1,3	0,999944	11,0	1,000224	24,0	1,002308
1,4	0,999957	15,2	1,000653	25,1	1,002510
1,8	0,999929	15,4	1,000681	25,5	1,002649
2,0	0,999912	16,0	1,000810	25,7	1,002691
2,2	0,999907	16,3	1,000818	26,5	1,002894
2,5	0,999890	16,8	1,000918	27,0	1,003029
3,0	0,999877	17,0	1,000977	27,2	1,003080
3,7	0,999895	17,5	1,000999	27,6	1,003223
4,0	0,999879	17,8	1,001053	27,9	1,003273
4,8	0,999879	18,0	1,001129	28,2	1,003353
5,0	0,999881	18,7	1,001192	29,0	1,003584
5,7	0,999906	19,0	1,001296	29,4	1,003693
6,2	0,999918	20,0	1,001474	30,0	1,003944
6,7	0,999922	20,2	1,001495	30,4	1,004016
8,0	0,999979	20,4	1,001537	30,6	1,004083

[1]) Journal de Chimie medicale 9. 254.

Wärme Celsius	Berichtigtes Volumen des Wassers	Wärme Celsius	Berichtigtes Volumen des Wassers	Wärme Celsius	Berichtigtes Volumen des Wassers
31°,0	1,004173	32°,0	1,004664	32°,3	1,004673
31,2	1,004259	32,2	1,004608	32,5	1,004764

Dichtigkeit des salzigen Wassers.

In Uebereinstimmung mit früheren Versuchen von A. Erman findet Despretz dafs ein Zusatz von Kochsalz das Dichtigkeitsmaximum des Wassers herabsenkt, und zwar 1 Procent um 1°,5, 2½ Procent zum Gefrierpunkt, gröfsere Quantitäten noch tiefer, so dafs ihn das Meerwasser bei —3°,67 haben würde, wenn es nicht schon bei —2°,55 sich durch Abscheidung eines Theiles Wasser in fester Form zersetzte [1]). Eine Kochsalzlösung, deren Gefrierpunkt bei —4°,3 C. liegt, ist erst bei —16°,5 C. am dichtesten [2]).

Die Dichtigkeit des Wassers vom kaspischen Meere und vom Eltonsee, 274 Werst südlich von Saratow ist von H. Rose bestimmt worden. Verglichen mit der Dichtigkeit anderer Salzseen findet sich:

Wasser vom Eltonsee.......... 1,27288 bei 12°, C. nach H. Rose.
» » Todten Meere... 1,245 nach Klapproth.
» » » » 1,240 » Macquer, Lavoisier, Sage.
» » » » 1,240 bei 12°,5 R. nach Hermbstädt.
» » » » 1,2283 » 17° C. nach Gay-Lussac.
» » » » 1,211 nach Marcet und Tennant.
» » Urmia bei Tauris 1,16507 nach Marcet.
» » Kaspischen See.. 1,0013 bei 12°,5 C. nach H. Rose.

Das Wasser des letztern war 75 Werst von der vier Hügel geschöpft.

Dichtigkeit des Speichels. Nach C. Mitscherlich [4]) schwankt dieselbe zwischen 1,0061 und 0088, und ist im Mittel 1,0074.

3) Dichtigkeit gasförmiger Substanzen.

Dumas hat zur Bestimmung der Dichtigkeit des Schwefel- und Phosphordampfes sich des Verfahrens bedient, welches er schon früher in der bekannten Abhandlung „über einige Punkte in der Atomentheorie" (Ann. de Ch. et Ph. 28. 337 und Pogg. Ann. 9. 293), beschrieben und durch Abbildung der Apparate erläutert hat. Dieses Verfahren besteht bekanntlich darin, dafs man in einen Ballon von bekanntem Rauminhalt die flüch-

[1]) Journ. de chim. med. 9. 625.
[2]) l'Instit. No. 45. 209. P. A. 31. 96.
[3]) Pogg. Ann. 35. 169
[4]) Pogg. Ann. 27. 320.

tige Substanz in einem solchen Ueberschufs hineinbringt, dafs sie in Gasform einen viel gröfseren Raum einnimt, als der Inhalt des Kolbens beträgt, den Hals des Kolbens in eine Spitze auszieht, ihn in einem leichtflüssigen Metallgemisch erhitzt und die Spitze zuschmelzt, wenn der Kolben bis über den Kochpunkt der Substanz erhitzt ist. Durch Beobachtung der Temperatur des Ballons und des Druckes der Atmosphäre, durch Bestimmung des Gewichtes von der im Gefäfs gebliebenen Substanz und Messen des Volumens des Ballons erhält man die verlangte Dichtigkeit.

Auf diese Weise erhielt Dumas

Dichtigkeit des Phosphordampfes [1]) 4,420
» » Schwefeldampfes [2]) 6,51 bis 6,617.

Die wichtige Entdeckung von Dumas, dafs die Dichtigkeit des Schwefeldampfes dreimal gröfser sei, als die, welche man früher aus dem Atomengewicht ableiten zu können glaubte, hat eine ausführliche Untersuchung von Mitscherlich „über das Verhältnifs des specifischen Gewichts der Gasarten zu den chemischen Proportionen [3])" veranlafst.

Das Verfahren war das Dumas'sche, wesentlich verbessert durch die Construction des später zu beschreibenden Luftthermometers und die Art der gleichförmigen Erhitzung des die Substanz enthaltenden cylindrischen Gefäfses vermittelst erwärmter frei circulirender Luft. Die Erwärmung geschah in manchen Fällen durch ein Bad von Chlorzink, welches wegen langsamerer Erhitzung und geringeren specifischen Gewichts bei Temperaturen über 110° einer Metallmischung vorzuziehen ist.

In der folgenden Tafel, welche Mitscherlich's Resultate mit denen anderer Beobachter enthält, bezeichnet B. D. Berzelius und Dulong, B. Berzelius, Bé. Bérard, B. A. Biot und Arago, G. Gay-Lussac G. T. Gay-Lussac und Thénard, C. Colin, R. H. Rose, D. Dumas, M. Mitscherlich.

Einfache gasförmige Körper.

	Beobachtet.		Anzahl d. Atome.	Berechn.
Sauerstoff...	= 1,10260	BD.	1	
Wasserstoff.	= 0,06880	BD.	1	
Stickstoff....	= 0,97600	BD.	1	
Chlor.......	= 2,47	GT.	1	2,44033
Brom.......	= 5,54	M.	1	5,393
Jod.........	= 8,716	D.	1	8,70111
Schwefel....	= 6,51 – 6,617	D.	3	6,65415
	= 6,9	M.		
Phosphor....	= 4,420	D.	2	4,32562
»	= 4,58	M.		

[1]) Ann. de Ch. et Ph. 49. 210. Pogg. Ann. 25. 396.
[2]) Ann. de Ch. et Ph. 50. 170. Pogg. Ann. 26. 559.
[3]) Pogg. Ann. 29. 193.

	Beobachtet.		Anzahl d Atome.	Berechn.
Arsenik......	= 10,6	M.	2	10,36536
Quecksilber..	= 6,976	D.	$\frac{1}{2}$	6,97848
	= 7,03	M.		

Zusammengesetzte gasförmige Körper.

	Beobachtet.		Anzahl d. Atome.	Berechn.
Wasser................	0,6235	G.	$\frac{1}{2}$	0,62010
Stickstoffoxydul........	1,5204	C.	$\frac{1}{2}$	1,52730
Stickstoffoxyd...........	1,0388	Bé.	$\frac{1}{2}$	1,03930
Salpetrige Salpetersäure	1,72	M.	$\frac{1}{8}$	1,59060
Ammoniak...............	0,5967	BA.	$\frac{1}{2}$	0,59120
Chlorwasserstoff........	1,2474	BA.	$\frac{1}{2}$	1,2544
Bromwasserstoff.........	2,73107	[1]	$\frac{1}{2}$	2,73107
Jodwasserstoff..........	4,44	G.	$\frac{1}{2}$	4,38495
Schweflichte Säure.....	2,247	B.	$\frac{1}{2}$	2,21162
Schwefelsäure, wasserfr.	3,0	M.	$\frac{1}{3}$	2,76292
Schwefelwasserstoff.....	1,912	GT.	$\frac{1}{2}$	1,17782
Chlorschwefel..........	4,70	D.	1	4,658
Phosphorwasserstoff....	1,1214	D.	$\frac{1}{2}$	1,1896
	1,100–1,191	R.		
Flüssiger Chlorphosphor	4,8765	D.	$\frac{1}{2}$	4,7414
Fester Chlorphosphor...	4,85	M.	$\frac{1}{3}$	4,79
Arsenichte Säure.......	13,85	M.	1	13,3
Arsenikwasserstoff.......	2,695	D.	$\frac{1}{2}$	2,69454
Chlorarsenik.............	6,3006	D.	$\frac{1}{2}$	6,25183
Jodarsenik..............	16,1	M.	$\frac{1}{2}$	15,64
Quecksilberchlorür (D. M. Calomel)...........	8,35	M.	$\frac{1}{2}$	8,20
Quecksilberchlorid (Sublimat)................	9,8	M.	$\frac{1}{3}$	9,42
Quecksilberbromür......	10,14	M.	$\frac{1}{2}$	9,675
Quecksilberbromid......	12,16	M.	$\frac{1}{2}$	12,373
Quecksilberjodid....	15,6–16,2	M.	$\frac{1}{2}$	15,68
Schwefelquecksilber..... (Zinnober)...........	5,51	M.	$\frac{1}{3}$	5,39

	Bestimmt	Berechnet
Cyan.............................	1,8064 G.	1,81879
Cyanwasserstoff..................	0,9476 G.	0,94379

[1]) Bromwasserstoff nicht durch directe Wägung, sondern dadurch, dafs man ermittelt hat, dafs 1 Maafs Bromwasserstoff aus $\frac{1}{2}$ Maafs Bromgas und $\frac{1}{2}$ Maafs Wasserstoffgas besteht.

Aus dem specifischen Gewichte dieser Substanzen folgt nun, das sich verbinden:

Maafs		Maafs		Maafs
1 Stickstoffgas	mit	1 Sauerstoffgas	zu	2 Stickstoffoxydgas
1 Chlorgas	»	1 Wasserstoffgas	»	2 Chlorwasserstoffgas
1 Bromgas	»	1 »	»	2 Bromwasserstoffgas
1 Jodgas	»	1 »	»	2 Jodwasserstoffgas
1 Cyangas	»	1 »	»	2 Cyanwasserstoffgas
1 »	»	1 Chlorgas	»	2 Chlorcyangas
1 Quecksilbg.	»	1 Chlorgas	»	1 Quecksilberchloridgas
1 »	»	1 Bromgas	»	1 Quecksilberbromidgas
1 »	»	1 Jodgas	»	1 Quecksilberjodidgas
2 Wasserstoffg.	»	1 Sauerstoffgas	»	2 Wassergas
2 Stickstoffgas	»	1 »	»	2 Stickstoffoxydulgas
2 Quecksilberg.	»	1 Chlorgas	»	2 Quecksilberchlorürgas
2 »	»	1. Bromgas	»	2 Quecksilberbromürgas
2 Sauerstoffgas	»	1 Stickstoffgas	»	2 salpetrichtes Salpetersäureg.
1 Stickstoffgas	»	3 Wasserstoffgas	»	2 Ammoniakgas
1 Arsenikgas	»	3 Sauerstoffgas	»	1 arsenichter Säure
1 Schwefelgas	»	3 Chlorgas	»	1 Chlorschwefelgas
1 Schwefelgas	»	6 Sauerstoffgas	»	6 schweflichter Säure
1 »	»	6 Wasserstoffgas	»	6 Schwefelwasserstoffgas
1 Phosphorgas	»	6 Wasserstoffgas	»	4 Phosphorwasserstoffgas
1 Arsenikgas	»	6 »	»	4 Arsenikwasserstoffgas
1 Phosphorgas	»	6 Chlorgas	»	4 Phosphorchlorürgas
1 Arsenikgas	»	6 »	»	4 Arsenikjodürgas
1 »	»	6 Jodgas	»	4 Arsenikjodgas
1 Schwefelgas	»	6 Quecksilbergas	»	9 Schwefelquecksilbergas
1 Schwefelgas	»	9 Sauerstoffgas	»	6 Schwefelsäuregas
1 Phosphorgas	»	10 Chlorgas	»	6 Phosphorchloridgas

Zweiter Abschnitt.

Mathematische Physik.

1) Ueber die Darstellung ganz willkührlicher Funktionen durch Sinus- und Cosinusreihen.

Von G. Lejeune Dirichlet.

Die merkwürdigen Reihen, welche in einem bestimmten Intervalle Funktionen darstellen, welche ganz gesetzlos sind oder in verschiedenen Theilen dieses Intervalls ganz verschiedenen Gesetzen folgen, haben seit der Begründung der mathematischen Wärmelehre durch Fourier so zahlreiche Anwendungen in der analytischen Behandlung physikalischer Probleme gefunden, das es zweckmäfsig erscheint, die für die folgenden Bände dieses Werkes bestimmten Auszüge aus den neuesten Arbeiten über einige Theile der mathematischen Physik durch die Entwickelung einiger der wichtigsten dieser Reihen einzuleiten.

§. 1.

Man denke sich unter a und b zwei feste Werthe und unter x eine veränderliche Gröfse, welche nach und nach alle zwischen a und b liegenden Werthe annehmen soll. Entspricht nun jedem x ein einziges, endliches y, und zwar so, dafs, während x das Intervall von a bis b stetig durchläuft, $y = f(x)$ sich ebenfalls allmählig verändert, so heifst y eine stetige oder continuirliche [1]) Funktion von x für dieses Intervall. Es ist dabei gar nicht nöthig, dafs y in diesem ganzen Intervalle nach demselben Gesetze von x abhängig sei, ja man braucht nicht einmal an eine durch mathematische Operationen ausdrückbare Abhängigkeit zu denken. Geometrisch dargestellt d. h. x und y als Abscisse und Ordinate gedacht, erscheint eine stetige Funktion als eine zusammenhängende Curve, von der jeder zwischen a und b enthaltenen Abscisse nur ein Punkt entspricht.

[1]) Da im Folgenden nur von stetigen Functionen die Rede sein wird, so kann der Zusatz ohne Nachtheil wegbleiben.

Diese Definition schreibt den einzelnen Theilen der Curve kein gemeinsames Gesetz vor; man kann sich dieselbe aus den verschiedenartigsten Theilen zusammengesetzt oder ganz gesetzlos gezeichnet denken. Es geht hieraus hervor, dafs eine solche Funktion für ein Intervall als vollständig bestimmt nur dann anzusehen ist, wenn sie entweder für den ganzen Umfang desselben graphisch gegeben ist, oder mathematischen, für die einzelnen Theile desselben geltenden Gesetzen unterworfen wird. So lange man über eine Funktion nur für einen Theil des Intervalls bestimmt hat, bleibt die Art ihrer Fortsetzung für das übrige Intervall ganz der Willkühr überlassen.

Es seien A und B die Endpunkte von a und b, und $\alpha\gamma\beta$ die der Funktion f(x) entsprechende Curve, so ist klar, dafs mit dieser Funktion auch der Flächenraum $A\alpha\gamma\beta B$ bestimmt ist, welcher von den Ordinaten $A\alpha$, $B\beta$, dem Stück AB der Abscissenachse und der Curve $\alpha\beta\gamma$ begrenzt wird, wenn er sich gleich nicht immer genau angeben läfst. Dieser Raum heifst bekanntlich auch das bestimmte Integral der Funktion f(x), von a bis b oder zwischen den Grenzen a und b genommen und wird durch $\int_a^b f(x)dx$ bezeichnet. Der Ursprung dieses Zeichens liegt in der Art, wie die Infinitesimalrechnung einen Flächenraum oder ein solches Integral betrachtet. Wird die Linie AB $= b - a$, in eine Anzahl n gleicher Theile zerlegt, deren gemeinschaftlicher Werth $= \frac{b-a}{n} = \delta$, und werden durch α und die Endpunkte der den Theilungspunkten 1, 2, 3,.. entsprechenden Ordinaten, Parallelen mit der Abscissenachse gezogen, so entstehen n Rechtecke, deren Summe

1) $\delta f(a) + \delta f(a+\delta) + \delta f(a+2\delta) + \ldots\ldots + \delta f(a+\overline{n-1}\delta)$,

wie sich leicht streng beweisen läfst, und wie es auch schon die blofse Anschauung ergiebt, bei unaufhörlichem Wachsen der Anzahl n zuletzt in den Flächenraum $A\alpha\gamma\beta B$ übergeht, d. h. man kann n immer so grofs wählen, dafs die Summe (1) von diesem Raum und weniger verschieden sein wird, als eine noch so kleine, vorher bestimmte Gröfse. Nimmt man $b - a$ und also auch δ als positiv an, so erscheinen offenbar die in (1) enthaltenen Rechtecke als positiv oder negativ, je nachdem sie auf der Seite der positiven oder der negativen y liegen. Umgekehrt verhält es sich wenn $b - a$ negativ ist. Es geht also hieraus hervor, dafs ein bestimmtes Integral $\int_a^b f(x)dx$ (wenn man dieses als den Grenzwerth betrachtet, welchen (1) für ein unendliches n annimmt) nur in so fern als Flächenraum angesehen werden kann, als man bei letzterem die Theile, welche auf entgegengesetzten Seiten der Abscissenachse liegen, entgegengesetzt und zwar die auf der Seite der positiven y liegenden als positiv oder negativ nimmt, je nachdem b gröfser oder kleiner als a ist.

§. 2.

Aus der Definition des bestimmten Integrals als Grenzwerth von (1) oder als Flächenraum mit der eben angegebenen Modifikation folgen fast unmittelbar mehrere Eigenschaften, die ich hier zusammenstelle, um mich im Folgenden leichter darauf berufen zu können; c bezeichnet, wie a und b, eine Constante.

2) $\int_a^b f(x)dx = -\int_b^a f(x)dx$

3) $\int_a^b cf(x)dx = c\int_a^b f(x)dx$

4) $\int_a^b f(x)dx = \int_{a+c}^{b+c} f(x-c)dx$

5) $\int_a^b f(x)dx = \frac{1}{c}\int_{ac}^{bc} f\left(\frac{x}{c}\right)dx$

6) $\int_a^b [f(x) \pm F(x)]dx = \int_a^b f(x)dx \pm \int_a^b F(x)dx$

7) „Hat f(x) zwischen $x = a$ und $x = b$ immer dasselbe Zeichen, so ist $\int_a^b f(x)dx$ positiv oder negativ, je nachdem jenes Zeichen dem von $b - a$ gleich oder entgegengesetzt ist."

8) „Das Integral $\int_a^b \varphi(x)F(x)dx$ liegt immer zwischen $M\int_a^b F(x)dx$ und $N\int_a^b F(x)dx$, wenn F(x) innerhalb der Grenzen a und b sein Zeichen nicht ändert und M und N respective den gröfsten und kleinsten Werth[1]) bezeichnen, den $\varphi(x)$ in dem genannten Intervall erhält."

Dieser Satz, welcher im Folgenden häufig Anwendung findet, ist leicht aus den vorhergehenden abzuleiten. Nach den über M und N gemachten Voraussetzungen bleiben

$$M - \varphi(x), \qquad \varphi(x) - N$$

zwischen $x = a$ und $x = b$ stets positiv.

$$[M - \varphi(x)]F(x), \qquad [\varphi(x) - N]F(x)$$

sind daher in diesem Intervall entweder beide immer positiv oder beide immer negativ, woraus vermöge (7) folgt, dafs die Integrale

$$\int_a^b [M - \varphi(x)]F(x)dx, \int_a^b [\varphi(x) - N]F(x)dx$$

---

[1]) Es ist wohl zu bemerken, dafs hier bei der Vergleichung zweier Werthe hinsichtlich ihrer Gröfse auf die Zeichen Rücksicht genommen wird; r heifst gröfser als s, oder geschrieben $r > s$, wenn die algebraische Differenz $r - s$ positiv ist.

gleiche Zeichen haben. Werden diese Integrale nach (6) und (3) in die Form

$$M\int_a^b F(x)dx - \int_a^b \varphi(x)F(x)dx,\ \int_a^b \varphi(x)F(x)dx - N\int_a^b F(x)dx$$

gebracht, so ist die Behauptung bewiesen.

9) Liegt c zwischen a und b, so ist

$$\int_a^b f(x)dx = \int_a^c f(x)dx + \int_c^b f(x)dx$$

Dieser Satz sagt nichts anderes, als dafs der Flächenraum $\int_a^b f(x)dx$ durch die der Abcisse c entsprechende Ordinate in zwei andere Flächenräume zerlegt wird. Man kann durch wiederholte Anwendung desselben jedes Integral in eine beliebige Anzahl anderer Integrale zerlegen. Es geht z. B. daraus hervor, dafs

10 $\int_o^{\frac{\pi}{2}} \cos 2mx\, dx = o$, wenn m irgend eine von o verschiedene ganze Zahl bezeichnet. Zerlegt man nämlich diesen Flächenraum in 2m andern zwischen den Grenzen o und $\frac{\pi}{4m}$, $\frac{\pi}{4m}$ und $\frac{2\pi}{4m}$, $\frac{2\pi}{4m}$ und $\frac{3\pi}{4m}$, .., $\frac{\overline{2m-1}\cdot\pi}{4m}$ und $\frac{2m\pi}{4m}$, so sieht man leicht, dafs der erste dem zweiten, der dritte dem vierten u.s.w. gleich und entgegengesetzt ist.

Endlich ist für das Folgende noch die Kenntnifs der Summe z der endlichen Reihe

$$z = \cos\vartheta + \cos 2\vartheta + \ldots\ldots + \cos n\vartheta$$

erforderlich. Um zur Bestimmung derselben zu gelangen, multiplicire man die Gleichung mit $2\cos\vartheta$ und verwandle die Cosinusprodukte nach der bekanten Formel $2\cos\beta\cos\gamma = \cos(\beta-\gamma) + \cos(\beta+\gamma)$ in Summen. Man erhält so

$$2z\cos\vartheta = 1 + \cos\vartheta + \cos 2\vartheta + \ldots\ldots + \cos\overline{n-1}\vartheta$$
$$\cos 2\vartheta + \cos 3\vartheta + \cos 4\vartheta + \ldots\ldots + \cos\overline{n+1}\vartheta$$

Die Vergleichung der oberen Horizontalreihe mit der durch z bezeichneten Reihe ergiebt für dieselbe, $z + 1 - \cos n\vartheta$; eben so findet man für die untere $z - \cos\vartheta + \cos\overline{n+1}\vartheta$. Werden beide Werthe eingesetzt, so kommt

$$2z\cos\vartheta = 2z + 1 - \cos\vartheta + \cos\overline{n+1}\vartheta - \cos n\vartheta$$

Bring man 2z auf die andere Seite und dividirt durch $2(\cos\vartheta - 1)$, so folgt

$$z = -\tfrac{1}{2} + \frac{\cos n\vartheta - \cos\overline{n+1}\vartheta}{2(1-\cos\vartheta)}$$

Diese Ausdruck für z wird vereinfacht, wenn man $2\sin^2\frac{\vartheta}{2}$ für $1-\cos\vartheta$, und $\sin\frac{\vartheta}{2}\sin(n+\frac{1}{2})\vartheta$ für $\cos n\vartheta - \cos\overline{n+1}\vartheta$ einführt, und den gemeinschaftlichen Faktor $2\sin\frac{\vartheta}{2}$ wegläfst. Man findet so

$$11)\ \cos\vartheta + \cos 2\vartheta + \ldots\ldots + \cos n\vartheta = -\frac{1}{2} + \frac{\sin\left(n+\frac{1}{2}\right)\vartheta}{2\sin\frac{\vartheta}{2}}$$

§. 3.

Verschiedene Aufgaben der mathematischen Physik erfordern die Darstellung einer für das Intervall von o bis π ganz willkührlich gegebenen Funktion f(x) durch eine unendliche Reihe von folgender Form

$$a_1 \sin x + a_1 \sin 2x + a_3 \sin 3x + \ldots\ldots$$

wo a_1, a_2, ... von x unabhängige Gröfsen bezeichnen. Der natürlichste Weg zu der verlangten Reihenentwicklung scheint der sogenannte Uebergang vom Endlichen zum Unendlichen zu sein. Man denke sich nämlich zunächst die Reihe aus einer endlichen Anzahl n — 1 von Gliedern bestehend, d. h. man betrachte den Ausdruck

$$a_1 \sin x + a_2 \sin 2x + \ldots\ldots\ldots\ldots + a_{n-1} \sin(n-1)x.$$

Die darin enthaltenen willkührlichen n — 1 Coefficienten a_1, a_2, ... a_{n-1} lassen sich so bestimmen, dafs dieser Ausdruck für eben so viele besondere Werthe von x, nämlich $\frac{\pi}{n}$, $\frac{2\pi}{n}$, ... $(n-1)\frac{\pi}{n}$ der gegebenen Funktion f(x) gleich wird. Läfst man, nachdem die Werthe der Coefficienten gefunden worden sind, n ohne Grenzen wachsen, so geht die endliche Reihe in eine unendliche über, die Werthe $\frac{\pi}{n}$, $\frac{2\pi}{n}$, ... $(n-1)\frac{\pi}{n}$ rücken einander immer näher und erfüllen zuletzt das ganze Intervall von o bis π, so dafs die Gleichheit der Funktion und der unendlichen Reihe für den ganzen Umfang desselben Statt findet.

Die Gleichsetzung der gegebenen Funktion f(x) und der endlichen Reihe für die vorher angeführten besondern Werthe ergiebt folgende Bedingungen.

$$a_1 \sin\frac{\pi}{n} + a_2 \sin\frac{2\pi}{n} + \ldots\ldots + a_m \sin\frac{m\pi}{n} + \ldots\ldots + a_{n-1} \sin n\text{-}1\,\frac{\pi}{n} = f\left(\frac{\pi}{n}\right)$$

$$a_1 \sin\frac{2\pi}{n} + a_2 \sin\frac{4\pi}{n} + \ldots\ldots + a_m \sin\frac{2m\pi}{n} + \ldots + a_{n-1} \sin 2(n\text{-}1)\,\frac{\pi}{n} = f\left(\frac{2\pi}{n}\right)$$

$$a_1 \sin\frac{3\pi}{n} + a_2 \sin\frac{6\pi}{n} + \ldots\ldots + a_m \sin\frac{3m\pi}{n} + \ldots + a_{n-1} \sin 3(n\text{-}1)\frac{\pi}{n} = f\left(\frac{3\pi}{n}\right)$$

$$\ldots\ldots\ldots\ldots\ldots\ldots\ldots\ldots\ldots$$

$$a_1 \sin(n-1)\frac{\pi}{n} + a_2 \sin(n-1)\frac{2\pi}{n} + \ldots + a_m \sin n\text{-}1\,\frac{m\pi}{n} + \ldots\ldots$$

$$+ a_{n-1} \sin(n-1)^2\frac{\pi}{n} = f\left(n-1\cdot\frac{\pi}{n}\right)$$

Um aus diesen n — 1 Gleichungen irgend einen der darin enthaltenen Coefficienten z. B. a_m (wo m eine der Zahlen 1, 2, 3,.. n — 1) zu erhalten, multiplicire man diese Gleichungen der Reihe nach mit $2\sin\frac{m\pi}{n}$,

$2\sin\frac{2m\pi}{n}$, $2\sin\frac{3m\pi}{n}$, ... $2\sin(n-1)\frac{m\pi}{n}$ und addire nachher alle zusammen. Die so entstehende neue Gleichung wird a_m allein enthalten und zur Bestimmung dieser Gröfse führen. Um sich hiervon zu überzeugen, betrachte man den Inbegriff aller Glieder, die in dieser Gleichung irgend einen Coefficienten a_h enthalten, wo h wie m eine in der Reihe 1, 2, 3, ... $n-1$ enthaltene Zahl bezeichnet. Setzt man a_h als gemeinschaftlichen Faktor heraus, so erhält man als Vereinigung aller dieser Glieder

$$a_h\left(2\sin\frac{m\pi}{n}\sin\frac{h\pi}{n}+2\sin\frac{2m\pi}{n}\sin\frac{2h\pi}{n}+\ldots+2\sin\overline{n-1}\cdot\frac{m\pi}{n}\sin\overline{n-1}\cdot h\frac{\pi}{n}\right)$$

und man beweist leicht, dafs der Ausdruck zwischen den Klammern der Null gleich ist, wenn h von m verschieden ist. Schreibt man nämlich statt der Sinusprodukte Cosinusdifferenzen, so geht derselbe in folgende Differenz über

$$\begin{array}{ll} & \cos(m-h)\cdot\frac{\pi}{n}+\cos 2(m-h)\frac{\pi}{n}+\ldots\ldots+\cos(n-1)(m-h)\frac{\pi}{n} \\ 12) & \\ & -\left(\cos(m+h)\frac{\pi}{n}+\cos 2(m+h)\frac{\pi}{n}+\ldots\ldots+\cos(n-1)(m+h)\frac{\pi}{n}\right)\end{array}$$

Jede dieser Reihe läfst sich nach Formel (11) summiren. Wenn man dort $\vartheta=(m-h)\frac{\pi}{n}$, setzt und n in $n-1$ verwandelt, so findet man für die erste

$$-\frac{1}{2}+\frac{\sin(n-\frac{1}{2})(m-h)\frac{\pi}{n}}{2\sin(m-h)\frac{\pi}{2n}}$$

Erinnert man sich, dafs für irgend eine ganze Zahl l, $\sin(l\pi-\gamma)=\mp\sin\gamma$, wo das obere oder das untere Zeichen gilt, je nachdem l gerade oder ungerade ist, so sieht man gleich, dafs $\sin(n-\frac{1}{2})(m-h)\frac{\pi}{n}$ $=\sin\left((m-h)\pi-(m-h)\frac{\pi}{2n}\right)=\mp\sin(m-h)\frac{\pi}{2n}$, und dafs also die erste der Reihen (12) den Werth -1 oder o hat, je nachdem $m-h$ gerade oder ungerade ist. Aehnlicherweise ergiebt sich für die zweite Reihe (12) der Werth -1 oder 0, je nachdem $m+h$ gerade oder ungerade ist. Bemerkt man nun, dafs $m-h$ und $m+h$ entweder zugleich gerade oder zugleich ungerade sind, da ihre Summe 2m gerade ist, so sieht man auf der Stelle, dafs der Ausdruck (12) verschwindet, wie es früher behauptet wurde.

Es ist nicht zu übersehen, dafs das oben gefundene Resultat wesentlich voraussetzt, dafs h von m verschieden ist. Für den Fall, wo $h=m$, erscheint der Ausdruck für die Summe der erste der Reihen (12) in der Form $\frac{0}{0}$, und die vorige Bestimmung verliert ihre Gültigkeit. Man erhält aber in diesem Falle, da alle Glieder dieser Reihe der Einheit gleich werden, sogleich für ihre Summe $n-1$, während die zweite den Werth 1 annimmt, indem $m+h=2m$ in diesem Falle gerade ist. Der Ausdruck (12) verschwindet also für jedes h, welches von m verschieden ist, für $h=m$ hingegen erhält er den Werth n. Es geht daraus hervor, dafs die Gleichung, deren Entstehung man oben näher angegeben hat, in der That nur den einzigen Coefficienten a_m enthält und von folgender sehr einfachen Form ist

$$na_m = 2\sin\frac{m\pi}{n}\, f\left(\frac{\pi}{n}\right) + 2\sin\frac{2m\pi}{n}\, f\left(\frac{2\pi}{n}\right) + \ldots + 2\sin(n-1)\cdot\frac{m\pi}{n}\, f\left(\frac{n-1\cdot\pi}{n}\right)$$

und folglich

$$a_m = \frac{2}{n}\left[\sin\frac{m\pi}{n}\, f\left(\frac{\pi}{n}\right) + \sin\frac{2m\pi}{n}\, f\left(\frac{2\pi}{n}\right) + \ldots + \sin(n-1)\cdot\frac{m\pi}{n}\, f\left(\frac{n-1\cdot\pi}{n}\right)\right]$$

Nachdem die Coefficienten der endlichen Reihe gefunden worden sind, bleibt zu untersuchen wie sich der Coefficient, welcher eine beliebige, aber bestimmte Stelle einnimmt, bei unaufhörlich wachsender Gliederzahl verändert, d. h. es bleibt der Werth auszumitteln, den der vorhergehende Ausdruck für a_m annimmt, wenn man n unendlich grofs werden läfst, während m constant gedacht wird. Schreibt man den Ausdruck wie folgt,

$$a_m = \frac{2}{\pi}\left[\frac{\pi}{n}\sin\left(\frac{0m\pi}{n}\right) f\left(\frac{0\pi}{n}\right) + \frac{\pi}{n}\sin\left(\frac{m\pi}{n}\right) f\left(\frac{\pi}{n}\right) + \frac{\pi}{n}\sin\frac{2m\pi}{n}\, f\left(\frac{2\pi}{n}\right) + \ldots \right.$$
$$\left. + \frac{\pi}{n}\sin\overline{n-1}\,\frac{m\pi}{n}\, f\left(\overline{n-1}\cdot\frac{\pi}{n}\right)\right]$$

so erhellt sogleich aus der Vergleichung der Summe zwischen den Klammern, mit der Gleichung (1), dafs für $n=\infty$ die Summe in das bestimmte Integral $\int_0^\pi \sin mx\, f(x)dx$ übergeht.

Die alsdann zu einer unendlichen gewordene Reihe stellt aber, wie früher bemerkt worden, die Funktion f(x) für alle zwischen o und π gelegenen Werthe von x dar, und wir haben also für den ganzen Umfang des genannten Intervalls

13) $f(x) = a_1\sin x + a_2\sin 2x + \ldots\ldots + a_m\sin mx + \ldots\ldots,$

in welcher Reihe die Coefficienten nach der allgemeinen Gleichung $a_m = \frac{2}{\pi}\int_0^\pi \sin mx f(x)dx$ zu bestimmen sind.

Man kann durch ähnliche Betrachtungen zu einer Reihe gelangen, welche nur die Cosinus von x und dessen Vielfachen enthält, und die Funktion f(x), wie die gefundene Sinusreihe, für dasselbe Intervall von o bis π darstellt. Kürzer erreicht man jedoch diesen Zweck, wenn man das schon gefundene Resultat (13) benutzt. Setzt man in demselben statt f(x) das Produkt 2f(x) sin x, so erhält man

$$2\sin x f(x) = a_1\sin x + a_1\sin 2x + \ldots\ldots + a_m\sin mx + \ldots\ldots$$

$$\text{wo } a = \frac{2}{\pi}\int_0^\pi 2\sin mx\sin x\, f(x)dx.$$

Dieser Werth für a_m läfst sich auch so schreiben

$$a_m = \frac{2}{\pi}\int_0^\pi \cos \overline{m+1}\, x\, f(x)dx - \frac{2}{\pi}\int_0^\pi \cos \overline{m+1} \cdot x\, f(n)dx$$

oder, wenn man zur Abkürzung setzt $\frac{2}{\pi}\int_0^\pi \cos hx\, f(x)dx = b_h$, wo h eine ganze positive Zahl mit Einschlufs der Null bezeichnet, $a_m = b_{m-1} - b_{m+1}$

Nimmt man successive m = 1, 2, 3..... und substituirt in obige Reihe, so kommt

$2\sin x\, f(x) = (b_0 - b_2)\sin x + (b_1 - b_3)\sin 2x + (b_2 - b_4)\sin 3x + \ldots\ldots$

oder wenn man nach b_0, b_1, b_2, ... ordnet

$$2\sin x\, f(x) = b_0 \sin x + b_1 \sin 2x + b_2(\sin 3x - \sin x) - b_3(\sin 4x - \sin 2x) + \text{etc.}$$

Durch Einführung der Produkte $2\sin x \cos x$, $2\sin x \cos 2x$, ... an die Stelle von $\sin 2x$, $\sin 3x - \sin x$, ... wird die ganze Gleichung durch $2\sin x$ theilbar und man erhält nach Entfernung dieses gemeinschaftlichen Faktors

14) $f(x) = \frac{1}{2}b_0 + b_1 \cos x + b_2 \cos 2x + \ldots\ldots + b_m \cos mx \ldots\ldots$

Diese Gleichung gilt wie die Gleichung (13), aus der sie abgeleitet ist, für alle Werthe zwischen o und π, und der allgemeine Coefficient $b_m = \frac{2}{\pi}\int_0^\pi \cos mx\, f(x)dx$.

Obgleich die Reihen (13) und (14) beide eine ganz beliebige Funktion f(x) für das Intervall von o bis π darstellen, so sind sie doch wesentlich von einander verschieden. Während die letztere wegen der bekannten Eigenschaft des Cosinus für entgegengesetzte Werthe des Bogens gleich zu seyn, durch die Verwandlung von x und $-x$ unverändert bleibt, nimmt die erstere in demselben Falle den entgegengesetzten Werth an, wie eben so leicht aus der Natur des Sinus erhellt. Man sieht hieraus leicht, dafs man unter gewissen Umständen eine Funktion von x für das Intervall von $-\pi$ bis π durch die Reihe (14) oder (13) darstellen kann. Denkt man sich nämlich unter f(x) eine von $x = o$ bis $x = \pi$ ganz beliebig gegebene Funktion von x, und setzt diese Funktion oder Curve von $x = o$ bis $x = -\pi$ so fort, dafs immer $f(-x) = f(x)$, so wird diese Funktion von $x = \pi$ bis $x = -\pi$, durch die Reihe (14) ausgedrückt werden können, denn diese Reihe gilt immer von o bis π, und da sie bei der Verwandlung von x und $-x$ unverändert bleibt, welches nach der angegebenen Art der Fortsetzung auch bei der Funktion der Fall ist, so stellt sie diese auch von o bis $-\pi$ dar. Ganz auf dieselbe Weise überzeugt man sich, dafs wenn man eine von o bis π beliebig gegebene Funktion so fortsetzt, dafs $f(-x) = -f(x)$, für eine solche Funktion zwischen $x = -\pi$ und $x = \pi$, die Reihe (13) gilt. Auf diese einfache Bemerkung kann man eine Reihe gründen, welche die Reihen (13) und (14) als besondere Fälle in sich begreift und eine von $x = -\pi$ bis $x = \pi$ ganz willkührlich gegebene Funktion $\varphi(x)$ darzustellen geeignet ist. — Bringt man nämlich $\varphi(x)$ in die Form $\frac{\varphi(x) + \varphi(-x)}{2} + \frac{\varphi(x) - \varphi(-x)}{2}$

so hat der erste Theil $\frac{\varphi(x)+\varphi(-x)}{2}$ die Eigenschaft durch Verwandlung von x in $-x$ unverändert zu bleiben, und ist also nach dem Vorhergehenden von $x=-\pi$ bis $x=\pi$ durch (14) ausdrückbar. Eben so läfst sich offenbar $\frac{\varphi(x)-\varphi(-x)}{2}$ durch die Reihe (13) darstellen, und man hat also für den ganzen Umfang der Intervalls von $-\pi$ bis π, wenn man beide Theile vereinigt.

$$15)\quad \varphi(x)=\tfrac{1}{2}b_0+b_1\cos x+b_2\cos 2x+\ldots\ldots+b_m\cos mx+\ldots\ldots$$
$$+a_1\sin x+a_2\sin 2x+\ldots\ldots+a_m\sin mx+\ldots\ldots$$

wo die Coefficjenten durch die Gleichungen

$$b_m=\frac{1}{\pi}\int_0^\pi\cos mx[(\varphi x)+\varphi(-x)]dx,$$

$$a_m=\frac{1}{\pi}\int_0^\pi\sin mx\,[\varphi(x)-\varphi(-x)]dx$$

zu bestimmen sind. Man kann diesen Ausdrücken eine einfachere Form geben. Es ist nämlich

$$\int_0^\pi\cos mx[\varphi(x)+\varphi(-x)]dx=\int_0^\pi\cos mx\,\varphi(x)dx+\int_0^\pi\cos mx\,\varphi(-x)dx$$

und nach (5) $\int_0^\pi\cos mx\,\varphi(-x)dx=-\int_0^{+\pi}\cos mx\,\varphi(x)dx$ oder nach (2),

$=\int_{-\pi}^0\cos mx\,\varphi(x)dx$, folglich $b_m=\frac{1}{\pi}\left(\int_{-\pi}^0\cos mx\,\varphi(x)dx+\int_0^\pi\cos mx\,\varphi(x)dx\right)$

oder nach (9), $\quad b_m=\frac{1}{\pi}\int_{-\pi}^{+\pi}\cos mx\,\varphi(x)dx.$ Eben so ergiebt

sich $\quad a_m=\frac{1}{\pi}\int_{-\pi}^{+\pi}\sin mx\,\varphi(x)dx.$

§. 4.

Wie natürlich und wie befriedigend auch auf den ersten Blick der Gang erscheinen mag, welcher uns zu den Reihen des vorigen § geführt hat, so findet man doch bald bei genauerer Erwägung, dafs derselbe als strenger Beweis für die Gültigkeit dieser Reihen etwas zu wünschen übrig läfst. Es geht aus dem Begriff des bestimmten Integrals, wie dieser in (1) festgestellt wurde, unbestreitbar hervor, dafs irgend ein Coefficient a_m, welcher in der endlichen Reihe eine bestimmte Stelle m einnimmt, bei unaufhörlichem Wachsen von n in das Integral $\frac{2}{\pi}\int_0^\pi\sin mx\,f(x)\,dx$ übergeht, allein man darf nicht vergessen, dafs durch das Zunehmen von n zugleich immer mehr neue Glieder hinzukommen. Um die Richtigkeit der Reihe (13) zu beweisen, müfste man sich die Glieder der endlichen Reihe in zwei Gruppen zerfällt denken; die erste würde alle Glieder bis zu einer bestimmten unveränderlich gedachten Stellenzahl m, die zweite alle

alle übrigen enthalten. Könnte man nun zeigen, dafs, während die Coefficienten der Glieder der ersten Gruppe sich ins unendliche den durch bestimmte Integrale ausgedrückten Werthen nähern, der Inbegriff aller Glieder der zweiten, deren Anzahl mit n unaufhörlich wächst, nie eine gewisse von m abhängige und zwar beliebig klein ausfallende Grenze überschreiten, wenn man das m gehörig grofs wählte, so würde man die Gewifsheit erlangen, dafs die Reihe (13) convergirend ist und die Funktion f(x) für das Intervall von o bis π wirklich dargestellt. — Die Nothwendigkeit der eben angedeuteten Nachweisung, wenn man den Uebergang vom Endlichen zum Unendlichen zu einem ganz strengen Verfahren erheben will, wird im höchsten Grade einleuchtend, wenn man der endlichen Reihe, von der man ausgeht, eine andere Form giebt. Betrachtet man eine Reihe von der Form

$$a_0 + a_1 x + a_2 x^2 + \ldots\ldots \qquad + a_{n-1} x^{n-1},$$

so lassen sich die Coefficienten ebenfalls leicht so bestimmen, dafs die Reihe für nWerthe von x innerhalb eines beliebigen Intervalls einer ganz willkührlichen Funktion f(x) gleich wird. Läfst man nach erlangter Bestimmung irgend eines Coefficienten n unendlich wachsen, während die Stellenzahl m der Coefficienten constant bleibt, so nähert sich der Coefficient unaufhörlich einem gewissen Endwerth, und man würde also durch das im vorigen § befolgte Verfahren zu der falschen Folgerung verleitet, eine ganz gesetzlose oder stellenweise ganz anderen Gesetzen gehorchende Funktion lasse sich durch eine nach Potenzen der Veränderlichen x geordnete Reihe darstellen.

Die Betrachtungen, die dem Verfahren, welches uns die Reihe (13) geliefert hat, die gehörige Strenge geben würden, sind so zusammengesetzter Art, dafs wir lieber einen andern Weg der Beweisführung einschlagen. Wir werden die Reihe (15), welche die beiden andern (13) und (14) als besondere Fälle in sich begreift, an und für sich untersuchen, und ohne etwas von dem Früheren vorauszusetzen, direct nachweisen, dafs diese Reihe

$$\begin{aligned} \tfrac{1}{2}b_0 + b_1 \cos x + b_2 \cos 2x + \ldots\ldots \quad & + b_m \cos mx + \ldots\ldots \\ a_1 \sin x + a_2 \sin 2x + \ldots\ldots \quad & + a_m \sin mx + \ldots\ldots, \end{aligned}$$

wenn man ihre Coefficienten durch die Gleichungen

$$b_m = \frac{1}{\pi}\int_{-\pi}^{+\pi} \cos mx\,\varphi(x)dx,\quad a_m = \frac{1}{\pi}\int_{-\pi}^{+\pi} \sin mx\,\varphi(x)dx$$

bestimmt, immer convergirt und für alle zwischen $-\pi$ und π enthaltenen Werthe von x der Funktion $\varphi(x)$ gleich ist.

Schreibt man in den vorhergehenden Integralen statt x einen andern Buchstaben α, was offenbar erlaubt ist, da ein bestimmtes Integral nur von der Natur der Funktion und den Werthen der Grenzen abhängig ist, und setzt die Werthe für die $2n+1$ ersten Coefficienten ein, so erhält man als Summe der $2n+1$ ersten Glieder der Reihe

$$\frac{1}{2\pi}\int_{-\pi}^{+\pi} d\alpha\,\varphi(\alpha) + \frac{1}{\pi}\cos x \int_{-\pi}^{+\pi} d\alpha \cos\alpha\,\varphi(\alpha) + \ldots + \frac{1}{\pi}\cos nx \int_{-\pi}^{+\pi} d\alpha \cos n\alpha\,\varphi(\alpha)$$

$$+ \frac{1}{\pi}\sin x \int_{-\pi}^{+\pi} d\alpha \sin\alpha\,\varphi(\alpha) + \ldots\ldots + \frac{1}{\pi}\sin nx \int_{-\pi}^{+\pi} d\alpha \sin n\alpha\,\varphi(\alpha)$$

oder nach (3) und (6)

$$\frac{1}{\pi}\int_{-\pi}^{+\pi} d\alpha\,\varphi(a)\,[\tfrac{1}{2} + \cos(\alpha - x) + \cos 2(\alpha - x) + \ldots + \cos n(\alpha - x)]$$

oder endlich, wenn man die Cosinusreihe vermittelst der Formel (11) summirt,

$$\frac{1}{2\pi}\int_{-\pi}^{+\pi} \frac{d\alpha\,\varphi(\alpha)\sin(2n+1)\frac{a-x}{2}}{\sin\frac{a-x}{2}}.$$

Soll also die Reihe convergiren und den Werth $\varphi(x)$ haben, so mufs der Unterschied zwischen $\varphi(x)$ und diesem Integral, welches die Summe ihrer $2n+1$ ersten Glieder ausdrückt, bei unaufhörlichem Zunehmen von n zuletzt kleiner werden als jede noch so klein gedachte Gröfse. Es ist nöthig, der Untersuchung dieses Integrals in seiner ganzen Allgemeinheit die Behandlung einiger einfachen Fälle vorauszuschicken, auf welche sich alle übrigen zurückführen lassen.

§. 5.

Man betrachte zunächst das Integral

$$\int_{0}^{\frac{\pi}{2}} \frac{\sin(2n+1)\beta}{\sin\beta}\,d\beta,$$

in welchem n wie vorher eine positive ganze Zahl bezeichnet. Setzt man statt $\frac{\sin(2n+1)\beta}{\sin\beta}$ den nach (11) äquivalenten Ausdruck

$$1 + 2\cos 2\beta + 2\cos 4\beta + \ldots\ldots + 2\cos 2n\beta,$$

so erhellt nach (10), dafs alle Glieder mit Ausnahme des ersten zwischen den angegebenen Grenzen integrirt verschwinden, und man findet:

$$\int_{0}^{\frac{\pi}{2}} \frac{\sin(2n+1)\beta}{\sin\beta}\,d\beta = \frac{\pi}{2}.$$

Setzt man zur Abkürzung $2n+1 = k$, und zerlegt das Integral in $n+1$ andere zwischen den Grenzen o und $\frac{\pi}{k}$, $\frac{\pi}{k}$ und $\frac{2\pi}{k}$, ... $\frac{n\pi}{k}$ und $\frac{\pi}{2}$, so folgt nach (7), dafs von diesen Integralen das erste positiv, das zweite negativ, das dritte positiv u.s.w. sein wird, da $\frac{\sin k\beta}{\sin\beta}$ innerhalb der Grenzen des ersten positiv, des zweiten negativ u.s.w ist. Bezeichnet man das Integral des Ranges ν d. h. das von $\frac{(\nu-1)\pi}{k}$ bis $\frac{\nu\pi}{k}$ genommene, abgesehen vom seinem Zeichen, mit ϱ_ν, so dafs also

$$\varrho_\nu = \mp \int_{\frac{(\nu-1)\pi}{k}}^{\frac{\nu\pi}{k}} \frac{\sin k\beta}{\sin\beta} d\beta,$$

wo das obere oder untere Zeichen gilt, je nachdem ν gerade oder ungerade ist, so folgt leicht aus (8), da $\mp\sin k\beta$ von $\frac{(\nu-1)\pi}{k}$ bis $\frac{\nu\pi}{k}$ stets positiv bleibt, dafs ϱ_ν zwischen den beiden Produkten liegt, welche man erhält, wenn man $\int_{\frac{(\nu-1)\pi}{k}}^{\frac{\nu\pi}{k}} \mp\sin k\beta\, d\beta = \frac{2}{k}$ mit dem gröfsten und kleinsten Werth multiplicirt, den der Faktor $\frac{1}{\sin\beta}$ in dem genannten Intervall annimmt.

Das vorhergehende Integral ist nach (4) $= \int_0^{\frac{\pi}{k}} \mp\sin(\overline{\nu-1}\;\pi + k\beta)\, d\beta$

$= \int_0^{\frac{\pi}{k}} \sin k\beta\; d\beta$, oder nach (5) $= \frac{1}{k}\int_0^{\pi} \sin\beta\; d\beta = \frac{\Delta}{k}$, wenn man zur Abkürzung den von k unabhängigen Werth $\int_0^{\pi}\sin\beta d\beta$ mit Δ bezeichnet.

Was den Faktor $\frac{1}{\sin\beta}$ betrifft, so ist dieser um so kleiner als β gröfser ist. Sein gröfster Werth ist daher $\frac{1}{\sin\frac{(\nu-1)\pi}{k}}$ und der kleinste $\frac{1}{\sin\frac{\nu\pi}{k}}$, so dafs also

$$\varrho_\nu > \frac{\Delta}{k}\,\frac{1}{\sin\frac{\nu\pi}{k}} \quad\text{und}\quad \varrho_\nu < \frac{\Delta}{k}\cdot\frac{1}{\sin\frac{(\nu-1)\pi}{k}}$$

Für das letzte Integral ϱ_{n+1} gelten die Grenzen $\frac{\Delta}{2k}$ und $\frac{\Delta}{2k}\,\frac{1}{\sin\frac{n\pi}{k}}$, die sich auf dieselbe Weise ergeben. Vergleicht man die Grenzen, zwischen welchen je zwei auf einander folgende Integrale liegen, so ergiebt sich auf der Stelle, dafs $\varrho_1, \varrho_2, \varrho_3, \cdots \varrho_{n+1}$ eine abnehmende Reihe bilden, d. h.: $\varrho_1 > \varrho_2 > \varrho_3 > \cdots > \varrho_{n+1}$. Das ursprüngliche, später in $n+1$ andre Integrale zerlegte Integral hatte den Werth $\frac{\pi}{2}$. Es findet also folgende Gleichung Statt

$$\frac{\pi}{2} = \varrho_1 - \varrho_2 + \varrho_3 - \varrho_4 + \cdots \pm \varrho_{n+1}.$$

Aus der Abnahme der Glieder $\varrho_1, \varrho_2, \cdots$ folgt leicht, wenn man die Reihe bei ihrem 2m und $2_m + 1^{sten}$ Gliede abbricht (wo natürlich $2m < n$),

$$(16)\quad \begin{aligned} \frac{\pi}{2} &> \varrho_1 - \varrho_2 + \varrho_3 - \cdots - \varrho_{2m}, \\ \frac{\pi}{2} &< \varrho_1 - \varrho_2 + \varrho_3 \cdots - \varrho_{2m} + \varrho_{2m+1}. \end{aligned}$$

Um sich zu überzeugen, dafs diese Ungleichheiten Statt finden, darf man nur bemerken, dafs im ersten Falle die weggebrachten Glieder, wenn man sie paarweise vereinigt, $\varrho_{2m+1} - \varrho_{2m+2}$, $\varrho_{2m+3} - \varrho_{2m+4}$, $\cdots$ — positive Differenzen geben, und dafs man also etwas positives wegläfst, und das Umgekehrte für den zweiten gilt.

Wir wenden uns jetzt zu der Betrachtung des Integrals.

$$\int_0^h \frac{\sin k\beta}{\sin \beta} f(\beta)\, d\beta = S,$$

wo h eine positive $\frac{\pi}{2}$ nicht übersteigende Constante und $f(\beta)$ eine stetige Funktion von β bezeichnet, welche, während β von o bis h wächst, immer positiv bleibt und nie zunimmt. Ich sage absichtlich, nie zunimmt, um den Fall nicht auszuschliefsen, wo $f(\beta)$ stellenweise oder für das ganze Interwall constant bliebe. Der Buchstabe k ist nur früher zur Abkürzung für $2n+1$ eingeführt, und wir wollen untersuchen, wie sich S verändert, wenn n ohne Grenze wächst. Es sei $r\frac{\pi}{k}$ das gröfste in h enthaltene Vielfache von $\frac{\pi}{k}$, wo offenbar die ganze Zahl r nicht gröfser als n sein kann, und man zerlege das Integral in $r+1$ andere, zwischen den Grenzen o und $\frac{\pi}{k}$, $\frac{\pi}{k}$ und $\frac{2\pi}{k}$, $\cdots \frac{r\pi}{k}$ und h, so sind diese Integrale wieder abwechselnd positiv und negativ. Bezeichnet man dasjenige, welches die νte Stelle annimmt, abgesehen von seinem Zeichen, mit R_ν, so dafs also

$$R_\nu = \mp \int_{\frac{(\nu-1)\pi}{k}}^{\frac{\nu\pi}{k}} \frac{\sin k\beta}{\sin \beta} f(\beta)\, d\beta,$$

wo wieder das obere oder das untere Zeichen gilt, je nachdem ν gerade oder ungerade ist, so hat man

$$S = R_1 - R_2 + R_3 \ldots\ldots \pm R_{r+1}.$$

Die positiven Werthe R_1, R_2, R_3 bilden eine abnehmende Reihe, wie man sich leicht überzeugt, wenn man auf R_ν den Satz (8) anwendet. Man findet unter Berücksichtigung der über $f(\beta)$ gemachten Voraussetzung,

dafs $R_\nu = \int_{\frac{(\nu-1)\pi}{k}}^{\frac{\nu\pi}{k}} \mp \frac{\sin k\beta}{\sin\beta} f(\beta)d\beta$ zwischen den beiden Produkten

$f\left(\frac{\nu\pi}{k}\right)\int_{\frac{(\nu-1)\pi}{k}}^{\frac{\nu\pi}{k}} \mp \frac{\sin k\beta}{\sin\beta} d\beta$ und $f\frac{(\nu-1)\pi}{k}\int_{\frac{(\nu-1)\pi}{k}}^{\frac{\nu\pi}{k}} \mp \frac{\sin k\beta}{\sin\beta} d\beta$ liegt, d. h. also

$$R_\nu > f\left(\frac{\nu\pi}{k}\right)\varrho_\nu,\quad R_\nu < f\left(\frac{(\nu-1)}{k}\right)\varrho_\nu\ ^{1)}.$$

Vergleicht man die untere Grenze $f\left(\frac{\nu\pi}{k}\right)\varrho_\nu$ für R_ν mit der obern für $R_{\nu+1}$, welche $f\left(\frac{\nu\pi}{k}\right)\varrho_{\nu+1}$ ist, so folgt wegen $\varrho_\nu > \varrho_{\nu+1}$, dafs auch $R_\nu > R_{\nu+1}$, wie vorher behauptet wurde. Bricht man die Reihe S bei R_{2m} und und R_{2m+1} ab (wo $2m < r$), so ergeben sich die Ungleichheiten

$$S > R_1 - R_2 + R_3 - \ldots\ldots \qquad - R_{2m}$$
$$S < R_1 - R_2 + R_3 - \ldots\ldots \qquad - R_{2m} + R_{2m+1}$$

Die erste dieser Ungleichheiten wird nicht aufhören, richtig zu bleiben, wenn man statt der zu addirenden Glieder R_1, R_3, ... ihre untere Grenzen $f\left(\frac{\pi}{k}\right)\varrho_1$, $f\left(\frac{3\pi}{k}\right)\varrho_3$, ... und statt der zu subtrahirenden R_2, R_4, ihre obere Grenzen $f\left(\frac{\pi}{k}\right)\varrho_2$, $f\left(\frac{3\pi}{k}\right)\varrho_4$, ... setzt. Hierdurch und durch Anwendung des umgekehrten Verfahrens auf die untere Ungleichheit erhält man

$$S > f\left(\frac{\pi}{k}\right)(\varrho_1 - \varrho_2) + f\left(\frac{3\pi}{k}\right)(\varrho_3 - \varrho_4) + \ldots + f\left(\frac{2m-1\cdot\pi}{k}\right)\left(\varrho_{2m-1} - \varrho_{2m}\right)$$
$$S < f(o)\varrho_1 - f\left(\frac{2\pi}{k}\right)(\varrho_2 - \varrho_3) - f\left(\frac{4\pi}{k}\right)(\varrho_4 - \varrho_5) - \ldots - f\left(\frac{2m\pi}{k}\right)\left(\varrho_{2m} - \varrho_{2m+1}\right)$$

---

1) Wäre $f\left(\frac{\nu\pi}{k}\right) = f\left(\frac{\nu-1\cdot\pi}{k}\right)$, so würden die beiden Grenzen zusammenfallen, und man mufs um alle Fälle zu umfassen, mit dem Zeichen $t > w$ den Sinn verbinden, dafs t nicht kleiner als w ist.

Da die Differenzen $\varrho_1 - \varrho_2$, $\varrho_2 - \varrho_3$, $\varrho_3 - \varrho_4$, ... positiv sind und die Funktion $f(\beta)$ nie zunimmt, so darf man offenbar in der ersten Ungleichheit $f\left(\frac{\pi}{k}\right)$, $f\left(\frac{3\pi}{k}\right)$, ... und in der zweiten $f\left(\frac{2\pi}{k}\right)$, $f\left(\frac{4\pi}{k}\right)$, ... mit $f\left(\frac{2m\pi}{k}\right)$ vertauschen. Es ist also

$$S > (\varrho_1 - \varrho_2 + \varrho_3 - \ldots\ldots - \varrho_{2m})\, f\left(\frac{2m\pi}{k}\right)$$

$$S < \varrho_1 f(o) - (\varrho_2 - \varrho_3 + \varrho_4 - \ldots\ldots - \varrho_{2m+1})\, f\left(\frac{2m\pi}{k}\right)$$

Die Zahl 2m ist kleiner als r, und also um so mehr kleiner als n, so daſs die Resultate (16) Statt finden.

Die dort gefundenen Ungleichheiten lassen sich in die Form bringen

$$\varrho_2 - \varrho_3 + \ldots\ldots + \varrho_{2m} < \varrho_1 - \frac{\pi}{2},\quad \varrho_1 - \varrho_2 + \ldots\ldots - \varrho_{2m} > \frac{\pi}{2} - \varrho_{2m+1}$$

Vergleicht diese, nachdem man von beiden Seiten der ersten ϱ_{2m+1} abgezogen hat, mit den vorher erhaltenen Grenzen für S, so ergeben sich folgende höchst einfache Resultate.

$$S > \frac{\pi}{2} f\left(\frac{2m\pi}{k}\right) - \varrho_{2m+1}\, f\left(\frac{2m\pi}{k}\right)$$

$$S < \frac{\pi}{2} f\left(\frac{2m\pi}{k}\right) + \varrho_{2m+1}\, f\left(\frac{2m\pi}{k}\right) + \varrho_1\left[f(o) - f\left(\frac{2m\pi}{k}\right)\right]$$

Unser Zweck war die allmählige Veränderung des Integrals

$$S = \int_o^h \frac{\sin k\beta}{\sin\beta} f(\beta) d\beta$$ zu untersuchen, wenn man in demselben die ganze Zahl n ($k = 2n + 1$) über jede Grenze hinaus wachsen läſst. Diese Frage wird auf der Stelle durch die eben gefundenen Ausdrücke beantwortet. Nach dem früheren ist die darin enthaltene gerade Zahl 2m für ein bestimmtes n in so fern noch willkührlich, als sie jeden r nicht übersteigenden Werth haben kann, wo r wie früher das gröſste in $\frac{h}{\pi} k = \frac{h}{\pi}(2n+1)$ enthaltene Ganze bezeichnet. Da hiernach r offenbar gleichzeitig mit n über jede Grenze hinaus wächst, so darf auch 2m jede Grenze überschreiten.

Denkt man sich nun das gleichzeitige Wachsen von 2m und n so, daſs dabei $\frac{2m}{k}$ successive jeden Grad von Kleinheit erreicht, so werden die für S gefundenen Grenzen zuletzt zusammenfallen. Betrachtet man zunächst die untere Grenze

$$\frac{\pi}{2} f\left(\frac{2m\pi}{k}\right) - \varrho_{2m+1}\, f\left(\frac{2m\pi}{k}\right),$$

so wird unter der angegebenen Voraussetzung ihr erstes Glied zuletzt in $\frac{\pi}{2} f(o)$ übergehn; was das zweite betrifft, so liegt der Faktor ϱ_{2m+1} nach

Obigem zwischen $\frac{\varDelta}{k}\frac{1}{\sin\frac{2m\pi}{k}}$ und $\frac{\varDelta}{k}\frac{1}{\sin\frac{(2m+1)\pi}{k}}$. Schreibt man diese in folgender Form

$$\frac{\varDelta}{2m\pi}\frac{\frac{2m\pi}{k}}{\sin\frac{2m\pi}{k}} \text{ und } \frac{\varDelta}{(2m+1)\pi}\frac{(2m+1)\frac{\pi}{k}}{\sin(2m+1)\frac{\pi}{k}},$$

so ist leicht zu sehen dafs beide zuletzt verschwinden. Durch das unaufhörliche Wachsen m, nähert sich $\frac{\varDelta}{2m\pi}$ der Null, während $\frac{\frac{2m\pi}{k}}{\sin\frac{2m\pi}{k}}$ wegen des Abnehmens von $\frac{2m\pi}{k}$ sich der Einheit nähert. Das Produkt wird also Null, und dasselbe gilt von dem zweiten. Es geht hieraus hervor, dafs die untere Grenze für S zuletzt mit $\frac{2}{\pi}$ f(o) zusammenfällt. Die beiden ersten Glieder in der oberen Grenze sind den schon untersuchten ganz ähnlich, und es bleibt uns nur noch das dritte $\varrho_1\left[f(o)-f\left(\frac{2m\pi}{k}\right)\right]$ zu betrachten. Der zweite Faktor nähert sich offenbar der Null, und dieses Glied wird also verschwinden, wenn der erste nicht über jede Grenze hinaus wächst. Dafs dieses aber nicht der Fall ist, folgt sogleich aus den beiden Ungleichheiten von denen die erste aus (16) hervorgeht, wenn man dort m = 1 setzt,

$\varrho_1 < \frac{\pi}{2}+\varrho_2,\ \varrho_2 < \frac{\varDelta}{k}\frac{1}{\sin\frac{\pi}{k}}.$ Beide mit einander verglichen ergeben

$$\varrho_1 < \frac{\pi}{2}+\frac{\varDelta}{k}\frac{1}{\sin\frac{\pi}{k}} \text{ und } \frac{\varDelta}{k}\frac{1}{\sin\frac{\pi}{k}} = \frac{\varDelta}{\pi}\frac{\frac{\pi}{k}}{\sin\frac{\pi}{k}}$$

nähert sich durch das Wachsen von k dem Werthe $\frac{\varDelta}{\pi}$

Es ist somit streng bewiesen, dafs die beiden Grenzen, zwischen denen S eingeschlossen ist, bei unaufhörlichem Wachsen von n zuletzt mit $\frac{\pi}{2}$ f(o) zusammenfallen, welcher Werth also auch der des Integrals $\int_0^h \frac{\sin k\beta}{\sin\beta} f(\beta)\,d\beta$ für ein unendlich grofses n ist.

Wir haben bisher vorausgesetzt, dafs die Funktion f(β), während β von o bis h wächst, nie zunimmt und aufserdem stets positiv bleibt. Behält man die erste Bedingung bei, d. h. setzt man voraus, dafs für irgend zwei zwischen o und h fallende Werthe p und q, die Differenz f(p) — f(q) immer negativ oder Null ist, wenn p — q positiv ist, ohne damit die zweite Annahme zu verbinden, dafs f(β) nicht negativ wird, so findet der vorige Satz ebenfalls noch statt. Nimmt man nämlich eine positive Constante c, welche so grofs ist dafs f(β) + c nicht negativ wird, so ist der Satz auf f(β) + c anwendbar, d. h. das Integral

$$\int_o^h [f(\beta) + c] \frac{\sin k\beta}{\sin \beta} d\beta$$

wird für ein unendlich grofses n, $\frac{\pi}{2}$ [f(o) + c]. Zugleich ist klar, dafs dieses Integral die Summe von folgenden ist

$$\int_o^h f(\beta) \frac{\sin k\beta}{\sin\beta} d\beta, \quad \int_o^h c \; \frac{\sin k\beta}{\sin\beta} d\beta,$$

von denen das zweite in demselben Falle $c\frac{\pi}{2}$ wird (Es ist nämlich bei der vorigen Behandlung der Fall mit eingeschlossen werden, wo die positive Funktion im ganzen Intervall constant war). Also mufs das erste durch unaufhörliches Wachsen von n zuletzt den Werth $\frac{\pi}{2}$ f(o) annehmen.

Denkt man sich jetzt eine Funktion f(β), die während β von o bis h wächst, nie abnimmt, so wird — f(β) nie zunehmen. Man hat also, wenn n unendlich wächst

$$\int_o^h - f(\beta) \frac{\sin k\beta}{\sin\beta} d\beta = - f(o) \frac{\pi}{2}$$

und folglich

$$\int_o^h f(\beta) \frac{\sin k\beta}{\sin\beta} d\beta = \frac{\pi}{2} f(o).$$

Die vorhergehenden Resultate lassen sich in folgenden Satz zusammenfassen.

17) „Ist f(β) eine stetige Funktion von β die während β von o bis h wächst, (wo die Constante h > o und $\overline{\overline{<}} \frac{\pi}{2}$) und nie vom Abnehmen ins Zunehmen oder umgekehrt übergeht, so wird das Integral

$$\int_o^h \frac{\sin (2n + 1)\beta}{\sin \beta} f(\beta) d\beta,$$

wenn man darin der ganzen Zahl n immer gröfsere positive Werthe beilegt, zuletzt immerfort weniger als jede angebbare Gröfse von $\frac{\pi}{2}$ f(o) verschieden sein."

Die Constante h bleibe den vorigen Bestimmungen unterworfen und man denke sich unter g eine zweite Constante, welche kleiner als h und zugleich positiv und von Null verschieden sei. Ist f(β) eine für das Intervall von g bis h gegebene stetige Funktion von β, die wenn β von g bis h wächst, nie vom Abnehmen ins Zunehmen oder umgekehrt übergeht, so läfst sich nach dem vorigen Satz leicht ermitteln, was aus dem Integral

$$\int_g^h \frac{\sin(2n+1)\beta}{\sin\beta} f(\beta)\, d\beta$$

wird, wenn man n unendlich werden läfst. Da nämlich f(β) blos von β = g bis β = h gegeben ist, so bleibt die Art der Fortsetzung dieser Funktion über das genannte Intervall hinaus ganz willkührlich. Denkt man sich f(β) für alle Werthe von β zwischen o und g incl. constant, und zwar = f(g), so hat man eine von β = o bis β = h stetige Funktion, welche in diesem ganzen Intervall nie vom Abnehmen ins Zunehmen oder umgekehrt übergeht, und auf welche daher der vorige Satz anwendbar ist. Es wird daher das Integral

$$\int_0^h \frac{\sin(2n+1)\beta}{\sin\beta} f(\beta)\, d\beta,$$

wenn man n = ∞ setzt, $\frac{\pi}{2}$ f(o) = $\frac{\pi}{2}$ f(g) ist. Zerlegt man dasselbe Integral in die folgenden

$$\int_0^g \frac{\sin(2n+1)\beta}{\sin\beta} f(\beta)\, d\beta + \int_g^h \frac{\sin(2n+1)\beta}{\sin\beta} f(\beta)\, d\beta$$

so wird auch das erste = $\frac{\pi}{2}$ f(o) = $\frac{\pi}{2}$ f(g) nach dem vorigen Satz, also mufs das zweite für ein unendliches n verschwinden. Es gilt also der Satz

18) „Sind g und h Constanten, welche den Bedingungen genügen g > o, $\frac{\pi}{2} \geqq h > g$, und geht die Funktion f(β), wenn β von g bis h wächst, nie vom Abnehmen ins Zunehmen oder umgekehrt über, so wird das Integral

$$\int_g^h \frac{\sin(2n+1)\beta}{\sin\beta} f(\beta)\, d\beta$$

für ein unendlich grofses n der Null gleich."

Vermittelst der Sätze (17) und (18) ist es nun leicht, die zu Ende des § 4 aufgestellte Behauptung zu beweisen.

§. 6.

Die Summe der 2n + 1 ersten Glieder zu untersuchenden Reihe war durch das Integral

$$\frac{1}{\pi}\int_{-\pi}^{+\pi} d\beta\varphi(\beta)\frac{\sin(2n+1)\left(\frac{\beta-x}{2}\right)}{2\sin\left(\frac{\beta-x}{2}\right)}$$

ausgedrückt. Wir haben früher vorausgesetzt, dafs die Funktion $\varphi(\beta)$ für das ganze Intervall von $\beta = -\pi$ bis $\beta = \pi$ stetig ist; wir können jedoch ohne die folgende Untersuchung im geringsten zu erschweren, die Annahme machen, dafs $\varphi(\beta)$ für einzelne Werthe von β eine plötzliche Veränderung erleidet, ohne jedoch unendlich zu werden. Die Curve deren Abscisse β und deren Ordinate $\varphi(\beta)$ ist, besteht alsdann aus mehreren Stücken, deren Zusammenhang über den Punkten der Abscissenaxe, die jenen besonderen Werthen von β entsprechen, unterbrochen ist, und für jede solche Abscisse finden eigentlich zwei Ordinaten Statt, wovon die eine dem dort endenden und die andere dem dort beginnenden Curvenstück angehört. Es wird im Folgenden nöthig seyn diese beiden Werthe von $\varphi(\beta)$ zu unterscheiden und wir werden sie durch $\varphi(\beta-o)$ und $\varphi(\beta+o)$ bezeichnen. Um unnütze, die folgende Darstellung verlängernde Unterscheidungen zu vermeiden, bemerke man, dafs dieselbe Bezeichnung auch für die Werthe von β gelten kann, für welche keine Unterbrechung der Stetigkeit Statt findet, wo dann natürlich $\varphi(\beta-o)$ und $\varphi(\beta+o)$ beide mit $\varphi(\beta)$ gleichbedeutend sind.

Das obige Integral läfst sich nach (9) in die folgenden zerlegen.

$$\frac{1}{\pi}\int_{-\pi}^{x} d\beta\,\varphi(\beta)\frac{\sin(2n+1)\left(\frac{\beta-x}{2}\right)}{2\sin\left(\frac{\beta-x}{2}\right)},\quad \frac{1}{\pi}\int_{x}^{\pi} d\beta\,\varphi(\beta)\frac{\sin(2n+1)\left(\frac{\beta-x}{2}\right)}{2\sin\left(\frac{\beta-x}{2}\right)}$$

oder nach (4)

$$\frac{1}{\pi}\int_{-(\pi+x)}^{o} d\beta\,\varphi(x+\beta)\frac{\sin(2n+1)\frac{\beta}{2}}{2\sin\frac{\beta}{2}},\quad \frac{1}{\pi}\int_{o}^{\pi-x} d\beta\,\varphi(x+\beta)\frac{\sin(2n+1)\frac{\beta}{2}}{2\sin\frac{\beta}{2}}$$

Wendet man (3) auf beide an und nachher noch (2) und (5) auf das erste, so kommt

$$\frac{1}{\pi}\int_{o}^{\frac{\pi+x}{2}} d\beta\,\varphi(x-2\beta)\frac{\sin(2n+1)\beta}{\sin\beta},\quad \frac{1}{\pi}\int_{o}^{\frac{\pi-x}{2}} d\beta\,\varphi(x+2\beta)\frac{\sin(2n+1)\beta}{\sin\beta}$$

Wir betrachten jetzt das zweite dieser Integrale, abgesehen von dem constanten Faktor $\frac{1}{\pi}$. Da x zwischen $-\pi$ und $+\pi$ liegt, so liegt $\frac{\pi-x}{2}$ zwischen o und π. Ist $\frac{\pi-x}{2} = o$, was für $x = \pi$ der Fall ist, so ist das Integral für jedes n Null und erfordert keine weitere Untersuchung. Nehmen wir zunächst an $\frac{\pi-x}{2}$ sei nicht gröfser als $\frac{\pi}{2}$. Man bezeichne mit $e_1, e_2, \ldots e_\nu$, wie sie der Gröfse nach auf einander folgen, die Werthe von β, für welche 1° $\varphi(x+2\beta)$ innerhalb des Intervalls von $\beta = o$ bis $\beta = \frac{\pi - x}{2}$, eine Unterbrechung der Stetigkeit erleidet und 2° vom Zunehmen ins Abnehmen oder vom Abnehmen ins Zunehmen übergeht, und zerlege das Integral in andere zwischen den Grenzen o und e_1, e_1 und e_2,.. e_v und $\frac{\pi - x}{2}$ genommen. Auf alle diese neuen Integrale, mit Ausnahme des ersten, ist der Satz (18) offenbar anwendbar, da innerhalb der Grenze eines jeden die Funktion keine Unterbrechung der Stetigkeit erleidet und nicht vom Abnehmen ins Zunehmen oder umgekehrt übergeht; alle nähern sich daher ins unendliche der Null, wenn man n über alle Grenzen hinauswachsen läfst. Das erste hingegen erfüllt die Bedingungen (17) und geht bei unaufhörlichem Wachsen von n zuletzt in den Werth $\frac{\pi}{2}\varphi(x+o)$ über. Also wird das Integral

$$\int_{o}^{\frac{\pi-x}{2}} d\beta\,\varphi(x+2\beta)\,\frac{\sin(2n+1)\beta}{\sin\beta}$$

für $n = \infty$, den Werth $\frac{\pi}{2}\varphi(x+o)$ annehmen.

Liegt $\frac{\pi - x}{2}$ über $\frac{\pi}{2}$ oder ist x negativ, so zerlege man das vorige Integral in zwei andern zwischen den Grenzen o und $\frac{\pi}{2}$, $\frac{\pi}{2}$ und $\frac{\pi-x}{2}$. Auf das erste dieser neuen Integrale bleibt das vorige Verfahren anwendbar und dasselbe wird also $\frac{\pi}{2}\varphi(x+o)$, wenn man n unendlich grofs werden läfst. Das andere

$$\int_{\frac{\pi}{2}}^{\frac{\pi-x}{2}} d\beta\,\varphi(x+2\beta)\,\frac{\sin(2n+1)\beta}{\sin\beta}$$

kann nach (4) und (5) in die Form gebracht werden

$$-\int_{\frac{\pi}{2}}^{\frac{(\pi+x)}{2}} \varphi(x+2\pi-2\beta)\,\frac{\sin(2n+1)(\pi-\beta)}{\sin(\pi-\beta)}.$$

Wendet man (2) an, und setzt $\sin\beta$ statt $\sin(\pi-\beta)$ und $\sin(2n+1)\beta$ statt $\sin(2n+1)(\pi-\beta)$ (da n eine ganze Zahl ist), so geht das Integral über in

$$\int_{\frac{\pi+x}{2}}^{\frac{\pi}{2}} \varphi(x+2\pi-2\beta)\frac{\sin\overline{2n+1}\beta}{\sin\beta}d\beta$$

Da x, wie vorher gesagt wurde, in diesem Falle negativ ist und also zwischen o und $-\pi$ liegt, so ist $\frac{\pi+x}{2}$ positiv und von Null verschieden, den einzigen Fall ausgenommen wo $x=-\pi$. Zerlegt man das Integral in andere, zwischen deren Grenzen $\varphi(x+2\pi-2\beta)$ weder eine Unterbrechung der Continuität erleidet noch aus dem Zunehmen ins Abnehmen oder umgekehrt übergeht, so werden alle diese Integrale nach (18) für $n=\infty$, der Null gleich. Dieses Resultat gilt nicht, wenn $\frac{\pi+x}{2}=o$ und also $x=-\pi$, da alsdann auf das erste der durch Zerlegung entstehenden Integrale nicht der Satz (18), sondern der Satz (17) angewendet werden mufs. Dieses erste Integral ist alsdann, (wegen $x=-\pi$)

$$\int_o^{e_1} d\beta\varphi(x+2\pi-2\beta)\frac{\sin(2n+1)\beta}{\sin\beta}d=\int_o^{e_1} d\beta\varphi(\pi-2\beta)\frac{\sin(2n+1)\beta}{\sin\beta}$$

und wird also für $n=\infty$, den Werth $\frac{\pi}{2}\varphi(\pi-o)$ erhalten, während alle übrigen verschwinden.

Vereinigt man die verschiedenen für das zweite Integral (19) gefundenen Resultate, so ergiebt sich, dafs dieses Integral durch unaufhörliches Wachsen der darin enthaltenen ganzen Zahl n, für jedes zwischen $-\pi$ und $+\pi$ gelegene x in den Werth $\frac{1}{2}\varphi(x+o)$ übergeht. Für $x=\pi$ und $x=-\pi$ erleidet das Resultat eine Ausnahme, in dem erstern ist das Integral Null, im andern wird es $\frac{1}{2}[\varphi(\pi-o)+\varphi(-\pi+o)]$. Aus einer ganz ähnlichen Untersuchung des ersten Integrals (19) folgt, dafs dasselbe für $n=\infty$, im Allgemeinen $\frac{1}{2}\varphi(x-o)$ wird, in den besondern Fällen aber, in $x=-\pi$ und $x=\pi$, respective Null und $\frac{1}{2}[\varphi(\pi-o)+\varphi(-\pi+o)]$.

Erinnert man sich nun, dafs die beiden Integrale (19) zusammengenommen, die Summe der $2n+1$ ersten Glieder der Reihe darstellen

$$20)\quad \begin{array}{l}\frac{1}{2}b_o+b_1\cos x+b_2\cos 2x+\ldots\ldots+b_m\cos mx+\ldots\ldots\\ \quad a_1\sin x+a_2\sin 2x+\ldots\ldots+a_m\sin mx+\ldots\ldots,\end{array}$$

wo die Coefficienten durch die Gleichungen

$$b_m=\frac{1}{\pi}\int_{-\pi}^{+\pi} d\beta\varphi(\beta)\cos m\beta,\quad a_m=\frac{1}{\pi}\int_{-\pi}^{+\pi} d\beta\varphi(\beta)\sin m\beta$$

zu bestimmen sind, so geht aus dem Vorhergehenden ganz streng hervor, dafs diese Reihe immer convergirt, d. h. dafs es immer einen gewissen Werth giebt, von dem die Summe der $2n+1$ ersten Glieder der Reihe, wenn n über alle Grenzen hinaus wachsend gedacht wird, zuletzt immerfort um weniger als jede angebbare Gröfse verschieden sein wird, und dafs dieser Werth oder die Summe der unendlichen Reihe, wenn x zwischen $-\pi$ und π liegt, durch $\frac{1}{2}[\varphi(x+o)+\varphi(x-o)]$, für $x=\pi$ und $x=-\pi$ aber durch $\frac{1}{2}[\varphi(\pi-o)+\varphi(-\pi+o)]$ dargestellt wird.

Dieses Resultat umfafst alle Fälle; ist x keiner von den besondern Werthen für welche die Stetigkeit von $\varphi(x)$ unterbrochen wird, so sind $\varphi(x+o)$ und $\varphi(x-o)$ einander gleich und der Werth der Reihe wird also $\varphi(x)$. Wo eine Unterbrechung der Stetigkeit eintritt und also die Funktion $\varphi(x)$ eigentlich zwei Werthe hat, stellt die Reihe, welche ihrer Natur nach für jedes x einwerthig ist, die halbe Summe dieser Werthe dar. An den Grenzen der Intervalls von $-\pi$ bis $+\pi$, d. h. für diese Werthe selbst ist die Summe der unendlichen Reihe gleich der halben Summe der beiden Werthe $\varphi(\pi)$ und $\varphi(-\pi)$. Man sieht daraus, dafs die Reihe die Funktion $\varphi(x)$ an den Grenzen des Intervalls nur dann richtig darstellt, wenn $\varphi(\pi)=\varphi(-\pi)$.

Wir haben schon früher bemerkt, dafs die eben untersuchte Reihe (20) oder (15) die Reihen (13) und (14) als specielle Fälle in sich begreift. Man braucht sich nur die Funktion $\varphi(x)$ für den halben Umfang des Intervalls, nämlich $x=o$ bis $x=\pi$ als ganz beliebig gegeben zu denken, und für die Werthe zwischen o und $-\pi$, fortgesetzt zu denken, wie es die Gleichungen $\varphi(-x)=\varphi(x)$ oder $\varphi(-x)=-\varphi(x)$ vorschreiben, um respective zu (14) und (13) zu gelangen. Ich will dies noch mit zwei Worten für den ersten Fall zeigen, weil sich aus dieser Ableitung eine Eigenschaft die Reihe (14) ergiebt, welche bei der frühern Behandlung nicht hervortrat. Setzt man die von o bis π beliebige Funktion $\varphi(x)$ nach der Gleichung $\varphi(-x)=\varphi(x)$ fort, so ist klar dafs für $x=o$ keine Unterbrechung der Stetigkeit eintreten und dafs $\varphi(-\pi)=\varphi(\pi)$ sein wird. Die Reihe (20) wird also $\varphi(o)$ für $x=o$, und $\varphi(\pi)$ für $x=\pi$. Die Gleichungen für die Coefficienten werden durch Zerlegung der darin enthaltenen Integrale

$$b_m=\frac{1}{\pi}\int_{-\pi}^{o} d\beta\,\varphi(\beta)\cos m\beta+\frac{1}{\pi}\int_{o}^{\pi} d\beta\,\varphi(\beta)\cos(m\beta)$$

$$a_m=\frac{1}{\pi}\int_{-\pi}^{o} d\beta\,\varphi(\beta)\sin m\beta+\frac{1}{\pi}\int_{o}^{\pi} d\beta\,\varphi(\beta)\sin m\beta.$$

Wendet man auf die beiden von $-\pi$ bis o genommenen Integrale nach einander (5) und (2) an, und berücksichtigt, dafs $\varphi(-\beta)=\varphi(\beta)$, $\cos(-m\beta)=\cos m\beta$, $\sin(-m\beta)=-\sin m\beta$, so erhält man

$$b_m=\frac{2}{\pi}\int_{o}^{\pi} d\beta\,\varphi(\beta)\cos m\beta,\quad a_m=o$$

Die von $x=o$ bis $x=\pi$ ganz beliebig gegebene Funktion $\varphi(x)$ wird also durch die Reihe

$$\tfrac{1}{2}b_0 + b_1 \cos x + b_2 \cos 2x + \ldots\ldots + b_m \cos mx \ldots\ldots$$

dargestellt, welche auch für die das Intervall begrenzenden Werthe o und und π noch gültig ist. Es versteht sich dabei von selbst, dafs wenn $\varphi(x)$ zwischen o und π eine Unterbrechung der Stetigkeit erleidet, die Reihe für jeden solchen Werth von x die halbe Summe der entsprechenden Werthe von $\varphi(x)$ ausdrückt. Auf ganz ähnliche Weise gelangt man zu der Reihe (13), und findet, dafs diese im Allgemeinen für $x = o$, und $x = \pi$ nicht mehr richtig ist, was sich aber in diesem Fall ganz von selbst versteht, da die Reihe wie auch ihre Coefficienten beschaffen sein mögen, für die genannten Werthe verschwindet.

Dritter Abschnitt.

Lehre vom Galvanismus. (M.)

I. Terminologie.

Als Faraday seine Untersuchungen über den Galvanismus bekannt machte, die, was die Wichtigkeit der erlangten Resultate und den Scharfsinn anbetrifft, durch den sie gewonnen worden, von keinen anderen der neueren Physik übertroffen werden, fand er sich durch die jetzt herrschende Terminologie beschränkt, und war genöthigt, sie zu verändern. Sie gab zum Theil zu falschen Vorstellungen Anlaſs, und erstreckte sich anderentheils auf neu entdeckte Thatsachen nicht. Die Veränderungen, welche dieser groſse Naturforscher in Folge dessen mit den Bezeichnungen vorgenommen, sind so zweckmäſsig, daſs zu hoffen steht, sie werden sich bald eines allgemeinen Gebrauchs zu erfreuen haben.

Der Name „Pol" ist aus der Sphäre des Galvanismus entnommen, und deutet auf eine Anziehung oder Abstoſsung, die von ihm aus auf die entwickelten Substanzen geübt wird. Da eine solche Anziehung oder Abstoſsung nach Faraday nicht Statt findet, da die Stoffe an den Polen vielmehr bloſs austreten, so sieht er die Pole als die Wege an, durch welche der Strom, oder wie er sich auch ausdrückt, die circulirende Affinität ein- und austritt, und giebt ihnen den Namen „Electrode" (ὁδος, der Weg). Dem gemäſs ist positive Electrode, was bis jetzt Zinkpol
negative » » » » Kupferpol
genannt worden.

Die Flächen der zersetzt werdenden Substanzen, die an die Electroden gränzen, erhalten besondere Namen; die Fläche zunächst der positiven Electrode, wo der Sauerstoff frei wird, führt den Namen „Anode" (ανα, aufwärts), abgeleitet von einer willkührlich angenommenen Richtung des Stroms. „Kathode" ist die Fläche des zersetzt werdenden Körpers, die an die negativen Electrode gränzt (κατα, abwärts).

Da, nach Faraday's Untersuchungen nur bestimmte Körper durch den galvanischen Strom zersetzt werden, so schlägt er für sie den Namen „Electrolyten" vor (λύω, auflösen). Wasser, Salzsäure sind Electrolyten, Schwefelsäure, Salpetersäure hingegen nicht.

Substanzen, mögen sie einfach oder zusammengesetzt sein, die auf galvanischem Wege frei werden, und an den Electroden erscheinen, nennt er „Jonen," und zwar „Kationen," die an der Kathode erscheinen, (umfassen einen Theil der bisher sogenannten electro-positiven Körper), „Anionen," die an der Anode sich entwickeln (zum Theil die bisherigen electro-negativen Körper).

Verzeichnifs der zehn Reihen, betitelt: Experimental-Untersuchungen über Electricität von Michael Faraday.

Reihe I von §. 1 — 139 } philos. trans. for 1832 London, Pogg. Ann.
» II » §. 140—264 } Bd. 25, enthält die Entdeckung der Magneto-Electricität.

» III v. §. 265—379 .... 1833 Part I Pogg. Ann. Bd. 29 enthält die Identität der Electrizität verschiedenen Ursprungs.

Reihe IV v. §. 380—449 .... 1833 Part II Pogg. Ann. Bd. 31 enthält den Einflufs des Aggregatzustandes auf Leitung und Zersetzung.

Reihe V v. §. 450—563 .... ibid. Pogg. Ann. 32 enthält eine Theorie der galvanischen Zersetzungen.

Reihe VI v. §. 564—660 .... 1833 Part I Pogg. Ann. 33 enthält die Wirkung des reinen Platina auf die Vereinigung der Gasarten.

Reihe VII v. §. 661—874 .... ibid. Pogg. Ann. ibid. enthält die Terminologie, das Volta-Electrometer, Zusammensetzung der Electrolyten, Zersetzung chemisch aequivalenter Mengen.

Reihe VIII v. §. 875—1047 .... 1834 Part II Pogg. Ann. 35 enthält Zersetzung durch die einfache Kette, Funke beim Schliefsen, Wirkung eingeschobener Platten, Theorie der Säule.

Reihe XI v. §. 1048—1118 .... 1835 Part. I Pogg. Ann. ibid. enthält Inductionsphänomene beim Oeffnen und Schliefsen einer Kette.

Reihe X v. §. 1119—1160 .... 1835 Part II Pogg. Ann. 36 enthält Construction der Säule.

Wir werden von diesen Untersuchungen immer nach den Paragraphen citiren.

II. Construction galvanischer Säulen.

Es giebt vornehmlich zwei Anforderungen an den Effect einer Säule; die eine ist an die absolute Gröfse desselben gerichtet, und kömmt in Betracht, wo es sich um momentan starke Wirkungen handelt, z. B. beim Funken, Glühen, Verbrennen etc. Die andere richtet sich an die Gröfse des Effects, aber dividirt durch die Kosten, durch welche er erreicht wird, d. h. an den öconomischen Effect. Vorzüglich über den letzteren Gegen-

Gegenstand hat Faraday am Schlusse seiner Untersuchungen Bemerkungen und Versuche mitgetheilt, die, von einem so geübten Experimentator herrührend, alle Berücksichtigung verdienen. Sie bilden die 10te Reihe seiner Untersuchungen.

Die Säule, die er empfiehlt, ist ein gewöhnlicher Trogapparat, durch isolirende Zwischenwände jedoch nicht in Zellen abgetheilt, sondern wo die Flüssigkeit ein Continuum ausmacht [1]). Jedes einfache Plattenpaar besteht, wie gewöhnlich aus einer Zinkplatte, zu beiden Seiten mit Kupfer umgeben; die Zinkplatte ist an die nächstfolgende Kupferplatte gelöthet, und die auf diese Weise verbundenen Platten hat man blofs in die Flüssigkeit des Troges hineinzusetzen. Durch kleine Korkscheiben, oder noch besser durch Glasstreifen, wird die Berührung von Zink und Kupfer verhindert, und diejenige zweier aufeinanderfolgender Kupferplatten wird durch dickes Papier (wozu das im Handel jetzt häufig vorkommende und statt der Wachsleinwand gebrauchte, schwarze Papier genommen werden kann) unmöglich gemacht. Es kömmt, wenn ein starker Effect beabsichtigt wird, bekanntlich auf eine möglich geringe Flüssigkeitsschicht zwischen den Erregerplatten an, und in Faraday's Trogapparat ist diefs so wohl erreicht, dafs beide Platten nur 0'',1 von einander abstehen, und 40 solcher Plattenpaare mit doppeltem Kupfer, nur eine Länge von 15 Zollen einnehmen.

Gegen diese Construction liefse sich einwenden, dafs durch die Continuität der Flüssigkeit ein System fremdartiger und zwar einfacher Ketten gebildet werde; denn der zusammengelöthete Zink-Kupferbogen hat ebenfalls Flüssigkeit zwischen sich, und es ist bei dieser Säule so, als wenn man in einem Becherapparat den Zwischenraum der Becher mit Flüssigkeit erfüllte. In dem letztern Falle würde auch die Wirkung gewifs sehr geschwächt werden; allein bei der vorliegenden Construction wirkt der Umstand günstig, dafs das Kupfer doppelt angewandt wird, die Flüssigkeit der Nebenketten daher durch eine eingeschobene Kupferplatte unterbrochen ist, wodurch die Action dieser Nebenketten sehr vermindert wird. Um alle Bedenken hierüber zu heben, hat Faraday Versuche angestellt, die sogar, merkwürdig genug, die Ueberlegenheit der von ihm gebrauchten Apparate über die gewöhnlichen, durch Zwischenwandungen getrennten, in Bezug auf beide Arten von Effect dargethan haben. Vierzig Plattenpaare (3 Quadratzoll Seite) nach der neuen Construction waren in Bezug auf Glühen des Platindraths, auf Entladung zwischen Kohlenspitzen, Contractionen, ganz gleich 40 Paaren 4zölliger Platten nach der gewöhnlichen Einrichtung. Inzwischen nahm die Wirkung des neuen Apparats rascher ab, und zwar defshalb, weil er weniger Flüssigkeit enthielt als der alte (nur ⅕). Während der erstere also sich zu Versuchen von kurzer Dauer empfiehlt, so dürfte er bei länger dauernden weniger empfehlenswerth scheinen; allein hier kommt es in der Regel mehr auf den öconomischen

[1]) Hare hat bereits solche Apparate angefertigt, welche wir weiter unten nebst einigen andern wenig bekannt gewordenen ältern electromagnetischen Apparaten beschreiben werden.

Effect an, und dieser mufs daher für beide Apparate ermittelt und verglichen werden. Faraday nahm zu dem Ende ein Volta-Electrometer, welches Platinplatten von 4'' Länge und 2'',3 Breite enthielt und verglich die Quantität des zersetzten Wassers mit dem Verlust, den die Zinkplatten in den Trögen erlitten hatten. Nach seiner, später mitzutheilenden Theorie über die galvanische Zersetzung findet ein bestimmtes Verhältnifs zwischen dem in der Säule auf galvanischem Wege aufgelöseten Zink und dem im Gasapparat zersetzten Wasser statt, und zwar so, dafs einer gewissen Menge Zink von jeder Platte aufgelöset, das Aequivalent Wasser im Wasserzersetzungs-Apparat entspricht. Da in dem letztern so viel Sauerstoff frei wird, als in jeder Zelle, und da auf ein Gewichtstheil Wasser nahe $\frac{8}{9}$ Sauerstoff kommen, dessen aequivalente Menge, in Zink ausgedrückt $\frac{8}{9} \cdot 4{,}03$ ist: so kömmt auf 1 gr. zersetzten Wassers $\frac{32{,}24}{9}$ gr. in jeder Zelle aufgelösetes Zink. Diese Gröfse werde mit a bezeichnet (Faraday setzt $a = \frac{32{,}5}{9}$, eine genaue Rechnung nach den bei uns üblichen Tabellen giebt $a = \frac{32{,}264}{9}$).

Diefs vorausgesetzt ergaben die Versuche, dafs bei Anwendung eines Troges nach der neuen Construction aus 40 Paaren (3 quadratzöllig) und einer Flüssigkeit aus 200 Theilen Wasser 4,5 Theile Schwefelsäure und 4 Theile Salpetersäure (dem Volumen nach) für ein Gewichtstheil im Gasapparat zersetzten Wassers aufgelöset wurden, von jeder Zinkplatte 2 bis 2,5.a, also in Summa 80 bis 100.a.

Bei 40 Paaren nach der alten Art (4 quadratzöllig) 3,54.a in Summa 141,6.a.

Allerdings zeigt sich der neue Apparat dem alten hier sehr überlegen, allein trotz der nicht starken Flüssigkeit, wird doch in ihm noch 2 bis 2½ mal mehr Zink verbraucht, als die eigentliche galvanische Action verlangt, und diefs rührt von der selbstständigen Auflösung des Zinks in säurehaltigem Wasser her. Bei Anwendung gut amalgamirter Zinkplatten, und wahrscheinlich auch bei sehr reinem Zink, würde in jedem Plattenpaar nur die Menge a von Zink aufgelöset worden sein.

Die Quantität des aufgelöseten Zinks wurde so ermittelt, dafs ein abgewogener Theil der Flüssigkeit, welche sich in der Kette befunden hatte, mit einem Ueberschufs von kohlensaurem Natron siedend gefällt, der Niederschlag gewaschen, geglüht und gewogen wurde.

In einem neuen Apparat bildete Faraday Zellen aus Papier mit Wachs getränkt; ein solches Papier wirkt so gut, dafs es selbst einen Strom von 40 Plattenpaaren zu isoliren vermag. Trotz dem wurde die Action des Apparats durch die Zellen nicht gesteigert.

Was nun das Zink betrifft, so nimmt Faraday gewalztes, welches reiner zu sein scheint. Je unreiner das Zink ist, desto mehr belegt es sich, unter der Einwirkung der Schwefelsäure mit einer Kruste von metallischem Kupfer, Blei, Zinn, Eisen, Cadmium, wodurch Partial- Lokalketten entstehen. Dasjenige Zink, welches sich am saubersten und gleichförmigsten auflöset, löset sich auch am langsamsten auf, und ist zu galvanischen Apparaten tauglicher, weil es eine stärkere Wirkung giebt. Es ist zu verwundern, dafs Faraday sich des amalgamirten Zinks zu seinem neuen Apparat nicht bedient, trotz dem, dafs ihm gerade der Vortheil der Amalgamation wohl bekannt ist. Und doch löset sich ein solches auf gewöhnlich chemischem Wege in verdünnter Schwefelsäure beinahe gar nicht auf, wirkt nicht allein stärker als das gewöhnliche Zink (dieses letztere spielt sogar gegen das amalgamirte die Rolle eines beträchtlich negativen Metalls), sondern auch anhaltender. Wer mit amalgamirten Zink Versuche gemacht hat, wird diefs bestätigt gefunden haben; auch finden sich Versuche hierüber von Jacobi (jetzigem Professor in Dorpat) [1]), nach welchen die anfängliche Ablenkung einer Nadel durch eine Kupfer und amalgamirte Zinkplatte 61° betrug und nach mehreren Stunden noch 57° war, während bei Anwendung einer ähnlichen gewalzten Zinkplatte die anfängliche Ablenkung von $55^{0}\frac{1}{2}$ schon nach $\frac{3}{4}$ Stunden auf 12° herabkam. Faraday schreibt (1005) die bessere Wirkung des amalgamirten Zinks darauf, dafs es für sich das Wasser nicht zersetzt, und die Säure also längere Zeit brauchbar erhält, darauf ferner, dafs das gebildete Oxyd leichter von der Säure fortgespült wird, und dadurch die blanke Metallfläche stets wieder herstellt. Diefs würde jedoch nur die anhaltendere Action der amalgamirten Zinkplatte begreiflich machen, die stärkere Action bleibt noch zu erklären. Wahrscheinlich wird durch das Quecksilber die Wirkung der beigemischten Metalle vermindert.

Aufser diesen Vortheilen gewährt das amalgamirte Zink auch noch den, so äufserst leicht gereinigt werden zu können; Abspülen in Wasser und ein Paar Striche mit einer Bürste reichen bei einer sorgfältig amalgamirten vollkommen aus, und wir empfehlen, diese Reinigung den Platten so oft als möglich angedeihen zu lassen. Wenn Faraday diese Vortheile opfert, so mufs das seinen Grund haben, und es sind allerdings zwei Umstände vorhanden, die ihn dazu genöthigt haben mögen. Der erste, die geringe Dicke, welche in der Regel das gewalzte Zink hat; es wird dann durch Amalgamation viel zu bröckelich, um gehandhabt werden zu können. Inzwischen ist dieser Uebelstand zu vermeiden, da es gewalztes Zink von solcher Dicke giebt, dafs selbst mehrmaliges, reichliches Amalgamiren ihm nichts von seiner Festigkeit raubt; auch wende ich seit längerer Zeit gegossenes, gut amalgamirtes Zink an, und bin mit dessen Wirkung vollkommen zufrieden. Der zweite Uebelstand ist der, dafs das Kupfer sich bei Anwesenheit von verdünnter Säure leicht mit einer Quecksilberschicht überzieht, wodurch es von seiner Brauchbarkeit viel verliert, besonders wenn das Quecksilber andere Metalle, wie Zink, Blei u.s.w. aufgelöset enthält. Bei der grofsen Nähe der Platten in Faradays Apparat, und weil jede Zinkplatte innerhalb zweier Kupferplatten steht, die

[1]) Mémoire sur l'application de l'Electro-Magnétisme au mouvement des machines. Potsdam 1835 p. 28.

unter ihm einen Bogen bilden, werden die Quecksilbertropfen, die sich vom Zink während seiner Auflösung mitunter trennen, leicht über die Kupferplatte ausgebreitet, und können noch aufserdem auf den Korkstükken liegend partielle Schliefsungen hervorbringen. Auch dieser Uebelstand läfst sich dadurch heben, dafs man den Bogen, den die Kupferplatten und die Zinkplatten bilden, nicht unterhalb der Zinkplatte, sondern über derselben stehen läfst. Man mufs ferner nicht zu viel Quecksilber auf das Zink bringen, nur so viel als nöthig ist, es gleichmäfsig, auch an Rändern und Ecken zu amalgamiren. Von diesem gleichmäfsigen Amalgamiren hängt überhaupt viel ab, da amalgamirtes Zink mit unbelegtem kräftige Ketten bildet. Es ist daher rathsam jede Platte, nachdem sie amalgamirt worden in verdünnte Schwefelsäure zu tauchen, und diejenigen Stellen, welche Wasserstoff entwickeln, noch mit Quecksilber zu reiben, sonst finden sich dergleichen Stellen nach einigem Gebrauch durchlöchert.

Was die Flüssigkeit betrifft, so zeigte sich nach Faraday's Versuchen in Bezug auf den öconomischen Effect, dafs Salpetersäure der Schwefel- und Salzsäure weit vorzuziehen sei. Ein Trog von 40 Paaren 3zölliger Platten gab folgende Resultate. Geladen mit einer Flüssigkeit aus

200 Th. Wass.,	9 Th. Vitriolöl,	Totalverbrauch an Zink:	186,4 Aequivalente, f. 1 Äquival. Wass.
— »	16 » Salzsäure	» »	152,
— »	8 » Salpetersäure	» »	74,16

die Schwefel- und Salzsäure entwickelten aus den Zellen viel Wasserstoff; die Salpetersäure gab dagegen keines, sie bildet, als ein secundäres Resultat, Ammoniak an der Kupferplatte.

200 Th. Wasser	9 Th. Vitriol	4 Th. Salpetersäure,	Verbrauch an Zink:	111,5
— »	— »	8 » »	» »	90,4
— »	16 Salzs.	6 » »	» »	84,4

Faraday giebt an, gefunden zu haben, dafs innerhalb gewisser Gränzen die galvanisch chemischen Effecte sich nahe wie die Concentration der Säure verhalten, so dafs der öconomische Effect davon nicht abhängt. Er hängt inzwischen sehr davon ab, wie oft der Apparat bereits angewandt worden. In einem neuen Apparat wurden 46 Aequivalente Zink aufgelöset; bei einem vierten Versuch bis 89, während doch das Zink vorher gereinigt worden war. Daher darf man zu vergleichenden Versuchen, wie die angeführten, nie neue Apparate mit schon gebrauchten zusammenstellen. Trotz der bessern Wirkung der Salpetersäure wendet sie Faraday nicht allein an, wahrscheinlich weil sie das Kupfer leichter auflöset, und ein Kupfergehalt der Flüssigkeit schädlich ist. Das Gemisch, das er vorzugsweise anwendet, besteht aus 200 Th Wasser, 4,5 Th. Vitriolöl und 4 Th. Salpetersäure (von welcher ein Cubikzoll 150 gr. Marmor auflöset.). Auch Bigeon findet[1]) ein ähnliches Gemisch sehr wirksam; es entwickelt wenig Wasserstoff an der Zinkplatte.

[1]) Ann. d. Ch. et de Ph. Tome 46.

Um die anfänglich stärkere Wirkung zu reproduciren, wendet Faraday dieselbe Flüssigkeit nicht oft an, sondern erneuert sie, welches bei seinem Apparat nur einen geringen Kostenaufwand verursacht. Auch benutzt er die Hare'sche Construction [1]), nach welcher zwei Tröge so an einander befestigt werden, dafs die Oeffnung des einen horizontal steht, während die des anderen vertikal ist. Dieses System ist um die Verbindungslinie als Axe, innerhalb 90°, drehbar. Der eine Trog enthält die Platten, der andere die Flüssigkeit. Steht der erstere vertikal, so sind die Platten aufserhalb der Flüssigkeit; dreht man um 90 Grade, so läuft die Flüssigkeit in den Trog, der die Platten enthält, und nunmehr horizontal zu stehen kömmt. Bei dieser Einrichtung wird die Säure gut durch einander gemischt, und ladet die Plattenpaare gleichförmig. Die letztere Rücksicht ist wichtig; denn eine Ungleichförmigkeit der einzelnen Plattenpaare, sei es in Bezug auf die Flüssigkeit oder auf die Metalle oder endlich auf die Nähe der Erregerplatten, schadet der Wirksamkeit sehr. — Faraday nahm (1043) fünf Troge jeden zu 10 Plattenpaaren, von denen 4 gut geladen, der 5te eine schon gebrauchte Säure enthielt. Die 50 Plattenpaare lieferten 1,1 Cubikzoll Sauerstoff und Wasserstoff in 1 Minute; liefs man jedoch die schwächer geladenen fort, so lieferten die 40 Paare in derselben Zeit 8,4 Cubikzoll, also beinahe 8mal so viel. Um zu zeigen, dafs diese aufserordentliche Differenz nicht etwa auf ein zufälliges Stärkerwerden der Batterie zu schreiben sei, wurden die Versuche auf folgende Weise wiederholt:

die 50 Paaren	gaben	0,9	Cubikzoll	Gas in ½	Minute
hierauf 40	»	4,6		»	»
hierauf 50	»	1,0		»	»
hierauf 10	»	0,4		»	»
hierauf 50	»	1,5		»	»

Hier ist allerdings eine mit der Zeit zunehmende Wirkung wahrzunehmen, die jedoch die Sicherheit des Resultats nicht gefährdet. Sie rührt davon her, dafs die Temperatur der Flüssigkeit zwischen den 10 Paaren zunahm, wodurch bekanntlich die erregende Kraft derselben erhöhet wird.

Masson schlägt vor [2]) die Tröge aus Blei anzufertigen; sie sollen unter anderen Vortheilen, die jedoch nicht nahmhaft gemacht werden, auch den haben, das Kupfer aus der Auflösung zu präcipitiren, während sich dasselbe bei Anwendung gläserner oder irdener Gefäfse an der Zinkplatte niederschlägt. In derselben Note giebt der Verfasser das Verfahren an, Zink zu amalgamiren, indem man das Quecksilber mit verdünnter Schwefelsäure einreibt. Wir glauben, dafs das bekannt sein wird, auch dafs sich bei einem solchen Verfahren Zink amalgamiren läfst, dessen Oberfläche nichts weniger als rein ist.

Was die Zahl der Plattenpaare betrifft, so wird sie durch die

---

[1]) Ph. Magaz. Vol. 63, Silliman Journ. 7.

[2]) Annal. de Ch. et de Ph. 60.

Wirkung bedingt, die man erreichen will, d. h. durch den Widerstand, der zu überwinden ist. Was jedoch die öconomische Rücksicht betrifft, so wird dieselbe bei einer gewissen Zahl am besten erfüllt, und weniger gut sowohl durch mehr als durch weniger Plattenpaare.

Bei 10 Paaren	(4 Zoll im Quadrat)	Zinkverbrauch	154.a
20 »	»	»	110.a
40 »	»	»	142.a

die letztere Anzahl überschritt also schon den vortheilhafteten öconomischen Effect, welcher durch 20 Plattenpaare etwa erreicht worden wäre. Inzwischen hängt diese Zahl von der Substanz ab, welche im Gasapparat zersetzt werden soll; leitet sie schlecht, um so mehr Plattenpaare werden nöthig sein, um das Maximum des öconomischen Effects zu gewinnen. In einem Versuch Faraday's überstiegen 40 Plattenpaare schon die vortheilhafteste Anzahl; sie gaben einen Zinkverbrauch von 88,4.a, es war nur ein Gasapparat eingeschaltet worden. Als zwei derselben eingeschaltet und in jedem so viel Gas als in dem früheren entwickelt worden, war der Zinkverbrauch nur 48.a, welches ein drei bis viermal gröfserer öconomischer Effect ist.

Im Vorigen ist auf die Zeit, in welcher man eine bestimmte Menge Gas im Gasapparat erhält, keine Rücksicht genommen worden; sonst würden viele Resultate anders ausgefallen sein. Gay-Lussac und Thenard z. B. fanden, dafs die in gleichen Zeiten entwickelten Gasvolumina sich wie die Cubikwurzeln aus der Anzahl der Plattenpaare verhalten. Sie fügen hinzu, dafs es sonach vortheilhafter ist, zwei einzelne Säulen jede von 20 Plattenpaaren anzuwenden, als eine einzige von 40 Paaren, u.s.w. Der Vortheil wäre in diesem Falle jedoch blofs ein Zeitgewinn; in Bezug auf den Verbrauch an Zink und an Säure befolgt die Frage nach der vortheilhaftesten Zahl der Platten andere Gesetze, zu deren Ermittelung im Vorigen die Methoden angegeben worden sind.

Wir können hier eine Bemerkung nicht unterdrücken. Als wir bei Faraday (8te Reihe 1006) lasen: „der Gang zur Vervollkommnung der Volta'schen Batterie und ihrer Anwendung, wird jetzt in entgegengesetzter Richtung als vor wenigen Jahren statt finden; denn, statt die Zahl der Platten, die Starke der Säure und den Umfang des Instruments zu vergröfsern, wird man, ausgerüstet mit einer viel genauern Kenntnifs der Principien, von denen die Kraft und Action abhängen, vielmehr zur früheren Einfachheit des Apparats zurückkehren. Zersetzungen können nunmehr durch 10 Paare erhalten werden, zu denen bis dahin 500 oder 1000 Paare nöthig waren. Dadurch, dafs es möglich geworden ist, Chloride, Jodide u.s.w. zu zersetzen, indem man sie schmilzt, und durch die Anwendung von Apparaten, welche gewisse Producte ohne Verlust zu sammeln erlauben, ist es wahrscheinlich, dafs die Volta'sche Säule ein öconomisch-technisches Instrument werde. Denn die Theorie zeigt, dafs ein Aequivalent eines seltenen Stoffes auf Kosten von drei oder vier Aequivalenten einer gemeinen Substanz, wie das Zink ist, zu gewinnen sei, und die Praxis scheint diese Erwartung zu rechtfertigen" — glaubten wir, es würde diesem grofsen Forscher gelingen, eine wensentliche Veränderung mit den galvanischen Apparaten vorzunehmen, wodurch sie zu technischen Zwecken brauchbarer würde. Das ist jedoch, wie aus dem obigen erhellt, bis jetzt nicht geschehen, und dürfte demnach sogar nicht einmal zu erwarten sein. Um ein Aequivalent Wasser im Gasapparat zu ersetzen, sind noch immer viele Aequivalente Zink nöthig (in einem der vortheilhaftesten Fälle, die oben erwähnt wurden, sogar 110), die sämmtlich, mit Ausnahme eines einzigen, vergeudet sind. Wäre eine solche Construction die letzte, so wären damit alle practischen Anwendungen des Galvanismus wahrscheinlich unmöglich. Vorläufig jedoch bleibt noch die Frage zu beantworten, ob nicht die Amalgamation des Zinks aus den angeführten Gründen der Oekonomie der Säule eine bessere Zukunft bereiten wird.

III. Ueber die Stelle, welche Quecksilber, Amalgame und Legirungen in der galvanischen Spannungsreihe einnehmen.

Für die Theorie, wie für die Praxis ist eine Untersuchung über den Charakter des reinen Quecksilbers und seiner Amalgame sehr wichtig. Am Quecksilber kann man nachweisen, wie gering die Beimengungen zu sein brauchen, welche die Stelle eines Metalls verändern, und daraus die Sicherheit entnehmen, welche unseren Bestimmungen über andere Metalle zukömmt. Die Praxis des Galvanismus hat bereits aus den Amalgamen des Zinks in neuester Zeit einen entschieden vortheilhaften Gebrauch zur Construction der Säule gezogen, und die alten Versuche, von Ritter im Jahre 1804 angestellt [1]), lassen hoffen, dafs der Vortheil noch weiter wird auszudehnen sein.

Ueber die Stelle, welche reines Quecksilber einnimmt, sind von Volta verschiedentliche Angaben bekannt worden; nach Ritter ist dasselbe negativ gegen Kupfer, Gold und selbst Platin, positiv aber gegen Silber; dasselbe folgt aus Pfaff's Versuchen [2]). Nach den neueren Versuchen von Hare [3]) ist reines Quecksilber nur negativ gegen Blei, Zinn, Eisen und Kupfer; nach Marianini [4]) auch gegen Silber, aber positiv gegen Gold und Platin. Diese, unter sich sehr abweichende Versuche rühren wahrscheinlich nicht blofs von geringen Beimengungen des Quecksilbers, sondern auch der anderen Metalle her. Da das Quecksilber durch aufgelösete Metalle sehr gern positiver wird, so könnte man schliefsen, dafs diejenige Angabe, nach welcher es am negativsten ist, die zuverlässigere

[1]) Gilb. Annal. Bd. 16.
[2]) Gehl. n. Wörterb. 4. Bd. p. 605.
[3]) Americ. Journ. of Sc. 1831.
[4]) Bibl. univ. Tom. 54.

sei, weil ihr das reinere Quecksilber zu Grunde liegt. Inzwischen kann es durch Beimengungen doch auch negativer werden, und nach Ritter[1]) geben 2 Theile Platina und 1 Theil Quecksilber ein Gemisch, negativer als sämmtliche Metalle, negativer sogar als Arsenikkies, und nur gegen Graphit und crystallisirtes Magnesiumoxyd positiv. Hieraus ergiebt sich, dafs die Methode von Hare, durch die Ablenkung der Magnetnadel über die chemische Reinheit des Quecksilbers zu urtheilen, nicht ganz zuverlässig ist, obgleich sie in manchen Fällen brauchbar sein mag.

Was Zusätze von Gold und Silber betrifft, so fand Marianini, dafs kleine Quantitäten dieser Metalle ($\frac{1}{508}$ bis $\frac{1}{20}$) die Stelle des Quecksilbers nicht verändern. Er macht bei dieser Gelegenheit auf die Veränderungen aufmerksam, welche das negative Metall erleidet, wenn es mit einem positiven zur Kette verbunden war; bei einem nachmaligen Versuch mit anderen Metallen zeigt es sich dann viel positiver als vorher. Reines Quecksilber, welches gegen Silber negativ war, wurde durch Salzwasser mit Zink zur Kette verbunden, und während zwei Minuten darin erhalten. Wurde es hierauf mit Kupfer, Messing und selbst mit Eisen geprüft, so zeigte es sich gegen sie alle positiv, und zwar desto stärker, je stärker der Strom der Kette (je differenter die Flüssigkeit) gewesen war, so dafs, wenn etwas Schwefelsäure zur Flüssigkeit gethan wurde, das Quecksilber hernach sogar positiv war gegen Blei. Erst nach einiger Zeit verliert sich dieser positive Zustand. Die nöthige Vorsicht ergiebt sich für dergleichen Versuche hieraus von selbst, und es wird gut sein, sich durch eine andere Quantität desselben Quecksilbers, welches aber nicht zur Kette verbunden war, vorher zu überzeugen, dafs das zu den Versuchen anzuwendende seinen natürlichen Zustand wieder erlangt hat. Ganz ähnliche Erfahrungen hat übrigens schon Ritter in dem erwähnten Aufsatz mitgetheilt.

Aus der Stelle, welche die Verbindung von 2 Th. Platin mit 1 Th. Quecksilber (das früher sogenannte Palladium) in der Spannungsreihe einnimmt, ergiebt sich, dafs die Behauptung Volta's, nach welcher die Alliagen einen mittlern Ort einnehmen, nicht richtig ist. Nach Marianini soll diefs dann ein Zeichen sein, dafs eine chemische Verbindung zwischen den gemengten Metallen vor sich gegangen sei, was jedoch noch zu beweisen bleibt, und nicht einmal ganz wahrscheinlich ist. Wie wenig im Allgemeinen Volta's Behauptung zutrifft, ergiebt sich aus dem Folgenden. Setzt man zum Zink einen kleinen Theil ($\frac{1}{64}$, $\frac{1}{128}$, $\frac{1}{256}$) Zinn, so wird nach Ritter das Zink dadurch positiver, und das unvermischte Zink vertritt gegen dasselbe die Rolle des Kupfers. Setzt man dagegen mehr Zinn hinzu ($\frac{1}{32}$ bis zur 256maligen Quantität des Zinks), so wird die Legirung negativer als Zink. Setzt man Quecksilber zum Zink, indem man daraus ein flüssiges Amalgam bildet, oder auch nur die Oberfläche einer Zinkplatte mit Quecksilber überzieht, so wird es viel positiver. Kemp hat

[1]) Am angeführten Orte.

das flüssige Amalgam, Sturgeon und Faraday die amalgamirte Zinkplatte mit grofsem Vortheil bei galvanischen Batterieen gebraucht. Inzwischen finden sich wahrscheinlich unter den Verbindungen von Metallen mit Quecksilber noch vortheilhaftere positive Erreger, und zu dem Ende setzen wir aus den Versuchen Ritter's einige Resultate her, da es uns an der Zeit zu sein scheint, diesen Gegenstand nicht länger unberücksichtigt zu lassen.

Folgende Reihenfolge schreitet von den negativeren zu den positiveren

— Zink				
	1 Th. Zink	+ 1 Th. Quecks.		
	2 »	+ 1 »		
	1 »	+ 2 »	+ 1 Th. Zinn (Kienmayer'sches Amalgam)	
	1 »	+ 2 »	+ 1 » Blei	
	1 »	+ 3 »	+ 1 » »	+ 1 Th. Zinn
+	1 »	+ 2 »	+ 1 » »	

Einige hieher gehörige Versuche finden sich bei Jacobi [1]), nach welchen Verbindungen von Zink, Zinn und Quecksilber, Zink, Zinn, Blei und Quecksilber, ja sogar von Zinn, Blei und Quecksilber positiver sind als Zink und selbst als amalgamirtes Zink.

IV. Ueber die Auflöslichkeit des Zinks in verdünnter Schwefelsäure.

Die Versuche hierüber von De la Rive [2]) sind ebenfalls für die Theorie und Praxis des Galvanismus von einer bedeutenden Wichtigkeit. Er fand, dafs ein durch Destillation gereinigtes Zink von verdünnter Schwefelsäure kaum angegriffen werde, besonders in den ersten Augenblicken, und dafs, wenn auch nach einiger Zeit eine stärkere Gasentwicklung eintrete, diese doch nie so reichlich werde, als bei dem gewöhnlichen, käuflichen Zink, und von einer fremdartigen Ursache, von der Bildung und Ablagerung einer Oxydschicht auf der Zinkplatte herrühre, welches Oxyd dann die Rolle eines negativen Metalls gegen das Zink spielt, und also eine galvanische Kette bewirkt. In so fern es nun gewifs ist, dafs die selbstständige Gasentwicklung, welche das Zink schon für sich in der Flüssigkeit hervorbringt, gar nicht zur galvanischen Action beitrage, ja sie vielmehr schwächt, die Versuche auf diesem Gebiete erschwert und kostspielig macht, so verdienen die schönen Untersuchungen von De la Rive volle Aufmerksamkeit.

Es wurde eine Flasche genommen, aus deren unterm Theil eine aufwärts gebogene Röhre hervorging. Indem das Wasserstoffgas sich am oberen Theil der Flasche durch die Einwirkung der Flüssigkeit auf das Zink sammelte, drückte es die Flüssigkeit in die Röhre, welche zum Be-

---

[1]) Mém. s. l'applic. pag. 32.

[2]) Bibl. univ. 43. pag. 391. Pogg. Ann. 19. pag. 221.

hal der zu messenden Gasquantität in gleiche Volumina, jedes von 10 Cubik-Centimeter getheilt war. Da die Gasentwickelung anfangs, beim Eintauchen des Zinks, langsamer vor sich geht und nacher schneller, so wartete De la Rive das Maximum der Geschwindigkeit ab, (es tritt bei gewöhnlichem Zink schon nach 10 Minuten, bei destillirtem oft erst nach mehreren Stunden ein) und berechnete die Zeit, welche in diesem Stadium nöthig war, 300 Cubik-Millimeter Gas zu liefern. Diese Zeit ist in der folgenden Tabelle angegeben; die Oberfläche des eingetauchten Zinks betrug 200 Millimeter Quadrat

Säure No.	spec. Gew.	Schwefelsäure in 100 Gewichtsth. d. Gemenges	Zeit käuflich. Zink	destill. Zink	Verhältniſs beider Zeiten
1	1,137	20,20	0′ 6″	3′ 30″	35
2	1,182	25,64	0 3	1 50	37
3	1,215	29,85	0 2	0 30	15
4	1,218	35,28	0 3	0 26	9
5	1,326	43,25	0 4	0 24	6
6	1,532	64,20	0 9	1 30	10

Das Resultat dieser Versuche, die so viel (bei der Säure No. 2, 37mal) geringere Ausflöslichkeit des destillirten Zinks ist nicht die Folge seiner gröſseren Dichte; denn De la Rive fand das spezif. Gewicht beider Zinksorten gleich (nemlich 7,20 bei 18° C.); auch wandte er beide im fein vertheilten Zustand an, ohne das Resultat zu verändern. Den Grund sucht er vielmehr mit vollem Recht in der Beimengung fremdartiger, metallischer Substanzen (Zinn, Blei, Cadmium und etwas mehr als 1% Eisen) im käuflichen Zink, wodurch kleine Partialketten entstehen, die für sich auf galvanischem Wege das Wasser zersetzen. Um dieſs empirisch nachzuweisen, schüttet er in schmelzendes, destillirtes Zink $\frac{1}{3}$ seines Gewichts Feilspähne von Zinn, Blei, Kupfer, Eisen, und unterwarf die hieraus gebildeten Stangen, welche eine Oberfläche ebenfalls von 200mm Quadrat hatten, ähnlichen Versuchen

Säure	destill. Z.	Z. Zinn	Z. Blei	Z. Kupfer	Z. Eisen	käufl. Z.
No. 1	3′ 27″	24″	12″	4″ bis 6″	4″	4
2	1 50	12	9	6	3	3
3	0 30	12	10	3 bis 4	2 bis 1	2 bis 1

Der Einfluſs beigemengter Metalle auf die Quantität des entwickelten Gases tritt hier aufs deutlichste hervor.

Einen ferneren Grund für die aufgestellte Ansicht findet De la Rive darin, daſs diejenige Säure (No. 3 u. 4), welche mit dem käuflichen Zink das meiste Gas liefert, auch der beste Leiter der galvanischen Electrizität ist, d. h. die Galvanometernadel am meisten ablenkt, wenn sie zu einer Kette genommen wird. Hiervon hat sich der Verfasser eigends überzeugt, und er giebt dem zufolge an, daſs verdünnte Schwefelsäure am besten leite, welche nicht unter 30 und nicht über 50% ihres Gewichts reine Schwefelsäure enthält.

Die angewandten Metallgemische bildeten folgende Spannungsreihen, anfangend von dem positivsten

+ destill. Zink, Zink-Blei, Zink-Zink, Zink-Eisen, käufliches Zink, Zink-Kupfer —,

Hiernach wird das destillirte Zink durch Beimengungen negativer, und das ist den im vorigen Abschnitt angeführten Resultaten gar nicht entgegen, da dort bemerklich gemacht wurde, dafs geringe Zusätze einen entgegengesetzten Effect haben, als gröfsere. Ist die Ansicht De la Rive's richtig, so hätte man erwarten dürfen, dafs ein Zusatz von Kupfer eine leichtere Auflösung des Zinks bewirke, als einer von Eisen, welches sich umgekehrt gefunden hat. Der Verfasser meint, diefs rühre daher, dafs die Stärke eines galvanischen Stroms auch von der Leichtigkeit abhänge, mit welcher derselbe aus dem negativen Metall in die Flüssigkeit trete, und diese soll beim Eisen gröfser sein als beim Kupfer. Wir wissen nicht, auf welche Versuche er sich dabei stützt; auch scheint es, als müfsten demgemäfs überhaupt Eisen und Zink eine stärkere galvanische Action hervorbringen als Kupfer mit Zink, welches bekanntlich nicht der Fall ist. Viel triftiger erscheint ein zweiter Grund, wonach nämlich das im Anfang mit Kupfer versetzte Zink eine stärkere Gasentwicklung giebt, als nachher, ja sogar oft stärker als bei dem Eisen-Zink, dafs aber später auf dem ersteren Gemenge sich eine Schicht schwach oxydirten Zinks, und zwar auf den Kupfertheilchen niederschlage, herrührend von einer Zersetzung des bereits gebildeten und aufgelöseten schwefelsauren Zinkoxydes. Diese Schicht hemmt den weiteren Prozefs der Auflösung; eine Zink-Eisenkette dagegen vermag nicht, das schwefels. Zinkoxyd zu zersetzen, und daher fällt die Bildung einer solchen Schicht fort. Zu übersehen scheint uns auch nicht, dafs sich das Eisen schon von selbst in verdünnter Schwefelsäure auflöse, und Wasserstoff entwickele.

Man kann bei Gelegenheit dieser interessanten Resultate die Frage nicht unterdrücken, ob nämlich ein wirklich reines Zink überhaupt von verdünnter Schwefelsäure angegriffen werden möchte?

Boucharlat hat Versuche über die Auflösung des Zinks und Zinns in Flüssigkeiten, welche in verschiedenen Gefäfsen enthalten sind, angestellt und beschrieben [1]). Die Auflösung des Zinks in metallischen Gefäfsen setzt sich aus zwei Theilen zusammen, aus einem auf gewöhnlich chemischen, und einem auf galvanischem Wege aufgelöseten. Das Zink war zum Behuf der Versuche in Kugelform gegossen, damit seine Berührung mit den verschiedenen Gefäfsen möglichst gleich sei, die Gefäfse waren daher auch von derselben Gestalt, und die Flüssigkeit zu vergleichenden Bestimmungen von derselben Stärke.

In einem Glasgefäfs verlor eine Zinkkugel während einer Stunde, bei Anwendung schwacher Schwefelsäure, 2 Milligramme. Hierauf in einem Gefäfs von Platin 79, von Gold 65, Silber 51, von Glas 1,5.

---

[1]) Annal. de Chim. et de Phys. 53. pag. 284.

Wie hieraus für den Galvanismus die Contactheorie bewiesen, und die Oxydationstheorie wiederlegt sei, sieht man nicht ab. Wurden dieselben Kugeln nach Verlauf einer Stunde in vier Glasgefäfse gelegt, so verlor nach einer Stunde die Kugel aus dem Platingefäfs 11, aus dem Gold 8, aus dem Silber 5, aus dem Glase 1,5.

Hieraus schliefst der Verfasser, dafs die Wirkung der Contact-Electrizität einige Zeit nach aufgehobener Verbindung noch fortdauere, und dafs die Moleküle erst später in den natürlichen Zustand zurücktreten. Wir glauben nicht, dafs man ihm hierin beistimmen wird, da es natürlichere Erklärungen giebt, falls das Phänomen sicher begründet sein sollte.

Folgende Versuche sind mit reinem Zink angestellt, Verlust in 1 Stunde

Gefäfs aus	in Salzsäure	in Schwefelsäure	in Ammoniak
Graphit	10	—	—
Schwefel	5	3	1
Zinn	12	12	12
Blei	14	28	15
Antimon	41	38	18
Wismuth	45	38	20
Silber	58	65	22
Gold	52	102	24
Platin	55	116	27
Kupfer	70	150	40
Messing	124	190	103
Eisen	—	130	—
Glas	4	3	—

In folgenden Versuchen wurde käufliches Zink angewandt.

Gefäfs aus	verdünnte Schwefels. (15 Minuten)	starke Schwefels. (5 Minuten)	Ammoniak (12 Stunden)
Glas	9	51	2
Schwefel	10	53	1,5
Blei	310	75	15
Zinn	—	96	17
Antimon	350	62	19
Wismuth	342	132	19
Silber	665	120	27
Platin	712	76	32
Gold	—	—	23
Kupfer	—	110	42
Messing	—	—	64

Bei Anwendung der starken Schwefelsäure (Wasser mit $\frac{1}{10}$ Säure) fand eine beträchtliche Zunahme der Temperatur statt, so dafs dadurch die Resultate unsicher werden.

Auflösung des Zinns in sehr verdünnter Salzsäure während einer Stunde.

Gefäfs aus	Glas	3
»	Schwefel	3
»	Blei	12

Auflösung des Zinns in sehr verdünnter Salzsäure während einer Stunde.

Gefäfs aus	Silber	19
»	Antimon	34
»	Wismuth	36
»	Kupfer	70
»	Platin	85
»	Gold	201

Aus diesen Reihen zieht Bouchardat folgende Schlüsse. Gegen das Zink gehört Platin zu den negativsten Körpern, gegen Zinn dagegen ist das Gold negativer als das Platin, da in einem Goldgefäfs sich 201 Milligramme Zinn in derselben Zeit auflösen, wo in einem Platingefäfs nur 85. Es soll demnach keine Spannungsreihe der Art geben, wie wir sie von Volta erhalten haben, vielmehr erhält man verschiedene Reihen, je nachdem man den Körper wählt, mit dem die übrigen verglichen werden. Allein die angeführten Versuche (es sind die einzigen, welche die Abhandlung enthält) sind viel zu unregelmäfsig, um daraus Schlüsse von solcher Wichtigkeit ziehen zu können. Bei Anwendung von reinem Zink z. b., und in Salzsäure, Schwefelsäure und Ammoniak, wurde in dem Messinggefäfs ungleich mehr Zink aufgelöset als in dem Platingefäfs. Folgt hieraus, dafs gegen reines Zink Messing (und auch Kupfer) negativer sei als Platin?

V. Einfache Kette.

a) Funke beim Schliefsen einer einfachen Kette.

Die Ursache des Funkens, sowohl bei der gewöhnlichen Electricität als im Galvanismus, ist noch so räthselhaft, dafs jede Bedingung, unter welcher er erzeugt werden kann, sorgfältig aufgesucht werden mufs. Faraday ist es zuerst gelungen (915) einen Funken beim Schliefsen einer einfachen Kette zu erlangen, den er in diesem Falle als einen Beweis ansieht, dafs der Metall-Contract nichts mit der Erzeugung Volta'scher Electricität zu thun habe. Gegen das letztere wäre zu bemerken, dafs wenn durch den Funken eine solche Theorie bestätigt oder widerlegt werden könne, seine Natur viel besser, als es bis jetzt geschehen, erkannt sein müfste. Der Funke wurde von Faraday auf folgende Weise erlangt (man wird bei der Widerholung des Versuchs finden, dafs alle Umstände sehr wohl berücksichtigt werden müssen, ehe er gelingt). Ein Cylinder von amalgamirtem Zink und ein doppelter Cylinder von Kupfer wurden in verdünnte Schwefelsäure getaucht, beide Metalle trugen Näpfchen mit Quecksilber. Ein kurzer Drath ist so vorgerichtet, dafs er in beide Gefäfse taucht, und die Kette schliefst. Vor dem Schliefsen findet keine chemische Wirkung in der Kette statt; ist nun der Kupferdrath an einem Ende amalgamirt und die Quecksilberfläche rein, so zeigt sich beim Schliefsen der Funke, eben so glänzend, wo nicht glänzender als beim Oeffnen der Kette. Giefst man auf das Quecksilber etwas Wasser, so entsteht der Schliefsungsfunke sicherer, aber er hat bedeutend an Glanz verloren. Man kann statt des Schliefsens mittelst Quecksilbers, die Berührung auch zwischen blankem Kupfer oder Platin bewirken, und erhält ebenfalls einen kleinen Funken. Der gröfsere und lebhaftere beim Quecksilber rührt, wie bekannt, von der leichteren Verbrennung dieses Metalls, und der anderen Metalle, die es aufgelöset enthält, her. Dafs der Trennungsfunke so lange bekannt ist, der Schliefsungsfunke dagegen nicht, rührt davon her, dafs die Umstände zu seiner Erzeugung günstiger sind, weil die Trennung blanke Oberflächen bloslegt, während beim Vollziehn des Contracts fast immer eine Schicht Oxyd oder Staub dazwischen ist. Faraday giebt (1076) an, dafs wenn ein Drath in Quecksilber geführt wird, um die Kette zu schliefsen, man einen fast continuirlichen Funken erhalten könne. Zuerst nämlich findet Berührung statt, dann Glühen am Berührungspunkte, Zurückweichen des Quecksilbers durch die Hitze und den electro-magnetischen Zustand, Unterbrechung des Contracts und also neuer Funke; hierauf stellt sich der Contract her, und die Reihe der Erscheinungen wiederholt sich.

Der Funke beim Schliefsen bildet sich offenbar einen Moment ehe Zink und Kupfer metallisch verbunden sind, und rührt vielleicht von einer Spannung der Theilchen der Flüssigkeit her, in Folge welcher sie (wenn sie aus Wasser besteht) ihre Sauersofftheilchen dem Zink, ihre Wasserstoffatome dem Kupfer zuwendet, ohne dafs jedoch vor dem Schliefsen die Bestandtheile sich schon trennten. Diese Spannung entsteht durch die Verwandschaft des Zinks zum Sauerstoff des Wassers, welche jedoch, bei Anwendung von amalgirten Zink nicht kräftig genug ist, vor dem Schliefsen eine Oxydation zu Stande zu bringen. Wenn diefs richtig ist, so kömmt es beim Schliefsungsfunken also allein auf die Zinkplatte an, und die Kupferplatte ist gleichgültig, d. h. wenn man zu gleicher Zeit die Kupferplatte in die Flüssigkeit tauchen, und ihren Drath mit dem Zink verbinden könnte, so müfste der Funke eben so gut entstehen, als in dem Falle, wo die Kupferplatte schon in der Flüssigkeit steht, und ihr Drath dem Zink genähert wird. Wenn man dagegen mit der Zinkplatte so verführe, so müfste man keinen Funken erhalten. Solche Versuche sind natürlich practisch nicht ausführbar, allein es ist mir gelungen, sie auf andere Weise, durch die Zuckungen des Froschpräparats, anzustellen, und das, was vermuthet worden, zu bestätigen. Es wäre gerade nicht unumgänglich, dafs die Schliefsungszuckung ebenfalls einen Moment vor dem Schliefsen stattfinde, wie der Funke; inzwischen ist dies wahrscheinlich, und die folgenden Versuche beweisen auch, dafs Zuckung und Funke in diesem Betracht gleichbedeutend sind. Von einem Froschpräparat, welches die Schliefsungs- und Trennungszuckung isolirt gab, wurde der Nervus cruralis mit dem Zink verbunden, hierauf das Kupfer mit dem Zink berührt, und endlich das Kupfer an den Muskel gebracht; es entstand eine lebhafte Zuckung. Als dagegen umgekehrt verfahren wurde, d. h. zuerst das Kupfer mit dem Frosch verbunden, hierauf das Zink mit dem Kupfer, und endlich das Zink an den Frosch gebracht wurde, entstand keine Zuckung. Dieses letztere ist der beabsichtigte Versuch, und lehrt, dafs allerdings die Contractionen, und dann wohl auch der Funke, beim Schliefsen herrühren von einer Tension der Bestandtheile der Flüssigkeit, hervorgebracht durch den positiven Erreger. Das Froschpräparat spielt hierbei eine doppelte Rolle, es enthält einmal zersetzbare Flüssigkeit, wodurch es fähig ist eine Kette zu bilden, und andererseits besteht es aus erregbaren Nerven. Ich stellte ähnliche Versuche auf folgende, noch directere Weise an. An eine Zink- und Kupferplatte wurden Dräthe gelöthet, und mit dem Froschpräparat verbunden, die Platten wurden in verdünnte Schwefelsäure getaucht. Indem bald die Zink, bald die Kupferplatte herausgenommen und wieder eingetaucht wurde, glaubte ich folgendes zu finden. Beim Herausheben der Zinkplatte sollte eine Zuckung statt finden, beim Hineinsetzen aber keine; dagegen vermuthete ich eine Zuckung sowohl beim Hineinsetzen als Herausheben der Kupferplatte. Die Erscheinung, die sehr oft und an verschiedenen Individuen, aber immer im zweiten Stadium der Erregbarkeit, wo nämlich die Contractionen bei der Schliefsung und Trennung an entgegengesetzten Extremitäten auftreten, wiederholt wurde, war jedoch ganz anders. War Kupfer mit dem Muskel und Zink mit dem Nerven verbunden, so war nur eine Contraction vorhanden beim Herausnehmen der Platten, gleichgültig welcher, beim Hineinsetzen dagegen war keine bemerklich. Wurde hierauf Kupfer mit dem Nerven, Zink mit dem Muskel verbunden, so war eine Zuckung nur beim Hineinsetzen der Platten, gleichgültig welcher. Ich vermuthe, dafs die Schwefelsäure mit den Platten in diesem Falle blofs den Strom geleitet habe, der durch eine Heterogenität der Kupferdräthe hervorgerufen wurde, und zwar so, dafs der mit der Kupferplatte verbundene Drath dabei die Rolle des positiven Erregers spielte. Denn wurden beide Dräthe mit den beiden Crural-Nerven verbunden, so zeigte sich beim Hineinsetzen der Platten in die Flüssigkeit die Schliefsungszuckung ausschliefslich an derjenigen Extremität, deren Nerv mit der Kupferplatte verbunden war, die Trennungszuckung an der entgegengesetzten Extremität. Die Flüssigkeit vertrat demnach hierbei die Rolle eines metallischen Bogens, eine Rolle, die sie überhaupt gegen schwache Ströme spielt. Man konnte sie, und die Zink- und Kupferplatte ganz aus dem Bogen fortlassen, und die beiden Dräthe unmittelbar berühren, die Erscheinungen blieben ganz dieselben.

Wenn man zugiebt, dafs der Funke beim Schliefsen, auf eine freilich bis jetzt noch unbekannte Weise, von der Richtung der Sauerstofftheilchen gegen das Zink herrühre, so wird der Funke beim Oeffnen der entgegengesetzten Richtung sein Entstehen verdanken, denn in diesem Moment kehren die Bestandtheile des Wassers in ihre natürliche Lage zurück, d. h. sie geben die bestimmte Richtung auf. In dem Funken beim Oeffnen und Schliefsen einer Kette hat man bis jetzt blofs einen seltsamen Unterschied wahrgenommen. Je kleiner nämlich der Verbindungsdrath zwischen den erregenden Platten, desto stärker der Funke beim Schliefsen, desto unbedeutender beim Oeffnen. Prägnanter ist der Unterschied bei der Schliefsungs und Trennungszuckung des Frochpräparats.

b) Einfache Ketten aus Platin, Braunstein u.s.w.

Becquerel hat [1]) einige Erscheinungen beschrieben, welche Ketten aus Platin und Braunstein, Braunstein und Graphit u. s. w. zeigen. Sie scheinen uns kein grofses Interesse darzubieten, jedoch bedürfen sie einer kurzen Erwähnung, um nachweisen zu können, dafs die Ansicht Becquerels darüber, welche ein neues Prinzip verlangt, nicht unumgänglich ist. An das eine Ende des Multiplicatordrathes wurde ein Stück crystallisirten Braunsteins, 1 Centimeter lang, einige Millimeter breit, befestigt, und eine ähnliche Platinplatte an das andere Ende. Wurden hierauf beide Platten in Wasser eingetaucht, so zeigte die Ablenkung der Nadel, dafs das Platin die Rolle des Zinks gegen Braunstein (als Kupfer) spiele; dies ist bekannt. Inzwischen kam die Nadel bald auf 0°, und wurde der Bogen geöffnet und leich wieder geschlossen, so wich sie nicht ab. Eine Ablenkung konnte erst wieder erlangt werden, nachdem die Kette länger als 5 Minuten offen geblieben war, doch war sie auch hierbei noch gering, und wurde erst bedeutender, als die Kette längere Zeit offen erhalten war, nach folgenden Beobachtungen

Kette aus Braunstein und Platin.	geöffnet während	15′	Ablenk. 8°,5
		30′	» 12,5
		1 Stunde	» 15,5
		3 »	» 23,0
		9 »	» 27,0
		24 »	» 28,0
Kette aus Anthrazit und Platin	geöffnet während	15′	Ablenk. 6°,0
		30′	» 8,5
		1 Stunde	» 9,0
		8 »	» 9,0

Becquerel schliefst hieraus, dafs wenn Wasser und eine mineralische, schwer zu verändernde Substanz einen Bogen bilden, nur eine momentane Entladung der Electrizität, ähnlich der einer Kleist'schen Flasche entstehe. Er glaubt, dafs sich die Electrizität in der schlecht leitenden Substanz des Minerals anhäufe, und da, wie er versucht hat, Ableitungen von diesem letzteren zur Erde, die nahher erfolgende Wirkung gar nicht schwächen, so meint er, dafs die Electrizität des Minerals durch eine gleich starke, aber entgegengesetzte des Wassers gebunden wurde, wie in den Platten eines Condensators. Wir müssen hierzu bemerken, dafs überhaupt dergleichen Ableitungen zur Erde auf die galvanischen Phänomene von keinem Einflufs sind, und dafs daher eine solche weder angebracht, noch aus ihrer Wirkungslosigkeit etwas gefolgert werden kann Becquerel bemerkt weiter, dafs dieses Instantane der Wirkung nur eintrete, wenn das Mineral mit einer kleinen Oberfläche eintauche, und dafs im entgegengesetzten Falle die Wirkung dauernder sei, und schreibt auch dieses Factum auf die schlechte Leitungsfähigkeit des Minerals. Von dieser Voraussetzung ausgehend, nimmt er statt der Platinplatte ebenfalls

[1]) Ann. de Ch. et de Ph. Tome 60 p. 164.

ebenfalls eine schlecht leitende Substanz, Graphit, und findet, wie er erwartete, die Wirkung dauernder. Auf diese Weise glaubt Becquerel den Satz hinlänglich bewiesen, dafs die mineralischen Substanzen Electrizität bis auf einen gewissen Punkt anhäufen, und mit dem Wasser, das sie berühren, eine Art von Condensator bilden.

Uns scheint das schwerlich zu folgen. Wir sehen nicht wohl ein, worin sich die angeführten Ercheinungen so wesentlich von denen jeder anderen Kette unterscheiden; auch eine Zink-Kupferkette kömmt rasch in ihrer Wirkung herab, und erlangt sie zum Theil wieder, wenn sie längere Zeit ungeschlossen geblieben. Man ist im Stande diese Thatsache genügend zu erklären. Becquerel hat ausschliefslich die mineralische Substanz im Auge gehabt, und die Platinplatte unberücksichtigt gelassen, von der wahrscheinlich das schnelle aufhören der Wirkung abhängt. Die Kette aus Braunstein und Platin ist nur wenig intensiv, und es bedarf also nur der leisesten Oxydirung der Platinplatte, um dieselbe so stark negativ zu machen als den Braunstein, und die Kette dann zu einer unwirksamen. Da Platin gegen Braunstein die Rolle des Zinks spielt, so ist an eine, wenn auch geringe Oxydirung desselben gewifs nicht zu zweifeln. Es scheint überhaupt, als wenn die edeln Metalle in säurehaltigem Wasser so absolut unveränderlich nicht sind. Was den obigen Versuch mit einer Kette aus Braunstein und Graphit betrifft, so beweiset er nichts mehr, als das schon bekannte Factum, dafs bei Ketten aus verschiedentlichen Substanzen die Wirkungsabnahme verschieden sei.

Auch De la Rive schreibt die Wirkung von Ketten aus Braunstein und Platin, aus Blei-Hyperoxyd, chromsaurem Blei und Platin auf Rechnung einer Desoxydation, welche die ersteren Stoffe erleiden, besonders in Wasser, welches Salzsäure oder Salpetersäure enthält. Die Desoxydation soll dann einen entgegengesetzt gerichteten Strom als die Oxydation hervorbringen. Allein das ist eine Ansicht, für welche keine Thatsachen genügend sprechen. Es wäre ein sehr wichtiger Satz im Galvanismus, dafs eine blofse Desoxydation so gut einen Strom hervorbringen könne, als die Oxydation, die immer mit einer Zersetzung des flüssigen Erregers verbunden ist; aber je wichtiger er ist, desto strenger mufs man ihn bewiesen zu sehen wünschen. Daraus dafs Braunstein, chromsaures Kali und noch mehr Blei-Hyperoyd negativ gegen Platin sind, folgt er noch nicht, so lange die Behauptung nicht widerlegt ist, dafs der Strom vom Platin bewirkt werde. De la Rive giebt selbst an, dafs man in dieser Sphäre eine chemische Wirkung nicht deshalb in Abrede stellen könne, weil man ihre Effecte nicht unmittelbar wahrnimmt, er ist ferner der Meinung, dafs in Ketten aus Platin und Gold die galvanische Action von der schwachen Oxydirung des Goldes im Wasser herrühre. Das wird man sicher zugeben; allein dann scheint auch kein Grund vorhanden, eine solche Oxydirung beim Platin zu läugnen, wenn es mit Blei-Hyperoxyd oder Braunstein verbunden ist.

c) Einfache Kette aus Säure und Alcali.

Eine ganz merkwürdige, einfache Kette hat Becquerel angegeben. Er ging dabei von dem Bestreben aus, alle Electrizität zu benutzen, die bei der Verbindung zweier Körper frei wird, und meint, dafs wenn man diefs erreichte, der entstehende Strom im Stande sein würde, dieselbe Verbindung umgekehrt wiederum zu zersetzen. Es scheint, dafs er annimmt, diefs sei ihm mit folgender Construction der einfachen Kette, zum Theil gelungen. Er nahm eine Glasröhre 5 bis 6^{mm} weit, verschlofs ihr unteres Ende durch feinen, mit einer concentrirten Lösung von Aetzkali oder Aetznatron befeuchteten Thon, und füllte den übrigen Theil der Röhre mit derselben Lösung. Diese Glasröhre wurde hierauf in eine Flasche, oder in ein Gefäfs, welches concentrirte Salpetersäure enthielt, gesetzt, und Alcali und Säure mittelst zweier Platinstreifen aufserhalb der Glasgefäfse verbunden. An der Platinplatte im Alkali entsteht bei der Verbindung eine ziemlich ergiebige Entwicklung von reinem Sauerstoff (bei einem Versuch, wo die Platten 1 Centimeter lang und 5^{mm} breit waren, sammelte Becquerel binnen 12 Stunden 1,5 Cubik-Centimeter). An der Platte in der Säure entwickelt sich kein Wasserstoff, allein er wird daselbst frei, bildet aber salpetrige Säure, und färbt die Salpetersäure, löset auch das Gold auf, wenn von diesem Metall statt der Platinplatte angewandt wird. Vergröfserte man die Dimensionen des Apparats, und nimmt Platinplatten von 1 Quadrat-Centimeter bis zu 2 Quadrat-Decimeter, so ergab sich, dafs die aufgefangenen Sauerstoffmengen sich beinahe wie die Flächen verhielten. Schaltet man in den Verbindungsdrath dieser Kette ein Galvanometer und aufserdem noch einen Platindrath ein, der in zwei Quecksilbergefäfse taucht, so zeigt sich die Menge des Sauerstoffs und die Gröfse der Ablenkung der Magnetnadel ganz unabhängig von der Dicke des Platindrathes, die Versuche erstreckten sich über eine Dicke von $\frac{1}{50}$ bis einige Millimeter, vorausgesetzt dafs seine Länge nicht verändert werde. Der Strom geht also durch einen dünnen Drath eben so gut als durch einen dicken; auch erwärmt er ihn nicht. Denn stellt man vor den eingeschalteten Platindrath (nach Peltier's Manier, s. Thermomagnetismus) eine empfindliche Thermosäule, welche $\frac{1}{100}$ Grad angiebt, so findet man keine Erhöhung der Temperatur in demselben. Becquerel bemerkt hierbei, dafs der kleine Wollaston'sche Apparat einen solchen Drath glühend gemacht haben würde, während derselbe hier gar nicht erwärmt wird. Der Strom der in Rede stehenden Kette ist übrigens mehrere Tage lang in seiner Intensität constant.

Auf welche Weise diese, zum Theil sonderbaren Erscheinungen zu erklären sind, ist nicht leicht zu sagen. Becquerel giebt an, dafs bei der Verbindung von Säure und Alcali ein Strom entstehe, in Folge dessen das Alcali die negative Electricität, die Säure die positive annimmt, und dafs dieser Strom das Wasser zersetze. Es mufs jedoch bemerkt werden, dafs es noch ein sehr zweifelhafter Punkt ist, ob die Verbindung

---

[1]) Bibl. univ. 60 pag. 215, Pogg. Ann. 37 pag. 246.

einer Säure mit einem Alcali überhaupt ein Strom erzeuge; auf galvanischem Wege erzeugt sich ein solcher nur, wenn außer der Verbindung, auch noch eine Zersetzung stattfindet, und diese letztere Bedingung ist hier nicht erfüllt. Die starke Verbindung zwischen Zinn und Platin bringt keinen galvanischen Strom hervor (s. Gesetze über die Electrolyten u. s. w. Da der Strom hier so kräftig ist, das Wasser zu zersetzen, so ist es seltsam, dafs seine Intensität im Verbindungsdrathe so gering ausfällt, dafs er gar keine erwärmende Kraft besitzt. Auch erfahre ich durch briefliche Mittheilung von Jacobi in Dorpat, dafs diese Kette, durch 800 F. spiralförmig gewundenen Kupferdrath geschlossen, beim Oeffnen weder einen Funken, noch die geringste Erschütterung auf der Zunge hervorbringt, während die möglichst kleine Kette aus Zink und Kupfer bei einer solchen Drathlänge schon empfindliche Schläge der Hand mittheilt.

Ich richtete eine solche Kette, in Gemeinschaft mit Professor Dulk vor, und wir fanden die Resultate vollkommen bestätigt. An dem Drath, der sich in der Alkali-Lösung befand, zeigte sich eine continuirliche Entwicklung von Sauerstoff, an der Platinplatte in der Salpetersäure zeigte sich dagegen kein Gas. Die Ablenkungen, welche diese Kette an der Magnetnadel hervorbrachten, waren schwach, aber entschieden; der Drath in der Lauge vertrat dabei die Rolle des Zinks, die Platinplatte in der Säure die des Kupfers. Wurde Jodkalium-Lösung eingeschaltet, so fand eine starke Zersetzung desselben statt, und Jod erschien an dem Theil des Bogens, der mit der Platinplatte communizirte, wie diefs zu erwarten war (s. folg. Abschn.). Wurde statt der Salpetersäure Schwefelsäure genommen (1 Theil Wasser mit 1 und ½ Th. Schwefelsäure), so war keine Sauerstoffentwicklung am Platindrath zu bemerken; allein aus dem Thon sowohl, wie an der Platinplatte entwickelte sich Gas, wahrscheinlich Wasserstoffgas. Die Jodzersetzung war sehr gering, eben so gering war auch die Ablenkung der Galvanometernadel, und nach einiger Zeit hatte die Kette ihre Wirksamkeit ganz verloren. Um zu sehen, ob diefs etwa von einer Schicht des gebildeten Salzes herrühre, welches isolirend wirke, wurde der Strom einer kleinen, einfachen Kette durch die Säure und das Alcali geleitet, der sehr gut hindurchging. Wenn zur Schwefelsäure etwas Salpetersäure gethan wurde, so fanden die vorher beschriebenen Phänomene statt.

Dieselben Erscheinungen ist es mir nachgehends gelungen durch Zink und Kupfer statt des Alcali und der Säure zu erhalten, auf folgende Weise. In ein Gefäfs (*a*) wurde eine kleine, amalgamirte Zinkplatte getaucht, in ein anderes (*b*) eine Kupferplatte; aus (*a*) und (*b*) gingen 2 Platinplättchen, die mit dem Galvanometer in Verbindung standen. Nachdem hierauf die Zink und Kupferplatte metallisch verbunden, und in (*a*) und (*b*) verdünnte Schwefelsäure gegossen, wich die Nadel um beiläufig 80 Grade ab, und zwar vertrat die Platinplatte in dem Gefäfs (*a*) die Rolle des Kupfers; an ihr und am Kupfer bildeten sich Blasen von Wasserstoff, die aber nicht aufstiegen; sonst wurde nirgends eine Gasblase wahrgenommen, auch hatte diese Kette ihre Wirksamkeit bald verloren. Wurde nun in (*a*) statt der verdünnten Schwefelsäure verdünnte Salpetersäure, die frei von salpetriger Säure war, gethan, so war die Ablenkung noch heftiger und nach derselben Seite. Jetzt zeigte sich am Platin in (*b*) eine reichliche, continuirliche Sauerstoffentwickelung; aber weder am Kupfer noch an der Platinplatte in (*a*) die geringste Gasblase. Das amalgamirte Zink wurde äuſserst heftig von der Salpetersäure angegriffen, und nach 10 Minuten war auch hier die Wirkung sehr geschwächt, obgleich noch immer Sauerstoff frei wurde. Als hierauf verdünnte Salpetersäure in (*b*), Schwefelsäure in (*a*) gegossen wurde, war wiederum eine gleiche Ablenkung der Nadel, aber keine Spur von Gas an den Platinplättchen. Es sind dieſs dieselben Erscheinungen als an der Becquerel'schen Kette; was inzwischen die andere Eigenthümlichkeit der letzteren, den Mangel an erwärmender Kraft betrifft, so habe ich sie noch nicht weiter untersuchen können. (M.)

d) Einfluſs der Natur der Oberfläche der Erregerplatten auf die electro-magnetische Wirkung des Schlieſsungsdrathes nach Gren und B. Rogers.

Am. Journ. vol. 28 p. 33.

Im 27sten Bande desselb. Journal p. 39 waren Versuche über einige Gesetze der einfachen galvanischen Kette von W. und H. Rogers mitgetheilt worden, die wir ihrer Mangelhaftigkeit wegen übergangen haben. Die Verfasser des vorliegenden Aufsatzes zeigen gegen eins jener Gesetze, daſs die Wirkung der Zinkkupferkette durch Vergröſserung der Zinkfläche wirklich zunehme, wenn auch weniger als durch Vergröſserung der Kupferfläche, und daſs die falschen Schlüsse ihrer Vorgänger durch Nichtbeachtung der Wirkungsabnahme der geschlossenen Kette entstanden seien. Diese Abnahme fanden sie von einer Veränderung der Kupferfläche abhängig, da eine eben so gebrauchte Kupferplatte mit einer neuen Zinkplatte ungefähr die zuletzt beobachtete, die gebrauchte Zinkplatte aber mit einer neuen Kupferplatte combinirt die anfängliche Ablenkung am Multiplicator hervorbrachte. Ritchies Gesetz der Wirkung der Kette nach umgekehrtem Verhältniſs der Quadratwurzel der Entfernung der Platten erwies sich ihnen als falsch, die Wirkung aber bei gleichbleibender mittlerer Entfernung, unabhängig von der Stellung der Platten gegen einander. Bei gleichem Grade der Verdünnung ordnen sie die erregenden Flüssigkeiten nach abnehmender Wirksamkeit: Salpeters., Salpeters. und Schwefels., Salzs., Schwefelsäure.

Alle diese Erfahrungen sind uns durch Fechners so gründliche Untersuchungen bei weitem vollständiger bekannt; einer speziellen Mittheilung werth erscheinen nur die folgenden Versuche über die Wirkung der Kette nach dem Zustande der Oberfläche der Platten, wenn sie auch keineswegs als abgeschlossen zu betrachten sind.

Die erregende Flüssigkeit bestand bei diesen Versuchen aus 60 Theilen Wasser, 1 Schwefels.; die Kraft wurde durch die Torsion eines Glasfaden gemessen, welche die Nadel in die Ebene der Multiplicatorwindungen zurückführte. —

Von zwei schon gebrauchten Zinkplatten gab No. I in der Kette 85°, II 84°; I gefeilt und glänzend polirt 75°; II nachdem sie 2 Minuten der Wirkung einer starken Schwefelsäurelösung ausgesetzt gewesen, 85°. Die Einwirkung der Säure auf die Oberfläche befördert daher die Wirksamkeit des Zinks nur wenig.

Zwei Kupferplatten von 3□″ Oberfl. geben mit verschieden grofsen Zinkplatten die Torsionen:

		Zink 2□″	Zink 4□″
Kupfer 1	2′ nach Eintauch.	60°	58°
	3′ »	58	57
Kupfer 2	2′ »	55	74
	3′ »	53	70

Nachdem Kupfer No. 1. 5 Minuten in heifse verdünnte Salpeters. getaucht und 8 Minuten zum Trocknen hingestellt worden war, gab es mit

	Zink 2″	Zink 4″
2′ nach Eintauch.	177°	210°
2 »	175	206

Kupfer No. 2 blieb 5′ in kochender verdünnter Salzsäure dann 8′ an der Luft; mit

	Zink 2″
2′ nach Eintauch.	404°
3 »	395
4 »	380
5 »	350

es fielen dunkle Schuppen von der Platte, sie wurde herausgezogen und mit Wasser abgewaschen

2′ nach Eintauch.	146°
4′ »	144

Eine neue Kupferplatte wurde 2′ in heifse Salzs. getaucht, dann gerieben und gewaschen, sie gab mit

	Zink 2″
2′ nach Eintauch.	130°
3 »	128

wieder eingetaucht und 7′ an die Luft gestellt, mit

	Zink 2″	Zink 4″
2′ nach Eintauch.	175°	170°
3′ »	166	170

nach Verlauf von 8 Stunden gab sie mit

	Zink 3″	Zink 2″	Zink 3″
2′ nach Eintauch.	163°	140°	150°
3′ »	155	139	150
4′ »	155	139	150

Kupfer No. 1 wurde 5 Minuten in heifse Salpeters. getaucht, 8 Stunden an die Luft gestellt, es gab mit

	Zink 3″	Zink 2″	Zink 3″
2′ nach Eintauch.	200°	134°	142°
3 „	160	132	140
4 „	150	130	138

Eine neue unpolirte Kupferplatte gab

1′ nach Eintauch.	57°
3′ „	47

nachdem sie gefeilt worden

1′ „	66°
3 „	65

Aus diesen und ähnlichen Versuchen schliefsen die Verf., dafs die Säuren die electromotorische Kraft des Kupfers durch Angreifen seiner Oberfläche bedeutend erhöhen.

Fechner hat schon früher zur Verstärkung der Kraft und Wirkungsdauer der Kette empfohlen, die Kupferplatte vor dem Gebrauche mit concentrirter Salmiaklösung zu bestreichen und einige Stunden an der Luft liegen zu lassen. R.

e) Zersetzungen durch einfache Ketten.

Diese interessante Entdeckung Faraday's wird in der 8ten Reihe seiner Untersuchungen mitgetheilt, und soll dort die oft erhobene Frage beantworten, ob Metallcontact zur Hervorbringung der galvanischen Erscheinungen und besonders der chemischen nöthig sei. Die zu beschreibenden Ketten sind nicht mit denen zu verwechseln, wo zwei heterogene Flüssigkeiten und ein Metall angewandt wird, welches beide verbindet, wie bei der vorher angegebenen Kette Becquerel's. Denn wenn auch in diesen kein metallischer Contact vorhanden, so ist das doch in manchen Fällen nur scheinbar, wegen der Veränderung, welche die beiden Metallenden in den Flüssigkeiten erleiden; ferner findet dabei Contact zweier heterogener Flüssigkeiten statt, bei Faraday's Ketten aber nicht. Endlich beweisen die letzteren, dafs aufser der gewöhnlichen Zersetzung zwischen den beiden Erregerplatten, noch eine übertragene möglich sei, ohne Berührung beider Erreger, und die Ketten aus einem festen Leiter und zweien flüssigen beweisen es nicht. Zersetzungen hat man durch diese letzteren früher noch nicht erlangt, sondern blofs Ablenkung der Galvanometernadel; inzwischen ist es jetzt nöthig, beide Effecte nicht mehr für gleichbedeutend zu halten (siehe Einflufs der Intensität auf Leitung u.s.w.). Erst die Becquerel'sche Kette hat eine Zersetzung nachgewiesen; allein sie ist später als die Faraday'sche mitgetheilt worden, und ist aufserdem in manchem Betracht noch ganz räthselhaft. Es scheint nöthig hierauf aufmerksam zu machen, weil man sich im Auslande zum Theil so viel Mühe giebt, die folgereichen Entdeckungen des berühmten Naturforschers in den Bereich des bereits Bekannten zu ziehen, und ihren Glanz dadurch zu vermindern.

Der hieher gehörige Versuch ist in seiner einfachsten Form dieser. Man nehme eine Platinplatte, auf deren Gröfse es nicht ankömmt, und lege zwei Streifen Fliefspapier darüber, den einen am Ende, den andern am andern; beide müssen durch einen Zwischenraum getrennt sein. Man befeuchte den einen Streifen mit verdünnter Schwefelsäure, wozu etwas Salpetersäure gethan worden, den andern mit einer Lösung von Jodkalium, nach folgendem Schema

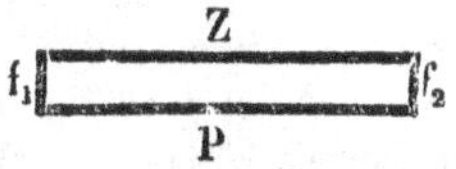

wo f_1 die Säure, f_2 das Jodkalium bedeutet. Das Wasser der verdünnten Schwefelsäure und das Jodkalium werden zersetzt werden. Bei f_1 ist alles wie gewöhnlich, es entwickelt sich Sauerstoff an Z, Wasserstoff am P; bei f_2 dagegen wird Jod an P ausgeschieden, und färbt dort die Flüssigkeit braun; Kalium wird an Z ausgeschieden, und ein Curcumäpapier zeigt daselbst die Anwesenheit eines Alcali. Dafs hierbei keine directe Einwirkung des Platins oder Zinks auf die Lösung des Jodkaliums stattfindet, beweiset sich, wenn man die Flüssigkeit f_1 fortläfst, wo dann alle Action ausbleibt, vorausgesetzt, dafs sich die Platten Z und P nirgends metallisch berühren. Ist das letztere der Fall, dann findet eine Zersetzung in f_2 statt; allein Jod entwickelt sich nunmehr nicht wie vorhin bei P, sondern am Zink, mit dem es sich verbindet. Man kann den Versuch auch so anstellen, dafs man eine Platin- und Zinkplatte in Wasser taucht, worin etwas Schwefel und Salpetersäure aufgelöset, und von diesen Platten zwei Platinstreifen in die Jodkaliumlösung führt. Hierdurch widerlegt sich ebenfalls, dafs die Zersetzung des Jodkalium von einer directen Einwirkung herrühre. Zum Gelingen des Versuchs ist eine ziemlich concentrirte Lösung des Jodkalium nöthig; die Gröfse der angewandten Platten dagegen, ist mit Ausnahme der Quantität ausgeschiedenen Jods, gleichgültigt. Dräthe von Zink und Platin genügen zum Versuch. Was die Flüssigkeit f_1 anbetrifft, so gelingt der Versuch bei Anwendung amalgamirten Zinks auch ohne Salpetersäure, er gelingt ferner, wenn man eine Aetzkalilösung, eine Lösung von Kochsalz u. s. w. anwendet. Faraday hat ihn selbst mit reinem Wasser angestellt, worin eine Platin- und Bleiplatte getaucht wurden (945).

Nach einer mündlichen Mittheilung stellt Daniell die Versuche auf folgende sehr zweckmäfsige Weise an. In die Mitte eines cylindrischen Glasgefäfses wird ein Stück Kork wasserdicht eingesetzt, so dafs dasselbe dadurch in einen oberen und unteren Raum getheilt ist. Durch den Kork werden, nahe an einander jedoch ohne sich zu berühren, eine Platin- und Zinkplatte gesteckt, der untere Theil des Gefäfses mit verdünnter Säure gefüllt, der obere mit Jodkaliumlösung. Unter diesen Umständen sieht man Wasserstoff an der Platinplatte im untern Raum sich entwickeln, und Jod am obern Ende derselben. Verbindet man hierauf Zink und Platin metallisch, so wird Jod nunmehr am Zink entstehen.

Es ist klar, dafs bei diesen Phänomenen eine Entgegensetzung zweier

Erregungen stattfindet, und dafs der definitive Effect die Differenz zweier Ströme ist. Denn so wie der Sauerstoff des Wassers sich ans Zink begiebt, und dadurch einen Strom bewirkt, eben so hat auch das Jod des Jodkaliums das Bestreben, sich mit dem Zink zu verbinden, und einen Strom zu bewirken, der dem vorigen entgegengesetzt gerichtet wäre. In dem Conflict dieser beiden Erregungen fällt der wirklich rücktretende Strom zu Gunsten des Wassers aus, und damit diefs leichter möglich, wird zum Wasser Salpetersäure hinzugesetzt. Auf das Jodkalium wird der Strom übertragen, und Jod ist genöthigt am Platin zu erscheinen. Dafs der Erfolg dieser ist, beweiset, dafs das Wasser den Strom hervorbringt. Es ist nicht die Verwandtschaft des Sauerstoffs oder Jods zum Zink allein, wodurch die Intensität des Stroms bedingt wird, sondern auch ihre Affinität zu dem Wasserstoff und Kalium, mit denen sie zu einem Electrolyten verbunden waren. Wahrscheinlich scheint uns der Satz, dafs je stärker die Verwandschaften sind, die zwischen den erregenden Platten überwunden, desto stärker auch der daraus hervorgehende Strom sei. Jedenfalls liefern die Zersetzungen durch die einfache Kette ein Mittel, die Intensität der Ströme durch verschiedene electrolytische Substanzen hervorgebracht, mit einander zu vergleichen (siehe den dahin gehörigen Abschnitt).

Wenn die Zersetzung des Jodkalium unter den angegebenen Umständen merkwürdig ist, so ist es im Grunde auch die Oxydation des Zinks. Amalgamirtes Zink neben einer Platinplatte in verdünnte Säure getaucht, oxydirt sich nicht. Wenn beide Platten durch Jodkaliumlösung verbunden werden, so sollte noch weniger eine Oxydation eintreten, weil durch das Jodkalium Wasserstoff an der Zinkplatte frei zu werden strebt. Da nun das Zink sich oxydirt, so folgt, dafs die Lösung des Jodkalium die Stelle eines metallischen Verbindungsmittels versieht, und den Metallen in der Wirkung nachstehet, weil durch sie ein entgegengesetzter Strom zu entstehen strebt (894). Freilich, wenn man das Jodkalium zwischen zweien Platinstreifen sich zersetzen läfst, so hat das Jod für sich keine Tendenz mehr, an dem einen oder andern Streifen zu erscheinen; die Entgegensezzung fällt also fort. Da aber Electrolyte nicht leiten können, ohne dabei zersetzt zu werden, (894) so steht auch in diesem Falle die Schliefsung durch Jodkalium der metallischen nach, weil der Strom die Verwandtschaft von Jod und Kalium aufzuheben hat, wenn er überhaupt existiren soll.

Faraday interpolirt zwischen der Zink und Platinplatte, die in verdünnter Schwefelsäure stehen, eine andere Platinplatte (1036). Der Strom wird dadurch bekanntlich sehr geschwächt; allein trotz dem zersetzt er das Jodkalium, und ein eingeschaltetes Galvanometer zeigt einen Strom an. Läfst man das Jodkalium aus dem Bogen, und verbindet die beiden Erregungsplatten metallisch, so entsteht ein starker Strom, der aber nur sehr kurze Zeit dauert. Schiebt man hierauf das Jodkalium ein, so wird es nicht mehr zersetzt, und erst, nachdem die Kette, während 5 bis 10 Minuten ungeschlossen gelassen, kann man wiederum eine Zersetzung erhalten. Dieses plötzliche Verschwinden des Stroms läfst sich aus den sogenannten Ladungsphänomenen ableiten, deren Name so sehr unpassend gewählt ist. Man weifs, dafs bei einer eingeschobenen Platte das Geschwächtwerden der Intensität des Stroms herrühre von dem veränderten Zustand ihrer beiden Oberflächen; an derjenigen Seite, wo der Sauerstoff sich vermöge des eigentlichen Stroms entwickelt, wird die Platte etwas oxydirt, und dadurch, nach wohlbekannten Erfahrungen negativer, d. h. sie strebt den Wasserstoff an sich zu entwickeln, wodurch dann ein entgegengesetzter Strom entsteht. Faraday dagegen schreibt (1037) das Verschwinden des Stroms, vielleicht weniger richtig, auf die Neutralisation der Säure an der Zinkplatte durch das gebildete Oxyd, wodurch die weitere Oxydation dieses Metalls für einige Zeit unterbrochen oder geschwächt wird. Ruhe ist dann dem Apparat nöthig, damit die Flüssigkeitsschicht sich verbreite und frischer Säure Platz mache. (Wegen der Wirkung eingeschobener Platten, und die Gesetze, die dabei obwalten, ist auf die gehaltreichen Untersuchungen Fechner's in: Maafsbestimmungen über die galvanische Kette, und in seinem Repertorium pag. 427 1r Theil zu verweisen. Wegen einiger anderer Arten Zersetzungen durch die einfache Kette zu bewirken ist einer der folgenden Abschnitte über den Einflufs der Intensität des Stroms auf das Leiten oder Zersetztwerden electrolytischer Substanzen nachzusehen.)

Uebrigens erstrecken sich die chemischen Wirkungen einfacher Ketten nicht blofs auf das Jodkalium. Werden die Dräthe der Zink- und Platinplatte, die in verdünnter Schwefelsäure tauchen, in schmelzendes Chlorsilber geleitet, und zugleich ein Galvanometer eingeschaltet, so wird die Nadel abgelenkt und das Chlorsilber zersetzt. Chlor entwickelt sich an der Anode (am Platinende) und glänzendes metallisches Silber an der Kathode, als eine dünne Haut auf der Oberfläche, oder crystallinisch unter derselben (902). Zinnchlorür wird unter denselben Umständen zersetzt; das an der Anode frei werdende Chlor verwandelt dort das Chlorür in Chlorid; Zinn wird an der Kathode frei (901). Verdünnte Schwefelsäure, Salzsäure, eine Lösung von Glaubersalz, ferner Salpeter, Chlor und Jodblei im schmelzenden Zustand, wurden durch diese Kette nicht zersetzt. Inzwischen stand zu erwarten, dafs die Zersetzung zu erreichen sei, wenn man die Intensität des Stroms erhöhe; die Anwendung gröfserer Plattenpaare dagegen, wodurch nur die Quantität des Stroms vergröfsert wird, müfste gleichgültig sein. So zeigten es auch die Versuche; denn diejenigen Körper, die der Zersetzung durch kleine Plattenpaare widerstanden, widerstanden ihr auch, als grofse Erregerplatten angewandt wurden (908). Als aber zur verdünnten Schwefelsäure etwas Salpetersäure gethan wurde, um die Intensität zu erhöhen, wurden die meisten der genannten Körper zersetzt (906). Glaubersalzlösung, mit welcher Lackmus und Curcumäpapiere befeuchtet, zeigte eine Bildung von Säure an der Anode, von Alcali an der Kathode. Salzsäure durch Indigo gefärbt, lieferte Chlor und Wasserstoff; eine Lösung von salpetersaurem Silber, ferner geschmolzener Salpeter, Jod- und Chlorblei wurden ebenfalls zersetzt. Ist die erregende Flüssigkeit eine Aetzkalilauge, so zersetzt diese Kette salpetersaures Silber, Glaubersalz und selbst Salzsäure (931).

Bei Gelegenheit dieser Versuche Faraday's reclamirt Becquerel[1]) die Priorität in Bezug auf das Factum, dafs auch ohne Metallcontact, durch die blofse Action einer Säure und eines Metalls ein Strom entstehen könne, und führt zu dem Ende eine von ihm bereits im Jahre 1823 gefundene Thatsache an. Ein Platinlöffel mit reiner Salpetersäure gefüllt, communizirt mit dem einen Ende eines Galvanometers, eine Pinzette aus Platin mit dem andern. Zwischen die Pinzette wird eine Platte vollkommen reinen Goldes gebracht, welche zur Hälfte mit Papier umwickelt ist, damit sie die Pinzette nicht metallisch berühre. Taucht man hierauf das Gold in die Salpetersäure, so entsteht kein Strom, und die Nadel bleibt in Ruhe. Enthält aber die Salpetersäure salpetrige Säure, so wird sie abgelenkt; dasselbe findet auch statt, wenn man zur Salpetersäure einen Tropfen Salzsäure hinzuthut, und zwar hat dann die Säure die positive Electrizität, das Gold die negative angenommen. Der letztere Versuch kömmt also darauf zurück, dafs zwischen einer Gold- und Platinplatte an einem Ende reine Salpetersäure, am andern Königs-Wasser sich befindet, wo dann die erstere Flüssigkeit die Stelle der Jodkaliumlösung in Faraday's Versuchen vertritt. Hätte Becquerel ihre Zersetzung, (d. h. die Zersetzung des Wassers, welches die reine Salpetersäure enthält) beobachtet, so würde ihm die Priorität der Entdeckung nicht wohl abzusprechen sein; so aber scheint es nicht, dafs sie ihm zukomme. Mindestens haben dann die Experimentatoren, welche zu Anfang des Galvanismus, sich mit den Zuckungen des Frosches beschäftigten, eben so gegründete Ansprüche. Die Ablenkung der Nadel, die Froschzuckung und die Zersetzung des Jodkalium sind die feinsten Mittel, das Vorhandensein eines Stromes anzugeben, und dürften an Empfindlichkeit nicht weit von einander abstehen. Nun finden sich schon bei Volta [2]) Versuche, welche für die Froschzuckung ganz dasselbe beweisen, als die Faraday'schen Thatsachen für die Zersetzung des Jodkalium.

VI. Galvanische Zersetzung.

a) Einflufs des Aggregatzustandes auf Zersetzung und Leitung.

Bereits im Jahre 1802 hatte Erman die wichtige Entdeckung gemacht, dafs das Eis nicht im Stande sei, eine Volta'sche Säule zu schliefsen, selbst wenn es nur in einer dünnen Schicht sich zwischen den Po-

[1]) Traité expérim. de l'Ectr. et du Magnetisme. Tome III. p. 384.

[2]) Ritter's Beiträge zur näheren Kenntnifs des Galvanismus. I. Bd. 3tes Stück.

len befindet [1]). Aehnliche Versuche wurden dann von Bouvier [2]) mitgetheilt und dahin abgeändert, dafs Eis zwischen die Erregerplatten eingeschaltet und unwirksam gefunden wurde, eine Kette zu bilden. Wie hier beim Wasser der Aggregatzustand über Leitungsfähigkeit und Zersetzbarkeit entscheidet, so fand Davy, dafs dasselbe auch mit andern Körpern, mit trockenem Salpeter, Aetzkali und Aetznatron der Fall sei, welche in diesem Zustand keine Säule zu schliefsen vermögen, aber wohl, wenn sie durch Hitze flüssig gemacht worden. Durch schmelzende Bleiglätte und chlorsaures Kali hat dieser berühmte Gelehrte später [3]) das Wasser in der Säule ersetzt. Diese, und vielleicht noch einige andere Facta, sind das einzige gewesen, was man über den Einflufs des Aggregatzustandes wufste; allein sie waren isolirt, bis Faraday in der 4ten Reihe seiner Untersuchungen sie so erweitere, dafs er den wichtigen Satz aufstellen konnte: alle Körper, deren Zusammensetzung der Art ist, dafs sie überhaupt galvanisch zersetzbar sind, (d. h. die Electrolyten) werden in der That zersetzt, so bald sie flüssig gemacht worden. Sie können dann also eine Säule schliefsen, oder zwischen die Erreger Zink und Kupfer gebracht eine solche bilden, falls einer ihrer Bestandtheile eine Verbindung mit einem der Erreger einzugehen vermag. Nachdem Faraday von einem grofsen Theil derjenige Körper, die man bis jetzt durch die Säule zersetzte, nachgewiesen hat, dafs sie nicht durch die eigentliche, primäre Action der Säule zersetzt werden, so dafs im Grunde nur wenig zersetzbare Substanzen übrig blieben, kam es sehr erwünscht, mit diesem Satz eine Menge anderer Körper zu gewinnen, die primär zersetzbar, im Allgemeinen sogar leichter zersetzbar sind, als die bisherigen, und deren Zersetzung nicht dem vielen Bedenken unterliegt, die eintreten, wenn ein in Wasser aufgelöseter Stoff in seine Bestandtheile zerlegt worden; Bedenken, die man von jeher erhoben hat, und welche, wenn sie auch bei den in Wärme aufgelöseten Stoffen nicht ganz wegfallen, doch nicht so häufig sind, als in dem Falle, wo Wasserstoff und Sauerstoff im status nascens so geneigt sind, secundäre Prozesse einzugehen. Was die leichtere Zersetzbarkeit der geschmolzenen Körper betrifft, so erhielt Faraday bei Anwendung einer Säule von nur 10 Plattenpaaren (417), eine Zersetzung des Kochsalzes, Borax, des Chlormagnesium, und in Folge derselben Natrium, Bor, Magnesium, im isolirten Zustand, obgleich Bor nur durch einen secundären Prozefs des Natriums auf die Borsäure sich gebildet hatte (780).

Die Versuche Faraday's wurden gröfstentheils mit einer Säule von 20 Plattenpaaren, 4 Quadratzoll Oberfläche, angestellt. In dem Schliefsungsdrath wurde ein Galvanometer und die zu zersetzende Substanz eingeschaltet, welche auf Glas geschmolzen worden war. Erforderte sie, um in Flufs zu kommen, eine starke Temperatur, so wurde sie auf Platin ge-

[1]) Gilb. Annal. XI. 165.
[2]) Gilb. XIII. 434.
[3]) Phil. transact. for. 1826.

legt, welches mit dem einen Ende der Säule communizirte, dann mittelst eines Löthrohrs geschmolzen, und hierauf ein Drath, welcher mit dem andern Ende der Säule in Verbindung stand, in sie getaucht. Auch Vförmige Glasröhren wurden angewandt. Folgende Substanzen sind auf diese Weise leitend und zersetzbar gefunden worden (402).

Von Oxyden

Eis, Kali, Bleioxyd, Antimonglas, Antimonoxydul (s. Anmerkung 1), Wismuthoxyd.

Von Chloriden.

Kalium, Natrium, Baryum, Strontium, Calcium, Magnesium, Mangan, Zink, Blei, Quecksilber (s. Anmerkung 2) Silber; ferner Chlorür von Kupfer, Zinn, Antimon (Anmerk. 1.)

Von Jodiden

Kalium, Zink, Blei, Quecksilber (s. in Folgendem), ferner Zinnjodür.

Von Schwefelmetallen

Schwefelantimon (siehe Anmerkung 1) Schwefelkalium, gewöhnliches und durch Wasserstoff aus schwefelsaurem Kali reduzirtes.

Von Salzen

Chlorsaures Kali, salpetersaures Kali, — Natron, — Baryt, — Strontian, — Blei, — Kupfer und — Silberoxyd, schwefelsaures Natron und Blei, glasige Phosphorsäure oder saurer phosphorsaurer Kalk, kohlensaures Kali und Natron einzeln und gemischt, Borax, borsaures Blei und Zinnoxyd, saures und neutrales chromsaures Kali, chromsaures Blei, essigsaures Kali und wasserfreies essigsaures Natron (774), kieselsaures und mangansaures Kali (mineralisches Chamäleon.)

Ferner Fluorkalium, Cyankalium, Schwefelcyankalium.

Anmerk. 1. Wenn gewöhnliches Antimonoxyd, welches aus 2 Atomen Metall und 3 Atomen Sauerstoff besteht, erhitzt wird, so zersetzt es sich unter dem Einfluſs des galvanischen Stroms nur anfangs. Dieser Erfolg einer Zersetzung, dem später mitzutheilenden Gesetz entgegen, nach welchem von der Verbindung einfacher Körper nur diejenigen Stufen zersetzt, welche aus gleicher Atomenzahl zusammengesetzt sind, rührt nach Faraday daher, daſs das Oxyd des Wismuths eine andere Verbindung, bestehend aus 1 Atom Metall und 1 Atom Sauerstoff, in sich aufgelöset enthält. Diese letztere soll die wahre Proto-Stufe sein, und galvanisch zersetzt werden (693). Eben so soll es eine niedere Stufe von Schwefel und Chlorantimon geben. Faraday will diese untersten Stufen auf folgende Weise dargestellt haben. Durch Schmelzen des gewöhnlichen Schwefelantimons mit metallischem Antimon, bildete sich ein neues Sulfuret, welches nach ungefährer Bestimmung aus 1 Atom Antimon + 1 At. Schwefel bestand. In Salzsäure aufgelöset, bildete sich das eigentliche Antimonchlorür und durch Alkalien gefällt das Antimonoxydul, beide aus gleich vielen Atomen zusammengesetzt. Inzwischen hat Berzelius dieses Alles nicht bestätigt gefunden [1]). Das baldige Aufhören der Zersez-

[1]) Jahresbericht No. 15, Pogg. Ann. Bd. 37.

zung des Antimonoxyds schreibt dieser Gelehrte auf die Bildung von antimoniger Säure an der positiven Electrode, wodurch dieselbe mit einem festen Körper umgeben wird, und nicht weiter wirken kann. Diese Meinung hat übrigens Faraday selbst aufgestellt (801).

Anmerk. 2. Faraday spricht von der Zersetzung des Quecksilberchlorids nicht ganz bestimmt (692). Er giebt an, daſs viele störende Verhältnisse vorhanden sind, welche einen sichern Schluſs erschweren.

Folgende Körper werden im flüssigen Zustand weder zersetzt, noch leiten sie (405).

Schwefel, Phosphor (ferner flüssiges Chlor, Brom, Jod nach E. Solly [1]) Jodschwefel, Zinnjodid, Borsäure, Operment, Realgar, Eisessig, Gemenge von Magarin und Oelsäure, künstlicher Campher, Coffein, Zucker, Fettwachs, Stearin von Cacaoöl, Wallrath, Campher, Naphthalin, Harz, Sandarakharz, Schellack.

Von den, bei gewöhnlicher Temperatur flüssigen Körpern, sind Zinnchlorid, Arsenikchlorür, und Arsenikchlorür-Hydrat weder leitend noch zersetzbar (406).

Hier noch einige Bemerkungen über einzelne Körper.

Borsaures Bleioxyd durch eine Lampe erwärmt, erhält Syrup-Consistenz, leitet aber nicht (403), erst wenn die Hitze durch ein Löthrohr so verstärkt wird, daſs es hell glüht, wird es leitend; vollkommen flüssig leitet es sehr gut.

Flintglas, stark erhitzt, leitete ein wenig und zersetzte sich, stärker, wenn die Quantität Kali oder Bleioxyd im Glase vermehrt wurde (408). Bleiborat-Glas, welches eine bestimmte chemische Verbindung ist, giebt seine Bestandtheile leicht her (673), wenn es flüssig gemacht worden. Da grünes Bouteillenglas nicht leitet, so kömmt es beim Leiten des Glases auf dessen Bestandtheile und auf die Möglichkeit einer Zersetzung an. Pfaff hat übrigens schon 1801 gefunden, daſs glühendes Glas ein Leiter sei [2]).

Einen interessanten Fall lieferte Schwefelsilber (433). Es wurde so bereitet, daſs eine Quantität gefällten Silbers mit sublimirtem Schwefel geschmolzen, von der erstarrten Masse das Silber an der Auſsenseite abgefeilt, hierauf gepulvert und unter Abhaltung der äuſsern Luft mit einem Zusatz von Schwefel nochmals geschmolzen wurde. Nach abermaligem Abfeilen des Auſseren von dem Schwefelsilber wurde dasselbe als frei von ungebundenem Schwefel betrachtet. Wenn ein Stück davon, ½ Zoll dick, zwischen die Electroden einer Batterie von 20 Plattenpaare (4zöllig) gebracht wurde, so wich die Galvanometernadel etwas ab. Beim Erwärmen durch eine Lampe nahm die Leitung rasch mit der Hitze zu, und zuletzt sprang die Nadel in eine feste Ablenkung, indem das Schwefelsilber nunmehr wie ein Metall leitete. Es leitete stark genug, um wie ein Metall, helle Funken mit Kohle u. s. w. zu geben. Natürliches Schwefelsil-

---

[1]) Phil. Magaz. Ser. III. Vol. VIII, Pogg. Annal. Bd. 37. p. 420.

[2]) Gilb. Ann. 7. p. 250.

ber und Rothgültigerz zeigten dieselbe Erscheinungen. Beim Erkalten trat die umgekehrte Reihe von Phänomenen ein. Der Fall ist deshalb interessant, weil man am Schwefelsilber somit einen Körper kennt, und auch nur diesen bisjetzt, welcher erhitzt, sich in Bezug auf Leitung ähnlich den Metallen verhält, und diese Eigenschaft beim Erkalten verliert, während bei den Metallen die Leitungsfähigkeit vielmehr umgekehrt mit der Hitze abnimmt.

In allen Fällen, wo bei schmelzenden Substanzen Leitung eintrat, war sie mit Zersetzung verbunden; beide scheinen also in den electrolytischen Substanzen unzertrennlich zu sein. Nur das Quecksilberjodid bildete scheinbar eine Ausnahme. Geschmolzen leitete es schwach, ohne eine sichtbare Zersetzung. Inzwischen glaubt Faraday, daſs diese Ausnahme wegfallen dürfte, indem er (691) annimmt; daſs im Quecksilberjodid ein Antheil von Quecksilberjodür gelöset gewesen sei, und daſs die schwache Leitung der Substanz von einer langsamen Zersetzung des Jodürs entstehe. Jodid soll dann als secundäres Resultat an der Anode gebildet werden, und das an der Kathode ausgeschiedene Quecksilber würde, ebenfalls als ein secundäres Resultat, Jodür erzeugen. Indem sich beide Stoffe mit der flieſsenden Masse erreichen, kommen sie nicht zur Wahrnehmung.

Fällt diese Ausnahme beim Quecksilberjodid fort, so könnte man meinen, daſs bei den Electrolyten Leitung ohne Zersetzung nicht möglich sei. Dieſs wäre inzwischen nicht richtig, und in dem Abschnitt über den Einfluſs der Intensität des galvanischen Stroms auf Leitung oder Zersetzung, wird nachgewiesen werden, daſs ein schwacher Strom allerdings von den Electrolyten geleitet werden kann, ohne daſs dabei Zersetzung eintrete. Aus den vorhergehenden Untersuchungen könnte man ferner den Schluſs ziehen, daſs der Aggregatzustand für die Leitung und Zersetzung ein unüberwindliches Hinderniſs sei; allein auch dieses ist nicht der Fall, es kömmt hier wiederum auf die Intensität des Stroms an, und zum Theil folgt dieſs schon aus der bekannten Thatsache, welche Davy gefunden hat, daſs nämlich der Strom durch eine Luftschicht zu gehen vermag. Faraday gelang es, bei Anwendung einer Batterie von 150 Plattenpaaren 4 Zoll im Quadrat und stark geladen, den Strom sowohl durch eine 0',4 dicke Luftschicht, als auch durch eine 0''25 dicke und 7 Quadratzoll im im Durchschnitt haltende Eisschicht zu führen. Im letzteren Falle bewirkte der durchgegangene Strom eine schwache Zersetzung des Jodkalium, und eine Ablenkung der Galvanometernadel, die zwar gering, aber durch wiederholtes Oeffnen und Schlieſsen entscheidend gemacht werden konnte (427). Auf ähnliche Weise trockenes Jodkalium in die Bahn des Stroms gebracht, fand eine schwache Zersetzung desselben statt, und die Nadel wurde, obwohl sehr gering, abgelenkt (229). Geschmolzenes und erkaltetes Kochsalz und Chlorblei dagegen hemmten fast alle Wirkung. Im Allgemeinen kann man daher sagen, daſs die Cohäsion der Körper für einen mächtigen galvanischen Strom keine unüberwindliche Kraft sei.

b) Instrument die chemischen Wirkungen des galvanischen Stroms zu messen, Volta-Electrometer.

Dieses einfache Instrument, welches Faraday zu seinen wichtigsten Entdeckungen im Galvanismus geführt hat, besteht blofs in einer oder zwei graduirten Glasröhren, in welchen entweder Platindräthe allein, oder solche Dräthe mit angelötheten Platinplatten befindlich sind. Die Flüssigkeit, welche zwischen den Dräthen oder Platten zersetzt wird, ist Wasser, durch Schwefelsäure leitender gemacht, so dafs sein specifisches Gewicht 1,336 beträgt (d. h. 33$\frac{0}{0}$ Säure enthält), auch später anzugebenden Gründen. Das Instrument bietet somit in seiner Construction nichts Eigenthümliches dar, und es ist nicht nöthig eine Zeichnung zu geben, in der man doch nur den gewöhnlichen Wasserzersetzungsapparat erkennen würde. Allein in so fern wird es wichtig, als Faraday gezeigt hat, dafs es als ein Maafs der galvanischen Action gebraucht werden kann. In neuerer Zeit hat man sich zu messenden Versuchen viel häufiger und fast ausschliefslich der Magnetnadel bedient; man erhält durch sie allerdings die Stärke des galvanischen Stromes, allein doch nur diejenige, die während eines Moments stattfindet. Um die Summe der Intensitäten in einem längeren Zeitraum zu erhalten, ist das Volta-Electrometer viel brauchbarer. Und doch ist diefs nicht einmal die hauptsächlichste Aufgabe, welche das Instrument zu lösen hat; es soll vielmehr dazu dienen, die sämmtlichen Zersetzungen der Säule, der Quantität nach, auf die des Wassers zurückzuführen, mit dieser zu vergleichen, und in dieser Beziehung kann natürlich weder die Magnetnadel gebraucht werden, noch läfst sich behaupten, dafs das Volta-Electrometer schon vor Faraday, schon zu Anfang des Galvanismus gebraucht worden sei — zu diesem Zweck mindestens gewifs nicht.

Die entwickelte Gasmenge giebt in dem Instrument das Maafs der galvanischen Action, oder nach der gewöhnlichen Ansicht, von durchgegangener Electricität. Man fängt entweder beide Gasarten isolirt in 2 Röhren, oder beide zusammen in einer, oder endlich nur eine von ihnen auf. Die Form und Gröfse der Electroden (Pole) ist gleichgültig. Um diefs zu beweisen, nahm Faraday 4 solcher Volta-Electrometer, und verband sie so mit einer und derselben Säule, dafs der Strom genöthigt war, durch alle 4 nach einander zu gehen.

Das 1. ders. hatte zu Electr	Platinplat.	4 Z. lang	0″,7 breit	(Oberfl.	2,8	Quadr.)
» 2. »	»	0″,8 »	0″,5 »	(»	0,4	»)
» 3. »	Platindräthe	3″ »	0″,02 Durchm.	(	0,18	»)
» 4. »	»	0″,5 »	0″,02 »	(	0,03	»)

Sie gaben sämmtlich in zwei Versuchen, wo die aufgefangenen Volumina beiläufig 74 und 55 waren, aus verdünnter Schwefelsäure dieselbe Gasmenge, mit nur unbedeutenden Schwankungen. Diese Schwankungen betreffen zum Theil das Verhältnifs von Sauerstoff zu Wasserstoff, und bestehen darin, dafs in der Regel weniger Sauerstoff als Wasserstoff aufgefangen wird. Faraday leitet das aus der Art ab, wie beide Gasarten sich aus der verdünnten Schwefelsäure entwickeln. Der Sauerstoff entwickelt sich in kleinen Blasen, welche sich rasch vom Metall trennen, wegen ihrer Kleinheit aber länger in der Flüssigkeit bleiben und ihr sogar ein trübes Ansehn geben. Dadurch sind sie der Auflöslichkeit mehr ausgesetzt, und bilden noch aufserdem vielleicht mit dem Wasser Wasserstoffhyperoxyd. Als Davy im Jahre 1801 bei seinen Versuchen über die Wasserzersetzung verhältnifsmäfsig zu wenig Sauerstoff erhielt, schlofs auch er auf eine Absorption dieser Gasart durch das Wasser, welches, wenn es bereits Sauerstoff absorbirt hatte, auf 57 Vol. Wasserstoff 27 Vol. Sauerstoff, also nahe die richtige Quantität, ergab [1]). Indem das Wasser Sauerstoff verschluckt, entbindet es nach wohlbekannten Erfahrungen von den bereits gelöseten Gasarten, also in den meisten Fällen Stickstoff, der in geringem Grade auch immer dem Sauerstoff sich beigemengt zeigt. — Die Wasserblasen sind geringer an Zahl, und obgleich daher gröfser, haften sie doch länger am Metall, steigen aber, einmal getrennt, sogleich in die Höhe. Wasserstoff ist daher aus mehrfachen Gründen der Einwirkung der Flüssigkeit weniger ausgesetzt als Sauerstoff, und würde sich deshalb schon in einem gröfseren Verhältnisse finden, selbst wenn die Absorptionskraft des Wassers für beide Gasarten gleich wäre; wie bekannt ist sie aber für Sauerstoff noch aufserdem stärker.

Ein anderer Theil der Schwankungen bestand darin, dafs in den angeführten Versuchen, Dräthe etwas mehr Gas gaben, als Platten (etwa $\frac{1}{50}$ der ganzen Gasmenge) und diefs schreibt Faraday dem Umstand zu, dafs da von Dräthen wie von Platten gleiche Quantitäten in gleicher Zeit gebildet wurden, die Blasen in den Dräthen rascher entstehen und gröfser sein mufsten, daher rascher in die Höhe stiegen und mit einer kleineren Oberfläche die Flüssigkeit berührten, wefshalb sie weniger von ihrer Einwirkung litten. Demzufolge ist es rathsam die Platinplatten des Volta-Electrometer vertical zu stellen, damit das entwickelte Gas möglichst rasch in die Höhe steige.

Inzwischen kann man nach Faraday der Verlust, den Löslichkeit der Gasarten bewirkt, dadurch sehr vermindern, und häufig ein richtiges Verhältnifs zwischen Sauerstoff und Wasserstoff erhalten, wenn man verdünnte Schwefelsäure von dem spez. Gew. 1,336 anwendet. Bei Einwirkung desselben electrischen Stroms gab diese Flüssigkeit mehr Gas, als eine schwächere oder stärkere Säure, und diefs spricht allerdings für ihre Tauglichkeit, d. h. dafür, dafs sie die geringste lösende Kraft ausübe. War die Säure sehr stark, so verschwand viel Sauerstoff, z. B. bei 2 Vol. Vitriolöl mit 1 Vol. Wasser fanden sich zu 42 Vol. Wasserstoff nur 12 Vol. Sauerstoff (728). Als statt der verdünnten Schwefelsäure andere Flüssigkeiten, Lösungen von Aetzkali, Aetznatron, schwefelsaures Magnesia und Natron, kohlensauren Kali u. s. w. angewandt wurden, lieferten sie bei Einwirkung desselben Stromes dieselbe Gasmenge als die verdünnte Schwefelsäure, mit welcher sie verglichen wurden. Unter einem und demselben Strom mufs

[1]) Gilb. VIII. p. 119.

mufs hier immer verstanden werden, dafs derselbe Strom genöthigt war, gleichzeitig durch die verschiedenen Flüssigkeiten zu gehen, die mit einander verglichen wurden. Bei Anwendung vieler anderen Flüssigkeiten würde sich wahrscheinlich diese Gleichheit nicht finden, wie es zum Theil schon aus den Versuchen Förstemanns folgt, von denen einige Resultate später mitgetheilt werden sollen; allein diefs würde dann gröfstentheils durch die verschiedene Absorptionskraft und durch gewisse secundäre, aufserhalb des Galvanismus liegende, Processe zu erklären sein, welche die Gasarten mit den in der Flüssigkeit gelöseten Stoffen eingehen.

Aus der gleichen Gasmenge, welche in den angeführten Versuchen Dräthe und Platten, als Electroden gebraucht, lieferten, folgt nicht, dafs es gleichgültig sei, ob man bei Schliefsung einer Säule durch einen Gasapparat kleine oder grofse Electroden anwendet. Faraday äufsert sich nur scheinbar in diesem Sinne, wenn er (722) bemerkt „eine Veränderung in der Gröfse der Electroden bewirke keine Veränderung in der chemischen Action, die eine gegebene Menge Electrizität auf Wasser ausübt." Der Nachdruck liegt in diesem Satze auf den Worten: durch eine gegebene Menge El., und diese hängt von der Gröfse der Electroden ab, und wird gröfser, wenn deren Dimensionen es werden. Wenn man freilich eine Säule zugleich durch zwei Gasapparate schliefst, von denen der eine nur dünne Dräthe, der andere aber Platten enthält, so können die Gasmengen in beiden gleich werden (und Faraday hat nunmehr gezeigt, dafs das auch wirklich der Fall sei), weil die Schwächung die der erstere bewirkt, sich auch auf den zweiten erstreckt. Man könnte daher den Versuch auch so anstellen, dafs man zwei Gasapparate mit ganz gleichen Platten nimmt, die in dem einen aber nahe an einander, in dem anderen weit abstehen; auch hier wird die Gasmenge in beiden gleich sein, und doch wäre es bestimmt nicht richtig, wenn man angebe, die Entfernung der Electroden sei ein gleichgültiger Umstand. Inzwischen folgt etwas Bemerkenswerthes aus der Untersuchung über die Gröfse der Electroden. Durch die zwei Flüssigkeiten zweier neben einander aufgestellten Gasapparate mit grofsen und kleinen Electroden geht in einer bestimmten Zeit eine gleiche Menge Electrizität, also hat der Strom in beiden eine verschiedene Intensität, da die Intensität gleich ist der Menge El. dividirt durch die räumliche Gröfse, über welche sie sich auszubreiten hat. In dem Gasapparat mit kleineren Electroden besitzt folglich der Strom eine gröfsere Intensität, und da er doch dieselbe Gasmenge liefert, so folgt, dafs eine Intensitätsveränderung keinen Einflufs auf die Quantität der Zersetzung habe, dafs diese letztere vielmehr nur von der Menge der El. abhänge. Das ist der Satz, den Faraday (726) behauptet. Es scheint jedoch, als wenn man umgekehrt schliefsen könne, dafs die Zersetzung direct proportional der Intensität sei, denn offenbar zersetzt sich an jedem Theilchen der kleineren Electrode das Wasser stärker. Beide Sätze sind nicht im Widerspruch, denn während der letztere die Molekular-Wirkung betrachtet, so betrachtet der von Faraday den Totaleffect.

Dasselbe, was über die Gröfse der Electroden gesagt worden, gilt auch für die Anwendung verschiedener Flüssigkeiten im Gasapparat; je leichter hier ein Irrthum über Faraday's eigentliche Meinung möglich, der dieselbe zu einem absurdum machen könnte, um so mehr mufs man es sich angelegen sein lassen, ihm entgegen zu arbeiten. Es ist nicht gesagt, dafs es gleichgültig sei, ob man eine Säule durch verdünnte oder concentrirte Schwefelsäure, oder durch eine ammoniakalische Lösung z. B. schliefse, und dafs man in diesen Fällen gleich viel Wasser in derselben Zeit zersetze, das wäre allem Bekannten zuwider. Sondern es wird behauptet, dafs wenn sie zu gleicher Zeit eine Säule schliefsen, wenn durch alle 3 also dieselbe Electrizitätsmenge gehe (d. h. durch jeden Querschnitt und in derselben Zeit), dafs dann aus ihnen gleich viel Gas entwickelt werde. So mufs man die Behauptung Faraday's verstehen, mit welcher er (732) das Volta-Electrometer einführt: „Es sei durch seine Untersuchung der wichtige Satz mit Bezug auf das Wasser bewiesen, dafs wenn es dem electrischen Strom unterworfen wird, derselbe eine Zersetzung proportional seiner Quantität bewirke, trotz der tausend Verschiedenheiten, unter denen sich das Wasser befindet, und dafs, wenn das Stattfinden gewisser secundärer Wirkungen die Lösung der Gasarten und ihre Wiedervereinigung zu Wasser durch die Platinpole vermieden wird, denn die Producte der Zersetzung einen vortrefflichen und werthvollen Maafsstab für den electrischen Strom abgeben."

Einen schönen Beweis für die Richtigkeit dieses Satzes liefert Faraday noch auf folgende Weise (807). Eine Säule wurde durch 3 Volta-Electrometer, die hinter einander standen, geschlossen; in allen befand sich verdünnte Schwefelsäure. Von dem Zinkende der Säule ging ein Zinkdrath ins erste Electrometer, ein Kupferstreifen verband das erste mit dem zweiten, ein Platinstreifen das zweite mit der dritten, welches seinerseits mit dem Kupferende der Säule communizirte, nach folgendem Schema.

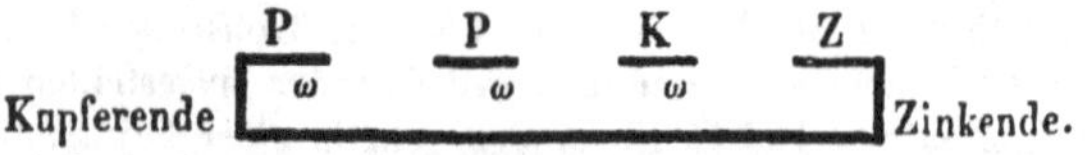

Z entwickelte schon vor der Schliefsung Wasserstoff, eben so nach der Schliefsung in scheinbar unverminderter Quantität; an der positiven Kupfer-Electrode zeigte sich kein Sauerstoff, wohl aber wurde schwefelsaures Kupferoxyd gebildet. Sauerstoff wurde nur an P frei, in dem dritten Volta-Electrometer. Aber trotz aller dieser Verschiedenheiten, als die auf galvanischem Wege entwickelten Wasserstoffquantitäten ω, ω, ω mit einander verglichen wurden, zeigten sie sich als gleich. Aehnliche Versuche, von demselben Erfolg begleitet, wurden mit verdünnter Salzsäure und mit Electroden von Zink, Silber und Platin angestellt.

Will man sich jedoch des Volta-Electrometer bedienen, um die Wirkung verschiedener Apparate mit einander zu vergleichen, so kommt es natürlich darauf an, dafs das Instrument, was die Electroden, ihre Dimensionen, Entfernung, was die Natur der Flüssigkeit betrifft, unverändert bleibe. Auch die Temperatur der letzteren mufs dann berücksichtigt werden, da sie von einem beträchtlichen Einflufs zu sein scheint. Gay-Lussac und Thénard [1]) entwickelten aus einer schwachen Salzlösung bei 10° C. in 20 Minuten 38 Vol. Gas, und 68 Vol. in derselben Zeit bei 55°, also beinahe das Doppelte. Eine wesentliche Rücksicht mufs ferner bei solchen Versuchen auf secundäre Prozesse genommen werden; man mufs sich z. B. begnügen, von dem zersetzten Wasser nur eine Gasart aufzufangen, wenn die andere einer zu grofsen Absorption unterliegt, oder Verbindungen eingeht. In Lösungen von Ammoniak, Salzsäure, Jodiden, Chloriden, essigsauren und anderen vegetabilischen Salzen wird wenig Sauerstoff in der Gasröhre sichtbar, er geht secundäre Verbindungen ein, und man mufs sich daher mit dem Wasserstoff allein begnügen. Sind dagegen leicht reduzirbare Oxyde oder Metallsalze (z. B. schwefelsaures Kupferoxyd) an der negativen Electrode, so werden sie durch den Wasserstoff reduzirt werden, und man mufs sich mit der Messung des Sauerstoffs begnügen. Für den vorliegenden Gegenstand sind die Versuche von Förstemann [2]) wichtig und nachzulesen. Er fand z. B., indem er eine Säule durch verschiedene Flüssigkeiten schlofs, durch sorgfältige Versuche

	spez. Gewicht	Gasmenge in derselben Zeit
Essigsäure	1,024	1,208
Wasser	1,000	1,000
Ammoniakflüssigkeit	0,936	0,912
Kalilauge	1,172	0,885
Schwefelsäure	1,848	0,779
Salmiaklösung	1,064	0,722
Kochsalzlösung	1,166	0,549
Salssäure	1,126	0,529
Salpetersäure	1,236	0,391
Bleizuckerlösung	1,132	0,000

Die Gasmengen sollten eigentlich von der Leitungsfähigkeit abhängen, denn in den meisten der angeführten Fälle ward wohl nur das Wasser primär zersetzt. Man sieht jedoch, dafs das nicht der Fall ist; nächst Wasser gab die Essigsäure das meiste Gas, trotz dem, dafs Salzsäure und Salpetersäure bessere Leiter sind, und dafs das Wasser sogar, hinsichts der Leitungsfähigkeit, allen Flüssigkeiten in der Tabelle nachsteht. Die Absorption der Gasarten und secundäre chemische Processe enthalten also den hauptsächlichsten Grund der Differenzen in den angeführten Gasmengen. Auch sah Förstemann diese letztere zunehmen bei Verdünnung der Flüssigkeiten (Kochsalzlösung, Schwefelsäure, Kalilauge) und bei andern Körpern abnehmen mit der Verdünnung (bei der Essigsäure und dem Ammoniak). Wäre damals schon das Volta-Electrometer im Gebrauch gewesen, und zugleich mit den anderen Flüssigkeiten in die Säule eingeschaltet worden, so würde man nicht allein auf das Vorhandensein secundärer Actionen, sondern auch auf die Art derselben, ziemlich sicher haben

---

[1]) Gilb. Ann. 28.

[2]) Kastner's Archiv VI.

schliefsen können. Bei Anwendung von concentrirter Schwefelsäure fand dieser genaue Beobachter wenig Wasserstoff, aber Schwefel am Kupferpol; bei Anwendung einer mehr verdünnten nahm die Wasserstoffentwicklung zu, es erschien aber kein Schwefel, sondern Schwefelwasserstoff. In beiden Fällen würde die geringe Menge Wasserstoff in Vergleich zu der im Volta-Electrometer, auf dergleichen Prozesse haben schliefsen lassen, selbst wenn sie direct nicht beobachtet worden wären. Was in den Versuchen Förstemann's das Ausbleiben von Gas in der Bleizuckerlösung betrifft, so ist diefs im Einklang mit Faraday's Beobachtungen, nach welchen in diesem Falle Bleihyperoxyd an der positiven, und regulinisches Blei an der negativen Electrode erscheint (750).

Wir wollen zum Schlusse noch bemerken, dafs die Bildung von Ammoniak und Salpetersäure, die bei der Zersetzung des Wassers zuweilen beobachtet worden, und welche von der Einwirkung des freiwerdenden Wasserstoffs und Sauerstoffs auf den Stickstoff der beigemengten Luft herrührt, zu unbedeutend ist, vergleichende Beobachtungen mit dem Volta-Electrometer zu afficiren. Eben so wenig vermag diefs die an der negativen Electrode zuweilen eintretende Hydrogenisation des Metalls. Aber die Fähigkeit des Platina, Sauerstoff und Wasserstoff zu verbinden, worüber Faraday so gehaltreiche Untersuchungen angestellt (siehe in diesem Bande pag. 79) ist wohl zu berücksichtigen, da sie sehr bedeutend ist.

VII. Ueber den primären und secundären Charakter der an den Electroden entwickelten Substanzen.

Innerhalb der galvanischen Säule giebt es viele chemische Verbindungen und Trennungen, welche nicht das directe Resultat der galvanischen Action sind, und die man defshalb secundäre, im Gegensatz zu den eigentlichen primären nennt. Die Kenntnifs der ersteren und ihre Unterscheidung ist von der gröfsesten Wichtigkeit für die Einsicht in die Theorie des Galvanismus, weniger vorläufig wegen der Stoffe, welche dadurch gebildet werden, als um diese Prozesse nicht mit den primären zu vermengen, deren Gesetze sie blofs verhüllen, und den Untersuchungen der vergangenen Zeit auch gröfstentheils entzogen haben. Wenn der Unterschied zwischen primären und secundären Effecte auch alt, ja so alt als die Kenntnifs der galvanischen Zersetzung überhaupt ist, so hat doch Faraday das Verdienst, die Aufmerksamkeit auf diesen Gegenstand gelenkt zu haben, die während einer langen Zeit nicht darauf gerichtet war. So viel man absieht, sind die secundären Prozesse am bestimmtesten definirt, wenn man angiebt, es seien Prozesse hervorgebracht durch Körper in statu nascenti. Entweder besitzen die Körpertheilchen, in dem Augenblick, wo sie sich entwickeln, andere Eigenschaften als nachher, oder die Verwandtschaften, die sie dann äufsern, rühren daher, weil sie noch nicht in Beziehung zu anderen Theilchen derselben Substanz stehen, welches letztere die Meinung Faraday's ist. Jedenfalls gehen sie dann Verbindungen ein, die sie später unter denselben Umständen nicht eingehen, trennen selbst Stoffe aus anderweitigen Verbindungen, aber immer, um sich mit ihnen zu vereinigen. Die secundären Prozesse sind also stets synthetische, und eine Zersetzung findet nur Statt, behufs einer einzugehenden Verbindung. Die primären chemischen Prozesse im Gasapparat sind dagegen blofs analytische, und diejenigen chemischen Prozesse, durch welche innerhalb der Erregerplatten der Galvanismus hervorgerufen wird, sind beides zu gleicher Zeit; die erregende Substanz wird zersetzt, und einer ihrer Bestandtheile mufs sich mit einem der Erreger verbinden.

Inzwischen scheint ein näherer Vergleich der Prozesse, welche zwischen den Platten vor sich gehen, mit denen im Gasapparat nöthig, weil daraus ein Gesichtspunkt für die secundären Prozesse hervorgeht, der vielleicht Aufmerksamkeit verdient. Die Ursache der galvanischen Erscheinungen ist die Zersetzung des Wassers in den Zellen und die Oxydirung des positiven Erregers. Wie es hinsichts des Wasserstoffs steht, ob er sich frei entwickeln mufs, wie das gewöhnlich der Fall ist, oder ob die galvanische Action erhöhet wird, wenn auch er eine Verbindung eingeht, kann man jetzt noch nicht entscheiden. Möglich ist es allerdings; denn Fechner giebt an, dafs die Wirksamkeit der Kupferplatte verstärkt wird, wenn man sie durch Salmiakauflösung grün färbt (s. in seinem Repertor. Bd. I. p. 388 u. oben p. 198); überhaupt wird ein Metall negativer, wenn es oxydirt ist, und endlich könnte man noch als Beweis die vorzugsweise bessere Wirkung der Salpetersäure vor anderen Flüssigkeiten und Säuren anführen. Wendet man eine solche an, so findet der sich entwickelnde Wasserstoff den Sauerstoff vor, den die Säure hergiebt, und mit dem er eine Verbindung eingeht. Inzwischen ist das Gebundenwerden des Wasserstoffs zur Hervorbringung des Galvanismus nicht nöthig, und secundärer Art.

Der Prozefs, den das Zink auf das Wasser ausübt, wird in den Gasapparat übergeführt; so hat man es immer angesehen, und durch Faraday's Entdeckung des Freiwerdens von Aequivalenten ist es nunmehr erwiesen. Auch die andere Seite des Prozesses, dafs ein freiwerdendes Atom Wasserstoff sich sogleich mit dem folgenden Sauerstoffatom verbindet, ist ebenfalls, wenn man so sagen darf, überführbar, und hat das isolirte Auftreten der Bestandtheile an den beiden Electroden des Gasapparats zur Folge, welches, wie man zugeben mufs, nicht unumgänglich nöthig wäre, bei der gemeinen Electrizität sogar nicht immer statt zu finden scheint. Nur finden in den Zellen noch secundäre Prozessz statt, z. B. das Zinkoxyd wird aufgelöset, und an der Kupferplatte reduzirt, und auch dergleichen Prozesse scheinen überführbar, und bestimmen vielleicht das Maafs derselben im Gasapparat. Ist diefs richtig, dann müssen anfangs diese Prozesse nicht merklich sein, und erst nach einer gewissen Zeit eintreten, und dafür spricht die Angabe Faraday's über das wasserfreie geschmolzene essigsaure Natron; es gab anfangs Essigsäure und Natron, die aber hierauf in verschiedene andere Stoffe auf secundäre Weise umgewandelt wurden (774). Eine Bestätigung der Ansicht über das Uebertragenwerden der secundären Processe scheinen ferner die Phänomene zu liefern, welche in dem Abschnitt über die einfache Kette sub c beschrieben worden. Wenn die metallisch verbundenen Platten von Zink und Kupfer in zwei gesonderte Portionen Flüssigkeiten tauchen, die ihrerseits durch Platin in Communication gebracht werden, so wird das Wasser in beiden Flüssigkeiten zersetzt, und zwar durch einen Strom, der der Einwirkung der Flüssigkeit auf das Zink sein Entstehen verdankt. Bestanden beide Flüssigkeiten aus verdünnter Schwefelsäure, so zeigte sich Wasserstoff in beiden Gefäfsen an den entsprechenden Platten. War aber die Flüssigkeit, worin das Zink tauchte, Salpetersäure, so wurde in ihr kein Wasserstoff frei, sondern secundär verwendet, und in der andern Flüssigkeit, wo alles ungeändert gelassen, zeigte sich nun ebenfalls kein Wasserstoff an der Kupferplatte, trotz dem dafs die Zersetzung des Wassers viel kräftiger war.

Von den secundären Prozessen mufs man solche, wie die Wiedervereinigung von Sauerstoff und Wasserstoff, die Lösung der Gasarten und die gewöhnlichen chemischen Prozesse nicht mit ihnen zusammenstellen, da sie mit der galvanischen Action nicht einmal in einer indirecten Verbindung stehen. Die eigentlich secundären betreffen entweder die Substanz der Electroden (Pole) oder sie finden zwischen den entwickelten Gasarten und anderen in der Flüssigkeit noch enthaltenen Substanzen statt. Wir wollen von beiden Arten die hauptsächlichsten, von Faraday und Anderen beobachteten secundären Wirkungen hervorheben.

a) Secundäre Prozesse.

Wird Kohle als Electrode gebraucht, so verbindet sich der Sauerstoff mit ihr zu Kohlensäure und Kohlenoxyd; die erstere verbindet sich mit dem Wasser, oder den darin enthaltenen alcalischen Substanzen, und atmosphärische Luft wird aus dem Wasser entbunden [1]), der Wasserstoff an der negativen Electrode bildet Kohlenwasserstoff.

Hierher gehört die Bildung von Wasserstoffmetallen am negativen Ende, beobachtet bei Platin, Gold, Silber, Kupfer, Antimon, Wismuth, Zink, Tellur, Arsenik, Zinn. Hierhin ferner die Bildung von Hyperoxyden am positiven Ende, beobachtet bei Silber und Blei. Diese secundären Wirkungen finden nicht blofs statt, wenn wässerige Lösungen zersetzt werden, sondern auch wenn schmelzende Substanzen angewandt werden (779). So verbindet sich das Chlor aus dem Chlorblei-Kalium, Baryum etc. mit dem Platin der positiven Electrode, und bildet mit demselben eine lösliche Verbindung; das gebildete Chlorid ist nun seinerseits der Zersetzung unterworfen, und so wird das Platin oft an der negativen Electrode abgesetzt (539). Daher schlägt Faraday vor, bei Zersetzungen von Jodiden und Chloriden Graphit als positiv Electrode zu nehmen, wenn man die

---

[1]) Davy, Gilb. 7. 128.

an ihr entwickelten Substanzen isolirt haben will. In vielen Fällen jedoch geben gerade diese secundären Verbindungen ein geeignetes Mittel ab, das Gewicht der ausgeschiedenen Substanz durch die Gewichtszunahme der Electrode zu ermitteln, wovon später ein Beispiel vorkömmt. Auch machen sie zuweilen eine Zersetzung augenscheinlich, welche sonst schwieriger wahrzunehmen wäre. So verbindet sich, wenn Schwefelsilber durch Electroden von Silber zersetzt wird, der frei werdende Schwefel mit dem Silber, und die Zersetzung zeigt sich durch die Färbung der positiven Electrode.

Was nun die Prozesse betrifft, die zwischen den entwickelten Gasarten und den in der Flüssigkeit aufgelöseten Stoffen vor sich gehen, so ist die Entscheidung, ob sie secundäre sind, in vielen Fällen leicht, in anderen jedoch mit großen Schwierigkeiten verbunden, und man muſs Methoden anwenden, die mindestens eine wahrscheinliche Vermuthung zulassen. Ist der Körper, über dessen Zersetzung man urtheilen will, mit Wasser verbunden, so besteht die von Faraday hauptsächlich angewandte Methode darin, ein Volta-Electrometer mit in den Kreis zu bringen. Würde dann bloſs das Wasser der Lösung zersetzt, so würde dieſs gleiche Gasmengen in beiden Apparaten zur Folge haben (siehe Volta-Electrometer). Enthält der Körper kein Wasser, so könnte man auf ähnliche Weise noch einen anderen Körper in den Kreis bringen, der einen Bestandtheil mit dem zu untersuchenden gemein hat, und es ist dann keine Frage, daſs in diesem Fall von dem gemeinschaftlichen Bestandtheil gleich viel durch die galvanische Zersetzung frei werden muſs. Es ist dieſs nur eine Verallgemeinerung der bestimmten Zersetzung des Wassers und der gleichen Menge von Sauerstoff und Wasserstoff in mehreren Volta-Electrometern, die zu gleicher Zeit eine Säule schlieſsen. Da nun ferner die secundären Wirkungen, falls man es mit wässerigen Lösungen zu thun hat, von der Concentration auch von der Stärke der Säule abhängen, so kann man durch zweckmäſsige Abänderung beider Bedingungen auf den secundären oder primären Charakter irgend eines gebildeten Stoffes schlieſsen. (Wegen anderer Methoden siehe den folgenden Abschnitt.)

Um das Gesagte zu erläutern, soll untersucht werden, ob das Ammoniak zersetzbar, und ob der Stickstoff, den man daraus an der Anode erhält, primär oder secundär sei (748). Eine reine concentrirte Lösung von Ammoniak ist ein schlechter Leiter und wird so schwer zersetzt als reines Wasser; Faraday löset daher etwas schwefelsaures Ammoniak darin auf. Schaltet man zugleich ein Volta-Electrometer ein, so ergiebt sich nun Folgendes. Die Wasserstoffmengen sind in beiden Apparaten dieselben; an der Anode zeigt sich Stickstoff oft rein, und dann $\frac{1}{3}$ oder $\frac{1}{4}$ der Wasserstoffquantität, oft mit Sauerstoff gemengt. Verstärkt oder schwächt man die Concentration der Flüssigkeit oder die Intensität des Stroms, so wird das Verhältniſs und die absolute Quantität von Sauerstoff und Stickstoff an der positiven Electrode verändert, während der Wasserstoff dem im Volta-Electrometer erzeugten stets gleich bleibt. Es ist daher gewiſs, daſs der Stickstoff von einer secundären Action des Sauerstoffs auf das Ammoniak herrühre; so sah es anfangs auch Davy an [1]), der noch hinzusetzt, daſs weder Schwefelsäure, noch Salpetersäure, noch Salzsäure galvanisch zersetzt werden könnten. Der Menge Stickstoff an der Anode muſs ein Verlust an Sauerstoff entsprechen, den man berechnen und mit der Zusammensetzung des Körpers würde vergleichen können, falls nichts die Löslichkeit des Sauerstoffs und noch andere Verbindungen, die er eingegangen sein mag, den Vergleich unsicher machten. Leichter läſst sich das oft bewerkstelligen, wenn der Wasserstoff ein secundäres Product liefert, wie z. B. den Schwefel aus der Schwefelsäure. Hier scheint es, als wenn Faraday den Versuch angestellt hätte, weil er sagt (681), „the hydrogen has been deficient in proportion to the sulphur present" d. h. es fehlte so viel Wasserstoff als die Reduction des vorgefundenen Schwefels aus der Schwefelsäure verlangt. Dasselbe Verfahren, die Quantität Wasserstoff aus dem reduzirten Stoff zu erfahren, läſst sich anwenden bei wäſsrigen Lösungen von essigsaurem Blei und anderen Lösungen von Oxydsalzen (842); hier wird zuweilen gar kein Wasserstoff frei, aber sein volles Äquivalent an metallischem Radical.

Aehnliche Untersuchungen, wie über das Ammoniak hat Faraday über die Salpetersäure und über den Stickstoff angestellt, der sich dann an der negativen Electrode zeigt; auch hier wurde gefunden, daſs der letztere nur ein secundäres Product durch den Wasserstoff sei. Somit fällt die Anomalie fort, daſs Stickstoff sich an beiden Enden der Säule zeigen könne, und es giebt bis jetzt noch keinen Körper, mit welchem das stattfände. Den Schwefel kennt man bis jetzt ebenfalls am + und — Pol; am ersteren aus flieſsendem Schwefelsilber, am zweiten aus der Schwefelsäure. Im letzteren Fall ist jedoch sein Erscheinen am — Pol nur secundärer Art.

Salpetersäure. An der positiven Electrode zeigt sich primärer Sauerstoff, an Menge dem im Volta-Electrometer gleich, an der negativen Electrode sind die Resultate secundär. Ist die Säure concentrirt, so erscheint an der letzteren kein Gas, aber es werden salpetrige Säure und Salpetergas gebildet, welche sich auflösen, die Flüssigkeit färben, am Ende auch wohl, durch freiwillige Absonderung des Salpetergases, ein Aufbrausen der Flüssigkeit veranlassen. Ist die Säure mit Wasser verdünnt, zu gleichem Volumen oder noch mit mehr, so erscheint Wasserstoff an der Kathode, dessen Menge also abhängt von der Concentration, zu derselben in einem umgekehrten Verhältniſs steht, und von der Intensität des Stromes, so daſs mehr Wasserstoff erhalten wird, je stärker derselbe ist. Ist das spezif. Gewicht der Säure 1,24 (etwa 33% an Säure enthaltend), so wurde die volle Quantität Wasserstoff erhalten, und die secundären Wirkungen waren verschwunden. Andere Beobachter, Henry und Davy, haben aus verdünnter Salpetersäure an der Kathode Ammoniak erhalten.

Schwefelsäure. Wasserfreie, geschmolzene schien weder zu leiten, noch zersetzt zu werden (681); die concentrirte flüssige ist ein schlech-

[1]) Gilb. Ann. 7, 126.

ter Leiter; einer kräftigen Batterie ausgesetzt erhielt jedoch Faraday aus ihr Sauerstoff an der + Electrode, der primär war, von dem aber viel gelöset wurde; ferner Wasserstoff und Schwefel an der — Electrode. Der Wasserstoff war rein, nicht geschwefelt; Davy und Förstemann erhielten jedoch Schwefelwasserstoffgas, der erstere[1]) aus concentrirter, der letztere aus verdünnter Schwefelsäure. Gruner erhielt auch schweflige Säure.

Phosphorsäure. Wegen der Schwierigkeit mit wasserfreier, geschmolzener zu operiren, sind Faradays Angaben hierüber (682) nicht entscheidend; enthielt sie Wasser, so schien nur dieses zersetzt zu werden.

Arsensäure leitet und wird zersetzt, jedoch enthielt sie Wasser, und es ist Faraday noch nicht gelungen, wasserfreie, schmelzende darzustellen. Andere Beobachter, Bischof[2]) erhielten aus einer wässerigen Auflösung dieser Säure Arsenik und Arsenikwasserstoffgas. Diefs scheint auch bei arseniger Säure der Fall zu sein; bei beiden wird die Zersetzung nur secundär sein, obgleich es an directen Versuchen darüber fehlt.

Essigsäure. Eisessig geschmolzen, wird nicht zersetzt, noch leitet er, wie bereits unter dem Abschnitt, Einflufs des Aggregatzustandes u. s. w. angegeben worden. Mit etwas Wasser gemischt leitet die Säure eben so wenig, erst beim Zusatz von mehr Wasser tritt eine schwache Wirkung ein. Wurde etwas Schwefelsäure hinzugesetzt, so zeigte sich an der Anode ein Gemeng von Sauerstoff, Kohlensäure und etwas Kohlenoxyd; an der Kathode war Wasserstoff, in derselben Menge wie im Volta-Electrometer. Also ist die Essigsäure primär nicht zersetzt worden.

Essigsaures Kali giebt an der Anode ein Gemenge von Kohlensäure und Kohlenoxyd, an der Kathode reinen, aus der Zersetzung des Wassers entwickelten Wasserstoff, wenn die Lösung concentrirt war (749). Bei Anwendung einer schwächeren Lösung erhielt man aufser den beiden Oxydationsstufen der Kohle, auch noch Kohlenwasserstoff, welche Substanz am Zinkpol zu finden, merkwürdig genug ist, allein durch die secundäre Einwirkung des Sauerstoffs auf die Essigsäure erklärt werden kann. Essigsaures Kali ist demgemäfs kein Electrolyt, aber wohl

Essigsaures Natron. Wasserfrei und im geschmolzenen Zustand angewandt, wird es in Essigsäure und Natron zerlegt (774). Diese primären Substanzen haben jedoch nur ein vorübergehendes Dasein, und werden bald in Kohle, Wasserstoff-Natrium *(sodiuretted hydrogen)* u. s. w. an der Kathode, und in Essigsäure, gemengt mit Kohlensäure und Kohlenoxyd an der Anode verwandelt.

Essigsaures Bleioxyd in Wasser gelöset, liefert nur secundäre Producte, Bleihyperoxyd an der Anode und Blei an der Kathode (750). An der letzteren entwich kein Gas, und die Quantität reducirten Blei's entsprach der Wasserstoffmenge im Volta-Electrometer gemäfs der Gesetze der Aequivalente (842).

---

[1]) Gilb. Ann. 7. 124.

[2]) Kastner's Archiv VI u. Buchner ib. IV.

Salpetersaures Ammoniak, Kali, ferner Lösungen von benzoësauren Salzen, von Gummi, Zucker u.s.w. in verdünnter Schwefelsäure, Lösungen von Harzen und Eiweifs in Alcalien lieferten veränderliche, secundäre Stoffe, die nicht weiter untersucht worden (753, 754, 776.)

Bei Anwendung wässeriger Lösungen von Chloriden (z. B. von Natrium und Calcium) (766) erschien an der positiven Electrode nur Chlor, an der negativen Wasserstoff und Natron oder Kalk. Faraday giebt an, dafs man dieses Resultat auf 2 oder 3 Weisen erklären könne, dafs es aber am einfachsten sei, anzunehmen, es werde das Chlorid zersetzt, Chlor an der Anode frei, und Natrium oder Calcium an der Kathode, welche sich dort auf Kosten des Wassers oxydiren. Dasselbe zeigte eine Lösung von Jodkalium. Bei Gelegenheit der Fluoride, von welchen bereits angegeben, dafs sie im geschmolzenen Zustand, electrolysirbar, bemerkt Faraday (770), es sei ihm gelungen, den Fluor im isolirten Zustand zu erhalten; seit dem Ende des Jahres 1833, von welchem sich diese Abhandlung datirt, ist jedoch über diese wichtige Entdeckung nichts öffentlich bekannt worden.

Wie man aus dem Vorhergehenden sieht, sind die secundären Prozesse bei wässerigen Lösungen ungemein häufig, sie kommen inzwischen auch bei wasserfreien Substanzen, welche im schmelzenden Zustand die Säule schliefsen, vor. Es ist bereits angegeben, dafs das Chlor aus den Chloriden von Blei, Kalium, Baryum u. s. w. sich mit dem Platin der Electrode verbindet und sich löset; bei Zinnchlorür dagegen wirkt das Chlor nicht auf das Platin, sondern auf das Zinnchlorür selbst, indem es Chlorid bildet, das in Dämpfen fortgehet (779). Daraus kann man schliefsen, dafs in anderen Fällen, wo die eigentliche Zersetzung noch zweifelhaft ist (beim Zinnchlorür ist sie es nicht) und wo sich secundäre und daher veränderliche Stoffe bilden, man deshalb die primäre Zersetzung noch nicht in Abrede stellen können.

Wird Alcohol zwischen die Electroden einer kräftigen Batterie gebracht, so giebt er, besonders wenn ihm zu gröfserer Leitungsfähigkeit etwas Kali hinzugesetzt worden, an der negativen Electrode reichlich Gas, an der positiven keines. Das Gas soll nach Ritchie[1]) ölbildendes sein, dagegen nach neueren Untersuchungen von Arthur Connel[2]) reines Wasserstoff, und zwar das spez. Gewicht des Alcohols bei 66° F. mochte 0,83 oder 0,7928 sein. Der letztere gab selbst unvermischt (ohne Kali) bei Anwendung einer Säule von 216 Plattenpaaren Wasserstoffgas. Connel schaltete ein Volta-Electrometer in den Bogen ein, und fand, dafs nur das Wasser, welches der Alcohol enthält, zersetzt wird; der Sauerstoff bildet als secundäres Resultat eine harzige Masse, die den Alcohol röthet, und hat derselbe etwas Kali gelöset, so fällt kohlensaures Kali nieder. Da aus dem Alcohol, der für absolut gilt, ebenfalls Wasserstoff entwickelt

---

1) Phil. trans. for. 1832.

2) Edinb. new. phil. Journ. 19 pag. 159.

wird, schliefst Connel, dafs derselbe als ein Hydrat angesehen werden müsse, und zwar als ein Aetherhydrat. In den Versuchen von Lüdersdorf[1]) scheint der Aether frei geworden zu sein. Derselbe giebt an, dafs als eine Batterie von 80 Electromotoren, (jeder von 16 Quadratzoll) angewandt, und Electrode von Zink oder Blei in Alcohol vom spec. Gew. 0,818 bis 9984 geführt wurden, unter zischendem Geräusch ein ununterbrochenes Ueberschlagen von Funken statt fand pag. 81. Den Aether fand Connel weder zersetzbar noch leitend.

b) Die primäre oder eigentlich galvanische Zersetzung, und die Methoden, dieselbe zu erkennen.

Schon aus dem Vorhergehenden ist zu entnehmen, auf welche Weise man über das Stattfinden einer primären Zersetzung entscheidet. Wenn jedoch nicht geläugnet werden kann, dafs man auf empirischem Wege keinesweges häufig zu ganz sicheren Resultaten hierüber gelangt, sondern dafs die Entscheidung oft vielen Bedenken unterliegt, so ist zu erwägen, dafs eine mehr theoretische Betrachtung des Gegenstandes, von der ohne Zweifel Faraday bei seinen tiefen Forschungen ausgegangen ist, den gröfsesten Theil der Bedenken zu heben im Stande ist. Sie geniefst, wie es uns scheint, einer solchen Beweiskraft, dafs sie dreist den Kampf mit Ausnahmen und Anomalieen eingehen kann, die hierbei so wenig ausbleiben werden, als anders wo. Wir versuchen sie hier in dem Sinne des berühmten Gelehrten mitzutheilen. Welcher Ansicht man auch über die galvanische Action huldigt, so wird man doch zugeben, dafs die Erscheinungen im Zersetzungsapparat nicht anders sind, als chemische Prozesse, die dorthin aus den Zellen übertragen worden. Man hat im Grunde nie daran gezweifelt, jedoch daraus die wichtigen Folgerungen nicht gezogen, die daraus zu ziehen sind. Es ist ferner bewiesen, dafs die Prozesse i Gasapparat der Quantität nach ganz gleich sind denjenigen in den Zellen, d. h. wenn Wasser die angewandte Substanz ist, dafs im Gasapparat so viel Wasser zersetzt werde als in jeder Zelle. Zum Theil ist dieser Beweis schon im Artikel Volta-Electrometer enthalten, wo in allen Gasapparaten die entwickelten Gasmengen gleich waren, unter so verschiedenen Umständen sie sich auch bildeten; namentlich lehren die Versuche, wo Zink und Kupferstreifen im Volta-Electrometer angewandt wurden, dafs die Zersetzung in den Zellen sich von der im Gasapparat, hinsichts der Menge, gar nicht unterscheide. Faraday hat hierüber später (8te Reihe 991) noch einen Versuch angestellt, indem er 10 Plattenpaare aus Platin und amalgamirtem Zink mit verdünnter Schwefelsäure zu einer Säule anordnete, und die Menge des an jeder Platinplatte gebildeten Wasserstoffs überall gleich fand. Es wird also für einen Gewichtstheil Sauerstoff, der in jeder Zelle sich vom Wasserstoff trennt, im Gasapparat ebenfalls 1 Gewichtstheil Sauerstoff oder $\frac{1}{8}$ Wasserstoff frei, und 1 und $\frac{1}{8}$ sind, galvanisch genommen, die Aequivalente von Sauerstoff und Wasserstoff. Wenn

[1]) Pogg. Ann. Bd. 19. pag 77.

ferner Salzsäure im Gasapparat zersetzt wird, so ist es begreiflich, dafs dann unter denselben Umständen (d. h. des Freiwerdens von 1 Gewichtstheil Sauerstoffs in jeder Zelle) ebenfalls $\frac{1}{8}$ Wasserstoff oder beiläufig 4,4 Gewichtstheile Chlor im Zersetzungsapparat frei werden müssen. Somit sind $\frac{1}{8}$ und 4,4 die aequivalenten Mengen von Wasserstoff und Chlor für Sauerstoff = 1, und zwar blofs als das Resultat galvanischer Zersetzung. Wenn diese Betrachtung folgerecht durchgeführt werden soll, dann ist es unmöglich, dafs mehrere Verbindungsstufen zweier einfachen Stoffe zugleich Electrolyten seien; das überoxydirte Wasser z. B. kann nicht zersetzt werden, da sonst das Aequivalent des Wasserstoffs verändert werden müfste u. s. f. Man hat in der That hier nur die Wahl, entweder das so wahrscheinliche Gesetz einer festen chemischen Wirkung der Säule fallen zu lassen, oder eine grofse Reihe von Zersetzungen, die bis dahin beobachtet worden, als zufällige Producte gegenseitiger Einwirkung von Stoffen, die zum Theil in statu nascenti sich befinden, zu betrachten, und hier wird die Wahl nicht schwer fallen. Denn über den galvanischen Charakter vieler Zersetzungen ist man von jeher ungewifs gewesen, und es hat nicht an bedeutende Autoritäten gefehlt, die ihn in vielen Fällen leugneten. Stellt man jedoch die unzweifelhaften Fälle zusammen, und berechnet danach die Aequivalenten der einzelnen Stoffe, so findet es sich, mit einigen Ausnahmen, dafs diese Aequivalente den Atomengewichten gleich sind. In eine Röhre worin sich geschmolzenes Zinnchlorür befand, wurden zwei Platindräthe gebracht, wovon der eine in einen Knopf endete und gewogen worden war (789). Der eine Drath wurde mittelst eines Volta-Electrometer mit dem einen Pol einer Säule, der andere direct mit dem andern Pol verbunden. Als das Zinnchlorür durch eine Flamme in den Flufs gekommen, wurde es zersetzt; das Chlor an der positiven Electrode bildete Zinnchlorid, welches in Dämpfen fort ging, das an der negativen Electrode frei werdende Zinne verband sich mit dem Platinknopf zu einer Legirung. Hierauf wurde die Lauge entfernt, die Röhre zerschlagen, und der legirte Bleidrath konnte leicht herausgenommen werden. Er hatte 3,2 Gran an Gewicht zugenommen, und so viel Zinn war also zersetzt worden. Im Volta-Electrometer fanden sich 3,85 Cubikzoll Gas (Sauerstoff und Wasserstoff), welches einer Quantität von 0,49742 Gr. zersetzten Wassers entspricht. Da hiervon $\frac{1}{9}$ Wasserstoff ist, so würde das Aequivalent des Zinns für Wasserstoff = 1 57,9 $\left(=9\ \frac{3.2}{0,49742}\right)$ betragen. Aus 4 Versuchen, unter sich so verschieden, dafs in dem einen 2,95 Cubikzoll Gas, in einem anderen 10,29 entwickelt wurden, war das arithmetische Mittel 58,53, während das Atomengewicht des Zinns 58,8 beträgt.

Ein ähnlicher Versuch wurde mit Bleichlorid angestellt (794), indem zur positiven Electrode Graphit genommen wurde, auf welche Substanz weder Chlor noch Jod einwirkt. Aus der Menge des gebildeten Chlors fand sich im Mittel aus 3 Versuchen das Aequivalent des Bleies = 100,85. Noch auf eine andere Weise wurde mit Chlorblei operirt (814); es wurden in dasselbe Platindräthe gebracht, von welchen derjenige, der mit dem Zinkende der Säule verbunden werden sollte, zu einem Knopf aufgerollt und daran etwa 20 Gr. metallischen Bleies angeschmolzen wurden. Unter diesen Umständen verlor die positive Electrode so viel an Gewicht (durch Einwirkung des Chlors auf das Blei) als die negative Electrode zugenommen hatte; es bildete sich hier nämlich eine Blei-Legirung. Aus beiden Gewichtsänderungen ergab sich das Aequivalent für Blei 101,5, aus dem Bleijodid fand sich dasselbe = 103,5 (818). Diese letztere Zahl ist genau dem Atomengewicht gleich. Aehnliche Versuche wurden mit geschmolzenem Chlorsilber, unter Anwendung von Silber-Electroden angestellt, und das Aequivalent des Silbers ermittelt (813).

Da nun bei diesen näher untersuchten Zersetzungen die Aequivalente mit den Atomengewichten zusammenfallen, so folgt daraus der Satz: von den Verbindungen zweier einfachen Stoffe ist nur diejenige galvanisch zersetzbar, welche in der Chemie angesehen wird, als bestehend aus 1 Atom + 1 Atom.

Es mufs bemerkt werden, dafs dieser Satz nicht behauptet, jede dergleichen Verbindung sei ein Electrolyt; hierzu fehlt es noch an hinreichenden Untersuchungen. Eine merkwürdige Ausnahme von diesem Satze macht das Wasser, welches man bekanntlich (mit Ausschlufs der englischen Chemiker) aus 2 At. Wasserstoff und 1 At. Sauerstoff zusammensetzt. Sie ist zu bedeutend, um sie ganz unerörtet zu lassen; um zu entscheiden, welche Ansicht die richtige ist, mufs man die unterstützenden Gründe gegen einander abwiegen. Wenn wir diefs hier versuchen, so geschieht es natürlich nur vom physicalischen Standpunkt aus; die Würdigung vom eigentlich chemischen müssen wir der anderen Wissenschaft überlassen. Die physikalischen Gründe für die übliche Zusammensetzung des Wassers sind diese. Es ist wahrscheinlich, dafs in einem gleichen Volumen verschiedener Gasarten eine gleiche Menge von Atomen vorhanden sei, wegen der gleichen Ausdehnung aller durch die Wärme; dann ist das Atomengewicht nichts als das Verhältnifs der spezifischen Gewichte, und setzt man dasselbe für Wasserstoff = 1, so ist es für den Sauerstoff = 16. Allein das ist doch nur eine Vermuthung, die Berzelius [1]) keineswegs für bewiesen hält, da er im Gegentheil sich äufsert: „Meiner Ansicht nach beweisen sie (die directen Wägungen der Dämpfe von Dumas) nur, dafs die spezifischen Gewichte der Gase einfacher Körper sich nicht nothwendig wie die Atomengewichte derselben zu verhalten brauchen, besonders wenn es sich um die nicht beständigen Gase handelt." Zu den letzteren gehören nun freilich Sauerstoff und Wasserstoff nicht, allein wenn die Volumentheorie bei den Dämpfen nicht zulässig oder mindestens nicht entscheidend ist, dann dürfte es auch nicht allzu gewaltsam sein, ihre Gültigkeit auch bei den eigentlichen Gasen zu bezweifeln, falls anderweitige Gründe dazu auffordern. Ein anderes tüchtigeres Motiv für die gewöhnliche Zusammensetzung des Wassers liefert

[1]) Pogg. Ann. 28. 391.

die spezifische Wärme. Die Atomengewichte sind nach der wichtigen Entdeckung von Dulong und Petit Gewichtsmengen, welche durch eine und dieselbe Wärmemenge um gleich viel in der Temperatur erhöhet werden. Erstreckt sich auch dieses Gesetz nicht auf alle einfachen Stoffe gleichmäfsig, so gilt es doch z. B. in der Gruppe der Gasarten, und dann sind wiederum die Aequivalente von Sauerstoff und Wasserstoff 16 und 1. Obgleich man bis jetzt nicht weifs, in welchem Zusammenhang die spez. Wärme der Substanzen mit dem chemischen Prozefs steht, den sie eingehen; obgleich man daher die Wichtigkeit, welche den Resultaten der Wärmeuntersuchungen mit Bezug auf die Atomengewichte beizumessen ist, nicht wohl zu schätzen vermag: so würde doch ihre Harmonie mit den Resultaten der Volumentheorie von einem nicht geringen Moment sein, wenn sie nur überall stattfände. Da das bekanntlich nicht der Fall ist, so darf auch ihre Uebereinstimmung mit Bezug auf das Wasser nicht allzu hoch angeschlagen werden. Nun aber denke man sich, um die genannten Methoden zur Ermittelung der Atomengewichte mit der von Faraday entdeckten zu vergleichen, die verschiedenen electrolytischen Substanzen in eine und dieselbe Säule gebracht, so hat man eine bestimmte chemische Kraft, die auf alle gleichmäfsig wirkt. Und wenn von diesen Substanzen verschiedene Quantitäten zersetzt werden, so sind das offenbar die eigentlichen chemischen Aequivalente, da sie die Wirkungen einer gleichen Kraft sind. Was sagt hingegen ein Versuch, wo man von den verschiedenen einfachen Körpern solche Gewichtsmengen nimmt, dafs sie sämmtlich, einer und derselben Wärmequelle ausgesetzt, sich um gleich viel erwärmen, und woraus man dann schliefst, dafs diese Mengen chemische Aequivalente sind? Was sagt hingegen ferner, wenn man von den Gasen und Dämpfen so viele Volumina nimmt, dafs sie alle gleich viel wiegen, und nun die Zahl der Volumina als die umgekehrten Aequivalenta ansieht? Man mufs unter solchen Umständen Faraday beistimmen, wenn er sich (851) äufsert, dafs er nicht zweifeln könne für Wasserstoff = 1 sei Sauerstoff 8, Chlor 36, u. s. w. Wenn eine Uebereinstimmung hierüber jedoch nicht erreicht werden sollte, so dürfte der Streit zu vermeiden sein, falls man die Resultate der Zersetzung durch ein und dieselbe Kraft galvanische Aequivalente nennt, zum Unterschied von den in der Chemie üblichen Atomengewichten, und den thermischen Aequivalenten.

Durch das angegebene Gesetz über die Zusammensetzung der Electrolyten (in so fern sie aus 2 einfachen Stoffen bestehen) kann man in vielen Fällen über die primäre oder secundäre Zersetzung urtheilen. Der Schwefel aus der Schwefelsäure an der negativen Electrode würde sich wegen seines Gewichts als secundär ausweisen, und wenn man dabei einen logischen Cirkel fürchtet, dafs nämlich ein Gesetz zum Grunde gelegt wird, um dasselbe Gesetz zu beweisen, so würde man denselben vermeiden, durch Anwendung einer Substanz, wo Schwefel unzweifelhaft auf primären Wege frei wird, z. B. geschmolzenes Schwefelkalium. Ein anderes Mittel über eine primäre Zersetzung zu entscheiden liefert die einfache Kette. Besteht die Flüssigkeit derselben aus Wasser mit Schwefelsäure, so zersetzt sie kein Wasser; eben so wenig wenn eine Aetzkalilösung angewandt wird (973.974). Die Zersetzung einer Jodkaliumlösung durch die einfache Kette ist also primär, und ein Beweis dafs Jodkalium ein Electrolyt ist. Da die Schwierigkeit der Untersuchung über die electrolytische Natur einer Substanz gröfstentheils von den mannichfachen Prozessen herrührt, welche Sauerstoff und Wasserstoff eingehen, so ist die Anwendung einer einfachen Kette mit verdünnter Schwefelsäure ein geeignetes Mittel. Salpetersäure darf man zu der Flüssigkeit zwischen den Erregerplatten nicht thun, da eine solche Kette wohl das Wasser zersetzt. Ueberhaupt aber wird das vorgeschlagene Mittel Vorsicht und noch neue Untersuchungen erfordern, ehe dasselbe ganz sicher gestellt sein wird. Bei Gelegenheit der Becquerel'schen einfachen Kette, welche Sauerstoff liefert, ist ein Versuch angeführt, wo eine einfache Kette mit verdünnter Schwefelsäure allerdings, wie wohl in geringem Grade, das Wasser zersetzte. Es ist möglich, dafs diefs davon herrührte, weil die Schwefelsäure nicht rein war, vielleicht sogar etwas Salpetersäure enthielt. Ferner sah ich durch eine einfache Kette das Wasser, welches zwischen 2 Kupferplatten enthalten war, sogar heftig zersetzt werden; diefs rührte jedoch von einer Heterogenität beider Platten herab, wodurch ein erregendes Plattenpaar aus ihnen gebildet wurde, welches mit dem von Zink und Kupfer gehörig verbunden, eine kleine Säule aus 2 Plattenpaaren darstellte; bei umgekehrter Verbindung hörte die Wasserzersetzung zwischen den Kupferplatten auf. Noch ein Mittel über die primäre Zersetzung eines Körpers zu entscheiden ergiebt sich, wenn man denselben zwischen zwei geeignete Metalle bringt, und versucht, ob er im Stande ist, einen galvanischen und wirklich zersetzenden Strom hervorzubringen. Unsere gewöhnlichen Ketten lehren uns zwei electrolytische Substanzen kennen, das Wasser, welches zersetzt wird, und das Zinkoxyd, welches sich bildet. Eben so lehrt eine aus Eisen, Kupfer und verdünnte Säure oder Kalilauge gebildete Kette, dafs das Eisenoxyd ein Electrolyt, und aus einer Kette aus denselben Metallen und einer Lösung von Schwefelkalium, in welcher der Strom die entgegengesetzte Richtung hat, erfährt man, dafs Schwefelkalium und Schwefelkupfer Electrolyten sind.

Schwieriger ist bis jetzt die Untersuchung über eine wirkliche galvanische Zersetzung bei Körpern, die aus mehr als zwei einfachen Stoffen bestehen; ein Gesetz hierüber fehlt noch, allein es wird vielleicht von denjenigen Körpern unter ihnen, die wasserfrei sind und im geschmolzenen Zustand zwischen die Electroden gebracht werden, zu abstrahiren sein. Bei der Untersuchung von schmelzendem doppelt schwefelsauren Salzen und doppelt phosphorsaurem Natron sah Faraday (698) Wasserstoff an der negativen Electrode sich entwickeln, herrührend von dem Wasser, das mit diesen Salzen verbunden ist. Nach ihm scheinen die binären Verbindungen nicht demselben einfachen Gesetz unterworfen zu sein (701).

c) Uebersicht der Gesetze für die Electrolyten und Jonen.

1) Ein einzelnes Jon hat für sich keine Tendenz zu einer der beiden Electroden zu wandern, und verhält sich ganz indifferent gegen einen Strom (826). Auf diese Thatsache beruht zum Theil die Theorie Faraday's über die galvanische Zersetzung. Bringt man zwischen eine Zink- und Platinplatte Sauerstoff, und steigert die Temperatur, so dafs sich das Zink stark oxydirt und selbst stärker als in verdünnter Schwefelsäure, so entsteht nichts desto weniger kein Strom. Wenn also das einzelne Jon durch die gewöhnliche chemische Affinität auch eine Verbindung eingeht, und eine Tendenz zu einer bestimmten Richtung hat, so kann doch dadurch kein Strom erzeugt werden. Dasselbe ist der Fall, wenn das Jon ein flüssiger Körper ist. Faraday brachte flüssiges Chlor zwischen Zink und Platin; das Chlor verband sich mit dem Zink, aber es entstand kein Strom. Dasselbe ist endlich der Fall, wenn das flüssige Jon ein Leiter ist (Chlor ist ein Nichtleiter); denn als Zinn sich zwischen zwei Platinplatten befand, und als an der einen die Temperatur so erhöhet wurde, dafs das Zinn zu schmelzen anfing, so verband es sich unter Entwickelung einer starken chemischen Action mit dem Platin. Trotz dem entsteht kein galvanischer Strom (922); ein thermo-magnetischer ist allerdings vorhanden, der die Nadel ablenkt, allein die Ablenkung wurde nicht im Mindesten erhöhet, als der starke chemische Prozefs eintrat.

2) Wenn ein Jon in richtigem Verhältnifs mit einem anderen, ihm in chemischer Beziehung sehr entgegengesetzten Jon verbunden ist, d. h. wenn ein Kation mit einem Anion verbunden ist, so werden beide nach entgegengesetzter Richtung wandern.

3) Wenn ein Jon zu der einen Electrode geht, so mufs ein anderes in bestimmter Menge zu der entgegengesetzten gehen, obgleich es daselbst wegen secundärer Prozesse vielleicht nicht zum Vorschein kömmt.

4) Von zwei elementaren Jonen giebt es nur eine Verbindung, welche electrolytisch, oder galvanisch zersetzbar ist.

5) Zusammengesetzte Jonen sind nicht nothwendig aus galvanischen Aequivalenten einfacher Jonen zusammengesetzt. Die Schwefelsäure, Borsäure, Phosphorsäure sind Jonen, aber sie sind keine Electrolyten.

6) Wenn also ein Körper kein Electrolyt ist, so kann er nichts destoweniger ein Jon sein (z. B. die Borsäure u. s. w.), und in Verbindung mit einem anderen Jon durch den galvanischen Strom frei werden; allein auch dann wird er blofs frei, nicht zersetzt.

7) Die Natur der Electroden bewirkt einen grofsen Unterschied in Bezug auf den Zustand, in welchem sich die Jonen entwickeln. Faraday glaubt, dafs wenn ein Jon sich ganz mit der Substanz der Electrode verbände, diese letztere dann ebenfalls ein Jon sei, und dafs beider Verbindung einen Electrolyten gebe. Er läfst es unentschieden, ob dieselbe Folgerung auf diejenigen secundären Prozesse auszudehnen sei, wo ein Jon auf einen Stoff in der umgebenden Flüssigkeiten einwirkt.

8) Die galvanischen oder electro-chemischen Aequivalente sind den gewöhn-

gewöhnlich chemischen gleich. (Hierüber sehe man den vorhergehenden Abschnitt und den folgenden.)

d) Tabelle über die bis jetzt bekannten Jonen und deren Aequivalenten.

Wir entlehnen diese Tafel aus Faraday's 7ten Reihe (847), ohne uns über die darin aufgenommenen Aequivalente eine andere Bemerkung zu erlauben, als dafs wir die bei uns geltenden zum Vergleich beifügen. Faraday giebt bei dieser Gelegenheit an, dafs alle Bemühungen darauf gerichtet sein mufsten, eine solche Tafel von wirklichen nicht hypothetischen Aequivalenten zu erlangen, und das wird wahrscheinlich die Erwiederung sein, wenn man ihn auf das Nicht-Uebereinstimmen seiner Zahlen beim Wasserstoff, Chlor, Fluor, Brom u. s. w. aufmerksam machte. Was weniger bedeutende Abweichungen seiner Zahlen von denen anderer Gasarten betrifft, so gesteht er sie von vorn herein selbst zu, indem er die seinigen nicht für genau hält. Sie sind auch unter Ignoriren der sorgfältigeren Analysen des Continents in die folgende Tabelle aufgenommen.

Anionen (die früheren electro-negativen Körper).

Namen	Wasserstoff=1	Sauerst.=1	gewöhnlich	Namen	Wasserst.=1	Sauerst.=1	gew.
Sauerstoff	8	1	1,	Selensäure	64	8	7,95
Chlor	35,5	4,44	2,21	Salpetersäure	54	6,75	6,77
Jod	126,	15,75	7,89	Chlorsäure	75,5	9,44	9,42
Brom	78,3	9,79	4,89	Phosphorsäure	35,7	4,46	8,92
Fluor	18,7	2,34	1,17	Kohlensäure	22,	2,75	2,76
Cyan	26,	3,25	3,29	Borsäure	24,	3,	8,71
Schwefelsäure	40,	5,	5,01	Essigsäure	51,	6,38	6,43

Namen	Wasserst.=1	Sauerst.=1	gewöhnl.
Weinsäure	66,	8,25	8,31
Citronensäure	58,	7,25	7,31
Kleesäure	36,	4,5	4,53
Schwefel (?)	16,	2,	2,01
Selen (?)	—	—	4,95
Schwefelcyan	—	—	7,3

Anmerk. Was das Fragezeichen beim Schwefel nöthig macht, ist nicht abzusehen.

Kationen (electropositven Körper).

Namen	Wasserstoff=1	Sauerst.=1	gewöhnlich	Namen	Wasserst.=1	Sauerst.=1	gew.
Wasserstoff	1	0,125	0,06	Kupfer	31,6	3,95	3,96
Kalium	39,2	4,9	4,90	Cadmium	55,8	6,98	6,97
Natrium	23,3	2,91	2,91	Cerium	46,	5,75	5,75
Lithium	10,	1,25	1,61	Cobalt	29,5	3,69	3,69
Baryum	68,7	8,59	8,57	Nickel	29,5	3,69	3,70

Namen	Wasserstoff=1	Sauerst. =1	gewöhnlich	Namen	Wasserst.=1	Sauerst. =1	gew.
Strontium......	43,8	5,48	5,47	Antimon.....	64,6(?)	8,08(?)	8,06
Calcium........	20,5	2,56	2,56	Wismuth....	71,	8,88	13,30
Magnesium......	12,7	1,59	1,58	Quecksilb.	200,	25,	12,66
Mangan.........	27,7	3,46	3,46	Silber.....	108,	13,5	13,52
Zink...........	32,5	4,06	4,03	Platin......	98,6(?)	12,33	12,33
Zinn...........	57,9	7,24	7,35	Gold.......	(?)	(?)	12,43
Blei...........	103,5	12,94	12,94	—	—	—	—
Eisen..........	28,	3,5	3,39	Ammoniak...	17	2,13	2,14

Namen	Wasserstoff=1	Sauerstoff=1	gewöhnlich
Kali...............	47,2	5,9	5,9
Natron.............	31,3	3,91	3,91
Lithion............	18,	2,25	1,80
Baryt..............	76,7	9,59	9,57
Strontian..........	51,8	6,47	6,47
Kalk...............	28,5	3,56	3,56
Talkerde...........	20,7	2,59	2,58
Thonerde...........	(?)	?	6,42
Oxydule überhaupt	—	—	—
Chinin.............	171,6	21,45	20,56
Cinchonin..........	160,	20,	19,43
Morphin............	290,	36,25	36,00
Pflanzenbasen......	—	—	—

Wie man aus der Tabelle ersieht, sind noch nicht alle einfachen Körper als Jonen bekannt, namentlich fehlen darin Kohle, Phosphor, Stickstoff, Kiesel, Bor, Aluminium, welche noch nicht auf primärem Wege erlangt worden sind. Was die Aequivalente der Substanzen betrifft, so fällt ihre Bestimmung der Chemie anheim, deren Analysen ungleich genauere Resultate liefern, als die galvanischen Zersetzungen; durch diese letzteren mufs blofs ermittelt werden, ob irgend eine Verbindung electrolytisch sei, dann liefert die chemische Analyse unmittelbar die verlangten Aequivalente. Zu anderen quantitativen Bestimmungen, als denen, die nöthig sind primäre und secundäre Resultate zu unterscheiden, eignet sich der Galvanismus nicht.

Nach den geltenden Ansichten kann man die Aequivalente als Gewichtsmengen verschiedener Substanzen ansehen, die eine gleiche Menge von Electricität enthalten, so wie sie auch eine gleiche Wärmequantität besitzen.

VIII. Von dem Einflufs, den die Intensität des Stromes auf Leitung und Zersetzung der Electrolyten ausübt.

Die Electrolyten, die früher sogenannten Leiter 2ter Klasse oder die flüssigen Körper leiten und werden durch den Strom zersetzt. Es entsteht die Frage in welchem Verhältnifs diese beiden Eigenschaften stehen, ob die Electrolyten leiten, nicht blofs weil sie zersetzbar sind, sondern weil sie wirklich zersetzt werden, oder ob Leitung ohne Zersetzung bei ihnen möglich sei. Der Umstand, dafs von ihnen aequivalente Mengen frei werden, spricht sehr für die erstere Ansicht, eben so auch die Thatsache, dafs, wenn eine Zersetzung dadurch unmöglich oder doch erschwert wird, dafs man diese Körper im starren Zustand anwendet, dann auch die Leitung ausbleibe. Sie würden sich dann völlig von den Metallen und gewissen anderen Körpern (Kohle, Kiesarten u. s. w.) unterscheiden, bei denen nur Leitung ohne Zersetzung beobachtet wird. Inzwischen ist die Annahme von dem nothwendigen Zusammenhang beider Eigenschaften der electrolytischen Substanzen nicht richtig, und Faraday hat gefunden, dafs Leitung ohne Zersetzung auch bei ihnen eintreten könne, vorausgesetzt dafs die Intensität des Stromes eine gewisse Gröfse nicht überschreite. Nunmehr bilden diese Substanzen mit den Leitern erster Classe nur eine Reihe; sie unterscheiden sich blofs unter einander in der Stärke des Stromes, den sie zur Zersetzung verlangen, oder den sie leiten können, ohne dabei zersetzt zu werden. Für die Metalle ist die uns zu Gebot stehende Intensität zu gering, um sie zu zersetzen, falls sie keine einfachen Körper sind, wie es die Meinung Davy's und Faraday's ist (987), und dasselbe gilt auch für die bekannten Electrolyten im starren Zustand. Wir befinden uns vielleicht hinsichts der Metalle in denselben Fall, in welchem wir uns bei dem Wasser oder den Alkalien befinden würden, wenn wir nur den einfachen Galvanismus, nicht den verstärkten, besäfsen oder gar nur die thermomagnetischen Ströme. Wasser würde dann blofs als Leiter bekannt sein.

Folgende Versuche Faraday's beweisen die Leitung ohne Zersetzung beim Wasser, bei einer Lösung von schwefelsaurem Natron und bei schmelzendem Chlorblei. In zwei Glasgefäfse wurde verdünnte Schwefelsäure (spez. Gew. 1,25) gegossen, in das eine derselben eine amalgamirte Zinkplatte, in das andere eine Platinplatte getaucht; aufserdem enthielt jedes Gefäfs noch eine Platinplatte, die durch einen Platindrath communizirten (968). Das Ganze liefert also folgendes Schema:

$$Z\, f_1\, \overline{P_1\; P_2}\, f_2\, P.$$

Als Dräthe von Z und P auf ein mit Jodkalium befeuchtetes Papier geleitet wurden, trat Zersetzung des Jodkaliums ein. Nach einiger Zeit wurden Z und P metallisch geschlossen, dann wiederum Jodkalium zersetzt, und so auch noch nach Verlauf von 12 Tagen, während welchen langen Zeitraums die Kette geschlossen geblieben war. Der von Z und f bewirkte Strom ging also durch P und f_2, nichts desto weniger zeigten sich im zweiten Gefäfs keine Gasblasen; das Wasser dieses Gefäfses wurde also nicht zersetzt, trotz dem, dafs es leitete. Es war möglich, dafs der Sauerstoff und Wasserstoff, falls sie sich wirklich entwickelten, gelöset wurden; allein trotz dem hätten nach Verlauf von 12 Tagen Gasblasen sich zeigen sollen. Diefs wird noch unterstützt durch das Erscheinen von

Gasblasen an P und P_2, sobald ins erste Gefäfs einige Tropfen Salpetersäure gegossen wurden, nach kurzer Zeit waren sie sichtbar. Salpetersäure und Zink bewirken demnach einen Strom, den das Wasser f_2 nicht leiten kann, ohne zersetzt zu werden.

Als f eine concentrirte Lösung von Aetzkali war, leitete f_2 ebenfalls, ohne zersetzt zu werden, selbst nach 14 Tagen sah man keine Gasblasen (974). Es geschah sogar eine Leitung, natürlich ohne Zersetzung, wenn statt des einen Gefäfses mit 2 Platinplatten deren 4 angewandt wurden, die der Strom sämmtlich zu durchwandern hatte (1017); er zersetzte noch immer das Jodkalium und lenkte die Nadel ab.

Auch eine Lösung von schwefelsaurem Natron leitet ohne zersetzt zu werden; der Versuch wurde nach folgendem Schema angestellt (975):

$$P\,f\,Z\,p\,f_1\,p\,f_2\,p$$

g

P und Z sind in eine Lösung von Kochsalz getaucht; von Z geht ein Platindrath p auf Jodkalium, von diesem ein anderer p auf die Lösung des schwefelsauren Natrons, und von dieser endlich ein Drath zu P. Bei g ist ein Galvanometer eingeschaltet. Die Nadel wurde abgelenkt, Jodkalium zersetzt; das schwefelsaure Natron dagegen, mit welchem Lackmus und Curcumäjapapier befeuchtet worden, zeigte keine Zersetzung, eben so wenig als das Jodkalium entfernt worden war. Als statt des schwefelsauren Natrons schmelzendes Chlorblei angewandt wurde, während f aus verdünnter Schwefelsäure bestand, ging ebenfalls ein Strom über, das Chlorblei jedoch wurde nicht zersetzt, eben so wenig, wenn das Jodkalium entfernt und der Strom also verstärkt wurde (978).

Anders war es mit Chlorsilber, es wurde unter diesen Umständen zersetzt und das ausgeschiedene Chlor verband sich mit dem Platin. Standen die Platindräthe in dieser Substanz nahe an einander, so wurde nach einigen Minuten die Nadel heftig abgelenkt, das reduzirte und in langen Nadeln crystallisirte Silber hatte in diesem Moment einen metallischen Contact zwischen die Electroden hervorgebracht.

Statt einer einfachen Kette kann man sich zu diesen Versuchen auch einer Säule bedienen, deren Strom jedoch in der Intensität geschwächt werden mufs, indem man ihn nöthigt, successive durch mehrere Portionen Flüssigkeit zu gehen. Faraday führt noch an (984), dafs wenn ein Strom eine geringe Intensität besitzt, so dafs er durch Wasser geht ohne es zu zersetzen, die Leichtigkeit mit welcher er hindurch geht, ganz gleich sei, das Wasser mag rein sein, oder Alkalien, Säuren und Salze gelöset halten. Eben so glaubt er, dafs ein Electrolyt für Ströme, die ihn nicht zu zersetzen vermögen, eine gleiche Leitungsfähigkeit habe, er mag nun im starren Zustand, oder im flüssigen untersucht worden (984). Jedoch scheint diefs nur eine Vermuthung zu sein, worüber man wahrscheinlich am besten durch thermomagnetische Ströme wird urtheilen können, sie sind für gewöhnlich so schwach, dafs sie durch Wasser, ja sogar durch eine Jodkaliumlösung gehen, ohne sie zu zersetzen. (Siehe Thermomagnetismus.)

IX. Bestimmung der relativen Intensität, welche erforderlich ist, eine galvanische Zersetzung hervorzubringen.

Der Vergleich zwischen den Electrolyten, hinsichts der Intensität, welche erforderlich ist, sie zu zersetzen, kann durch die chemischen Wirkungen der einfachen Kette geschehen. Eine Zink-Platinkette mit verdünnter Schwefelsäure zersetzte z. B. Chlorsilber aber kein Chlorblei (s. vorhergehenden Abschn.), d. h. der Widerstand den das Chlorblei der Zersetzung leistet, ist mindestens eben so stark als die Kraft des Stroms, welcher durch die Action der verdünnten Schwefelsäure auf das Zink hervorgerufen wird. Hieraus folgt nicht, dafs das Chlor zum Blei eine gröfsere Verwandschaft habe als der Sauerstoff zum Wasserstoff im säurehaltigen Wasser; denn beide Substanzen befinden sich unter verschiedenen Umständen. In das Wasser taucht eine Zinkplatte, welche durch ihre Affinität zum Sauerstoff, dessen Verwandschaft zum Wasserstoff in etwas aufhebt; dagegen tauchen in das fliefsende Chlorblei Platinplatten, die allerdings auch eine Verwandschaft zum Chlor, aber beide gleichmäfsig, besitzen. Hier bleibt also die volle Verwandschaft von Chlor und Blei zu überwinden. Selbst wenn in das Chlorblei ebenfalls Zink und Platin eingetaucht würden, so wären die Umstände für die verdünnte Säure und das Chlorblei noch nicht gleich, da Sauerstoff zum Zink eine andere Verwandschaft, als Chlor zum Zink und Blei zum Platin hat. Inzwischen folgt aus dem angeführten Factum, dafs Chlor zum Blei eine gröfsere Anziehungskraft besitze als zum Silber, weil unter gleichen Umständen das eine zersetzt wird, wo das andere unzersetzt blieb. Tritt jedoch eine Zersetzung in beiden Substanzen ein, so wird aus der leichter zerbaren nicht mehr Chlor frei als aus der anderen, gemäfs dem Gesetze der galvanischen Aequivalente. Wenn man eine Zink- und Platinplatte in ein Gefäfs setzt, und ihre frei stehenden Enden in ein anderes Gefäfs bringt, wenn man ferner in beide eine und dieselbe Flüssigkeit giefst, so kann dem Gesagten zufolge, keine der beiden Flüssigkeiten zersetzt werden, und auch kein Strom entstehen. Der Strom, der in dem einen Gefäfs sich bilden will, hat in dem andern einen Widerstand zu überwinden, der seiner Kraft ganz gleich ist, also kann keine Wirkung entstehen. Es ist dabei gleichgültig, ob in dem einen Gefäfs sie näher an einander stehen, als in dem andern; es ist auch gleichgültig, ob sie in dem einen mit gröfserer Oberfläche die Flüssigkeit berühren; mit einem Worte, alle Verschiedenheiten sind gleichgültig mit Ausnahme derjenigen, die eine Differenz in dem Zusammenhang der Sauerstoff und Wasserstofftheilchen zur Folge haben. Diefs wäre z. B. der Fall, wenn in dem einen Gefafs verdünnte Schwefelsäure, in dem andern Salpetersäure sich befände, oder wenn die

Platten in dem einen blank, in dem andern oxydirt wären. Nimmt man diese Fälle aus, so kann bei den Verschiedenheiten der ersten Art deshalb kein Strom entstehen, weil dann in beiden Gefäfsen gleich viel Sauerstoff und Wasserstoff frei werden müfste, weil dann also in beiden gleiche Kräfte thätig wären, die, entgegengesetzt wie ihre Richtung ist, sich vollständig neutralisiren müssen. Jedoch scheint diefs nach dem jezzigen Standpunkt unserer Kenntnisse nur zu gelten, wenn man unter Strom einen solchen versteht, der zu electrolysiren vermag; was einen Strom von geringerer Intensität betrifft, der das Wasser blofs leitet, und der von dem Galvanometer angezeigt wird, so scheint er durch alle mögliche Verschiedenheiten in beiden Gefäfsen hervorgebracht zu werden, weil derselbe den Widerstand, den die Zersetzung darbietet nicht zu überwinden hat. Daher fand Pohl dergleichen Ketten, wie die in Rede stehende, d. h. von der Form

Platin
Feuchte Scheibe
Zink
Feuchte Scheibe
Platin

wirksam. Nach Fechner[1]) ist auch folgende Kette wirksam (nach Walker aber nicht.)

1. Kupfer oder Platin — b
   Feuchte Scheibe
2. Kupfer
   Feuchte Scheibe
3. Zink
   Feuchte Scheibe
4. Kupfer oder Platin — a

und zwar geht nach ihm der Strom von a nach b, oder die Platten 3 und 4 sind die Erregerplatten. Der Strom kann nur gewissen Verschiedenheiten zwischen den Plattenpaaren 2.3 und 3.4 sein Entstehen verdanken, und es ist nicht zu erwarten, dafs derselbe stets von a nach b gehen wird.

Will man die Intensität bestimmen, welche erforderlich ist, Electrolyten zu zersetzen, so läfst man am besten die Zink und Platinplatte der einfachen Kette in Platin enden, welches auf die zu untersuchende Substanz geführt wird; die Intensität des zersetzenden Stromes mufs durch Abänderung in der Natur der Platten und der Flüssigkeit verändert werden. In Fällen, wo die frei werdenden Stoffe sich mit dem Platin verbinden, wird man andere Electroden wählen, weil diese secundären Wirkungen zum Theil die Anziehung aufheben, mit welcher die Körper der Zersetzung widerstreben, und ihnen daher die Stelle eines leichter Zersetzbaren anweisen. So verbindet sich Chlor mit dem Platin, Jod aber beinahe gar nicht, und daher glaubt Faraday, dafs in der folgenden Tabelle, unter den geschmolzenen Substanzen die Chloride obenan stehen.

---

[1]) Lehrb. der Experim. Phys. 3 Bd. 451.

Hätte er Electroden von Graphit angewandt, so würde wahrscheinlich das geschmolzene Jodblei vor dem Chlorblei zu stehen gekommen sein (913). Diese Tabelle löset also die Aufgabe noch nicht einmal mit Bezug auf die wenigen Körper, über welche sie sich erstreckt; jedoch verdient sie, als der erste Versuch dazu, einer Anführung.

Tabelle über die Zersetzbarkeit von den leichteren zu den schwerer zersetzten.

Jodkalium
Chlorsilber geschmolzen
Zinnchlorür »
Chlorblei »
Jodblei »
Salzsäure gelöset
verdünnte Schwefelsäure.

Alle diese Substanzen können durch eine einfache Kette aus Zink und Kupfer oder Platin, deren Flüssigkeit (verdünnte Schwefelsäure) aber etwas Salpetersäure enthält, zersetzt werden, und zwar, wenn die Zersetzung zwischen Platin-Electroden geschieht, in derselben Reihenfolge. Enthält die Schwefelsäure keine Salpetersäure, so werden nur die 3 ersten Körper zersetzt.

Aus der verschiedenen Intensität, welche verschiedene Electrolyte zur Zersetzung verlangen, zieht Faraday (988) den Schlufs, dafs ein bestimmter Volta'scher Strom einen Körper zersetzen könne, ohne Bezug auf die Menge des durchgehenden Stroms, indem es von der Intensität (nicht von der Quantität) abhähgt, ob eine Zersetzung überhaupt eintrete. Man kann daher die Umstände so einrichten, dafs dieselbe Quantität in derselben Zeit in dieselbe Oberfläche eines bestimmten Körpers trete, und doch in dem einen Fälle zersetze, in dem andern nicht, je nachdem nämlich die Intensität des Stromes, abhängend von der Stärke der chemischen Verwandschaften, denen er sein Entstehen verdankt, in dem einen Falle zureichend, in dem anderen unzureichend ist. Nach Faraday tritt dieses schon bei 2 Säulen aus vielen und wenigen Plattenpaaren ein; in beiden ist nach ihm die Quantität dieselbe, nur die Intensität ungleich. Wenn man aber auch diesen Beweis nicht gelten lassen würde, so ist doch das, was bewiesen werden soll, richtig, und schon aus den im Abschnitt: Zersetzung durch die einfache Kette, mitgetheilten Thatsachen, zu folgern.

X. Von den Polen einer galvanischen Säule geht weder Anziehung noch Abstofsung auf die an ihnen frei werdenden Stoffe aus.

In allen bisherigen Ansichten über die Zersetzung im Gasapparat (mit Ausnahme derjenigen, die eine blofse Umwandlung der Stoffe annehmen) setzte man voraus, dafs sie lediglich ein Effect durch die Action der Säule sei, die auf beide Pole übertragen, ihnen die Kraft gebe, den einen Stoff anzuziehen, den andern abzustofsen. Sowohl Grotthufs als De la Rive stimmen darin überein, und unterscheiden sich blofs in der Ansicht, wie die abgestofsenen Stoffe zum andern Pol übergeführt werden. Hiergegen liefs sich jedoch immer bemerken, dafs die Zersetzung im Gasapparat kein blofser Effect sein könne; denn wenn sie auch von der Action der Säule abhängt, so hängt doch auch diese letztere von dem Prozefs im Gasapparat ab. Man hat im Grunde den Zersetzungsapparat stets mit den Zellen für identisch gehalten, und diese Ansicht ist nunmehr durch Faraday's glänzende Entdeckung über das Freiwerden chemisch aequivalenter Mengen sicher genug begründet. Jetzt scheint es daher nicht mehr richtig von dem Wasser im Gasapparat zu sagen, es werde durch die Säule zersetzt und Kräfte, die in den Polen liegen, trennten seine Bestandtheile; vielmehr kann man nur behaupten, dafs Wasser zersetzte sich nach einer bestimmten Richtung und in bestimmter Menge, weil in dem galvanischen Kreise, von welchem es einen Theil ausmacht, sich andere Stoffe in gewisser Richtung und in verhältnifsmäfsiger Quantität, durch gewisse Affinitäten determinirt, zersetzen. Beide Zersetzungen sind gleichzeitig und keine ist die blofse Wirkung der anderen. Sauerstoff und Wasserstoff erscheinen daher an den Electroden, und die Pole sind nach Faraday blofs die Thüren oder Wege, welche dem Strom oder der circulirenden chemischen Thätigkeit dargeboten werden. Will man eine Anziehung oder Abstofsung annehmen, die von den Polen ausgeübt wird, so müssen das ungemein starke Kräfte sein, da sie im Stande sind Sauerstoff von Wasserstoff und von Kalium zu trennen. Dann aber wäre es räthselhaft warum dieselben nur Stoffe anziehen, die in einer chemischen und zwar meist kräftigen Verbindung sich befinden, warum sie keine Stoffe anziehen, die mechanisch mit dem Wasser gemengt sind (wie Kohle, Schwefel u. s. w. die auf dem Wasser schwimmen) und auch keine, die im Wasser gelöset sind, wie Schwefelsäure; warum ferner flüssiges Chlor nicht angezogen wird? (921) Aus den Verbindungen tritt Chlor an die positive Electrode; wird es jedoch allein angewandt, wo es keinen Widerstand darbietet, so ist dieser Pol nicht einmal im Stande, die verhältnifsmäfsig geringe Kraft der Schwere zu überwinden. Die in Wasser aufgelösete Schwefelsäure findet sich allerdings etwas angehäuft an der positiven Electrode, allein in viel geringerem Maafse, als wenn sie mit Natron verbunden gewesen wäre. Das entwickelte Gas wird von den Polen nicht zurückgehalten, und folgt den Gesetzen der Schwere, der Elastizität oder den Bedingungen der Lösung, eben so verbreiten sich Säuren und Alcalien, durch die Anziehung der Pole nicht zurückgehalten, ungehindert in der Flüssigkeit. Faraday geht noch weiter, und wir glauben mit Recht. Er sagt (546), es sei wenig Grund vorhanden, warum nicht das Metall des positiven Pols durch die dazwischen liegende Flüssigkeit geführt, und am negativen Pol abgesetzt werde, selbst ohne dafs die Flüssigkeit oder einer ihrer Bestandtheile chemisch darauf wirke; in der Theorie De la Rive's kann er gar keinen Grund dagegen absehen. Der Cohäsion könnte man es zuschreiben, allein diese läſst sich vermindern; man kann den positiven Pol aus dem leichtesten Platinschwamm bestehen lassen, man kann Goldstaub, durch schwefelsaures Eisenoxydul gefällt, in die Flüssigkeit einrühren, und doch zeigt sich weder Platin noch Gold am negativen Pol, vorausgesetzt, daſs man Sorge getragen habe, die chemische Auflösung dieser Metalle zu verhindern. Zu diesen Versuchen fügt Faraday (494) noch einen sehr interessanten, und wie wir glauben, sehr entscheidenden. Ein Glasgefäſs 4 Zoll im Durchm. und eben so hoch wurde durch eine Querwand von Glimmer, die aber nur 1″,5 herabging, in zwei Hälften A und B geschieden; eine Platinplatte 3″ breit wurde in die Hälfte A bis auf den Boden gestellt, und dort durch ein Glasstück in ihrer Lage erhalten. Hierauf wurde eine concentrirte Lösung von schwefelsaurer Magnesia in das Gefäſs gegossen bis etwas über den unteren Rand der Glimmerwand, wobei das Spritzen und Befeuchten der Wände sorgfältig zu vermeiden ist. In die Hälfte B wurde auf die Flüssigkeit ein reines mit Wasser wohl durchnäſstes Stück Kork gelegt, und langsam destillirtes Wasser gegossen bis beinahe an den oberen Rand des Gefäſses. Somit befand sich am unteren Theil beider Hälften die Lösung des Bittersalzes, auf welcher, jedoch nur in der einen Hälfte, eine Schicht von 1″,5 reinen Wassers ruhete. Beide Flüssigkeiten bildeten beim Hindurchsehen eine scharf abgeschnittene Berührungsfläche. Als nun etwas unter der Oberfläche des reinen Wassers ein Platinstreif beinahe horizontal gebracht, und beide Platinplatten mit einer Batterie von 40 Plattenpaare (4 Quadratzoll Seite) verbunden wurden, entwickelte sich Gas an beiden Polen; nach weniger als einer Minute erschien Magnesia am negativen Pol, allein nicht an dem Pol selbst, sondern am Wasser, an der Fläche, wo es die Bittersalzlösung berührte; sie lag im Wasser und mehr als ¼ Zoll darüber, allein das übrige Wasser blieb ganz klar. An der Platinplatte selbst zeigte Curcumäpapier keine Spur eines Alkali, der untere Theil der positiven Platte dagegen zeigte Säure, trotz dem daſs sie durch die gröſsere Schicht der Lösung herausgezogen worden. Dieser delicate Versuch wurde mehrmals und mit demselben Erfolg wiederholt, wenn nur nicht durch das Gas Strömungen im Wasser hervorgebracht worden waren. Er zeigt, daſs die Magnesia sogleich ihre Tendenz zu wandern verlor, und ganz indifferent wurde, als kein entgegengesetztes Theilchen (Schwefelsäure) sich mehr in seiner Bahn befand, mit dem es eine Verbindung eingehen konnte.

Endlich sieht Faraday in einigen von ihm durch gewöhnliche Maschinen-Electrizität hervorgebrachten Zersetzungen Gründe für seine Behauptung. Diese Versuche sind in der Kürze folgende (465). An einem Stück Curcumäpapier wurde eine Spitze geschnitten, und eine ähnliche an einem Lackmuspapier; beide Papierstreifen wurden so aneinander gelegt, daſs ihre Spitzen nach entgegengesetzter Seite lagen. In einer Entfernung von ½ Zoll wurden den Spitzen Nadeln entgegen gelegt; diejenige, die dem Lackmuspapier gegenüber lag, wurde mit dem Conductor der Maschine in Verbindung gesetzt, die andere mit der Ableitung. Als beide

Papiere mit Glaubersalzlösung befeuchtet worden, erschien beim Umdrehen der Maschine Säure am Lackmuspapier, Alkali an der Curcumäseite. Drehte man die Papiere um, so verschwanden unter denselben Umständen die Färbungen, zum Beweis, dafs die Röthung des Lackmus nicht etwa von der gebildeten Salpetersäure herrühre. Farraday sieht diese Zersetzungen als von gleicher Art mit dem galvanischen an, und dann erscheinen die ausgeschiedenen Stoffe (Natron und Schwefelsäure) an Polen, die durch Luft gebildet werden, und welche unmöglich eine Anziehung oder Abstofsung auf diese Substanzen ausüben könne. Selbst als in kleiner Entfernung vier solcher Stücke, aus Lackmus und Curcumäpapier gebildet, in die Bahn der El. vom Conductor zu der Ableitung gelegt wurden, trat Zersetzung, und dem gemäfs Freiwerden von Säure und Alcali ein (469).

XI. Schätzung der Menge von Electricität, welche nöthig ist einen Gran Wasser zu zersetzen.

Faraday hat diese Schätzung versucht, und zwar in Bezug auf seine Electrisirmaschine und die dazu gehörige Leydner-Batterie. Man wird urtheilen, dafs das Resultat keiner grofsen Sicherheit sich zu erfreuen hat; allein es hat ein wissenschaftliches Interesse, es zeigt, welche übermäfsige Wirkung wir der Electrizität zuschreiben, und in so fern theilen wir die Untersuchung mit. Die Electrisirmaschine hatte eine Scheibe $4\frac{1}{6}$ Fufs im Durchmesser und zwei Reibzeuge; die Länge des Conductors betrug 12 F., seine Oberfläche 1422 Quadratzoll. Eine Umdrehung lieferte 10 bis 12 Funken, einen Zoll lang; Funken von 14″ konnten leicht aus dem Conductor erhalten werden. Die hierzu gehörige Batterie bestand aus 15 gleichen Flaschen, deren Oberfläche im Ganzen (beide Seiten gerechnet) etwa 7000 Quadratzoll betrug. Die Ableitung der Maschine geschah mittelst der metallischen Wssserröhren Londons. Als die Batterie durch 30 Umdrehungen geladen und mittelst eines wohl isolirten Galvanometers entladen wurde, wich die Nadel um 22°,5 ab (364). Faraday bemühete sich nun, durch eine Volta'sche Kette dieselbe Ablenkung zu erhalten, aber so, dafs die Kette dabei nicht blofs einen Moment, sondern eine kleine mefsbare Zeit wirke, damit die während derselben Zeit entwickelte Gasmenge beobachtet werden könnte. Zu dem Ende mufste natürlich die Zeit geringer sein, als diejenige, welche die Nadel zu einer Schwingung braucht, damit während derselben die Nadel nicht die Tendenz habe, nach der entgegengesetzten Seite in ihre Ruhelinie zurückzukehren. Die Zeit einer Oszillation betrug 6,8 Secunden. Er fand, dafs wenn man einen Platin- und Zinkdrath $\frac{1}{18}$ Zoll im Durchmesser und $\frac{5}{16}$ Zoll von einander entfernt, $\frac{5}{8}$ Zoll tief in die Flüssigkeit (bestehend aus 4 Unzen Wasser und einen Tropfen concentrirter Schwefelsäure, und bei der Temperatur 60° F.) eintauche, diese Kette in 3,2 Sekunden dieselbe Ablenkung hervorbringe. Auch bei der Zersetzung von Jodkalium bestätigte es sich, dafs die einmalige Wirkung der Batterie und die beschriebene Kette in 3″,2, gleiche Wirkungen haben. Faraday bemerkt, die Electrizität durch 30 Umdrehungen sei hinlänglich eine Ratte oder Ratze zu tödten, der Gewichtsverlust dagegen, den der Zinkdrath in der galvanischen Kette erlitt, würde durch die empfindlichste Wage nicht angebbar sein, weil während der 3,2 Sekunden kein Wasserstoff am Platindrath sichtbar war (er wurde wahrscheinlich gelöset). Inzwischen will er eine Berechnung angestellt haben, (die nicht weiter mitgetheilt wird, aber wahrscheinlich so geführt wurde, dafs dieselbe Kette eine längere Zeit hindurch wirkte, so dafs die Menge des zersetzten Wassers auf irgend eine Weise zu bestimmen war, und dann den Schlufs auf die Wirkung während der genannten Zeit möglich machte) deren Resultat er sich inzwischen beinahe anzugeben scheuet (861). Es folgte nämlich dafs 800,000 Entladungen der erwähnten Batterie nöthig seien, um die zur Zersetzung von 1 Gr. Wasser erforderliche Electricitätsmenge zu liefern! Man wird sich hierbei entweder über die Menge von Electricität oder über unsere Theorieen wundern.

XII. Theorie der galvanischen Zersetzungen.

In der 5ten Reihe seiner Untersuchungen hat Faraday eine Theorie der galvanischen Zersetzungen geliefert, wozu die von ihm entdeckten Thatsachen die Grundlage abgeben. Obgleich es nicht anderes sein konnte, als dafs in der raschen Aufeinanderfolge so wichtiger Forschungen, als sie Faraday angestellt hat, die Ansicht über die chemischen Wirkungen des Galvanismus mehrfach berichtigt und verändert werden mufste, und obgleich zu erwarten steht, dafs sie einem solchen Wechsel noch wird unterworfen bleiben, so ist dieselbe doch erheblich genug, um alle Aufmerksamkeit zu verdienen. Sie ist bei diesem Gelehrten zugleich die Theorie des Galvanismus, da er in der Zersetzung des Wassers oder einer anderen, zwischen den Metallen sich befindenden, geeigneten Substanz, den Prozefs sieht, der die Ursache der galvanischen Action ist. Er beginnt mit einer Critik der bisherigen Theorieen über die Zersetzung im Gasapparat, und widerlegt die von Grotthufs, Davy, Riffault, Chompré, Biot, De la Rive, Hachette, indem er hauptsächlich das Resultat seiner Versuche gegen sie geltend macht, dafs von den Polen keine Anziehung noch Abstofsung auf die zersetzten Stoffe ausgehe. Gegen De la Rive, nach welchem die Stoffe mittelst der Electricität zu den Polen geführt und dort frei werden, indem die Electrizität ins Metall geht, spricht besonders der Versuch, der in einem der früheren Abschnitte bereits angeführt, und wo die Magnesia am Wasser abgelagert wurde. Was zuerst die Zersetzungen zwischen den sogenannten Erregerplatten betrifft, so mufs falls Wasser die erregende Flüssigkeit ist, eine der Platten eine Verwandschaft mit dem Sauerstoff haben, und sich mit ihm verbinden können, ohne dafs es jedoch nöthig sei, dafs diese Verbindung schon für sich, ohne galvanischen Einflufs vor sich gehe. Denn wenn auch das käufliche Zink das Wasser zersetzt, so thut diefs weder das amalgamirte noch das reine Zink, und da die beiden letzteren zu galvanischen Zwecken sogar viel tauglicher sind, so ist gewifs, dafs die selbstständige Auflösung des Zinks nur schädlich ist. Ohne eine Oxydation oder eine entsprechende andere Verbindung des einen Erregers ist bis jetzt kein wirksamer Strom bekannt, und zwar mufs der Körper, der sich mit dem einen Metall verbindet, und die galvanische Action erzeugt, ein Anion sein (924). (H. Davy construirte Säulen, indem er Bleiglätte und chlorsaures Kali zwischen die Erreger brachte; Faraday (476) brachte zwischen Kupfer und Platin folgende Substanzen im schmelzenden Zustand: Salpeter, chlorsaures Kali, kohlensaures Kali, schwefelsaures Natron, Blei! — Natrium, — Wismuth, — Calcium — Chlorid, Bleijodid, Wifsmuthoxyd, Bleioxyd, und erhielt einen mehr oder weniger kräftigen Strom, eben so gerichtet als wenn eine verdünnte Säure angewandt worden wäre. Flüssiges salpetersaures Silberoxyd und Chlorsilber dagegen geben einen umgekehrten Strom. Im Allgemeinen kann man wohl sagen, dafs jede electrolytische Substanz als Flüssigkeit in den Zellen einen Strom zu erzeugen vermag, allein es hängt von den angewandten Metallen ab, ob er wirklich eintreten und wie seine Richtung sein wird). Da nun zur galvanischen Action 2 heterogene Metalle nöthig sind, so entsteht die Frage, worin die Heterogenität zu setzen sei? Die Natur des positiven Metalls ist dadurch gut angegeben, dafs es die Eigenschaft haben mufs, Sauerstoff von Wasser (um hier nur beim Wasser stehen zu bleiben) zu trennen; dem negativen Metall blofs die Rolle zuzuschreiben, dafs es das Wasser nicht so gut zersetze, scheint nicht hinreichend. Vielleicht ist dessen Charakter darin zu suchen, dafs es die Eigenschaft haben mufs, Wasserstoff und Sauerstoff mit einander zu verbinden. Bekanntlich besitzt Platin diese Eigenschaft im hohen Grade, und es ist zugleich das negativste unter den Metallen; nach Dulong und Thénard jedoch besitzen alle Metalle diese Eigenschaft nur in verschiedenem Grade, (ja sogar Kohle, Porzellan u. s. w.), und wenn zwei solcher Metalle zusammen zu einer Kette verbunden werden, so mag nicht allein die Oxydirbarkeit sondern auch diese Eigenschaft, je nachdem sie dem einen mehr als dem andern zukömmt, entscheiden, welches das positive und welches das negative sein wird; es kömmt somit hierbei auf 2 Differenzen an. Faraday hat eine andere Meinung über die Bedeutung des negativen Metalls und über die Nothwendigkeit seines Contacts mit dem positiven; die von Volta herrührende, dafs die beiden Metalle die electrische Spannung im Contact erzeugen theilt er nicht, und man würde seine Theorie des Galvanismus überhaupt mifsverstehen, wenn man in seiner nicht immer präcisen Darstellung eine Bestätigung der gewöhnlichen electrischen Ansichten sähe. Er äufsert sich (8te Reihe 893), dafs wenn eine amalgamirte Zinkplatte in verdünnte Schwefelsäure tauche, so sei, wie es der Augenschein lehrt, die chemische Verwandschaft zwischen Metall und Sauerstoff nicht stark genug, das Wasser zu zersetzen; allein es tritt ein Zustand der Electricität (oder derjenigen Kraft, welche die chemische Verwandschaft bedingt) ein, woraus ein Strom hervorgehen würde, falls ihm ein Weg gebahnt wäre, und dieser Strom würde dann umgekehrt die nöthige Bedingung zur Zersetzung des Wassers liefern. Diese Bahn für die Circulation der chemischen Affinität liefert nun nach ihm das Kupfer, Platin und überhaupt das negative Metall, während der Prozefs zwischen der Flüssigkeit und dem Zink das allein thätige ist. Man kann sich die Sache in seinem Geiste so vorstellen. Blofs durch die Berührung des amalgamirten Zinks mit der Flüssigkeit wird in der letzteren eine Art Spannung hervorgebracht (siehe Funken beim Schliefsen einer einfachen Kette), vermöge welcher die Sauerstoffpartikeln sich gegen die Zinkplatte richten, ohne sich schon mit ihr zu verbinden; dieses Richten ist immer der Grund zu einem Strom. Ist das Zink mit Kupfer in Contact, so geht dieser Strom nun durch das Kupfer, und tritt in das Wasser hinein; er ist jedoch dann noch zu schwach es zu zersetzen, da er selbst keiner Zersetzung sein Entstehen verdankt. Solche schwache Ströme werden vom Wasser blofs geleitet, der in Rede stehende kömmt also zum Zink zurück, verstärkt den dort bereits vorhandenen, und so wird durch die Circulation die Intensität des Stroms erhöhet, bis er, nach Verlauf einer sehr kleinen Zeit die Kraft hat, das Wasser zu zersetzen, wodurch dann die Oxydation des Zinks bewirkt wird. Gegen diese Ansicht, nach welcher die Zersetzung des Wassers zwischen den Platten und die Oxydirung des Zinks den Grund zum Strome abgiebt, und zu gleicher Zeit eine Folge desselben Stromes ist, liefse sich nur einwenden, dafs die Rolle des negativen Metalls zu gering angeschlagen ist, und dafs, wenn dasselbe blofs leiten soll, dann nicht abzusehen ist, warum nicht Kupfer, welches so viel besser leitet als Platin, auch eine kräftigere Combination mit dem Zink gebe. Sonst aber verschwindet vor dieser Ansicht eine Schwierigkeit, die so weit man absieht, bei allen bisherigen Theorieen vorhanden ist; nämlich, wefshalb die Wirkung einer Kette, etwa die magnetische, nicht beständig zunimmt. Wenn durch den Contact von Zink und Platin beständig El. erzeugt wird, welche circulirt, und wenn in dieser Circulation der Grund zu den magnetischen Phänomenen liegt, so müfste die magnetische Kraft immer stärker und stärker werden, denn zu den bereits strömenden Electricitäten kommen immer neue Antheile, durch den fortdauernden Contact in Bewegung gesetzte. Anzunehmen dafs, die gebildeten Ströme sich aufheben, ist nicht möglich, da unsere Lehre gerade verlangt, dafs beide Electricitäten überall zugleich vorhanden sind. In der Mitte der Flüssigkeit z. B., wohin sie sich bewegen, können sie sich nicht aufheben, da sie im Schliefsungsdrath sein müssen, u. s. f. — Nach Faraday's Ansicht der Sache ist diese Schwierigkeit nicht vorhanden; denn da die Flüssigkeit in den Zellen zugleich die sich zersetzende und zersetzte ist, so mufs zwischen den beiden dabei thätigen Kräften ein Gleichgewicht eintreten, das nicht überschritten werden kann. Anfangs wird die Action der Kette eine beschleunigte sein, allein blofs defshalb, weil die Electrolyten die sonderbare Eigenschaft haben, schwache Ströme zu leiten, ohne davon zersetzt zu werden, starke dagegen nie ohne

Zersetzung, und zwar im letzteren Fall nicht etwa so. daſs ein Theil des starken Stromes bloſs durchgehe, sondern der ganze Strom zersetzt dann.

Was die Substanz zwischen den Metallen betrifft, so muſs sie flüssig sein, und ein Electrolyt, d. h. ein nach bestimmten Verhältnissen zusammengesetzter Körper, über welches Verhältniſs inzwischen bis jetzt nur das Gesetz in dem Falle bekannt ist, wo der Körper aus zwei einfachen besteht. Schon aus der besondern Classe der Electrolyten sieht man, daſs die Flüssigkeit im Galvanismus keine untergeordnete Rolle spielt, und daſs weder die Contact- noch die Oxydationstheorie die richtige sein wird. Sind zwei heterogene Metalle in Verbindung und durch die geeignete Flüssigkeit getrennt, so entsteht nur ein Strom, den man nach Faraday (517) anzusehen hat, als eine Axe, welche nach entgegengesetzten Kräften thätig ist. Den Vorgang bei der Zersetzung geben wir so viel als nöthig mit seinen eigenen Worten (518 bis 524). „Die electro-chemische Zersetzung scheint der Effect zu sein, einer in der Richtung des Stromes ausgeübten inneren Corpuscular-Action, welche herrührt von einer Kraft- die entweder zu der bereits vorhandenen gewöhnlichen chemischen Affinität hinzutritt, oder ihr eine bestimmte Richtung verleiht. Der Körper, der sich zersetzt, kann als eine Masse wirkender Theilchen betrachtet werden, die in dem Laufe des electrischen Stromes liegend, alle zu der Endwirkung beitragen.' Indem die gewöhnliche chemische Affinität durch den Strom und parallel seiner Richtung, nach der einen Seite verringert, geschwächt und theilweise aufgehoben, in der andern aber verstärkt wird, erhalten die verbundenen Theilchen die Tendenz in entgegengesetzter Richtung zu wandern. Der Effect hängt also wesentlich ab von der wechselseitigen chemischen Affinität der Theilchen entgegengesetzter Art. Bezeichnet man die Sauerstofftheilchen mit s s_1 s_2 u.s.w., die Wasserstofftheilchen mit w w_1 w_2 u.s.w., und sind sw s_1w_1 s_2w_2 u. s. w. hintereinander liegende Theilchen Wasser, so besteht also der Prozeſs darin, daſs vermöge der galvanischen Action, das Theilchen w seine Verwandschaft zu s verliert, dagegen eine zu s_1 erhält, u. s. f.; w wird also nach dieser Seite hinwandern, eben so w_1 w_2, in der ganzen Bahn des Stroms, die Sauerstofftheilchen werden nach entgegengesetzter Richtung sich bewegen, indem der Grund der Bewegung darin liegt, daſs ein Theilchen s_n die Verwandschaft zu w_n verliert und eine neue Verbindung mit w_{n-1} eingehet. Auf solche Weise werden w und s an den Endflächen der Flüssigkeit frei. Nimmt man nur ein zersetzbares Theilchen sw an, so ist der Fall mit dem einer gewöhnlichen chemischen Zersetzung identisch; da aber alle Theilchen in der Bahn des Stromes gemeinschaftlich wirken, so wird die Sache verwickelter, obgleich nicht schwerer zu begreifen. Zwei Theilchen s und w werden in ihrer gewöhnlichen Affinität nicht beeinträchtigt, wenn ihre Verbindungslinie senkrecht auf der Richtung des Stromes steht; bildet sie damit einen Winkel nach einer Seite, so wird die Affinität geschwächt, und wenn nach der anderen Seite, verstärkt, und der Effect ist ein Maximum, wenn die Linie in der Richtung des Stromes liegt. Dafs die Wirkungen des Stromes auch in schiefen Richtungen vor sich gehen können und sich auf Theilchen erstrecken, die nicht in gerader Linie zwischen den Electroden liegen, sieht man wenn z. B. Wasser sich zwischen Dräthen zersetzt. Die Zersetzungen und Wiedervereinigungen finden dann auch rechts und links von der geraden Linie, welche die Electroden verbindet, statt, also in schiefen Richtungen. Noch mehr ist das letztere der Fall, wenn die zersetzte Substanz sich in einem metallischen Gefäfs befindet, welches zugleich die eine Electrode bildet, während die andere Electrode nur eine Spitze ist. Die aufgestellte Theorie scheint zu verlangen, dafs ein Sauerstofftheilchen obgleich verbunden mit einem Wasserstofftheilchen, doch gegen andere Wasserstoffpartikeln nicht indifferent sei. Für gewöhnlich, d. h. ohne einen galvanischen Strom, wird diese letztere Anziehung unbedeutend sein, aber mit Hülfe des Stromes wird sie die überwiegende. Faraday schliefst dieses daraus, weil bei Gasen und Dämpfen jene Anziehung, die sich weiter auf benachbarte Theilchen erstreckt, und den Grund zur Aggregation abgiebt, fehlt, und diese Körper auch nicht electrolysirt werden können. Er meint ferner, es würde philosophischer sein und die Thatsachen beser bezeichnen, wenn man von dem zersetzwerdenden Körper in Bezug auf den durch ihn gehenden Strom spräche, als in Bezug auf die, mit ihm in Verbindung stehenden, sogenannten Pole, und dafs man sich ausdrücken müsse, Sauerstoff, Chlor, Jod, Säuren u.s.w. seien entbunden an dem negativen Ende, die verbrennlichen Stoffe, Metalle, Alkalien, Basen u s. w. an dem positiven Ende der zersetztwerdenden Substanz. (Diefs giebt auch den Grund zu der etwas feinen Distinction zwischen der Anode, Kathode und den Electroden.) Nach Faraday kann ein Theilchen in der Bahn des Stromes núr soweit fortgeführt werden, als es andre Theilchen findet, mit denen es sich vereinigt, an den Electroden wird es frei, ohne von ihnen zurückgehalten zu werden. Es ist noch zu bemerken, dafs die Flüssigkeit weder im Gasapparat, noch die erregende zwischen den Zellen in Ruhe zu sein braucht, um dieser Art der Zersetzung zu unterliegen; ich füllte einen messingenen Trichter, der mit dem Multiplicator in Verbindung stand mit Brunnenwasser, und liefs dasselbe auf eine Zinkplatte fallen, die mit dem anderen Ende des Galvanometers communizirte; die Nadel wich beträchtlich ab, selbst als die Platte einige Zoll unter dem Trichter lag.

Das Hauptsächlichste der Theorie Faraday's besteht darin, dafs die Zersetzung angesehen wird, als hervorgebracht aus inneren, in der Substanz liegenden oder in ihr erregten Kräften, nicht durch äufserliche, etwa durch den Contact zweier Metalle oder der Metalle mit der Flüssigkeit, oder endlich durch die Oxydation des Zinks hervorgebrachte Kräfte. Die letztere ist eine wesentliche Bedingung des Galvanismus, allein die Ursache ist sie auch nicht; es giebt bis jetzt bei den galvanischen Erscheinen keinen Grund, in der einen eine Ursache, in der anderen eine Wirkung dieser Ursache anzunehmen. Nicht einmal die Zersetzung im Gasapparat ist streng genommen, eine blofse Wirkung; denn wenn auch in ihm nur das geschieht, was durch die Säule angeregt wird, so entsteht doch auch nichts in der Säule, worauf nicht die Zersetzung im Gasapparat wirkte; es findet eine vollständige Wechselwirkung zwischen beiden statt. Die bisherigen Theorieen gingen darauf aus, eine Ursache für die chemische Zersetzung und für die übrigen galvanischen Erscheinungen zu finden, und ein solcher Versuch ist immer nöthig, damit, wenn die Erscheinungen aus irgend einer bereits bekannten Kraft abzuleiten sind, man sie nicht als eigenthümliche betrachte. Namentlich ging man bei der Wasserzersetzung davon aus, dafs wenn Wasserstoff und Sauerstoff sich trennen, also eine Bewegung annehmen, irgend eine Kraft vorhanden sein müsse, die den Grund solcher Bewegung abgebe. Die Contact-Electricität hat den Vortheil eine solche Kraft zu sein, die mechanische Bewegungen hervorbringt; allein der Vortheil ist doch, von anderen Seiten her betrachtet nicht grofs, weil immer die Frage bleibt, wie durch die schwache Electricität beim Berühren zweier Metalle eine so übermäfsige Wirkung als die Zersetzung des Wassers der Alkalien u. s. w. möglich sei. Aufserdem verhält sich die durch den Contact bewirkte und in der Kette strömende El., so sehr den Gesetzen der gewöhnlichen El. entgegengesetzt, dafs man immer sagen mufste, es seien viele Räthsel statt des einen eingetauscht worden. Uebersieht man die bisher bekannten Electrolyten, so finden sich darunter gerade die stärksten Verbindungen, und die leichte Zersetzung derselben spricht nicht zu Gunsten einer äufseren mechanischen Kraft. Hingegen ist es eine Folgerung aus Faraday's Theorie, dafs je directer 2 Bestandtheile einander entgegen gesetzt sind, um so leichter ihre Trennung sei, voraus gesetzt freilich, dafs Unlöslichkeit, Mangel von Leitungsfähigkeit, Mischungsverhältnisse u. s. w. nicht interferiren (549). Bei Anwendung der Volta'schen Säule um Körper zu zerlegen, wird also der Erfolg nicht abhängen von der Schwäche der Verwandschaft, welche die Elemente zusammenhält, sondern im Gegentheil von deren Stärke. Die stärksten Verbindungen sind im Allgemeinen die aus gleichen Aequivalenten, und daher sind auf dieser Stufe auch die Electrolyten zu finden, obgleich man noch nicht behaupten kann, dafs jede Verbindung von 1 Atom + 1 Atom eine electrolytische sei. Es rührt ebenfalls daher, dafs wenn Stoffe wie z. B. Schwefelsäure, welche ein Anion ist, im Wasser blofs gelöset worden, viel weniger davon zur Electrode geführt wird, als wenn der Stoff aus einer kräftigen chemischen Verbindung (z. B. schwefelsaures Natron) durch den Strom entwickelt werden mufs. Faraday hat hierüber einen sinnreichen Versuch mitgetheilt (526). Die eine Electrode aus Platin wurde in verdünnte Schwefelsäure gestellt, welche durch Asbest mit einem 2ten Gefäfs, worin sich ebenfalls Schwefelsäure befand, communizirte; von dem 2ten Gefäfs ging ein Platinstreifen in ein 3tes Gefäfs mit einer Auflösung von schwefelsaurem Natron, aus diesem ein Asbeststreifen in ein 4tes Gefäfs, worin von derselben Lösung sich befand. In dem letzten Gefäfs befand sich zugleich die andere Electrode, und der Strom der Batterie war genöthigt durch die 4 Gefäfse zu gehen, wobei Sorge getragen war, dafs in allen 4 Flüssigkeiten gleich viel Schwefel-

säure

säure in einem gleichen Volumen war, nur in dem 3ten und 4ten Gefäfse an Natron gebunden. Nachdem die Batterie ½ Stunde gewirkt hatte, wurden die Flüssigkeiten untersucht, und es fand sich, dafs von der gebunden gewesenen Schwefelsäure 2½ bis 3mal so viel übergeführt worden war, als von der blofs gelöseten. Und dafs von der letzteren überhaupt etwas übergeführt worden, schreibt Faraday auf Rechnung der Verwandschaft von Schwefelsäure und Wasser (511), so dafs ohne diesen Widerstand kein Ueberführen statt gefunden haben würde. Ein solches ist daher bei mechanischen Gemengen gar nicht zu erwarten, und so fand es Faraday auch bestätigt. Er rührte gepulverte Holzkohle in verdünnte Schwefelsäure, die sich zwischen den Electroden befand; aber nicht das geringste Bestreben der Kohle zum negativen Pol zu geben war sichtbar. Wenn dieser Versuch kein Gewicht haben soll, weil Kohle noch bis jetzt an keinem Pol auf primären Wege erschienen ist, so liefert ein ähnlicher Versuch mit sublimirtem Schwefel, wobei zur negativen Electrode Silber genommen ward, in dieser Hinsicht einen unbestreitbaren Fall. Es war keine Neigung beim Schwefel zu wandern, das Silber lief nicht an, es bildete sich kein Schwefelwasserstoffgas. Wollte man das negative Resultat dieses Versuchs auf Mangel an Leitungsfähigkeit beim Schwefel schreiben, so mufs bemerkt werden, dafs der vorher erwähnte Versuch mit den 4 Portionen Schwefelsäure eine solche Erklärung nicht zuläfst.

Durch die Theorie Faraday's ist man im Stande auf eine sehr einfache Weise einen Theil der Wirkung zu erklären, welche Säuren, Alkalien, Salze u. s. w. auf das Wasser ausüben, in dem sie dasselbe zur galvanischen Erregung tauglicher machen. Es ist wohl keine Frage, dafs diese Substanzen dahin wirken, die Zersetzung des Wassers zu erschweren; denn es ist nun nicht allein die Verwandschaft des Wasserstoffs und Sauerstoffs zu überwinden, sondern auch die eines Wassertropfens zu einem Säure- oder Salztheilchen. Wasser, welches dergleichen Stoffe gelöset, ist eben so schwer zu zersetzen, als es schwer zu verdampfen ist. Nun bewirkt aber gerade diese erschwerte Zerlegung eine Erhöhung der Intensität des Stromes; denn es ist bereits bemerkt worden, dafs der vom Zink uud der Flüssigkeit angeregte Strom durch das Kupfer und die Flüssigkeit geht, und da er anfangs nicht die Kraft hat sie zu zersetzen, von ihr geleitet wird; dafs sich dieser geleitete Strom so lange zu dem beständig erregten addire, bis eine Zersetzung eintritt, dann wird er ohne Zersetzung nicht weiter geleitet, und es kann also auch keine Verstärkung mehr stattfinden. Da nun die Intensität, welche nöthig ist, säurehaltiges oder salzhaltiges u. s. w. Wasser zu electrolysiren stärker ist, so wird eine solche Kette diese verstärkte Intensität annehmen. Diefs scheint aufser der vermehrten Leitungsfähigkeit, der allgemeine Grund zu sein, wefshalb Lösungen im Wasser vortheilhaft wirken. Sonst giebt es aber noch spezielle, den einzelnen Stoffen eigenthümliche, welche ebenfalls dahin wirken; die Säuren z. B. lösen das sich bildende Zinkoxyd auf und stellen die metallische Oberfläche des positiven Erregers her. Inzwischen trägt die Auflösung des Oxyds durch die Säure nichts zur Verstärkung der galvanischen Action bei, und der chemische Prozefs, der aus den Zellen in den Gasapparat übertragen wird, hängt, seiner Quantität nach, allein von der Oxydation des Zinks ab. Faraday hat es sich mit Recht sehr angelegen sein lassen zu untersuchen, ob die Auflösung des Zinkoxyds in Säuren die galvanische Action verstärke, und ist zu einem verneinenden Resultat gelangt (925 und folgende). Um empirisch nachzuweisen, dafs die Verbindung einer Säure und eines Alcali überhaupt keinen Strom erzeuge, wurde folgender Versuch angestellt (937). Ein cylindrisches Glasgefäfs 1″ im Durchmesser und 2″ hoch von starken Wänden, wurde der Länge nach in zwei gleiche Hälften zertheilt, die durch einen Messingdrath mit einer Schraube zu einem wasserdichten Gefäfs wieder verbunden werden konnten. Nun wurde Fliefspapier zwischen beide Hälften gebracht um eine poröse Scheidewand zu bilden, hierauf verdünnte Schwefelsäure in die eine, und starke Aetzkali-Lösung in die andere Hälfte gegossen. Sie konnten sich langsam mischen und bildeten nach einiger Zeit eine dicke Kruste schwefelsauren Kali's. Als nun in jede Hälfte eine reine Platinplatte getaucht, und mit dem Galvanometer verbunden wurde, zeigte sich keine Ablenkung, also gab auch die Vereinigung von Säure und Alcali keinen Strom. Faraday erwartete eigentlich keinen, weil die Schwefelsäure und das Alkali nicht zersetzt werden, und wenn auch bei ihrer Vereinigung ein Strom entstehen sollte, er doch nicht geleitet werden kann, weil keiner der beiden Stoffe aus einer Verbindung gezogen wird, wie es z. B. beim Sauerstoff aus dem Wasser, wenn er sich mit dem Zink verbindet, der Fall ist. Schon Humphry Davy hatte gefunden, dafs die Vereinigung von Säure und Alkali keinen Strom bewirkt, Becquerel [1]) und Walker behaupten das Gegentheil. Wegen der negativen Resultate Davy's konnte Fechner mit vollem Recht geltend machen [2]), dafs zu seiner Zeit (1826) der Galvanometer noch kein besonders feines Instrument war. Bei Faraday liefse sich das nicht einwenden, auch schon defshalb nicht, weil er ausdrücklich angiebt, sich eines empfindlichen Instruments bedient zu haben. Ohm theilt die Meinung Davy's [3]), trotz dem, dafs er in einem ähnlichen Versuch wie der von Faraday anfangs eine Ablenkung an der Magnetnadel sah, die aber bald verschwand. Es ist diefs dasselbe Phänomen, welches in einem früheren Abschnitt (siehe eine einfache Kette aus Säure und Alcali) beschrieben, und da der Versuch, wie ihn Faraday angestellt, wahrscheinlich einige Zeit erforderte, so mag diesem so geschickten Experimentator die anfängliche Ablenkung, entgangen sein. Es scheint übrigens, dafs selbst theoretisch genommen, ein Strom von geringer Intensität bei der Berührung von Säuren und Alacali möglich sei: erstens, weil jeder dieser Stoffe bei der Vereinigung dem Wasser entzogen wird, mit dem er verbunden ist, weil

[1]) Traité de l'Electric. etc. II. p. 77.

[2]) Lehrbuch etc. III. 455.

[3]) Schweigger's Journ. Bd. 63. p. 162.

Wasser ein Kation zu sein scheint gegen Schwefelsäure und ein Anion gegen Alcalien, und 2tens, weil die Electroden (hier das Wasser) einen geringen Strom leiten können, ohne dafs dabei Zersetzung eintritt oder nothwendig sei. Im Allgemeinen scheint dieser Gegenstand noch einer genauen Untersuchung zu bedürfen, mit Berücksichtigung des jetzigen Standpunkts des Galvanismus, wonach es z. B. zwei völlig verschiedene Fälle sind, wenn Schwefelsäure oder Salzsäure sich mit einem Alcali verbinden. Im letzteren Fall ist keine blofse Verbindung, sondern die beiden Electrolyten werden in der That zersetzt, und aus der Vereinigung des Chlors mit dem Metall des Alcali, und des Wasserstoffs mit dem Sauerstoff gehen 2 wirkliche Ströme hervor, die aber entgegengesetzt gerichtet sind, daher der definitive Strom von der Differenz beider Intensitäten abhängen wird. Um jedoch zur Aufgabe zurückzukehren, ob die Auflösung des Zinkoxyds durch die Säure den Strom verstärke, so ist die direkteste, verneinende Lösung durch die Thatsache gegeben, dafs die Menge der in dem Gasapparat zersetzten Substanzen blofs durch die Oxydation des Zinks bedingt wird, und dafs dort nicht mehr Sauerstoff frei wird, als in jeder Zelle mit dem Zink sich verbindet.

Was die Zersetzungen im Gasapparat anbetrifft, so hängt die Wanderung der Stoffe daselbst von der in der Säule ab, und ist dieselbe. Construirt man eine gewöhnliche Säule

zk'f. zkf zk.f. zkf zk

→ Kationen Anionen ←

so gehen die Anionen und Kationen überall in derselben Richtung, und zwar beide nach entgegengesetzten. Daher kömmt es, dafs wenn eine einfache Kette Jodkalium zersetzt, Jod am Platin erscheint, und Kalium am Zink, trotz dem, dafs nach electrochemischen Grundsätzen dieses Auftreten beider Stoffe ganz ungewöhnlich ist.

In dem angeführten Werke Becquerel's, Theil 3 pag. 406, theilt derselbe seine Theorie der galvanischen Zersetzungen und des Galvanismus überhaupt mit, auf welche wir in einem späteren Bande zurückkommen werden. Sie scheint uns nicht auf dem jetzigen Standpunkt dieser Lehre zu stehen. (M.)

Ueber den Wärmestoff als Ursache der Voltai'schen Ströme. Von J. Emmet.

An. Journ. vol. 25, pag. 269.

Diese Abhandlung enthält, wie die meisten des Verfassers, neben experimentellen Untersuchungen allgemeine theoretische Ansichten, die wir hier getrennt von jenen geben. Der in der Ueberschrift ausgesprochene Satz ist übrigens von Nobili [1]) schärfer durchgeführt worden, als es hier geschehn. —

---

[1]) Schweigg. Jahrb. 1828. Hft. 7. p. 264.

Trotz der vielfachen Controversen über die Ableitung der galv. Ströme vom Contact der Metalle oder von der chemischen Einwirkung müssen wir gestehn, dafs die Theorie der Electricität noch sehr im Dunkel liegt. Kaum hat man sich für eine dieser beiden Ansichten entschieden, so zeigt Faraday's Entdeckung denselben Galvanismus unabhängig von Wärme und chemischer Action, und den Magnetismus als ein nicht weniger wichtiges, ja vielleicht als das einfachste Agens bei Erzeugung der Electricität. Denn bei der Thermo- wie bei der Hydro-Electricität ist neben dem galv. Strom der Magnetismus in jedem Theile des Apparats da, so dafs er sowohl Ursach als Wirkung sein kann, während er in der Magneto-Electricität, wo weder Wärme noch Chemismus thätig ist, offenbar Ursache ist. Nach derselben Schlufsfolge ist die Wärme ein einfacheres Agens als die chemische Action, da diese von jener stets begleitet wird, in Thermomagnetismus aber die Wärme allein wirkt. Die Wirkung der chemischen Action liefse sich z. B. denken, dafs sie Wärme oder Magnetismus in Bewegung setzt, diese aber erst die galv. Ströme hervorrufen. Die bedeutende Wirkung der nassen, die kleine der thermoelectrischen Säule bildet keinen Einwurf. Die Chemie würde eine Lehre der Verbrennung sein, wenn wir nicht mit Flüssigkeiten operirten, und condensirter Sauerstoff ohne Wasser würde sich mit den Metallen unter Feuererscheinung verbinden, wie es jetzt das Chlor thut. Ein solcher Sauerstoff wird den Metallmolekülen in der nassen Säule wirklich geboten, es wird in ihnen eine sehr hohe Temperatur erzeugt, die sich nur durch Vertheilung an die Masse verringert. Es ist ferner nicht zu übersehen, dafs in der thermoelektrischen Säule die Stelle der Erregung galv. Ströme die Berührungsstelle guter Leiter ist, wo die gröfste Menge derselben sich wieder neutralisiren kann, während in der nassen Säule die verschiedenen Ströme durch einen schlechten Leiter getrennt sind.

Eine einfache Kette, in der die Metalle sich in der Flüssigkeit berühren, giebt dem Verbindungsdrath fast keine El. ab. —

Ungeachtet der offenbaren Beziehungen zwischen Reibungs- und Voltaischer Electricität hat die Gewohnheit, für beide dieselbe Bezeichnung und Untersuchungsweise zu gebrauchen, nicht allein falsche Ansichten über beide erzeugt, sondern auch die Entwickelung ihrer Gesetze verzögert. Volta's ingeniöse Bestrebungen die Wirkung der Säule aus der Contactelectricität abzuleiten, haben zu der nicht geringen Verkehrtheit geführt, dafs man bis auf Oersted das Goldblattelectrometer bei der Analyse der Säule anwandte, und jetzt würden die gebräuchlichen Ansichten dahin führen, das Galvanometer für die Reibungselectricität zu gebrauchen. Diese beiden einfachen Instrumente setzen sich unserer Neigung zu generalisiren entschieden entgegen, und Reibungs- und galvanische Electricität müssen, bei der Untersuchung wenigstens, als wesentlich verschieden angesehen werden. — Ich verstehe in meinen Mittheilungen unter Electricität stets die galvanische, wenn ich nicht ausdrücklich das Gegentheil sage. —

(Die Untersuchung der thermo-electrischen Ströme als durch den Gang der Wärme erzeugt, siehe unter Thermo-Magnetismus). R.

XIII. Unterschied der einfachen Kette und der Säule.

Faraday giebt (8te Reihe 990) hierüber folgendes an. „Eine einfache Zink-Platinkette bringt durch Oxydation von 32,5 Gran Zink so viel Electricität zum Strömen, als eine tausendmal gröfsere Menge desselben Metalls durch seine Oxydation in einer Säule von 1000 Plattenpaaren liefern würde. Denn es leuchtet ein, dafs die El., die in der ersten Zelle vom Zink durch die Säure zum Platin geht, und welche von der Zersetzung einer bestimmten Menge Wassers begleitet oder dadurch erzeugt wird, in der 2ten Zelle nicht vom Zink durch die Säure zum Platin gehen kann, ohne dort dieselbe Quantität Wasser zu zerlegen und die gleiche Menge Zink zu oxydiren. Dasselbe geschieht in den übrigen Zellen, in jeder mufs das electro-chemische Aequivalent Wasser zersetzt werden, ehe der Strom hindurchgehen kann, da die Menge der durchgegangenen El. und die Menge des zersetzten Electrolyten aequivalent sein müssen. Die Wirkung einer Zelle geht also nicht dahin, die in Bewegung seiende El. der Quantität nach zu vergröfsern, sondern eine solche Menge davon weiter zu führen, welche mit der Oxydation des Zinks in dieser Zelle vereinbar ist, und in dieser Weise erhöhet sie die Intensität des Stromes, ohne dessen Quantität zu vermehren. Ich gestehe, diefs nicht ganz verstehen zu können, auch ist der Beweis, der für diese Ansicht gleich darauf (991) mitgetheilt wird, und der darin besteht, dafs an allen Platinflächen einer Batterie von 10 Plattenpaaren Zink und Platin, eine gleiche Menge Wasserstoff aufgefangen wurde, im Grunde für die in Rede stehende Sache ganz unbedeutend. Abstrahirt man von den Worten Intensität und Quantität, und denkt sich eine Säule aus 2 Plattenpaaren und eine ihr sonst gleiche aus 100, so lehrt die Erfahrung blofs dieses: Wenn beide Säulen eine gleiche Quantität Wasser zersetzt haben, so ist in jeder der 2 und in jeder der 100 Zellen gleich viel Wasserstoff frei geworden, so viel als im Gasapparat. In der gröfseren Batterie ist also im Ganzen 50mal mehr Zink oxydirt worden, und im Gasapparat doch nur derselbe Effect erreicht. Dagegen sind beide Batterien darin verschieden, dafs in der gröfseren dieselbe Wassermenge zersetzt wird (nach Ritchie[1]) verhalten sich die Gasmengen, die in gleicher Zeit gebildet werden, wie die Quadratwurzeln aus der Zahl der Plattenpaare, nach Gay-Lussac, Thénard und Becquerel[2]) wie die 3ten Wurzeln), ferner wird die gröfsere Batterie Effecte (Zersetzungen, Durchgang des Stromes durch Luft) hervorbringen, welche die kleinere nicht zu erreichen vermag.

[1]) Phil. trans. for. 1832. Part. II. pag. 290.

[2]) Traité III. pag. 214.

Aus allem diesem folgt gewifs, dafs die Intensität in einer grofsen Batterie beträchtlicher ist als in einer kleinen; dafs aber in beiden die Quantität gleich ist, folgt nicht. Würde das letztere der Fall sein, so müfste man sich somit die gröfsere Säule als ein kleines Gefäfs mit sehr heifsem Wasser, die kleinere als ein grofses mit weniger heifsem denken, aber so, dafs die Wärmemenge in beiden gleich ist. Obgleich sich bei diesem Vergleich einige von den Unterschieden der Kette und Säule (z. B. die raschere Zersetzung bei der letzteren) begreifen lassen, so scheint doch ein solcher Vergleich (mit Bezug auf den letzteren Zusatz) gar nicht motivirt; mir sind mindestens keine Gründe dafür bekannt. Faraday führt zur Unterstützung seiner Behauptung an, dafs die Ablenkung einer Magnetnadel durch ein einziges Plattenpaar so grofs sei, als durch die Batterie, indem er (992) hinzufügt, dafs die Dräthe dick genug sein müssen, um den Strom des ersteren vollständig zu leiten. Der Umstand, dafs der Strom direct dem Querschnitt des Drathes proportional sei, kann wohl ein solches Resultat hervorbringen, ohne dafs daraus etwas Weiteres über den Unterschied der Kette und Säule folge. Wichtiger vielleicht in dieser Beziehung sind die Versuche Faraday's über die Ablenkung der Nadel durch gewöhnliche Electricität (363). Er hat hierbei gefunden, dafs, wenn seine Leydner Batterie durch 30 Umdrehungen der Electrisirmaschine geladen, und durch den Galvanometerdrath entladen wurde, die Ablenkung der Nadel dieselbe war, es mochte die Batterie aus 8 oder 15 Flaschen bestehen. In beiden Fällen war die Menge von El. allerdings gleich, nur ihre Intensität verschieden (bei den 15 Flaschen nur etwa halb so grofs) und daraus folgt dann, dafs die Ablenkung der Nadel nur von der Quantität, nicht von der Intensität abhänge.

Dieses Resultat im Verein mit der Behauptung, dafs durch die Säule und einfache Kette eine gleiche Ablenkung bewirkt werde, würde dann zu Gunsten der von Faraday aufgestellten Meinung sprechen.

XIV. Beziehungen des Galvanismus zur Physiologie.

a) Versuche am Froschpräparat.

Ueber das von Volta ermittelte Factum, dafs ein Froschpräparat, welches längere Zeit der Wirkung eines Stromes ausgesetzt gewesen, die Empfindlichkeit für denselben verliert, d. h. weder beim Oeffnen noch Schliefsen in Zuckung geräth, dagegen sehr empfindlich für einen entgegengesetzt gerichteten Strom ist, und dafs diese Abwechselungen (Abstumpfung mit einer sogar erhöheten Reizbarkeit für die entgegengesetzte Erregung) mehre Male auf einander folgen, bis das Präparat zu jeder Commotion untauglich geworden, hat Marianini eine grofse Reihe von Versuchen angestellt und mitgetheilt [1]), die aber, nach unserm Dafürhalten,

[1]) Ann. de Ch. et de Phys. Tom. 56. pag. 387.

die Sache nicht sonderlich fördern. Das Hauptfactum ist in der Sphäre des Lebens keinesweges ohne Analogon, vielmehr ist dort eine Abstumpfung gegen äufsere Agentien verbunden mit einer gröfseren Empfänglichkeit für entgegengesetzte ungemein häufig. Wir wissen freilich nicht, welcher Art die Entgegensetzung ist, in welcher 2 umgekehrt gerichtete Ströme in Bezug auf thierische Erregbarkeit stehen, dafs aber irgend eine Art von Entgegensetzung stattfinde, sieht man an mehreren Phänomenen; hat man doch zu Anfang des Galvanismus durch dieselbe die Spannungsreihe der Metalle gefunden. Zuletzt sind die Farben grün und roth auch nicht entgegengesetzte, und doch sehen wir bei ihrer Einwirkung auf das Sehorgan dasselbe Phänomen, wie das Volta'sche am Froschpräparat; sogar die erhöhete Empfindlichkeit für die eine Farbe bleibt nicht aus, wenn die andere eine Zeit auf das Organ gewirkt hat. Es scheint also die Physik hier nichts zu erklären zu haben, und wenn Marianini diefs dennoch versucht hat, so glauben wir nicht, dafs man seiner Erklärung Beifall zollen wird. Die von Volta bemerkten Abwechselungen fand er bestätigt, bei Anwendung einzelner Plattenpaare und vielplattiger Säulen. Der Wirkungsabnahme der Kette kann man sie nicht zuschreiben, weil beim Eintreten des entgegengesetzten Stromes die Zuckungen sogar noch lebhafter werden. Die Periode der Abwechselungen, d. h. die Zeit, welche nöthig ist, um das Präparat für einen Strom unerregbar zu machen, wird immer kleiner, bis sie ganz aufhören. Es versteht sich, dafs die Erregbarkeit für einen gewissen Strom wieder eintrete, nachdem das Präparat eine Zeit lang geruht hat. Die Abwechselungen finden auch beim lebenden Frosch statt, wenn man seine unteren Extremitäten mit einer Batterie verbindet; doch wurden hierbei die Commotionen durch denselben Strom nur schwächer, ohne ganz aufzuhören. Volta hatte sie auch beim menschlichen Organismus bemerkt, Marianini jedoch, als er mit 2 Fingern derselben Hand 30 Plattenpaare schlofs, es nicht bestätigt gefunden. Inzwischen zweifelt er selbst an der Richtigkeit von Volta's Beobachtung nicht.

Die Ansicht, welche M. über diese Erscheinungen aufstellt, und die sich seinen früheren Ansichten anschliefst, besteht darin, dafs bei der continuirlichen Wirkung, der Strom in dem Frosch zurückgehalten wird, sich daselbst anhäuft, eine Tendenz zum Zurückgehen erhält, und in Folge dessen die weitere Action hemmt. Das gestehen wir, nicht begreifen zu können; wir haben keine Vorstellung von einem Strom, der sich anhäuft, und sogar zurückbleibt, wenn seine Verbindung aufgehoben ist (denn auch diefs verlangt Marianini, wenn er die Palpitationen, die man beim Oeffnen einer Kette an empfindlichen Fröschen wahrnimmt, auf Rechnung des zurückhaltenen Stroms schreibt). Es wäre viel schwieriger Gründe für das Anhäufen und Zurückgehen des Stromes zu finden, als die erwähnten Erscheinungen zu erklären, die, soviel man absieht, in der Sphäre des Organischen gar nicht unerhört sind. Der Grund, den dieser Gelehrte anführt und der ihn verhindert eine Abstumpfung durch den Strom zu statuiren, besteht darin, dafs nach seinen Erfahrungen, paralytische Kranke, denen man galvanische Schläge ertheilt, nach einigen

Tagen sogar empfindlicher dafür werden, und dafs man dann mit geringeren Apparaten schon dieselben Commotionen hervorbringt. Aber auch ein solches Factum, selbst wenn es von den Physiologen und Therapeuten ohne Analogon befunden werden sollte, was bestimmt nicht der Fall ist, kann keine physikalische Unmöglichkeit, wie das Zurückhalten eines Stromes, rechtfertigen. Ein eingeschaltetes Galvanometer zeigte Marianini kein Aufhören des Stromes, in dem Moment, wo der Frosch nicht mehr erregt wird; verbindet man dessen Enden, nachdem die Kette geöffnet worden, mit den Extremitäten, in welchen der Strom zurückgeblieben sein soll, so würde er sich durch das Galvanometer entladen, das aber zeigt sich nicht. Somit ist die aufgestellte Ansicht weder theoretisch noch empirisch gerechtfertigt.

b) Galvanische Ströme im Organismus.

Versuche in diesem Betracht sind mehrfach angestellt, allein immer, indem man die Ströme zwischen Nerv und Muskel untersuchte. Dr. Al. Donné (Chef der medizin. Facultät zu Paris) hat gefunden, dafs man sie an der Oberfläche der Membranen und in heterogenen Organen suchen mufs [1]). Der menschliche Körper ist zwischen 2 Häuten enthalten, von denen nach ihm die äufsere sauer ist, die innere alcalinisch, mit Ausnahme einiger wenigen Stellen. Verbindet man das eine Ende des Galvanometers mit der innern Haut des Mundes, das andere mit der äufseren, so wird die Nadel 15 bis 30° abgelenkt, wobei die äufsere Haut sich positiv zeigt. Donné wendet zur Berührung Platinplatten an, und wartet eine ziemlich lange Zeit, um vor thermo-electrischen Strömen (?) sicher zu sein. Bei der Untersuchung der Organe fand sich: der Magen ist ein saures Organ, die Leber, Milz, Harnblase sind alcalinische, d. h. sie sondern an ihrer Oberfläche dergleichen Flüssigkeiten ab. Mit Früchten verhält es sich auf ähnliche Weise. Steckt man die Enden des Galvanometers auf zweckmäfsige Weise in sie hinein (in das Stiel- und entgegengesetzte Ende, so erhält man Ablenkungen bis 30°. In Aepfeln und Birnen geht der Strom vom Stiel zum Auge, in Pfirsichen, Apricosen und Pflaumen umgekehrt; schneidet man eine Pflaume durch die Mitte in 2 Theile, prefst den Saft jeder Hälfte in ein Gefäfs, taucht die Multiplicatorenden hinein, und vereinigt die beiden Flüssigkeiten durch befeuchtetes Papier, so erhält man dieselbe Ablenkung als durch die Pflaume in ihrer Integrität. Theilt man sie aber in 2 Seitenhälften, so erhält man nichts. Um diese Untersuchung zu vervollständigen, setzten wir die 2 Enden des Galvanometers in einen Blumentopf und erhielten ebenfalls Ablenkung der Nadel.

c) Electrische Fische *(Raja torpedo)*.

Man weifs, dafs Hr. Davy bei seinen Versuchen am Zitterrochen in Triest weder chemische noch magnetische Wirkungen erhalten konnte [2]),

---

[1]) Ann. de Ch. et de Ph. Bd. 57. pag. 405.

[2]) Phil. trans. for. 1829.

Inzwischen übernahm sein Bruder John Davy die Untersuchung in Malta von Neuem, und gelangte zu positiven Resultaten [1]). Er bemerkt, daſs das Ausbleiben jener Wirkungen bei den Versuchen seines Bruders davon herrühren könne, daſs derselben sich groſser Subjecte bediente und ihre Tauglichkeit davon abhängen lieſs, ob sie dem menschlichen Organismus einen Schlag ertheilten. Nun hat J. Davy gefunden, daſs in Bezug auf Energie die Gröſse des Thieres nicht entscheidet, ja daſs die kleineren Fische in der Regel, obgleich sie nicht ohne Ausnahme ist, die Kraft länger und in höherem Grade zeigen, und giebt dieſs auch als eine Bestätigung seiner durch einige Versuche gewonnenen Ansicht, daſs diese Fische das electrische Organ nur anwenden, andere Fische nicht zu tödten, sondern abzuschrecken, welches jüngeren Individuen nöthiger ist als den älteren. Was die Erschütterung betrifft, so ist dieser Effect des electrischen Organs das feinste Prüfungsmittel, feiner selbst als die Galvanometernadel, so daſs, wenn auch Erschütterungen erfolgen, darum weder die Magnetnadel abgelenkt zu werden braucht, noch andere (chemische) Effecte eintreten müssen. Es versteht sich, daſs diese etwas eigenthümliche Rangordnung der Reagentien von der Beschaffenheit des Galvanometers und des zersetzten Körpers abhängen wird, und obgleich Davy über seinen Multiplicator nichts weiter mittheilt, so scheint er doch nicht die Vollkommenheit unserer jetzigen Apparate gehabt, und einer Doppelnadel ermangelt zu haben. Erwägt man diesen Mangel an Empfindlichkeit und das Momentane in der Wirkung des Fisches, welches für eine chemische Zersetzung nicht vortheilhaft ist: so darf es nicht befremden, daſs der menschlische Organismus sich als das feinste Reagens erwies; zugleich wird dieſs genügen, John Davy's positiven Resultaten eine vollkommene Zuverlässigkeit zu verschaffen, welche durch die negativen seines berühmten Bruders nicht gefährdet wird. Die Versuche des ersteren waren diese: In einen Cylinder 0",1 im Durchm. und gebildet von 180 schraubenförmigen Windungen eines sehr dünnen Kupferdrathes (nach der Gewichtsangabe etwa $\frac{1}{13}$ Linien im Durchm.) wurde eine unmagnetische Nadel gesteckt, das eine Ende der Spirale mit der oberen Fläche, das andere mit der unteren des Organs berührt. Nach einigen solcher Berührungen war die Nadel stark magnetisch und zog Eisenfeillicht an. Selbst als 2 Spiralen mit 15 Nadeln eingeschaltet worden, zeigten sie sich durch eines der kleinsten Individuen sämmtlich stark magnetisch. Wurde ein Galvanometer mit dem Fisch verbunden, so wurde die Nadel durch energische Subjecte heftig abgelenkt, und auch bei schwächeren blieb die Wirkung nicht aus. Es war übrigens nicht nöthig, beide Dräthe an den Fisch zu legen, wenn auch nur der eine mit dem Rücken des Fisches, der andere in das Wasser 2 oder 3 Zoll vom Fisch entfernt, getaucht wurde, traten die Wirkungen ein. Ferner wurden 2 Silberdräthe in Salzwasser oder verdünnte Schwefelsäure geführt, die bis auf 0",1 einander genähert und durch Verbindungsdräthe mit dem Fisch communizirten, es

[1]) Phil. trans. for. 1832. Part. II. u. for. 1834. Part. II.

erschienen Gasblasen an dem Drath, der von der unteren Fläche ausging. Bei Anwendung von Golddräthen zeigten beide Gas, allein der untere Drath zeigte mehr davon. Denkt man sich also, um die Richtung des Stromes angeben zu können, den Fisch als eine einfache, ungeschlossene Kette, sein Ineres als die Flüssigkeit, seine obere und untere Seite als die beiden Metalle, so entspricht die obere der Kupfer, die untere der Zinkplatte; denkt man ihn sich als eine Säule, so entspricht die obere Seite dem Zinkende, die untere dem Kupferende. Die Art der Ablenkung am Galvanometer bestätigte das. Salpetersaures Silber, essigsaures Blei wurden ebenfalls zersetzt, und es erschien Silber und Blei am unteren Golddrath. Ferner wurde das electrische Thermometer von Harris angewandt (bestehend aus einer Glaskugel, durch welche luftdicht ein Drath geht, dessen beide Enden mit dem galvanischen oder electrischen Apparat verbunden werden. Erhitzt sich der Drath, so dehnt sich die Luft aus und treibt gefärbten Spiritus in eine Capillarröhre. Davy wandte einen feinen Platindrath an, und sah eine merkliche Erwärmung desselben. Endlich wurden 4 Portionen Salzwasser, die unter einander durch Dräthe communizirten, und zugleich ein Galvanometer, ein electrisches Thermometer und eine Spirale mit unmagnetischen Nadeln eingeschaltet. Ueberall fanden Wirkungen statt. Wurde jedoch der menschliche Körper und zugleich das so leicht zersetzbare Jodkalium in den Kreis gebracht, so war selbst als starke Commotionen stattfanden, die chemische Wirkung Null oder doch sehr gering. Es zeigte sich dabei der menschliche Organismus als das feinste Prüfungsmittel, dann folgte Jodkalium, dann das Thermometer, das Galvanometer und endlich die Spirale mit unmagnetischen Nadeln. Da aber die 3 letzten Hülfsmittel mehr oder weniger empfindlich sein können, so wird diese Reihefolge keine absolute Gültigkeit haben.

Was den negativen Theil von Davy's Versuchen betrifft, so gelang es ihm nicht, einen dünnen Platindrath glühend zu erhalten; eben so wenig als von Humboldt konnte er beim Unterbrechen des Bogens einen Funken wahrnehmen (beim Gymnotus electricus, welcher stärker als der Roche wirkt, will Walsh bekanntlich einen Funken gesehen haben). Ferner fand Davy, dafs die kleinste Luftschicht vollkommen isolire, selbst die Erschütterung aufhebe; er brachte Blattgold auf Glas, trennte es durch einen Schnitt mit dem Federmesser, auch stellte er die Spitzen beider Dräthe so nahe an einander, dafs man das Intervall derselben nur unter starker Vergröfserung wahrnehmen konnte. Wurde eine dieser Vorrichtungen in den Kreis gebracht, so waren alle Wirkungen verschwunden. Nach von Humboldt erhält man vom Zitterrochen einen Schlag, selbst wenn man nur eine Fläche des Fisches mit der Hand oder einem Finger berührt; Davy meint jedoch, der Schlag könne vom Wasser herrühren, durch welches die Hand mit der anderen Fläche in Verbindung gesetzt wird, oder davon, dafs der Fisch sich in einem solchen Falle angestrengt durch Muscularbewegung auch die andere Fläche nach der Hand hinzuwenden. Das Bemühen, selbst bei einseitiger Berührung einen Schlag zu geben, sah er bei alten wie bei jungen Subjecten. Uebrigens verdient bemerkt zu werden, dafs man bei den gewöhnlichen Schlägen, die der Roche ertheilt, nicht die geringste Bewegung an ihm wahrnimmt, nicht einmal ein Zudrücken des Auges (welches Walsh gesehen haben will). — Rein electrische Wirkungen sah weder J. Davy, noch sein Bruder, noch, so viel wie wir wissen, irgend ein anderer bewährter Beobachter. Es ist nach dieser schönen Untersuchung keinem Zweifel unterworfen, dafs das electrische Organ des Zitterrochens mit einer, obwohl schwachen, galvanischen Säule zu vergleichen ist, und weder mit einer trockenen Säule noch mit einer einfachen Kette. Ohne dafs man die Bildung einer solchen Säule aus blofs thierischen Theilen ins Detail verfolgen und erklären könnte, so läfst sich vielleicht auf folgende Weise dem Räthsel näher kommen. Nach einer mir von einem berühmten Physiologen gemachten mündlichen Mittheilung enden die Nerven im electrischen Organ, die daselbst sehr zahlreich sind, frei. Nun ist es bereits eine zu Anfang des Galvanismus ermittelte Thatsache, dafs, wenn man an einem Froschpräparat Muskeln und Nerv durch eine Flüssigkeit verbindet, eine Erschütterung eintrete, also ein Strom vorhanden sei. Durch Muskel, Nerv und Flüssigkeit ist also eine einfache Kette möglich, und sie mag es auch sein, wenn statt des Muskels, andere thierische Theile, z. B. Sehnenfaser genommen wird. (Durch die Berührung der nassen Oberhaut des Schenkels mit dem Schenkelnerven erhielt Johannes Müller am Frosch Commotionen (S. dessen Physiologie Bd. I. pag. 600). Jede Columne des electrischen Organs besteht aber aus einzelnen Zellen, durch Quermembranen geschieden und Flüssigkeit enthaltend, zahlreiche Nerven gehen zu den Wandungen und bilden mit diesen wahrscheinlich ein Analogon der heterogenen Metalle, die wir zum Erbauen einer Säule anwenden. Da uns bis jetzt keine wirksame galvanische Säule ohne Veränderung der Körper bekannt ist, so ist vorauszusetzen, dafs in dem Organ des Fisches die Flüssigkeit auf die Nervensubstanz verändernd einwirke, und dafür spricht die Beobachtung John Davy's an einem kleinen Nervenaste des Organs. Unter starker Vergröfserung sah er, dafs die innere Substanz kein Continuum bildete, sondern aus Stücken mit einem kleinen Zwischenraum bestand, und wie geronnen erschien [1]). Würden Muskelfasern in dem electrischen Organ sein, so würde der Fisch in dem Moment, wo er den Schlag ertheilt, ebenfalls einen solchen erhalten; allein nach Davy's Untersuchungen sind keine Muskelfasern darin enthalten. (M.)

---

[1]) On examining a minute branch with a powerful lens, its interval or medullary substance is not seen in a continuous line, but interrupted, as if the sheath contained a succession of portions with a little space between each (ph. trans. 1832. Part. 272).

Vierter Abschnitt.

Electromagnetismus (M.)

I. Apparate.

a) Der Mutator.

Wir wollen mit diesem Namen ein Instrument bezeichnen, welches zur Aufgabe hat, eine galvanische Kette rasch hintereinander zu öffnen und zu schliefsen; es ist jetzt zu mehreren Versuchen, namentlich magnetoelectrischen, sehr brauchbar. Beschrieben sind dergleichen zwei, unter sich ganz ähnliche und unabhängig von einander gefundene; das eine von Jacobi, (s. dessen angef. Mémoire etc.) wo es einen Theil seines Gyrotropen oder Commutators, d. h. einen Theil eines Instruments bildet, welches nicht allein den Strom aufzuheben, sondern auch umzukehren hat; das andere von Neef[1]), der dem Instrument den nicht passenden Namen „Blitzrad" gegeben hat. Da beider Angaben sich wenig von einander unterscheiden, die von Jacobi aber den Vortheil hat, zu einem Commutator erweitert werden zu können, auch dem Referenten hinlänglich durch den Gebrauch bekannt ist, so theilen wir eine Beschreibung desselben mit[2]). In *Fig.* 6 *Taf. I* ist *gg* eine hölzerne Welle horizontal gelegt, durch deren Mitte eine 4eckige eiserne Axe geht, die an jedem Ende cylinderförmig abgedreht ist, und in eisernen Pfannen ruht. Auf der hölzernen Welle befindet sich die Kupferscheibe *hhhh* fest aufgesetzt, im Durchmesser von 4 oder 5″, und etwa 1½ Linien stark. Ihre Peripherie

---

1) Pogg. Ann. 36. p. 352.

2) Da der Apparat von Neef wegen der horizontalen Lage der Scheibe vielleicht bei manchen Versuchen bequemer ist, so habe ich auf *Taf. I Fig.* 25 seine Zeichnung beigefügt. Die Einsatzstücke in die 1½ Par. Lin. dicke Kupferscheibe von 6½ Zoll Durchmesser, welche auf einer 3 Zoll 2 Linien hohen, 3 bis 4 Linien dicken Axe drehbar ist, sind von Holz, Glas oder Porzellan. D.

ist in eine gewisse Zahl gleicher Theile getheilt, ein Theil um den andern ausgeschnitten, und dafür mit Stücken Ebenholz ausgefüllt; die Peripherie wird hierauf abgedreht, so dafs sie ein gleichförmiges Ganze bildet. *m* ist ein kupferner Hebelarm, dessen längerer Schenkel auf den Umkreis der Scheibe liegt, und denselben sogar mit zwei senkrecht herabgehenden Stücken umspannen kann, damit er die Scheibe nicht verlasse; der kleinere Schenkel des Hebels endet frei im Gefäfs *K*. Dieser Hebel ist auf eine Glasröhre gesetzt, durch deren Mitte eine eiserne Welle mit 2 Spizzen geht, die in Pfannen in den Ständern *ii* beweglich sind. Auf derselben Welle befindet sich ein zweiter Hebel *n*, dessen längerer Schenkel mittelst eines senkrechten Stückes die kupferne Röhre *ff* berührt, die an der Scheibe *hh* befestigt ist; der kleinere Schenkel geht in das Gefäfs *k*. In die beiden Gefäfse gehen die Schliefsungsdräthe der Säule, und es ist klar, dafs wenn die Scheibe in Bewegung gesetzt wird, der Strom aufgehoben wird und wieder eintritt, je nachdem der Hebel *m* das Holz oder das Metall berührt. In der Zeichnung sieht man nur vier Holzstücke, allein Neef hat bei einer Scheibe von 6,5 Zoll Durchmesser deren 36 angebracht, und da er sein Rad bequem 4 mal und etwas darüber in der Secunde herumdrehen kann, so bewirkt sein Apparat 160 Schliefsungen und Oeffnungen in der Secunde. Der Neef'sche Apparat unterscheidet sich nur darin, dafs die Scheibe sich in einer horizontalen Ebene, bei Jacobi aber, wie man sieht, in einer verticalen, bewegt.

Es ist nun leicht nach der Construction des Mutators einen Commutator zu erdenken, ein Paar Worte werden dazu, selbst ohne Zeichnung hinreichend sein. Statt einer Kupferscheibe auf der hölzernen Axe, werden vier grofse nebeneinader gestellt, die mit (1)..(4) bezeichnet werden sollen. Die Abtheilungen in der Peripherie aller Scheiben sind ganz gleich, und die hölzerne Ausfüllung ist in (1) und (3), ferner in (2) und (4) correspondirend, in (1) und (2), (1) und (4) dagegen alternirend, d. h. ein Sektor aus Holz in (1) entspricht einem eben solchen in (3) und einem metallenen in (2) oder (4). Auf dem Umkreise der Scheiben ruhen vier von den beschriebenen Hebeln, die mit ihrem anderen Arm in vier Gefäfse mit Quecksilber (*a*) (*c*) (*d*) (*f*) gehen. Die Scheiben (1) und (2) sind durch eine kupferne Röhre, auf der hölzernen Axe geschoben, in metallischem Contact, eben so die Scheiben (3) und (4), und auf jeder dieser beiden Röhren liegt ein Hebel wie *n* (*Fig. I.*), welche mit ihrem kleinen Arm in die Gefäfse (*b*) und (*e*) enden. Die Gefäfse (*a*) und (*f*) werden durch einen Drath verbunden, eben so (*c*) und (*d*); in (*a*) und (*d*) kommen die Dräthe von der Säule *Z* und *K*, in (*b*) und (*e*) die beiden Enden desjenigen Drathes, in welchem der Strom umgekehrt werden soll. Das Ganze liefert folgendes Schema

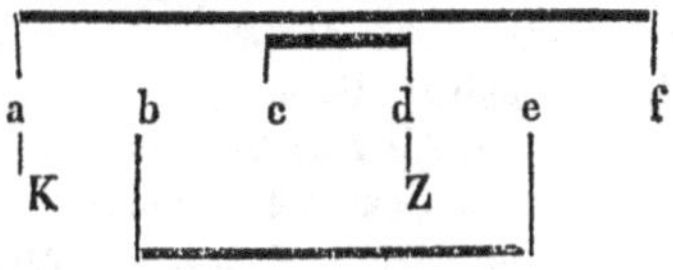

Die Art wie die Wirkung bei der Umdrehung der Scheiben vor sich gehet, ist sogleich klar, und bedarf keiner Auseinandersetzung. Die Scheiben und die Hebel werden am besten aus Kupfer gefertigt, welches sich besser hält als Messing. Die Peripherie der Scheiben und die Enden der Hebel, die darauf ruhen zu amalgamiren, um eine bessere Berührung hervorzubringen, ist nicht rathsam, denn erstens ist der Contact von reinem Kupfer hinlänglich, und dann verunreinigt das Quecksilber die Flächen mit der Zeit sehr. Bei der Anwendung des Mutators und Commutators sieht man beständig Funken an dem Umkreis; sie sind klein, wenn das Kupfer unberührt gelassen, gröfser und heller, wenn es amalgamirt worden, weil das Quecksilber und andere darin gelösete Metalle verbrennen. Diese Verbrennung trägt viel dazu bei, die amalgamirten Flächen bald unbrauchbar zu machen.

Wir wollen noch bemerken, dafs in Pogg. Ann. Bd. 36 der Commutator Jacobi's scheinbar einfacher beschrieben ist, indem er dort nur vier Hebel hat, während hier sechs verlangt werden. Diefs rührt jedoch daher, dafs der dort beschriebene einen Theil einer Maschine bildet, und sich mit dem Drath, in welchem der Strom umgekehrt werden soll, zugleich herumdreht. In den gewöhnlichen physikalischen Versuchen, wo der Drath ruhet, ist derselbe nicht anzuwenden. (M.)

b) Apparate zu Rotationen.

Trotz dem, dafs die electromagnetischen Rotationen hinlänglich bekannt sind, die Apparate zur Hervorbringung derselben durch Ampère, Sturgeon, Watkins, Nobili, Pohl u. A. einen hinlänglichen Grad von Vollkommenheit besitzen, so kömmt man doch, vor Zuhörern experimentirend, häufig in den Fall, eine Auswahl unter den einfacheren und leicht anzufertigenden treffen zu müssen, in welcher Rücksicht sich *Fig.* 15 *Taf. II.* empfiehlt. Die magnetische Lamelle, deren horizontale Indifferenzstelle auf einer Spitze vermittelst eines Agathütchens balancirt ist, rotirt um den festen senkrechten Leitungsdrath, der durch das auf dem Magnet befindliche Quecksilbergefäfs und den mit ihm beweglichen umgebogenen in den Ring eintauchenden Leitungsdrath stets mit der galvanischen Kette in Verbindung bleibt.

Der Nobili'sche Apparat, ausführlich beschrieben in „Memorie ed Osservazioni edite ed inedite del cavaliere Leopoldo Nobili vol. II. Firenze 1834 empfiehlt sich durch seine Kleinheit. Sämmtliche Apparate befinden sich in einem mäfsigen Kästchen.

Dieser Apparat ist für Electromagnetismus das, was die bekannten von Deluc angegebenen Bestecke für Reibungselectricität sind. Die Rotationen sind selbst bei Anwendung eines kleinen Calorimotors sehr lebhaft, ebenso die Anziehungen und Abstofsungen zwischen electrischen Strömen gleicher und verschiedener Richtung.

Sehr lebhafte Rotationen erhält man bei den von Sturgeon angegebenen Apparaten, in welchem um einen Electromagnet der Leiter herumgeführt wird. Auch hier mufs man einen starken Eisenstab mit dickem

Kupferdrath umwinden. 12 Windungen eines unumsponnenen Kupferdrathes von $\frac{5}{4}$ Linien Dicke um einen Eisencylinder von 1 Zoll Durchmesser und 8 Zoll Länge, der vorher mit Seide umwickelt wurde, geben eine vortreffliche Wirkung. Bekanntlich geschieht bei diesen Apparaten die Rotation nur in einem Sinne, da derselbe Strom den rotirenden und den das weiche Eisen umgebenden Drath durchläuft.

Watkins[1]) hat einen Apparat beschrieben, in welchem zwei die Schenkel eines senkrecht befestigten Hufeisens in weiteren Windungen umgebenden Spiralen um diese rotiren. Ihre untere Enden laufen in Quecksilberringen, ihre obere sind wie gewöhnlich durch Spitzen auf Agatplättchen balancirt, welche die Endplatten der Schenkel des Hufeisens bilden. Nach oben befinden sich auf diesen Spiralen kleine Quecksilbergefäfse, in welche der Querarm eines metallnen Statives eintaucht, welches gerade so construirt ist, wie das, an welchem man die Gasröhren eines gewöhnlichen galvanischen Zersetzungsapparates aufhängt. Auf diese Weise werden beide Spiralen mit einander verbunden, so dafs ein Strom beide durchläuft.

In den physikalischen Handbüchern wird gewöhnlich nur das Barlow'sche Rad beschrieben, nicht der einfachere Apparat, welcher seiner Construction zum Grunde liegt. Dieser besteht aus einem beweglich aufgehängten Drath, welcher abwechselnd nach einer oder der andern Seite aus dem Quecksilbergefäfs herausgeschleudert wird, je nachdem der electrische Strom herab- oder herauffliefst. Dieser Drath ist also eine einzelne Zacke des Rades. (D.)

In dem Artikel Electro-Magnetism. der Encyclopaedia Metr. p. 35 beschreibt Barlow Rotationen der Zink und Kupferplatte, welche die einfache Kette bilden. Da dieselben manchem Experimentator erwünscht und nicht ohne Interesse sein werden, so theilen wir eine Beschreibung des Apparats mit, und müssen nur bedauern nicht hinlängliche Maafse angeben zu können, die der Verfasser zurückgehalten hat. Der Kupfertrog KK_1 (*Fig.* 7 *Taf. I*) besteht aus einem doppelten kupfernen Cylinder, $2\frac{1}{2}$ Zoll hoch, in einander stehend, und einen Zwischenraum lassend an der unteren Seite sind beide durch einen Boden aus Kupfer verbunden. Der innere Cylinder hat einen bogenförmigen Drath *dd*, in dessen Mitte eine Vertiefung aus Stahl angebracht ist, um eine Spitze aufnehmen zu können. Innerhalb des Kupfers steht der Zinkcylinder *zz*, mit einem Drath d_1d_1, durch dessen Mitte die abwärts gekehrte Spitze *ss* in die stählerne Vertiefung geht, den Zinkcylinder beweglich macht, und zugleich seine Verbindung mit dem Kupfer bewirkt. Wird nun ein starker Magnet mit einer Hälfte in die Lage *N* gebracht, und Flüssigkeit in den Trog, so fängt der Zinkcylinder zu rotiren an, und zwar erlangte Barlow 120 Umdrehungen in der Minute[2]). Marsh hat diesen Apparat dahin abge-

[1]) A popular sketch of electro-magnetism. Lond. 1828. 8.

[2]) Ich besitze einen solchen von dem Mechanikus Hoffmann in Leipzig gefertigten Apparat, welcher die entgegengesetzten Rotationen sehr schön

ändert, dafs zugleich der Kupfercylinder sich dreht, und natürlich nach der entgegengesetzten Seite zu dem Ende hat auch der Kupfercylinder eine Spitze, die in einer Vertiefung aus Agath, welche auf dem Magneten angebracht worden, beweglich ist.

Ritchie hat einen Apparat beschrieben, die Rotation der Flüssigkeit, welche in die galvanische Kette eingeschaltet worden, nachzuweisen [1]). Zwei hohle Cylinder von Glas oder Holz 2½ und 1½ Zoll im Durchmesser, stehen concentrisch in einander (*Fig.* 10 *Taf. I*), und sind durch einen hölzernen Boden wasserdicht geschlossen; in ihrem Zwischenraum befindet sich die Flüssigkeit, welche rotiren soll. Die Verbindung der Flüssigkeit mit der Batterie geschieht durch die beiden Dräthe d, d_1, von denen der eine durch den Boden des Gefäfses, der andere nach der oberen entgegen liegenden Seite der Flüssigkeit geht. Wird nun die eine Hälfte eines starken Magneten *C* eingebracht, und die Dräthe mit einer kräftigen Batterie verbunden, so fängt das Wasser zu rotiren an, und um das besser wahrnehmen zu können, bringt Ritchie zwei Schaufeln *ss* ins Wasser, die durch einen dünnen Holzstab verbunden, und mittelst einer Spitze in der Vertiefung *v* auf dem Magneten beweglich sind.

Den einfachsten Apparat die Rotation des Wassers zu erhalten beschreibt Fechner [2]).

Ritchie hat an dem angef. Ort noch einen Apparat beschrieben, die Ablenkung einer Magnetnadel durch Wasser zu zeigen, der gut erdacht ist, und den wir bei dieser Gelegenheit in der Kürze beschreiben wollen.

---

zeigt, wenn man die beiden galvanischen Ketten auf die Pole eines Hufeisens Magneten setzt. Ist dieser ein Electromagnet, so kann man durch Wenden des Gyrotrop sogleich beide Rotationen umkehren. Die Maafse der Ketten sind, wenn folgendes Schema einen senkrechten Durchschnitt des Kupfertroges bezeichnet

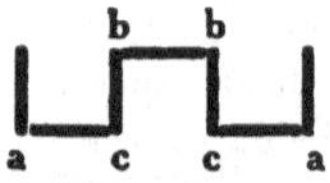

folgende:

aa = 3½''
bb = 1''

Höhe des senkrechten Zinkbogens .... = 2''8'''
Höhe bc des Kupfertroges .... = 10'''
Höhe des rotirenden horizontalen Zinkstreifens .... = 4'''
Durchmesser desselben .... = 2¾''
Höhe des auf bb befindlichen Stiftes auf welchem er rotirt = 1¾''

Ganz dieselben Dimensionen gelten für den Fechner'schen Wasserrotationsapparat, bei welchem cbbc von Zink ist. Auch bei diesen Versuchen ist wegen der Umkehrung ein Electromagnet zu empfehlen. D.

[1]) Phil. trans. for. 1832. Part. II. p. 294. Pogg. Ann. 27. p. 552.

[2]) Schweigg. Journ. 57 p. 15, in seinem Repertorium Bd. 2. p. 69.

Er

Er nimmt eine Glasröhre *t* (*Fig.* 8 *Taf. I*) 1'' im Durchm., 4'' lang, und steckt sie wasserdicht durch einen hölzernen Cylinder, so dafs ihre Enden frei hervorstehen. Ein zweiter Cylinder umgiebt den ersteren, und beide sind unten wasserdicht verbunden. *c* und c_1 sind zwei Platin- oder Kupferscheiben, die mit der Batterie in Verbindung stehen; der Drath von c_1 ist so gebogen, wie es die Figur *ddd* zeigt, die Höhe $c_1 d$ beträgt etwa einen Fufs. An dem Träger *m* ist eine Magnetnadel *ns* aufgehängt, so dafs sie zwischen dem horizontalen Drath *dd* und der Glasröhre *t* schwebt, und bald dem Drath bald der Röhre näher gebracht werden kann. Giefst man nun Wasser in *AB* bis die Röhre sich damit angefüllt, und schliefst die Batterie, so giebt es für die Magnetnadel eine Lage, wo sie nicht abgelenkt wird; erhöhet man sie oder läfst man sie tiefer herab, so wird sie abgelenkt, und zwar nach entgegengesetzten Seiten in beiden Fällen, weil der Strom in *dd* und im Wasser *t* die umgekehrte Richtung hat.

II. Anziehungen und Abstofsungen des galvanischen Schliefsungsdrathes.

Während man gewöhnlich nur die Ablenkungen einer Magnetnadel durch den Schliefsungsdrath untersucht, wobei ihr Schwerpunkt in Ruhe bleibt, hat Dove Versuche beschrieben, wobei die Nadel dem Drath wirklich genähert oder von ihm entfernt wird [1]). Die Erklärung dieser Bewegungen hat so wenig Schwierigkeit als die Ablenkungen, und man erhält sie, wenn man sich jeden Punkt des Schliefsungdrathes als mit beiden Magnetismen nach entgegengesetzten Seiten und in einer Ebene senkrecht auf den Strom wirkend denkt, oder wenn man sich nach Ampère's Schema in den Strom hinein versetzt [2]). Dove hing eine Nadel mittelst

1) Pogg. Ann. Bd. 28 p. 586.

2) Die Bekanntmachung dieser einfachen Versuche wird in Folgendem eine Entschuldigung finden. Als Arago die Erscheinungen des Rotationsmagnetismus publicirte, erschien sogleich eine Erklärung derselben, nach welcher sie nichts weiter als eine Modification der bekannten Coulombischen Versuche über das Einstellen verschiedener sogenannter unmagnetischer Substanzen zwischen kräftigen magnetischen Polen sein sollten. Dafs diese voreilige Erklärung falsch sei, zeigte Arago dadurch, dafs es wahr ist, dafs die rotirende Scheibe einen an einem Waagebalken äquilibrirten Magnet abstiefs. Hätte man damals wirkliche Abstofsungserscheinungen eines Magneten durch einen horizontalen elektrischen Strom unter den übrigen elektro-magnetischen Experimenten dargestellt, so hätte man wenigstens darin einen Parallelismus finden können. Dennoch fiel selbst nach den Versuchen von Babbage und Herschel Keinem ein, dafs die Arago'sche Rotationsscheibe und das Barlow'sche Rad dasselbe Apparat unter verschiedenen Namen sei. Als man nun nach der Entdeckung der Magneto-electricität die elec-

eines Seidenfadens horizontal an den Arm einer beweglichen Waage, und über einen Drath, der im magnetischen Meridian ebenfalls horizontal lag. Die Nadel wurde abgelenkt und bis zur Berührung ihres Indifferenzpunktes mit dem Drath herabgezogen; gleichgültig zeigte es sich für die Berührung, in welcher Richtung der Strom den Drath durchlief, gleichgültig daher auch, ob der Drath über oder unter der Nadel sich befand. Liegt der Drath zwischen einer Doppelnadel, die wie in den galvanometrischen Apparaten aus zwei entgegengesetzt gerichteten Nadeln besteht, so findet blofs eine Ablenkung keine Anziehung statt; stehen dagegen gleichnamige Pole nach derselben Seite und liegt immer der Schliefsungsdrath zwischen ihnen, so senkt sich die Doppelnadel, bis die obere Nadel, oder sie hebt sich, bis die untere den Drath berührt. Eines oder das andere nach der Richtung, welche der Strom hat. In diesem Fall kömmt es nicht auf die relative Intensität beider Nadeln an; denn beide haben bei einer bestimmten Richtung des Stromes das gleiche Bestreben, sich zu heben oder zu senken, so dafs der definitive Effect keine Differenz, sondern eine Summe beider Effecte ist. Anders ist der Fall, wenn beide Magnetnadeln entgegesetzt sind. Die beschriebenen Versuche liefern blofs eine Anziehung und ein Nähern zwischen Drath und Nadeln. Um auch ein Entfernen zwischen beiden zu erhalten, befestigt Dove eine Nadel horizontal an einem Hebelarm, bringt am andern Ende ein Gegengewicht an, und hängt das Ganze an einem Faden auf, so dafs die Nadel eine Beweglichkeit in einer horizontalen Ebene hat. Stellt man neben ihren Indifferenzpunkt einen verticalen Leitungsdrath, so erhält man bei einer entsprechenden Richtung des Stromes ein Entfernen der Nadel vom Drath, bei den entgegengesetzten Richtung des Stromes dagegen ein Annähern.

Auf diese Art den Versuch anzustellen gründet Dove ein Galvanoscop, welches zu manchen Zwecken brauchbar sein möchte. In *Fig.* 10 *Taf. I* sind *ns* und *sn* zwei entgegengesetzt und in einer horizontalen Ebene liegende Nadeln, welche durch einen gabelförmigen Drath mit einander verbunden sind. Das Ganze ist an dem Hebel *gn* befestigt, der bei *u* aufgehängt wird, während er durch das Gegengewicht *g* aequilibrirt wird [1]); *hh* ist ein horizontal liegender getheilter Kreis. Um die beiden Magnetnadeln ist der Multiplicatordrath in Form einer Schleife *bb*, aus einer gehörigen Zahl von Windungen bestehend, lothrecht gelegt.

Beim Schliefsen der Kette wird der Index nach der einen oder andern Seite sich bewegen. Gröfsere Ablenkungen wird man durch diesen

---

tro-magnetischen Versuche sämmtlich auch durch Magneto-electricität darstellte, schien es mir nicht unpassend, auf die electro-magnetischen Versuche hinzuweisen, welche man bisher nur durch Magneto-electricität dargestellt hatte. D.

[1]) Um die Wirkung zu verstärken, kann statt desselben eine ähnliche Gabel angebracht werden, deren Schleife die Verlängerung des einen Endes der ersten Schleife ist.

Apparat nicht wohl erhalten können, weil dazu die Windungen der Schleife eine gröfsere Weite haben müssen, als sich mit der Empfindlichkeit verträgt [1]). —

Aehnliche Versuche über Anziehen und Abstofsen einer Nadel wie Dove hat Peltier [2]) beschrieben, indem er neben einem Streifen, der den Strom leitete, die Nadel hielt, und deren Enden mannigfach krümmte. Seine Versuche jedoch bieten nichts Eigenthümliches dar.

III. Einige Bemerkungen über den Galvanometer.

Bei der Wichtigkeit welche dieses Instrument in neuerer Zeit erlangt hat, werden folgende Bemerkungen, von denen vielleicht einige weniger beachtet werden, nicht ganz überflüssig sein. Kömmt es auf ein sehr empfindliches Instrument an, so verdient, aufser der zweckmäfsigen Wahl des Drathes, die Doppelnadel eine besondere Aufmerksamkeit; von ihrer geringen Richtkraft hängt hauptsächlich die Empfindlichkeit des Apparats ab. Ich nahm zwei gleiche Stücke aus einer und derselben Uhrfeder, magnetisirte sie, so viel als möglich gleichmäfsig, und befestigte beide mit entgegengesetzten Polen nach derselben Seite. Die Doppelnadel brauchte 6″ zu einer Oszillation. Die stärker magnetische Nadel, welche die Richtung entschied, wurde nun mit einem schwachen Magneten so gestrichen, dafs sie an Kraft verlieren mufste, und nach mehrmaligem Wiederholen gelang es, die Doppelnadel dahin zu bringen, dafs sie 18 Secunden zu einer Schwingung brauchte. Die Richtkraft war also nur noch der 9te Theil der früheren, und die Ablenkungen in den ersten Graden der Skale fielen demnach neunmal so grofs aus. Die Vortheile einer geringen Richtkraft erlangt man leichter, wenn man nicht zu kleine Nadeln anwendet; Magnetnadeln aus Uhrfedern schienen dazu sehr brauchbar. Wenn eine Doppelnadel eine unbeträchtliche Richtkraft besitzt, so wird

1) *Taf. II Fig.* 12 zeigt die Abbildung eines auf ähnliche Weise auf die Wirkung von 4 ebenen Spiralen gegründeten Galvanoscopes, welcher in Rogets Electromagnetism. p. 44 beschrieben ist. In dem *Taf. II Fig.* 11 abgebildeten Galvanoscop von Cumming (Manual of Electro-dynamic p. 178) ist *g* ein in die Klemme *f* und *h* lose befestigtes Goldblatt, welches, wenn durch *PN* ein Strom geht, die Richtung desselben durch seine Bewegung gegen den Pol *M* oder *m* eines Hufeisenmagnetes zeigt. Diefs ist, so viel mir bekannt ist, das einzige Galvanoscop, in welchem die Richtung des Stromes durch die Bewegung des galvanischen Leiters, nicht durch die Bewegung einer Magnetnadel angegeben wird. Wollte man diesen Apparat, freilich auf Kosten seiner Empfindlichkeit, in einen rein electrodynamischen verwandeln, so müfste man statt des Magneten ein mit einer besondern Kette verbundenes hufeisenförmig umgebogenes Solenoid anwenden.

2) Annal de Ch. et de Ph. T. 60 p. 261.

man oft finden, dafs sie sich nicht in den Meridian stellt, sondern damit einen gröfseren oder kleineren Winkel bildet. Diefs rührt davon her, dafs die magnetische Axe beider Nadeln nicht parallel ist, sondern einen Winkel bildet. In der That, es befinde sich die stärkere der beiden Nadeln in dem Azimuth α, die schwächere in $180 - (\alpha + \beta)$, so dafs β der Winkel ist, den beide Axen einschliefsen. Sind h und h_1 die Summe der magnetischen Momente beider Nadeln, und ist die Doppelnadel in Ruhe, so mufs sein

$$h \sin\alpha = h_1 \sin[180 - (\alpha + \beta)]$$

$$\text{hieraus } \operatorname{cotg}\alpha = \left[\frac{h}{h_1} - \cos\beta\right]\frac{1}{\sin\beta}$$

Setzt man hierin $h = h_1$ so wird $\left.\begin{array}{l}\operatorname{cotg}\alpha = \operatorname{tg}\frac{1}{2}\beta \\ \text{oder } \sin\alpha = \cos\frac{1}{2}\beta \\ \text{oder } \cos\alpha = \sin\frac{1}{2}\beta\end{array}\right\}$

Dieser Bedingungsgleichung nähert sich also das System beider Nadeln, wenn ihre Richtkraft unbeträchtlich wird, und man sieht, dafs für kleine Werthe von β, grofse Werthe für α, d. h. grofse Ablenkungen aus dem Meridian entstehen. Für $\beta = 0$ geben die 3 letzteren Formeln $\alpha = 90^0$, d. h. dafs, wenn die Nadeln ganz gleich und parallel befestigt sind, die Doppelnadel sich um 90^0 aus dem Meridian entferne. Diefs ist nicht richtig, denn in der That wird die Doppelnadel in jedem Azimuth α zur Ruhe kommen, da die ursprüngliche Gleichung des Gleichgewichts, wenn $h = h_1$, und $\beta = 0$ ist, für jeden Werth von α erfüllt wird.

Das Resultat $\alpha = 90^0$ rührt daher, weil bei der Ableitung der Formel durch $\sin\frac{1}{2}\beta$ dividirt worden ist, d. h. durch einen Werth, welcher selbst gleich Null wird. Ich führe diefs besonders defshalb an, weil bei Gelegenheit des Galvanometers Becquerel[1]) angiebt, man müsse das Schwächen der stärkeren Nadel so lange fortsetzen, bis die Doppelnadel aus dem Meridian sich entfernt, und sich mehr oder weniger dem magnetischen Aequator nähert. Es ist nach dem Vorigen klar, dafs diefs nur geschehen wird, wenn die beiden Nadeln einen gewissen Winkel mit einander bilden. — Ist h nicht $= h_1$ so läfst sich das Verhältnifs $\frac{h}{h_1}$ aus der Schwingungsdauer der beiden Nadeln finden und ist $\frac{t_1^2}{t^2}$ gleich, vorausgesetzt, dafs das Moment der Trägheit beider Nadeln dasselbe ist.

Wegen dieser Abhängigkeit des Winkels α von β müssen Doppelnadeln gut befestigt sein, damit sie nicht durch Anstofsen sich gegen einander verschieben. Es wird auch defshalb rathsamer sein, Doppelnadeln mit geringer Richtkraft nur zu Galvanoscopen, nicht zu messenden Instrumenten anzuwenden, wobei man lieber von der grofsen Empfindlichkeit aufopfern mufs. Aufser der Verschiebung der beiden Nadeln ist bei geringer Richtkraft auch die Anwesenheit von Metallen zu fürchten, die eisenhaltig sind. Durch einige sonderbare Resultate aufmerksam gemacht,

[1]) Traité de l'El. Tome II, pag. 17.

untersuchte ich den eingetheilten messingenen Ring eines Galvanometers mittelst einer 5 Zoll langen Doppelnadel, die zu einer Oszillation 65 Sekunden brauchte; über einzelnen Stellen des Ringes kam diese Zeit bis auf 14'' herab. Selbst den mehrfach gelötheten Kupferdrath fand ich auf diese Weise eisenhaltig, und ich mufs mir erlauben, auf diesen Gegenstand aufmerksam zu machen, weil bei den Arbeitern ein Metall für eisenfrei gilt, welches eine einfache Nadel nicht anzieht, woraus aber noch nicht hervorgeht, dafs auch eine Doppelnadel nicht angezogen werde, namentlich wenn das Metall sich zwischen den Nadeln befindet.

Nervander in Helsingfors [1]) beschreibt einen zu messenden Versuchen besonders tauglichen Galvanometer [2]), dessen Drathgestell nicht wie gewöhnlich parallelipipedisch, sondern cylindrisch ist (die obere und untere Fläche desselben bildet einen Kreis), und wo der Drath als Sehnen des Kreises aufgewickelt ist [3]). Hier bleibt die Nadel im Innern der Windungen stets in gleicher Entfernung von dem senkrechten Theil der Drathwindungen, welches sonst nicht stattfindet. Nervander fand, dafs innerhalb gewisser Grenzen (in seinem Apparat, wo der Drath das Gestell bis zu 46^0 auf beiden Seiten umgiebt, innerhalb der Ablenkungen $\pm 30^0$), die ablenkende Kraft proportional der Tangente des Ablenkungwinkels ist, vorausgesetzt, dafs die Ruhelinie der Nadel den Windungen parallel ist. Die Abweichungen von diesem Gesetze betragen höchstens 15', welche Gröfse zugleich diejenige ist, welche direct abgelesen wird. Es ist hieraus zu schliefsen, dafs wenn die Ruhelinie der Nadel den Winkel γ mit den Drathwindungen bildet, die Gleichung stattfinden werde

$$\varphi \sin\alpha = K \cos(\alpha \pm \gamma),$$

wo φ die Erdkraft, K die Kraft eines Stromes, der die Nadel in das Azimuth α treibt, bedeutet. Versuche über diesen Galvanometer können mit einem constanten Strom, von einer Thermokette [4]), so angestellt werden, dafs man zuerst die Lage ermittelt, wo die Nadel gar nicht abgelenkt wird, dann steht sie senkrecht auf den Drathwindungen. Dreht man nun diese lelztere um 90^0 und andere beliebige Winkel $90-\gamma$ zurück, und bestimmt die Ablenkungen α, so kann man die angegebene Formel prüfen. Für $\gamma = o$ ist diefs von Nervander am angef. Orte geschehen.

Becquerel hat über seine Galvanometer, welche, wie aus den Ver-

---

[1]) Ann. de Ch. et de Ph. 55 p. 165.

[2]) Derselbe wird in Berlin von dem Mechanikus Oertling verfertigt. Der Preis desselben ganz aus Kupfer, die Abweichung bis auf 1 Minute bestimmend, ist 150 Thlr. D.

[3]) Eine ähnliche Umwickelung wandte bereits Locke an. Sillim. Amer Journ. 26. p. 103 u. 378. B.

[4]) Dafs man auch einen sehr constanten Strom durch eine galvanische Kette von bestimmter Construction erhalten könne, hat mir Hr. Pr. Nervander bei seiner Anwesenheit in Berlin durch Versuche an seinem Galvanometer gezeigt. D.

suchen hervorgeht, sehr empfindlich sein müssen, am angef. Ort nähere Angaben mitgetheilt. Er hat deren zwei, zu electromagnetischen und zu thermomagnetischen Versuchen.

Der electromagnetische Multiplicator. Sein Gestell 40^{mm} lang, 27 breit, 4 hoch. Sein Drath hat weniger als $0^{mm},167$ Durchmesser, und davon sind 800 Windungen um das Gestell gelegt. Die Nadeln sind 36^{mm} lang und hängen in einer Entfernung von 15^{mm}.

Der thermomagnetische Multiplicator. Gestell 50^{mm} lang, 50 breit, 4 hoch. Sein Drath hat $\frac{2}{3}$ Millimeter Durchmesser, und umgiebt nur mit 30 Umwindungen das Gestell; die Nadeln sind 46^{mm} lang.

Am bequemsten ist es, wie Nervander beschreibt, den Glaskasten des Instruments aus Glasplatten zusammenzusetzen, und zwar so, dafs er aus zwei Theilen besteht, die über den Nadeln zusammengefügt werden, und in ihrer Mitte eine kleine Oeffnung haben, durch welche der Faden geht. Dafs dieser somit frei in der Luft hängt, ändert an der Stabilität der Nadeln nichts; ein mäfsiger Luftzug wird sie defshalb nicht bewegen, auch kann man sie leicht davor schützen. Um die Nadeln zu beruhigen, oder von einem gewissen Winkel aus schwingen zu lassen, wird man folgendes Mittel als sehr zweckmäfsig finden. In die eine Hälfte des Glaskastens an seiner oberen Fläche lasse man ein Loch einschneiden, und verschliefse es mit einem Pfropfen aus Kork. Durch diesen führe man einen dünnen Kupferdrath zuerst vertical, dann horizontal, dann wieder vertical, so dafs seine Spitze etwas über den Drathwindungen bleibt. Dem andern Ende des Draths aufserhalb des Kastens gebe man einen Knopf, oder biege den Drath daselbst ringförmig, um ihn gut anfassen zu können. Dreht man den Drath der Nadel zu, so wird dieselbe abgelenkt und kann sehr rasch in einer bestimmten Lage festgehalten werden; dreht man den Drath zurück, so fängt nun die Nadel, ohne alle pendelartige Schwingungen, zu oszilliren an. Man kann auf diese Weise, namentlich bei einiger Uebung, die Nadel überall sogleich zur Ruhe bringen, und wird finden, dafs diese Vorrichtung keine geringe Zeitersparnifs bewirkt.

Schliefslich ist noch zu bemerken, dafs man durch dergleichen Galvanometer keine starke Ströme entladen darf, welche die Nadeln im Kreise herumwerfen; denn nachgehends finden sie sich sehr oft verändert, daherrührend, dafs die Ströme magnetisirt und theilweise demagnetisirt haben. M.

IV. Notizen über electrodynamische Spiralen. (D.)

Läfst man durch eine schlaffe Spirale einen Strom, so spannt sie sich wegen der gegenseitigen Anziehung der in einzelnen Windungen gleichfliefsenden Ströme. Dieser schöne Versuch, dessen Urheber mir unbekannt ist, findet sich in mehreren englischen Handbüchern des Electromagnetismus. Nach der Mittheilung eines hiesigen Physikers gelingt der Versuch am besten, wenn man die Spirale lothrecht aufhängt, und ihre Spitze in ein Quecksilbergefäfs tauchen läfst. Bei dem Schliefsen kommt die Spirale in longitudinale Schwingungen, da bei dem Zusammenziehn der Spirale sogleich die Verbindung aufgehoben wird, und nur die Schwere die Spirale wieder ausdehnt. Man sieht, dafs hier ein ähnliches Alterniren der Wirkungen stattfindet, wie bei dem oben (p. 255) beschriebenen galvanischen Pendel.

Folgender fast fabelhaft klingender Versuch wird von Barlow beschrieben[1]), „so kräftig ist die Wirkung einer Spirale, dafs, wenn eine kleine Magnetnadel *(or bar)* in sie so hineingelegt wird, dafs sie auf dem untern Theil der Windungen ruht, diese Nadel im Moment der Verbindung der Spirale mit der galvanischen Kette aufspringt, und in der Axe der Spirale den Gesetzen der Schwere entgegen schwebend bleibt. Diese Erscheinung zeigt sich selbst bei senkrechter Stellung der Spirale, und man sieht auf diese Weise einen schweren Körper ohne materiellen Zusammenhang mit andern Körpern gehalten durch eine unsichtbare Kraft wie die fabelhafte Statue des Dinochares."

Die Anziehung eines Magnetes auf eine Spirale kann man bequem auf folgende Weise erhalten. Ein kreisförmiger Ring von $1\frac{1}{2}$ Zoll Durchmesser, bestehend aus 20 Windungen eines umsponnenen $\frac{1}{8}$ Linie dicken Kupferdrathes, wird an seinen 1 bis 2 Fufs langen freien Enden mit den Gefäfsen eines Gyrotrops verbunden, so dafs er wegen der Dünnheit des Drathes leicht pendelt. Nähert man ihm einen Hufeisenmagnet, so bewegt er sich sogleich auf einen der Schenkel desselben, beim Umlegen desselben sogleich auf den andern.

Bekanntlich unterscheidet sich die Wirkung einer electrodynamischen Spirale, welche in ihrer Axe weiches Eisen enthält, von der Wirkung einer ihr sonst gleichen ohne dasselbe, in Beziehung auf die Intensität so sehr, dafs die erstere fast verschwindet gegen die letztere. Die Erklärung dieses Factums ist bekanntlich dadurch gegeben, dafs ein kreisförmig geschlossener Strom auf einen in seiner Ebene aufserhalb liegenden Punkt nur mit der Differenz der anziehenden und abstofsenden Kräfte wirkt, indem er dem Punkte sowohl seine innere als äufsere Seite zukehrt, ihn also, wenn sein Durchmesser gegen die Entfernung des Punktes klein wäre, gar nicht afficiren würde, bei dem Electromagnet aber die Wirkung nach Aufsen nicht von der umhüllenden Spirale direct ausgeht, sondern vielmehr hauptsächlich und fast allein von dem in ihr stark magnetisirten Eisen. Die bei einer geradlinigen cylindrischen Spirale schwache Wirkung nach Aufsen verschwindet aber vollkommen, wenn sie in einen Ring zusammen gebogen wird. Fände hier eine Wirkung statt, so würde dieser Apparat einen sehr einfachen Rotationsapparat abgeben. Er ist aber wie ein ringförmiger Magnet ganz ohne Wirkung, nach Versuchen, die Poggen-

---

1) Electromagnetism. Encycl. metrop. p. 30. und Roget Electromagnetism. pag. 87.

dorff, Nervander und ich angestellt haben, und welche auch Roget gemacht haben mufs, da er sagt, dafs ein solcher Ring „both from theory und experiment" weder auf einen galvanischen Drath noch Magnet wirke, in welcher Entfernung und welcher Lage er sich auch befände. Ich habe die Versuche auf folgende Weise angestellt. Der Rand eines geschlossenen hölzernen Ringes von 6½ Zoll äufsern, 4¼ Zoll innern Durchmesser und 13 Linien Höhe wurde ganz mit umsponnenem Drath umwickelt und an einem Seidenfaden ein hölzerner Querbalken darüber aufgehängt, von dessen Enden zwei lange Magnetenden herabreichten, die gleichnamigen Pole nach Unten gekehrt. Darauf wurde eine Magnetnadel von 3 Zoll Länge auf den einen Schenkel des horizontalen Balkens gelegt, so dafs der eine ihrer Pole im Centrum und am Faden sich befand, der andre andre über den Drathwindungen. Endlich wurden dreipolige Magnete von 6 Zoll Länge am Faden horizontal befestigt, deren gleichnamige Pole über den Drathwindungen sich befanden. In keinem der Versuche zeigte sich eine Spur von Rotation. (D).

V. Electromagnete. (M.)

a) Einflufs der Intensität auf die Tragkraft.

In Bezug auf diesen zeitgemäfsen Gegenstand finden sich Versuche von Fechner [1]), welche von diesem bewährten und umsichtigen Experimentator herrührend, alle Aufmerksamkeit verdienen. Der Weg, den derselbe dabei eingeschlagen, ist sehr zweckmäfsig; der Drath, der um das weiche Eisen ging, communizirte mit einem Galvanometer, durch welchen die Stärke des jedesmaligen Stromes gemessen und mit der Tragkraft verglichen werden konnte. Fechner hat auch zwei andere Methoden angewandt, die magnetisirende Kraft eines Stromes von bestimmter Intensität zu messen, die noch genauere Resultate gegeben haben, die aber nur im Allgemeinen angedeutet, und die nähere Angabe einer spätern Gelegenheit aufbewahrt worden ist. Die eine Methode besteht darin, in den Multiplicatordrath eine einfache unmagnetische Eisennadel zu hängen, die durch den Drath magnetisirt wird, eine Richtung annimmt und um dieselbe oszillirt, wo dann aus der Oscillationsdauer die erlangte Kraft gefunden werden kann. Nach der anderen Methode wird ein Eisenstab mit Kupferdrath umwickelt, durch die Kette magnetisirt, und eine Magnetnadel über den Mittelpunkt des Stabes in Oszillationen von kleiner Amplitude versetzt.

Kehren wir zu derjenigen Methode zurück, deren Resultate mitgetheilt werden, so ergab sie den Satz, dafs innerhalb gewisser Gränzen (d. h. für getragene Gewichte von dem vier- bis 18fachen Gewicht des Hufeisens) die Tragkraft eines Hufeisens direct proportional der Intensität des Stromes ist, welcher in dem umwundenen Kupferdrath vorhanden ist.

---

[1]) Schweigg. n. Jahrb. Bd. 9 p. 274 u. 316.

Das angewandte Hufeisen war 14 par. Dec. Linien lang, der Durchmesser jeder Polfläche betrug 2''', und die Entfernung beider Pole 6'''; es wog 454 Gran und war in 2 Lagen mit sehr feinem übersilberten Kupferdrath (von welchem 1 Fuſs 1,95 Gr. wiegen) umwunden. Der Galvanometer war entweder ein gewöhnlicher aus Drathwindungen bestehend (und dieser wurde dann zugleich mit dem Hufeisen in die Kette gebracht, so daſs der Strom sich zwischen ihm und dem übersilberten Kupferdrath theilen muſste) oder einer nach des Verfassers eigener Angabe [1]) aus einem Kupferbügel bestehend. Dieser Letztere wurde nicht als Nebenschlieſsung gebraucht, sondern in Succession mit dem Drath um das Hufeisen. Die Kette bestand aus 6 Kupfertrögen, durch welche 12 Quadratfuſs Oberfläche von Zink oder Kupfer in Action gesetzt werden konnten, als einfache Kette, oder wo es sich um gröſsere Intensitäten handelte, als Säule. Geringere Kräfte wurden durch Einschalten groſser Drathlängen erhalten. Es kömmt bei solchen Versuchen auf die Gleichförmigkeit der galvanischen Action an, weil die Tragkraft nicht im Moment des Schlieſsens der Kette beobachtet wird, und diese Gleichförmigkeit ist so erreicht worden, daſs eine Kette von groſser Oberfläche durch den dünnen Drath des Hufeisens und des Multiplicators geschlossen wurde; der groſse Leitungswiderstand dünner Dräthe befördert die Gleichförmigkeit, eben so nach früheren Versuchen des Verfassers eine Lösung von Kupfervitriol. Wurde von einer Intensität des Stromes auf die andere übergegangen, so wurde während der Manipulation der Drath des Hufeisens durch einen anderen ersetzt, der mit ihm gleichen Leitungswiderstand besaſs; denn sonst würde durch das Ein- und Austreten des Hufeisendrathes, eine Veränderung des Leitungswiderstandes in der Kette eintreten, die zu einer Schwankung disponirte. Fechner fand, daſs, wenn die Intensität des Stromes ungeändert bleibt, das Hufeisen im ersten Moment nicht das volle Gewicht trage (bei geringer Intensität des Stromes nur etwa die Hälfte), und daſs man allmählig Gewichte zulegen kann. Es ist dieſs wie bei den Stahlmagneten, und diesem Vergleich entsprechend fand es sich auch, daſs das Hufeisen beim Verweilen in der Kette nur gewinne, wenn es belastet wird. In den folgenden Angaben bezieht sich das Gewicht immer auf das durch vorsichtiges Hinzulegen von Gewichten ermittelte Maximum. Es mag dies nicht das wirkliche Maximum sein, welches eintreten würde, falls die Intensität des Stromes ungeändert und das Hufeisen belastet noch länger in der Kette bliebe; allein es wird davon nicht viel abweichen. Bei den folgenden Versuchen war der Galvanometer als Nebenschlieſsung angebracht, die Stromeskräfte sind nach der vom Verfasser so vielfältig angewandten und bewährten Methode bestimmt [2]), die Gewichte in Granen, und der Columne „nach der Rechnung" liegt das obige Gesetz der Proportionalität zu Grunde.

[1]) Fechner's Repert. Bd. I. p. 483.

[2]) Fechner's Repertor. I. pag. 390.

No. d. Versuchs	Zeit zu 16 Oszill.	entsprech. Kraft des Stromes	Nadel für sich zu 16 Oszill. 226 getragenes Gewicht in Gramm.	
			beobachtet	berechnet
1	147	1,3637	914	2374
2	132	1,9314	1774	3363
3	121	2,4886	4141	4333
4	114	2,9302	5115	5102
5	110,5	3,1831	5445	5542
6	100,5	4,0570	6702	7064
7	96,	4,2927	7657	7474
8	84,5	6,1533	9265	10713
9	102	3,9093	6814	6807
10	110	3,2211	5745	5608
11	122,25	2,4186	4150	4208
16	129	2,0692	3631	3603
12	132	1,9314	3547	3363
13	144	1,4632	2651	2548
14	184	0,5086	1129	886
15	197,5	0,3095	884	539

Hierbei ist G = 1741 J angenommen, wo G das Traggewicht, J die entsprechende Stromeskraft ist. Die Intensität ist $\frac{t^2}{t_1^2} - 1$, wo t = 226″, t_1 die Zeiten in der zweiten Columne bedeutet. Dieser Ausdruck ist der Kraft gleich, wenn das Product aus der Erdkraft in die Summe der magnetischen Momente der Nadel = 1 gesetzt wird, und er ist ihr also proportional, worauf es blofs ankömmt

No. des Versuchs	Zeit zu 16 Oszill.	Intensität des Stromes	Tragkraft	
			beobachtet	berechnet
1	162	0,9462	709	1527
2	154	1,1537	1104	1862
3	157,5	1,2254	1139	1973
4	132	1,9314	2928	3117
5	126	2,2172	3716	3579
6	117,5	2,6996	4381	4357
7	117	2,7312	4465	4408
8	122	2,4317	3986	3925
9	128	2,1175	3646	3418
10	136	1,7615	2856	2843
11	146	1,3962	2164	2254
12	159	1.0203	1439	1647
13	174	0,6870	1029	1109
14	183	0,5252	929	848
15	189	0,4299	770	694

No. des Versuchs	Zeit zu 16 Oszill.	Intensität des Stromes	Tragkraft beobachtet	Tragkraft berechnet
18	198	0,3028	627	489
16	201	0,2643	572	427
17	209,33	0,1656	544	267

Hier ist G = 1614 J bei der Berechnung der letzten Columne angenommen, während in der Versuchsreihe, die an dem vorhergehenden Tage angestellt wurde, G = 1741 J war. Dieser Unterschied in der Tragkraft rührt, wie Fechner es für wahrscheinlich hält, von der Temperatur der Luft her.

Man sieht aus diesen Versuchen, dafs mit Ausnahme der kleinen und grofsen Tragkräfte, das Gesetz der Proportionalität sich vollkommen bewährt. Wegen der Abweichung bei grofsen Tragkräften hat Fechner mit vollem Rechte bemerkt, dafs sie von der Erwärmung herrührt, welche der Drath durch den starken Strom erleidet, und welche selbst am Hufeisen und am Anker fühlbar war, sonst würde die Proportionalität sich weiter als auf das 18fache Gewicht erstrecken, ja für jedes beliebige Gewicht gelten. Wenn in den angeführten Versuchen von der Intensität des Stromes im Multiplicator auf die im Hufeisendrath geschlossen und beide für proportional angenommen worden sind, so gründet sich das darauf, dafs beide Dräthe stets einen proportionalen Antheil des Stromes leiten, und diefs ist richtig, so lange ihre Leitungsfähigkeit ungeändert bleibt. Das aber wird durch die Wärme bewirkt, der viel längere Multiplicatordrath erwärmt sich weniger als der Drath um das Hufeisen, die Leitungsfähigkeit des letzteren wird also im Verhältnifs mehr verringert, daher wird auch der Antheil des Stromes, den er leitet, kleiner, und die beobachteten Traggewichte müssen unter solchen Umständen geringer ausfallen, als die berechneten. Ein dickerer Drath um das Hufeisen würde sich nicht so stark erwärmt haben, allein einen solchen hat der Verfasser nicht angewandt, weil es dann bei den höheren Intensitäten schwer gewesen wäre, einen constanten Strom zu erhalten. Für das geeigneteste Mittel dem angegebenen Uebelstand zu entgehen, hält Fechner, den Multiplicator als gleichzeitige Schliefsung anzuwenden, wo dann die Schwächung, die den einen Theil des Drathes betrifft, sich auch auf den anderen gleichmäfsig erstreckt. Dann aber ist zur Erlangung grofser Tragkräfte eine vielplattige Säule erforderlich, wodurch die Beständigkeit der Stroms-Intensität ebenfalls leidet.

Aus den angeführten Versuchen folgt noch, dafs die Gewichte bei geringer Intensität anfangs viel geringer ausfallen, als die Proportionalität verlangte, und auch viel geringer, als man sie gegen Ende der Versuchsreihe findet, wo von höheren Intensitäten zu den kleinern herabgestiegen wurde. Z. B. in der ersten Versuchsreihe:

Intensität 1,9314, Tragkraft 1774 Gr.

hernach No. 12 » 1,9314 » 3547, » also das doppelte der früheren, trotz dem, dafs die Intensität dieselbe war. Fechner schreibt diese Zunahme auf den bleibenden Magnetismus, der besonders das Resultat geringer Tragkräfte ganz verändert. Als das Hufeisen in dem Versuch No. 1 der ersten Reihe aus der Kette genommen, der Anker abgenommen und wieder angelegt wurde, trug dasselbe noch 97 Gr. nach dem 4ten Versuch 524, nach dem 8ten 694, und nach Beendigung aller Versuche dieser Reihe 719 Gr., welches letztere Gewicht nach einiger Zeit bis 793 Gr. vermehrt werden konnte. Man sieht, wie es zu erwarten stand, dafs der zurückbleibende Magnetismus von der Intensität abhängt, und kann daraus die Anomalie erklären, dafs gleichen Stromeskräften so ungleiche Traggewichte entsprechen. Der remanente Magnetismus wurde übrigens stets aufgehoben, ehe zu einer neuen Reihe von Versuchen geschritten ward.

b) Einflufs der Erregerplatten auf die Tragkraft.

Wir haben die Untersuchungen Fechner's im Vorigen ausführlich beschrieben, weil sie die Norm für dergleichen Versuche abgeben, und die Vorsichtsmaafsregeln feststellen, die man beobachten mufs. Dasselbe kann man schwerlich von den Versuchen Dal Negro's über den Einflufs der Gröfse der Erregerplatten und verwandte Gegenstände sagen; inzwischen theilen wir seine hauptsächlichsten Resultate mit. Seine Arbeiten hierüber findet man: Annali delle scienze de Regno Lombardo-Veneto 1833, bibl. univ. Tome 53 und 54, Baumgärtner Zeitschrift 1833 Bd. 1 und 2, und zum Theil in Poggendorff's Annalen Band 29 und 31.

Indem Dal Negro die Tragkräfte eines Hufeisens durch Ketten mit verschiedener Oberfläche untersuchte, fand er den seltsamen Satz, dafs die Tragkraft direct proportional ist, nicht der Oberfläche des Zinks, sondern deren Perimeter.

Oberfläche des Zinks	Umkreis des Zinks	Tragkraft beobachtet	Tragkraft berechnet
6 Quadratzoll	14 Zoll	13,85	12,22
12 »	16 »	18,25	18,89
18 »	18 »	22,80	23,08
24 »	20 »	24,60	25,97
30 »	22 »	25,80	28,07
36 »	24 »	30,30	29,68
42 »	26 »	29,60	30,94
48 »	28 »	32,80	32,00
54 »	30 »	33,00	32,80
60 »	32 »	35,60	33,51

Wie man sieht, sind die Tragkräfte in der 3ten Columne ziemlich übereinstimmend mit dem Perimeter in der 2ten. Die 4te Columne ist von Jacobi berechnet, nach der Ohm'schen Formel $\frac{41,55 \cdot x}{14,4+\frac{x}{3}}$, wo x die Oberfläche des Zinks bedeutet[1]). Sie widerlegt vollkommen den Satz Dal Negro's, in dem sie zeigt, dafs durch die Oberfläche sich die

[1]) Mémoire sur l'applicat pag. 26.

Tragkräfte eben so gut, wo nicht besser ausdrücken lassen. Zugleich wird dadurch das im Vorigen von Fechner gefundene Resultat, dafs die Tragkräfte der Intensität des Stromes horizontal sind, bestätigt, denn der angegebene Quotient drückt die Intensität aus. Es ist übrigens merkwürdig genug, dafs zwei Formeln, die von Dal Negro, welche den Umkreis berücksichtigt, und die von Jacob, welche blofs die Oberfläche enthält, so ziemlich gleiche Werthe geben. Allein es läfst sich erklären; denn die Gestalt der Zinkplatte war ohne Zweifel die eines Rechtecks, und dann sieht man aus dem Vergleich der ersten und zweiten Columne, dafs die eine Seite des Rechtecks unverändert 6 Zoll blieb. Dann aber läfst sich der Umkreis blofs durch die Oberfläche ausdrücken, und ist

$$= 12 + \tfrac{1}{3}x.$$

Um die Wichtigkeit des Conturs von einer anderen Seite zu beweisen, machte Dal Negro Versuche mit Zinkplatten, und schnitt dann Stücke heraus, so dafs ein Rahmen übrig blieb, der freilich schwächer wirkte, allein nicht so viel schwächer, als Zink fortgenommen worden war. Z. B. eine Zinkplatte von 45 Quadratzoll gab 37,5 Kilogramme Traggewicht. Als ein Stück herausgenommen, so dafs nur ein Rahmen von $22\frac{1}{2}$ Q. Zoll Oberfläche übrig blieb, war das Gewicht 35,1, also nur etwas schwächer als früher. Inzwischen will Dal Negro aus seinen Versuchen blofs den Schlufs ziehen, dafs die Länge des Umkreises der Zinkplatte prädominire, nicht aber, dafs die Zinkoberfläche von gar keinem Einflufs sei. Um diefs zu zeigen, wurden Rahmen aus Zink mit einer harzigen Masse überzogen, so dafs sie in einen Kupfertrog gebracht ohne alle Wirksamkeit waren. Wurde der äufsere Umkreis von der harzigen Masse entkleidet, so war das Traggewicht 5,16 Kilogr.; wurde es auch der innere, so stellte sich das Gewicht auf 10,83, und dieses würde das gröfseste sein, das die Zinkplatte hervorrufen kann, falls es allein auf ihren Perimeter ankäme. Nichts desto weniger als der ganze Rahmen blofs gelegt wurde, bewirkte er ein Traggewicht von 16,16. Ganz ähnlich ist es mit der Kupferplatte, auch hier soll es hauptsächlich auf den Umkreis ankommen. Jedoch ist von den 3 angeführten Versuchen nur folgender, der entscheidend sein könnte, da in den beiden übrigen das Zink zugleich mit dem Kupfer im Umkreis verändert wurde. Da wir ihn jedoch nicht verstehen, so geben wir ihn möglichst wörtlich [1]). „Ein einfaches Volta'sches Plattenpaar aus einer Zinkplatte (4 Quadratzoll Oberfläche) und einer eben so grofsen Kupferplatte bewirkte 18,25 Kilogr. Traggewicht. Die Kupferplatte wurde zu einem Rahmen geschnitten, geeignet beide Flächen des Zinks zu bedecken, das Gewicht betrug 21,87 Kilogr."

In Hinsicht der gröfseren Intensität bei gröfserem Umkreise hat der Verfasser noch folgende Versuche durch Ablenkung einer Nadel mittelst des einfachen Schliefsungsdrathes mitgetheilt.

---

[1]) Bibl. univ. 53 pag. 392.

No. 1.	1 Zinkpl.	(quadratisch, 1'' Q. Oberfl.)	zwisch. 2 Kupferpl.	Ablenk.	9°
» 2.	1 »	(Rechteck, 2'' u. 1'' »)	»	»	13°
» 3.	1 »	(» 4'' » 0'',5 »)	»	»	18°
» 4.	1 »	(» 8'' » 0,25 »)	»	»	24°

In diesen Versuchen haben 2, 3, 4 dieselbe Oberfläche, die Perimeter dagegen verhalten sich wie 3 : 4,5 : 8,25. Er schliefst hieraus, und aus einem ähnlichen Versuch, dafs, um von einer gegebenen Oberfläche Zinks einen doppelten Effect auf die Ablenkung der Nadel zu erhalten, man den Umkreis doppelt so grofs machen müsse. Dieselbe Operation mufs man mit der Kupferplatte vornehmen. Die „réforme totale" der Electromotoren, welche Dal Negro in der Ueberschrift ankündigt, ohne sie näher auszuführen, ergiebt sich daraus in seinem Sinne von selbst.

Jacobi hat ebenfalls Versuche über die Abhängigkeit der Tragkraft von den Dimensionen der Erregerplatten angestellt und am angef. Ort beschrieben. Er wandte Kupfertröge von verschiedener Gröfse mit entsprechenden Zinkplatten (beide quadratisch) und stets eine gleiche verdünnte Schwefelsäure an. Das Hufeisen wog $14\frac{1}{2}$ Pfd. und war mit 35 Fufs 1''',25 dicken Kupferdraths umwickelt. Das Gewicht ist dasjenige, welches das Hufeisen im ersten Moment der Schliefsung trug; es ward durch einen ungleicharmigen Hebel ermittelt, an dessen kleinerem Arm der Anker, an dem gröfseren ein Laufgewicht sich befand. Der Hebel war zu dem Ende eingetheilt, und der Werth der Theilstriche empirisch ermittelt. Bemerkt mufs noch werden, dafs die anzugebenden Gewichte die mittleren aus mehren (10) Versuchen sind.

Oberfläche des Zinks	Traggewicht beobachtet	Traggewicht berechnet
4 Quadratzoll	47,75	47,3
16 »	126,45	126,
36 »	185,	182,3
64 «	200,62	216,1
100 »	236,05	236,3
144 »	255,34	249,

Die letzte Columne ist nach der Formel $\frac{283.6.x}{20+x}$ (im Original steht 233,6.x) berechnet; welche, wie bereits erwähnt, der Ohm'schen Theorie entnommen ist, und die Intensität des Stromes ausdrückt. Man sieht wie gut sie die Beobachtungen darstellt.

c) Einflufs der Gestalt, der Bereitungsart, der Masse des Eisens u.s.w. auf die Tragkraft.

Die Unbequemlichkeit, bei Zurichtung kräftiger Electromagnete, eine sehr grofse Drathlänge um das Hufeisen winden zu müssen, ist durch Henry's Erfahrung beseitigt worden, dafs die Wirkung nicht nur nicht vermindert, sondern bedeutend verstärkt wird, wenn man das Eisen mit einzelnen kurzen Spiralen bedeckt. Die Beschreibung der Verfertigung eines kleinen Magnets durch den Prof. Hare [1]) möge der des ungewöhnlich grofsen durch Henry und Ten Eyck vorangehn. Das Hufeisen aus weichem Eisen war 1' lang ¾" dick. Ein Eisenstück von derselben Dicke wurde mit einigen Lagen Papier verdickt, auf einer Drehbank befestigt, und darum 15 Fufs kupfernen Glockendraths [2]) zu einer Spirale von 2 Zoll in der Art gewunden, dafs 1" hin und 1" her gewunden wurde, und die freien Enden derselben neben einander zu liegen kamen. Bei dem Winden wurde der Drath mit einer Auflösung von Schellack und Cochenille in Weingeist bestrichen, die erste Drathlage von der zweiten durch Papier getrennt. Vier solcher Spiralen waren für das genannte Hufeisen hinreichend, da 6 und 8 die Wirkung nicht verstärkten. Auf jeden Schenkel des Magnets wurden 2 Spiralen so gesteckt, dafs die gleichnamigen Pole derselben nach derselben Richtung zu liegen kamen, und die Eintritts- wie die Schlufsenden an einen besondern Stab gelöthet. Wurden diese Stäbe mit einen Calorimotor von 1 quadr. Fufs Zinkfläche in Verbindung gesetzt, so trug das Hufeisen 112 Pfund.

Der Electromagnet des Yale-college von Henry und Ten-Eyck [3]). Eine 8eckige Eisenstange, 30" lang, 10¾" im Umfang, 59½ Pfund wiegend, wurde zu einem Hufeisen gebogen, dessen Enden 3½" zwischen sich frei liefsen. Der Anker war 9½" lang, 23 Pfund wiegend, an der berührenden Fläche eben. Jede der 26 Spiralen bestand aus 31 Fufs mit Baumwolle besponnenen Glockendrathes, von welchem aber nur 28' und zwar kaum einen Zoll bedeckend, aufgewunden wurden. In der Mitte des Hufeisens hatte die Umwindung 3 Drathdicken, an den Enden 6. Zwei Calorimotoren, jeder von 4⅞ quadr. Fufs benetzter Oberfläche waren an die Enden der Umwindungen in der Art gelöthet, dafs durch Eintauchen des einen oder des andern die Pole des Magneten die entgegengesetzte Lage erhielten. — Dieser Electromagnet trug 2000—2063 Pfund (34mal sein Gewicht), zwei cylindrische Eisenstäbe von 12" Länge 1¼" Dicke, an seine Pole angelegt, trugen noch 155 Pfund. Ein Gewicht von 89 Pfund blieb hängen, als die erregende Batterie unwirksam gemacht wurde, und durch Eintauchen der andern die Pole umgekehrt wurden. R.

In den bereits citirten Abhandlungen theilt Dal Negro noch folgende Resultate mit, die wir in der Kürze anführen, ohne sie für hinlänglich bewiesen zu halten. Er fand, dafs es gleichgültig sei, welcher Theil des Hufeisens mit einer und derselben Spirale bekleidet sei. Cylindrische Hufeisen trugen viel mehr als prismatisch geformte. Ein parallelipipedischer Eisenstab erhält durch kreisförmige Spiralen keine andere Tragkraft als durch 4eckige. Hohle Eisencylinder wurden nicht magnetisch. Drei Cylinder von gleichem Eisen und Gewicht, deren Längen sich wie 1 : 2 : 3

[1]) Am. Journ. vol. 20. pag. 141.

[2]) Bell-wire. Nach den obigen Angaben zu schliefsen nicht über ⅓ Linie dick.

[3]) Am. Journ. 20. pag. 201.

verhielten, trugen im Verhältnifs von 5 : 6 : 4. Es scheint demnach für eine gegebene Masse Eisen ein Maximum der Länge zu geben, welche das Maximum an Tragkraft liefert. Die Entfernung der beiden Schenkel des Hufeisens hat keinen Einflufs auf dessen Tragkraft, so lange dieselbe nicht kleiner als 1 par. Zoll wurde, dann aber vermehrte sich das Gewicht um $\frac{1}{10}$. Dafs Anker, deren Berührungsfläche cylindrisch ist, ein gröfseres Traggewicht erlauben, ist auch sonst bekannt. Eine Spirale aus Eisendrath gab 1,8 Kilogr. Traggewicht, während eine gleiche aus Kupferdrath 5,9.

Einige andere Resultate übergehen wir, sie beziehen sich darauf, dafs, wenn eine Spirale von Eisen heruntergenommen und wieder aufgesetzt wird, das Eisen dann weniger trägt. Hierbei litt wahrscheinlich die Umwickelung, der Drath mochte sich selbst und das Eisen berührt haben, wodurch partielle Schliefsungen entstehen. Um das letztere zu vermeiden, ist es überhaupt gut, das Eisen vorher mit irgend einer isolirenden Substanz zu überziehen, ehe man die Spirale daraufsetzt, um sich nachgehends, indem man das eine Ende der Spirale mit dem Zink, das Eisen mit dem Kupfer einer Kette verbindet, zu überzeugen, ob nicht etwa eine Berührung stattfindet. Bei einem Hufeisen erhielt ich einen starken magneto-electrischen Schlag, wenn ich das eine Ende der Kupferspirale und den eisernen Anker mit feuchten Händen berührte, und die Verbindung mit der Kette aufheben liefs.

Dal Negro hat versucht den vorübergehenden Magnetismus des Eisens in einen dauernden zu verwandeln, auf eine Weise, die wir nicht verstehen. Er brachte das Hufeisen mit dem zu seiner Stählung üblichen Cement, mitten unter Einwirkung des electrischen Stromes in Weifsglühhitze, und tauchte dasselbe hierauf in kaltes Wasser; allein der Magnetismus wurde dadurch nicht dauernd. Wir wissen nicht, welche Substanz den Drath umgab und ihn isolirte; war er nicht isolirt, dann war überhaupt nichts zu erwarten. Als ein Stahlstück der Einwirkung des Stromes unterworfen und während desselben mit einem anderen Stahl gestrichen oder mechanisch stark erschüttert wurde, zeigte es nachher nur den geringen Grad von magnetischer Kraft, den es auch ohne diese Operationen gezeigt haben würde.

Ritchie hat gleichfalls Versuche über die Tragkraft angestellt [1], indem er ein Verfahren anwendet, welches bei stärkeren Magneten sehr empfehlenswerth ist. Das Hufeisen steht vertical auf einem Brette, seine Schenkel nach oben, der Anker ist an dem kurzen Arm eines Hebels befestigt, ruht auf den Enden des Hufeisens, und wird durch ein Gewicht in die Höhe gezogen. Von zweien Hufeisen, das eine aus einer 1 Fufs langen, das andere aus einer doppelt so langen Stange gebildet, und beide mit gleichviel Kupferdrath umgeben, trug das kleinere nahe doppelt so viel als das längere. Doch hing diefs von der Intensität des Stromes ab, je stärker der letztere, desto gröfser wurde seine Tragkraft im Verhältnifs zu dem kleineren Hufeisen. Es ist diefs wie bei Stahlmagneten, kleine werden

[1]) Phil. trans. for. 1833. Part. II, Pogg. Ann. Bd. 32.

werden durch schwache Magnete schon saturirt, und ein stärkerer Magnet verändert ihre Kraft nicht weiter. Ist der Stahlstab länger, so tritt die Saturation erst später mit kräftigeren Magneten ein. Ritchie verfertigte einen Electromagneten nach dem Verfahren von Ten Eyck, d. h. wo der umwundene Drath aus kleinen einzelnen Spiralen bestand, die jede für sich mit der Kette verbunden wurden. Der Magnet trug 140 Pfund. Als um seinen Anker, der etwa ½ Pfd. wog, nur 12 F. Kupferstreifen umgelegt, die Enden des Streifens mit derselben Batterie verbunden, und dagegen das Hufeisen statt Anker gebraucht wurde, haftete es mit einer stärkeren Kraft als früher. Ritchie empfiehlt demgemäfs zur Hervorbringung starker Electromagnete eine kurze Stange weichen Eisens mit Kupferstreifen zu umwickeln, ein kurzes Hufeisen bilde dann den Anker. Die Streifen haben nur den Uebelstand, dafs sie vielfältiges Löthen verlangen, ehe man davon eine grofse Länge erhält. Ritchie giebt ferner an, dafs das im Handel für das schlechteste geltende Eisen, welches im Bruch crystallinisch und porös erscheint, zu dem in Rede stehenden Zweck tauglicher ist, als das feine Eisen, welches im Bruch sich faserig, wie Holz ausnimmt. Um die Tauglichkeit einer Eisensorte zu prüfen, läfst er daraus einen kleinen Anker anfertigen, und untersucht mittelst desselben die Tragkraft eines Stahlmagneten. Er fand so, dafs an einem Anker nur 14 Pfd., an einem andern 27 Pfd. angehängt werden konnten. Ein leichteres Mittel der Prüfung besteht darin, das Eisen auf den Magnetismus der Lage zu prüfen, in dem man es in der Richtung der Inclinationsnadel hält, und umgekehrt, indem man ferner das Eisen magnetisirt, wodurch es keinen dauernden Magnetismus annehmen darf. Ritchie macht ferner noch auf die Länge des Ankers oder auf die Entfernung der beiden Schenkel des Hufeisens aufmerksam. Die Recomposition der getrennten magnetischen Fluida soll in einem kurzen Eisenstück rascher vor sich gehen, welches beweisen würde, dafs die Recomposition eine gewisse Zeit erfordert. Bei magneto-electrischen Versuchen mittelst des Ankers wird daher ein kürzerer bessere Funken geben. Er beweiset die Ansicht von der langsameren Recomposition in einem langen Eisenstab dadurch, dafs er ein langes Hufeisen durch den Strom magnetisirt, und nun den Strom beständig durch einen Commutator umkehrt; der Anker fällt dabei ab. Ist aber das Hufeisen kurz, so fällt er entweder gar nicht ab, oder bewegt sich nur etwas vom Magneten, um gleich wieder mit ihm in Berührung zu treten.

Wir wollen bei Gelegenheit der Electromagnete noch bemerken, dafs ihre grofse Tragkraft durch verhältnifsmäfsig so schwaches Magnetisiren, als der galvanische Strom es gewährt, nicht befremden kann, weil die Art, wie der umwickelte Drath magnetisirt, der Inbegriff aller bewährten Methoden von Knight, Duhamel, Mitchell und Aepinus ist.

d) Hohle Eisencylinder als Electromagnete.

Dal Negro giebt an, dafs hohle Cylinder von weichem Eisen durch den Drath der Kette nicht magnetisch werden, wenn derselbe sie spiralförmig umgiebt. Diefs ist jedoch nicht richtig, selbst Cylinder von sehr dünnem Eisenblech finde ich unter diesen Umständen so magnetisch, dafs sie Eisenfeillicht anziehen. Inzwischen hat Parrot in Dorpat die merkwürdige Beobachtung gemacht, dafs, wenn man die Spirale im Innern anbringt, der Cylinder gar nicht magnetisch wird. Ich kenne die Versuche dieses Gelehrten nicht weiter, sie werden hoffentlich bald zur öffentlichen Kenntnifs gelangen; jedoch erfahre ich durch briefliche Mittheilung, dafs Jacobi in Dorpat sie wiederholt und bestätigt hat. Eine Spirale 14 Centimeter lang, 27^{mm} im Durchmesser aus 1^{mm} dicken Kupferdrath, wurde in eine hohle Eisenstange gebracht, und mit einem so kräftigen Trogapparat verbunden, dafs der Drath sehr heifs wurde. Jedoch zeigte die Stange keinen Magnetismus, obgleich die Spirale sehr gut isolirt war, und eine in sie hineingesetzte Eisenstange stark magnetisirte. Hierauf verband Jacobi eine innere Spirale mit dem Galvanometer und brachte den eisernen Cylinder als Anker an einen starken Electromagneten; allein weder beim Anlegen noch Abreifsen konnte ein induzirter Strom am Galvanometer nachgewiesen werden. Wurde ein eiserner Stab in die Spirale gesteckt, so war der magneto-electrische Strom so stark, dafs die Nadel mehrere Male im Kreise herumgeschleudert wurde. Ich habe diese Versuche wiederholt, und zum Theil bestätigt gefunden; der eine der angewandten Cylinder war zusammengeschmiedet, 8 Zoll lang, 1½ im Durchmesser und beiläufig ¼ Zoll dick (die innere Fläche war nicht ganz regelmäfsig, weil eine Bearbeitung derselben vermieden werden sollte); der andere Cylinder bestand aus dünnem Eisenblech, das nur zusammengefalzt war. Beide waren aus gutem Eisen gefertigt und zeigten nur den Magnetismus der Lage. Eine Spirale im Innern magnetisirte sie nicht; sie zogen kein Eisenfeillicht an, und brachte man sie einer Boussole nahe, so schien nur die Spirale und der Magnetismus der Lage auf die Nadel einzuwirken, so dafs nur eine überaus schwache Magnetisirung statt gefunden haben mag. Was die induzirten Ströme betrifft, so waren sie allerdings bei Anwendung schwacher Magnete nicht vorhanden; allein bei Anwendung von Electromagneten zeigte sich ein schwacher Strom, der die Nadel um 3 bis 4 Grade ablenkte, eine Ablenkung, die keine directe Einwirkung des Magneten war, wovon man sich leicht durch einen Commutator überzeugen konnte. War eine ähnliche Spirale von aufsen um den hohlen Cylinder gewunden, so wurde die Nadel durch den induzirten Strom stark herumgeschleudert. Aus diesen magneto-electrischen Versuchen konnte möglicherweise geschlossen werden, dafs zwischengebrachtes Eisen die vertheilende Einwirkung eines Magneten auf eine Kupferspirale, wenn auch nicht völlig, doch beinahe aufheben würde. Das ist inzwischen nicht der Fall. In eine Kupferspirale aus wenigen Windungen wurde ein Magnetpol hineingesetzt, die Nadel wich durch den induzirten Strom um 5° ab; hierauf wurde in dieselbe Spirale ein hohler Eisencylinder gesteckt, und in diesen der Magnetpol; die Nadel wich noch um 3° ab. Inzwischen führen die Versuche mit induzirten Strömen auf den Grund, warum Spiralen im Innern hohler Cylinder angebracht, so unwirksam sind. Nach den Versuchen von Lenz (siehe: Quantitative Bestimmungen über den Einflufs eines Magneten auf eine Kupferspirale) ist es gleichgültig, ob der Drath einen vollen cylindrischen Anker in engen oder weiten Kreisen umgiebt; die electromotorische Kraft bleibt dieselbe, weil in der weiten Spirale auch mehr erregbare Theilchen vorhanden sind; nur wegen der verringerten Leitungsfähigkeit bei längeren Dräthen liefert die weite Spirale einen weniger intensiven Strom. Bringt man aber eine Spirale im Innern an, so ist das nicht der Fall, denn je kleiner die Windungen, je weniger also der erregbaren Theilchen, um so entfernter sind sie dann noch aufserdem, und der Einflufs des Ankers auf die Spirale im Innern wird wie die Quadrate der Entfernung abnehmen, während derselbe auf eine äufsere Spirale von der Entfernung ganz unabhängig ist. Hier ist also ein sehr wesentlicher Unterschied zwischen beiden Spiralen, und derselbe wird sich auch bei der Magnetisirung durch den galvanischen Strom geltend machen, und wegen der Unmöglichkeit, eine Spirale zu guter Umschliefsung im Innern zu bringen, werden diese letzteren dann sehr wenig magnetisiren. Aufserdem sind überhaupt dünne Eisenmassen nicht so vortheilhaft als dickere. Einen anderen Unterschied zwischen der inneren und äufseren Seite des hohlen Eisencylinders anzugeben, ist mir nicht möglich; auch glaube ich, dafs kein anderer vorhanden ist, wegen meines dünnen zusammengefalzten Cylinders, statt dessen man auch eine eiserne Platte würde nehmen können, wo dann gewifs zwischen den beiden Flächen kein Unterschied statt findet. Ich habe mit eisernen Platten Versuche angestellt, die, so viel die Umstände es möglich machten, dieselben Resultate als Cylinder geliefert haben. Als um eine eiserne Platte 5 Fufs Kupferstreifen gelegt waren, wurde sie sehr gut magnetisch und zog Eisenfeillicht an. Hierauf wurden über ein Brett 8″ lang, 1½ Zoll hoch und eben so breit eilf Fufs Kupferstreifen gewunden und mit einer Kette verbunden. Wurde auf den Drath, nur durch Papier isolirt, eine eben so lange (die vorige) Eisenplatte, ¼ Zoll dick, gelegt, so zog sie kein Eisenfeillicht an, inzwischen wurde sie magnetisch, obgleich schwach. Denn lag sie im Aequator einer Boussole, in einer Entfernung, dafs sie direct darauf nicht wirken konnte, so lenkten die Kupferstreifen für sich die Nadel um 12° ab, wenn das Eisen darauf gelegt wurde nur um 5½ Grad, welches offenbar zeigt, dafs die Platte magnetisch geworden war. Entfernt man die Eisenplatte von den Drathgewinden, so müssen auch hier die Wirkungen abnehmen, nicht wie das Quadrat, sondern wie die einfachen Entfernungen (weil der Drath ungeändert bleibt). Bei Zwischenbringung einer Glasplatte war die Ablenkung der Boussole 5¾, bei sechs 7¾. Die Wirkung nahm daher beträchtlich mit der Entfernung ab; bringt man dagegen Spiralen von Aufsen um einen Eisenkern, so wird wahrscheinlich innerhalb gewisser Gränzen der Magnetismus, den das Eisen annimmt, von der Weite der Spiralen nicht abhängen. Ich habe über das letztere keine hinreichende Erfahrungen, allein, wie schon bemerkt, wird es durch das Resultat von Lenz wahrscheinlich, auch habe ich mich überzeugt, dafs, wenn die Spirale sehr weit war, trotz dem der Eisenkern Eisenfeillicht anzog. Somit glaube ich, dafs die schwache Magnetisirung eines hohlen Cylinders durch eine innere Spirale daher rührt, dafs der Einflufs des Stromes auf das Eisen in diesem Fall wie das Quadrat der Entfernung abnimmt. (M.)

An die hier betrachteten Erscheinungen schliefsen sich folgende von mir bisher nicht bekannt gemachte Versuche sehr nahe an. Da ein Stahlstab in einer electromagnetischen Spirale nur einen geringen Magnetismus annimmt, versuchte ich, ob dieser sich nicht würde dadurch verstärken lassen, dafs man ihn in der Axe eines Cylinders von weichem Eisen befestigte, um welchen die cylindrische Spirale geschlungen war. Ich liefs daher einen cylindrischen Stahlstab so abdrehen, dafs er genau in einen abgeschnittenen Flintenlauf pafste, um welchen eine electromagnetische Spirale gewickelt war. So lange aber auch die Verbindung derselben mit der Kette erhalten wurde, so zeigte sich doch nur eine schwache Erregung. Es wurde nun der vorher magnetisirte Stahlcylinder in den Flintenlauf eingeschoben, dessen mit einem Multiplicator verbundene Spirale aber auch nur einen schwachen Strom anzeigte. Dasselbe geschah als der Stahlmagnet mit einem Electromagnet vertauscht wurde, durch dessen Spirale erst, nachdem er sich im Flintenlauf befand, eine Kette abwechselnd geschlossen und ihre Schliefsung aufgehoben wurde. (D.)

Nach den bisher über hohle Electromagnete angeführten Versuchen ist folgender von Joslin [1]) angestellter um so merkwürdiger.

Das Charakteristische der Henry'schen Bewicklungsart besteht darin, den zugeführten galv. Strom zu theilen und in mehrere Punkte der Umwicklung zugleich eintreten zu lassen. Die Frage, ob die Vervielfältigung dieser Punkte, die zugleich eine Verkürzung des Weges bei gleicher Anzahl Windungen mit sich führt, ins Unbegränzte Vortheil gewähre, scheint durch Joslins Versuche bejahend entschieden zu sein. —

Längs einem Flintenlaufe von $8\frac{1}{4}''$ Länge, $\frac{3}{4}''$ äufsern Durchmessers, $\frac{1}{16}$ bis $\frac{1}{8}''$ Eisendicke und $5\frac{1}{7}$ Unze Gewicht wurde ein $7\frac{3}{4}''$ breites, $4\frac{1}{4}'$ langes Kupferblatt gelöthet, mit einem seidenen Zeuge bedeckt und fest um denselben gewunden. Durch 4 schmale Kupferstreifen, von denen 2 an den Flintenlauf, 2 an das freie Ende des Kupferblatts gelöthet waren, wurde die Verbindung mit einer einfachen Kette von $\frac{1}{2}$□' Kupfer und ebensoviel Zink hergestellt. Mittelst eines bogenförmigen Ankers trug dieser Electromagnet 15 Pfd. (47mal sein Gewicht). Die Gröfse der Zuleitung war über eine gewisse Gränze hinaus gleichgültig, so dafs z. B. die Verbindung mit der Batterie durch 4 Glockendräthe ebenso wirksam war, wie die durch 8. — (R.)

VI. Ueber die Eigenschaft des Eisens, magnetische Kraft zu bewahren.

Es ist bekannt, dafs Electromagnete, nachdem die Verbindung ihres Drathes mit der Kette aufgehoben worden, einen Anker mit Gewicht noch

---

1) Amer. Journ. 21. pag. 86.

ferner tragen, und dafs, wenn man denselben abreifst, und das Eisen weich ist, nachgehends nicht das kleinste Gewicht mehr getragen wird, hierüber sind von Francis Watkins einige Versuche angestellt [1]). Ein Hufeisen welches in der Kette 120 Pfund trug, fuhr fort 56 Pfund und zwar noch nach 15 Wochen zu tragen, mit dem Abreifsen des Ankers hörte jedoch alle Tragkraft auf, selbst wenn er sogleich wieder angesetzt wurde. Wurde dagegen der erste Anker nach und nach abgezogen, und ein zweiter so aufgeschoben, dafs das Hufeisen keinen Augenblick ohne Armatur blieb, so haftete nun der zweite mit demselben Gewicht als der erste. Ein solches geschlossenes Hufeisen wirkt magnetisch nach Aufsen, zieht Eisenfeillicht an und richtet Nadeln. Selbst wenn der Anker das Hufeisen nicht unmittelbar berührt, sondern etwa durch Glimmerblättchen davon getrennt ist, so vermag er ein freilich kleineres Gewicht zu tragen. Watkins fand, dafs beim Dazwischenbringen eines Micaplättchen ein Anker 49 Pfd. trug bei 5 solcher noch 13 Pfd. Dasselbe Resultat fand Dove [2]). Aus diesem Umstand, dafs metallische Continuität nicht nöthig, geht nach Watkins hervor, dafs man es bei diesen Erscheinungen nicht mit einem electrischen Strom zu thun habe, der in dem Bogen aus Hufeisen und Anker kreise. Zu bemerken ist noch, dafs natürlich dieselben Resultate sich ergeben, wenn das Hufeisen statt durch den galvanischen Strom durch einen gewöhnlichen Magnet magnetisirt worden ist. Nach Ritchie [3]) hängt die nachhaltige Kraft von der Beschaffenheit des Eisens ab, und fällt desto geringer aus, je weicher dasselbe ist. Zugleich giebt dieser Gelehrte an, dafs sie von der Länge des Eisenbogens abhänge, denn von dreien Electromagneten aus demselben Eisen, der eine 6 Zoll, der zweite 12, der dritte 48 im Bogen haltend, und die, mit derselben Kette verbunden, ziemlich gleiche Tragkraft besafsen, war die nachhaltige magnetische Kraft im ersteren beinahe Null, und der Anker fiel ab; der zweite trug einige Pfunde und der dritte noch mehr. Er glaubt, dafs je kürzer der Bogen ist, desto rascher werden die Molecüle des electrischen Fluidums in ihre natürliche Lage zurückkehren Diese Erklärung genügt jedoch nicht, da Electromagnete aus gutem weichen Eisen wochenlang, und wenn man defshalb Versuche anstellen wird, vielleicht jede beliebige Zeit, die remanente Tragkraft behalten, und sie augenblicklich völlig verlieren, wenn der Anker abgerissen wird. Die Abhängigkeit derselben von der Länge dürfte eine gröfsere Anzahl von Versuchen zur vollkommenen Evidenz bedürfen.

---

[1]) Phil. trans. for. 1833.

[2]) Pogg. Ann. 29 pag. 462.

[3]) Phil. Mag. Ser. III Vol. III, Pogg. Ann. 29 pag. 464.

VII. Technische Anwendung des Electromagnetismus.

Nachdem man in neuerer Zeit erfahren hat, welche überaus starke magnetische Kraft sich durch den Volta'schen Strom erzeugen lasse, und dafs diese Kraft mehr abhänge von der Gröfse der angewandten Eisenmasse, als von der Gröfse der galvanischen Batterie; dafs ferner, wie es schien, dieser Magnetismus sich instantan aufheben und umkehren lasse; war es natürlich, eine Anwendung dieser Kraft zum Betriebe einer Maschine zu versuchen. Wir finden daher desfalsige Bemühungen von mehreren Seiten, unabhängig von einander, namentlich von den italienischen Physikern Botto und Dal Negro und aufserdem von Jacobi (jetzt in Dorpat). Nach dem Wenigen, was bisher über die Versuche und die Apparate der beiden ersteren uns bekannt worden ist, können wir nicht anstehen zu erklären, dafs Niemand die Aufgabe bestimmter gefafst und der Lösung näher geführt hat, als Jacobi in seinem Werke: Mémoire sur l'application de l'Electromagnétisme au mouvement des machines. Potsdam 1835. Wir theilen daraus das Folgende mit. Jacobi's Bemühungen waren darauf gerichtet, eine continuirliche Rotationsbewegung durch den Electromagnetismus zu erhalten; das ist bekanntlich eine der glänzenden Entdeckungen Faraday's. Bei den gewöhnlichen Rotationsapparaten jedoch ist das Multiplicationsprinzip, durch welches wir so empfindliche Galvanometer und solch starke Magnete erlangen, aufgeopfert, und immer nur der einfache Schliefsungsdrath benutzt. Die magnetische Maschine Jacobi's ist mit Benutzung des Multiplicationsprinzips folgende. Senkrecht auf einer hölzernen vertical stehenden Scheibe sind an der Peripherie acht Hufeisen (7″ lang jeder Schenkel und 1″ dick) symmetrisch aufgestellt. Ihnen gegenüber stehen auf einer, mittelst einer eisernen horizontalen Axe beweglichen Scheibe acht ähnliche Hufeisen, so dafs die Enden der Hufeisen die vorigen fast berühren und nur so viel Zwischenraum lassen, um vor den feststehenden rotiren zu können. Auf derselben eisernen Axe ist ein Commutator nach Jacobi's Angabe (siehe im Vorigen den Artikel Mutator) angebracht, der sich zugleich mit dem Magneten dreht und ihre Pole umkehrt. Wegen des Umstandes, dafs der Commutator sich mit dem Drath dreht, in welchem er den Strom umzukehren hat, ist seine Construction etwas einfacher und so, wie man sie in Pogg. Ann. Bd. 36 beschrieben findet. Beide Systeme von Hufeisen sind mit 320 Fufs, $1\frac{1}{4}$ Linien dicken Kupferdrath umwickelt, welcher gewöhnlich eine Kette von vier Plattenpaaren, säulenförmig verbunden, schlofs. Das Spiel der Maschine ist nunmehr dieses.

Gesetzt, es stehen die Schenkel der beweglichen Hufeisen zwischen denen der festen. Werden sie nun magnetisirt, so werden sie angezogen und bewegen sich bis ungleichnamige Pole einander gegenüber stehen. In dieser Lage aber hebt der Commutator die Verbindung mit der Kette auf und stellt sie einen Moment darauf, während die Magnete sich wegen der erlangten Geschwindigkeit noch weiter zu bewegen fortfahren, umgekehrt wieder her, so dafs die beweglichen Magnete jetzt dem entgegengesetzten Magnetismus erhalten, und nunmehr abgestofsen werden. Auf diese Weise entsteht eine continuirliche Bewegung im Kreise. Die Ansicht, die Jacobi anfangs über diese neue Maschine aufstellte [1]), war diese, dafs die Geschwindigkeit eine beschleunigte sein müfste, wodurch sie sich vor allen üblichen ausgezeichnet haben würde. Und zwar glaubte er, müsse die Geschwindigkeit defshalb beständig wachsen, weil der Bewegung eine Kraft zu Grunde liegt (die Anziehung und Abstofsung der Magnete), welche selbst beständig wirkt, und daher gerade so gut eine beschleunigte Bewegung bewirken würde, als z. B. die Schwere beim Fall der Körper. Die Geschwindigkeit würde gerade nicht ins Unendliche wachsen, weil mit ihr die Reibung in der Axe und der Widerstand der Luft zunehmen (die erstere vielleicht wenig, allein der zweite gewifs beträchtlich); jedoch müfste das Maximum der zu erlangenden Geschwindigkeit immer einen sehr beträchtlichen Werth haben, und in gar keinem Verhältnifs stehen zu der sie bedingenden galvanischen Kraft noch zu den Kosten, welche deren Unterhaltung fordert. Diese Schlüsse sind eben so einfach als richtig, vorausgesetzt, dafs die Erzeugung des Magnetismus und die Umkehrung des Stromes instantan sei und nicht von der Zeit abhänge. Inzwischen wurde durch die Maschine keine grofse Beschleunigung erhalten, selbst als der so gut seinem Zweck entsprechende Commutator angebracht worden; ihre Bewegung wurde nach sehr kurzer Zeit gleichförmig. Als z. B. eine Säule aus vier Kupfertrögen mit Zinkplatten von zwei Quadratfufs Oberfläche angewandt wurde, war die Geschwindigkeit 120 bis 130 Umdrehungen in der Minute, sank nach $\frac{1}{4}$ Stunde auf 60 herab, und erhielt sich hierauf viele Stunden (20 bis 24 Stunden, wenn amalgamirtes Zink genommen wurde), ohne dafs irgend eine Veränderung mit der Säule oder der Maschine vorgenommen wurde. Bei Anwendung eines Trogapparats aus 12 Plattenpaaren, wo jede Zinkplatte eine Oberfläche von $\frac{1}{2}$ Quadratfufs, jede Kupferplatte doppelt war, stieg die Geschwindigkeit auf 250—300 Umdrehungen in der Minute. Inzwischen sah man in allen diesen Fällen die Tendenz zu einer wachsenden Geschwindigkeit nicht, nur natürlich in den ersten Momenten, wo die Maschine aus der Ruhe in Bewegung überging. Referent ist Zeuge der genannten, nicht unbeträchtlichen Effecte gewesen, und hat auf seine Anfrage, folgende numerische Details über die in Bewegung gesetze Masse, die in dem angeführten Werke fehlen, brieflich erfahren. Die Masse auf den Umfang der Scheibe reduzirt, beträgt beiläufig 55 Pfd.; die Zapfen der Axe waren in den Pfannen so fest geschraubt, dafs die Reibung einem Gewicht von 5 Pfd. gleich war, welches an einem $\frac{5}{8}$ Fufs von der Axe entfernten Punkt wirkte. Nimmt man nur 100 Umdrehungen in der Minute an, so wäre die Geschwindigkeit eines so weit entfernten Punktes $2.\pi\,\frac{5}{8}.100$. Fufs = 392 in der Minute, und diese Zahl mit 5 multiplicirt giebt den Arbeitseffect 1960, d. h. die Maschine wird in der Minute 1960 Pfd. einen Fufs hoch erheben, oder 32,7 Pfd. in

[1]) L'Institut 1834. No. 82.

der Sekunde. Dieses ist beiläufig eine halbe Menschenkraft (= 60). Was das Ausbleiben der accelerirten Geschwindigkeit betrifft, so meint Jacobi, es rühre von magneto-electrischen Strömen her, die auf zweierlei Weise in den Dräthen erzeugt werden, und den Magnetismus der Hufeisen desto stärker vermindern, je gröfser die Geschwindigkeit wird. Die erste Art besteht darin, dafs durch Annähern eines Magneten an umwickeltes Eisen Ströme in dessen Drath sich bilden. Inzwischen sieht man leicht, dafs beim Entfernen des Magneten bei ungeänderter Richtung ein entgegengesetzter induzirter Strom defshalb entstehen müsse, weil zugleich der Magnetismus umgekehrt wird; somit ist es wahrscheinlich, dafs diese Art Ströme an der Bewegung der Maschine nichts ändere, besonders da sie nicht stark sein werden, wegen der Flüssigkeit der galvanischen Säule, die zu dem Bogen gehört, in welchem sie sich bilden. Die zweite Art entsteht, weil nach Faraday's Entdeckung beim Oeffnen einer galvanischen Kette durch die Wirkung des Hufeisens auf den Drath und des Drathes auf sich, ein Strom entsteht, der dieselbe Richtung als der eigentliche Strom hat, welcher unterbrochen worden ist. Wir wollen hier in das schwierige Thema der induzirten Ströme beim Oeffnen und Schliefsen einer galvanischen Kette nicht eingehen (siehe den hierhin gehörigen Abschnitt), sondern nur eine, wie uns scheint, einfachere Erklärung der gleichförmigen und überhaupt beschränkten Geschwindigkeit geben. Die Ströme bilden sich nicht instantan, und erfordern vielmehr eine gewisse Zeit. Dieser Satz ist für die magneto-electrischen Ströme zu beweisen, und dann ist kein Zweifel, dafs er auch für die galvanischen gelte. Es giebt also, abgesehen von Reibung und Widerstand der Luft, ein Element in der Maschine, die Kraft selbst, deren Erzeugung von der Zeit abhängt, d. h. in irgend einem reziproken Verhältnifs zur Geschwindigkeit und zur Anzahl der Umkehrungen des Stromes steht, und defshalb kann begreiflich die Geschwindigkeit eine bestimmte Gränze nicht überschreiten. Dieser Ansicht ist folgender Versuch Jacobi's gar nicht entgegen. In den Schliefsungsdrath, der von dem galvanischen Apparat um die Hufeisen der Maschine ging, wurde ein Galvanometer eingeschaltet. Wurde hierauf der Kreis geschlossen, die Maschine aber gehindert sich zu bewegen; so ging die Nadel auf 60°; liefs man hierauf die Maschine frei, so nahm die Ablenkung der Nadel ab, und desto mehr, je schneller die Maschine sich drehete. Bei 60 Umdrehungen in der Minute stand die Nadel auf 47°. Die obige Erklärung behauptet eben, dafs durch die rasche Wechselung des Stromes, derselbe in seiner Entwicklung gehemmt werde, und defshalb kann er auch die Nadel dann nicht so stark ablenken. Anders ist es, wenn der Galvanometer nicht in demselben Kreise mit dem Hauptdrath sich befindet, sondern als Nebenschliefsung angebracht wird; hier ist das Umgekehrte zu erwarten, je mehr nämlich der Strom im Hauptdrath geschwächt wird, desto stärker wird er in der Nebenschliefsung sein. Jacobi fand auch, dafs die Nadel in diesem Falle desto stärker abgelenkt werde, je rascher die Bewegung der Maschine ist; allein er erklärt diefs durch die induzirten Ströme, die sich nunmehr durch die Seitenschliefsung entladen.

Dafs man endlich Commotionen erhält, wenn man, statt des Galvanometers, die befeuchteten Hände eine Nebenschliefsung bewirken läfst, ist nichts als das Phänomen von Jenkins, das man durch jeden Electromagneten erlangen kann; und dafs diese Commotionen stärker werden, je rascher die Maschine sich bewegt, das heifst nichts anderes, als dafs man mehr Schläge in derselben Zeit, wenn auch schwächere, zu ertragen hat. Aufser der Nichtinstantanität der Ströme müssen wir auch auf die Versuche Fechner's über die Tragkraft der Electromagnete (s. im Vorigen) aufmerksam machen, nach welchen ein Hufeisen im ersten Moment nur etwa die Hälfte des Gewichts trägt, die es bei längerer Einwirkung desselben Stromes zu tragen vermag. Es ist erlaubt, hieraus zu folgern, dafs, wenn die Umkehrungen des Stromes rascher auf einander folgen, die magnetische Kraft der Hufeisen dadurch beträchtlich vermindert wird.

Nachdem durch Jacobi's vielfältige Bemühungen der wichtige Punkt wegen der a priori zu erwartenden accelerirten Geschwindigkeit erledigt worden, tritt die neue Triebkraft in die Categorie der bisher üblichen, jedoch mit einigen für die Technik erheblichen Vortheilen. Diese bestehen in der Leichtigkeit, ohne Verwandlung der Bewegung eine unmittelbar rotatorische hervorzubringen, in der Einfachheit der Maschinentheile, die, mit Ausnahme des Commutators, keine grofse Sorgfalt verlangen und endlich, in der Gefahrlosigkeit. Dagegen hat sie ihre Anwendbarkeit noch durch die wichtige Instanz der Unterhaltungskosten durchzuführen, worüber bis jetzt noch keine genügende Data vorhanden sind. (M.)

Ohne weiter die practische Nutzbarkeit geltend machen zu wollen, beschreibt Henry [1]) eine sehr einfache magnetische Maschine, die auch ohne Zeichnung verständlich sein wird. Ein hinlänglich starker eiserner Waagebalken auf seinem Lager, 7″ lang, mit hinabwärts gekrümmten Enden, wurde mit 3 Längen besponnenen Kupferdraths, jede von 25 Fufs umwikkelt. Die zusammengehörigen Enden der Dräthe wurden an zwei stärkere Dräthe gelöthet, die über den Balken an beiden Enden mit mäfsiger Krümmung hinausreichten, so dafs die Drathschraube an jedem Ende mit einer voltaischen Batterie in Verbindung gesetzt werden konnte. Dies geschah in geneigter Lage des Balkens durch je zwei Quecksilbernäpfe, die so gestellt waren, dafs die grade gegenüberstehenden zu entgegengesetzten Polen der Batterie gehörten. Unter jedem der beiden Enden des Balkens wurde in 1″ Entfernung der *N*pol eines starken Magnets befestigt. Drückte man nun die beiden Drathenden der einen Seite in die Näpfe, so wurde das zugewandte Ende des Balkens *n*polar, von dem darunter stehenden Magnete abgestofsen, das andere Ende *s*polar und angezogen, so dafs der Balken nach der andern Seite getrieben, in das zweite Paar Näpfe getaucht wurde u. s. w. Dies Spiel dauerte mit gleichmäfsiger (?) Bewegung von 78 Oscillationen in der Minute, über eine Stunde fort. Wollte man die Maschine in gröfserem Maafsstab ausführen, so würden die festen Magnete durch Electromagnete zu ersetzen sein. (R.)

[1]) Am. Journ. vol. 20. p. 340. (juli. 1831.)

Fünfter Abschnitt.

Magneto-Electricität oder induzirter Magnetismus.

I. Erzeugung und Richtung der induzirten Ströme.

Unter dem Namen Magneto-Electricität oder induzirter Magnetismus begreift man die Entdeckung Faraday's, die derselbe in den Phil. trans. for. 1832. mitgetheilt hat, und die ihrer Wichtigkeit nach sich neben die Entdeckungen reiht, welche Oersted's und Seebeck's Namen verherrlichen. Wir werden im Folgenden eine so viel als nöthig detaillirte Beschreibung der neu entdeckten Facta geben, indem wir bemerken, daſs wir sie mit Ausnahme einiger wenigen, dem berühmten englischen Naturforscher allein verdanken. Ueber den Namen, welche diese Sphäre angenommen, wollen wir eben so wenig in einen Streit eingehen, als über den Ausdruck Strom, dessen man sich bedient, um in Metallen und electrolytischen Substanzen den eigentlichen Zustand zu bezeichnen, in Folge dessen sie magnetische Kräfte annehmen, und chemische Zersetzungen, Funken, Erschütterungsschläge u. s. w. hervorbringen. Eine einfache Art, einen induzirten Strom entstehen zu lassen ist diese. Neben dem Schlieſsungsdrath einer Volta'schen Kette liege parallel ein anderer Drath, der ein geschlossenes Ganze bildet; in dem Moment, wo der Strom in den ersteren Drath tritt, wird ein entgegengesetzter Strom in dem zweiten sich bilden. Unter geschlossenes Ganze muſs man hier verstehen, daſs der Drath entweder ein metallischer geschlossener Bogen ist, oder wenn er zwei Enden hat, daſs diese Enden durch eine Flüssigkeit verbunden sind, die galvanisch zersetzbar ist. Aus den Arago'schen Versuchen über den Rotationsmagnetismus, und namentlich über den Einfluſs, welche die Substanzen auf die Abnahme der Amplituden bei schwingenden Magnetnadeln haben, kann man jetzt schlieſsen, daſs auch in anderen Körpern, wie Holz, Glas, Eis, Marmor u. s. w. ein induzirter Strom entstehen kann, und insofern wird man sich richtiger ausdrücken, wenn man sagt, der Bogen besteht am besten aus einem Metall, ohne dafs ein solches unumgänglich nothwendig wäre. Ist also *A* (*Fig.* 15 *Taf. I*) der Durchschnitt durch den Schliefsungsdrath, der Magnetismus in ihm wie er gezeichnet worden, so wird der induzirte Magnetismus in dem anderen Drath *B* die umgekehrte Richtung haben, und zwei Magnetnadeln über *A* und *B* werden entgegengesetzt abgelenkt werden. Der Strom in *B* dauert nur einen Moment, und der Drath zeigt dann nichts weiter; hebt man jedoch die Verbindung des *A* mit der Kette auf, so wird wiederum in *B* ein magneto-electrischer Strom erzeugt, der aber nunmehr dieselbe Richtung hat, als der im Schliefsungsdrathe, und ebenfalls nur einen Moment dauert. Wenn man dieses Factum näher betrachtet, so kann man daraus einen grofsen Theil der Erscheinungen in dieser Sphäre ableiten. Zuvörderst ist es klar, dafs, ob in *A* ein Strom erzeugt werde, oder ob man den Bogen *B* dem bereits von einem Strom durchflossenen Leiter *A* nähert, das Resultat mit Bezug auf *B* gleich ausfallen wird. Das Nähern des Bogens an den Schliefsungsdrath wird den in *Fig.* 15 gezeichneten Magnetismus und den entsprechenden Strom bewirken, das Entfernen den umgekehrten, und das bestätigt die Erfahrung. Statt einen Strom in *A* zu erzeugen, kann man auch den bereits stattfindenden, und mit Bezug auf *B* daher wirkungslosen, verstärken; die Intensität, um welche er verstärkt worden, gilt dann soviel, als ein neu eintretender Strom. Eine Verminderung der Stromeskraft in *A* bewirkt einen ähnlichen, aber umgekehrten Strom. Den induzirten Strom kann man in *B* auch durch gewöhnlichen Magnetismus hervorbringen, z. B. durch ein Hufeisen; hier bewirkt das Entstehen und Aufheben des Magnetismus, oder das Nähern und Entfernung desselben, oder endlich das Verstärken oder Schwächen seiner magnetischen Kraft entgegengesetzte Ströme. Da die Richtung eines Stromes gut aus der Richtung des Magnetismus, mit welchem er begleitet ist, erkannt werden kann, in sofern Stromesrichtung und Magnetismus durch die Ampère'sche Regel leicht auf einander bezogen werden, so wird die Richtung der induzirten Ströme auf folgende Weise für viele Versuche zweckmäfsig angegeben sein:

> Wenn man dem Theilchen des Körpers einen Nordpol nähert, so erhält es nach derselben Seite hin ebenfalls einen Nordpol, findet dagegen zwischen dem Theilchen und dem Nordpol ein Entfernen statt, so erhält es nach derselben Seite einen Südpol,

wobei es gleichgültig ist, ob dieser Nordpol der gewöhnliche Magnetismus des Stahls, oder der der Lage beim weichen Eisen, oder galvanischer und thermo-electrischer Magnetismus sei, (obgleich induzirte Ströme durch den letzteren noch nicht erreicht worden sind.)

Diese Regel abstrahirt man leicht aus den Resultaten der Versuche, und sie ist daher brauchbar dergleichen vorherzusagen; sie kann jedoch zu Mifsverständnissen Anlafs geben, wenn man etwa Nähern und Entfernen als wesentlich nöthig zur Hervorbringung der induzirten Ströme betrachtete. Nobili und Antinori [1]) hatten das so angesehen; allein es giebt eine Reihe von Erscheinungen, wo die Entfernung zwischen dem Drath und dem Magneten gar nicht geändert wird, und wo trotz dem Ströme entstehen, wie später gezeigt werden wird. (siehe den Abschnitt: allgemeine Bedingung zur Hervorbringung induzirter Ströme). Auch die Angabe, dafs Nähern und Entfernen entgegengesetzte Ströme hervorbringe, hat zu Irrthümern Anlafs gegeben. Das Entfernen bringt nur dann einen entgegengesetzt gerichteten Strom hervor, wenn der Magnetpol sich nach der Richtung zurückbewegt, in welcher er sich näherte. Führt man dagegen über einen von Süden nach Norden liegenden Drath einen Magneten von *O* nach *W* fort, so dafs er sich zuerst nähert, dann entfernt, so wird während der ganzen Bewegung nur ein und derselbe Strom erzeugt, und der umgekehrte, wenn derselbe Pol von *W* nach *O* geführt wird.

Ueber die Richtung der induzirten Ströme hat Lenz eine lehrreiche Abhandlung in der Petersburger Akademie der Wissenschaften vorgetragen [2]), indem er die magneto-electrische Vertheilung auf die bekannten Sätze der electrodynamischen Bewegungen zurückführt. Der Satz, durch welchen diese Zurückführung geschieht, ist bei diesem Gelehrten folgender:

> Wenn sich ein metallischer Leiter in der Nähe eines galvanischen Stromes oder eines Magneten bewegt, so wird in ihm ein Strom erregt, der eine solche Richtung hat, dafs er in dem ruhenden Drathe eine Bewegung hervorgebracht hätte, die der hier dem Drath gegebenen gerade entgegengesetzt wäre, vorausgesetzt, dafs der ruhende Drath nur in Richtung der Bewegung und entgegengesetzt beweglich ist.

In Folge dieses Satzes parallelisirt Lenz die Erscheinungen aus der electromagnetischen und magneto-electrischen Sphäre auf folgende Weise.

A. Ein von einem galvanischen Strom durchflossener geradliniger Leiter zieht einen anderen ihm parallelen an, wenn der letztere von einem galvanischen Strom durchlaufen wird, der mit jenem ein und dieselbe Richtung hat; er stöfst ihn aber ab, sobald die Richtung des Stromes in beiden Leitern entgegengesetzt ist.

a) Wenn von zwei geradlinigen, einander parallelen Leitern einer von einem galvanischen Strom durchlaufen wird, und wenn man den andern Leiter jenem in paralleler Richtung nähert, so wird während der Bewegung im bewegten Leiter ein entgegengesetzten Strom hervorgerufen; entfernt man ihn aber, so ist der erregte Strom mit dem erregenden gleichlaufend.

B. Wenn man zwei verticale kreisförmige Leiter hat, von nahe gleichem Durchmesser, deren Ebenen senkrecht auf einander stehen, und welche beide um einen verticalen Durchmesser beweglich sind, oder auch nur einer von ihnen, und wenn man durch beide Leiter einen galvanischen

[1]) Pogg. Ann. 24 pag. 623.

[2]) Pogg. Ann. 31. pag. 483.

Strom gehen läfst, so werden sie sich so an einander legen, dafs die Richtung der Ströme in beiden gleich ist.

b) Wenn von zwei ähnlichen Leitern der eine fest ist, und von einem galvanischen Strom durchlaufen wird, und wenn man den andern, beweglichen Leiter dem ersteren entgegendreht, so entsteht in ihm ein Strom, der dem galvanischen entgegengesetzt ist.

C. Wenn sich in der Nähe eines geradlinigen unbegränzten Leiters ein anderer geradliniger, auf jenem senkrechter, beweglicher Leiter befindet, so dafs dieser zweite ganz auf einer Seite des festen Leiters liegt, und wenn in beiden ein galvanischer Strom erzeugt wird, so wird der bewegliche Leiter sich längs dem unbeweglichen hinbewegen, und zwar in derselben Richtung, welche der Strom in dem unbeweglichen hat, vorausgesetzt, dafs der Strom in dem beweglichen sich von dem unbeweglichen entfernt, gegen die Richtung aber, sobald der Strom dem unbegränzten Leiter zuströmt. Wenn also in der beifolgenden Figur *ab* der ruhende Leiter, *cd* der bewegliche ist, und wenn die Pfeile die Richtung des galvanischen Stromes in beiden angiebt, so wird *cd* sich von *a* nach *b* bewegen.

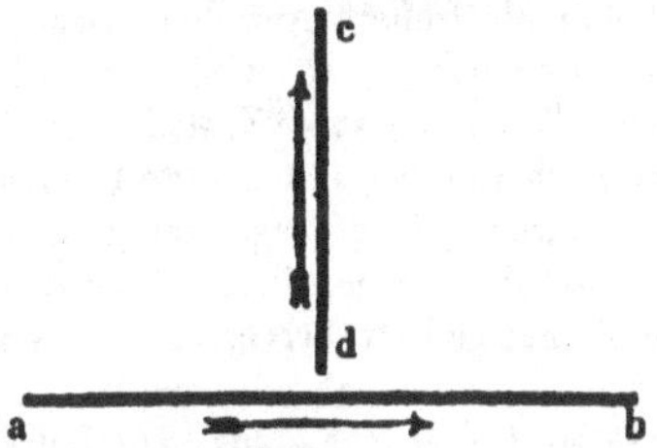

c) Ist *ab* ein galvanischer Leitungsdrath und bewegt man *cd*, der von keinem Strom durchflossen wird, von *a* nach *b*, so wird in *cd* ein Strom erregt, der aber von *c* nach *d* gerichtet ist, also umgekehrt wie in der Zeichnung.

Ueber die Wirkung eines Magneten in Hervorbringung induzirter Ströme einerseits und der Wechselwirkung eines galvanischen Stromes und eines Magneten andererseits giebt Lenz folgende Zusammenstellung.

D. Geht ein Strom in einem geradlinigen Leiter über einer frei schwebenden Magnetnadel von Süden nach Norden, so wird der Nordpol der Nadel nach Westen abgelenkt.

d) Liegt ein indifferenter Leiter über einer Magnetnadel, und dreht man den Nordpol derselben nach Westen, so wird im Leiter ein Strom erzeugt, der von Norden nach Süden gerichtet ist. Wird der Nordpol nach Osten abgelenkt, so geht der Strom von Süd nach Nord. Die Ströme sind umgekehrt, falls der Leiter sich unter dem Magneten befindet.

Wegen der Richtung der Ströme in einigen anderen Fällen wird später am geeigneten Orte noch ein Weiteres mitgetheilt werden.

Ritchie hat versucht, die Phänomene der electro-dynamischen Vertheilung und die Richtung des jedesmaligen Stromes auf ein allgemeines Gesetz zurückzuführen, und sich dabei einer Art metaphysischer Betrachtung bedient, welche die neue Entdeckung zu einer logischen Folgerung aus der Oersted'schen macht [1]). Er sagt: Mein Gesetz gründet sich auf den allgemeinen Satz, daſs Wirkung und Gegenwirkung gleich sind. Wenn daher die Volta'sche Electrizität unter gewissen Umständen Magnetismus erregt, so wird der Magnetismus unter gleichen Umständen auf den Leiter zurückwirken, und in ihm Volta'sche Electrizität erzeugen. Das scheint plausibel zu sein, und man könnte meinen, daſs wie z B. durch Streichen einer Stahlnadel gegen einen Leitungsdrath Magnetismus erzeugt wird, eben so würde durch Streichen einer bereits magnetischen Nadel an einem Drath, der letztere galvanisch erregt werden. Der Schluſs aber wäre der groſsen Entdeckung Faraday's insofern gefährlich, als er ihr alles Eigenthümliche und die daraus entspringende Wichtigkeit raubte. Er ist inzwischen nicht richtig; denn aus einer solchen Betrachtungsweise würde nothwendig sich folgendes ergeben: Wenn zwei Leiter, in denen ein galvanischer Strom erregt wird, parallel neben einander liegen, so werden sie sich anziehen, falls die Ströme gleich gerichtet sind. Entfernt man nun eine der Batterien, verbindet die Enden ihres Leitungsdrathes metallisch, und ahmt nun die frühere Anziehung nach, indem man diesen Drath parallel dem anderen nähert, so wird nach Ritchie in dem geschlossenen Drath derselbe electrische Zustand erregt werden müssen, den er besaſs, als er noch mit der Batterie verbunden war. Sind dagegegen die galvanischen Ströme entgegengesetzt gerichtet, so stoſsen sich die beiden Leitungsdräthe ab. Wenn daher unter den angegebenen Umständen die Abstoſsung mechanisch hervorgebracht wird, so müſste ein induzirter Strom entstehen, dem galvanischen im ruhenden Drath entgegengesetzt. Das wären Folgerungen aus der Betrachtungsweise Ritchie's, die er selbst an dem angeführten Ort auch aufstellt; allein das wahre Verhalten ist dem angegebenen gerade entgegengesetzt. Beim mechanischen Nähern eines Drathes an einen Schlieſsungsdrath, wird ein umgekehrter Strom erzeugt, so daſs die beiden Dräthe mittelst der Ströme der Annäherung gleichsam widerstreben, und das eben ist eine der merkwürdigsten Seiten der neuen Entdeckung. Nähert man Eisen einem Magnetpol, so wird ein Magnetismus erzeugt, der das Annähern befördert, — das gewöhnliche Phänomen magnetischer und electrischer Vertheilung, wobei die Annahme Ritchie's, daſs man durch mechanisches Nachahmen der Wirkung die Ursache hervorbringen könne, richtig ist. Allein das Faraday'sche Factum ist eben dieses, daſs in jedem Körper, auch im Eisen, wenn eine Annäherung an einen Magnetpol stattfindet, dadurch ein Magnetismus erzeugt werde, der umgekehrt auf ein Entfernen hinwirkt. Ueberhaupt ist die neue Sphäre so voller Eigenthümlichkeit, und ohne Analogie mit anderen Erscheinungen, daſs es gewiſs nicht gelingen wird,

---

[1]) Phil. mag. Jor. III, Vol. IV, Pogg. Annal. 31. pag. 203.

sie durch irgend eine metaphysische Betrachtung in das Bereich des Bekannten zu bringen.

II. Methoden, die induzirten Ströme am Galvanometer nachzuweisen.

a) Durch gewöhnlichen Magnetismus bewirkte Ströme.

Man nehme eine Kupferspirale, deren Windungen in einer Ebene liegen und aus Drath oder Streifen bestehen, verbinde ihre Enden mit einem empfindlichen Galvanometer, am besten mit dem von Fechner erfundenen, aus einer Kupferplatte bestehend. Setzt man in die Spirale rasch den Pol eines Magneten, so werden die Nadeln momentan abgelenkt werden, und zieht man den Pol heraus, nach der entgegengesetzten Seite. Um aus der Ablenkung der Nadeln die Richtung des Stromes zu erfahren, wendet man eine kleine galvanische Kette an, bei welcher die Richtung des Stromes bekannt ist. Sind c, c_1 (*Fig.* 19, *Taf. I*) die Durchschnitte des Drathes der Spirale, welche hier der Einfachheit wegen blofs als ein halbkreisförmiger Drath angenommen worden, dessen Enden cc_1 mit dem Galvanometer verbunden, und setzt man den Nordpol eines Magneten hinein: so entsteht ein Strom in der Richtung des Pfeiles. Man sieht aus der Zeichnung, dafs der induzirte Strom im Grunde nie ganz vortheilhaft erzeugt wird, denn die Punkte bb_1 haben ebenfalls das Bestreben, dem Magnetpol einen nördlichen Magnetismus entgegenzusetzen, welches einen Strom geben würde, der dem wirklich eintretenden entgegengesetzt ist. Das Endresultat setzt sich also aus der Summe einzelner Erregungen zusammen, von denen einige dem Zeichen nach umgekehrt sind. Nähert man den Nordpol des Magneten von oben, ohne ihn in den Kupferbogen zu setzen, so verlangen nun andere Punkte z. B. d und g entgegengesetzte Ströme, allein der eintretende bleibt derselbe als im vorigen Fall. Wird der Nordpol von unten dem Bogen genähert, so ist der Strom umgekehrt von dem der Zeichnung; dasselbe findet statt, wenn der Nordpol von oben aber aufserhalb dem Bogen genähert wird. Daher erhält man einen viel stärkeren Strom, wenn man einen Hufeisenmagnet so nähert, dafs seine Schenkel den Bogen umspannen. Ist c (*Fig.* 13 *Taf. I*) der Durchschnitt des Drathes, der zwischen die Schenkel des Hufeisens gebracht wird, so ist die Richtung des Magnetismus wie in a. Wird nunmehr ein Anker an das Hufeisen gelegt, so wird dieser im Moment des Anlegens ein Magnet, und erzeugt einen Strom, wie in b gezeichnet ist, und der daher derselbe ist als der frühere. Die Wirkung ist im letzteren Fall viel stärker, weil der Anker sehr plötzlich zu einem Magneten wird, und daher einen momentan stärkeren Strom in C erzeugt, der dann durch einen kräftigen Stofs die Galvanometernadel beträchtlich ablenkt. Das schnelle Nähern eines Magneten oder die plötzliche Erzeugung magnetischer Kraft bewirkt hauptsächlich defshalb eine stärkere Abweichung der Nadel, weil dadurch die erste Action vergrößsert wird, und die Nadel in der ursprünglichen Lage, parallel dem sie umgebenden Drath, am vortheilhaftesten zur Ablenkung gestellt ist. Abgesehen hiervon würde wahrscheinlich der Effect ziemlich unabhängig sein von dem schnelleren oder langsameren Nähern des Magneten, denn obgleich im letzteren Fall die Wirkung schwächer ist, so dauert sie doch länger. Wenn man diesen Effect z. B. durch eine Wasserzersetzung mäfse, so würde man in beiden Fällen gleich viel Gas erhalten. — Eine andere häufig angewandte Art, den Faraday'schen Strom zu erzeugen, besteht darin, dafs man den Anker mit Kupferdrath umwickelt, und ihn an ein Hufeisen legt, oder davon abzieht. Man kann den Drath auch schraubenförmig um eine Röhre legen und einen Magnetstab bis zur Hälfte hineinsetzen. Ueber die Richtung des dann eintretenden Stromes giebt Faraday (1ste Reihe 41) folgendes an:

> Liegt ein hohler Schraubendrath von *O* nach *W*, und wird ein Magnet stets in derselben Richtung gehalten, z. B. mit seinem Nordpol nach *W*, so weicht die Galvanometernadel nach derselben Seite ab, und es wird also ein Strom gleicher Richtung erzeugt, welchen Pol man auch in den Schraubendrath bringe.

Aufserdem reduzirt sich dieser Fall, wenn man nur eine Umwindung berücksichtigt, auf den bereits betrachteten Fall *Fig.* 19.

Der durch Induction zu erregende Drath kann auch an einer Stelle durch Wasser mit etwas Schwefelsäure oder aufgelösetem Salz unterbrochen sein, und obgleich die Ströme in diesem Falle sehr geschwächt werden, so erzeugen sie sich doch und gehen also durch die Flüssigkeit. Faraday schaltete, diefs zu beweisen, in den Verbindungsdrath Salzwasser mittelst zweier grofsen Kupferplatten ein. Bei diesem Versuch ist jedoch einige Vorsicht nöthig; die beiden Kupferplatten werden in der Regel für sich die Nadel schon beträchtlich ablenken, wodurch sie in eine ungünstige Lage gegen ihre Drathwindungen geräth, und diesem Uebelstand kann man aus später anzugebenden Gründen nicht dadurch begegnen, dafs man die Nadel zurückführt, und an ihrer Bewegung durch einen Stift hemmt. Man mufs vielmehr die grofse Ablenkung sich nach und nach verlieren lassen, oder lieber, wenn auch kleinere, Platinplatten anwenden. Ein anderer Uebelstand rührt daher, wie mich Versuche lehrten, dafs ein Erschüttern der Flüssigkeit, welches durch Anlegen und Abziehn des Ankers so leicht bewirkt wird, eine beträchtliche Veränderung des electromagnetischen Stromes erzeugt, so dafs die Galvanometernadeln blofs in Folge dieser Erschütterungen bald nach der einen, bald nach der anderen Seite sich bewegen können. Die Flüssigkeit mufs dem zu Folge sehr fest stehen, und dann fand ich bei Anwendung von Kupferplatten, von denen zwei Quadratzoll eingetaucht waren, einen entschieden durch die Flüssigkeit gehenden Strom, welcher durch das Anlegen eines Ankers an ein Hufeisen erregt worden war.

Schaltet man in dem Verbindungsdrath eine kleine Zinkkupferkette ein, wartet bis die Nadel eine constante, nicht beträchtliche Ablenkung angenommen, und erzeugt nun einen kräftigen Induzirten Strom in der

Spi-

Spirale, so geht derselbe durch den Drath und die Kette. Der hydroelectrische und magneto-electrische Strom sind also dann zugleich im Drath vorhanden. Dasselbe erreicht man noch besser durch Einschalten einer Thermokette in den Bogen, deren Löthstelle bei einer constanten Temperatur erhalten wird.

Auf eine andere Weise hat Marianini [1]) das Durchgehen magnetoelectrischer Ströme durch Flüssigkeiten bewiesen. Er tauchte zwei Silber- oder Goldplatten in ein Gemenge aus 1 Theil Schwefelsäure und 40 Th. Salzwasser; sie gaben am Galvanometer keine Ablenkung. Hierauf wurde die Verbindung mit dem Galvanometer aufgehoben, und die Platten mit dem um einen Anker gelegten Kupferdrath verbunden. Nachdem der Anker an ein Hufeisen gelegt, abgerissen und dabei die Richtung des Stromes durch einen Commutator so verändert war, dafs sie in der Flüssigkeit dieselbe blieb, so zeigten sich die Platten, als sie wieder mit dem Galvanometer verbunden wurden, heterogen, und bewirkten eine Ablenkung nach dieser oder jener Seite, je nach der Richtung, welche der inducirte Strom gehabt hatte. Hieraus folgt das Durchgehen des Stromes durch die Flüssigkeit und seine chemische Einwirkung auf dieselbe.

b) Durch Magnetismus der Lage.

Faraday befestigte in einem hohlen Schraubendrath einen Eisenkern, so dafs seine Enden hervorragten. Die Länge des Kupferdrathes betrug etwa 300 F., sein Durchmesser $\frac{1}{20}$ Zoll. Der Eisenkern wurde hierauf in die Richtung der magnetischen Inclination gebracht, und so umgekehrt, dafs das untere Ende desselben nach oben kam. Die Galvanometernadeln wurden abgelenkt und schwangen nach einigen in Uebereinstimmung mit der Bewegung der Nadel gemachten Wiederholungen in Bogen von 150 bis 160°. Es ist für die Art der Ablenkung der Nadel gleichgültig, in welcher Richtung man das Eisen mit der Schraube umkehrt, und zwar ist sie immer so, als wenn man einen Magneten, mit dem Nordpol nach unten gehalten, von oben in die umgekehrte Schraube steckte, und zwar defshalb, weil bekanntlich der nach unten gerichtete Theil des Eisenstabs ein Nordpol wird, der beim Umkehren in einen Südpol übergeht. Sind *A* und *B* die beiden Enden der Schraube, befindet sich das Ende *B* nach oben gekehrt, und steckt man einen Nordpol von oben hinein, so wird die Nadel z. B. nach Westen abweichen. Eben dahin geht sie auch, wenn der Eisenkern hineingesteckt ist, das Ende *A* sich oben befindet und das Ganze umgekehrt wird (2te Reihe 143). Faraday stellte den Versuch auch so an, dafs eine mit Kupferdrath umwundene Papprohre in die Richtung der Inclination gestellt und ein Eisenstab hineingesteckt wird. Bei Nobili und Antinori hatte die Röhre einen Durchmesser von zwei Zoll, der umwickelte Drath war 40 Meter lang und und 1^{mm} dick. Ob der Strom von dem vorübergehenden Magnetismus der Lage oder von einem dauernden Magnetismus des Eisens herrühre, davon über-

[1]) Bibl. univ. 51. pag. 16. Pogg. Ann. 27. pag. 459.

zeugt man sich, wenn man das entgegengesetzte Ende des Eisenstabes hineinsteckt, wobei die Richtung der Ablenkung dieselbe bleiben muſs. Durch die erstere Art den Versuch anzustellen, indem die Spirale fest auf dem Kern liegt, kann man den Magnetismus der Lage auch beim Stahl nachweisen. Faraday befestigte einen cylindrischen Stahlmagneten innerhalb der Schraube, stellte das Ganze in der Richtung der Neigungsnadel, und erhielt beim Umkehren so starke Ablenkungen, als wenn ein Eisenkern angewandt worden wäre.

c) Durch den Magnetismus der Erde.

Versuche hierüber sind von Faraday angestellt; sie gehören zu den interessantesten der ganzen Sphäre; Nobili und Antinori haben ebenfalls dergleichen mitgetheilt [1]. Zu diesen Versuchen gehört namentlich ein empfindlicher Galvanometer. Ein schraubenförmiger gewundener Kupferdrath (in Nobili's Versuchen 40^m, in den meinigen 90 F. lang und $1'''$ dick) wird am besten mittelst zweier Enden dünnen und biegsamen Kupferdraths mit dem Galvanometer verbunden, und der letztere Drath an zwei Punkten befestigt. Hält man hierauf die Spirale vertical und kehrt sie um, so erhält man einen Strom, und die Ablenkung der Nadel läſst sich durch Wiederholung ziemlich beträchtlich machen. War in Nobili's Versuchen die Dicke des Kupferdrathes

$0^{mm},5$	so wich die Nadel um	2	bis	4^0 ab
0,66	» »	4	»	8^0
1^{mm},	» »	10	»	20^0.

Inzwischen scheinen das nicht die einfachen Ablenkungen, sondern die durch Wiederholungen erlangten zu sein, weil hinzugesetzt wird, daſs, um diese groſse Ablenkungen zu erhalten, der bekannte Kunstgriff angewandt wurde, in dem günstigsten Augenblick, den man bei mehrmaliger Wiederholung des Versuchs leicht kennen lernt, den Strom umzukehren. Es wäre überflüssig bei der Gröſse der Ablenkungsbogen hier näher zu verweilen, da sie von der Empfindlichkeit des Galvanometers abhängt, in meinen Versuchen waren die Ablenkungen beträchtlicher, weil der Drath dicker war. Faraday beschreibt noch folgenden hieher gehörigen Versuch (171). Ein acht Fuſs langer und $\frac{1}{20}$ Zoll dicker Kupferdrath wurde in Form eines Rechtecks gebogen, und seine beiden Enden mit einem Galvanometer verbunden. Die untere Seite des Rechtecks wurde befestigt, die obere über das Galvanometer fortgeführt und dadurch die Nadel abgelenkt, beim Zurückführen des Drathes wich die Nadel nach der entgegengesetzten Seite ab. Ein so dünner Kupferdrath erlaubt diese Bewegung, wobei ein Theil in Ruhe bleibt; wendet man dickere an, so kann man die Bewegung des oberen Theils durch Charniere möglich machen. Bei Wiederholung dieses Versuchs stellte sich eine Vorsicht als nothwendig heraus, nemlich sich vor thermomagnetischen Wirkungen des Drathes

[1] Antologia di Firenze No. 131, Ann. de Ch. et de Phys. 48. Bibl. univ. 49, Pogg. Annal. 24.

zu sichern, die sich bei der Berührung mit der Hand, selbst in einem scheinbar homogenen Kupferdrath leicht einstellen. Es zeigte sich nämlich in einem Versuch, dafs die Ablenkungen der Nadel über einen gewissen Grad hinaus sich nicht vergröfsern liefsen, wozu, wenn es wirklich durch die Bewegung hervorgebrachte Ströme gewesen wären, kein Grund vorhanden ist. Ueberhaupt wird man die Ablenkungen bei dieser Art, den Versuch anzustellen, nur gering finden. Ueber die Richtung des Stromes giebt Faraday folgendes an. Denkt man sich den Galvanometer fort, und das Rechteck in sich geschlossen, vertical im magnetischen Meridian stehend, eine Magnetnadel über seiner unteren Seite, und bewegt man nun den oberen Theil nach Osten, so geht der Nordpol der Nadel nach Wesen (172). Der Strom ist daher im unteren Theil des Rechtecks von *N.* nach *S.* gerichtet, und im oberen von *S.* nach *N.* Es ist übrigens nicht nöthig, dafs die Gestalt, die man dem Drathe giebt, gerade ein Rechteck sei; auch braucht man den Drath nicht von *O.* nach *W.* zu bewegen. Man erhält immer einen Strom mit Ausnahme des einzigen Falls, wo der Drath in einer Linie parallel der Inclination herauf oder herabgeführt wird; der Strom ist im Maximum, wenn die Bewegung senkrecht auf jener Linie geschieht (177). Je länger der bewegte Drath und je gröfser die Bahn ist, welche er durchläuft, desto stärker wird der Strom ausfallen (179).

In Folge dieser Versuche behauptet Faraday mit Recht, dafs kaum ein Stück Metall in Verbindung mit anderen, entweder ruhenden, oder mit verschiedener Geschwindigkeit, oder in anderer Richtung sich bewegenden Metallmassen, bewegt werden kann, ohne dafs Ströme sich in ihm erzeugen.

d) Durch den galvanischen Schliefsungsdrath.

Wenn man hierzu eine einfache Kette oder Säule so benutzt, dafs man ihren Schliefsungsdrath um weiches Eisen führt, und dieses dadurch plötzlich zu einem starken Magnet macht, so kann man die stärksten magneto-electrischen Ströme erhalten. Die gewöhnlichen electromagnetischen Hufeisen sind hierzu sehr tauglich, wenn man durch den Drath des einen Schenkels die Kette und durch den des andern das Galvanometer schliefst, oder das Schliefsen durch den um einen Anker gelegten Drath bewirkt. Inzwischen ist diese Art des Versuchs in nichts von der Anwendung gewöhnlicher Magnete verschieden, nur ungleich kräftiger; auf eine andere Weise läfst sich jedoch der galvanische Schliefsungsdrath benutzen, indem man eine Röhre mit zwei Stücken isolirten Kupferdrathes umwickelt, die Enden des einen Stückes mit dem Galvanometer, die des andern mit der galvanischen Kette verbindet. Beim Oeffnen und Schliefsen der letzteren wird die Nadel entgegengesetzt, wenn auch in der Regel nicht stark abgelenkt. Auch durch blofses Annähern eines Drathes an einen Leitungsdrath erhielt Faraday auf folgende Weise einen induzirten Strom. Er bog zwei Dräthe mehrere Fufs lang in Form eines *W*, befestigte sie auf zwei Bretter, verband den einen mit dem Galvanometer, den anderen mit der Kette und näherte den ersteren dem zweiten; es entsteht dann, wie schon bemerkt ein umgekehrt gerichteter induzirter Strom. Pohl [1]) legte eine Spirale aus Kupferstreifen 4″ im Durchmesser in eine ähnliche von 10″; die kleinere wurde mit einer einfachen Kette, die gröfsere mit dem Galvanometer verbunden; die Ablenkung betrug beim Oeffnen und Schliefsen 5° bis 6°. Durch magneto-electrische Ströme selbst habe ich keine dergleichen erhalten können; eine Spirale aus Kupferstreifen wurde mit dem Drath verbunden der um einen Anker lag, und an einen Electromagneten gelegt werden konnte. Um die Spirale befand sich eine andere, die mit dem Galvanometer communizirte. Wurde der Anker an das mindestens 150 Pfd. tragende Hufeisen gelegt, oder davon abgezogen, so zeigte sich keine Wirkung am Galvanometer. Inzwischen mufs der Versuch bei noch stärkeren Mitteln gelingen.

e) Durch Rotiren von Kupfer und anderen Körpern in der Nähe eines Magneten, oder unter dem Einflufs des Erdmagnetismus.

Der von Arago entdeckte Rotationsmagnetismus gehört, wie man leicht sieht, in die Sphäre der Magneto-Electricität, wo er einen der verwickelteren Fälle magneto-electrischer Erregung abgiebt. Es scheint, dafs die Unzulänglichkeit in der früheren Erklärung der Arago'schen Phänomene Faraday bewegen habe, Untersuchungen hierüber anzustellen, die zur Entdeckung der einfachsten Fälle und Bedingungen geführt haben. Inzwischen haben defshalb die Arago'schen Thatsachen nichts an ihrem Interesse verloren; denn was die Abnahme der Amplituden einer über Metalle oder andere Körper schwingenden Magnetnadel betrifft, so ist sie ein so feines Mittel, Ströme nachzuweisen, wie wir es weder am Galvanometer noch am Froschpräparat besitzen, und was die Erscheinungen an einer in Gegenwart eines Magnetpols rotirenden Kupferscheibe betrifft, so wird durch sie der wichtige Satz bewiesen, dafs die Erzeugung der induzirten Ströme nicht instantan sei.

Faraday (1ste Reihe 81 u.f.) nahm zu seinen Versuchen das grofse Knight'sche Magazin der royal society, später auch gewöhnliche und electromagnetische Hufeisen, ferner eine Kupferscheibe einen Fufs im Durchmesser und ⅕ Zoll dick. Die Scheibe konnte mittelst einer messingenen Axe zwischen den Schenkeln eines Hufeisens rotiren. Mit dem amalgamirten Rand derselben wurde ein bleierner oder kupferner Conductor oder Collector, 4″ lang, ⅓ Zoll breit und ⅕ dick, in Verbindung gesetzt, indem das eine Ende desselben etwas ausgehöhlt, inwendig amalgamirt und dann auf den Rand der Scheibe aufgesetzt wurde. Mit seinem anderen Ende communizirte der Collector mit dem einen Drath des Galvanometers, während der andere Drath lose um die messingene Axe geschlungen ward. Als nun die Scheibe in Rotation versetzt wurde, wich die Nadel beträchtlich ab, und zeigte durch ihre Ablenkung einen con-

[1]) Pogg. 24. pag. 500.

stanten Strom an; beim Drehen in entgegengesetzter Richtung war auch die Ablenkung entgegengesetzt. In diesem Versuche standen die beiden Pole des Hufeisens, oder überhaupt entgegengesetzte Pole, am Rande und zu beiden Seiten der Scheibe; der Collector war zwischen ihnen angebracht. Es ist dies die günstigste Stellung für den letzteren; es mufs jedoch bemerkt werden, dafs er zu beiden Seiten um 50, 60 Grade von den Magnetpolen entfernt stehen kann, ohne dafs die Ablenkung der Nadel aufhöre, auch bleibt sie dabei nach derselben Seite gerichtet. Man kann die Scheibe ferner so stellen, dafs die Magnetpole nahe am Centrum sich befinden, man kann auch nur einen Pol anwenden; allein in allen diesen Fällen wird die Ablenkung viel schwächer. Endlich kann man zwei Conductoren auf den Rand der Scheibe aufsetzen, und mit den beiden Enden des Galvanometers verbinden, während dann die Verbindung mit der Axe aufgehoben wird. Derjenige Conductor, der dem Magnetpol entfernter steht, vertritt dabei die Stelle des früher um die Axe gewundenen Drathes, so dafs, wenn beide Conductoren gleich weit vom Magneten entfernt sind, kein Strom entsteht. Statt der Collectoren oder Sonden (wie sie Nobili nennt) kann man dem Rande der horizontalen Scheibe eine Furche geben, die amalgamirt ist oder Quecksilber enthält, wohinein der Drath vom Galvanometer führt. Am einfachsten und bequemsten jedoch fand ich es, Hebel auf den Rand und das Centrum der Kupferscheibe zu bringen, ähnlich denen beim Mutator (oder dem Blitzrade von Neef). Thermomagnetische Effecte werden diese Versuche fast immer stören, jedoch sind sie leicht zu entdecken, denn erstens sind sie constant, lenken die Nadel nach derselben Seite ab, die Scheibe mag so oder so rotiren, und dann sind sie unabhängig von der Anwesenheit des Magneten. Hält man also zuerst den Magneten entfernt, läfst blofs die Scheibe rotiren, und die Nadel eine feste Ablenkung annehmen, so erhält man nachher die Wirkung des Magnetpols. Ueber die sich auf diese Weise bildenden induzirten Ströme wollen wir noch bemerken, dafs sie bis jetzt nur am Galvanometer haben nachgewiesen werden können; Erschütterungen, chemische Wirkungen u. s. w. sind durch sie noch nicht erlangt worden; sie sind dazu zu schwach. Selbst das Froschpräparat gerieth durch sie nicht in Zuckung (Faraday 133).

Die Richtung des Stromes ist auf folgende Weise anzugeben. Rotirt die Scheibe horizontal und schraubenrecht, d. h. wie der Zeiger einer Uhr, und befindet sich über ihrem Rande ein Nordpol, oder unter demselben ein Südpol, so tritt der Strom in den Collector, der am Rande aufgesetzt ist, und geht von da in den Galvanometerdrath und zur Axe der Scheibe. Ist demnach in *Fig.* 14 *Taf. I*) die Bewegung der Scheibe durch den Pfeil bestimmt, und befindet sich ein Nordpol über der Scheibe, so wird bei *b* die positive Electricität, bei *c* die negative sein, in der Scheibe geht also der Strom (der positive) vom Centrum zur Peripherie, oder eine Kupferplatte in *b*, eine Zinkplatte in *c*, und Flüssigkeit zwischen beiden, wird die Galvanometernadel nach derselben Seite hin ablenken.

Wegen des Umstandes, dafs ein Nordpol über der Scheibe dieselbe

Wirkung hat, als ein Südpol darunter ist die frühere Theorie des Rotationsmagnetismus von Herschel und Babbage, nach welcher ein Magnetpol in den zunächst liegenden Punkten der rotirenden Kupferscheibe die entgegengesetzte Polarität, in den weiter liegenden die gleichnamige hervorbringt, widerlegt. Denn in Folge dieser Ansicht müſste ein Nordpol über der Platte und ein Südpol unter ihr, entgegengesetzte Wirkungen auf die Scheibe ausüben, welches nicht der Fall ist. Um dieſs zu beweisen stellte Faraday noch folgende Versuche an (245). Eine Kupferscheibe rotirte in einer horizontalen Ebene und über ihren Rand wurde ein Magnet vertical, den Nordpol nach unten aufgehängt; der Pol folgte der Bewegung der Scheibe, so weit es seine Befestigung gestattete. Als jedoch ein anderer gleich starker Magnet von unten dem Rande der Scheibe und zwar ebenfalls mit dem Nordpol genähert wurde, folgte der erstere nicht mehr. Wenn der zweite Magnet seinen Südpol der Scheibe darbot, so war die Bewegung des ersteren ein Maximum. Ferner wandte er ein Verfahren an, das Sturgeon erdacht hat [1]), und welches darin besteht, eine vertical stehende Scheibe durch Beschweren einer Randstelle oder durch eine excentrische Stellung der Axe in Pendelschwingungen zu versetzen. Die Kupferscheibe machte 60 Oscillationen, bis die anfängliche Amplitude um eine gewisse Gröſse abgenommen hatte. Als ungleichnamige Magnetpole zu beiden Seiten angebracht waren nur 15, als gleichnamige 50. Beim Eisen hingegen war es anders; auf dieses Metall paſst in der That die Ansicht von Herschel und Babbage, oder eigentlicher zu reden, die gewöhnlich vertheilende Wirkung eines Magnetpols ist hier stärker, als die induzirende. Eine Eisenscheibe brauchte für sich 32 Oscillationen, unter dem Einfluſs eines Magnetpols nur 11, bei groſser Nähe desselben sogar nur 5. Wurde von der anderen Seite der Scheibe ein gleichnamiger Pol genähert, so nahmen die Schwingungen bis 2 ab, stiegen dagegen auf 22, wenn es der ungleichnamige war. Auſser diesem Unterschiede zeigte sich zwischen der Kupfer- und Eisenscheibe auch noch der, daſs, wenn der Magnetpol dem Rande der ersteren entgegengehalten wurde, gar keine die Amplitude vermindernde Einwirkung statt fand, die unter gleichen Umständen bei der Eisenscheibe beträchtlich ist.

Kehren wir zu dem Falle zurück, wo eine Kupferscheibe mit einem Collector am Rande und einem im Mittelpunkt zwischen den Schenkeln eines Hufeisens rotirt, so ist klar, daſs dieser Fall auf den zurückgeführt werden kann, wo ein Kupferstreifen, dessen beide Ränder mit dem Galvanometer in Verbindung sind, durch die Schenkel des Hufeisens gezogen wird. Dergleichen Versuche sind ebenfalls von Faraday angestellt worden, und lehrten, daſs dabei ein Strom entstehe, dessen Richtnng dieselbe bleibt, so lange die Bewegung des Kupferstreifens gleich gerichtet ist, so daſs also, wenn der Streifen sich dem Magnetpol nähert, unter ihm hinweggeht und sich nun entfernt, bei dieser ganzen Bewegung ein und derselbe Strom erzeugt wird. Die Richtung des Stroms ist leicht aus dem

[1]) Edinb. ph. Journ. 1825. pag. 124.

angenommenen Schema *Fig.* 14 zu entnehmen, sobald man den vom Magnetpol entfernteren Collector des Streifens für den am Mittelpunkt der Scheibe angebrachten substituirt. Diese Versuche habe ich so wiederholt, dafs der Kupferstreifen, der nicht zu dünn sein mufs, von zwei feststehenden Pinzetten gefafst wurde, welche mit dem Galvanometer communizirten. Die Berührungsflächen waren amalgamirt, und die Streifen wurden nun zwischen den Polen eines Hufeisenmagneten hindurchgezogen. Da die Pinzetten nicht stark angedrückt wurden, so fanden keine thermomagnetische Wirkungen statt.

Die bisherigen Thatsachen setzen in den Stand, wenn auch nicht mathematisch genau, doch die ungefähre Richtung der Ströme in einer rotirenden Scheibe anzugeben. Daraus, dafs ein Südpol unter der Scheibe ganz dasselbe bewirkt als ein Nordpol darüber, folgt, dafs die Ströme nicht etwa ihren Weg von der einen Fläche der Scheibe zur andern nehmen, dafs sie vielmehr auf derjenigen Seite bleiben, wo sie erzeugt werden. Anzunehmen (wie Nobili geneigt scheint), dafs die Ströme keine in sich zurücklaufende sind, wäre unseren bisherigen Erfahrungen entgegen, nach welchen kein Strom anders vorhanden ist, als wenn er in sich geschlossen ist. Bei der Zeichnung dieser Ströme kömmt es auf zwei Momente an: 1) darauf, dafs die dem Magnetpol entfernter liegenden Theilchen der Scheibe eine schwächere Induction erleiden; 2) dafs die dem Centro der Scheibe näher liegenden Theilchen, da sie sich langsamer bewegen, in demselben Falle sind. Dieses letztere Moment ist besonders wichtig, wenn der Magnetpol nahe dem Centro steht, wo die Rotationsgeschwindigkeit mit der Entfernung vom Mittelpunkt rasch zunimmt; in der Nähe des Randes gröfserer Scheiben ist dasselbe dagegen weniger bedeutend. In allen Theilen, wo durch eine dieser Ursachen die Erregung schwächer ist, wird der Strom seinen Rücklauf nehmen, d. h. die directe Erregung dieser Theilchen durch den Magneten ist zu schwach, sich geltend zu machen, sie wird vielmehr durch diejenige der günstiger gelegenen Theilchen bestimmt und defshalb umgekehrt. Nach diesen Prinzipien ist *Fig.* 20 *Taf. I* gezeichnet, welche von Faraday herrührt [1]). In dieser Figur ist ein Nordpol *N* über der, in Richtung des Pfeiles *U* rotirenden Kupferscheibe vorausgesetzt; der Pol enthält Ströme nach der Theorie Ampère's. Man sieht hier in der sich nähernden und entfernenden Hälfte, Theilchen t, t_1, die einen entgegengesetzt gerichteten Strom haben, daherrührend, dafs t entfernter vom Pol ist und sich langsamer bewegt als t_1. Man sieht aus der Figur ferner, dafs in den sich nähernden und entfernenden Theilchen die Richtung der Ströme dieselbe ist, d. h. vom Rande nach der Peripherie geht, wie es aus den früher angeführten Versuchen mit der Scheibe und den Streifen folgt. Unmittelbar unter *N* werden sich die Ströme längs des Radius bewegen. Es ist noch nöthig zu bemerken, dafs dieser Zeichnung, da sie symmetrisch für die sich nähernden und entfernenden Theilchen ist, die Voraussetzung zu Grunde liegt, dafs

[1]) Ann. de Ch. et de Ph. de Tome I.

die Zeit bei der Erregung der Ströme keine Rolle spiele, und dafs, falls die Erregung nicht instantan ist, sondern eine gewisse Zeit braucht, sämmtliche Ströme etwas links von N zu liegen kommen werden. Das von Herschel und Babbage entdeckte Factum über die Schwächung, welche Einschnitte in der rotirenden Scheibe bewirken folgt aus der Richtung der Ströme als nothwendig, und wenn man in einer Entfernung von $\frac{1}{4}$ oder $\frac{1}{6}$ *d.* einen kreisförmigen Schnitt machen und Papier dazwischen bringen würde, so werden alle Wirkungen einer solchen Scheibe aufhören.

Bei den bisherigen Versuchen war die Bewegung der zu erregenden Theilchen immer mit einer Annäherung und Entfernung in Bezug auf den Magnetpol verbunden; bei den folgenden Versuchen, den schönsten und lehrreichsten dieser Sphäre, fällt die Verschiedenheit der Entfernung fort, und nur die Bewegung bleibt übrig.

Läfst man eine Kupferscheibe horizontal oder in irgend einer anderen Ebene (nur nicht im magnetischen Meridian, noch in einer Ebene, welche die Linie der Neigung enthält) rotiren, so werden durch den Erdmagnetismus Ströme hervorgerufen, welche durch die Collectoren an den Galvanometer nachzuweisen sind. Bringt man einen derselben am Mittelpunkt, den anderen an irgend einem Theil des Randes, gleichgültig welchen, und dreht sich die Scheibe wie der Zeiger einer Uhr horizontal, so geht der Strom vom Mittelpunkt nach der Peripherie, also genau so, als wenn unter der Scheibe sich ein Südpol oder über ihr ein Nordpol befände (*Fig.* 14 *Taf. I*). Vorausgesetzt, dafs die Rotationsgeschwindigkeit dieselbe bleibt, haben die Ströme das Maximum der Intensität, wenn die Scheibe sich im magnetischen Aequator, d. h. senkrecht auf der Inclinationslinie befindet (153). Faraday nahm eine kleine Kupferscheibe $\frac{1}{5}$ Zoll dick und nur $1\frac{1}{2}$ Zoll im Durchmesser, welche in einem Ringe von Blei oder noch besser von Kupfer sich bewegen konnte; etwas Quecksilber vervollständigte die Verbindung zwischen dem Ring und der Scheibe. Der erstere wurde mit dem einen Galvanometerdrath verbunden, die vertical stehende Axe der Scheibe trug ein Quecksilbergefäfs, wohin der andere Drath führte. Beim Rotiren der Scheibe in einer horizontalen Ebene wich die Nadel ab.

Faraday hat noch an einem Magneten gezeigt, dafs Nähern und Entfernen beim Rotiren nicht nothwendig sei, damit die Ströme sich bilden. Eine Kupferscheibe wurde auf das Ende eines mit Papier bekleideten Stahlmagneten fest aufgeschoben, und das Ganze in Rotation versetzt. Als Collectoren am Rande und dem Mittelpunkt der Scheibe aufgesetzt wurden, wich die Magnetnadel ab, und nach derselben Seite, als wenn blofs die Scheibe rotirt hätte, auch in der Gröfse der Ablenkung schien kein Unterschied zu sein (218). Die Rotation des Magneten ändert also nichts, und die Ströme in der Kupferscheibe bleiben sich gleich, der Magnet mag ruhen oder rotiren. Ferner wurde ein Kupfercylinder in Form einer Kappe auf die eine Hälfte eines Magnetstabes geschoben, aber durch Papier an der Berührung verhindert; das Ganze ward hierauf auf Quecksilber zum Schwimmen gebracht. Der eine Galvanometerdrath tauchte in dieses Quecksilber, der andere in eine Vertiefung im Deckel der Kupferkappe. Beim Rotiren dieser Vorrichtung fand ebenfalls ein Strom statt. Endlich schien es Faraday wahrscheinlich, dafs das Metall des Magneten selbst statt der Scheibe oder des Cylinders dienen könnte, und folgender Versuch bestätigte diese Vermuthung. Ein cylindrischer Magnetstab 8,5 Zoll lang, 0,75 im Durchmesser, wurde in einer engen Flasche mit Quecksilber aufrecht zum Schwimmen gebracht, am besten so, dafs die eine Hälfte ganz in Quecksilber steht, doch kann auch mehr als die Hälfte eingetaucht sein, wobei nur die Intensität des Stromes leidet. An dem oberen Ende des Magneten war eine Vertiefung, worin etwas Quecksilber und ein Galvanometerdrath sich befand, der andere wurde in das Quecksilber der Flasche geführt. Als der Magnet durch eine umgelegte Schnur zum Rotiren gebracht wurde, zeigte die Galvanometernadel einen kräftigen Strom an. Steht der Nordpol nach oben, und dreht der Magnet sich schraubenrecht, so geht der positive Strom vom obern Ende durch den Galvanometerdrath nach der Mitte des Magneten, und diefs wäre auch die Richtung des Stroms, wenn ein Kupfercylinder um den Magnet nach derselben Richtung sich bewegt hätte. Faraday bemerkt (220), dafs aus diesem Versuch eine sonderbare Unabhängigkeit zwischen dem Magnetismus und dem Metall, welches denselben trägt, hervorgeht. Der Versuch gelang mir schon mit einem kleinen cylindrischen Magneten 5″ lang ½ Zoll Durchm., um dessen oberes Ende eine Papierröhre gebunden war, das Quecksilber aufzunehmen. Wurde der Magnet zur Hälfte in Quecksilber stehend blofs mit der Hand umgedreht, so wich die Nadel beträchtlich ab, und nach der Seite, nach welcher die Ablenkung in Folge der obigen Angabe zu erwarten war.

Nachdem auf diese Art bewiesen ist, dafs die Bewegung hinreiche, Ströme hervorzubrigen, so versuchte Faraday ob es nicht möglich sei, aus ruhenden Körpern Ströme zu erhalten, und zwar wegen der Umdrehung der Erde um ihre Axe. Es würde nur darauf ankommen, den induzirten Strömen, welche sich ohne Zweifel in jedem ruhenden von Norden nach Süden, oder überhaupt in jeder Richtung, (mit Ausnahme derjenigen, welche mit der Bewegung der Erde zusammenfällt) sich erstreckenden Körpern zu erzeugen streben, einen geeigneten Weg zu bahnen. Diefs wäre z. B. nicht der Fall, wenn man einen Kupferdrath, in sich zurücklaufend und ein Ganzes bildend von Norden nach Süden legte, denn die Theilchen dieses Drathes haben dieselbe Geschwindigkeit, stehen gleich entfernt von dem magnetischen Erdpol, und es ist also kein Grund vorhanden, warum der Strom in gewissen Theilen eine entgegengesetzte, zurücklaufende Richtung haben sollte. Besteht dagegen der Bogen aus verschiedenen Metallen, so wäre es möglich, dafs, da sie dem Anschein nach verschiedentlich erregbar sind, und Eisen einen schwächeren induzirten Strom giebt als Kupfer, das schwerer erregbare Metall eine passive Rolle in dem Bogen spiele, und der in dem andern angeregte Strom durch dasselbe seinen Rückweg nehmen könnte. Um diefs zu versuchen, spannte Faraday einen Drath von Kupfer und einen von Eisen, jeden 120 Fuſs lang, nebeneinander von Norden nach Süden, und verband ihre Enden zu einem Ganzen, trennte hierauf das Kupfer an einer Stelle und vereinigte die beiden Enden mit einem Galvanometer. Es zeigte sich jedoch keine Spur eines Stromes (183). Um Substanzen zu diesem Zweck zu vergleichen, die in ihrer Erregbarkeit noch weiter von einander abstehen, machte Faraday den Versuch, Wasser in den Bogen zu bringen. Wasser ist fähig die magneto-electrischen Ströme zu leiten, also kann es auch deren hervorbringen. Der See im Garten zu Kensigton bot eine ruhige Wassermasse dar, von Norden nach Süden sich erstreckend, und zum Versuch daher sehr geeignet. Zwei Kupferplatten von vier Quadratfuſs Oberfläche wurden nördlich und südlich 480 F. von einander entfernt, eingetaucht, und durch einen 600 F. langen Kupferdrath, in welchem ein Galvanometer eingeschaltet war, verbunden. Jedoch zeigte sich auch hier kein Strom, und die anfänglichen Ablenkungen der Nadel entstanden von fremdartigen Ursachen. Wie später gezeigt werden wird, rührt die Abwesenheit des Stromes in den angeführten Fällen daher, daſs die Erregbarkeit für induzirte Ströme in allen Körpern dieselbe, und nur ihre Leitungsfähigkeit verschieden ist.

Anders ist der Fall mit fliefsendem Wasser, bringt man in dasselbe Kupfer- oder Platinplatten und verbindet sie durch einen Drath, so kann man die Bewegung der Erde, da sie alle Theile des Bogens gleichmäſsig betrifft, übersehen; es bleibt nur die eigene Bewegung des Wassers übrig, die nothwendig Ströme hervorbringen muſs. Faraday's Versuche hierüber wurden an der Themse mit 960 F. langen Drath angestellt, allein er erhielt nur unregelmäſsige Abweichungen am Galvanometer, die gewissen Heterogenitäten ihr Entstehen verdankten. Er zweifelt jedoch nicht, daſs solche Ströme durch Versuche in gröſserem Maaſsstabe zu erlangen sein müſsten. Auch ist es möglich, daſs in flieſsendem Wasser, selbst ohne Collectoren, Ströme vorhanden sein mögen, die sich durch ruhige Theile des Wassers, oder selbst durch den festen Erdkern entladen.

III. Theorie des Rotationsmagnetismus.

Ueber diesen Gegenstand besitzen wir auſser den Arbeiten Faraday's in der 1sten und 2ten Reihe seiner Untersuchungen, noch einen Brief desselben Gelehrten an Gay-Lussac [1]). Nobili und Antinori behandeln denselben Gegenstand in dreien Abhandlungen:

1) über die electromotorische Kraft des Magneten [2]),

2) neue electromotorische Versuche u. s. w. [3]),

---

[1]) Ann. de Ch. et de Ph. Tome 51.

[2]) Antologia di Firenze No. 131, Ann. de Ch. et de Phy. Tom. 48, Pogg. Ann. Bd. 24.

[3]) Antologia di Firenze No. 134, Ann. de Ch. et de Phy. Tome 50, Pogg. Ann. Bd. 24.

3) Nobili: physicalische Theorie der electrodynamischen Vertheilung [1]).

Die 2te dieser Abhandlungen enthält mehreres Unrichtige, welches durch die Neuheit des Gegenstandes veranlafst worden ist; die 3te berichtigt einiges, ohne jedoch selbst ganz von Irrthümern frei zu sein, so dafs man diese Arbeiten, die wie Faraday, wir müssen gestehen, mit Recht behauptet, nichts Neues den von ihm ermittelten Thatsachen hinzufügen, vorsichtig zu Rath zu ziehen hat. Die Erscheinungen, die zu erklären sind, kommen darauf zurück, dafs, wenn ein Magnetpol über einer rotirenden Metallscheibe im Mittelpunkt angebracht ist, keine Bewegung desselben in irgend einer Richtung entsteht, dafs aber complizirte Bewegungen entstehen, wenn derselbe excentrisch gestellt ist. Die eigentliche Bewegung zerlegt Arago nach dreien auf einander senkrechten Richtungen, die man einzeln untersuchen kann. Die erste Richtung steht senkrecht auf der Scheibe, nach ihr wird der Pol stets abgestofsen, und also, wenn er über der Scheibe sich befindet, in die Höhe gehoben. So lehrt es ein Magnet, der an dem Arm einer Waage vertical herabhängt, und nur eine Beweglichkeit nach oben oder unten hat. Die zweite Richtung fällt längs desjenigen Radius, über welchem der Pol sich befindet, und die Kraft, welche nach dieser Richtung wirkt, treibt den Magnetpol entweder nach dem Mittelpunkt der Scheibe oder nach dem Rande, je nachdem derselbe dem Mittelpunkt oder dem Rande näher steht. Der Versuch wird entweder mittelst einer Magnetnadel angestellt, die an einem Faden vertical herabhängt, oder mittelst einer Inclinationsnadel, und zwar auf zwei verschiedene Weisen, indem man entweder die Nadel beschwert, bis sie vertical steht, oder indem man die Nadel über einen Radius der Scheibe bringt, der in der Ebene des magnetischen Aequators liegt, wo sie dann von selbst vertical sich stellt. Pohl [2]) stellt diese Versuche mittelst einer gewöhnlichen Boussole an einer vertical rotirenden Scheibe an (ihre Ebene mufs dann senkrecht auf der magnetischen Meridiansebene stehen), oder an einer horizontal rotirenden Scheibe mittelst einer Nadel mit sehr flachen Hütchen, welches eine Hebung und Senkung erlaubt, während die horizontale Ablenkung der Nadel durch Stifte verhindert wird. — Die dritte Richtung steht senkrecht auf den beiden vorigen, fällt also mit der Richtung der Rotation zusammen. Der Magnetpol folgt hier der Bewegung der Scheibe, wie diefs die auf gewöhnliche Weise aufgehängte Nadel beweiset.

Was nun zuerst die centrale Stellung des Magnetpols betrifft, so werden sich in Folge des Vorhergehenden Ströme längs der Radien zu entwickeln streben; allein diese Tendenz kommt nicht zur Ausführung, da sie nicht in sich zurücklaufen können. In der That, wenn man annimmt, dafs durch irgend einen Punkt in der Entfernung r vom Mittelpunkt der

---

[1]) Antologia di Firenze No. 142, Pogg. Ann. 27.

[2]) Pogg. Ann. Bd. 8.

Strom zurückkehre, so entspricht diesem Punkt ein anderer in derselben Entfernung, wo der Strom sich in entgegengesetzter Richtung bewegen müfste. Allein beide Punkte sind weder in der Entfernung vom Magnetpol noch in der Rotationsgeschwindigkeit verschieden, also ist kein Grund vorhanden, wefshalb in irgend einem Punkt der Scheibe rückkehrende Ströme sein sollten, und defshalb wirkt keine Kraft von der Scheibe aus auf den Magneten. Wenn jedoch Collectoren am Rande und am Mittelpunkt angebracht werden, dann kann ein Strom sich durch ihren Drath entladen, und diesen beobachtet man auch am Galvanometer.

Was ferner die excentrische Stellung betrifft, so giebt *Fig.* 20 *Taf. I* für diesen Fall die wahrscheinliche Richtung der Ströme, allein aus dieser Zeichnung folgen die Arago'schen Phänomene nicht. Statt dieser complizirten Figur kann man sich der einfacheren *Fig.* 21 bedienen, wo die beiden Kreise c, c_1 für das Aequivalent der Ströme in der Scheibe anzusehen sind. Die stärkste Action wird nothwendig von den Theilen unter N ausgeübt, da wo gleich gerichtete Ströme zusammentreffen. Aber daraus folgt weder ein Erheben des Nordpols, noch eine Bewegung desselben nach dem Rande oder dem Centrum, nur in horizontale Bewegung des Pols, in Uebereinstimmung mit der Rotation der Scheibe ist das einzige, was sich ergiebt.

Daher kann die zu beiden Seiten des Magnetpols symmetrische Zeichnung der Ströme nicht die richtige sein. Man lasse die Ströme ungeändert, verändere aber die Stellung des Pols; sie wurde bisher in N angenommen, sie mag nunmehr in a_1 oder a_{11} sein. In diesen Lagen wird der Nordpol noch immer der Bewegung der Scheibe folgen, zugleich wird er aber auch gehoben, oder überhaupt von der Scheibe abgestofsen werden. Wäre statt N ein Südpol über der Scheibe, so würden die Ströme eine entgegengesetzte Richtung haben, und die Kräfte würden mit Bezug auf diesen Pol ganz dieselben bleiben. Was nun die Kraft längs des Radius betrifft, so ergiebt sich, dafs, wenn der Pol a_1 hinge, er nach dem Rande der Scheibe sich bewegen würde, über a_{11} dagegen würde er sich nach dem Centrum bewegen, und endlich in a d. h. in einer Linie, welche die beiden Mittelpunkte der Stromescurven verbindet, würde er in dem Falle in Ruhe bleiben, wo er nur eine Beweglichkeit nach C oder p hat.

Somit wären aa_1a_{11} die Stellungen des Magnetpols, in welchen die Erscheinungen der rotirenden Scheibe sämmtlich abzuleiten sind. In keiner dieser drei Stellungen jedoch sind die Stromescurven mit Bezug auf den Magneten, der sie erzeugt, symmetrisch, vielmehr erstrecken sich diejenigen der sich nähernden Theile über den Pol hinaus, und die Curven der sich entfernenden Theile erreichen ihn nicht. Es giebt zwei Ursachen, denen man diesen Mangel an Symmetrie zuschreiben kann; entweder findet ein Unterschied zwischen Theilchen, die sich nähern und solchen, die sich entfernen, statt, und die Stromescurven der ersteren erstrecken sich defshalb weiter. Diese Ursache ist inzwischen völlig unwahrscheinlich, da beide Theile dieselbe Geschwindigkeit und gleich gegerichtete Ströme haben. Die andere Ursache wäre die, dafs bei diesen

Phänomenen **die Zeit** eine Rolle spiele und dafs eine, wenn auch sehr kleine Zeit erforderlich ist, bis die Ströme sich vollständig gebildet haben; diese Ursache schiebt natürlich die Curven *Fig.* 20 nach links und überhaupt nach der Richtung der Bewegung, und ihr mufs man somit die Erscheinungen an einer rotirenden Scheibe zuschreiben, die sonst sehr einfach sein würden, und sich darauf reduzirten, dafs eine horizontal bewegliche Nadel mit der Bewegung der Scheibe rotirt, während weder die Inclinationsnadel noch die am Waagebalken aufgehängte Nadel eine Bewegung erhielte. Die **Arago**'schen Phänomene erhalten somit keine geringe Wichtigkeit, denn aus ihnen geht der merkwürdige Satz hervor, der sonst schwerer zu beweisen wäre, dafs die magneto-electrischen Ströme sich nicht instantan bilden. Es ist kein Grund vorhanden, den Satz blofs auf diese Ströme zu beschränken, er gilt wahrscheinlich für alle übrigen, da man noch keine Unterschiede zwischen Strömen verschiedenen Ursprungs kennt, und dann scheint es gewifs, dafs ihnen alle materielle Bewegungen zu Grunde liegen, ohne welche ein Zeitaufwand nicht zu begreifen ist. Auch scheint es, als wenn die **Erregung** der Ströme wohl instantan sei, allein wegen ihrer Leitung in den nicht direct erregten Theilchen ein Zeitaufwand bedingt werde. Es bleibt nur noch die Frage, wefshalb der Magnetpol bald in a_{1}, bald in a_{11} angenommen werden mufs. Bekanntlich hat **Arago** gefunden, dafs die Kraft längs des Radius in der Entfernung von $\frac{2}{3}.r$ vom Mittelpunkt etwa, gleich Null ist, und von da ab nach beiden Seiten hin entgegengesetzt auf denselben Magnetpol wirkt. Um dieses zu erklären kann man die Zeit, welche die Ströme zu ihrer Entwicklung brauchen und die daraus entstehende Unsymmetrie übersehen. Statt der beiden Kreise *Fig.* 21 werden in der Wirklichkeit eine Menge Curven existiren, deren Berührungspunkte in einer geraden Linie liegen werden. Befindet sich nun der Magnet über einem Punkt der Linie Cp, welcher näher an C liegt, so werden die Berührungen der Ströme gröfstentheils vor ihm, d. h. mehr nach dem Rande zu liegen. Denn in den Theilen nach dem Rande zu wächst die Rotationsgeschwindigkeit beträchtlich, es werden daselbst Ströme entstehen, die ihren Rückweg durch Theilchen näher am Mittelpunkt oder auf der anderen Hälfte der Scheibe nehmen können. Der Pol befindet sich dann also mit Bezug auf die Ströme in der Lage a_{11}. Steht er dagegen über einem Punkt näher dem Rande, so fehlt es zur Erzeugung von Strömen nach der Seite p hin an Masse. Da ferner daselbst der Unterschied in der Geschwindigkeit weniger bedeutend ist, so müssen die Ströme ihren Rückweg in Theilchen finden, die näher am Mittelpunkt liegen. Falls also die Bahnen der Ströme kreisförmig sind, so werden in dieser Stellung die Kreise einen gröfseren Durchmesser haben, sie werden sich näher an C berühren, und der Magnetpol wird gegen die wirksamen Stellen, die Berührungspunkte, eine Stellung haben wie in a_{1}.

Auf folgende Weise habe ich die sämmtlichen Erscheinungen einer rotirenden Kupferscheibe durch electromagnetische Ströme wiederholt. Auf einem Bogen Pappe wurden zwei sich berührende Kreise von 6″

Durchmesser gezogen, und zwei Kupferstreifen kreisförmig gewunden, so dafs sie eine ebene Spirale bildeten, und auf den gezeichneten Kreisen befestigt wurden. Die vier freien Enden des Kupfers wurden mit einer einfachen Kette verbunden, und zwar so, dafs der positive Strom in beiden Spiralen dieselbe Richtung hatte als in den beiden Kreisen *Fig.* 13. Eine stark magnetisirte Nähnadel, vertical an einem langen Faden befestigt, den Nordpol nach unten, zeigte in den Stellungen a_{1} und a_{11} die entgegengesetzten Ablenkungen, und bewegte sich zugleich etwas nach der anderen Spirale zu. Die Declinationsnadel richtete ihren Nordpol nach der andern Spirale c_{1} hin, derselbe mochte in a_{1} oder a_{11} sich befinden, und endlich wurde in beiden Punkten eine an einem Waagbalken balancirte Uhrfeder nach aufwärts getrieben, wenn ihr Nordpol nach unten hing. Diefs sind somit die sämmtlichen Phänomene an der rotirenden Scheibe.

Was die rasche Abnahme der Amplituden einer über Metalle schwingenden Nadel betrifft, so ergiebt sie sich aus dem Vorigen von selbst. (M.)

Wir knüpfen in Ermangelung einer passenden Stelle hier Emmet's Theorie [1]) der Magnetoelectricität an. Sein Aufsatz beginnt mit der Bemerkung, die Untersuchung des galvanischen Schliefsungsdraths sei dadurch so schwierig, dafs seine magnetischen Kräfte sich in Ebenen befinden, die winkelrecht auf ihm stehn. Diese Kräfte müfsten in beständiger Bewegung um den Drath gedacht werden, da sie, obgleich entgegengesetzter Art, kein Bestreben äufsern, sich zu neutralisiren; ihre Bahnen, von einer Centralaction bestimmt, die entweder im galv. Strom oder in dem Leiter desselben läge, müfsten Ellipsen sein. Trotz der Anziehung der magnetischen Kräfte von Stahl müsse man sie unaufhörlich rotirend im Magneten annehmen, wo das Dasein galvanischer Ströme bisher von keinem Galvanometer aufgezeigt worden sei. Die schon hierdurch zweifelhafte Ampère'sche Fiction, die von den magnetischen Kräften abstrahirt, erhalte den entschiedensten Stofs durch die Magneto-Electricität, bei welcher sie annehmen müsse, dafs der Galvanismus nicht wie Electricität und Magnetismus, in der Ebene seiner Fortpflanzung Induction bewirke, sondern seitlich in einer dieser parallelen Ebene. Zeichne man sich einen Magneten mit den präsumirten galv. Strömen einem Leiter, gegenüber dem er einen Strom inducirt habe, so zeige sich dieser in einer Ebene, nach welcher die Wirkung jener Ströme durchaus nicht reichen kann. Diese Schwierigkeit falle aber fort, wenn man magnetische Ströme in Magnete, die magnetische Induction als die entferntere, und magnetische Rotation als unmittelbare Ursache des Entstehens und der Richtung des inducirten volt. Stroms annehme. Der Verfasser behauptet, dafs Ampère auch ohne die erst vor Kurzem gemachte Entdeckung den Magnetismus als das ursprünglich wirkende hätte betrachten müssen, und dafs es jetzt an der Zeit sei, den von ihm begonnenen philosophischen Fehler, die Ursache mit der Wirkung verwechselt zu haben, zu verbessern. Er

[1]) Am. journ. vol. 26. pag. 23.

werde zeigen, daſs sich hierbei die magneto-electrische Induction und die gewöhnliche Magnetisirung aus demselben Prinzip ableiten lasse. Wir wollen seine Theorie, der es indeſs an schwankenden Vorstellungen und gewagten Annahmen nicht fehlt, hier kürzlich darzustellen versuchen.

In jedem durch die Axe eines galv. Schraubendraths oder eines Magneten geführten Ebene finden magnetische Rotationen ungefähr in der Art statt, wie die kleinen Kreise in *Fig.* 22 *Taf. I* zeigen. Die beiden Arten von Magnetismus, mit Pfeilspitzen und Haken bezeichnet, drehen sich in derselben Curve nach entgegengesetzter Richtung, so daſs man, wenn man sich in der Axe liegend denkt, überall die nordpolaren (Pfeil) Ströme nach dem einen Ende der Schraube, die südpolaren (Haken) Ströme nach dem andern Ende, sich bewegen sieht. Alle gleichnamigen Ströme haben dieselbe Richtung, so daſs bei *S* ein *s*pol, bei *N* ein *n*pol aus der Innenseite der Spirale tritt; das directere Ausgehn aus dem Innern der Enden bedingt ein Uebergewicht der Wirkung dieser Pole, so daſs *N* der Nordpol, *S* der Südpol der ganzen Spirale sein wird. (As these poles, in consequence of their issuing more directly from the interior of the extremity, obtain a preponderance of action, they represent the magnetic action of the helix).

Längs den Seiten der Schraube wirken beide Magnetismen mit gleicher Stärke auf einen dargebotenen Körper ein, in welchem sich daher keine Wirkung zeigt.

Es wird ferner angenommen, daſs alle Körper eine sehr groſse Menge neutralisirter magnetischer Kräfte besitzen, die durch Induction getrennt werden, und, wenn der Körper ein guter Leiter ist, nicht allein in Rotation versetzt, sondern auch seitlich *(laterally)* so geordnet werden können, daſs sie einen auf ihren Drehungsebenen senkrechten Volta i'schen Strom erzeugen. Aber zur Entstehung eines volt. Stroms ist Bewegung des inducirten oder inducirenden Körpers eine Hauptbedingung; Induction ohne Bewegung findet überhaupt nur in den eigentlich magnetischen Körpern statt, und bleibt da auf Erzeugung des Magnetismus allein beschränkt. Die magnetischen Körper unterscheiden sich von den übrigen dadurch, daſs in ihnen die magnetischen Ströme beim Eintritt eine, der Brechung des Lichts analoge, Ablenkung erfahren, die eben die Entwicklung der Magnetismen möglich macht. Es sei *N* (*Fig.* 23) der Nordpol eines Magneten, *yx* die aus seiner Oberfläche tretenden magn. Curven, *S* ein Stahlstück. Würden die Curven ungestört durch den Stahl rotiren, so würde jeder Stahlpartikel, über und unter der Axe *NS*, von zwei magn. Curven umfaſst werden, die Induction an zwei entgegengesetzten Punkten derselben beginnen und daher keine mag. Rotation nach einem bestimmten Sinne möglich sein. Die Curven erfahren aber im Stahl eine, durch die punktirte Linie angedeutete, Ablenkung, nach welcher jede Partikel nur auf einer Seite mit einem Magnetstrome in Berührung kommt, so daſs die Induction unterhalb der Axe an der obern Seite, oberhalb derselben an der unteren Seite der Partikel beginnt. Da nun in beiden Lagen die *n*polaren Ströme der Partikel nach *x* abgestoſsen, die *s*polaren nach *y* angezogen werden, die letztern aber die sind, „die aus der Oberfläche austreten," so wird die ganze vordere Seite des Stahls *S*polarität zeigen. Die so eingeleitete Rotation dauert in Stahl fort, im Eisen erlischt sie bald, in den unmagnetischen Körpern findet sie auf solche Weise gar nicht statt, da diese die magn. Ströme nicht abzulenken vermögen. Man kann indefs die Ablenkung durch äufsere Bewegung der Partikel nachahmen. Es sei *N* (*Fig.* 24) der Magnet, *Nx*, *Nx'*, *Nx''* die Linien, nach welchen die magn. Ströme wirken, *a a'* 2 Kupferpartikel. So lange diese ruhen, kann die Induction des Magnets nicht merkbar werden, beim Hinabbewegen derselben aber kommt die untere Seite der Partikel in Berührung mit dem magn. Strom, indefs die obere sich von ihm entfernt, so dafs um die Partikel die in der Figur angedeutete Rotation der magn. Ströme eintritt. Bei schneller und anhaltender Bewegung wird nicht allein die Amplitude der magn. Curven vermehrt, sondern es entsteht nun auch die seitliche Ausbreitung der Ströme, welche einen auf ihren Ebenen senkrechten galvanischen Strom hervorruft. Beim Aufwärtsbewegen der Partikel wird die Richtung der Rotationen und daher auch die des galv. Stroms die entgegengesetzte sein.

In beiden Fällen sind die Rotationen um die Partikel über der Axe *SN* gleichlaufend denen um die unterhalb derselben gelegenen Partikel. Anders ist es bei gradliniger Entfernung (oder Näherung) der Partikel von dem Magneten. Da nämlich die magn. Kräfte vom Magneten aus nothwendig divergiren, so wird, wie man leicht aus der Figur ersieht, bei der Annäherung der Partikel, die Induction bei den unterhalb der Axe gelegenen an der untern, bei den oberhalb gelegnen an der obern Seite beginnen. Die Gesammtheit der Partikeln wird daher 2 entgegengesetzte galv. Ströme durch sich hindurchlassen, die im Allgemeinen, sich aufheben. Dasselbe ergiebt sich bei dem Entfernen der Partikel. Bei dem gradlinigen Leiter wird also der galv. Strom beim Auf- und Abwärtsbewegen, nicht aber beim Entfernen und Nähern desselben bemerkt werden. Das entgegengesetzte Resultat erhält man bei dem schraubenförmigen Leiter. Es sei *bd* (*Fig.* 24) ein Kupferring, der dem Magneten grade gegenübergestellt und dann von ihm entfernt wird.

Während die innere (dem Magneten zugewandte) Kante aus der Wirkung des magn. Stroms tritt, tritt die äufsere in dieselbe ein, es wird daher bei *d* und *b* an der Innenseite des Ringes ein magn. *N*strom von innen nach aufsen zu fliefsen anfangen, den die übergreifenden Pfeile andeuten. Beide Ströme aber, wie man sich aus dem Schema *Fig.* 4 überzeugt, leiten den galv. Strom ein, der durch den Ring nach der Richtung der innern Pfeile fliefst und den man wirklich im Galvanometer auffindet. Wird hingegen der Ring in einer auf der Magnetaxe winkelrechten Ebene bewegt (z. B. auf oder abwärts), so werden alle magn. Ströme auf der einen Seite der Axe *SN* Ströme auf der Innenseite, die auf der andern Seite Ströme auf der Aufsenseite des Ringes erregen, es werden daher galv. Ströme entgegengesetzter Richtung durch den Ring gehn und sich im Allgemeinen aufheben.

Der

Der Verfasser geht noch die Fälle einer in der Nähe eines Magneten rotirenden flachen Spirale und Kupferscheibe durch, wir glauben indefs, dafs die mitgetheilten Beispiele zum Verständnifs seiner Theorie vollkommen hinreichen. (R.)

IV. Allgemeine Bedingungen, unter welchen die magneto-electrischen Ströme entstehen.

In den vorigen Abschnitten sind die mannigfachen Bedingungen angegeben, unter welchen die induzirten Ströme erzeugt werden, einige davon sind einfacher und allgemeiner Art, und geben somit den geeigneten Gesichtspunkt ab. In der Regel wird der Fall, wo ein Magnetpol in eine Spirale gesteckt oder die Spirale gegen den Magneten bewegt wird, für den einfachsten Fall gehalten, und für das Experiment ist er es auch allerdings; jedoch findet dabei aufser Bewegung auch noch ein Annähern und Entfernen statt. Wenn man in der Veränderung der Entfernung die Ursache der Ströme suchte, dann wäre es schwer zu begreifen, warum die Wirkungen nur momentan sind, und aufhören, wenn der Magnet in der genäherten Lage verbleibt. Die Ströme entstehen vielmehr dadurch, dafs einer der beiden Körper (Magnet oder Kupfer) in Bewegung ist, und nur so lange diese Bewegung dauert. Auf mannigfache Weise läfst sich das darthun, und ist es auch schon zum Theil im Vorhergehenden. Man lege einen Magneten horizontal, halte unter ihm und senkrecht auf seiner Länge einen mit dem Galvanometer verbundenen Kupferdrath; bewegt man diesen Drath nach oben um den einen Pol im Kreise herum, so wird ein Strom entstehen, trotz dem, dafs kein Nähern und Entfernen statt gefunden hat. Liegt der zu erregende Drath horizontal von Süden nach Norden, unter der Mitte des Magneten der von Osten nach Westen gelegt ist, und führt man den Drath um den Nordpol des Magneten herum, so entsteht in dem Drath ein Strom gerichtet von Süden nach Norden. Der Strom ist in diesem Falle kein ganz strenger Beweis, da man den Drath nicht so um den Pol führen kann, dafs Nähern oder Entfernen dabei ausgeschlossen sei; allein die Intensität des entwickelten Stromes ist viel gröfser, als sich von den kleinen Schwankungen der Entfernung erwarten liefse, und insofern ist der Beweis überzeugend. Völlig streng wird er, wenn durch Bewegung eines Drathes oder einer Scheibe mittelst des Erdmagnetismus Ströme erzeugt werden, wo von einer veränderten Entfernung keine Rede sein kann. Endlich spricht dafür der bereits angeführte Versuch, der einfachste vielleicht der ganzen Sphäre, wo eine Kupferscheibe auf einem Magneten fest aufsitzt. Ist ihr Centrum und Rand mit dem Galvanometer verbunden, und ist Alles in Ruhe, so ist kein Strom vorhanden; rotirt aber der Magnet mit der Scheibe, so entsteht ein Strom, ungeachtet in der gegenseitigen Lage des Erregers und des Erregten gar keine Veränderung eintritt. Auch ist schon bemerkt worden, dafs der erregte Körper zugleich der erregende sein, und dafs das Metall des Magneten selbst die Stelle des Kupfers vertreten kann. In diesem letzteren Fall verhalten sich Magnetismus und Stahl wie ein Magnet und eine fest darauf sitzende Kupferscheibe. Die seltsame Bedingung für das Entstehen der Magneto-Electricität ist somit Bewegung unter Anwesenheit von magnetischer Kraft. Defshalb zeigen sich diese Ströme, falls ein Magnet einer Spirale genähert wird, als momentan, weil die Ursache, welche sie erzeugt, die Bewegung des Magneten ebenfalls nur eine kurze Zeit dauert. Der Einflufs, den die Bewegung ausübt die Masse eines Körpers für die Ströme aufzuschliefsen, ist ganz ohne Analogie, und so merkwürdig, als wenn sich gefunden hätte, dafs ein durchsichtiger Körper durch die Bewegung undurchsichtig würde.

Inzwischen, wenn auch Ströme sich zu bilden streben, sobald die Masse sich in der Nähe eines Magneten bewegt, so werden sie in vielen Fällen nicht zur wirklichen Existenz kommen, nur die Tendenz, wird vorhanden sein. Dieses liegt in der Eigenthümlichkeit sämmtlicher Ströme ein geschlossenes Ganze zu verlangen, wodurch nothwendig der Strom in einigen Theilen eine entgegengesetzte Richtung als im anderen hat. Zu dieser Entgegensetzung mufs in jedem Fall ein Grund vorhanden sein; einige Theile der zu erregenden Masse müssen sich unter anderen Umständen befinden, sich entweder gar nicht bewegen, oder langsamer, schneller oder endlich in einer anderen Entfernung vom erregenden Magneten. Die Tendenz zu einem Strom in den, unter günstigeren Umständen sich befinden Theilchen ist dann grofs genug, die anderen auf blofse Leiter herabzusetzen, und ihnen einen Strom aufzudringen, der dem in ihnen erregten entgegengesetzt ist. Diefs geschieht bei allen Phänomenen des Rotationsmagnetismus. Ein Fall, wo die Ströme nicht zur Existenz kommen, ist die centrale Stellung eines Magnetpols über einer rotirenden Kupferscheibe, jedoch ist nicht in Abrede zu stellen, dafs auch in diesem Falle die Tendenz dazu vorhanden ist, wie es Collectoren beweisen.

Es giebt noch eine andere Art magneto-electrische Ströme zu erzeugen, die ebenfalls zu den einfachen gerechnet werden mufs, und welche für die Theorie wichtig sind. Die Ströme entstehen auch, wenn statt der Masse sich blofs die Kraft, sei es Magnetismus oder ein anderer Strom, bewegt. Stellt man ein Stück weichen Eisens in eine Spirale, und berührt dasselbe mit einem Magnetpol, oder verändert man die magnetische Kraft eines Hufeisens, welches eine Spirale umgiebt, so entsteht ein Strom; hier ist blofs der Magnetismus in Bewegung. Dasselbe ist der Fall, wenn zwei Dräthe neben einander liegen, von denen der eine mit einer galvanischen Kette verbunden wird, und wo im Augenblick der Schliefsung im anderen Drath ein induzirter Strom entsteht. Wenn wir nicht irren, so lehrt auch dieser Versuch den richtigen Satz, dafs die Ströme sich nicht instantan bilden; denn würde der galvanische Strom im Moment der Schliefsung sogleich in der ganzen Länge des Leitungsdrathes vorhanden sein, und sich nicht vielmehr mit einer endlichen, wenn auch sehr grofsen Geschwindigkeit fortpflanzen, so würde kein induzirter Strom im neben liegendem Drath entwickelt werden. In diesen Fällen, wo die erregende Kraft in Bewegung ist, ist zugleich immer Annähern oder Entfernen vorhanden, und ohne dieses scheint dann auch hierbei kein induzirter Strom entstehen zu können, weil der galvanische Strom bloſs im ersten Moment einen solchen erzeugt.

V. Funken und Commotionen durch magneto-electrische Ströme.

Wenn man die Continuität eines Drathes unterbricht, in dem Augenblick, wo ein induzirter Strom in ihm erregt worden, so erhält man einen Funken, der zuerst von Faraday beobachtet worden ist. Man hebt zu dem Ende den Drath, der um einen Eisenanker gelegt ist, in dem Moment aus Quecksilber, wo der Anker an den Magneten gelegt oder von ihm abgezogen wird; bei einiger Uebung den richtigen Zeitmoment zu treffen gelingt, dieser Versuch ziemlich sicher. Eine etwas complicirtere Vorrichtung zur Hervorbringung desselben beschreiben Nobili und Antinori[1]). Die sicherste und einfachste Weise, den Funken zu erhalten, ist von Faraday und Strehlke zugleich angegeben worden. Um den mittleren Theil eines Eisenankers (*Fig.* 11 *Taf. I*) ist Kupferdrath gelegt, an dessen einem Ende *b* ein Kupferplättchen angelöthet ist, während das andere Ende zweimal rechtwinklicht gebogen ist und mit seiner Spitze das Plättchen leicht berührt. Sind Kupferplatte und Drathspitze blank, oder amalgamirt man sie, so daſs das Quecksilber eine spiegelnde Fläche bildet, und legt diesen Anker an einen Hufeisenmagnet, von 8 oder 10 Pfd. Tragkraft, so wird durch die Erschütterung die Spitze von der Platte entfernt, und man sieht einen Funken, oft zwei, eben so beim Entfernen, wenn man nur ein Ende des Ankers vom Magneten forthebt, und in beiden Fällen so sicher, daſs Faraday mit Recht sagt, der Funke bleibe unter 100 Malen kaum einmal aus. Mein Anker ist 3¼ Zoll lang, hat 0″,3 in Durchmesser; um ihn sind nur 8½ Fuſs umsponnenen Kupferdraths 0″,04 dick gelegt, das Ende *b* ist 4″ das andere 10″ lang. Mit diesem Anker erhielt ich anfangs, als die Amalgamation des Kupfers wahrscheinlich besser gelang, Funken, wenn er rasch einem Magnet von 12 bis 15 Pfd. Tragkraft bis auf ½ Zoll genähert wurde, ohne ihn zu berühren; inzwischen konnte dieser Funken nur im Finstern wahrgenommen werden. Statt einer einfachen Spitze wendet R. Böttger[2]) mehrere Stücke feinen Kupferdraths an, die alle das Kupferplättchen leicht berühren, und er erhielt bei Anwendung eines Magneten von 50 bis 60 Pfd. Tragkraft mehrere überaus helle Funken zu gleicher Zeit. Er erhielt selbst kleine, hellleuchtende,

---

[1]) Pogg. Ann. 24 pag. 480. Sie giebt jedesmal lebhafte Funken. (D.)

[2]) Pogg. Ann. 34.

wenn der Anker am Magneten in eine schaukelnde Bewegung versetzt, und nicht abgerissen wurde.

Eine andere Vorrichtung von Faraday verdient noch angeführt zu werden, da sie ebenfalls sehr einfach ist, und der Funke blofs durch einen Magneten, ohne intermadiäres Eisen verhalten wird. Um ein kurzes Stück einer Papperöhre (*Fig.* 18. *Taf. I*) sind 20 F. Kupferdrath gelegt; das eine Ende *b* endet in einem amalgamirten Kupferplättchen, das andere *d* richtet seine Spitze darauf. Wird ein Magnet rasch in die Röhre geschoben, so erzeugt er einen Strom und entfernt zugleich die Spitze von dem Plättchen. Da dieses Entfernen am vortheilhaftesten in dem Augenblick geschieht, wo der Magnet in die Spirale tritt, so ist die Vorrichtung getroffen, dafs er ein Holzstück gegen den Drath *d* schiebt. Statt eines Pols kann man sich auch der beiden Pole eines Hufeisens bedienen, wo der eine aufserhalb der Spirale bleibt. Spitze und Platte müssen gut amalgamirt sein. Durch den magneto-electrischen Funken hat Ritchie [1]) in einem verschlossenen Gefäfs Knallgas entzündet.

Was die Commotionen betrifft, so kann man sie dem Froschpräparat oder dem menschlichen Körper ertheilen. Das erstere gelingt leichter und durch wenig intensive Ströme; Schläge in den befeuchteten Händen erfordern dagegen die starken induzirten Ströme, die man durch Electromagnete hervorbringt. Wegen einiger eingenthümlichen Mittel Commotionen hervorzubringen siehe Abschnitt: über die Phänomene beim Oeffnen und Schliefsen einer galvanischen Kette.

VI. Chemische Zersetzungen durch induzirte Ströme.

Da die induzirten Ströme im Allgemeinen nur von momentaner Dauer sind, so eignen sie sich an und für sich nicht zu chemischen Zersetzungen; die constanten Ströme, die man durch Rotationen erhält, sind aber ihrer geringen Intensität wegen eben so wenig brauchbar; Faraday hat überhaupt keine Zersetzung hervorbringen können. Inzwischen gelang dies später dem Pixii [2]) durch einen Apparat, der *Fig.* 4 *Taf. II* abgebildet ist. Man sieht hier ein Hufeisen aus Stahl *AB* in der Axe einer Welle befestigt; mittelst eines Getriebes, eines conischen Rades und der Kurbel *mn* wird dasselbe um seine verticale Axe gedreht. Gegen die Polflächen des Magneten steht der ebenfalls hufeisenartig gebogene Anker EE_1 aus weichem Eisen, fest und so, dafs der Magnet nur eben dem Anker vorbei rotiren kann. Die beiden Schenkel des Ankers sind mit Kupferdrath umwickelt, dessen Enden zu einem Commutator *TT* führen, nach Ampère's Construction; er ist in der Zeichnung noch aufserdem für sich wiewohl

[1]) Phil. Mag. Ser. III, Vol. IV, Pogg. Ann. 32.

[2]) Ann. de Ch. et de Ph. Tome 51. Pogg. Ann. Bd. 27.

nicht ganz richtig dargestellt. Von dem Commutator gehen die beiden Drähe in die zu zersetzende Substanz. Wird nun der Magnet gedreht, und nähert er sich dem Anker, so wird in den Spiralen ein Strom erzeugt, durch denselben Mechanismus wird auch der horizontale Bügel des Commutators gedreht, und zwar mufs die Vorrichtung so getroffen sein, dafs wenn der Magnet mit beiden Polen unter dem Anker sich befindet, die Spiralen nicht geschlossen sind. Bewegt sich hierauf der Magnet weiter, so verschwindet der Magnetismus des Ankers, es entsteht also der umgekehrte Strom in dem Kupferdrath, dessen Richtung jedoch, ehe er die zu zersetzende Substanz erreicht, durch den Commutator umgekehrt und auf die frühere gebracht wird. So entsteht also in der Substanz, welche zersetzt werden soll, ein, wenn auch nicht continuirlicher doch stets gleich gerichteter Strom, der das Wasser zersetzt, und Sauerstoff und Wasserstoff isolirt liefert. Auch beständige Funken, Erschütterungen, Glühen eines dünnen Platindrathes lassen sich durch diesen Apparat erreichen, wozu es dann des Commutators nicht einmal bedarf. Ueber die Dimensionen wird von Ampère folgendes angegeben. Der Kupferdrath ist 1000 Meter lang und macht 4000 Windungen um die Schenkel des Ankers; der Magnet trägt mehr als 100 Kilogrammen. Nach Hachette stellen sich die Verhältnisse anders; der Magnet besteht aus zwei zusammengelegten Hufeisen, von denen jedes 12½ Kilogr. trägt, und zwei wiegt. Er macht zehn Umläufe in der Sekunde. Das Hufeisen von weichem Eisen ist 20 Centimeter hoch, die Schenkel stehen 11 C. M. aus einander, und ihr Querschnitt ist ein Kreis von 4 C. M. Durchmesser. Der Kupferdrath ist 400 Meter lang und wiegt 2 Kilogrammen.

Diese Maschine wird sich ihrer Kostspieligkeit wegen nicht besonders empfehlen, und steht in dieser Hinsicht bei Weitem der von Pohl[1]) angegebenen nach, der man wahrscheinlich den Vorzug einräumen wird. Pohl wendet ein electromagnetisches Hufeisen an; die Schenkel 12 Zoll lang, ihre Dicke 1¼ Zoll und ihre Entfernung 5½ Zoll betragend, umwickelt ist dasselbe mit ¼ Zoll dicken Kupferdrath. Die einfache Kette, durch welche es magnetisch wird, ist ein Calorimotor von zwei Quadratfufs Oberfläche; und durch dieselbe trägt das Hufeisen mindestens zwei Centner. Zu dem Hufeisen gehört ein ihm gleicher Anker, dessen beide Schenkel mit etwa 1800 Fufs ½ Linien dicken Kupferdrathes umwickelt sind, der in 20facher Windung über einander liegt. Der Anker sowohl als das Hufeisen bleiben hier fest, und berühren sich daher an den Flächen, während bei der Pixii'schen Maschine, wo der Magnet sich bewegen mufs, zwischen beiden ein Zwischenraum bleibt. Pohl hält diefs mit Recht für einen Vorzug seines Apparats, der nur wegen des permanenten Magnetismus bei armirten Hufeisens etwas verringert wird. Zu dem Apparat gehört nun ein doppelter Commutator, oder eigentlich zwei Gyrotrope nach des Verfassers Angabe, deren Bügel aber an einer und derselben Stelle befestigt sind, damit sie zugleich und übereinstimmend

[1]) Pogg. Ann. Bd. 34

bewegt werden konnen, sonst sind beide von einander unabhängig. Der eine derselben communizirt mit dem Drath des Hufeisens und mit der Kette, der andere mit dem Drath des Ankers und den Dräthen zwischen welchen zersetzt werden soll. Dreht man den doppelten Commutator, so wird der Magnetismus des Hufeisens umgekehrt, der Strom in dem Drath des Ankers erhält die entgegengesetzte Richtung, die aber durch den Commutator umgekehrt und auf die vorige zurückgebracht wird, so dafs Sauerstoff und Wasserstoff isolirt aus dem Wasser erhalten werden. Die Bewegung der Commutatorenwelle kann durch einen Kurbel oder durch eine über zwei Rollen gelegte Schnur ohne Ende bewirkt werden. Pohl beschreibt noch eine besondere Vorrichtung [1]; es kommt darauf an, eine hin- und hergehende Bewegung zu ertheilen. Der Gyrotrop Pohl's enthält bekanntlich sechs Gefäfse mit Quecksilber, worin eben so viel Dräthe tauchen; bei der Bewegung wird das Quecksilber sehr herumgeschleudert, und defshalb wenden Pohl und Ampère statt der Gefäfse amalgamirte Kupferbleche an. Es ist einleuchtend, dafs auf die Construction des Doppelgyrotropen Sorgfalt verwendet werden mufs, damit die entsprechenden Dräthe zugleich die Kupferbleche berühren und verlassen. Die Wirkungen die Pohl von seinem Apparat erhielt, waren sehr beträchtlich: die Wasserzersetzung glich an Stärke einer von 50 Plattenpaaren hervorgebrachten; wurden die beiden Enden des Kupferdraths mit befeuchteten Händen angefafst, oder noch besser kupferne Cylinder daran gelöthet, und diese umfafst, so erhielt man Erschütterungen bis zur Brust. Bei solchen Effecten hat Pohl Recht, wenn er angiebt, seine Maschine würde im Stande sein, grofse Trogapparate zu ersetzen. (M.)

Der aus *Fig.* 9 *Taf. I* hinlänglich verständliche Apparat ist dem Nobili'schen nachgebildet, hat aber vor diesem den Vorzug der Einfachheit bei einer viel gröfsern Wirksamkeit. Der von Emmet zuerst gefertigte Apparat gab nicht nur Funken, sondern auch merkbare Schläge in den Fingergelenken, obgleich er nur einen Magnet von 15 Pfd. Tragkraft anwandte, dessen Pole 1 Zoll von einander entfernt waren. Der Drathknäul, aus 110 Yards (über 300′) feinen Kupferdrath bestehend, wurde von 2 messingenen mit Seide bedeckten Scheiben zusammengehalten. Der Anker, dessen untere Fläche, wie die Endflächen des Magnets, sorgfältig plan geschliffen war, bestand aus weichem Eisen; doch wurde später bei Anwendung von gehärtetem Stahl, selbst als er bleibenden Magnetismus zeigte, eine sehr gute Wirkung erhalten. — Der Funke erschien jedesmal zwischen Anker und Magnet beim schnellen Abschieben des erstern, einigemal bis zu einer Länge von 1 Zoll und so intensiv, dafs er Zunder *(tinder)* anzündete. Wurden die, früher von einander gehaltenen, Dräthen *c* und *c* einander nahe gebracht, so erschien beim Abziehen des Ankers zwischen ihnen ein schwacher Funke. Der Schlag in den Fingern wurde erhalten, wenn man den Magnet mit der einen Hand hielt, und mit der andern den Anker schnell abzog oder auch, wenn man bei

[1] Pogg. Ann. 34 pag. 500.

dem Abziehen die Dräthe *c* und *e* in Händen hielt. Das Rothglühen der Dräthe *c* und *e* hatte auf Funken und Schlag keinen Einfluſs. Silliman wiederholte diese Versuche (a. a. O. p. 147) mit einem 9fachen Magnete von 20 Pfd. Tragkraft und einem Knäul von 620 Fuſs Drath; er erhielt den Schlag in den Fingern sehr stark, als er die 75 Fuſs langen Dräthe *c* und *e* in Händen hielt. — In einem spätern Aufsatze [1]) bemerkt Emmet, daſs ein Galvanometer, zwischen *c* und *e* eingeschaltet bei dem Versuche nur 5°, hingegen zwischen die Dräthe *a* und *b* (die von ihren Befestigungen gelöst waren) gebracht, 70° Ablenkung zeigt, indeſs der Schlag nur bei der ersten Anordnung der Dräthe empfunden wird. Er schlieſst hieraus, daſs in den Dräthen *c* und *e* Electricität in Spannung frei sei (die er indeſs am Electrometer nicht aufzeigen kann), welche die Nerven stark, die Magnetnadel hingegen schwach afficire. Am Schluſs der Abhandlung zeigt er an, daſs es ihm gelungen sei, mit seinem Apparate, der den Aerzten als tragbare Electrisirmaschine dienen könne, Stöſse zu geben, die durch Arm und Schultern nicht ohne groſse Unbequemlichkeit genommen werden [2]). (R.)

---

[1]) Am. journ. vol. 26. pag. 23. ff.

[2]) Ich habe mir den Apparat in etwas einfacherer Form anfertigen lassen, und kann ihn als sehr bequem zu den Hauptversuchen über die Magneto-Electricität empfehlen. Die Messingscheiben des Ankers, 3″ im Durchmesser, stehen kaum 1″ von einander, und sind an den Auſsenseiten mit Wachstaft, der auf feuchtem Schellakfirniſs gut haftet, bedeckt. Der Knäul besteht aus ungefähr 500 Fuſs $\frac{1}{8}$‴ starken besponnenen Kupferdrathes. Die Enden *a* und *c* sind zusammen am Anker befestigt, aber die Enden *b* und *e* stehen nicht unmittelbar mit dem Magnete in Verbindung. Eine messingene Klemmschraube ist an einer Stelle durchbohrt und mit einer kleinen Schraube versehn, welche die genannten Enden im Bohrloche fest hält. Die Klemme selbst kann an dem Schenkel verschiedener Magnete befestigt werden. Bei dem Gebrauche wird der Apparat so auf einen Tisch gelegt, daſs er sich auf die Scheiben und den untern Theil des Magnets stützt, und daſs ein leichter Schlag den Magnet vom Anker trennt. Die Dräthe *e* und *c* sind mit Platinplatten (die zur Erhaltung des Schlages mit feuchten Fingern berührt werden müssen) und mit Platinspitzen zu Zersetzungsversuchen versehn. Mittelst eines einfachen Magnets von 3 Pfd. Tragkraft erhielt ich merkbare Schläge in den Fingern und Zersetzung der Jodkalium-Lösung auf Flieſspapier; mittelst eines 3fachen Magnets von 14 Pfd. Tragkraft empfindliche Stöſse, Zersetzung von Jodkalium, salpetersauren Baryt, Glaubersalz-Lösung auf Reactionspapieren. (R.)

VII. Magnetisirende Kraft der magneto-electrischen Ströme.

Faraday hat durch diese Ströme Stahlnadeln magnetisirt, indem er sie in eine Glasröhre steckte, welche ein Drath umgab, der einen induzirten Strom leitete. Die Magnetisirung entsprach der Richtung des Stromes (1ste Reihe 13). Dove hat auch weiches Eisen durch die induzirten Ströme magnetisch gemacht [1]). Sein Hufeisen mit dickem Kupferdrath umwickelt trug mittelst eines Calorimotors 110 Pfd.; ein gerader cylindrischer Eisenstab (*A*), ebenfalls mit Kupferdrath umwickelt, trug 30 Pfd. Wurde nun die Spirale des letzteren mit einer anderen Spirale verbunden, welche gleichfalls um einen Eisenstab (*B*) lag, der Stab (*A*) als Anker an das Hufeisen gebracht, und die Kette geschlossen, so wurde (*B*) momentan magnetisch, und richtete Eisenpfeile, die sich unter ihm befand. Auch zog er Magnetnadeln an und stiefs sie ab, je nachdem die Kette geöffnet oder geschlossen wurde. Dove bemerkt, dafs diese Versuche auch mit einem schwächeren Magneten gelingen.

VIII. Electrische Wirkungen.

Dergleichen sind bis jetzt noch nicht näher beschrieben worden; Nobili und Antinori erhielten keine, mir sind sie eben so wenig gelungen, während ich sie in einem nicht geschlossenen Bogen untersuchte, der auf gewöhnliche Weise erregt wurde. Inzwischen wird bei Gelegenheit der Pixii'schen Maschine von Ampère angeführt, dafs durch dieselbe die Goldblättchen eines mit einem Condensator verbundenen Electrometers zum Auseinanderweichen gebracht wurden. Das ist die einzige Notiz, die ich über diesen Gegenstand habe finden können [2]).

IX. Ueber die Erregbarkeit der Körper in Bezug auf magneto-electrische Ströme.

Bereits im Vorigen ist ein Versuch Faraday's angeführt, wo ein Eisen und Kupferdrath nebeneinander von Norden nach Süden ausgespannt, beide Dräthe am einen Ende unter sich, am andern mit dem Galvanometer verbunden, keinen Strom zeigten, ungeachtet der Rotation der Erde. Diefs Resultat leitete ihn zu folgendem wichtigen Satze:

Die electromotorische Kraft oder die Erregbarkeit der Körper für in-

[1]) Pogg. Ann. 29 pag. 462.

[2]) Der elegante Apparat von Saxton zeigt das Glühen des Platindraths vortrefflich, ob Divergenz am Electrometer, ist mir nicht bekannt. (D.)

duzirte Ströme ist bei allen dieselbe, und die grofsen Unterschiede, welche sie zeigen, kommen auf Rechnung ihrer verschiedenen Leitungsfähigkeit.

Ein ähnlicher Versuch wie der angegebene, wurde mit einem Hufeisenmagnet angestellt (2te Reihe 194). Zwei Stücke Eisen und Kupferdrath etwa 2 Fufs lang, wurden am einen Ende, und nur an diesem, in metallischem Contact gebracht, hierauf wie ein Strick zusammengedreht, und ihre beiden anderen Enden mit einem Galvanometer verbunden, so dafs der eine Galvanometerdrath mit Eisen, der andere mit Kupfer communizirte. Als der zusammengedrehte Drath zwischen die Pole eines starken Hufeisens gebracht wurde, entstand kein Strom, und nicht die geringste Wirkung am Galvanometer konnte wahrgenommen werden. Derselbe Drath wurde um einen eisernen Anker gewunden, und ein starker Magnet an den Anker gelegt, auch hier blieb alle Wirkung aus. Kupfer und Zinn, Kupfer und Zink, Zinn und Zink, Zinn und Eisen, Zink und Eisen auf dieselbe Weise geprüft, gaben dasselbe negative Resultat. Es leuchtet ein, dafs in diesen Versuchen jedes der beiden Metalle einen gleich gerichteten Strom erhält, und da sie in verschiedene Gefäfse des Galvanometers tauchen, so mufste der definitive Effect im Multiplicatordrath die Differenz beider sein. Diese Differenz war nun = 0, selbst als 214 Fufs Eisendrath mit 208 F. Kupferdrath combinirt wurden. Da die Leitungsfähigkeit für die beiden in den Metallen (Kupfer und Eisen) erregten Ströme gleich ist, insofern jeder von ihnen beide Metalle zu durchlaufen hat, so folgt, dafs auch die Erregbarkeit dieselbe sei. Aehnlich wie Eisen und Kupfer wurde verdünnte Schwefelsäure mit Kupfer combinirt, und ebenfalls keine Ablenkung erlangt; so dafs nach Faraday die gleiche Erregbarkeit sich wahrscheinlich auch auf die Flüssigkeiten und andere Substanzen erstreckt (201). Inzwischen ist das letztere noch nicht ganz bewiesen, da Ausbleiben des Stroms im Falle Flüssigkeit sich im Bogen befindet, von der schlechten Leitungsfähigkeit derselben herrühren könnte.

Denselben Satz hat, unabhängig von Faraday, Lenz gefunden und für Kupfer, Eisen, Platin und Messing auf folgende positivere Art bewiesen [1]). Auf einen Anker wurde eine Kupferspirale geschoben, das eine ihrer Enden mit dem Galvanometer, das andere mit einer ganzen gleichen Spirale einer der anderen Metalle verbunden, welche den Bogen schlofs, indem sie ebenfalls mit dem Galvanometer communizirte. Der Anker lag an einem Hufeisenmagneten, und die Ablenkung, die das Abreifsen desselben bewirkte, wurde beobachtet. Hierauf wurde die andere Spirale auf den Anker geschoben und die Kupferspirale als Verbindungsmittel gebraucht. Es ward durch diese Art den Versuch anzustellen erreicht, dafs die Leitungsfähigkeit dieselbe blieb, und dafs also etwanige Unterschiede in der Ablenkung auf Rechnung der Erregbarkeit kommen würden. Lenz führt als nöthige Vorsicht bei diesen Versuchen an, die thermomagnetischen Wirkungen an den Verbindungsstellen heterogener Metalle zu vermeiden,

[1]) Pogg. Ann. 34. pag. 403.

indem man eine gehörige Zeit zwischen den einzelnen Versuchen verstreichen läfst.

Er fand auf diese Weise

	um den Anker lag		Ablenk.
Kupfer und Eisen...	Kupferspirale	17°	36',0
	Eisen........	17	35,2
Kupfer und Platin...	Kupferspirale	15°	34,5
	Platin.......	15	35,2
Kupfer und Messing	Kupferspirale	18°	19,2
	Messing......	18	20,2

Die Ablenkungen sind Mittelwerthe aus mehreren Beobachtungen, und sie bestätigen vollkommen den in Rede stehenden Satz.

X. Quantitative Bestimmungen über den Einflufs des Magneten auf eine Spirale.

Ueber diesen Gegenstand sind Versuche von Lenz angestellt worden, die in den Abhandlungen der Petersburger Akademie Tome II, pag. 427 und in Pogg. Ann. 34 pag. 385 mitgetheilt werden. Sie haben zu sehr wichtigen Folgerungen geführt, und zugleich dargethan, welche Sicherheit die numerischen Bestimmungen mittelst induzirter Ströme zulassen. Die Art und Weise wie Lenz bei diesen Versuchen zu Werke ging, wird eine Norm für andere ähnliche Untersuchungen abgeben können. Er wandte einen Hufeisenmagnet von beiläufig 22 Pfd. Tragkraft an, dessen Schenkel 1,64 Zoll engl. von einander standen; ferner einen umwickelten Anker aus weichem Eisen, der an den Magneten gelegt und von ihm abgerissen wurde. Die Ablenkungen der Doppelnadel wurden aus der Entfernung mit einem Fernrohr im Spiegel beobachtet, jedoch nur die beim Abreifsen, weil es rascher und gleichförmiger zu bewerkstelligen war. In der That verdient dasjenige Verfahren, einen Strom zu erzeugen, den Vorzug, welches plötzlicher zu bewirken ist; denn die Art, wie Lenz die Kraft des Stromes aus den Ablenkungen berechnet, ist auf eine momentane Action desselben gegründet. Die Excentricität des Zeigers der Nadeln wurde unschädlich gemacht, indem in zwei auf einanderfolgenden gleichen Versuchen das eine und andre Ende desselben abgelesen ward. Dadurch dafs der Anker in entgegengesetzter Lage angebracht und abgerissen, die Doppelnadel also nach beiden Seiten abgelenkt wurde, fiel der Fehler, aus der Torsion ihres Fadens entstehend, fort. Eine vollständige Beobachtung setzt sich somit aus vier einzelnen zusammen. — Die Stelle, wo die Windungen über dem Anker lagen, zeigte sich, bei sonst gleichen Umständen, als ohne Bedeutung. Waren sie auf der Mitte angebracht, so betrug die Ablenkung 5°36'; waren sie an den Enden, so dafs sie an die Pole des Magneten streiften, so betrug sie 5°33'. Eben so zeigte sich die Geschwindigkeit, mit welcher der Anker abgerissen wurde, innerhalb ge-

wisser Gränzen als gleichgültig. Bei absichtlich sehr langsamen Abreifsen betrug die Ablenkung.. 100°,73
Bei absichtlich sehr raschem Abreifsen betrug die Ablenkung... 100,77
Bei gewöhnlich angewandter Geschwindigkeit » » 100,63

a) Einflufs der Zahl der Windungen auf die electromotorische Kraft.

Das Ergebnifs der Versuche ist folgender Satz:

Die electromotorische Kraft, welche der Magnet in der Spirale des Ankers erregt, verhält sich bei gleicher Gröfse der Windungen, wie die Anzahl derselben.

Versuch. Ein Kupferdrath 50 Fufs lang, 0″,025 engl. im Durchmesser bildet die Windungen; der Multiplicatordrath des Galvanometers besteht aus demselben Drath.

Zahl der Windungen	Ablenkung		Differenz
n	beobachtet	berechnet	
2	5° 39′	6° 18′	+0° 39′
4	12 00	12 38	+0 38
8	24 54	25 36	+0 32
9	28 19	28 42	+0 23
10	31 48	31 58	+0 10
12	38 46	38 36	−0 10
14	45 26	45 22	−0 4
15	48 32	48 48	−0 16
16	53 6	52 16	−0 50
18	59 48	59 26	−0 22
20	68 1	66 50	−1 11

Die Berechnung ist nach folgendem Prinzip geschehen. Wenn die Nadel durch eine plötzlich wirkende Kraft um den Winkel α aus dem Meridian getrieben wird, so ist die Geschwindigkeit, die sie erhalten, so grofs, als diejenige, welche sie im Meridian hat, wenn sie aus dem Azimuth α dorthin gelangt. Diese Geschwindigkeit ist proportional $1-\cos\alpha$ oder $\sin^2\frac{1}{2}\alpha$, also wird auch die Kraft durch $\sin\frac{1}{2}\alpha$ gemessen. Bei Versuchen mit magneto-electrischen Strömen liegt einer der wesentlichsten Vortheile, der auch gröfstentheils ihre Brauchbarkeit zu numerischen Bestimmungen entscheidet, darin, dafs man die Kraft durch den Ablenkungswinkel ausdrücken kann, ganz unabhängig vom Multiplicatordrath. Bei Anwendung electromagnetischer oder thermo magnetischer Ströme ist dieses theoretisch bis jetzt noch nicht möglich gewesen, und man mufs den Werth der Ablenkungswinkel empirisch suchen.

Wird in unserm Fall die Nadel durch eine Windung um β abgelenkt, durch n Windungen um α, so mufs in Folge des obigen Satzes sein

$$\sin\tfrac{1}{2}\alpha = n\sin\tfrac{1}{2}\beta,$$

vorausgesetzt, dafs der Drath gleich sei, und dafs die Umstände, von welchen die Leitungsfähigkeit abhängen, ungeändert bleiben. Diefs ist im vorliegenden Fall dadurch erreicht, dafs die Länge des Drathes 50 Fufs war, und sich mit der Zahl der Windungen nicht änderte. Für $\frac{1}{2}\beta$ gab die Methode der kleinsten Quadrate = 3°9′.

b) Einflufs der Weite der Windungen.

Hierüber hat Lenz folgenden Satz gefunden:

Die electromotorische Kraft, welche der Magnet in der Spirale des Ankers erzeugt, ist bei jeder Gröfse der Windungen dieselbe.

Versuch. Ein Kupferdrath 0″,025 dick, wurde in zehn Windungen auf den Anker gebracht; der Durchmesser der Windungen betrug 0″,73. Ferner wurden mittelst eines Holzcylinders ebenfalls zehn Windungen desselben Drathes auf den Anker geschoben, deren Durchmesser aber 6″,57 betrug. Der Versuch wurde nicht mit dem Hufeisen angestellt, weil bei den weiteren Windungen ein Einflufs der Metalle des Hufeisens auf die Spirale zu befürchten ist, wodurch der Strom verstärkt wurde. Lenz liefs, diesem zu entgehen, zwei Magnetpole an die beiden Enden des Ankers legen, und nach entgegengesetzten Seiten abziehen.

Die engere Spirale lieferte eine Abweichung von 26° 15′
» weitere » » » » » 22° 43′

Die Berechnung hierüber stellt Lenz nach der Ohm'schen Theorie an, in Folge welcher die Intensität des Stromes gleich ist der electromorischen Kraft x, dividirt durch den Leitungswiderstand. Dieser letztere setzt sich hier aus drei Theilen zusammen, aus dem Leitungswiderstand des Multiplicatordrathes L, der Verbindungsdräthe l, und der Spirale λ_1. Da die Dräthe in diesem Versuche, der Substanz und der Dicke nach, gleich waren, so ist der Leitungswiderstand einfach der Summe ihrer Längen proportional. Die Länge des Multiplicatordrathes und die der Verbindungsdräthe betrug zusammen 673,25 für beide Versuche. Die Länge der engeren Spirale war 28, die der weiteren 203; somit hat man

$$\sin\tfrac{1}{2}\alpha = C\cdot\frac{x}{701,25} \text{ für die enge Spirale}$$

$$\sin\tfrac{1}{2}\alpha_1 = C\cdot\frac{x_1}{876,25} \text{ für die weite »}$$

Dividirt man beide Gleichungen durch einander, so findet sich $\frac{x_1}{x} = 1,0838$.

In einem anderen Versuch, wo die enge Spirale im 0″,73 im Durchmesser, die weite aber 28 Zoll hatte, (so dafs die eine 38,3 mal weiter als die andere war) stellte sich dasselbe Verhältnifs auf 1,0107. Diefs bestätigt also den obigen Satz, nach welchem $\frac{x_1}{x} = 1$ ist.

Da nun die Anzahl der Theilchen, welche die electromotorische Wirkung erfahren, bei den weiteren Windungen gröfser ist, und sich wie die Radien oder wie die Entfernung vom erregenden Anker verhält, und da die Wirkung nichts desto weniger gleich bleibt, so folgt aus dem Vorigen noch folgender Satz:

Die electromotorische Einwirkung auf ein Theilchen verhält sich umgekehrt wie die Entfernung.

Daſs die Erregbarkeit der weiteren Spirale oder x_1 in den Versuchen von Lenz etwas gröſser ausgefallen ist, als die der engeren, oder x wird daherrühren, daſs auf eine einzelne Windung nicht bloſs diejenigen Theilchen des Ankers wirken, die mit ihr in derselben Ebene liegen, sondern auch seitwärts liegende, wodurch die Erregung in der weiteren Spirale vorzugsweise vermehrt werden muſs.

c) Einfluſs der Dicke des Drathes.

Hierüber hat sich folgender Satz ergeben:

Die durch den Magneten in einer Spirale hervorgerufene electromotorische Kraft ist unabhängig von der Dicke des Drathes.

Um diesen Satz zu beweisen, wurden 33 Zoll von folgenden Kupferdräthen genommen, und in zehn Windungen um den Anker gelegt.

No. 1	Durchmesser	0″,023
» 2	»	0,044
» 3	»	0,061

Der Multiplicatordrath hatte die Dicke von 0,025. Reduzirt man die 33 Zoll verschiedentlich dicken Drathes auf die Dicke des Multiplicatordrathes (nach dem Satze, daſs der Leitungswiderstand sich direct wie die Länge des Drathes und umgekehrt wie seine Durchschnittsfläche verhält, in Folge dessen die Länge 33″ mit dem Quadrat des Quotienten der Durchmesser zu multipliciren ist), so werden die reduzirten Längen 38,81 $= \lambda$, 10,78 $= \lambda_1$, 5,44 $= \lambda_{11}$ (die Rechnung giebt kleine Unterschiede in den Dezimalstellen, weil die angegebenen Durchmesser aus dem Gewicht berechnet sind, und den Werthen von $\lambda, \lambda_1, \lambda_{11}$ dieses Gewicht auch zum Grunde liegt.)

Die Länge des Multiplicatordrathes und der Verbindungsdräthe betrug 673,25 $= L + l$. Die Versuche ergaben folgende Werthe:

Spirale aus dem Drath No. 1	Ablenkung	38°	6′	$= \alpha$
» » 2	»	39	36	$= \alpha_1$
» » 3	»	39	42	$= \alpha_{11}$

Man hat also

$$\sin\tfrac{1}{2}\alpha = \frac{C\cdot x}{(L+l)+\lambda}$$

$$\sin\tfrac{1}{2}\alpha_1 = \frac{C\cdot x_1}{(L+l)+\lambda_1}$$

$$\sin\tfrac{1}{2}\alpha_{11} = \frac{C\cdot x_{11}}{(L+l)+\lambda_{11}}$$

hieraus findet man $\frac{x}{x_1} = 1{,}00305$ $\frac{x}{x_{11}} = 1{,}0085$, welche Verhältnisse, da sie so wenig von 1 verschieden sind, der Einheit gleich gesetzt werden können, und dann den in Rede stehenden Satz liefern. Läſst man den Galvanometer und die Verbindungsdräthe fort, schlieſst die Spirale in sich, so ist in ihr die Intensität des Stromes, oder $\frac{C\cdot x}{\lambda}$, direct proportional dem Querschnitt des Drathes, weil λ im umgekehrten Verhältniſs zu diesem Querschnitt steht.

Auch Peltier hat Untersuchungen über die Intensität des Stromes durch Hineinbringen eines Magnetpols in Spiralen von verschiedener Weite und Länge angestellt [1]), die aber denen von Lenz bei Weitem nachstehen. Da er keine Theorie zu Grunde gelegt, auch nicht diejenigen Maaſse angegeben hat, wodurch sie nach der von Ohm berechnet werden könnten, so scheint es nicht nöthig, dieselben näher zu betrachten. Die Resultate die er selbst daraus zieht, ergeben sich aus den eben angeführten Formeln, wenn man entweder $L + l$ viel gröſser als λ oder umgekehrt annimmt, so daſs die eine Gröſse gegen die andere als unbedeutend vernachläſsigt werden kann.

d) Ueber das Maximum des induzirten Stromes in einer Spirale, die den Anker umgiebt.

Lenz hat am angeführten Ort einige theoretische Untersuchungen über die Intensität des Stromes in einer Spirale beim Anlegen oder Abziehen des Ankers angestellt, und giebt für dieselbe die Gleichung

$$J = \frac{n \cdot a \cdot d^2 \cdot f}{a\pi[2nq + n^2\delta] + m\delta}$$

hier bedeutet d die Dicke des angewandten Drathes, δ die des umsponnenen ($\delta - d$ also die doppelte Dicke der Umwickelung), a die Länge des Raumes auf welchen die Windungen aufgefunden worden, f die in einer Windung entwickelte electromotorische Kraft (welche unabhängig ist von der Weite der Windung und dem Durchmesser des Drathes), n die Zahl der Windungsreihen, q den Radius des cylindrischen eisernen Ankers, m die freien Drathstücke, die keiner Erregung unterworfen sind, also die Verbindungsdräthe und der Multiplicatordrath, endlich π die Ludolf'sche Zahl. Setzt man $n = 1$ und für a die Dicke des umsponnenen Drathes δ, so erhält man die Intensität für eine einzige Windung.

Differentirt man J nach n und setzt das Differentiale $= o$, so erhält man aus der Gleichung $m - a\pi n^2 = o$ die Zahl der Windungsreihen, die das Maximum der Stromesintensität liefert, oder $N = \sqrt{\frac{m}{a\pi}}$. Setzt man diesen Werth von n in den Ausdruck für J, so erhält man die Stromesintensität für den Fall des Maximum oder

$$J_m = \frac{d^2 f}{2\left[\pi q + \delta\sqrt{\frac{\pi m}{a}}\right]}$$

Aus dem Werthe von N folgt:

1) N oder die Zahl der Reihen von Windungen, welche das Maximum des Stromes liefert, ist unabhängig von der Dicke des Drathes d, eben so unabhängig ist sie von q oder von der Weite der innersten Windung,

[1]) Becquerel, traité etc. Tome II. pag. 494.

2) je länger die freien Enden des Drathes oder je gröfser m, je mehr Reihen von Windungen sind erforderlich. Wird m = o oder schliefst man die Spirale in sich, so wird N = o. Diefs auffallende Resultat heifst jedoch nur, dafs der Strom in diesem Falle immer schwächer werde, je mehr Windungsreihen angewandt werden, und zwar defshalb, weil die electromotorische Kraft in Windungen von verschiedenem Durchmesser gleich ist, der Leitungswiderstand dagegen mit der Weite der Windungen zunimmt,

3) je gröfser a ist, d. h. je mehr Windungen neben einander liegen, desto weniger Reihen von übereinander liegenden Windungen verlangt das Maximum.

Aus dem Werthe von J_m folgt

4) die Intensität des Stromes beim Maximum ist direct proportional f, d. h. der electromotorischen Kraft einer Windung, oder der magnetischen Kraft des Ankers, oder endlich der Kraft des Magneten

5) je dicker der Drath, je gröfser J_m

6) je gröfser q oder je weiter die innerste Windung desto kleiner wird die Intensität beim Maximum; dasselbe gilt für m.

7) Wird a gröfser, so wächst J_m.

Sind die Verbindungsdräthe und der Multiplicatordrath zusammen 850 Zoll lang, ist a = 1,6; $\delta = 0{,}065$; q = 0,335, so hat man N = 13,07, und mit dieser Zahl von Windungsreihen ist die Stromesintensität 114,8 mal so grofs, als diejenige bei einer einzigen Windung. Bei der Construction magneto-electrischer Maschinen, um chemische Zersetzungen hervorzubringen, wird es nöthig sein, den Werth von N in Erwägung zu ziehen, damit durch eine zu grofse Menge Drathes die Wirkung nicht schwächer werde; inzwischen mufs dann um m finden zu können, der Durchschnitt der Flüssigkeit ihre Breite und Leitungsfähigkeit bekannt sein. Denn im Vorigen ist überall ein und derselbe Drath, also von gleichem Querschnitt und gleicher Leitungsfähigkeit vorausgesetzt worden.

XI. Ueber die Leitungsfähigkeit der verschiedenen Metalle.

Aus den Versuchen Faraday's, die im Vorigen angeführt (siehe Abschnitt über die Erregbarkeit etc.) und noch besser aus denen von Lenz folgt, dafs die induzirten Ströme ein vortreffliches Mittel abgeben werden, die Leitungsfähigkeit der Metalle zu bestimmen. Dergleichen Untersuchungen sind auch gleich anfangs von Faraday, Nobili und Antinori, Lenz und Christie angestellt worden, die wir kurz beschreiben, und die gewonnenen Resultate mittheilen wollen. Wegen der Schwierigkeit constante electromagnetische Ströme zu erhalten, verdienen die Untersuchungen mittelst der induzirten vor jenen den Vorzug.

Faraday und Nobili beabsichtigten blofs die Reihefolge der Metalle hinsichts ihrer Leitungsfähigkeit zu erfahren, ohne numerische Data darüber zu erlangen. Der erstere wandte dazu ein Galvanometer nach Becquerel's Vorgang aus zwei gleichen und möglichst symmetrisch gewundenen Kupferdräthen an. (2te Reihe 205). Ferner wurden 16 F. gleich dicker ($\frac{1}{20}$ Zoll Durchm.) Dräthe von Eisen, Zink, Kupfer, Zinn und Blei spiralförmig gewunden, je zwei solcher Spiralen auf einen eisernen Anker geschoben und mit den beiden Drathgewinden des Galvanometers so verbunden, dafs diese letzteren auf die Nadel entgegengesetzt wirkten. Die eintretende Ablenkung zeigte das Uebergewicht der einen oder anderen Spirale, welches von ihrer verschiedenen Leitungsfähigkeit herrührt, da die electromotorische Kraft in allen Metallen dieselbe ist. Auf welchem Theil des Ankers sich die eine oder andere Spirale befindet, ist nach den Versuchen von Lenz gleichgültig; jedoch hat man darauf zu sehen, dafs die Windungen aller Spiralen gleich weit seien, weil sonst von der bestimmten Länge (16 F.) ein längeres oder kürzeres Stück unerregt bleiben würde. Faraday fand folgende Ordnung: Kupfer, Zink, Eisen, Zink, Blei. Er bemerkt jedoch mit Recht, dafs sich auf solche Weise keine numerischen Werthe der Leitungsfähigkeit erlangen lassen, und zwar wegen des Multiplicatordrathes, dessen Leitungsfähigkeit ebenfalls zu der Intensität des Stromes beiträgt und welche constant bleibt in allen Versuchen; durch diesen Umstand werden die Unterschiede vermindert. Dasselbe gilt für die Versuche Nobili's, wo gleiche Spiralen von verschiedenen Metallen gebildet, und die Ablenkung beobachtet wurde, die sie unter gleichen Umständen erzeugten. Er fand folgende Reihenfolge: Kupfer, Eisen, Antimon, Wismuth.

Die Ohm'sche Theorie zu Grunde legend, erhielt Lenz aus den Versuchen, die unter dem Abschnitt über die Erregbarkeit der Körper angeführt worden, numerische Werthe für die Leitungsfähigkeit. Von zweien Spiralen aus verschiedenem Metall, von denen immer eine aus Kupferdrath bestand, wurde dort bald die eine bald die andere auf den Anker geschoben; Lenz macht nun noch einen Versuch, wo von zweien den früheren ganz gleichen Kupferspiralen die eine auf dem Anker sich befand, die andere zur Verbindung mit dem Galvanometer diente. Bei allen diesen Versuchen ist in dem metallischen Bogen der Leitungswiderstand des Galvanometerdrathes und einer Kupferspirale gleich, man setze denselben $= L$. Befindet sich nun eine Kupferspirale auf dem Anker, und wird die Nadel beim Abreifsen desselben um α abgelenkt, so wird man haben $\sin\frac{1}{2}\alpha = \frac{C \cdot x}{L + \lambda}$, wo λ der Leitungswiderstand der Kupferspirale.

Befindet sich auf dem Anker statt der Kupferspirale eine ganz gleiche von Eisen, und ist die Leitungsfähigkeit (welche dem Leitungswiderstand reziprok ist) für Eisen $= m$, wenn Kupfer $= 1$ gesetzt wird; wird ferner unter diesen Umständen die Nadel beim Abreifsen des Ankers um α_1 abgelenkt: so hat man auf dieselbe Weise

sin

$$\sin \tfrac{1}{2}\alpha_1 = \frac{C \cdot x}{L + \frac{\lambda}{m}}$$

Aus beiden Gleichungen findet man m, vorausgesetzt, dafs die beiden Leitungswiderstände L und λ bekannt seien. Reduzirt man den Galvanometerdrath und den der Spiralen auf gleiche Durchschnitte, so kann man für L und λ, da sie sich beide auf dieselbe Substanz (Kupfer) beziehen, die reduzirten Längen nehmen, denen der Leitungswiderstand direct proportional ist. In den Versuchen von Lenz war L = 849 Zoll, λ = 84,1 und $\alpha = 21^{0}52'$; die Werthe von α_1 α_2 α_3; für Eisen, Platin, Messing sind bereits oben mitgetheilt. Hieraus fand Lenz Leitungsfähigkeit für

Kupfer	=	1,00000
Eisen	=	0,27321
Platin	=	0,18370
Messing	=	0,32106

Christie's Versuche über die Leitungsfähigkeit [1]) sind unabhängig von einer Theorie, und gehen blofs von dem Satze aus, dafs diese Gröfse umgekehrt proportional sei der Länge des Drathes. Sie werden aus der folgenden Zeichnung leicht verstanden werden.

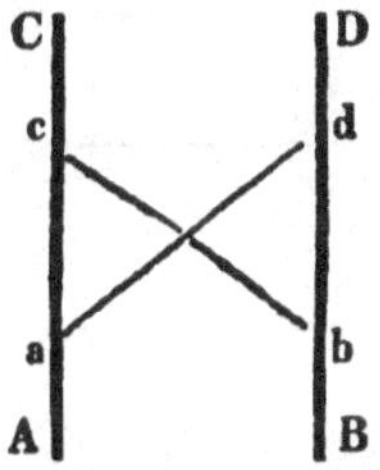

Die beiden Dräthe A, B, die Enden des um den Anker gewundenen Drathes, gehen zu den beiden Enden des Multiplicatordrathes C, D. Von a aus geht nach d ein Verbindungsdrath, eben so von b nach c, aus derjenigen Substanz bestehend, deren Leitungsfähigkeit man im Vergleich zum Kupfer (woraus AC, BD bestehen) bestimmen will. In dem Galvanometerdrath werden somit zwei entgegengesetzte Ströme vorhanden sein, und das Ueberwiegen des einen oder des anderen wird davon abhängen, dafs ad und cb länger sind als ca und db (die in Christie's Versuchen 50 Zoll lang waren), oder schlechter leiten oder umgekehrt. Da die Dicke der Dräthe dieselbe war, so kömmt es auf ihren Querschnitt nicht an. Die Dräthe ad und cb wurden nun gleichmäfsig so lange verkürzt, bis keine Ablenkung mehr erfolgte, und dann giebt das Verhältnifs ad zu ca das der Leitungsfähigkeit. Man kann auf diese Weise Dräthe von beliebigem Metall mit einander vergleichen, wenn man die eine Drathart in ca und db, die andere in ad und bc anbringt. Christie fand folgende aequivalente Längen, welche zugleich das Verhältnifs der

[1]) Phil. trans. for. 1833. Part. I. pag. 133.

Leitungsfähigkeit ausdrücken (das Detail der Beobachtungen übergehen wir hier.)

Kupfer	100
Silber	152,0
Gold	110,6
Zink	52,2
Zinn	25,3
Platin	24,5
Eisen	22,3
Blei	12,4

Bei den Versuchen über das Blei fand Christie Anomalieen; er schreibt diefs darauf, dafs die Berührung dieses Metalls mit dem Kupfer oder anderen Metallen, mit welchen es verglichen werden sollte, nach einiger Zeit schlechter wurde, weil das Blei sich oxydirte. Verbindungen durch Quecksilber wurden nicht angewandt, um die Dräthe beim Verkürzen nicht abscheiden zu müssen.

Es wird nicht unzweckmäfsig sein, die Leitungsfähigkeit, von verschiedenen Beobachtern und mittelst verschiedener Methoden erlangt, in einer Tabelle zu vereinigen, die hiermit folgt.

XII. Tabelle über die Leitungsfähigkeit der Metalle, (Kupfer = 100 angenommen).

Metalle	Magneto-electrische Ströme				Electro-magnetische Ströme				Thermomagnetische		M. El.
	Christie	b. 0° R. Lenz	Herschel u. Babbage	Harris	Davy	Becquerel	Pouillet	Ohm	Cumming	Pouillet	Harris
Palladium...					16,4					150,9	
Silber......	152,0	136,25		gewalzt. 134,	109,1	73,6	Gehalt 0,986=102,98	85,6	176,5	Gehalt 0,963=134,2	100,
Gold........	110,6			55,	72,7	93,6	feines........ 84,41	57,4	35,2	reines.........103,6	66,7
Zink........	52,2		93,	gegossen 34,		28,5		33,3	53,		33,3
Messing.....		29,33					26,28	28,0		23, bis 31,	33,3
Zinn........	25,3		46,	gegossen 24,	18,2	15,5		16,8	23,9		16,7
Platin......	24,5	14,17			14,6	16,4	13,55	17,1	21,6	22,3	20,0
Eisen.......	22,3	17,74				15,8	16,39	17,4	24,3	16, bis 18,	20,0
Stahl.......					69,1		[Gold 18K.=14,77]			gegossen 13, bis 20,	
Blei........	12,4		25,	gegossen 13,		8,3		9,7	16,8		8,3
Quecksilber.			9,	3,5		3,45					
Antimon....			2,	gegossen 4,5							
Wismuth...				» 1,6							
Kalium.....						1,33					

Die Resultate von Christie finden sich phil. trans. for. 1833 p. 139; daselbst werden auch die von Cumming mitgetheilt; die Resultate von Lenz Pogg. Ann. 34 pag. 432. Die Versuche von Herschel und Babbage (phil. trans. for. 1825) sind an rotirenden Kupferscheiben angestellt, die von Harris (ib. for. 1831) beziehen sich auf Abnahme der Amplituden einer schwingenden Nadel. Nach dem jetzigen Stande dieser Classe von Erscheinungen kann man sie als Versuche über die Leitungsfähigkeit ansehen.

Die Versuche von H. Davy (phil. trans. for. 1821, Gilb. Ann. Bd. 71), die von Becquerel (Ann. de Ch. et de Ph. 32, Schweigg. Journ. 44), die von Pouillet (Elém. de Phys. 2me. Edit. Tome II. pag. 315 und 319, die von Ohm (Schweigg. J. 46).

Die letzte Columne ist durch die Erwärmung der Dräthe beim Entladen einer Leydner Batterie erhalten (phil. trans. for. 1827, Pogg. Ann. Bd. 12.)

XIII. Leitungsfähigkeit der Metalle in verschiedenen Temperaturen.

Ueber diesen Gegenstand, über welchen bisher noch alle numerischen Angaben fehlten, hat Lenz Untersuchungen mittelst magneto-electrischer Ströme angestellt [1]). Die Art und Weise derselben ist die bereits oben beschriebene; die electromotorische Spirale umgab den Anker mit 25 Windungen, ihr Drath war 180″ lang und 0,044 dick. Der Multiplicatordrath war 827″,2 lang und 0″,061 dick. In den Kreis aus der Spirale und dem letzteren Drath wurde das zu untersuchende Metall eingeschaltet, und zwar spiralförmig um die Kugel eines Thermometers gewunden. Das Thermometer war in Oel getaucht, welches erwärmt wurde; zwei Beobachtungen wurden bei steigender, zwei bei abnehmender angestellt, so dafs jede Beobachtung aus vier einzelnen besteht, von denen bei zweien die Nadel nach der entgegengesetzten Seite abgelenkt wurde. Die Fehler aus der Torsion des Fadens und der Excentricität des Index wurden bei diesen vier Beobachtungen fortgeschafft. Zuerst wurde die Ablenkung bestimmt, indem die Spirale und der Multiplicatordrath den Bogen schlossen; ist die Summe der reduzirten Längen beider Dräthe L, so hat man

$$\sin\tfrac{1}{2}a = \frac{x}{L}$$

Hierauf wurde der zu untersuchende Drath eingeschaltet; ist seine reduzirte Länge λ und seine Leitungsfähigkeit $= \gamma$ (für Kupfer $= 1$), ist endlich α der Ablenkungswinkel, so hat man

$$\sin\tfrac{1}{2}\alpha = \frac{x}{L + \frac{\lambda}{\gamma}}$$

1) Mém. de St. Petersbourg, Sc. math. phys. et nat. Tom. II. pag. 631 Pogg. Ann. 34 pag. 418.

und aus beiden Gleichungen $\gamma = \frac{\lambda \sin\frac{1}{2}\alpha}{2L \cdot \cos\frac{1}{2}(a+\alpha)\sin\frac{1}{2}(a-\alpha)}$

Wir wollen von den Versuchen einen mittheilen, wo der Einflufs der Temperatur auf einen Platindrath, dessen reduzirte Länge oder $\lambda = 528{,}32$ war, beobachtet wurde. L war $= 1183{,}55$, die Temperatur des Zimmers 14° R.

Vor den Versuchen a = 75° 10′,2 } Mittel 75° 12′,6.
Am Schlusse derselben = 75° 15′,0 }

Thermometer R.	Mittelwerth von α	γ
0,9	19° 7′,5	0,16695
14,6	18 33,0	0,16018
31,0	17 51,0	0,15076
47,3	17 21,0	0,14639
63,7	16 48,0	0,14048
79,7	16 24,0	0,13614
94,9	15 49,5	0,13001
110,1	15 28,5	0,12634
125,3	15 3,0	0,12195
139,7	14 32,5	0,11678
155,1	15 22,5	0,11510
169,6	13 58,5	0,11112
185,7	15 45,0	0,10891

Aehnliche Versuche sind mit Drähten aus Silber, Kupfer, Messing und Eisen angestellt worden. Um sie darzustellen, wählt Lenz die Form

$$\gamma_t = a + bt + ct^2$$

wo t die Temperatur in Graden Réamur über 0°, γ_t die zugehörige Leitungsfähigkeit bedeutet. Es fand sich

für Silber $\gamma_t = 136{,}250 - 0{,}49838.t + 0{,}00080378.t^2$
oder $\gamma_t = 100{,}00 - 0{,}36568.t + 0{,}000590.t^2$

für Kupfer $\gamma_t = 100{,}000 - 0{,}31368.t + 0{,}00043679.t^2$
oder $\gamma_t = 100{,}00 - 0{,}31368.t + 0{,}00043679.t^2$

für Messing $= \gamma_t = 29{,}332 - 0{,}05168.t + 0{,}00006132.t^2$
oder $\gamma_t = 100{,}00 - 0{,}17120.t + 0{,}000209.t^2$

für Eisen $\gamma_t = 17{,}741 - 0{,}083736.t + 0{,}00015020.t^2$
oder $\gamma_t = 100{,}00 - 0{,}47200.t + 0{,}000847.t^2$

für Platin $\gamma_t = 14{,}165 - 0{,}03890.t + 0{,}00006586.t^2$
oder $\gamma_t = 100{,}00 - 0{,}27461.t + 0{,}000465.t^2$.

In dem ersten System von Formeln ist die Leitungsfähigkeit des Kupfers bei 0° zu 100 angenommen, und die der übrigen Metalle darauf zurückgeführt worden. In dem zweiten System dagegen ist die Leitungsfähigkeit jedes Metalls bei 0° = 100. Aus diesen letzteren Formeln ersieht man, dafs die Schwächung der Leitungskraft bei verschiedenen Metallen verschieden, und von den untersuchten beim Eisen am bedeutendsten ist. Setzt man die Formeln für Eisen und Platin einander gleich, so findet sich t = 97°,7 und 433,9; in beiden Temperaturen leitet das Platin so gut als das Eisen. Inzwischen erstrecken sich die Beobachtungen nur bis auf 200° R., und daher gilt das Gesagte nur für die Temperatur 97°,7; will man jedoch die Formeln noch weiter hinaus gelten lassen, so findet sich bei dem Minimum der

Leitungsfähigkeit b. Silber (59)	in der Temp.	310°,05	(Kupfer 0° = 100)
das Minim. der Leitungsfähigkeit beim Kupfer (56)	in der Temp.	359°,00	
» » » » Messing (18)	» »	421°,30	
» » » » Eisen (6)	» »	278°,8	
» » » » Platin (8)	» »	295°,3	

Dafs in der That ein Minimum der Leitungsfähigkeit vorhanden sei, schliefst Lenz aus einem Versuche, wo eine Kupferspirale in Glühen gebracht wurde; hier zeigte sich das Minimum der Leitungsfähigkeit nicht bei dem stärksten, sondern bei schwächerem Glühen.

Eine Beziehung zwischen der Ausdehnung und der Schwächung der Leitkraft durch die Wärme findet nicht statt.

XIV. Ueber die Abhängigkeit der Leitungsfähigkeit von den Dimensionen des Drathes.

Die magneto-electrischen Ströme sind von Lenz auch zur Beantwortung dieser oft behandelten Frage benutzt worden, und zwar auf eine Weise, dafs dieselbe für vollkommen erledigt anzusehen ist. Die dahin gehörige Abhandlung, die ich der Güte des Verfassers verdanke, und welche in den Petersburger Memoiren abgedruckt ist, beweiset den Satz, den Davy, Becquerel, Ohm und Fechner gefunden, und den die letzteren ihrer Theorie des Galvanismus zu Grunde legen, nemlich, dafs der Leitungswiderstand (= 1 dividirt durch die Leitungsfähigkeit) direct proportional ist der Länge des Drathes und umgekehrt proportional der Gröfse seines Querschnitts (dem Quadrat seines Durchmessers, oder seinem Gewicht). Um zu zeigen, wie grofs die Uebereinstimmung der nach dieser Voraussetzung berechneten Werthe mit den beobachteten ist, führen wir von den Versuchen, welche ganz auf die von Lenz anderweitig gebrauchte und bereits beschriebene Weise angestellt worden, die zwei folgenden an.

Ablenkung zu Anfang des Versuchs 88°,5
» » Ende » 88,5 } Mittel 88°,31 berechnet 88°,52

Es wurden eingeschaltet	Ablenk. beob.	Ablenk. ber.	Differenz
7 Fufs Drath, 0'',023 dick	53°,15	53,21	+ 0,06
14 » »	38,75	38,51	− 0,24
21 » »	30,40	30,25	− 0,15
28 » »	24,87	24,93	+ 0,06
35 » »	21,10	21,21	+ 0,11

Die Berechnung ist auf folgende Weise geführt. Es sei der Leitungswiderstand des Multiplicatordrathes und der Spirale = L, (denjenigen eines Fufses von dem eingeschalteten Drath = 1 gesetzt), es sei der eingeschaltete Drath nl lang (wo $l = 7$, $n = 1,2...5$), ferner sei α_n die beobachtete Ablenkung, so hat man $\sin\frac{1}{2}\alpha_n = \frac{x}{L+nl}$

$$L\sin\tfrac{1}{2}\alpha_n + nl\sin\tfrac{1}{2}\alpha_n - x = 0,$$

wo L und x unbekannt sind; setzt man für n die Werthe 1..5, so findet man nach der Methode der kleinsten Quadrate

$$x = 8{,}7508$$
$$L = 12{,}5386$$

und diese Werthe zu Grunde legend, die berechneten Ablenkungen der Tabelle. Da sie mit den beobachteten so gut übereinstimmen, so folgt, dafs das Gesetz, welches bei Aufstellung der Formeln angenommen worden, das richtige ist.

Auf ähnliche Weise wurde die Abhängigkeit des Leitungswiderstandes von dem Querschnitt der Dräthe beweisen. Es wurden 16 Fufs Kupferdräthe von verschiedener Dicke eingeschaltet. Zwei Fufs wogen von

No. 1	7,7370	Grammen,	Dicke 0″,046 engl.
» 6	5,0250	»	»
» 11	3,2408	»	»
» 18	1,4783	»	»
» 24	0,7750	»	»
» 30	0,3616	»	»

Zwischendrath	Ablenk. beob.	Ablenk. berechn.	Differenz
keiner	93,24	91,53	−1°,71
No. 1	66,24	65,84	−0,40
» 6	56,94	57,52	+0,58
» 11	47,16	48,09	+0,94
» 18	31,04	31,22	+0,18
» 24	19,46	19,78	+0,32
» 30	10,86	10,56	−0,30

Die etwas gröfseren Differenzen dieser Versuchsreihen kommen auf Unterschiede in der Substanz des Drathes, die nicht zu vermeiden sind, trotz dem, dafs Lenz einen und denselben dicken Kupferdrath anwandte, ihn zu dünneren Durchmessern ausziehen liefs, und die Stücke aufserdem noch glühete.

Die Versuche von Ritchie über den in Rede stehenden Gegenstand [1]), die diesen Gelehrten zu dem Satz führte, dafs die Leitungsfähigkeit von Dräthen verschieden sei, je nach der Intensität des Stromes, und dafs es dafür kein einfaches, blofs die Länge und den Durchmesser des Drathes berücksichtigendes Gesetz gebe, übergehen wir, da sie dem jetzigen Zustand der Sache nicht entsprechen. Wenn ein Drath in die Kette eingeschaltet wird, so ist die Intensität des Stromes nicht einem Quotienten gleich, dessen Nenner blofs von den Dimensionen des Drathes, oder seiner Leitung abhängt, sondern dieser Nenner setzt sich aus dem Wider-

[1]) Phil. trans. for. 1833 Part. II. Pogg. Ann. Bd. 32. p. 529.

stand zusammen, den sowohl der eingeschaltete Drath, als andere Theile der Kette ausüben. Falls nur der eingeschaltete Drath in verschiedenen Versuchen verändert wird, so tritt zu seinem Leitungswiderstand eine Constante als Summand hinzu, wie man aus den eben angeführten Formeln ersieht. Als Christie [1]) mittelst induzirter Ströme Versuche über den Einfluſs der Länge auf die Leitungsfähigkeit anstellte, kam er empirisch durch den Mangel an Uebereinstimmung auf die Nothwendigkeit, den Leitungswiderstand des Multiplicatordrathes als eine Constante einzuführen, und da er sie durch Elimination bestimmte, so enthielt sie auch den Widerstand des spiralförmig um den Anker gewundenen Drathes. Seine Berechnung wurde dadurch ganz dieselbe als die obige von Lenz (nur in so fern etwas weitläuftiger, daſs das groſse Knigt'sche Magazin, dessen er sich bediente, direct auf die Nadeln des Galvanometers einwirkte); auch fand er dann dasselbe Gesetz mit Bezug auf die Länge des Drathes. Was den Einfluſs der Dicke des Drathes betrifft, so wandte er das Verfahren an, das in dem Abschnitt über die Leitungsfähigkeit der verschiedenen Metalle angegeben worden. Nennt man l die Länge und d den Durchmesser des einen Drathes, l_1, d_1 dasselbe für den anderen Drath aus derselben Substanz, und heben sie beide den Strom im Galvanometerdrath auf, so sind mit Bezug auf die Leitungsfähigkeit $\frac{d^n}{l}$ und $\frac{d_1{}^n}{l_1}$ einander gleich, und daher

$$n = \frac{\log l - \log l_1}{\log d - \log d_1}$$

Die Versuche ergaben

$l = 350$, $l_1 = 89$, $d = 0{,}1258$, $d_1 = 0{,}0633$ und hieraus $n = 1{,}9937$

ferner:

$l = 350$ $l_1 = 90$ $d = 0{,}0633$ $d_1 = 0{,}0322$ » » $n = 2{,}0093$

$n = 2{,}0015$

eine Uebereinstimmung, die vollkommen zu nennen ist.

Bei Gelegenheit dieser Versuche fand Christie auch, daſs die Nadel durch den Multiplicatordrath gleich weit abgelenkt wurde, an welcher Stelle des Verbindungsdrathes der Galvanometer sich befand, vorausgesetzt, daſs alles Uebrige ungeändert blieb. Das war freilich nie zu bezweifeln, ist jedoch auch nicht bewiesen worden.

Von den Inductionsphänomen beim Oeffnen und Schlieſsen einer Voltai'schen Kette.

Einige der hieher gehörigen Thatsachen sind schon früher bekannt gewesen, ohne besondere Aufmerksamkeit zu erregen. Darunter gehört die Behauptung von Ritter, daſs die physiologischen Einwirkungen der

[1]) Phil. trans. for. 1833 Part I. pag. 101.

Säule auf das Auge und namentlich auf die Zunge im Moment der Trennung die umgekehrten von denen sind, welche sowohl beim Schliefsen als während der Dauer der Schliefsung stattfinden. Ritter sagt geradezu, dafs der saure Geschmack auf der Zunge beim Oeffnen der Kette in den alcalischen übergehe, und es wird sich zeigen, dafs diefs unter gewissen Umständen richtig ist. Hieher gehört ferner die, manchem Beobachter gewifs bekannte Thatsache, dafs kurze Dräthe beim Oeffnen der Kette einen schwächeren Funken geben, als längere, besonders wenn sie um weiches Eisen liegen. Dove führt das letztere ausdrücklich an [1]). Diese Wirkung längerer Dräthe gab Nobili die Veranlassung zur Erfindung seines electrodynamischen Condensators, wie er ihn nennt [2]). Der Apparat ist nichts als eine Spirale von langem Kupferdrath, die zur Schliefsung einer einfachen Kette angewandt wird. Mittelst desselben erhält man beim Oeffnen einer sehr kleinen Kette von ein oder zwei Quadratzoll Oberfläche einen Funken, der sonst gewifs nicht wahrgenommen wird. Dieser Gelehrte giebt auch das Verfahren an, um in diesem Falle den Funken sicher zu erhalten, man mufs nämlich das eine Ende des Drathes vom anderen durch Streichen entfernen, dann gelingt der Versuch sehr gut. Dieses sonderbare Verhalten eines längeren Drathes erklärt Nobili durch die Annahme einer Verdichtung der Electrizitäten, den Enden im Moment der Trennung, die stärker ist je länger der Drath. Faraday wurde auf die Erscheinungen beim Oeffnen einer Kette durch ein Experiment von Jenkin's geführt, dafs, wenn man mit befeuchteten Händen die Dräthe einer Kette anfafst, die um ein Hufeisen gelegt sind, man eine Commotion erhalte, sobald die Kette geöffnet wird [3]). Jenkins befestigt zwei Kupfercylinder auf den um das Eisen gelegten Drath, damit die Berührung mit der Hand in einer gröfseren Oberfläche geschehe; die Hände müssen wohl befeuchtet sein, und stark die Cylinder umfassen. War die Länge des Drathes beträchtlich, so erhielt ich unter diesen Umständen schon einen empfindlichen Schlag, trotz dem der Drath sehr dünn und von Eisen war, die einfache Kette auch nicht mehr als ein Quadratzoll Oberfläche hatte. Successives Oeffnen und Schliefsen der Kette durch einen Mutator machte diese Empfindung sehr unangenehm, und wenn man Commotionen zu therapeuthischen Zwecken anwenden will, so wird man mittelst einer kleinen einfachen Kette eines Electromagneten und des Mutators Effecte erhalten, wie sonst nur von vielplattigen Säulen. Jacobi in Dorpat hat diese Versuche sehr weit getrieben, und Ref. ist Zeuge der erstaunenswerthen Wirkungen gewesen, die er erhalten hat [4]). Ueber einen Cylinder von Holz, $1\frac{1}{2}$ Zoll im Durchmesser, lagen 800 Fufs Kupferdrath, $\frac{3}{4}$ Linien im Durch-

[1]) Pogg. Ann. 29 pag. 463.

[2]) Antologia di Firenze No. 136. Pogg. Ann. 27 pag. 436.

[3]) Phil. Mag. Ser. III. Vol. V, Pogg. Ann. 34 pag. 392.

[4]) Mém. sur l'applicat. de l'Ectromagnét. au mouv. des mach. Potsdam. pag. 51.

messer, mit seidenem Band wohl umwickelt. Wurde mit demselben die kleinste Kette (von ¼ Quadratzoll Oberfläche) geschlossen, so sah man beim Oeffnen einen sehr hellen Funken, und empfand unter den angegebenen Umständen einen so überaus heftigen Schlag, dafs man ihn nicht leicht wiederholte, er ging bis über die Schultern hinaus. Selbst bei Anwendung eines Zink und Platindrathes war ein Funke und eine merkliche Erschütterung vorhanden. In diesen Versuchen Jacobi's war kein weiches Eisen gegenwärtig.

Was den Versuch von Jenkins anbetrifft, so glaubt Faraday, dafs der Erfolg von einem induzirten Strom herrühre, der beim Oeffnen der Kette durch das weiche Eisen erzeugt wird, und eine dem galvanischen Strom gleiche Richtung hat. In der That ist *ab* (*Fig.* 16 *Taf. I*) der Durchschnitt des Drathes, der auf dem weichen Eisen *SN* liegt, ist der Magnetismus des Drathes so gerichtet, wie die Buchstaben *ns* es andeuten, so wird der Magnetismus im Eisen den Buchstaben *SN* gemäfs sein; hört dieser Magnetismus auf, so kann man sich denken, der Nordpol *N* bewege sich von *N* nach *S*, wodurch dann derselbe Strom im Drath erzeugt wird, als der frühere. Wie ein Eisenkern wird auch schon der Drath auf sich selbst eine induzirende Wirkung ausüben, und Faraday schreibt ihr die Wirksamkeit langer Dräthe in der That zu. Wenn der galvanische Strom aufhört, so wird in jedem Theilchen eben durch das Aufhören ein induzirter gleich gerichteter Strom erzeugt, und zwar wirkt dabei ein Theilchen auf sich selbst und auf benachbarte zugleich induzirend (nur das letztere nimmt Faraday an). Daher rührt auch die bessere Wirkung eines spiralförmigen gewundenen gegen einen eben so langen aber ausgestreckten Drath, die Faraday zu beweisen, sich mit Recht sehr angelegen sein läfst. Er schlofs abwechselnd eine Kette durch eine Spirale und einen eben so langen Drath, beim Oeffnen war im ersteren Fall stets ein besserer Funken. Wurde die Spirale rasch ausgebreitet, so waren die nachherigen Funken viel geringer (1065). Faraday glaubt (1070), dafs der kürzeste Drath denjenigen Funken oder Schlag vollständig ertheilt, dessen die angewandte Kette fähig ist, und dafs die höheren Effecte längerer Dräthe u. s. w. von den induzirten Strömen beim Offnen herrühren. Während der Dauer der Schliefsung sind sie nicht vorhanden, denn eine Magnetnadel wird durch den Schliefsungsdrath gleich viel abgelenkt, mag ein Theil desselben eine Spirale bilden, oder selbst um weiches Eisen gelegt sein (1071). Aus dem bisher Angeführten ergiebt sich also, dafs durch den Funken und die Erschütterung beim Oeffnen eines Drathes die Stromeskraft, die er leitete, nicht beurtheilt werden kann; denn gerade je geringer dieselbe in gewissen Fällen ist (bei längerem Drath), desto stärker werden jene sein.

Inzwischen kann die Erschütterung und der Funken, nichts weiter über diesen induzirten Strom lehren (Faraday nennt ihn extra-current, wir werden ihn, da er dem Oeffnen und Schliefsen der Kette angeblich folgen soll, den succedirenden Strom nennen, eine Bezeichnung, die möglichst unpartheiisch ist), und dieser Gelehrte erdachte daher eine andere Art, dessen Natur zu untersuchen (9te Reihe 1079), die man aus *Fig* 12 *Taf. I* ersieht. Hier sind *ZK* die Erregerplatten, oder wenn man eine Säule anwendet, die Endplatten der Säule, von *e* geht ein Drath durch *m* nach *g*, den wir den Hauptdrath nennen wollen; ferner gehen von *g* und *e* zwei Dräthe als Nebenschliefsung nach *x*; diese Dräthe sollen der Nebendrath heifsen. Geht der Hauptdrath um ein Hufeisen bei *M*, oder bildet er dort eine Spirale, oder besteht er überhaupt aus einem langen Drath, so sieht man beim Oeffnen der Kette, welches so geschieht, dafs der Drath bei *e* oder *g* herausgehoben wird, einen Funken bei *x*. Falls man dort die Verbindung in demselben Moment aufhebt, wenn bei *x* geschlossen bleibt, so erhält man gar keinen Funken, oder doch einen schwachen (so gering, wie Faraday ihn §. 1080 angiebt ist übrigens der Funke in diesem Falle nicht). Ist dagegen der Nebendrath eingeschlossen, so zeigt sich ein starker Funke, da wo die Kette geöffnet wird. Werden die Enden *a* und *b* durch einen dünnen Platindrath verbunden, so geräth er beim Oeffnen der Kette in ein momentanes Glühen und schmilzt sogar. Während die Kette geschlossen ist, geht der Strom im Haupt- und Nebendrath in der Richtung des Pfeiles, öffnet man aber bei *g* oder *e*, so bilden beide Dräthe einen geschlossenen Bogen, und wenn das Hufeisen bei *m* einen succedirenden Strom erzeugt, so wird er in dem Hauptdrath noch immer die Richtung des Pfeiles haben, im Nebendrath wird er jedoch entgegengesetzt dem früheren galvanischen Strom gehen, d. h. von *c* nach *d*. Dieses beweiset Faraday, indem er Jodkalium bei *x* anbrachte. Der galvanische Strom der einfachen Kette *ZK* würde Jod an dem Ende *a* frei werden lassen, der succedirende dagegen bei *b*. Das letztere zeigte sich auch, als bei *M* ein Electromagnet angebracht ward; befand sich dagegen bei *M* eine blofse Spirale, so gelang es Faraday nicht, Jod bei *b* zu erhalten (1086). Inzwischen hat diefs Jacobi bewirkt, indem er bei *M* 30 bis 90 F. langen dicken Kupferdrath ohne weiches Eisen einschaltete, und das Oeffnen der Kette, welche hintereinander durch einen Mutator verrichten liefs. Mir ist diefs ebenfalls durch 90 F. 1 Linie dicken Drath, so weit von einander gewunden, dafs es kaum eine Spirale genannt werden konnte, gelungen und zwar mittelst einer einfachen Kette von nur 34 Quadratzoll Oberfläche. In diesen Versuchen sieht man zuweilen Jod bei *a* sowohl als *b*, zuweilen bleibt es bei *a* aus, weil der primäre Strom im Nebendrath nicht stark genug ist, Jodkalium zu zersetzen, trotz dem, dafs der succedirende es thut. Aufser Jodkalium hat Jacobi auch schwefelsaures Kupfer und Wasser bei *x* zersetzt. Die lehrreichste Reihe von Resultaten giebt Faraday an, auf folgende Weise erhalten zu haben (1087). Bei *x* wurde ein Galvanometer eingeschaltet; die Nadeln desselben wurden schon durch den primären Strom abgelenkt; führte man sie jedoch zurück, und verhinderte ihr Ausweichen nach dieser Seite durch einen Stift, öffnet hierauf bei *g* oder *e*, so weichen die Nadeln nach der entgegengesetzten Seite ab, woraus also folgt, dafs beim Aufhören des galvanischen Stromes ein anderer, im Nebendrath entgegengesetzt gerichteter, eintritt. Faraday giebt an, dafs auch dieser Erfolg sich schwerlich durch eine bloſse Spirale erreichen läſst; dieſs ist jedoch nicht der Fall, wir werden weiter unten auf diese Versuche zurückkommen. Es ist ferner Faraday gelungen, den succedirenden Strom ganz von dem primären zu trennen (1089), in dem er sich folgender Vorrichtung bediente. Vier Kupferdräthe, $\frac{1}{4}$ Linie dick und einige 40 Fuſs lang, wurden, wohl von einander isolirt, um eine Papprühre spiralförmig gewunden. Die erste und dritte Schraube wurden zu einer einzigen verbunden (*A*), eben so die zweite und vierte zu einer anderen (*B*). Die beiden Schrauben berührten sich nicht, worüber man wegen der folgenden Versuchen gewiſs sein muſs. Es wurde (*A*) mit der Kette verbunden, (*B*) aber blieb ungeschlossen; beim Oeffnen der Kette zeigte sich ein guter Funken. War dagegen (*B*) in sich geschlossen, so erhielt man unter denselben Umständen keinen oder einen kaum sichtbaren Funken. Näherte man die Enden von (*B*) so dicht als möglich an einander, und öffnete (*A*), so zeigte sich der Funke zwischen den genäherten Enden; wurden die beiden Schrauben mit der Kette verbunden, und zwar so, daſs der Strom in beiden entgegegensetzte Richtung hatte, so war beim Oeffnen kaum ein Funke sichtbar. Ferner schloſs Faraday die Schraube (*B*) durch einen Galvanometer, oder durch Jodkaliumlösung; allein diese Versuche unterscheiden sich in nichts von denen, wo durch den galvanischen Strom bei seinem Eintritt und Aufhören, in einem nebenliegenden Drath induzirte Ströme erzeugt werden, und insofern gehören sie nicht zu dem in Rede stehenden Gegenstand. Wie die geschlossene Spirale (*B*) die Wirkung des successirenden Stromes in (*A*) aufhebt, so kann dieſs auch ein geradliniger geschlossener Drath (*b*), der neben dem ebenfalls geradlinigen Schlieſsungsdrath (*a*) liegt (1092). Hieraus schlieſst Faraday: Wenn ein galvanischer Strom durch einen Drath geleitet wird, und ein anderer geschlossener Drath liegt dem ersteren parallel, so wird bei Unterbrechung des Stromes des ersten Drathes, in dem zweiten ein Strom gleicher Richtung erregt werden, und der erste zeigt dann nur einen schwachen Funken. Ist aber der zweite Drath nicht vorhanden, so leitet der erstere selbst diesen induzirten Strom, und giebt dadurch einen Funken. Dieser letztere ist das Aequivalent des Stromes, welcher in einem vorhandenen zweiten Drath, erzeugt worden wäre. Da nun die induzirten Ströme von der Länge des Drathes abhängen, welche der Erregung unterworfen werden, so ist es klar, weſshalb lange Dräthe eine bessere Wirkung hervorbringen als kürzere.

Die Ansicht, welche Faraday von dem succedirenden Strom als einem induzirten, gefaſst hatte, führte darauf, daſs ein solcher auch beim Schlieſsen der Kette in dem Leitungsdrath vorhanden sein müsse, da ein eintretender galvanischer Strom so stark vertheilend wirkt, als ein aufhörender (1101). Während aber der succedirende Strom beim Oeffnen dieselbe Richtung als der galvanische hat, wird der beim Schlieſsen die umgekehrte haben, und dadurch wird die Intensität und Quantität eines eintretenden Stromes geringer, die eines aufhörenden oder geschwächtwerdenden aber gröſser ausfallen, als wenn keine Vertheilung statt fände.

Der succedirende Strom beim Schliefsen hat also nur das negative Kennzeichen der schwächeren Kraft, und in so fern ist er schwer nachzuweisen; jedoch glaubt Faraday diefs auf folgende Weise erreicht zu haben. Man treffe die Vorrichtung einer Nebenschliefsung bei *x* (*Fig.* 12 *Taf. I*); schliefst man die Kette und bildet sich im Hauptdrath *dMc* ein succedirender Strom, so wird die Circulation in demselben momentan gehemmt (die Intensität kann daselbst sogar auf Null herabkommen). Dadurch wird der Strom im Nebendrath verstärkt werden, und wenn man ermittelte, dafs dieses im ersten Moment der Kette wirklich der Fall ist, so könnte man daraus umgekehrt auf eine Hemmung und einen entgegengesetzten Strom in *dMc* schliefsen. Wiederholt man das Schliefsen oft hintereinander, so wird eine merkbar stärkere chemische Wirkung bei *x* stattfinden müssen. Allein eines ist hierbei zu berücksichtigen; um nämlich den Drath *dMc* oft schliefsen zu können, mufs man ihn auch eben so oft öffnen. Da nun das letztere gewifs einen stärkeren Strom in *cxd* und eine stärkere chemische Zersetzung daselbst bewirkt, so mufs man sich hiervon unabhängig machen. Diefs erreicht man dadurch, dafs, während die Kette geschlossen, man zuerst den Nebendrath öffnet, dann den Hauptdrath, hierauf jenen schliefst und dann erst den letzteren u. s. f. Faraday wandte eine Kette von solcher Intensität an, dafs während der Schliefsung, der Strom zwischen *cxd* nur eben die schwächsten Anzeigen einer Zersetzung des Jodkaliums gewährte. Wurden aber öftere Schliefsungen angewendet, so war die Zersetzung stärker, als während des Geschlossenseins, selbst wenn es längere Zeit gedauert hatte (1102). Bei *x* wurde nun ein Galvanometer eingeschaltet, die Nadel ward durch den primären Strom abgelenkt und in dieser Lage durch einen Stift am Zurückgehen gehindert. Hierauf wurde die Schliefsung aufgehoben, und da die Nadel nicht zurückgehen konnte, so blieb sie am Stift stehen. Schlofs man nun wieder die Kette, so ging die Nadel noch weiter, welches wiederum beweiset, dafs der Strom beim Schliefsen in *cxd* stärker ist als nachher (1103). War bei *x* ein Platindrath eingeschaltet, der durch den continuirlichen Strom nicht ins Glühen gebracht werden konnte, so trat doch dasselbe beim Schliefsen und Oeffnen der Kette ein.

Uebrigens bemerkt Faraday (1114), dafs, wenn auch die Effecte eines induzirten Stromes nur bei Vollziehung und Aufhebung des Contacts zum Vorschein kommen, er sich doch des Gedankens nicht erwehren könnte, dafs durch die Wirkung des Stromes in einem Theilchen auf andere seitwärts liegende (nur nicht auf solche, deren Verbindungslinie parallel der Richtung des Stromes), auch während der Schliefsung verwandte und entsprechende Effecte ausgeübt werden müfsten. Zugleich giebt er an, dafs, da ein Strom (der galvanische) von gegebener Intensität und Quantität einen anderen (den succedirenden) erzeugt, der eine weit gröfsere Intensität und Quantität besitzt, man schliefsen müsse, dafs die electrische Kraft in eine magnetische und umgekehrt verwandelt werden könne, und dafs beide Kräfte mit Bezug auf dasjenige Agens im Leitungsdrath, dem sie ihr Entstehen verdanken, mehr als blofs in der Richtung verschieden sind. Wir verweisen übrigens auf diesen Paragraphen selbst, den wir bedauern nicht ganz verstehen zu können.

Wir haben im Vorhergehenden die Darlegung der neuen Thatsachen und der darausgezogenen Schlüsse durch Bedenken nicht unterbrechen wollen; jetzt aber müssen wir uns erlauben, Zweifel, und wie wir hoffen, keine ungewichtigen, gegen die ganze Annahme von succedirenden und überhaupt eigenthümlichen Strömen beim Oeffnen und Schliefsen einer Kette zu erheben. Eines der stärksten Argumente für die neuen Ströme, auch nach Faraday's Meinung (1077), giebt die Steigerung des Funkens beim Oeffnen, je nachdem ein kurzer, langer, spiralförmig gewundener Drath und endlich ein Electromagnet angewandt worden. Im letzteren Fall ist ein induzirter Strom abzuleiten, und wenn er stattfindet, so ist Wahrscheinlichkeit vorhanden, dafs ein solcher nur nicht so intensiv auch in den übrigen Fällen wirke. Inzwischen kann jedoch der Electromagnet keinen magneto-electrischen Strom bewirken, weil in dem Augenblick, wo er das könnte, wo er aufhört magnetisch zu sein, auch der Drath kein geschlossenes Ganze mehr bildet. Der Drath ist dann bereits aus der Verbindung mit der Kette, und da der Funke zu derselben Zeit eintritt, wo das Eisen seinen Magnetismus verliert, so scheint es, als könne durch dasselbe der Funke nicht verstärkt werden. Wenn man in den Verbindungsdrath einer Kette aufser einem Electromagneten noch eine Magnetnadel einschaltet, welche abgelenkt wird, so geht dieselbe beim Oeffnen der Kette so ruhig zurück, und so genau nach der anderen Seite um eben so viel, dafs hier an nichts anderes als das Aufhören des Stromes zu denken ist. Hiernach scheint es nicht wahrscheinlich, dafs in dem Schliefsungsdrath ein neuer Strom entstehe, selbst wenn er um ein Hufeisen gelegt ist, und was den stärkeren Funken unter diesen Umständen betrifft, so rührt er, wie wir glauben, von anderen Gründen her, die wir nachher mittheilen werden.

Die übrigen, wichtigeren Thatsachen, auf welche im Vorigen die Existenz der succedirenden Ströme basirt worden, unterscheiden sich wesentlich von dem besprochenen. Bei ihnen ist eine Nebenschliefsung angebracht, und beim Oeffnen hört der Drath nicht auf, ein geschlossenes Ganze, d. h. einen metallischen Bogen zu bilden, der entweder unterbrochen oder durch eine zersetzbare Substanz oder einen thierischen Organismus geschlossen ist. Ein Theil der Erscheinungen, auf welche Faraday das meiste Gewicht legt, mufs hier als ohne Beweiskraft ausgeschlossen werden; es sind diejenigen, wo durch eine Magnetnadel die Richtung des succedirenden Stromes ermittelt worden ist, indem man ihre Bewegung nach einer Seite hin hemmte. Einen solchen Versuch kann man nicht anstellen, mindestens nichts daraus schliefsen; denn hemmt man eine Nadel z. B. durch einen Stift am Nordende, leitet nun einen Strom durch den sie umgebenden Drath, so dafs sie seiner Richtkraft nicht folgen kann, so sieht man folgendes. Die Nadel schlägt gegen den Stift, der übrige Theil der Nadel bewegt sich um den Stift als einen festen Punkt, der Südpol geht etwas nach der Seite, wohin er gerichtet wird, und der Aufhängefaden kömmt ein wenig aus der verticalen Richtung. Hebt man jetzt den Strom auf, so geht der Südpol zurück, dabei entfernt sich der Nordpol vom Stifte, und scheint demnach einen entgegengesetzten Strom anzudeuten, der in der That nicht vorhanden zu sein brauchte. Man kann auf solche Weise durch jeden Strom einen entgegengesetzten bewirken, z. B. wenn man einen Magneten in eine Spirale setzt, und die Galvanometernadel verhindert der Ablenkung zu folgen; sie geht dann nach der entgegensetzten Seite, trotz dem ist hier an einen neuen Strom nicht zu denken. Um diese Sache völlig zu erledigen, wurde eine an einem Faden aufgehängte Nadel etwas aus dem Meridian gerückt und durch einen Stift am Zurückgehen verhindert; hierauf wurde ihr ein Magnet in einer solchen Lage genähert, dafs er sie stets gegen den Stift treiben mufste, und dann in derselben Lage zurückgezogen. Hierbei hätte die Nadel am Stift stehen bleiben sollen, denn sowohl der Erdmagnetismus als der Magnet, welcher entfernt wurde, verlangte diese Stellung; nichts desto weniger ging die Nadel 20, 30 Grade nach der entgegengesetzten Seite vom Stift ab, je nach der Stärke des Magneten und der Stelle, wo der Stift sich befand. Selbst durch eine Boussole, deren Nadel auf einer Spitze sich bewegte, erhielt ich dieselben Resultate, nur begreiflich nicht so stark. Es ist daher klar, dafs diese Art Versuche in keinem Betracht mit Bezug auf Evidenz kömmt und wenn ihre Resultate auch dem, was im Folgenden bemerkt werden wird, gar nicht zuwider sein sollten, so schien es doch nicht rathsam, ein so zweideutiges und trügliches Hülfsmittel als die genannte Nadel ist, unangefochten bestehen zu lassen. Was somit den Strom betrifft, der dem Oeffnen einer Kette oder Säule folgt, so sind wir auf die Zersetzung des Jodkalium bei x verweisen, und müssen daraus seine Existenz und Richtung entnehme. Ist Z (*Fig.* 12) der Zinkpol einer Säule, K ihr Kupferpol, so geht der primäre Strom von e durch m nach g, entgegensetzt dem Pfeil, im Nebendrath von c nach d, und Jod wird bei b erscheinen, da wo der positive Strom in die Flüssigkeit tritt. Hebt man die Verbindung mit der Kette auf, so bildet der Haupt- und Nebendrath noch ferner ein geschlossenes Ganze, und nimmt man an, dafs der galvanische Strom nicht instantan aufhöre, sondern noch einen Augenblick dauere, so wird er, da seine Richtung im Hauptdrath dieselbe bleibt, im Nebendrath von d nach c gehen, und Jod wird dadurch bei a frei werden. Da das nun wirklich der Fall ist, so läfst er sich, wie man sieht, einfach aus dem primären Strom erklären, und man hat nicht nöthig einen neuen Strom anzunehmen. Der Mangel an Instantanität beim Aufhören des Stromes, den wir hier voraussetzen, ist nichts unerweisbares; denn bei Gelegenheit der Erscheinungen des Rotationsmagnetismus ist bereits gezeigt worden, dafs sie unerklärt blieben, wenn die Ströme sich intantan bildeten, und dann scheint es nothwendig, dafs sie eben so wenig instantan aufhören. Inzwischen war es wünschenswerth, statt des Jodkaliums, auch ein Galvanometer bei x anzuwenden. Es hat diefs seine Schwierigkeit, denn während des Geschlossenseins der Kette wird die Magnetnadel mehr oder minder stark abgelenkt werden, je nach den Umständen. Wird sie stark abgelenkt, und öffnet man die Kette, so wird, falls ein succedirender Strom stattfindet, die Nadel durch ihn einen Stofs erhalten und weiter nach der entgegengesetzten Seite ausschreiten, jedoch wird der Stofs nur gering sein, da eine stark abgelenkte Nadel zu schräg gegen die Drathwindungen steht. Welches Mittel man auch ergreift, die Nadel schwach abzulenken, so trifft dasselbe den succedirenden Strom gleichmäfsig. Um diesem Uebelstand zu entgehen, wurde ein achteckiges Brett (von 2″,25 Seite) genommen, und mit 44 Fufs Kupferstreifen so überzogen, dafs vier verschiedene Windungen über je zwei parallele Seiten des Achtecks gelegt wurden. Dadurch wurde erreicht, dafs, wohin auch die Nadel abgelenkt worden, sie immer noch unter dem Einflufs von Drathwindungen stand. Es kommt zuvörderst darauf an, die Tauglichkeit dieses Galvanometers zu beweisen, und sich überhaupt zu überzeugen, dafs die Abnahme der Amplituden geeignet sei, induzirte Ströme nachzuweisen. Zu dem Ende wurde ein Electromagnet mit der Kette verbunden, der Anker daran gelegt, und hierauf die Kette entfernt; das Hufeisen behielt permanenten Magnetismus. Der Drath desselben wurde nun mit dem Galvanometer verbunden, und die 5¾ Zoll lange Nadel in Schwingung versetzt. Während der Schwingungen nahm ein Gehülfe den Anker ab, es entstand ein magneto-electrischer Strom, dessen Wirkung sich zeigen konnte.

Auf einander folgende Amplituden

+59°	−57°
+55	−35
+35	−33;

hinter 55° wurde der Anker abgenommen, und die darauf folgende Amplitude zeigt beträchtlich genug den Einflufs des induzirten Stromes. Um eine vergröfserte Amplitude zu erhalten, wurde der Anker bei der entgegengesetzten Bewegung der Nadel entfernt

+57	−54
+52	−49
+65	−61

Diese Versuche wurden oft, und mit demselben Erfolge wiederholt. Dafs der Magnet keine directe Einwirkung auf die Nadel ausübe, zeigte sich, als in dem Verbindungsdrath ein Commutator eingeschaltet wurde. Die Abnahme der Amplituden ist daher für die vorliegende Untersuchung ein empfindliches Mittel, und wird es noch mehr, wenn man bedenkt, dafs der induzirte Strom, welcher durch das Aufhören des Magnetismus im Hufeisen entsteht, stärker ist als der, blofs durch den permanenten Magnetismus desselben hervorgebrachte.

Es wurde nun die Vorrichtung wie in *Fig.* 12 *Taf. I* getroffen, und bei *M* ein Electromagnet eingeschaltet, der mindestens 150 Pfd. trug. Die Nadel wurde um 66°,5 abgelenkt, und stand in den sehr oft wiederholten Versuchen zuweilen auf einem bestimmten Punkt fest, zuweilen oszillirte sie um denselben, allein nie mehr als um 1—2 Grade. Beim Aufheben der Kette ging sie nach —63,75, hierauf folgte die Amplitude +61 u. s. w.

Die

Die Ablenkung der Nadel wurde durch eingeschalteten dünnen Drath und durch Entfernen der Nadel von den Drathwindungen verringert, und betrug nur 35°; beim Aufheben der Kette ging sie nach —33°. In diesen Zahlen ist keine Wirkung eines neuen Stromes sichtbar. Ganz dasselbe ungestörte Zurückgehen der Nadel zeigte sich, als statt des Hufeisens eine Spirale aus einer grofsen Länge Kupferstreifen genommen wurde; dasselbe auch bei Anwendung von 90 F. Kupferdrath, die das Jodkalium bei *x* zersetzten. Stand die Nadel ruhig, so ging sie nach der anderen Seite genau so viel zurück, als wenn sie frei über der Eintheilung schwang; betrugen ihre Oszillationen 1 oder 2 Grade, so war die Ausweichung bald etwas gröfser, bald kleiner; aber die Differenzen waren so gering, dafs sie auch nicht im Entferntesten auf eine hinzutretende Kraft zu schliefsen erlauben.

Gegen diese Versuche würde sich einwenden lassen, dafs in der Nebenschliefsung eine zu grofse Drathmenge (die 44 Fufs Multiplicatorwindungen) sich befunden haben, und dafs die vertheilende Wirkung in derselben möglicherweise die des Hauptdrathes balancirt habe. Das ist jedoch nicht der Fall gewesen; denn erstens lag der Multiplicatordrath nicht um weiches Eisen und dann lagen seine Windungen so, dafs sie kaum vertheilend auf einander wirken konnten, und dieses ist ein Vortheil bei der getroffenen Einrichtung. In der That war auch der Funke, den der Multiplicator allein lieferte, ganz unbedeutend. Aufserdem vereinigte ich noch den Electromagneten mit der Spirale aus 90 Fufs Kupferdrath, wodurch ein sehr heller Funke entstand, allein die Resultate mit Bezug auf die Magnetnadel nicht verändert wurden. Endlich stellte ich den Versuch auf folgende Weise an, welche bei einiger Uebung leicht gelingt, und ihrem Zweck sehr gut entspricht. In dem Nebendrath befand sich ein gewöhnlicher Galvanometer von zehn Fufs Drath und nur einer Nadel. Sie wurde stark abgelenkt, und hierauf durch Oeffnen und Schliefsen der Kette in so beträchtliche Schwingungen versetzt, dafs sie selbst über den Nullpunkt nach der entgegengesetzten Seite hinausging. In dem Moment, wo sie bei irgend einer Amplitude, in der Nähe von 0°, ohne Geschwindigkeit war, wurde die Kette geöffnet. Jetzt stand die Nadel für einen eintretenden Strom vortheilhaft genug; allein ein solcher trat nicht ein. Kleine Schwankungen sind bei einem solchen Versuch nicht zu vermeiden, aber doch ist das Verfahren genau genug, dafs man über das Resultat nicht ungewifs sein konnte.

Ich glaube somit annehmen zu dürfen, dafs beim Oeffnen einer Kette kein induzirter Strom stattfindet; inzwischen bleibt die Frage, warum ein solcher ausbleibt, da es doch scheint, als müfste er sich bilden, besonders wenn ein Electromagnet in der Kette gegenwärtig ist. Diese Frage ist allerdings schwer zu beantworten, allein in der Sphäre der Magneto-Electricität trifft man überall, wie wir zeigen werden, auf dieselbe Schwierigkeit, und dadurch, dafs wir sie hier nicht lösen können, werden die succedirenden Ströme nicht beweisen. Eine sonderbare Folgerung würde sich bei der Vorrichtung *Fig.* 12 *Taf. I* ergeben, falls beim Oeffnen ein induzirter Strom entstünde; dieser müfste das bereits unmagnetische Hufeisen von Neuem magnetisiren, dadurch würde wiederum ein Strom erzeugt werden u. s. f., d. h. in dem Bogen *gMe* müfsten unaufhörlich Ströme circuliren, und das Hufeisen würde beständig die magnetische Polarität haben, und sie wechseln; dieses müfste so lange dauern, als der Haupt- und Nebendrath verbunden bleiben. Anzunehmen, dafs diese Ströme immer schwächer werden und dadurch aufhören, ist nicht möglich, denn alle Erscheinungen, die in diesem Abschnitt angeführt worden, verlangen umgekehrt, dafs der succedirende Strom stärker sei als der primäre, dem er sein Entstehen verdankt, und daher werden die Ströme in dem Bogen und die Kraft des Hufeisens vielmehr beständig wachsen. Die Folgerung ist unabweisbar, sobald man annimmt, dafs in einem um Eisen gelegten Drath, wo ein galvanischer Strom, und dadurch die magnetische Polarität, aufhört, dafs in demselben Drath ein induzirter Strom entstehen könne. Man kann das also nicht zugeben, und nun zeigen alle magneto-electrischen Erscheinungen, dafs es auch nicht der Fall ist. Wenn man die beiden Schenkel eines Hufeisens mit Drath umwickelt, den einen mit einer galvanischen Kette, den anderen mit einem Galvanometer verbindet, und die Kette öffnet, so entsteht ein induzirter Strom durch das Aufhören des Magnetismus; allein dieser induzirte Strom kann nicht wiederum magnetisiren, weil sonst die Ströme im Galvanometerdrath kein Ende nehmen würden. So gut wie hier Eisen, welches seinen Magnetismus verliert und einen Strom induzirt, nicht durch diesen letzteren wiederum Magnetismus erhält, eben so ist es auch in unserm Fall mit dem Drath, worin ein Strom aufhört. Um nicht mifsverstanden zu werden, will ich noch bemerken, dafs ich nicht bezweifele, ein induzirter Strom könne Eisen magnetisiren. (Dove hat das sogar thatsächlich erwiesen); nur dasjenige Eisen magnetisirt er nicht, dessen aufgehobener magnetischen Kraft er sein Entstehen verdankt. Sonst müfste folgende Vorrichtung ein unerschöfliches magnetisches Magazin sein. Man verbinde ein Hufeisen mit der Kette, lege den Anker daran und entferne die Kette; hierauf verbinde man den Drath des Hufeisens mit dem eines zweiten, und nehme nun den Anker fort. Hierbei wird ein Strom entstehen, der gewifs das zweite Hufeisen magnetisirt, dessen magnetische Kraft aber keinen induzirten Strom erzeugen kann, sonst würde abwechselnd das eine Hufeisen und das andere magnetisch sein, und dieses Spiel würde nicht dadurch aufhören, dafs die Ströme immer schwächer werden, vielmehr werden sie umgekehrt immer zunehmen.

Was die Ueberlegenheit einer Spirale über einen langen Drath anbetrifft, so läfst sie sich eben so wenig durch die vertheilende Wirkung der einzelnen Windungen erklären; denn wenn in der Windung (*a*) der galvanische Strom aufhört, und wenn dadurch in der Windung (*b*) ein gleich gerichteter Strom entstehen sollte, so mufs dieser letztere dann seinerseits wieder in (*a*) einen umgekehrten Strom u. s. f. erzeugen. Das alles ist jedoch nicht der Fall; denn wenn ein geschlossener Drath neben einem Leitungsdrath liegt, und wenn in letzterem der galvanische Strom aufhört, dann erzeugt sich allerdings im ersteren ein induzirter Strom, allein dieser wirkt nun nicht wieder auf den Leitundgsrath zurück. Setzt man also voraus, dafs in einer Spirale der Strom zuerst in der Windung (*b*), dann in (a) aufhöre, so kann (a) keine vertheilende Wirkung auf (b) ausüben; hört der Strom in beiden zugleich auf, so ist noch viel weniger Grund zu einer vertheilenden Wirkung zwischen beiden.

Was endlich den Vorzug langer Dräthe vor kurzen betrifft, so kann auch dieser nicht durch Vertheilung, welche die Elemente eines Stromes auf benachbarte oder auf sich selbst ausüben, erklärt werden; weil sonst in der That kein Grund abzusehen wäre, warum nicht ein magneto-electrischer Strom auf gewöhnliche Weise durch einen Magneten erzeugt, in seinem eigenen Drath einen umgekehrten erzeuge; dieser wieder einen neuen und so fort, welches nicht der Fall ist.

Da also der Extra-current oder succedirende Strom mit anderweitigen Erfahrungen nicht übereinstimmt, da ihn die Magnetnadel nicht anzeigt, und die Zersetzung des Jodkaliums nicht verlangt, so glaube ich annehmen zu dürfen, dafs er auch nicht existirt. Der Mangel an Instantanëität erklärt dagegen die Erscheinungen vollkommen gut, sobald man die wahrscheinliche Voraussetzung zugiebt, dafs die chemischen Effecte, der Funke, die Erschütterung und das Glühen eines Platindraths, eine gewisse Zeit erfordern und daher besser sich zeigen, wenn der Strom innerhalb bestimmter Gränzen verlangsamt wird. Bei der gemeinen Electricität scheinen die Zersetzungen nur dann erreicht zu werden, wenn diese Kraft sich langsamer bewegt, und ihrer überaus grofsen Geschwindigkeit hat man es wahrscheinlich zuzuschreiben, dafs sie so schwer chemische Effecte hervorbringt. Bei dem galvanischen Funken sieht man etwas ähnliches; er gelingt immer viel besser, wenn man ein Drathende von dem andern durch Streifen entfernt, offenbar defshalb, weil das Aufhören des Stromes in diesem Fall länger dauert. Nunmehr ist es klar, woher die Ueberlegenheit der Spirale und des Electromagneten rühre; denn da in der Spirale überall Nord an Südmagnetismus gränzt, so werden sie sich binden, und das Aufhören des Stromes wird dadurch verzögert, noch mehr, wenn weiches Eisen gegenwärtig ist. Wenn aber zwei Spiralen (A) und (B), wie im Vorigen beschrieben worden, so mit der Kette verbunden werden, dafs der Strom in ihren Windungen entgegengesetzte Richtung hat, dann werden beim Oeffnen die Erscheinungen nicht eintreten, die sonst einer Spirale eingenthümlich sind. Dasselbe wird auch bei einem langen Drath eintreten, auch er wird seine Wirkung verlieren, wenn man seine beiden Enden mit der Kette verbindet, und den übrigen Theil des Drathes dicht nebeneinander liegen läfst. Ein solcher Drath giebt keinen Funken beim Oeffnen, weil in ihm die Bewegung des Stromes bei der Unterbrechung nicht verlangsamt, vielmehr durch die Abstofsung der an einander liegenden Hälften beschleunigt wird. Aus denselben Gründen gab auch in den vorher angeführten Versuchen die Spirale (B) einen guten Funken, wenn A geöffnet wurde. Was die Erscheinungen bei zweien neben einander gewickelten Spiralen betrifft, so führen wir noch einen interessanten Versuch Jacobi's (Mémoire etc. pag. 51) an, welcher Faraday's Ansicht über die succedirenden Ströme durchaus entgegen ist, und Jacobi zu der Bemerkung veranlafst, dafs er ihn nicht erklären könne und daraus eine Verschiedenheit zwischen den gewöhnlichen magneto-electrischen Strömen und diesen neuen hervorgehe. Nach Faraday zeigt die Spirale (*A*) nur den induzirten Strom, wenn (*B*) geöffnet ist; im entgegengesetzten Falle geht er ganz in (*B*) über (1092). Jacobi erzeugte nun einen wirklichen magneto-electrischen Strom, indem er in die Spiralen, von denen jede 400 Fuſs lang war, einen Eisenkern steckte und diesen an einen Electromagneten brachte; die eine Spirale schloſs einen Galvanometer, die andere (*B*) blieb bald ungeschlossen, bald geschlossen. Hier zeigte es sich nun, daſs es für die Ablenkung am Galvanometer bis auf einen geringen Unterschied gleich sei, (*B*) mochte geschlossen oder ungeschlossen sein, und wenn man ähnliche Versuche, nicht mit einem veränderlichen Electromagneten, sondern mit einem Stahlmagneten anstellen würde, so würde es sich zeigen, daſs es ganz gleich sei. Da nun in Faraday's Versuchen (*A*) nur ein Funken und Erschütterung zeigt, wenn (*B*) ungeschlossen ist, so rührt auch deſshalb der Funke und die Erschütterung nicht von einem magneto-electrischen Strom her.

Was nun den succedirenden Strom beim Schlieſsen einer galvanischen Kette betrifft, so ist er nicht allein nicht bewiesen, sondern sogar unmöglich. Denn was die gehemmte Magnetnadel anbetrifft, so haben wir wegen dieses Mittels bereits Gründe angegeben, seine Zuverlässigkeit zu bestreiten, und selbst abgesehen davon, und dieses Prüfungsmittel beibehalten, beweiset doch das weitere Ausschreiten der gehemmten Nadel und die stärkere Zersetzung des Jodkaliums in dem Nebendrath nichts anderes, als daſs im Anfang der Schlieſsung die Wirkung stärker sei, als nachher, und, daſs wenn man eine Kette oft öffnet und schlieſst, die Summe der einzelnen Actionen stärker sein kann, als wenn die Kette in derselben Zeit ununterbrochen geschlossen bliebe. Daraus folgt noch kein induzirter Strom, es läſst sich durch die Veränderlichkeit der Kette erklären; ferner da die Ströme in dem langen Hauptdrath sich nicht so rasch entwickeln werden, als in dem kurzen Nebendrath, so wird in diesem während des erstens Moments ein verhältniſsmäſsig stärkerer Strom sein müssen, als bei fortdauerndem Contact, so daſs es zwei natürliche Erklärungen giebt, und ein induzirter Strom nicht nothwendig ist. Wir wollen auch beweisen, daſs er unmöglich sei; denn da er dem galvanischen Strom entgegengesetzt gerichtet ist, und da er ohne Vergleich stärker sein kann, als dieser letztere, besonders wenn eine beträchtliche Eisenmasse sich in dem Bogen befindet, so würde, falls er vorhanden wäre, daraus folgen, daſs die Wirkung der Kette intermittirend geschieht, und daſs in den Zwischenzeiten ein stärkerer entgegengesetzter Strom herrsche. Denn der galvanische Strom hört wegen des induzirten auf, der Drath kömmt einen Moment auf Null hinsicht des Stromes, und dann muſs diese Aufeinanderfolge des galvanischen und induzirten Stromes sich wiederholen. Dann aber könnte eine Kette nicht Sauerstoff und Wasserstoff getrennt an den Polen liefern, und ein neben dem Leitungsdrath liegender geschlossener Drath könnte nicht bloſs im Moment des Schlieſsens oder Oeffnens der Säule einen magneto-electrischen Strom zeigen. Um den induzirten Strom beim

Schliefsen einem directen Versuch zu unterwerfen, verfuhr ich auf folgende Weise. Eine einfache galvanische Kette von 34 Quadratzoll Oberfläche wurde durch ein Galvanometer (mit einer einzigen Nadel) und drei Spiralen aus Kupferdrath geschlossen. Beim Schliefsen wich die Nadel nach einem bestimmten Grade aus, der bei wiederholten Schliefsungen ziemlich constant blieb, besonders als die Vorsicht getroffen ward, die Nadel etwas aus dem Meridian durch einen Stift zu erhalten, wobei man sicher war, dafs sie im Moment der Schliefsung immer auf einem und demselben Grade und zugleich fest stand. Als hierauf drei Eisenstangen in die drei Spiralen gebracht wurden, so hätte die Nadel nicht so weit ausschreiten dürfen, wenn ein succedirender Strom stattfände. Allein das war keinesweges der Fall. Dieser Versuch wäre noch entscheidender gewesen, falls im Augenblick beträchtlichere Spiralen zu Gebot gestanden hätten. Der Funke beim Oeffnen war allerdings stärker, als die drei Eisenstangen in den Spiralen waren, aber doch nicht so viel stärker, als es mir wünschenswerth war.

Es scheint demnach gewifs zu sein, dafs weder beim Oeffnen noch Schliefsen einer Kette oder Säule neue Ströme, magneto-electrischer Art, eintreten. Alle Erscheinungen, die Faraday hierbei beobachtet hat, erklären sich mit folgenden Voraussetzungen.

1) Die Ströme bilden sich nicht instantan (d. h. ihre Erregung in der Kette, oder die der induzirten durch einen Magneten mag wohl instantan sein, allein da es immer andere Theilchen giebt, die nicht erregt werden, sondern blofs den Strom leiten, so wird wegen dieser eine gewisse Zeit vergehen, ehe die Ströme wirklich vorhanden sind). Eben so wenig hören sie instantan auf.

2) Je langsamer innerhalb gewisser Gränzen die Ströme aufhören, desto entschiedener sind ihre Effecte; statt der einmaligen starken Action, hat man dann eine etwas anhaltendere, wenn auch schwächere Wirkung,

3) gleichgerichtete, nebeneinander liegende Ströme verzögern gegenseitig die Bewegung, falls sie unterbrochen werden, und zwar geschieht dieses durch das wechselseitige Binden entgegengesetzter Magnetismen; umgekehrt gerichtete Ströme dagegen beschleunigen dieselbe. (M.)

Dem eben betrachteten Abschnitt fügen wir noch folgende Notizen zu.

Ueber die Erzeugung electrischer Ströme und Funken durch Magnetismus von J. Henry.

Am. journ. vol. 22 (Juli 1832) pag. 403.

Die hier beschriebenen Versuche wurden gleich nach dem ersten Bekanntwerden der grofsen Entdeckung Faraday's, an einem Electromagneten von 600 — 700 Pfd. Tragkraft, angestellt. Die stärkste Wirkung erfolgte, wenn der in der Mitte mit einer Drathschraube umgebene Anker hufeisenförmig gebogen war; dann erschien beim Erregen des Magneten der Funke zwischen den übereinander gelegten Drathenden. Selbst der im Magneten nach aufgehobener Verbindung mit der Batterie zurückgebliebene Magnetismus war hinlänglich beim Abreifsen des Ankers einen Strom zu erzeugen. Eigenthümlich ist folgender Versuch: Ein 10″ langer, 1¼″ dicker Eisenstab wurde auf einer Drehbank befestigt und möglichst nahe mit 4 fesstehenden Drathschrauben umgeben, von welchen 3 mit der galvan. Batterie, eine mit dem Galvanometer verbunden war. Mochte nun der Stab in Ruhe sein oder nach einer Seite hin rotiren, so blieb beim Eintauchen der Batterie die Ablenkung am Galvanometer dieselbe. Am Schlufs der Abhandlung findet sich die merkwürdige aber damals unbeachtet gebliebene Thatsache, dafs von einer schwachwirkenden Batterie mit kurzem Schliefsungsdrath, die beim Offnen keinen Funken giebt, ein solcher bei Anwendung eines sehr langen Schliefsungsdrathes erhalten werden kann. Diese Wirkung, sagt der Verfasser, erschien noch stärker, als der Drath schraubenförmig gewunden wurde. Ich kann die Erscheinung nur durch die Annahme erklären, dafs der lange Drath mit El. geladen wird, die durch Reaction auf sich selbst beim Aufheben der Verbindung den Funken erzeugt. — (R.)

Aus dieser Notiz ergiebt sich, dafs ganz ähnliche Versuche, welche ich bereits im Wintersemester 1832—1833 in meinen Vorlesungen zeigte, nicht mehr auf Priorität Anspruch machen können. Die ungewöhnliche Verstärkung des Funkens beim Oeffnen der mit einem Electromagnet von 2 Ctr. Tragkraft verbundenen Kette, erregte in mir ebenfalls den Gedanken, dafs dieser Funke, wie ich ihn nannte, ein doppelter sei, nämlich ein galvanischer und magnetoelectrischer. Um diefs zu zeigen, machte ich einen Eisencylinder in einer starken Spirale beweglich. Folgender Versuch schien auch Hr. Professor Poggendorff, welcher ihn spätestens im Sommer 1833 also lange vor Jenkins Versuch bei mir gesehen zu haben sich erinnert, entscheidend. Durch Ansetzen des Ankers wurde die Intensität des Funkens auffallend vermindert, zeigte sich aber beim Entfernen desselben wie früher. (D.)

Sechster Abschnitt.

Thermomagnetismus.

I. Ueber das Durchgehen thermomagnetischer Ströme durch Flüssigkeiten und deren Zersetzung.

Becquerel meint [1]), dafs die thermomagnetischen Ströme nicht durch Flüssigkeiten gehen, aber wohl die magneto-electrischen, und schreibt diefs

[1]) Ann. de Ch. et de Ph. 48 pag. 403.

auf die geringe Intensität der ersteren Ströme. Inzwischen habe ich Versuche angestellt, welche dieses widerlegen. Zwei Kupferplatten wurden ein Quadratzoll in Flüssigkeit (verdünnte Schwefelsäure) getaucht; sie standen $\frac{3}{8}$ Zoll von einander entfernt, und wurden in den Kreis eingeschaltet, der aus einer thermomagnetischen Säule von 24 Paaren Eisen und Platin und dem Galvanometer bestand. Die Ablenkung durch die Kupferplatten war sehr gering und erhielt sich constant. Als hierauf die eine Löthstelle durch eine Spirituslampe stark erwärmt wurde, ging die Nadel um 10^0 aus ihrer Ruhelinie, und zwar nach der Seite, wohin die Erwärmung der Säule sie trieb. Um keinen Zweifel darüber zu lassen, dafs der Strom durch die Flüssigkeit hindurchgehe, waren die Verbindungsdräthe so angebracht, dafs man durch Umlegen derselben die Kupferplatten entgegengesetzt mit dem Galvanometer verbinden konnte, während die Verbindung der Säule mit dem Galvanometer dieselbe blieb. Allein auch hier ging bei der Erwärmung die Nadel nach derselben Seite, zum Beweise, dafs der Strom nicht zwischen den Kupferplatten entstehe. Wurden die anderen Löthstellen erwärmt, so ging die Nadel entgegengesetzt. Ich nahm nun zwei Bleche aus plattirtem Kupfer, 3'' lang und $1\frac{1}{2}$ Zoll breit, und brachte zwischen beide nur ein dünnes Blättchen Fliefspapier mit saturirter Jodkaliumlösung befeuchtet. Als dieses Paar in den Kreis derselben Säule gebracht, und die einen Löthstellen so stark als möglich erwärmt wurden, ging ein ziemlich kräftiger Strom durch die Lösung, allein nach Verlauf von $\frac{1}{2}$ Stunde war nicht die kleinste Spur einer Zersetzung wahrzunehmen, und die Silberplättchen zeigten sich nicht im geringsten angegriffen. Ein Berühren der beiden Bleche fand nicht statt.

Becquerel soll eine Zersetzung durch thermomagnetische Ströme erhalten haben; ich habe jedoch darüber keine nähere Angabe bei ihm finden können, und es contrastirt auch mit seiner Meinung, dafs dieselben nicht durch Flüssigkeiten gehen. Berzelius giebt an [1]), dafs, wenn man eine Nobili'sche Säule von 40 bis 50 Paaren Wismuth und Antimon etwa $\frac{1}{2}$ Stunde lang an den einen Löthstellen auf 100^0 erhält, und silberne Leitungsdräthe in eine Salmiaklösung führt, der eine Silberstreifen anlaufe, der andere aber nicht. Wird der angelaufene Drath oder Streifen in Wasser abgespült und ins Tageslicht gelegt, so schwärzt er sich, zum Beweise, dafs an dem positiven Ende Chlor frei und Chlorsilber gebildet worden ist. Niemand jedoch hat die Zersetzung durch thermomagnetische Ströme so kräftig hervorgebracht als Botto in Turin [2]). Er wandte dazu eine Säule aus 120 Stücken Eisen und eben so viel Platindrath an, deren Länge 1'', deren Durchmesser $0^{mm},25$. Aus diesen 240 Stücken wurde durch Zusammenlöthen ein Streifen gebildet, und um ein hölzernes Lineal gelegt, so dafs die einen Löthstellen auf der einen, die anderen auf der entgegengesetzten Seite des Lineals sich befanden, 4''' vom Lineal entfernt. Wurde diese Säule mittelst gesäuerten Wassers geschlossen, und

[1]) Jahresbericht No. 14 pag. 61.

[2]) Bibl. univ. 51 pag. 337.

durch eine Spirituslampe erhitzt, so wurde das Wasser zersetzt, und zwar der Angabe nach viel stärker, wenn Kupferdräthe in die Flüssigkeit tauchten, als wenn Platindräthe. Dieses wird wahrscheinlich nur ein Druckfehler sein, weil Botto berichtet, durch Kupferdräthe nur Wasserstoff, durch Platindräthe aber an beiden Enden Gas erhalten zu haben. Die Zersetzung unterhält er mehrere Minuten. 140 Paare Wismuth und Antimon gaben ihm eine viel weniger entschiedene Zersetzung, und diefs rührt ohne Zweifel daher, weil sie keine starke Temperaturerhöhung erlauben. Solche Säulen aus Platin und Eisen, wenn auch nicht so empfindlich als die gewöhnlichen aus Wismuth und Antimon, sind sehr anwendbar, und aufserdem so leicht zu verfertigen. Schon eine Säule aus 24 Paaren sehr dünnen und 1½ Zoll langen Platin und Eisen, ist ein sehr empfindlicher Apparat, der sich gut als Differentialthermometer gebrauchen läfst. Es kömmt bei solchen Instrumenten nicht allein auf die Empfindlichkeit, oder auf die grofse Ablenkung der Galvanometernadel an, sondern auch darauf, dafs bei constanter Wärmequelle sich bald ein constanter Strom bilde, und dafs beim Entziehen der Wärme der Apparat ebenfalls schnell in den indifferenten Zustand trete. Hierin zeichnet sich die Eisen-Platinsäule sehr vortheilhaft aus; nach 2 Minuten in der Regel hat die Nadel eine feste Stellung angenommen, und entfernt man die Wärmequelle, so sind ebenfalls nur einige Minuten nöthig, die Nadel wieder auf 0° zu sehen, besonders wenn das Entfernen nicht plötzlich, sondern allmählig geschieht, und dadurch die gröfseren Oszillationen der Nadel verhindert werden.

(M.)

II. Erscheinungen bei dem Aufeinanderlegen eines heifsen und kalten Metalls.

Emmet[1]) schreibt es der Voltai'schen Ansicht der Säule zu, dafs die bisherigen Bearbeiter der Thermo-Electricität in ihren ausführlichen Arbeiten nur den complicirten Fall, die Electricitätserregung nämlich bei gleichzeitiger Erwärmung verschiedenartiger Metalle, im Auge gehabt hätten. Hier ist der Gang, den die Wärme von einem Metall zum andern nimmt, nicht deutlich, und er zog es daher vor, nur das eine Metall zu erwärmen, und damit das kaltgebliebene zu berühren. Der so erzeugte galv. Strom besteht nur für einen Augenblick in seiner ganzen Stärke, da die Tempereturdifferenz der Metalle durch die Berührung sehr schnell abnimmt. Diese Untersuchungen verlangen daher einen sehr empfindlichen Multiplicator, und oft (z. B. bei Zinn, Zink, Blei und Silber) die Anwendung bedeutender Hitzgrade. Die ersten Versuche betrafen die Electricität, die sich bei Berührung warmer und kalter Stücke desselben Metalls entwickelt; sie zeigten das Zerfallen der Metalle in zwei Klassen, da bei

---

1) Silliman Journ. 25 pag. 271 und 26 pag. 311.

einigen der positive Strom mit der Wärme nach derselben Richtung, bei andern nach entgegengesetzter Richtnng sich fortbewegte.

Zunahme der Wärme erzeugt { positiver Strom in Platin, Gold, Silber, Kupfer, Nickel. (Wärme und +E. gleichlaufend) negat. Metalle
negativer Strom in Zinn, Blei, Zink, Eisen, Merkur, Arsenik, Antimon, Wismuth. (Wärme und +E entgegenlaufend) pos. Metalle.

Es wurde nicht bemerkt, dafs dieses Verhalten der Metalle sich bei hohen Temperaturen ändere, wie es oft bei Berührung ungleichartiger Metalle der Fall ist. Die verschiedene electrische Tendenz jeder dieser beiden Gruppen giebt zugleich den Grund für ihr verschiedenes chemisches Verhalten gegen die Wärme an. Da nämlich die Metalle der ersten Gruppe bei steigender Wärme pos. El. abgeben, so werden sie dadurch electronegativer, ihre Verwandschaft zum Sauerstoff wird vermindert, sie oxydiren schwer, ihre Oxyde sind durch Wärme reducirbar; die der zweiten werden durch Wärme positiver, oxydiren leicht, ihre Oxyde sind schwer durch Hitze zu reduciren. — Die Eigenschaft der Metalle, je nach dem Gange der Wärme den einen oder den andern el. Zustand anzunehmen, modificirt die Ströme, die bei Erwärmung ungleichartiger sich berührender Metalle entstehe. Erhitzt man das eine der Metalle vor der Berührung mit dem andern, so erhält man für jede Combination einen Fall, in dem eine Verminderung, Zerstörung oder Umkehrung des Stromes eintritt, der durch gleichzeitige Erwärmung der beiden Metalle stattfindet. Aus diesem Fall schliefst der Verf., dafs bei der gleichzeitigen Erwärmung die Wärme den entgegengesetzten Weg nimmt, und bestimmt danach, welches Metall seine „Elementar-Eigenschaft" *(elementary condition)* geltend macht. So z. B. giebt Wismuth, mit irgend einem Metall verbunden, einen negat. Strom, mag nun die Combination gleichzeitig oder das andere Metall früher erwärmt werden. Wird aber das Wismuth früher erwärmt, so nimmt die Intensität des Stromes ab, wonach zu schliefsen sei, dafs Wismuth in den frühen Fällen stets Wärme empfange und daher seine Eigenschaft geltend mache bei steigender Wärme neg. Strom abzugeben.

Ohne weiter die Schlüsse des Verfassers, in Betreff der übrigen Metalle mitzutheilen, geben wir die tabellarische Uebersicht seiner Versuche, müssen indefs bevorworten, dafs diese nicht auf unbedingtes Vertrauen Anspruch machen dürfen. Der Verfasser bediente sich nämlich zu denselben eines gewöhnlichen Multiplicator von 100 Windungen, der für schwache Ströme unempfindlich war. Als er später einen Multiplicator mit viel weniger Windungen anwandte, die aber in Dosenform parallel neben einander lagen (s. Locke's Multipl.), war er genöthigt [1]), dreien Metallen eine andere Stelle anzuweisen. Ferner bemerkte er nun an Antimon und Arsenik die sonderbare Eigenschaft dafs sie bis zu einem gewissen Grade erhitzt und mit andern Metallen berührt, an nahe liegenden Stellen der

[1]) Bd. 26 pag. 311.

Oberfläche beide el. Ströme abgeben, ohne dafs er diefs anders, als durch innere Krystallysation und Unregelmäfsigkeit der Oberfläche zu erklären wufste. Diese verschiedenen el. Ströme an derselben Seite des Metalls hörten bei verschiedenen Temperaturen auf, je nach der Natur des berührenden Metalls. Hatte er z. B. eine Antimonstange erhitzt und berührte er dieselbe beim Abkühlen mit andern Metallen, so hörte die normale Erscheinung auf für Silber bei 280° F., für Gold bei 90°, für Blei bei 82, indefs sie für Wismuth noch bei der gewöhnlichen Temperatur fortdauerte. Die Stellen der Oberfläche des Wismuths, welche entgegengesetzte Ströme gaben, lagen kaum $\frac{1}{8}$'' von einander. — Dr. Locke hatte schon früher [1]) bei Wiederholung einiger Versuche der Tabelle eine Abweichung bemerkt und gefunden, dafs der Erfolg verschieden ausfiel, je nachdem die Metalle, die zumeist in Drathform angewendet wurden, hart gelassen waren oder nicht. Es ist daher wahrscheinlich, dafs in der nachfolgenden interessanten Tabelle, mehr Abänderungen zu machen wären, als wir, nach des Verf. Angabe, gemacht haben. Besseren Verständnisses wegen bemerken wir, dafs unter dem Zeichen + das Metall steht, das dem Verbindungsdrath einen posit. Strom abgiebt, das wir also mit dem Verfasser als das negative zu nehmen hätten.

	Posit. Strom u. Wärme				
	gleichlauf. I		entgegenl. II		
	+ kalt	— heifs	+ heifs	— kalt	
Wismuth			W.	W.	
Antimon	A.	W.	A.	W.	
Arsenik	A.	W.	A.	W.	
Platin	P.	W.	P.	W.	
Kupfer	K.	W.	K.	W.	Der Strom am stärksten in Combination II
Silber	S.	W.	S.	W.	
Blei	B.	W.	B.	W.	
Zinn	Z.	W.	Z.	W.	
Zink	Z.	W.	Z.	W.	
Eisen	E.	W.	E.	W.	
Mercur	M.	W.	M.	W.	
Nickel	N.	W.	N.	W.	
Antimon			A.	A.	
Arsenik	1. a.	A.			II stark
	2. A.	a.			
Platin	1. P.	A.			
	2. A.	P.			

[1]) Vol. 26 pag. 378.

	Posit. Strom u. Wärme				
	gleichlauf. I		entgegenlauf. II		
	+ kalt	− heiſs	+ heiſs	− kalt	
Kupfer	1. A.	K.			
	2. K.	A.			
Silber	1. A.	S.			
	2. S.	A.			
Blei	1. A.	B.			Die Combination 2 ist die stärkste, am häufigsten eintretende.
	2. B.	A.			
Zinn	1. A.	Z.			
	2. Z.	A.			
Zink	1. A.	Z.			
	2. Z.	A.			
Eisen	1. A.	E.			
	2. E.	A.			
Mercur	A.	M.	A.	M.	
Nickel	A.	N.	A.	N.	
Arsenik.			A.	A.	
Platin	A.	P.			
Kupfer	A.	K.			Bei Combination II kein Strom
Silber	A.	S.			
Blei	A.	B.			
Zinn	A.	Z.			
Zink	A.	Z.			
Eisen	A.	E.			
Mercur	A.	M.	A.	M.	
Nickel	A.	N.	A.	N.	
Platin.	P.	P.			
Kupfer	K.	P.	K.	P.	I kräftig II schwer z. erhalt.
Silber	S.	P.	S.	P.	II bei Rothgluth
Blei	B.	P.			II kein Strom, selbst wenn B schmilzt.
Zinn	Z.	P.			ebenso
Zink	Z.	P.	Z.	P.	I sehr stark
Gold	G.	P.	G.	P.	
Eisen	1. E.	P.			1 sehr kräftig
	2. P.	E.			2 bei Rothgluth
Mercur	M.	P.	M.	P.	I kräftig
Nickel	1. N.	P.			
	2. P.	N.			

	Posit. Strom u. Wärme				
	gleichlauf. I		entgegenlauf. II		
	+ kalt	— heiſs	+ heiſs	— kalt	
Kupfer.	K.	K.			
Silber.............	S.	K.	S.	K.	I sehr kräftig
Blei................			K.	B.	I kein Strom
Zinn................	Z.	K.			II kein Strom
Zink................	Z.	K.			K rothglühend
Eisen...............			1. E.	K.	1 sehr kräftig
			2. K.	E.	2 K in der Flamm
Mercur..............	M.	K.	M.	K.	
Nickel..............			N.	K.	
			K.	N.	
Silber.	S.	S.			
Blei................			S.	B.	I kein Strom
Zinn................			S.	Z.	sehr schwach
Zink................	1. S.	Z.			
	2. Z.	S.			2 schwach
Gold................	S.	G.	S.	G.	
Eisen...............			1. E.	S.	sehr stark
			2. S.	E.	
Mercur..............			S.	M.	
			M.	S.	
Nickel..............	S.	N.	S.	N.	
Blei.			B.	B.	
Zinn................			Z.	B.	I kein Strom
					II Z. fast schmelz
Zink................	Z.	B.	Z.	B.	I sehr schwach
Gold................			G.	B.	I kein Strom
Eisen...............	E.	B.	E.	B.	
Mercur..............			M.	B.	kein Strom
Nickel..............			B.	N.	
Zinn.			Z.	Z.	
Zink................	Z.	z.			I sehr schwach
					II kein Strom
Gold................	Z.	G.			ebenso
Eisen...............			E.	Z.	I kein Strom
Mercur..............			1. Z.	M.	
			2. M.	Z.	1 sehr schwach
Nickel..............			1. Z.	N.	
			2. N.	Z.	N rothglühend

	Posit. Strom u. Wärme gleichlauf. I		Posit. Strom u. Wärme entgegenlauf. II		
	+ kalt	− heifs	+ heifs	− kalt	
Zink.			Z.	Z.	
Gold	Z.	G.	Z.	G.	II sehr schwach
Eisen			E.	Z.	I kein Strom
Mercur			M.	Z.	
			Z.	M.	
Gold.	G.	G.			
Eisen	E.	G.	E.	G.	II stark
Mercur			M.	G.	beide unbestimmt
			G.	M.	
Eisen.			E.	E.	
Mercur	E.	M.	E.	M.	
Nickel	E.	N.	E.	N.	
Mercur.			M.	M.	
Nickel.			N.	N.	

Die vorletzte Combination wurde hergestellt, indem ein Bleistab, so lange amalgamirt bis er einen Tropfen Quecksilber trug, in ein Gefäfs mit heifsem Mercur getaucht wurde. In dem oben erwähnten Nachtrage zeigt der Verf. an, dafs er das Gesetz gefunden: „Voltai'sche Ströme durch Reibung ungleichartiger Metalle (bei mittlerer Temperatur) erregt, sind die entgegengesetzten von denen, die bei Berührung derselben entstehn."

Für die Reibung gilt die Reihe

(neg.) Wismuth, Nickel, Gold, Platin, Silber, Kupfer, Mercur, Blei, Zinn, Eisen, Zink, Arsenik, Antimon. (pos.) Diese Reihe ist bei Becquerel die umgekehrte.

Jedes Metall mit den nachfolgenden gerieben, giebt dem Verbindungsdrath einen positiven Strom ab. Beim Contact gilt die Reihe in umgekehrter Ordnung. (R.)

III. Erwärmung und Erkältung durch den Strom hervorgebracht.

Ueber diesen Gegenstand hat Peltier neue und eigenthümliche Versuche mitgetheilt[1]), die mit Scharfsinn und Umsicht angestellt sind, so dafs wir sie denen zur Beachtung zu empfehlen uns erlauben, die diesen Gegenstand weiter zu führen beabsichtigen. Die Methode, die Peltier

[1]) Ann. de Ch. et de Phys. 56 pag. 371.

anwendet, die Erwärmung zu messen, besteht in der Anwendung der Thermosäule, allein er verwirft zu vergleichenden Versuchen mit Recht die gewöhnlichen Säulen, weil, wenn man ihren Löthstellen den Schliefsungsdrath nahe bringt, dessen Temperaturerhöhung untersucht werden soll, man nicht sicher ist, stets dieselbe Entfernung zwischen Drath und Säule zu beobachten. Er legt sehr zweckmäfsig zwei einfache Ketten aus Wismuth und Antimon mit ihren Löthstellen einander so nahe als möglich gegenüber; das Antimon der einen Kette wird mit dem Wismuth der anderen durch einen Kupferdrath verbunden, die beiden freien Enden mit einem Galvanometer. Der zu untersuchende Drath befindet sich zwischen den beiden Löthstellen, und auf seine jedesmalige Lage hat man dann nicht nöthig, eine zu grofse Sorgfalt zu wenden. Der Leitungsdrath communicirt mit einem zweiten Galvanometer, welches die Stärke des galvanischen Stromes angiebt. Die Galvanometer waren aus Kupferplatten nach Fechner's Angabe gebildet.

Bei Anwendung einer Hydrokette fand nun Peltier:

1) Die Erwärmung in einem homogenen Theil des Schliefsungsdrathes ist überall gleich, aber an den Endpunkten hängt sie von den angränzenden Körpern ab.

2) Wenn der Strom in dem zweiten Galvanometer eine bestimmte Ablenkung bewirkte, so hängt die Erwärmung des Schliefsungsdrathes nicht von seiner Länge ab, auch davon nicht, ob ein Theil desselben in eine kältere Flüssigkeit getaucht war. Gleichgültig ist es ferner, ob der Strom einer einfachen Kette oder einer Säule sein Entstehen verdankt. Das erste Galvanometer (das thermische) zeigt dieselbe Ablenkung, wenn die des 2ten (des galvanischen) sich nicht ändert. In Bezug auf die Intensität des Stromes zu seiner erwärmenden Kraft theilt er folgende Versuche mit (der kupferne Schliefsungsdrath war 0mm,1 dick, und die Grade sind Ablenkungen der Nadeln beider Galvanometer

Intensität des Stromes	Temperatur des Drathes
2°	0°,7
4	2,
6	4,
8	6,
10	9,
12	12
16	18
20	27
24	36

In Bezug auf die erwärmende Kraft eines und desselben Stromes bei verschiedener Dicke des Leitungsdrathes hat er folgende Versuche angestellt:

Durchm. d. Drathes	Erwärm. d. e. Strom v. 15°	Erwärm. d. e. Str. v. 30°
0mm,8	2°,4	7°,
0,6	4,7	14,
0,4	7,	21,
0,3	14,	42,

Hieraus folgt

3) ein doppelt so starker Strom bringt die dreifache Erwärmung hervor

4) der doppelt so dicke Drath theilt, bei demselben Strom, der Säule nur $\frac{1}{3}$ der Wärme mit, vorausgesetzt, dafs die Grade des thermischen Galvanometers den Temperaturdifferenzen proportional sind. Es ist noch zu bemerken, dafs hieraus nichts über das Verhältnifs der Temperaturen folgt, welche dünne und dicke Dräthe annehmen, sondern nur über diejenige Wärme, die sie nach Aufsen mittheilen.

Was die Erwärmung solcher Stellen betrifft, wo zwei heterogene Metalle sich einander berühren, so giebt Peltier folgende sehr interessante Beobachtungen. Ein Zinkdrath $0^{mm},8$ dick ward mit dem einen Ende an einen Kupferdrath, mit dem andern an einen Eisendrath gelöthet; der galvanische Strom war constant 20°.

Ging d. neg. Strom	v. Zink z. Eisen,	so war die	Temp.	d.	Z. Eisenlöthst.		30°
» pos.	»	»	»	»	»		13
» neg.	» Kupf. z. Zink	»	»		Z Kupferlöthst.		26°
» pos.	»	»	»	»	»		14

Hieraus schliefst er

5) Geht der negative Strom vom besseren Leiter zum schlechteren, so wird die Temperatur der Löthstelle mehr erhöhet, als im umgekehrten Fall. Die Löthstelle hat also eine Temperatur verschieden von der des übrigen Drathes. Sind zwei getrennte Stücke desselben Metalls in Contact, so wird diese Stelle immer mehr erwärmt, als der übrige Theil, beim Kupfer, Wismuth sogar beträchtlich mehr; doch wird die Differenz nicht so grofs, als wenn heterogene Metalle in metallischem Contact sind.

Die merkwürdigsten Resultate ergaben die crystallisirten Metalle, Wismuth, Antimon und wahrscheinlich auch Arsenik. Grobkörniges Eisen liefert sie ebenfalls doch minder determinirt. Eine Wismuthplatte wurde an eine von Kupfer gelöthet, der positive Strom ging vom Wismuth zum Kupfer; bei verschiedener Intensität ergaben sich folgende Wärmegrade (— bedeutet Erkältung).

Intensit. d. galv. Stromes	Temperatur der Löthstelle
15°	— 2°,5
20	— 4,5
28	— 4,5
30	— 0
35	+ 4,

Ging der Strom umgekehrt, so war überall Erwärmung, bei 15° eine von 10°, bei 35° eine von 50°.

Nun wurde statt des Wismuth eine Antimonplatte genommen, und hier fand eine Erkältung von 5° statt, wenn der positive Strom vom Kupfer zum Antimon ging, bei entgegengesetzter Richtung desselben wurde eine Erwärmung von 10° beobachtet. Als hierauf Wismuth mit Antimon verbunden wurde, zeigte sich:

wenn d. pos. Strom v. Wismuth z. Antimon ging an der Löthstelle + 37°
» neg. » » » » » — 15.

Aus diesen Versuchen folgt

6) An der Löthstelle eines oder zweier crystallisirter Metalle bewirkt der Strom eine Erkältung, wenn er eine gewisse (nicht große) Intensität besitzt. Vermindert und vergrößert man diejenige Intensität, welche die stärkste Erkältung hervorbrachte, so nimmt die Temperatur in beiden Fällen zu.

7) Um eine Erkältung der Löthstelle hervorzubringen, muſs jedoch der Strom eine bestimmte Richtung haben, wie aus dem angeführten Versuch folgt (siehe weiter unten). Das Wismuth zeigt auch in der Richtung des Stromes eine Anomalie; denn nach 5, wäre zu erwarten gewesen, daſs eine Erkältung eintrete, wenn der positive Strom vom besseren Leiter (dem Kupfer) zum schlechteren (dem Wismuth) gehe. Die Versuche aber lehren das Umgekehrte. Es rührt dieſs nicht davon her, daſs Wismuth und Kupfer einen starken thermomagnetischen Bogen bilden und einen Strom erzeugen, der demjenigen der galvanischen Kette entgegengesetzt ist, während er bei dem Bogen aus Antimon und Kupfer dieselbe Richtung hat. Denn thermomagnetische Ströme gehen in so geringem Grade durch die Flüssigkeit, daſs man ihnen hier keinen Einfluſs zuschreiben kann.

Die Erkältung ist so merkwürdig, daſs Peltier noch einen directen Beweis dafür zu haben wünschte. Becquerel und De la Rive nämlich hatten vermuthet, daſs in der Thermosäule, welche die Wärmeänderung zu messen bestimmt war, vielleicht magneto-electrische Ströme erzeugt werden möchten, welche freilich eben so merkwürdig, als die Erkältung gewesen wären. Inzwischen führte Peltier eine Stange aus Wismuth und Antimon durch die Kugel eines Luftthermometers, dessen capillare Röhre in gefärbten Weingeist tauchte. Die obigen Versuche wurden vollständig bewährt gefunden.

In dem Bisherigen wirkte eine Löthstelle auf eine Thermosäule, wirkte also in die Entfernung, wodurch ein Wärmeverlust entstehen muſste. Um die Temperatur der Löthstelle selbst zu untersuchen, wendet Peltier ein sehr sinnreiches Verfahren an. Er legt zwei Metalle in Form eines Kreuzes übereinander und löthet sie in der Mitte fest; zwei Enden dieses Bogens werden nun mit dem galvanischen Strom in Verbindung gesetzt, der also durch die Löthstelle geht. Wird hierauf der Strom unterbrochen, und die beiden anderen Enden mit dem Galvanometer verbunden, so erhält man unmittelbar den Effect der Löthstelle, denn bloſs diese ist beiden Schlieſsungen gemein. Dieser Apparat ist, wenn er aus Wismuth und Antimon besteht, so empfindlich, daſs, falls man statt der galvanischen Kette eine Thermokette aus Zink und Kupfer nimmt und sie bloſs mit der Hand erwärmt, die Löthstelle schon eine Temperaturänderung nachgehends am Galvanometer zeigt. In den folgenden Versuchen wandte Peltier dergleichen Kreuze an, und lieſs ihre Löthstellen durch schwache thermomagnetische Ströme sich erwärmen, dabei ist vorausgesetzt, daſs der positive Strom immer von dem erstgenannten Metall zu dem zweiten gehe.

Kreuz

Kreuz aus	Erwärmung
Eisen Zink	6°
Zink Eisen	4
Quecksilber Eisen	6°
Eisen Quecksilber	4,5
Eisen Kupfer	5°
Kupfer Eisen	3,
Eisen Platin	5°,
Platin Eisen	3,

Diese Resultate sind im Einklang mit dem Satze ad 5.

Um die Erkältung wahrzunehmen, und etwas über die Dimensionen der galvanischen Kette, welche dieselbe hervorbringt, angeben zu können, liefs ich zwei Kreuze aus Wismuth und Antimon anfertigen. Jedes Metall bildete einen Streifen 1″,9 lang 0″,15 breit und 0″,03 dick; an den Enden waren Kupferdräthe gelöthet. Als eine kleine galvanische Kette genommen wurde, deren Metalle eine Oberfläche von ⅝ Quadratzoll hatten, und worin Kupfer von Zink ¼ Zoll entfernt stand, waren die Wirkungen entschieden, aber doch schwach. Stärker waren sie bei einer einfachen Kette, wo die Oberfläche jedes Metalls 2¾ Quadratzoll, der Abstand beider Platten ¾ Zoll betrug. Die Zinkplatte war amalgamirt und die Flüssigkeit Wasser mit ziemlich viel Schwefelsäure. (Zu bemerken ist, dafs diese Versuche einen empfindlichen Galvanometer verlangen, und dafs man das Schliefsen des Kreuzes mit dem letzteren nicht durch die Hand bewirken mufs). Ich fand folgende Resultate.

I. Zink mit Antimon, Kupfer mit Wismuth verbunden.

Der positive Strom geht vom Wismuth zum Antimon.

Zeit, welche d. galv. Kette gewirkt hat	Ablenk. d. Galvanometernadel
3″,2	− 8°
6,4	− 10
12,8	− 17
25,6	− 17
1′ —	− 18
2′ —	− 23
5′ —	− 25

II. Kupfer mit Antimon, Zink mit Wismuth.

Der positive Strom geht vom Antimon zum Wismuth.

Zeit	nachherige Ablenkung
3″,2	+ 12°,5
6,4	14
12,8	28,5
25,6	31,
1′ —	47,
2′ —	51,
5′ —	42

Die Versuche ad I bestätigen somit die Resultate Peltier's hinsichts einer Erkältung; allein, wie man sieht, findet sie statt, wenn der positive

Strom von Wismuth zum Antimon geht; geht er entgegengesetzt, so bewirkt er eine Erwärmung. Peltier giebt die Richtung des Stromes umgekehrt an, welches wohl ein Druckfehler ist. Ein anderes Kreuz aus denselben Metallen zeigte ganz ähnliche Erscheinungen. Es hat mir geschienen, als wenn dickere Stäbe von Wismuth und Antimon die Erkältung nicht so gut zeigten, als die angewandten dünnen. Es ergiebt sich aus den angeführten Versuchen, daſs das Maximum der Erkältung so gut eine dauernde Wirkung der galvanischen Kette verlangt, als die Erwärmung, und es scheint, als wenn eine Wirkung von fünf Minuten das Maximum der Erkältung noch nicht geliefert hätte. Inzwischen darf man die Versuche unter sich nicht zu scharf vergleichen, da das Oeffnen der Kette und das Schlieſsen des Kreuzes mit dem Galvanometer eine kleine Zeit erforderte, die ungeachtet der getroffenen Vorkehrungen, nicht in allen Fällen gleich gewesen sein wird. Wäre es möglich, diese Zwischenzeit noch mehr abzukürzen, so würde namentlich die Erkältung, trotz dem daſs sie 25° betrug, doch noch beträchtlicher ausgefallen sein; und das deſshalb, weil die Erkältung sich sehr rasch verliert. In der That, nachdem die Nadel die erste Ablenkung erhalten, ging sie sogleich zurück, und in den aufeinander folgenden Amplituden war kein Strom zu entdecken, der sie nach einer Seite ablenkte. Die Erwärmung dagegen ist etwas anhaltender, und als die Nadel in der letzten Beobachtung nach +42° abgelenkt wurde, waren die darauf folgenden Amplituden diese:

+42°	−18°,5
+27	−14
+17	−10
+11	− 8
+10	—

Inzwischen war auch in diesem Falle und nachdem die galvanische Kette fünf Minuten gewirkt hatte, die Nadel nach 20 Oszillationen d. h. nach 6 Minuten in ihre ursprüngliche Lage zurückgekehrt.

Durch gröſsere galvanische Ketten konnte keine Erkältung mehr erlangt werden.

IV. Apparate.

In der Encyclopaedia metropolitana: Artikel Electromagnetismus p. 37 wird ein Apparat von Cumming und Marsh beschrieben, der die Rotation eines electromagnetischen Bogens von einem Magnetpol nachweiset. Da derselbe in Deutschland nicht sehr bekannt geworden ist, so folgt hier eine kurze Beschreibung. *abcd* (*Fig.* 17 *Taf. I*) ist ein Rechteck aus Platin und Silber, die obere Seite des Platins aber hat in der Mitte eine abwärts gekehrte Spitze, welche in eine Vertiefung im Ständer *f* gesetzt ist. Die untere Seite *dc* von Silber bildet einen Ring um den Ständer, neben dem Rechteck stehen 2 Magnete *ns* und *sn* mit entgegengesetzten Polen nach oben. Wird nun *abcd* stark erwärmt, so fängt das Rechteck zu rotiren an, bis 30 Umdrehungen in der Minute. Zu diesem Apparat, über welchen keine Maafse mitgetheilt werden, wurde wahrscheinlich Silber und Platina genommen [1]), weil Wismuth und Antimon keine starke Erwärmung dulden. Eisen und Platina geben zwar eine stärkere thermomagnetische Kette als Silber und Platin, allein doch nur in niederen Temperaturdifferenzen, bei höheren kehrt bekanntlich Eisen sein Verhältnifs um, mindestens gegen Gold, Silber, Kupfer, Zink und Messing. Eisen ist auch wegen der Magnete nicht anzuwenden. (M.)

So lange die Versuche der Physiker nur darauf gerichtet waren, die Identität electromagnetischer und thermomagnetischer Erscheinungen nachzuweisen, Rotationen, welche vermittelst jener hervorgebracht waren, auch durch diese darzustellen, war kein Bedürfnifs vorhanden, an die Stelle des einfachen Elements: der Thermokette, die Thermosäule zu setzen. Erst als man bemerkte, durch wie geringe Wärmeunterschiede selbst bei der einfachen Kette die Nadel in Bewegung versetzt wird, entstand die Vermuthung, dafs man durch Vervielfältigung der Berührungspunkte ein Thermometer erhalten würde, welches an Empfindlichkeit alle bisherige weit übertreffen würde. Die Form, welche Nobili zuerst den Thermosäulen gab [2]), und welche in Fechner's Repertorium Th. I beschrieben und abgebildet ist, veränderte er später in Gemeinschaft mit Melloni wesentlich. Um die Wirkungen einer constanten Temperaturdifferenz, welche zugleich auf einer gröfsern Fläche gleichförmig erhalten werden kann, zu untersuchen, gab er der Säule die Form die er *Pila a scatola* nennt. Sie ist in *Fig.* 2 *Taf. II* abgebildet, und da sie zur Angabe der Berührungsphänomene dienen soll, so sind die Berührungsstellen metallisch glänzend gelassen. Die beiden Deckel der Achse schliefsen Räume ab, deren einer mit kochendem Wasser, der andere mit Schnee gefüllt wird. Die 25 Paar stehen in einem Quadrat, dessen Seite 13 par. Linien. Die Berührungsstellen sind ebenfalls quadratisch, die Seite jedes dieser kleinen 25 Quadrate ist 2 Linien. An der untern Seite der Säule sind 27 Enden. Von diesen untern Enden sind 6, 11, 16, 21 durch Rechtecke begränzt, welche die aufeinanderfolgenden Reihen verbinden. Alle Enden sind mit Zinn gelöthet. Ganz übereinstimmend sind die Säulen von 100 Paaren construirt. Die Pole sind in der Mitte der Seitenwand der cylindrischen Büchse bei n_1 und p_1.

Diese Anordung hat wenigstens eine von Nobili verfertigte Säule in meinem Besitz. Der Mechanicus Oertling in Berlin, welcher nach diesem Original sehr empfindliche Säulen ähnlicher Construction verfertigt

[1]) Selbst bei Anwendung einer gewöhnlichen Spiritusflamme mufs man sich bei Ketten von Silber und Platin hüten, die Löthungsstelle zu stark zu erhitzen, da sich dann die Metalle leicht trennen. Statt eines Rechteckes wendet man häufig 2 auf einander senkrechte unten an dieselbe Kreisperipherie befestigte an, deren obere in der Spitze zusammenlaufende Enden dann ein Kreuz bilden. (D.)

[2]) Termo moltiplicatore ossia termo-scopio electrico. Mem. p. 157.

hat, hat diese in so fern modificirt, dafs die obere und untere Seite der Säule vollkommen übereinstimmend sind, welches dadurch hervorgebracht ist, dafs die Endflächen statt Quadrate Rechtecke bilden.

Bei allen zu Strahlungsversuchen bestimmten Thermomultiplicatoren sind die Berührungsstellen geschwärzt, aufserdem enden die Paare nicht in Quadraten, sondern entweder in scharfen Kanten, etwa wie die Schneide eines Meifsels oder in feinen Spitzen. Diese Spitzen sind entweder auf eine quadratische Fläche vertheilt[1]) (*Taf. II Fig.* 6) mit konischem und parabolischem Reflektor zu beiden Seiten der Säule, oder sie bilden eine einzige gerade Linie (*pila a pettine*, welche zur Untersuchung der Wärme des Sonnenspectrum und zu Diffractionserscheinungen bestimmt ist) oder die Spitzen liegen in dem Umfang eines kleinen Kreises, während die entgegengesetzten Berührungsstellen einen gröfseren concentrischen bilden (*Taf. II Fig.* 14). Die letztere Form ist die wirksamste, wenn Wärme durch eine Linse in einen engen Raum concentrirt wird.

Strahlungssäulen werden auf einem kleinen Ständer mit einer Auszugsröhre befestigt, und können vermittelst eines Charniers jede beliebige Neigung erhalten, wie (*Taf. II Fig.* 3). Die Art der Beobachtung mit diesen Säulen wird ausführlich im zweiten Bande, in dem die Melloni'schen Untersuchungen enthaltenden Artikel „Wärme" dargestellt werden. Ich bemerke daher nur noch, dafs sehr empfindliche Strahlensäulen von Oertling und Kleinert in Berlin angefertigt werden. Ich habe aber noch nicht Gelegenheit gehabt, sie mit einer von Gourjon zu vergleichen.

Für die einfachen Versuche ist folgender Apparat bequem. Ein parallelopipedisches Wismuthstäbchen wird an ein Antimonstäbchen so angeschraubt, dafs beide einen einzigen vierkantigen Stab bilden. Aus den Enden beider ragen Kupferdräthe hervor, an welche unten cylindrisch quer durchbohrte, daher drehbare Quecksilbergefäfse angeschraubt werden. Diese werden mit einem Multiplicator von vier Windungen desselben Drathes von 2½ Linien Dicke verbunden. Bei Berührung mit dem Finger oder bei Befeuchten mit Aether erhält man eine sehr starke Ablenkung. Ich finde es auch für magneto-electrische Versuche sehr bequem, alle sowohl ebene als cylindrische Spiralen von demselben starken Drath zu verfertigen, den man durch sorgfältiges Ausglühen vollkommen biegsam erhalten kann. Zwei gleiche mit demselben Drath umwickelte Electromagnete, deren Drathenden rechtwinklig nach Aufsen vom Hufeisen abgebogen sind, können als Anker und Erreger angewendet werden und gestatten durch solche drehbare Gefäfse mit jenen verbunden, alle hieher gehörigen Versuche in gröfster Uebersichtlichkeit darzustellen. Ich habe solche aus einer ebenen, einer

---

[1]) Bei einer von Nobili angefertigten mir gehörigen Säule stehen 16 Spitzen in einem Rechteck, dessen längere Seite 3½ par. Linien, die kürzere 3 Linien beträgt, die in Elfenbein eingelassenen Stifte für die Verbindungsdräthe mit dem Multiplicator stehen 1 Zoll von den Spitzen entfernt, die ganze Länge der cylindrischen Röhre, deren Enden durch Deckel verschliefsbar sind, beträgt 3¾ Zoll.

rechts und einer links gewundenen cylindrischen Spirale, aus 2 entgegengesetzt umwickelten Electromagneten, einem hufeisenförmigen Stahlmagneten, dessen geradlinige Schenkel eben so weit als die der Electromagnete abstehen, einem Gyrotropen mit der Dicke des Drathes entsprechend weiten Gefäfsen, einer Thermokette und Multiplicator, 6 drehbaren cylindrischen Gefäfsen und 4 langen Zuleitungsdräthen bestehende Apparate vom hiesigen Mechanicus Hirschmann anfertigen lassen, und glaube sie als bequem empfehlen zu können. Die Dimensionen sind folgende:

Cylindrische aus 12 Windungen bestehende Spirale 4½ Zoll lang 13 Linien innerer Durchmesser.

Electromagnet von 21 Windungen, der umwickelte Stab 9 Linien dick, innerer Abstand der Pole 1½ Zoll.

Länge der Schenkel 6 Zoll.

Länge der an den Enden rechtwinklig umgebogenen Zuleitungsdräthe 16 Z.

ebene Spirale von 5 Windungen äufserer Durchmesser........... 4¾ »

innerer 1½ »

Länge des Wismuth und Antimonstange jede 2 Zoll, Seite des Durchschnittsquadrates 4 Linien.

Die Dräthe des Gyrotrops sind von derselben Stärke nämlich 2½ Linien.

Thermomagnetische Rotationsapparate sind bei Luhme vorräthig. Magneto-electrische Funkenzieher nach Nobili's Construction erhält man hierselbst bei dem Mechanicus Müller. Es sind Copieen eines von Hrn. Nobili erhaltenen Originals in meinem Besitz. Einfachere nach Faraday mit einer gegen den Umwicklungsdrath des Ankers federnden amalgamirten Kupferplatte verfertigt Oertling.

Bei dem Nobili'schen Funkenzieher ist der eine Schenkel des aus 5 sich treppenförmig endenden Lamellen bestehenden Hufeisens auf einem hölzernen viereckigen Brett festgeschraubt, so dafs der umwickelte Anker senkrecht zu stehen kommt. Er befindet sich an dem kürzeren 3 Zoll langen Arme eines Hebels, der sich in einer horizontalen Ebene um seinen Unterstützungspunkt dreht. Das obere Ende des Draths ist um einen Messingstift gewickelt, welcher, da er in ein in dem Anker eingelassenes Elfenbeinstäbchen endigt, von dem Anker isolirt bleibt, und durch eine Stahlfeder an den obern Fufs des Hufeisens sich anschliefst. Das untere Ende des Drathes ist zuerst spiralförmig gewickelt um federnd nachzugeben, (gerade wie man es bei den drehbaren Multiplicatoren macht, deren Enddräthe, ehe sie befestigt werden, vorher mehrfach als Spirale um die Drehungsachse geschlungen werden) sein Ende vermittelst einer Schraube an die Mitte des Hufeisens festgeklemmt. Schlägt man nun auf den 6 Zoll langen Schenkel des Hebels, so reifst der Anker los und es entsteht in dem umwickelten, vermittelst der sich andrückenden Feder und dem obern Schenkel des Hufeisens noch geschlossenen Drath ein Strom. Da nun aber unmittelbar nachher die Feder das Hufeisen verläfst, so entsteht an der Trennungsstelle ein weifser, oft ein intensiv rother und dann sprühender Funke, den man selbst im hellen Zimmer sehr deutlich sieht. Obgleich dieser Apparat nie seine Dienste versagt, so ist doch der von

Faraday angegebene, in welchem der Funke durch einen in einer cylindrischen Spirale eingeschobenen Magneten hervorgebracht wird, deswegen instructiver, weil hier Bewegung eines Magneten, nicht Vernichtung von in weichem Eisen erregten Magnetismus das erzeugende Prinzip ist.

Wir geben hier schliefslich noch die Beschreibung einer *Taf. I Fig.* 26 dargestellten von Hare[1]) angegebenen galvanischen Batterie. Ein hölzernes Gefäfs 1 2 3 4 (*Fig.* 26. *b*) ist durch ein hölzernes Zwischenstück *AB* zunächst in 2 und durch 4 Kupferplatten bei *CC* in 4 Abtheilungen getheilt. Von den in der Zeichnung weifs angedeuteten Platten sind jene 4 Kupferplatten eingerechnet 20 von Kupfer und 16 von Zink, jede 12 Z. lang, 7 breit. Die Zinkplatten der Abtheilung 1 sind in dem Querstück *AB* mit den Kupferplatten von Abtheilung 2, wie es die Zeichnung andeutet, metallisch verbunden, die Zinkplatten von 2 äufserlich auf der rechten Seite mit den Kupferplatten von Abtheilung 3. Die Zinkenden dieser Abtheilung enden in dem Zinkpol *S* der rechten Seite. Die Kupferplatten von 1 sind auf der linken Aufsenseite mit den Zinkplatten von Abtheilung 4 verbunden. Die Kupferplatten dieser Abtheilung enden in dem Gefäfs *S*: dem Kupferpol. *Fig.* 26. *a* deutet den Mechanismus an, durch welchen die Platten aus der Säure entfernt werden.

Diese Batterie, welche zu den verschiedensten Versuchen bequem zu sein scheint, ist von Hare ursprünglich angewendet worden, um Felsen besonders auch unter Wasser durch Pulver zu sprengen. Es ist ihm diefs bei einer Entfernung von 130 Fufs vollkommen gelungen. Der Schliefsungsdrath der Batterie besteht aus 3 zusammengeflochtenen eisernen Drähten, von welchen einer so dünn ist, wie man ihn zu Drathnetzen braucht, die anderen (No. 24) von der Dicke, wie man ihn beim Verkorken der Flaschen anwendet. An einer Stelle werden die Dräthe ungeflochten, neben einander gelassen und aus den stärkeren mittelst einer Drathzange ein Stück weggenommen, so dafs dieser dünne Drath dann der einzige metallisch schliefsende Theil wird, welcher durch sein Erglühen das Pulver zündet. Das eine Ende des geflochtenen Drathes wird in den Boden eines Cylinders von Weifsblech festgelöthet, der auswendig durch einen Kupferdrath mit der Batterie communizirt. Das andere Ende geht durch einen Kork, welcher das erste Ende der Röhre schliefst. Diese enthält das ungeflochtene Stück des dünnen mit Pulver umgebenen Drathes.

Eine sehr einfache Combination durch kleine Querstreifen zusammengelötheter Platten, welche um eine galvanische Säule zu bilden, nachher alternirend in einander geschoben werden, hat mir Hr. Prof. Graham bei seiner Anwesenheit in Berlin gezeigt. Sie wurde mir zu spät bekannt, um sie noch auf der Kupferplatte darzustellen.

Dasselbe gilt von der vortrefflichen magneto-electrischen Maschine von Saxton, deren Wirkung ich zwar aus eigner Anschauung kenne, von welcher ich mir aber keine genaue Zeichnung verschaffen konnte; bei ihr dreht sich ein umwickelter Anker von weichem Eisen um einen

---

[1]) Sillim. Americ. Journ. 26 p. 356.

horizontalliegenden hufeisenförmigen Stahlmagnet. Die abwechselnden Verbindungen des Drathes geschehen durch die in ein Quecksilbergefäfs eintauchenden Zacken eines an der Drehungsachse des Ankers befestigten Rades.

Eine Modification dieser Maschine, deren Vortheile ich aber nicht einsehe, hat Watkins (Lond. and Edinb. Phil. Mag. 7. 112) abgebildet, eine andre Clarke (ib. 9. 262). Bei der letzteren rotirt der mit zwei Rollen umwickelte Anker in einer lothrechten Ebene neben einem senkrechten hufeisenförmigen Stahlmagneten. Sie giebt aufser den gewöhnlichen Wirkungen, nämlich: Funken, Erschütterungen, Glühen, chemischen Zersetzungen auch Divergenz am Goldblattelectrometer und ladet Kleistische Flaschen. Dasselbe leistet eine von Rainey in London construirte magneto-electrische Maschine. Anleitung zur Construction galvanischer Batterien mit amalgamirten Zinkplatten haben neuerdings Kemp und Daniell gegeben. Clarke's Electrepeter unterscheidet sich von einem gewöhnlichen Gyrotropen nur durch eine gröfsere Anzahl Gefäfse. Eine electromagnetische Maschine für mechanische Zwecke hat Sturgeon beschrieben (Annals of Electricity, Magnetism and Chemistry p. 67). Die verschiedenen Methoden die Intensität galvanischer Ströme zu messen, hat Fechner erörtert in „de variis intensitatem vis galvanicae metiendi methodis." Lipsiae 1834.

Berlin, gedruckt bei Petsch.

Verbesserungen.

Pag. 31	Zeile 28		statt	Chlorcalium	lies	Chlorcalcium
» 38	» 22		»	1822	»	1832
» 40	» 2		»	Erweiterung	»	Biegung
» 40	» 10		»	Taf. I	»	Taf. II
» 46	» letzte		»	erbält	»	erhält man
» 51	» 28		»	Fig. 5	»	Fig. 3
» 71	» 14		»	Satzes	»	Salzes
» 121	» 17		»	Fig. 5, 6, 7, 8	»	Fig. 27, 28, 29, 30
» 255	» 2	v. u.	statt	Fuchs	»	Hoffmann
» 257	» 9	»	»	er nachwies	lies	es wahr ist
» 258	» 28		»	Fig. 10 Taf. I	»	Fig. 17 Taf. II.

Namenregister.

Nachweisung der Figuren.

Tafel I.

Tafel II.

Die übrigen Figuren gehören zu dem zweiten Bande.

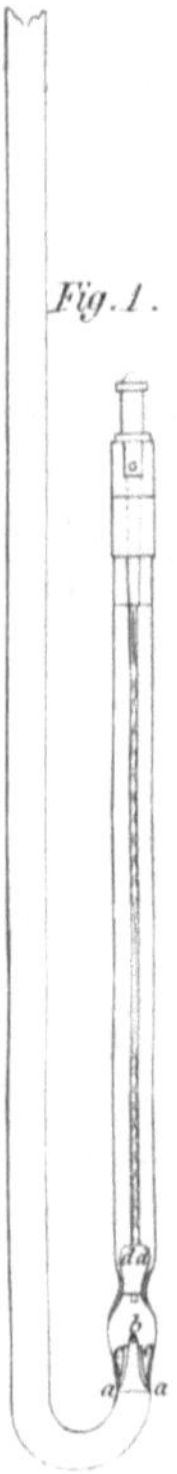

Fig. 1.

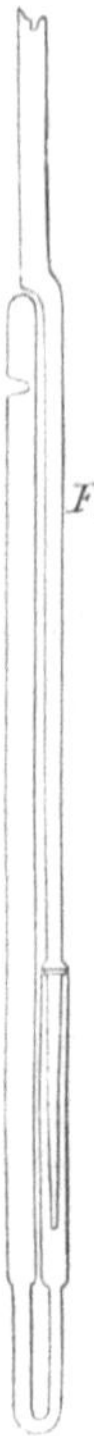

Fig. 2.

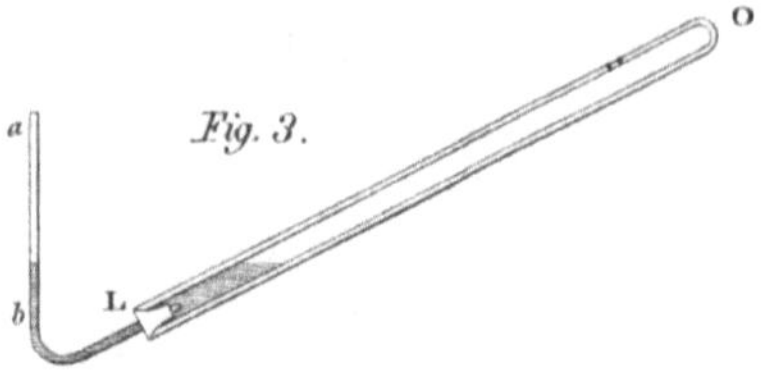

Fig. 3.

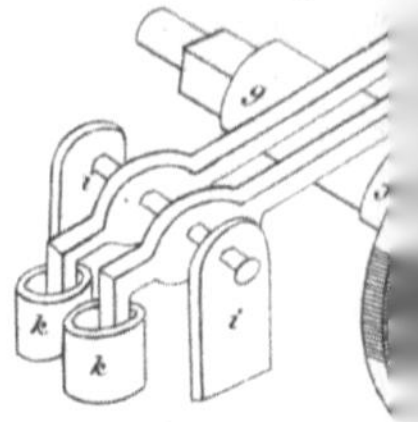

Fig. 6.

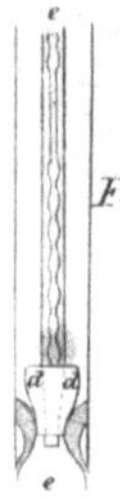

Fig. 1. a.

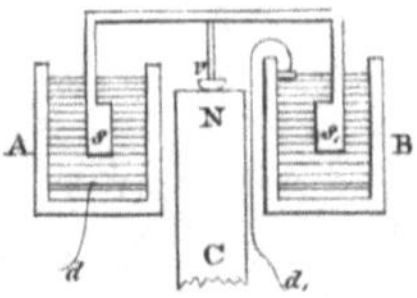

Fig. 10.

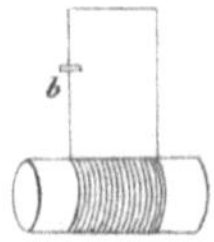

Fig. 11.

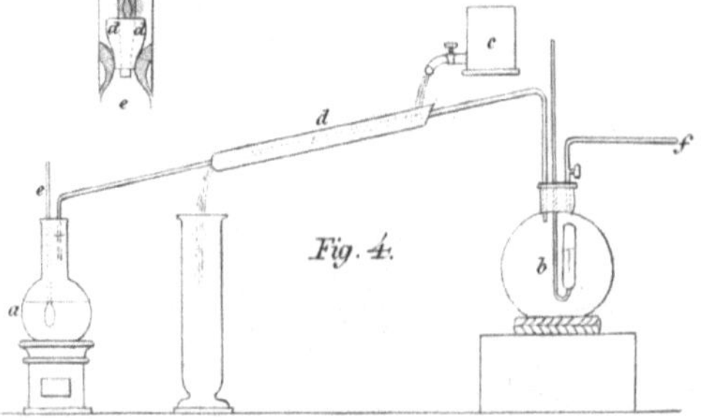

Fig. 4.

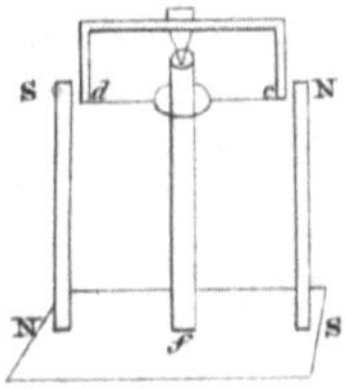

Fig. 17.

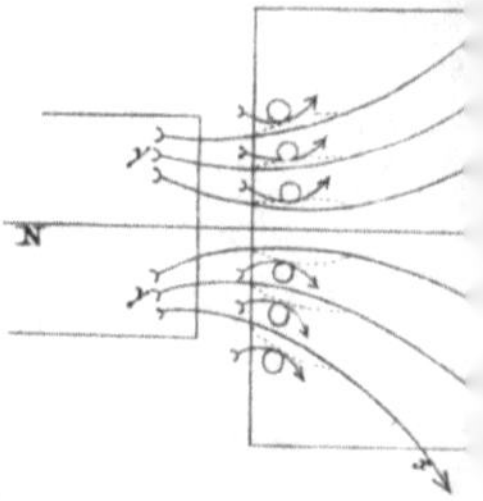

Fig. 23.

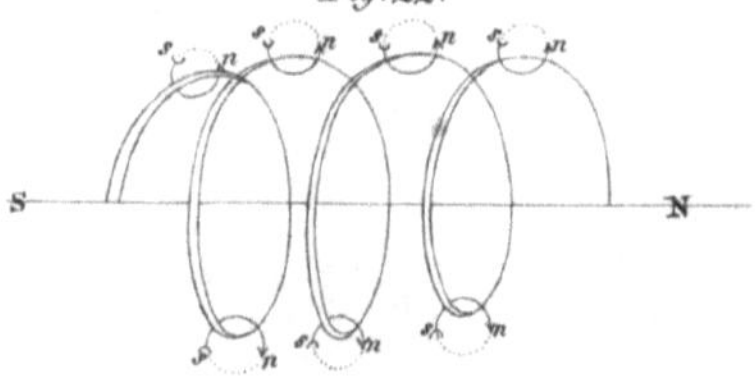

Fig. 22.

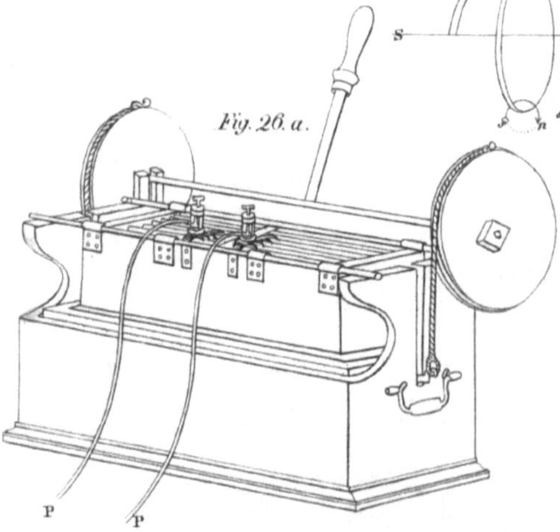

Fig. 26. a.

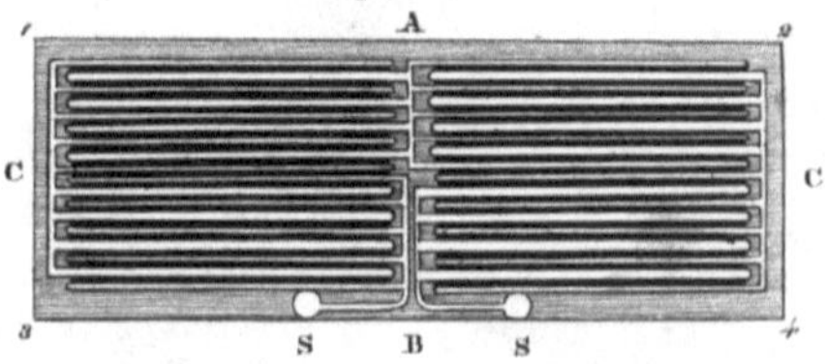

Fig. 26. b.

Fig. 7.

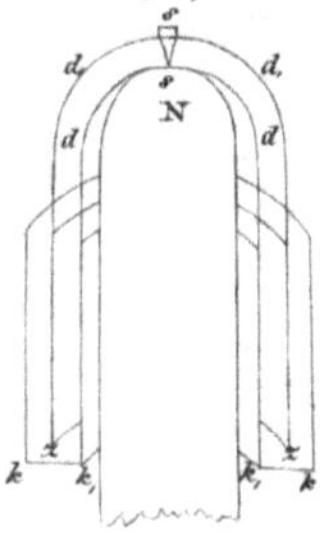

Fig. 8.

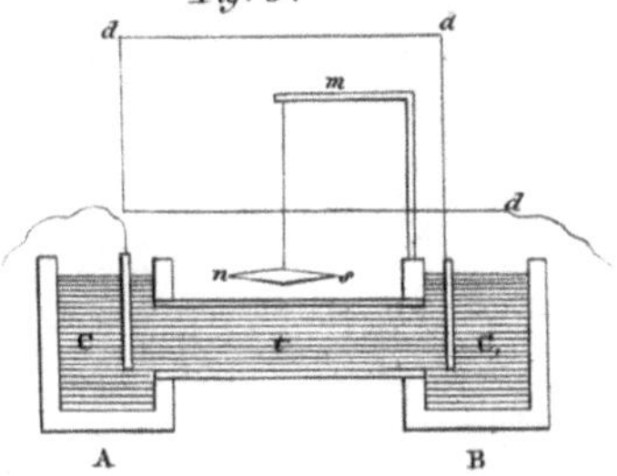

Fig. 9.

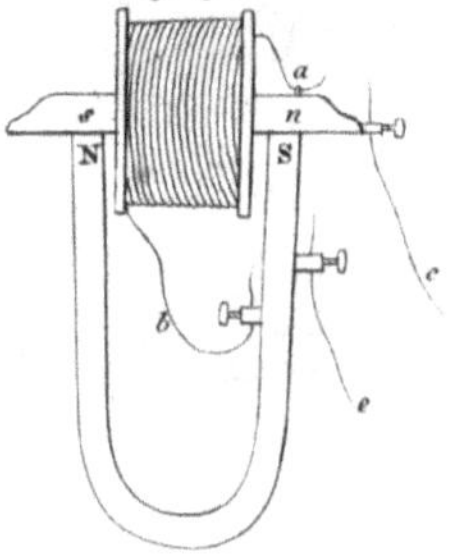

Fig. 14.

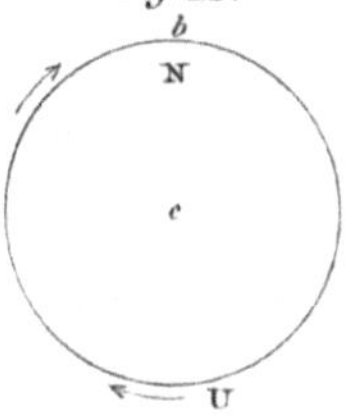

Fig. 13.

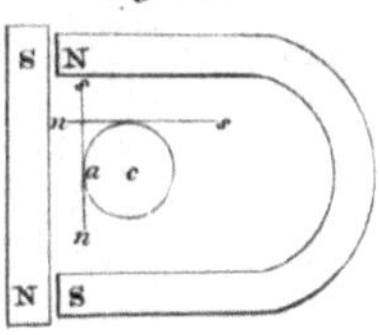

Fig. 15.

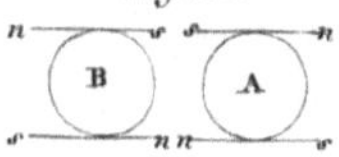

Fig. 16.

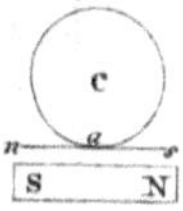

Fig. 19.

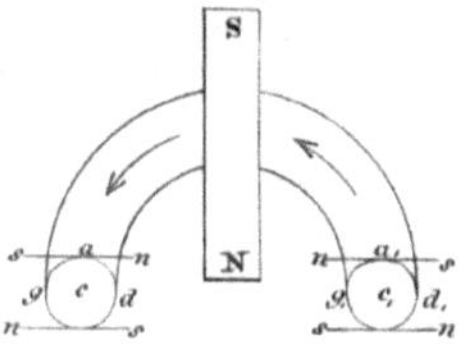

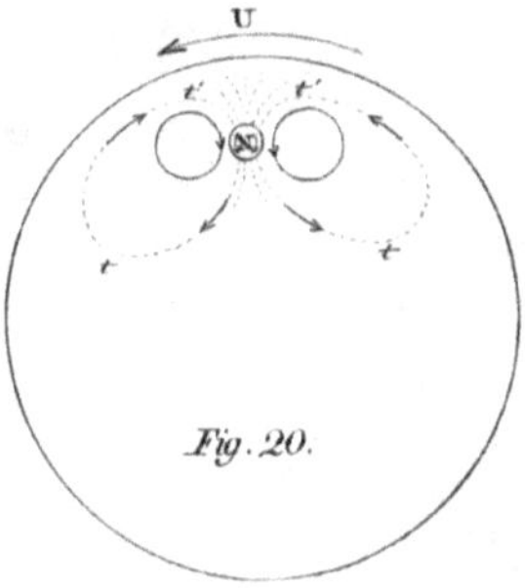

Fig. 20.

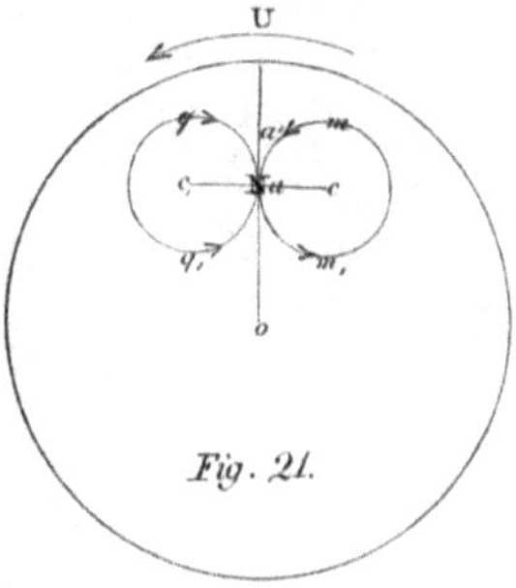

Fig. 21.

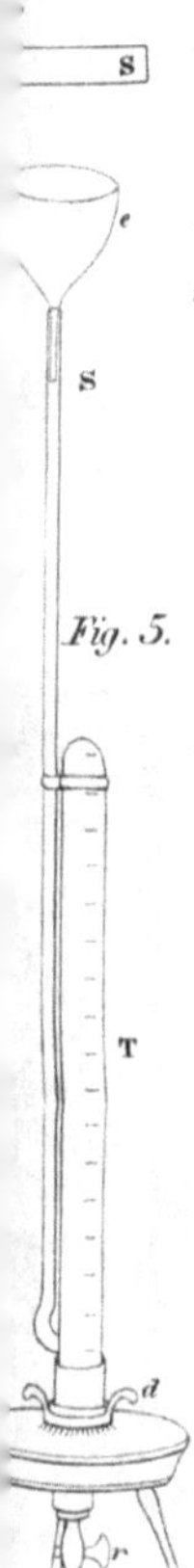

Fig. 5.

Fig. 24.

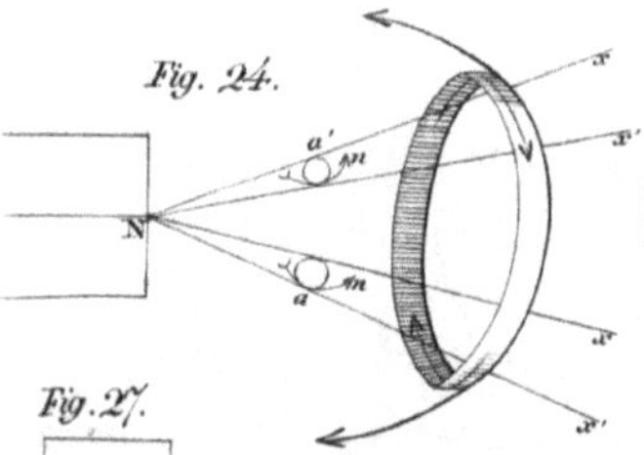

Fig. 25.

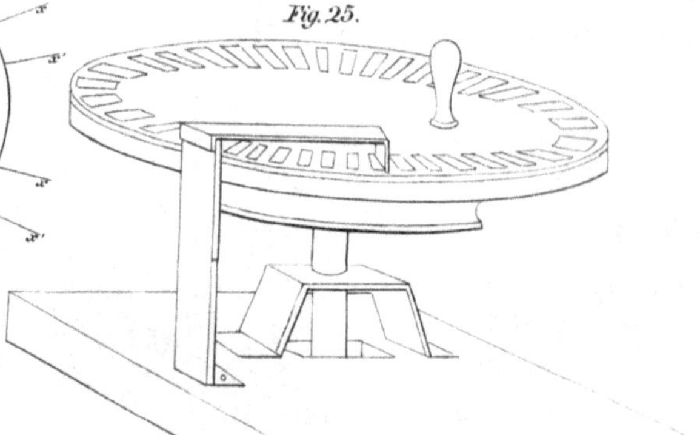

Fig. 27.

Fig. 28.

Fig. 29.

Fig. 30.

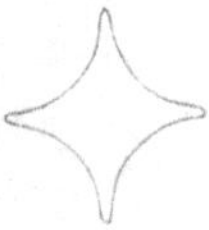

C. Guinand sc.

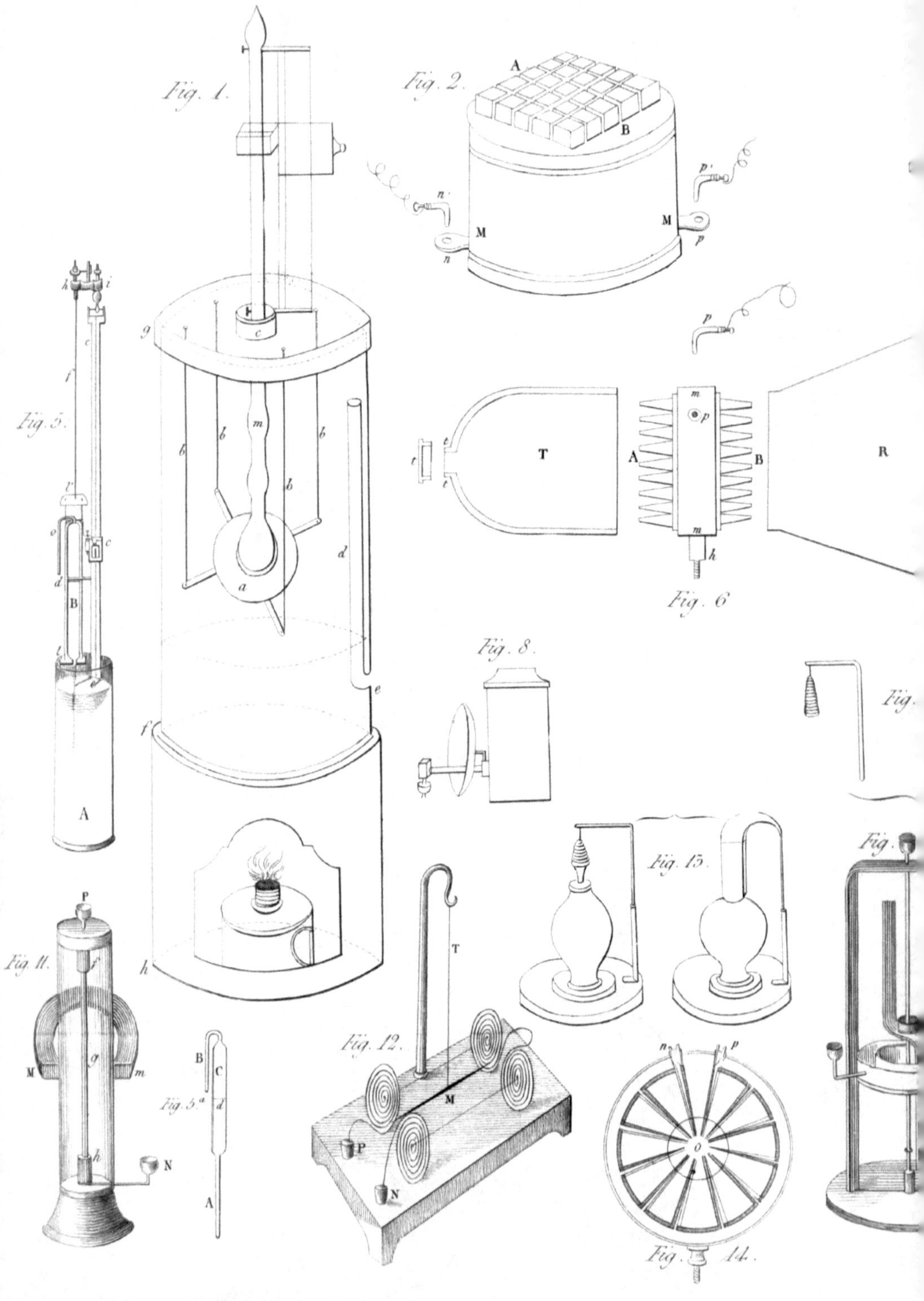
Fig. 1.
Fig. 2.
Fig. 5.
Fig. 5.a
Fig. 6
Fig. 8.
Fig. 11.
Fig. 12.
Fig. 13.
Fig. 14.

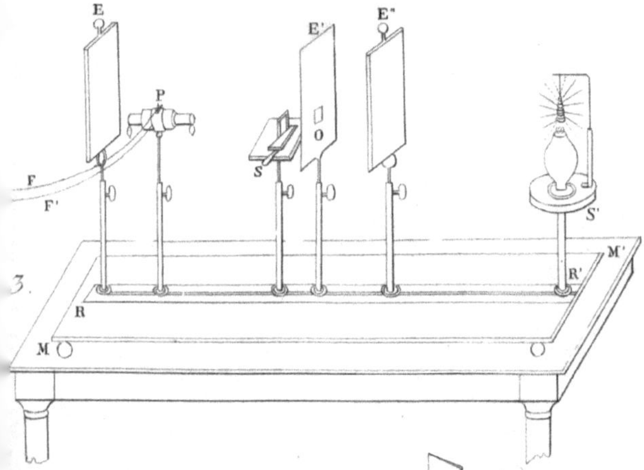

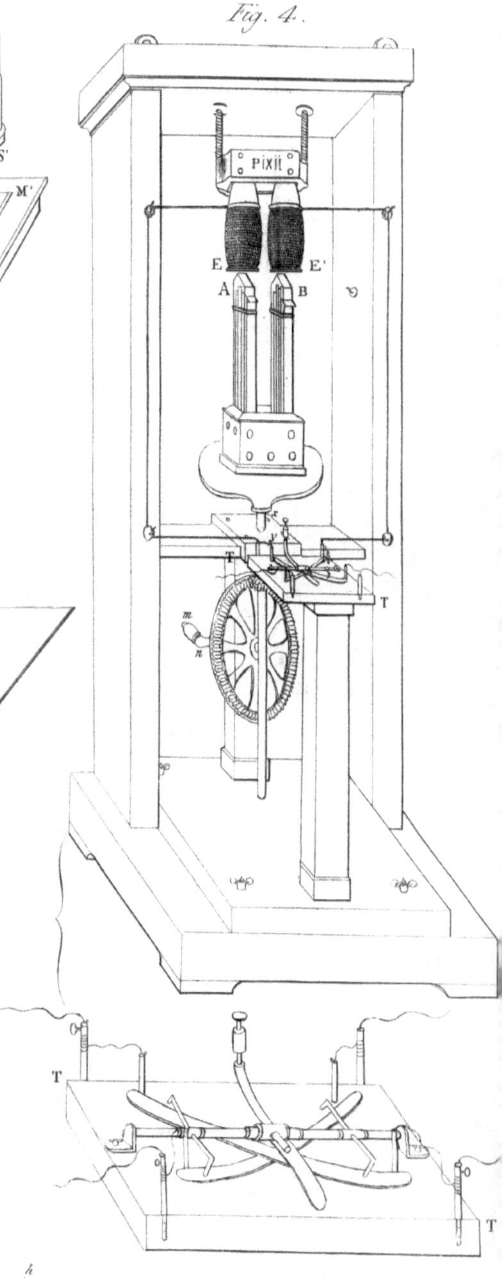

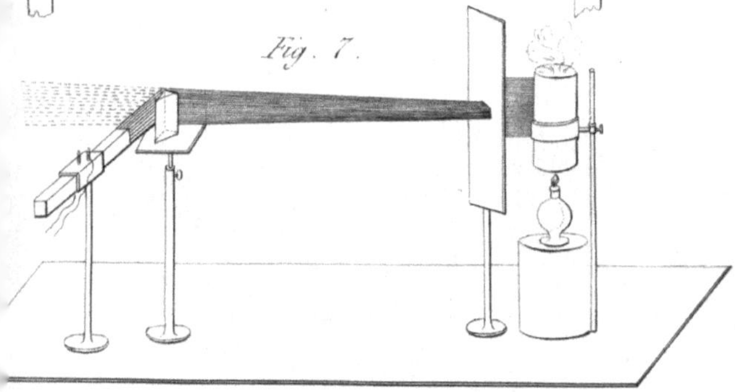

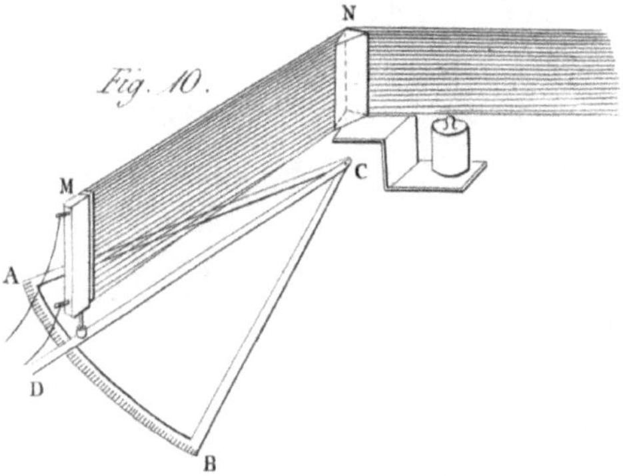

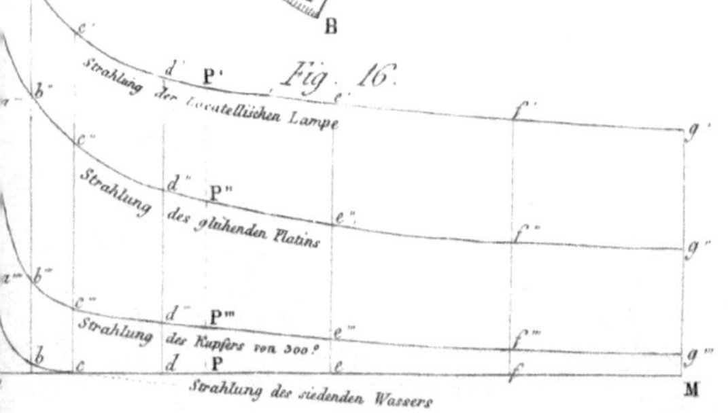

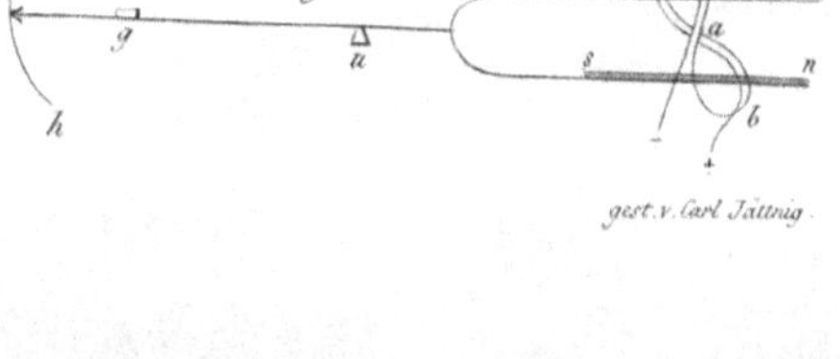

gest. v. Carl Jättnig.

Kolibri 360 GmbH
Ferdinand-Jühlke-Straße 7
99095 Erfurt, Deutschland
produktsicherheit@kolibri360.de